GÉNIE RURAL
APPLIQUÉ AUX COLONIES

COURS PROFESSÉ

A L'ÉCOLE NATIONALE SUPÉRIEURE D'AGRICULTURE COLONIALE

PAR

Max. RINGELMANN,

MEMBRE DE LA SOCIÉTÉ NATIONALE D'AGRICULTURE
PROFESSEUR A L'INSTITUT NATIONAL AGRONOMIQUE
DIRECTEUR DE LA STATION D'ESSAIS DE MACHINES

Ouvrage contenant 955 figures,
dont 525 gravées d'après les dessins de l'auteur.

PARIS
AUGUSTIN CHALLAMEL, ÉDITEUR
RUE JACOB, 17
Librairie Maritime et Coloniale

1908

GÉNIE RURAL

APPLIQUÉ AUX COLONIES

GÉNIE RURAL

APPLIQUÉ AUX COLONIES

COURS PROFESSÉ

A L'ÉCOLE NATIONALE SUPÉRIEURE D'AGRICULTURE COLONIALE

PAR

Max. RINGELMANN,

MEMBRE DE LA SOCIÉTÉ NATIONALE D'AGRICULTURE
PROFESSEUR A L'INSTITUT NATIONAL AGRONOMIQUE
DIRECTEUR DE LA STATION D'ESSAIS DE MACHINES

Ouvrage contenant 955 figures,
dont 525 gravées d'après les dessins de l'auteur.

PARIS

Augustin CHALLAMEL, Éditeur

RUE JACOB, 17

Librairie Maritime et Coloniale

—

1908

AVANT-PROPOS

Depuis plus de vingt ans je m'occupe beaucoup des diverses applications du **Génie Rural** *aux exploitations des colonies, et j'ai eu bien des fois l'occasion de recevoir des indications, comme de donner des renseignements à des personnes et à des anciens élèves qui s'installaient dans diverses régions; enfin j'ai pu procéder à des recherches et à des expériences sur un certain nombre de machines et d'appareils destinés aux cultures et aux traitements à faire subir aux produits récoltés dans les pays chauds. Aussi, en avril* **1902,** *dès la fondation de l'*École Nationale Supérieure d'Agriculture Coloniale, *quand on me proposa d'y professer un cours de* **Génie Rural appliqué aux Colonies,** *je n'ai eu qu'à coordonner les nombreux matériaux que j'avais et dont beaucoup étaient inédits.*

Dans mon enseignement, je tiens à insister particulièrement sur les données pratiques qu'on possède relativement à chaque sujet, afin de guider, d'une façon aussi complète que possible, les futurs chefs d'exploitations coloniales, soit dans leurs installations et leurs travaux, soit dans le choix judicieux de leur matériel.

Il n'est peut-être pas inutile de dire qu'on pourrait, dans beaucoup de localités de France, appliquer un grand nombre de données exposées dans mes leçons de Nogent.

Bien que mes diverses fonctions et travaux me laissent peu de temps disponible, c'est à la demande de mes élèves et de mes amis que je me suis décidé à publier, sous une forme très résumée, les présentes notes qui constituent la partie fondamentale de mon Cours de Nogent.

Max RINGELMANN.

Paris, le 1er janvier **1908.**

DIVISIONS PRINCIPALES DE L'OUVRAGE

TABLE DES MATIÈRES

GÉNIE RURAL

APPLIQUÉ AUX COLONIES

INTRODUCTION

PROGRAMME GÉNÉRAL DU COURS
DIVISIONS PRINCIPALES

Le *Génie Rural* est le titre d'un enseignement qui date de la fondation de l'Institut National Agronomique de Versailles, en 1848 ; il s'occupe des *applications de l'Art de l'Ingénieur à l'Agriculture*, par analogie avec le Génie Militaire, le Génie Maritime et le Génie Civil qui signifient les applications de l'Art de l'Ingénieur aux travaux et aux constructions militaires, maritimes et civiles (travaux publics).

L'enseignement du Génie Rural (*constructions, hydraulique, travaux et machines agricoles*) est donné à Paris à l'Institut National Agronomique, dans les trois Écoles Nationales (Grignon, Montpellier, Rennes) et à l'École d'Agriculture de Tunis.

Le Génie Rural a été appliqué dès que l'homme est devenu sédentaire ; on le retrouve dans les temps anciens comme chez les populations actuelles qualifiées de primitives (nous publions chaque année, depuis 1903, des chapitres successifs de notre *Essai sur l'Histoire du Génie Rural* dont nous avions réuni les documents dès 1880).

Pour ce qui concerne les colonies, nous avions plusieurs façons de comprendre notre enseignement :

Le *Génie Rural colonial* peut être conçu comme l'examen et l'étude des méthodes et procédés employés par les indigènes dans telle ou telle colonie ; cela serait certainement très intéressant, mais comme on ne parle bien que des choses qu'on connaît, il nous faudrait préalablement aller sur place étudier séparément chaque région. On ne peut généralement pas se fier aux relations des voyageurs et des explorateurs qui manquent trop souvent de connaissances techniques : ils se livrent à un genre de sport, font beaucoup de kilomètres, passent à côté de choses du plus haut intérêt sans s'en douter, et leurs récits décèlent un tempérament d'aventuriers et de chasseurs. On ne peut que souhaiter de voir se multiplier les *missions scientifiques* qu'on semble enfin développer aujourd'hui.

Il nous a paru plus intéressant de donner à nos élèves des notions de *Génie Rural applicable aux colonies*, c'est-à-dire comment on doit procéder pour adapter à nos possessions les principes du Génie Rural professé en France.

Certes, il nous serait commode de supposer qu'on importe de la métropole tout ce qui est nécessaire : il n'y aurait donc qu'à étudier le choix judicieux à faire des matériaux et du matériel à prendre. Les difficultés des communications et le prix élevé des transports obligent à limiter ce matériel à ce qui est indispensable, en s'exerçant à tirer parti des ressources locales. Dans les conditions les plus défavorables, celles où nous nous placerons souvent, il convient de supposer qu'on est privé de tout objet d'usage courant en France ; cela revient, pour ainsi dire, à combiner une nouvelle édition scientifique du fameux roman de Robinson Crusoë dans son île.

L'exécution de ce programme exige de grandes qualités de la part du colon, de l'initiative, beaucoup de méthode, de logique et surtout des idées de simplification ; il ne lui faut pas un parti pris de formes, d'éléments, de matériaux ou de procédés ; il doit bien connaître non seulement la technique, mais ce qu'on appelle les *trucs* ou les *ficelles* du métier afin de tirer parti, le plus avantageusement possible, de tout ce qu'il trouve sur place.

A leurs débuts tous les peuples étaient *chasseurs* et nomades ; ils ne se préoccupaient que de manger, se vêtissaient à peine et vivaient au jour le jour. Longtemps après ils commencèrent à faire des réserves et purent devenir relativement stables (peuples *pêcheurs* et *pasteurs*), puis ils cultivèrent quelques plantes alimentaires (peuples *agriculteurs*). Dès que l'homme est devenu agriculteur, il est resté sédentaire, la plante demandant des soins, des travaux et nécessitant un certain temps pour son évolution, mais l'homme pouvait amasser des provisions et assurer sa subsistance ; il a alors goûté d'une tranquillité relative, les premières Sociétés se sont organisées, et la Civilisation commença en se manifestant par un certain sentiment artistique qui se traduisit par des ornements, plus ou moins rudimentaires, mais voulus, souvent appliqués aux objets d'usage courant.

Lorsque nous rencontrons ces symptômes chez les indigènes, ou populations que le public qualifie volontiers de *sauvages*, nous sommes sûrs qu'ils sont dans un certain état de civilisation et, par suite, qu'ils sont susceptibles d'observations, de traditions et de raisonnements. C'est l'expérience séculaire qui les a conduits à cultiver certaines plantes avec telle méthode, à employer certains genres de constructions, etc. En un mot, ils sont arrivés, d'une façon empirique et lente, à réaliser une harmonie en trouvant la *résultante* générale de toutes les conditions naturelles de leur pays. Les matériaux, les outils, les procédés, les formes qu'ils emploient, sans d'ailleurs savoir souvent pourquoi, sont quelquefois bizarres, et c'est à l'homme intelligent de chercher à en démêler les motifs ; son instruction scientifique doit lui permettre de remonter facilement de l'effet aux causes.

Ainsi, dans une colonie quelconque, il y aura donc lieu, avant tout, d'étudier d'une façon rationnelle ce qui existe, en chercher la raison d'être ; on est alors à même d'améliorer rapidement et avec succès. On doit éviter, au moins pour les choses courantes, une importation brutale de matériel ou de procédés qui, n'étant pas placés dans des conditions appropriées, réussissent mal tout en dépensant inutilement du temps, de l'activité et de l'argent.

Quand, par contre, on importe de la main-d'œuvre européenne avec le matériel, ce que nous venons de dire diminue d'intérêt, mais ce cas est très rare et nous doutons qu'il puisse être généralisé. L'Européen ne travaille pas manuellement dans les pays chauds ; il faut lui demander de ne s'occuper que de direction, d'organisation, de surveillance, mais non de faire d'ouvrages pénibles ; les habitudes, l'alimentation, la température, tout est contre lui, puis...... il lui semble si facile et plus agréable de laisser travailler ses frères inférieurs ! — Cependant, avec le matériel, il convient d'importer des Européens comme moniteurs ; les esclaves noirs venant de la Réunion ou de Madagascar ont appris autrefois à cultiver le coton aux États-Unis, et aujourd'hui ils chauffent les chaudières des bateaux, conduisent les locomotives et font tous les ouvrages comme les blancs, mais il est bon de cantonner les indigènes dans un genre de travail bien spécialisé, qu'on doit s'ingénier à montrer et à rendre aussi simple que possible.

En Égypte, on introduit beaucoup de machines anglaises très perfectionnées ; au bout de peu de temps les mécaniciens, qui sont venus de l'Angleterre avec le matériel, se font remplacer par des fellahs ; la même chose se passe dans l'Inde.

On ne peut donc compter que sur la main-d'œuvre locale. Les indigènes, comme tous les hommes, appliquent la règle du *moindre effort*, et ne savent pas ou ne veulent pas apprendre à travailler tant qu'ils n'en ont pas besoin pour leur existence ; comme ils vivaient avant l'arrivée de l'Européen, ce dernier, au grand profit de l'Industrie et du Commerce de la métropole, est donc obligé de eur créer des besoins nouveaux, soit par la gourmandise (aliments, boissons, et c'est le cas de dire qu'aux colonies l'alcool est le *moteur* par excellence), soit par la coquetterie (étoffes, colliers, etc.), de sorte qu'une exploitation rurale doit comporter une petite factorerie ou comptoir commercial.

Il faut avant tout se loger, s'occuper de l'alimentation en eau des hommes, des animaux et des plantes, puis, enfin, procéder aux travaux nécessités par les cultures et la préparation des récoltes. Ces considérations nous indiquent les grandes lignes de notre programme et leur ordre, bien que certains chapitres s'enchevêtrent les uns dans les autres :

1° Constructions,
2° Hydraulique,
3° Machines.

Enfin, nous supposons qu'on connaît les sciences fondamentales : Mécanique, Physique, Chimie, Géologie, etc., et notre enseignement de l'Institut National Agronomique. Notre cours à l'École de Nogent est donc une série de *notes pratiques* relatives à l'application du Génie Rural dans nos possessions ; elles résultent de raisonnements, d'observations et surtout de correspondances que nous entretenons depuis longtemps avec beaucoup de nos anciens élèves établis dans diverses colonies françaises et étrangères.

PREMIÈRE PARTIE

CONSTRUCTIONS

Notes préliminaires

En France, nous observons entre les constructions urbaines et les constructions rurales une grande différence (due à la valeur foncière et par suite à la valeur locative des immeubles) ; aux colonies, où le mètre carré de terrain est d'un prix insignifiant, on ne cherchera pas à élever les constructions en superposant les étages, mais à les étendre horizontalement. — Dans chaque région il existe un rapport entre les cultures et les bâtiments, et les constructions rurales sont toujours établies avec les matériaux du pays. Aux colonies, comme dans la métropole, la Géologie et la Météorologie imposent le genre des constructions comme les modes d'exploitation du sol.

Les matériaux, pris sur place, dépendront de la constitution géologique de la localité et de sa flore ; on ne devra faire supporter des transports qu'à des éléments de grande nécessité.

En observant les constructions des indigènes, on pourra connaître les matériaux les plus faciles à se procurer et à mettre en œuvre, tout en répondant aux conditions du climat (humidité, vents violents, sécheresse, etc.) ; on aura en même temps les dimensions de sécurité que les éléments de construction peuvent présenter : longueur, épaisseur, largeur.

Ici les murs sont en terre et épais, ou formés de moellons bruts, les toits plats sont en terrasse parce que les pluies sont peu à craindre (fig. 1) ; ailleurs les parois sont légères et en matières végétales (fig. 2 et 3) ; quelquefois les maisons sont surélevées sur de hauts poteaux ; les constructions, rarement compliquées, sont établies sur le plan circulaire (fig. 3) ou rectangulaire (fig. 2), avec les combles en pavillon (fig. 3), à croupes (fig. 2) ou à pignons ; on observe également que les couvertures, en certains endroits, sont très inclinées à cause des pluies et les matériaux qui les composent sont fixés d'une façon particulière pour résister aux vents; dans quelques régions, les bâtiments sont doués d'une certaine élasticité

Fig. 1. — Maisons kabyles avec toits en terrasse[1].

afin de supporter le mieux possible les fréquents tremblements de terre[2]; etc. — Comme on le voit par cet aperçu, il serait très curieux

1. *Le Livre du Fellah*, par Lecq et Rolland, p. 254.

2. Fort-de-France, à la Martinique, a été détruite en 1839 par un tremblement de terre : on reconstruisit alors en bois les maisons de la ville qui fut incendiée en juin 1890, puis ravagée par le cyclone de 1891. Les nouvelles maisons ont été établies de façon à pouvoir résister aux tremblements de terre et aux incendies, conformément à l'arrêté du maire, M. O. Duquesnay, pris le 12 août 1890, sur l'avis d'une commission chargée d'étudier le mode de reconstruction de la ville afin d'éviter les catastrophes du genre de celles de 1839 et de 1890 : voici les dispositions essentielles de cet arrêté : — les bâtiments à étages seront composés d'une ossature en bois ou en fer devant supporter seule tous les efforts de la construction : le remplissage de cette charpente sera fait en matériaux incombustibles :— dans le cas d'emploi du bois, les pièces seront recouvertes à l'extérieur d'une épaisseur minimum de $0^m 10$ de matériaux incombustibles; — les murs de pignon doivent dépasser les couvertures d'au moins $0^m 30$ et être à redans ; — le voligeage et le lattis en bois est interdit et doit être remplacé par des pièces métalliques ; les pièces de bois des charpentes en saillie seront noyées dans une corniche en béton, en briques ou en tôle : — la couverture sera faite en matières incombustibles (tuiles, tôle, etc.) à l'exclusion du zinc ; — l'emploi du bois est toléré pour les fermetures des portes et fenêtres, pour les cloisons, planchers, escaliers, plafonds, mais il est interdit de lambrisser en bois sous les chevrons; — les bâtiments d'un simple rc -de-chaussée et les dépendances des maisons seront en maçonnerie ordinaire ou en matériaux incombustibles : — l'emploi de bois est absolument interdit pour les clôtures des propriétés.

d'étudier en détail les habitations des indigènes de tous les pays,
au sujet desquelles nous avons pu réunir de nombreux documents
tirés de diverses publications relatives à des explorations et à des

Fig. 2. — Maison tahitienne [1].

voyages, mais leur examen sortirait des limites de notre programme.

L'étude géologique montre qu'en tel endroit on peut faire du pisé,
des briques crues ou cuites, qu'on a du limon pouvant servir de mortier
ou d'enduit ; ailleurs, il est possible de fabriquer de la chaux ou du
plâtre, etc. La végétation spontanée permet d'utiliser de nombreux
matériaux, soit légers pour des clayonnages, soit des bois d'œuvre,
soit des feuilles plus ou moins larges pour les couvertures, etc.

Tous les travaux sont effectués par la main-d'œuvre indigène ;
si cette dernière est à bon marché elle exécute peu d'ouvrage, et si
elle est quelquefois abondante elle est éminemment instable et souvent d'une honnêteté douteuse. L'indigène n'a pas encore conscience
d'une obligation créée par une promesse ou un contrat verbal ; il
ne se met pas en grève de la même façon que nos ouvriers européens ; c'est généralement sans revendications, et même sans prévenir, qu'il abandonne brusquement la tâche commencée.

1. *Tahiti et les Établissements français de l'Océanie*, par L.-G. Seurat, p. 34.

D'un autre côté la main-d'œuvre indigène est souvent inhabile et toujours plus faible que la nôtre. Selon des renseignements précis

FIG. 3. — Village de la Forêt, à la Côte-d'Ivoire[1].

il faudrait au minimum deux indigènes pour exécuter l'ouvrage d'un ouvrier européen ordinaire (ouvrier rural et non d'une usine); mais, étant donné le manque d'habileté et surtout de conscience, nous croyons prudent de tabler sur le chiffre de trois ou de quatre.

Piquetages et profilements

Il n'y a rien de particulier à signaler au sujet du piquetage et du profilement, les dispositifs si simples employés sur nos chantiers étant applicables aux colonies. Rappelons seulement que, sans appareil d'arpentage, on peut tracer un angle droit sur le sol, en *o* (fig. 4) par exemple, à l'aide des cordeaux *ab* et *od* ; il suffit de mesurer en *ob* une longueur *on* égale à 3 mètres, en *od* une longueur *om* égale à 4 mètres, on doit trouver pour *nm* une longueur de 5 mètres, sinon on déplace *d* vers

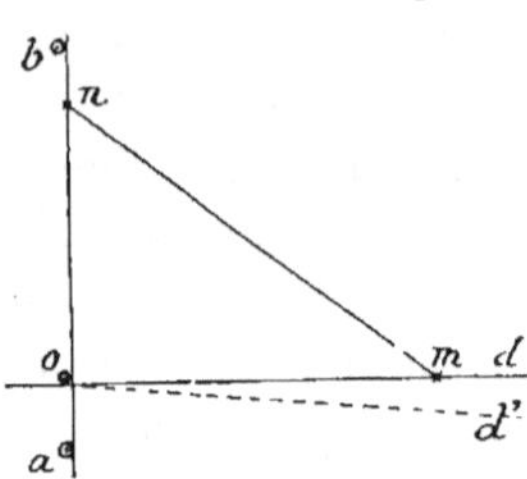

FIG. 4. — Tracé d'un angle droit sur le terrain.

1. *Notre colonie de la Côte d'Ivoire*, par Roger Villamur et Léon Richaud, p. 235.

d' ou inversement ; c'est l'application du théorème bien connu du carré de l'hypoténuse nm.

Terrassements

Il faut réduire ces travaux le plus possible.

Généralement le sol est résistant et les ouvriers sont faibles ; éviter de leur donner nos outils de France (pics. pioches, pelles,) ou alors employer des modèles dont les pièces travaillantes ont une surface d'action ou un poids de $\frac{1}{2}$ à $\frac{1}{3}$ de nos outils métropolitains (nous reprendrons cette question dans la partie du Cours relative aux *Travaux et Machines*).

Comme le terrassement est une opération qu'on n'a pas à répéter plusieurs fois au même endroit, il vaut mieux laisser les indigènes se servir de leurs outils et de leurs méthodes plutôt que chercher à les dresser inutilement à un nouveau genre de travail temporaire.

Les transports de terre se font ordinairement à dos d'homme dans des paniers ou *couffins* en sparterie ; aux travaux du canal de Suez, au seuil d'El-Guisr, chaque fellah du chantier enlevait ainsi en moyenne un mètre cube de terre par jour.

Dans nos colonies de l'Afrique centrale et à Madagascar, on compte qu'un indigène peut transporter de 25 à 30 kilog. à une distance de 25 kilomètres dans sa journée ; en calculant le travail équivalent de transport journalier à une distance de 100 mètres, avec retours à vide, cela représenterait 3.125 à 3.750 kilog. de déblais.

Les populations actuelles des vallées du Tigre et de l'Euphrate emploient comme outils de terrassements : une pioche, moitié plus petite que les nôtres. une houe servant de pelle et une couffe en joncs. Lors de ses fouilles de Khorsabad, Victor Place ne put faire adopter nos outils plus commodes ; une brouette causa une véritable stupé- action et, malgré tous ses efforts et ses encouragements, il ne réus- sit pas à la faire employer ; « le seul parti que les ouvriers imagi- nèrent, dit-il, pour utiliser les brouettes fut de les remplir de terre et de les porter à bras comme une civière (!)... un autre jour je vou- lus organiser des relais pour passer de mains en mains les paniers successivement pleins et vides ; je fus encore obligé de renoncer à une manœuvre qui ne leur était pas familière ».

Ce qui précède n'est pas un fait isolé : il y a sept ou huit ans un propriétaire dans l'île de Ceylan me racontait qu'il avait, avec explications, envoyé deux de ses ouvriers indigènes chercher, au port voisin, une brouette légère qu'il avait fait venir de France. Grande fut sa stupéfaction de voir les hommes arriver en portant le véhicule sur leurs épaules !

Actuellement, en Égypte, pour les travaux de terrassements et les curages des canaux, les fellahs emploient une houe, souvent remplacée par leurs mains, pour gratter le limon, et un couffin ou panier tronc-conique tressé en feuilles de palmiers et muni de deux anses, capable de contenir une vingtaine de décimètres cubes mais n'en recevant pas plus de 10 à 15. Selon M. Barois, secrétaire général du Ministère des Travaux Publics d'Égypte, un couffin ordinaire, valant de 0 fr. 35 à 0 fr. 40 (en 1886), est mis hors de service dès qu'il a transporté 40 mètres cubes de terres sèches ou 30 mètres cubes de terres humides ; ces chiffres s'élèvent à 50 et 60 mètres cubes pour les couffins bordés et renforcés avec des cordes de palmier, valant de 0 fr. 50 à 0 fr. 60 pièce ; il estime à 1^m 80 le cube journalier exécuté en moyenne par chaque homme de corvée.

Les inclinaisons habituellement données aux talus des différentes terres et roches, pour éviter leur éboulement, sont indiquées par le tableau suivant :

	Base.	Hauteur.
Argiles .,	1	0,5
Terres franches	1	1,0
Sables et graviers	1	1,5
Roches tendres	1	3,0

Ces chiffres peuvent être utiles pour les travaux de remblais et de déblais.

Pour les transports de fardeaux lourds, on pourra faire usage d'appareils analogues aux *filanzanes* portées par quatre hommes, ou d'un simple bois de 1^m 50 à 2 mètres de long reposant sur les épaules de deux hommes et supportant la charge en son milieu ; il n'y a d'ailleurs qu'à observer les *porteurs* de la région et adopter leurs procédés. Il nous semble que certaines populations indigènes ne peuvent pas soutenir, sans fatigue excessive, des charges suspendues au bout du bras.

Il faudra souvent abandonner la brouette en tant que véhicule pour les terrassements; dans certains cas on pourra quelquefois utiliser des animaux porteurs ou des mono-rails (voir les *Appareils de transports* dans la partie du Cours relative aux *Travaux et Machines*).

Les terres humides et les marais sont les sols les plus défavorables aux ouvrages et il est préférable que le colon ne les aborde pas ; il doit toujours mettre ses constructions dans un milieu salubre ; cependant, comme dans une propriété il peut y avoir une semblable zone où l'on soit obligé de faire un travail, il est bon de nous arrêter un instant sur ces terrassements exceptionnels.

La manutention des terres dans les marais, les curages, etc., sont des travaux très pénibles et insalubres en France ; à plus forte raison aux colonies. A titre d'indication, voici le résumé des mesures indiquées par la *Société de Médecine publique et d'Hygiène professionnelle*, adoptées par l'*Académie de Médecine* sur le rapport de M. Léon Collin, Inspecteur général du service de santé des armées ; bien que ces mesures soient facilement applicables à nos travaux métropolitains on peut s'en inspirer pour les colonies :

1° Donner loin du chantier des logements salubres et clos aux ouvriers ;

2° Fragmenter le travail ; le faire par petites parties successives et non sur de grandes surfaces à la fois, afin de ne pas créer de vastes foyers d'infection ;

3° Évacuer loin du chantier tout ouvrier à la moindre atteinte de fièvre paludéenne et ne jamais le reprendre (après guérison, il restera toujours sous l'influence de l'impaludisme) ;

4° Exécuter le travail dans la saison froide, jamais pendant les mois les plus chauds ;

5° N'embaucher que des hommes sains ; diminuer le nombre des ouvriers le plus possible ; les remplacer par des animaux et des machines ;

6° Augmenter la résistance des hommes par des repas chauds, des boissons toniques, des vêtements de laine sur la peau (ceinture et chemise de flanelle) qui favorisent l'action éliminatrice de la peau et évitent le frisson initial ;

7° Allumer des feux qui établissent des courants d'air et brûlent les germes dangereux.

Cette dernière prescription est excellente ; ajoutons que ces feux, allumés jour et nuit, brûlent non seulement les germes mais détruisent les insectes et surtout les moustiques (*Anopheles*), lesquels, d'après des recherches relativement récentes, propagent la fièvre par leurs piqûres qui sont autant d'inoculations [1].

Fondations

Les terrains sont généralement assez résistants pour supporter les constructions rurales dont les pressions sont faibles par unité de surface (1 à 4 kilog. par centimètre carré); dans ces conditions, le

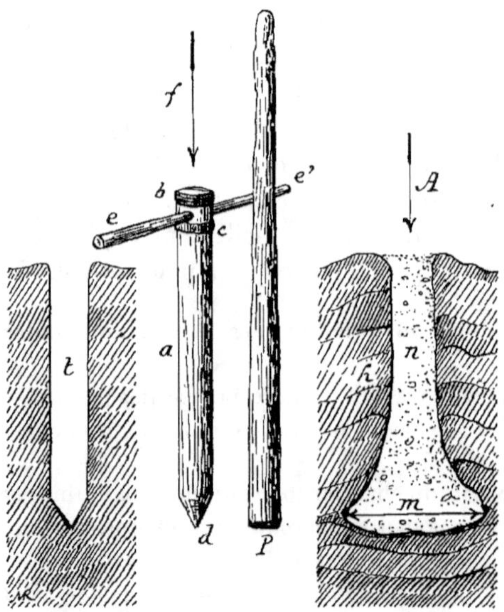

FIG. 5. — Pieu en béton.

terrassement nécessité pour les fondations peut être limité à l'enlèvement de la couche superficielle du sol.

Pour l'exécution de certains ouvrages légers et temporaires dans les terrains marécageux, au lieu d'enlever la terre insalubre jusqu'à

---

1. Rappelons qu'on détruit les larves et les nymphes des insectes aquatiques en mettant un peu de pétrole lampant sur l'eau des mares ou des flaques (10 centimètres cubes par mètre carré environ, qu'on renouvelle deux ou trois fois dans la saison); on peut appliquer ce procédé aux abreuvoirs, les animaux font d'abord la grimace, mais s'y habituent.

la rencontre du bon sol, on peut disposer horizontalement des lits de fascines ou de branchages qu'on charge de sable ou de terre sèche : la masse s'enfonce d'une certaine quantité en comprimant le sol (nous en reparlerons plus loin, dans la partie du Cours consacrée aux *Routes et Chemins*).

On peut aussi comprimer artificiellement le sol par places en s'inspirant du procédé suivant, signalé il y a près d'un siècle, oublié, puis repris en 1895, avec tout un matériel nouveau, pour les travaux de fondations du Commissariat Général de l'Exposition Universelle de 1900.

En principe, on enfonce verticalement dans le sol, de distance en distance, un pieu en bois, qu'on retire ensuite, puis on comprime dans l'alvéole des pierres cassées ou du béton. L'outillage est simple : un pieu a (fig. 5) de $0^m 15$ à $0^m 20$ de gros diamètre, de 1 mètre à $1^m 60$ de longueur, est garni en tête de frettes b et c en feuillard ou en gros fil de fer ; la partie inférieure est taillée en pointe d, et si possible garnie d'une plaque métallique ; la tête, percée d'un trou, reçoit une barre de bois ou de fer ee', formant tourne-à-gauche. Un ouvrier frappe sur le pieu dans le sens f pendant qu'un autre le tient, le remue et le tourne horizontalement entre deux coups afin d'éviter qu'il adhère aux parois ; ces dernières sont lisses et suffisamment consistantes pour ne pas s'ébouler jusqu'à la fin du travail. L'opération précédente donne un trou vertical dont on voit la section t ; on y jette par petites portions successives des matériaux solides, tels que des pierres cassées, des galets, du gravier, ou même simplement du sable ; chaque portion est comprimée au refus avec un pilon P, constitué par un grand bois dont la partie inférieure, coupée carrément, a un diamètre un peu plus petit que celui du trou t ; après ce travail, la coupe montre que les matériaux n, m, ont refoulé le sol et ont formé une sorte de colonne avec empattement m très résistant, tout en ayant raffermi les couches voisines h ; on est arrivé, dans certains sols, à faire entrer dans le trou t jusqu'à cinq fois son volume primitif de matériaux ; un semblable *pieu en béton* reporte toute sa charge A sur une grande surface de base m.

Rappelons l'emploi des *pilots* ; le pilot est une pièce de bois a (fig. 6) écorcée, à pointe b durcie au feu ; la tête t, coupée carrément, est taillée en cône afin de recevoir un collier ou frette f, en fer, qu'on retire d'un coup de marteau suivant m (quand le pilot est placé) pour servir à l'enfoncement du pilot suivant. On se sert de masses ou mieux du *mouton à anses* A (fig. 7), en bois fretté, manœuvré par deux hommes et pesant au plus 20 kilog. ; c'est avec

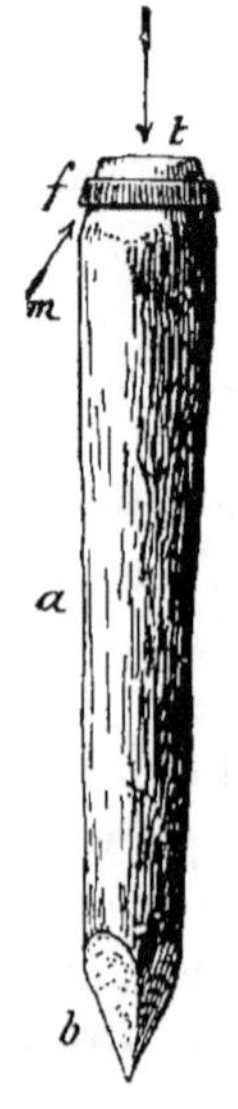

FIG. 6. — Pilot.

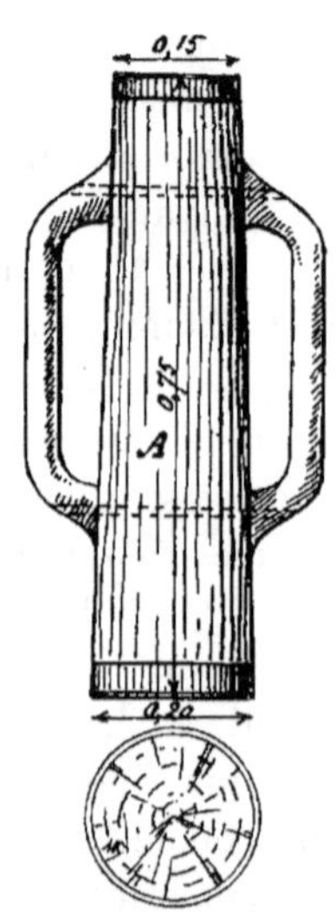

FIG. 7. — Mouton à anses.

de semblables outils que le Génie a pu exécuter la plus grande partie de ses ouvrages lors de l'expédition de Madagascar.

Nous ne parlerons pas des *pilotis* qui exigent l'établissement d'une *sonnette*, impossible à utiliser dans les travaux que nous avons en vue.

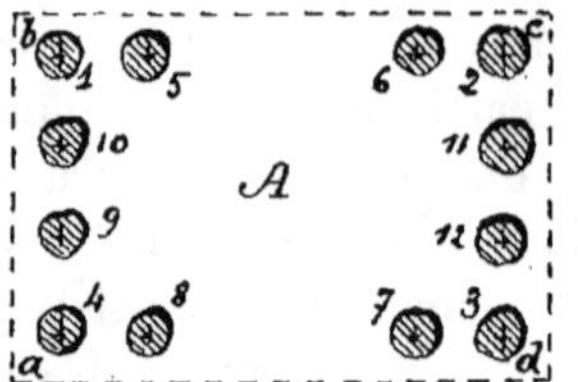

FIG. 8. — Plan des pilots d'une fondation.

Au sujet de l'ordre d'enfoncement des pieux et des pilots, disons qu'il convient de commencer par la périphérie pour comprimer le sol en dedans du périmètre *a b c d* (fig. 8) de la zone à consolider ; ainsi, on suivra l'ordre : 1, 2, 3, 4…12, qu'on appliquera également aux pieux de la partie centrale A.

Dans les terrains vaseux avoisinant le port de Saïgon (20 mètres de vase molle et fluide recouverts de 3 à 5 mètres d'une vase un peu consistante sur laquelle croissent des palétuviers), on arrive à consolider suffisamment le sol, pour supporter des maisons ordinaires en maçonnerie, en y enfonçant des pilots économiques constitués par

des bambous de 0^m 08 environ de diamètre et de 3 mètres de longueur (appelés *caï-congs*), à raison de 20 à 30 bambous par mètre
carré de fondation.

Croizette-Desnoyers qui eut à construire, pour la ligne de Nantes à
Brest[1], de nombreux ouvrages d'art sur
des terrains tourbeux, avait obtenu la
résistance voulue en recouvrant le sol
naturel par un remblai de sable qui
s'enfonçait peu à peu; cet ingénieur
montra que, dans la tourbe ou la vase
compacte, le remblai prend la section
d'un trapèze A (fig. 9), la petite base
a b étant en bas, sans descendre à une
grande profondeur; dans les sols de
moyenne consistance, le remblai B
s'enfonce presque d'aplomb mais sans
atteindre ordinairement le terrain solide, tandis que dans les tourbes et les
vases très molles, le remblai C descend
jusqu'au contact du terrain solide S et
son élargissement *d e* à la base est

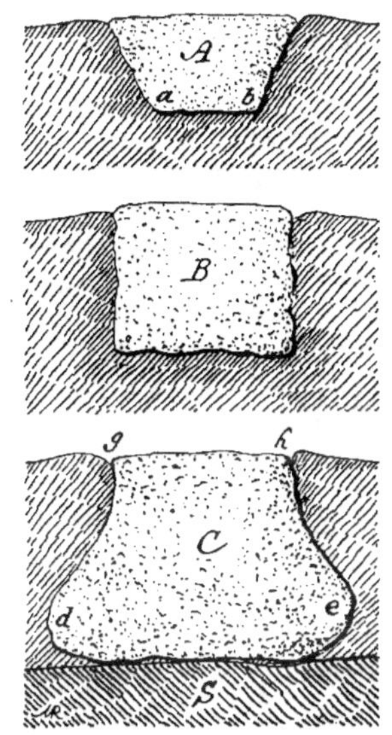

Fig. 9. — Fondations en sable dans les terrains vaseux.

d'autant plus grand que la vase est plus fluide; dans ce dernier
cas, le plus défavorable, il faut, pour obtenir une bonne stabilité, que le poids total du sable C enfoui, calculé par mètre carré *g h* de fondation, soit au moins de 1,4 à 1,5 le poids total (par mètre carré) de l'ouvrage à élever sur ce plan *g h*.

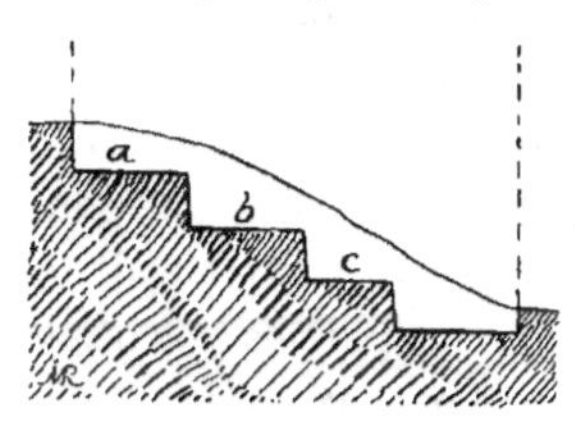

Fig. 10. — Fondations par gradins.

On a employé le même procédé au canal maritime de Kiel pour la traversée des tourbières : on fit de chaque côté de l'emplacement
du canal un remblai C (fig. 9) de sable qui s'enfonça dans le sol,
puis on y tailla les berges. (Dans les tourbes molles, le remblai a
atteint 15 à 20 mètres d'épaisseur sur 14 à 15 mètres de largeur *g h*.)

Pour tous les murs, même légers, il faut se rappeler que le plan

1. *Annales des Ponts et Chaussées*, 1864.

des fondations (ou *forme*) doit toujours être horizontal, en une ou en plusieurs parties *a*, *b*, *c* (fig. 10), raccordées par des ressauts verticaux. Les peuples de race jaune ne procèdent pas ainsi : ils disposent les assises *nm* (fig. 11) parallèlement à la surface du terrain naturel ; c'est mauvais pour la stabilité et il faut exiger que le travail soit exécuté comme l'indique la fig. 10.

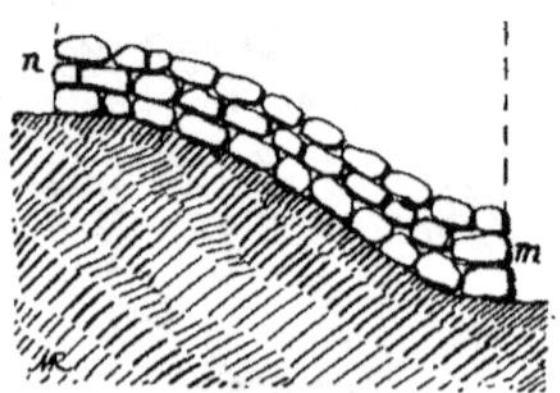

Fig. 11. — Mauvaise disposition d'assises de fondation sur terrain en pente.

Inutile d'insister sur des détails courants : emploi d'une couche de sable dans le fond de la forme, augmentation de l'épaisseur à la base du mur (ou empattement) pour diminuer la pression par unité de surface afin d'assurer la stabilité de l'œuvre, renforcement des fondations sous les *cornes* ou angles des constructions, etc.

Parois verticales.

Examinons les parois verticales élevées aussi bien en matériaux compacts (murs) qu'en matériaux légers ou ligneux.

A l'inverse de chez nous, la *pierre* sera d'un emploi relativement restreint ; s'il est possible d'en extraire à l'aide de coins en bois dur ou en fer (cas de roches tendres ou très fissurées), ou en chauffant la roche avec un grand feu, puis en projetant de l'eau sur la masse chaude afin de la faire éclater (*abatage par le feu*), on pourra obtenir des moellons ; mais, comme ce travail nous paraît bien pénible, on devra réserver ces moellons pour les parties essentielles des constructions, comme les soubassements par exemple.

L'abatage par les explosifs (poudre de mine ou dynamite) ne pourra probablement être pratiqué qu'avec l'aide des agents de l'Administration au courant des précautions à prendre dans ces travaux[1].

Les moellons irréguliers conduisent à l'emploi de l'*opus incertum* utilisé dans les temps anciens : sans s'occuper des *lits de carrière*, les moellons A et B (fig. 12) sont calés avec des éclats ou *blocages* et les joints bouchés avec de la terre ; il sera bon, si possible, de

---

1. Voir à ce sujet le chapitre des *Dérochements* dans notre livre : *Travaux et Machines pour la mise en culture des terres*.

liaisonner le mur en disposant à des écartements h (fig.13) des assises A, B en matériaux *gisants*, c'est-à-dire plats ; au besoin, on utilisera des bois durs à cet effet ; la hauteur h peut varier de 0 m 50 à 1 mètre.

L'étude géologique montre si l'on peut faire sur place du pisé, des briques crues ou des briques cuites. Dans ce cas, il est recommandable de se loger provisoirement sous des tentes ou dans des huttes faites

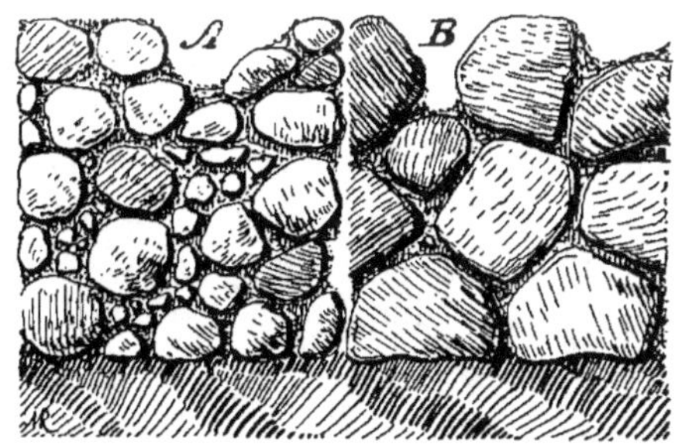

Fig. 12. — Maçonnerie de moellons irréguliers.

par les indigènes, puis on organisera le chantier en prenant tout le temps nécessaire pour exécuter le travail ; si possible, faire élever ces habitations temporaires dans une situation telle que, plus tard, elles pourront être utilisées comme magasins accessoires.

Fig. 13. — Mur en moellons avec assises de liaison.

Le *pisé*, très anciennement connu, employé dans beaucoup de colonies à climat chaud et sec, donne des murs épais, très solides, mauvais conducteurs de la chaleur, mais demande à être bien entretenu afin de ne pas servir de refuge aux rongeurs, reptiles, insectes, etc. Dans certaines régions de France on en élève des maisons de plusieurs étages et Cointereaux en avait construit une, en 1800-1810, à la Tourelle de Saint-Mandé ; cinquante ans plus tard cette *maison de terre*, ainsi qu'on la désignait, encore en très bon état, fut démolie pour le passage du chemin de fer de Vincennes[1].

1. On pourra se reporter à notre étude complète sur le pisé : *Journal d'Agriculture pratique*, 28 août 1902, page 278.

En principe, on comprime par petites portions la terre (dépourvue de cailloux) dans un moule ou encaissement qu'on déplace au fur et à mesure de l'avancement du travail.

Il ne faut pas se servir d'argile pure, qui se fendillerait en prenant trop de retrait, ni de sable, lequel, seul, n'a pas assez de cohésion. Employer de la terre franche, un peu graveleuse, humectée de telle façon qu'une poignée pressée dans la main et jetée à terre (sur le *tas*) conserve assez bien la forme qu'on lui a donnée. Comme autre procédé empirique, faire, avec la terre qu'on a, une portion de mur d'au moins 0ᵐ50 de côté, et le laisser quelques mois : si des fendillements se produisent, ajouter du sable ou de la terre légère ; si le bloc se délite, ajouter des éléments fins ou de la terre argileuse.

Nous résumerons le procédé suivi en France pour élever d'excellents murs en pisé ; on pourra s'en inspirer, avec quelques modifications, pour les travaux à faire aux colonies.

La terre est comprimée par couches, de 0ᵐ10 à 0ᵐ15 d'épaisseur au plus, à l'aide d'un *pisoir* ou *pizon* P (fig. 14) en bois (dont l'arète *ab* a 0ᵐ10 à 0ᵐ15) dans un moule (fig. 15) ou encaissement facile à démonter. Les pièces A (*clefs*, *linçoirs* ou *lançonniers*) de 1ᵐ20 de long et 0ᵐ07 à 0ᵐ09 d'équarrissage, percées à leur extrémité d'une mortaise, reçoivent les montants ou *aiguilles* B de 1ᵐ80 de long et 0ᵐ07 × 0ᵐ09, pourvus d'un tenon à leur partie inférieure et maintenus par les coins C ; en haut, l'écartement des aiguilles est déterminé à l'aide d'une corde *c* qu'on serre avec une sauterelle et un bâton *b* ; les aiguilles soutiennent des planches lisses D *d'*, de 0ᵐ03 à 0ᵐ04 d'épaisseur, ou des panneaux appelés *banches* maintenus par des montants *d* ; le pilonnage s'effectue d'abord près des banches, puis au milieu du mur, qui a environ 0ᵐ50 d'épaisseur.

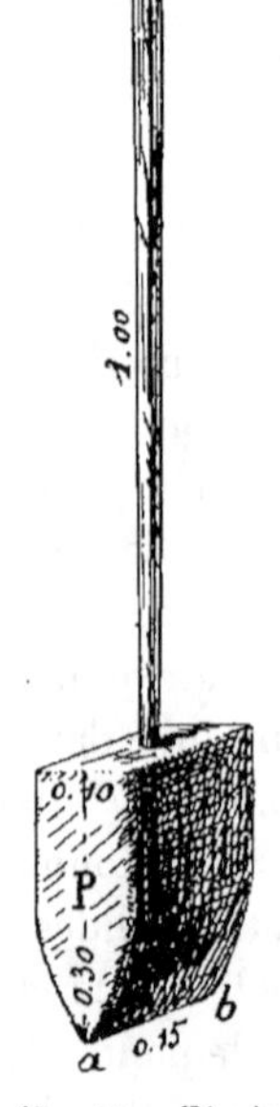

Fig. 14. — Pisoir.

Dans les climats humides on élève un petit soubassement *m* (fig. 16) de 0ᵐ20 au moins de hauteur ; le pisé P se fait par assises successives *a*, *b*, *c*... de 0ᵐ50 à 0ᵐ80 d'épaisseur et bien horizontales, en donnant aux parois *y* et *y′* un *fruit* ou pente de 1 à 2 centim. par mètre. Dans la fig. 17, on voit en *m* le soubassement, en *x*, *x′*... les plans des assises successives *a d... b c* ; les portions sont effectuées

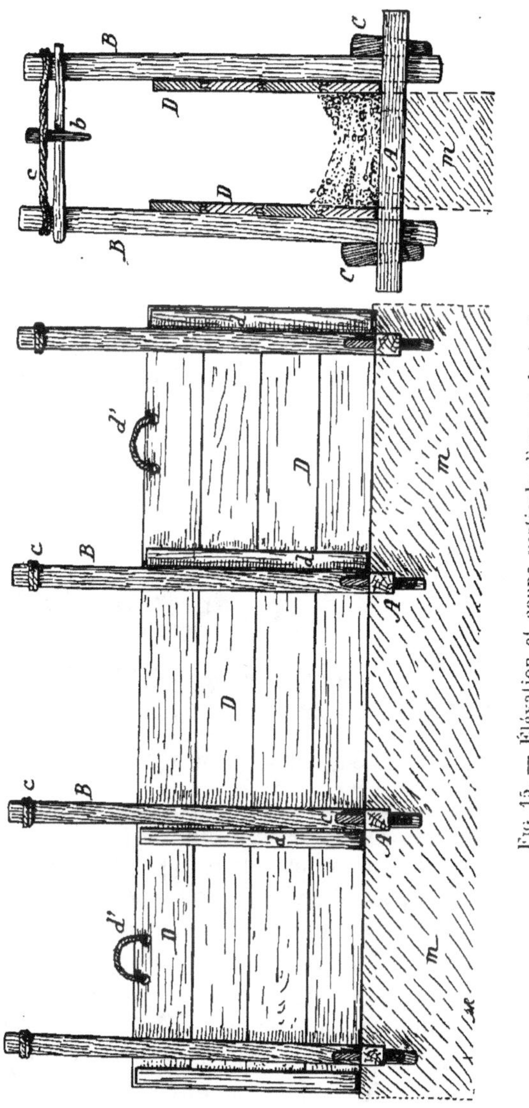

Fig. 15. — Élévation et coupe verticale d'un moule à piser.

dans l'ordre indiqué par les chiffres 1, 2... 11, 12, les joints étant inclinés à 45 degrés environ.

Le *torchis* se prépare avec de la terre franche (ou à défaut de la terre maigre), humectée comme pour le pisé, exempte de cailloux plus gros qu'une noisette; on malaxe ou on fait piétiner la masse par des hommes ou des animaux en y incorporant des matières végétales, des herbes coupées par bouts de $0^m 10$ environ de longueur (en France on utilise la paille de préférence au foin). Le torchis est posé à la fourche par assises *ab*, *cd*, *ef*... (fig. 18), de $0^m 30$ au plus d'épaisseur; avoir soin de bien

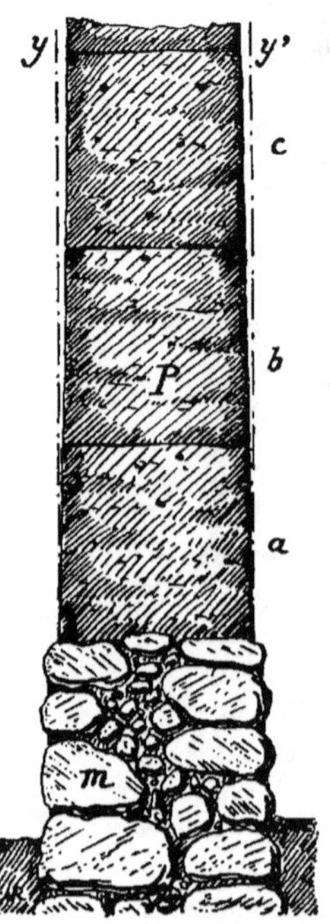

Fig. 16. — Coupe verticale d'un mur en pisé.

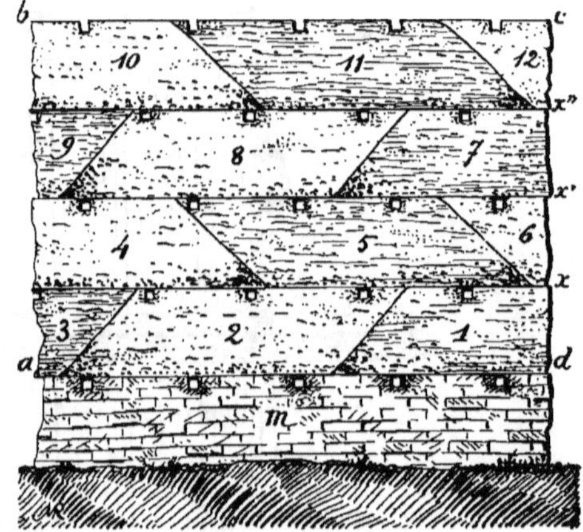

Fig. 17. — Élévation d'une portion de mur en pisé.

faire piétiner ou tasser une assise avant de poser la suivante. On confectionne ainsi des murs épais qu'on peut recouper suivant *y* et *y'*, puis lisser à la truelle ou avec une planche mouillée.

Le torchis peut être utilisé pour les plafonds, les terrasses, pour couvrir les meules de végétaux; dans beaucoup de cas, il sera appliqué à une ossature *a*, *b* (fig. 19), verticale ou inclinée, formée de bois espacés de $0^m 60$ à $1^m 00$, réunis par un clayonnage grossier *c* contre lequel, sur chaque face (extérieure et intérieure), on vient plaquer des couches *m* de *bauge* ou de torchis.

Les différents murs sont enduits d'un mortier de terre passé à la truelle ou jeté avec un petit balai, comme pour ce qu'on désigne, en France, sous le nom d'*enduit tyrolien*. Certains indigènes augmentent la cohésion de leurs terres trop sableuses pour les crépis et enduits en leur ajoutant, comme matière colloïdale, des excréments de ruminants (d'ailleurs, on prépare souvent dans nos campagnes les *aires à battre* en étendant, au balai, de la bouse de vache délayée dans l'eau).

Les *briques crues* ne présentent pas de difficultés d'exécution, mais

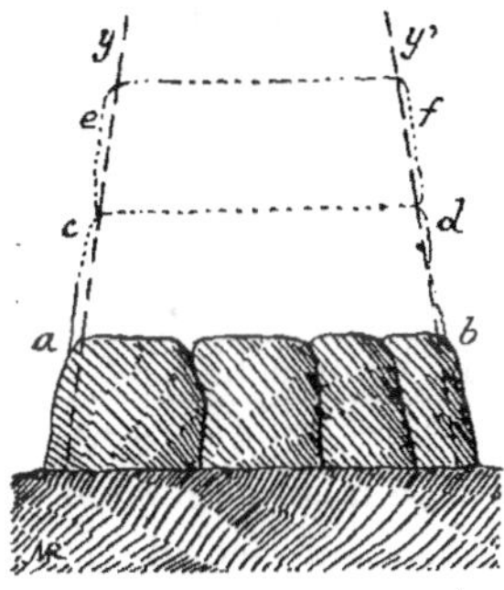

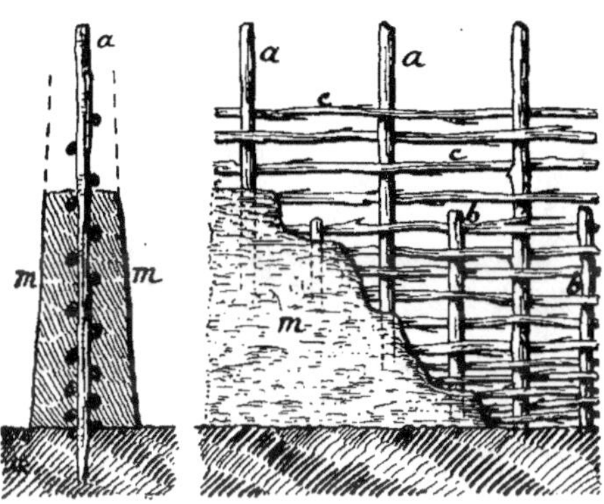

FIG. 18. — Coupe verticale d'un mur en torchis.

FIG. 19. — Mur en clayonnage garni de torchis.

il faut les laisser sécher quelques mois avant de les employer. On prépare un torchis qu'on moule entre quatre planches formant l'aire latérale d'un tronc de pyramide (fig. 20) ; on laisse sécher les briques sur l'aire et quelque temps après on les relève de champ (*mise en haie*); il est bon de faire le travail avant les fortes chaleurs, et d'abriter les matériaux par des herbes ou des feuilles afin d'éviter une dessiccation trop rapide ; on augmente la qualité des briques en les battant

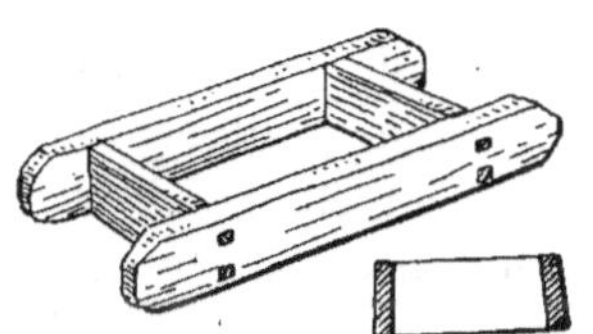

FIG. 20. — Moule à briques.

plusieurs fois (avec une batte en bois) pendant leur séchage. Les plus grandes dimensions qu'il est possible de donner sont de $0^m40 \times 0^m20 \times 0^m10$: comme éléments de construction ce sont des *carreaux* (et non des briques) qui se posent à plat et sont bien gisants ; leur charge de sécurité est de 5 kilog. par centim. carré, chiffre plus élevé qu'il ne faut pour nos constructions.

Le pisé, le torchis et les briques crues de bonne fabrication résistent longtemps : près de Tunis on voit un vieil aqueduc dont les hautes piles en pisé, encore en bon état, soutiennent des voûtes en briques cuites.

Les *briques cuites* doivent être fabriquées chaque fois que cela est possible : la plus mauvaise qualité (selon nos évaluations de France) donnera toujours des matériaux qu'on pourra considérer comme bons aux colonies.

La terre est séparée des cailloux par un triage, ou mieux par un lavage : on creuse une fosse A (fig. 21) de 0m50 à 0m60 de profondeur, pourvue d'une décharge *b* vers un thalweg *c* ; au besoin, les parois de la fosse seront consolidées par des clayonnages et des piquets *d*, *d'*. On met de la terre en A (0m20 à 0m30 d'épaisseur) et on la recouvre d'eau ; on laisse les matériaux s'humecter, puis on remue la bouillie claire avec un bois ; après quelque temps de repos, on décante l'eau

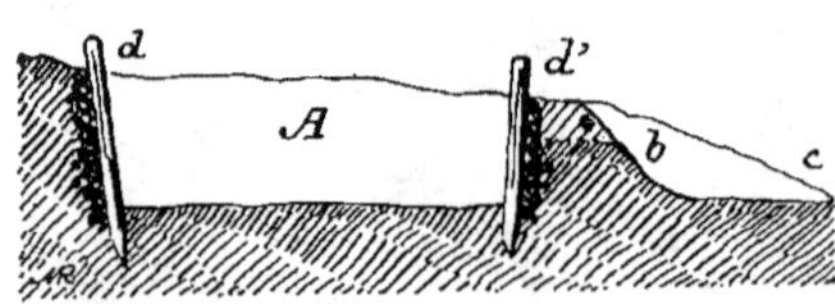

FIG. 21. — Coupe verticale d'une fosse à laver l'argile.

surabondante en enlevant le barrage *d'b* : il s'est opéré une stratification, les gros matériaux restent au fond, les plus fins et les meilleurs à la partie supérieure du dépòt constituent l'argile aussi bonne que possible, étant donnée la terre dont on dispose. — Après deux ou trois opérations, la fosse A, colmatée, est devenue étanche.

La bonne terre, ainsi obtenue, est mise à ressuyer sur une aire ; quand elle a la consistance voulue on la découpe en pains, à l'aide d'un fil métallique (de préférence en cuivre), et on la moule en prismes rectangulaires dans des moules en bois qu'on saupoudre de sable fin et sec (moulage au sable) ou qu'on mouille (moulage à l'eau) pour éviter l'adhérence.

En Égypte, un fellah ordinaire moule par jour un millier de briques (de 0m22 × 0m14 × 0m11) ; après huit jours de travail il fabrique de 1.200 à 1.500 briques par jour, soit l'équivalent d'un mètre cube, exceptionnellement 1800.

En France, les dimensions des briques sont généralement de 0m22 × 0m11 × 0m05 à 0m06. Nous croyons qu'aux colonies, étant donnée la dessiccation rapide et les difficultés de la cuisson, on fera bien de réduire un peu ces chiffres et d'adopter, par exemple, 0m15 de longueur ; inutile d'insister sur la dessiccation qui doit être aussi lente que possible (faite à l'ombre) ; on peut *rebattre* une ou deux fois certaines briques destinées à quelques parties soignées de la construction (*cornes* ou angles, *jambages* des baies d'ouvertures, etc.).

La cuisson se fera à la *volée* en élevant un tas de briques A (fig. 22), posées de champ et non jointives (les vides sont égaux au tiers du volume total) ; on ménage tous les 0ᵐ60 à 0ᵐ80 des voûtes *v* servant de foyers ayant chacun environ un mètre de hauteur et 3 mètres de profondeur ; la meule A, qui peut avoir 3 mètres de hauteur, est garnie d'une couche de terre *t* ; on allume les feux en *v* en ménageant un nombre suffisant de trous ou évents *e*, *e'*, du côté opposé à l'arrivée du vent. La cuisson sera assurément irrégulière : en bas, près des foyers, on aura des briques presque vitrifiées ; en haut du tas, des briques mal cuites, mais qui sont néanmoins utilisables dans les parties légères et sèches de nos constructions.

Le mode de cuisson qui vient d'être rappelé sera employé pour faire de la *chaux* ou du *plâtre*, lorsqu'on aura à sa disposition des calcaires ou du gypse.

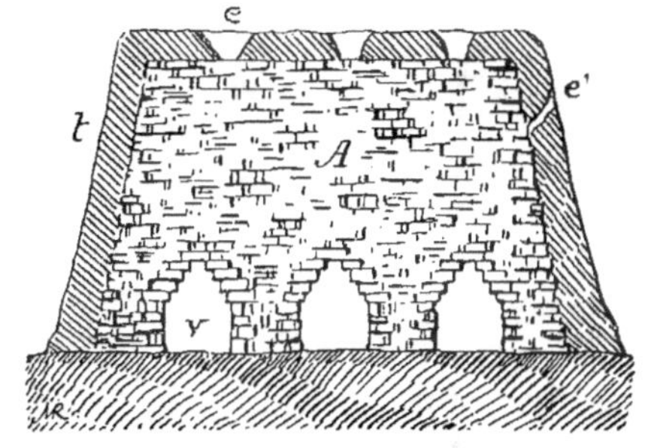

Fig. 22. — Coupe verticale d'un tas de briques disposé pour la cuisson à la volée.

Nous n'avons pas encore de données sur le pouvoir calorifique des bois et des branchages utilisables dans chaque colonie ; voici cependant, à titre d'indication, les quantités de bois qu'on consomme en France pour la cuisson de quelques matériaux de construction :

	Unités.	Quantités.
Briques....	1.000.	1.100 kg. de bois de feu.
Chaux....	Un mètre cube de pierre à chaux, pesant 2.000 kg.	1,7 stère de gros bois de chêne, ou 750 kg. de fagots de chêne, ou 800 à 850 kg. de fagots de bois légers, ou 900 à 1.200 kg. de fagots de genêts, bruyères.
Plâtre	Un mètre cube de plâtre cuit.	275 à 300 kg. de fagots (chêne, bouleau, charme, châtaignier).

Quelquefois on peut découper des plaques de gazons de 0ᵐ30 de long, 0ᵐ20 de large et 0ᵐ07 à 0ᵐ10 d'épaisseur, mais cela exige certains outils européens[1] : une *hache de pré* (fig. 23) ou une bêche bien tranchante et une pelle pour lever les plaques qu'on charge

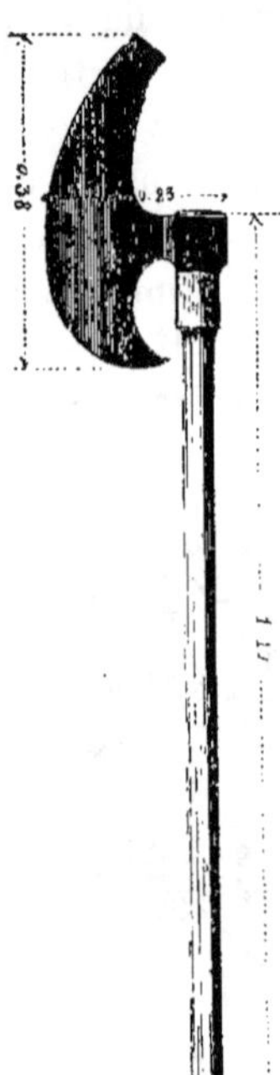

et qu'on transporte sur des civières en clayonnage (fig. 24) ; ces plaques se tirent facilement de sols homogènes, frais et dépourvus de pierres. Avec les plaques de gazons, montées par assises horizontales A (fig. 25) ayant les joints bien découpés comme dans une maçonnerie ordinaire, on élève les parements *a* et *b* en leur donnant un fruit d'au moins 3 à 5 centim. par mètre, pendant qu'on pi-

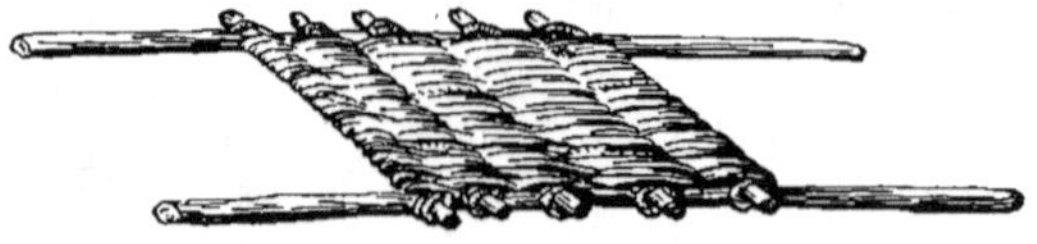

FIG. 24. — Civière en clayonnage.

lonne le remblai R chargé au fur et à mesure. On peut faire ainsi des murs épais et très résistants.

Signalons aussi les *pans de bois* si employés chez nous et qu'on peut utiliser comme ossature d'un mur en terre ou en torchis. Les *tournisses* ou *poteaux de remplage* a (fig. 26), écartés au plus de 0^m50 les uns des autres, reçoivent, du côté interne de la construction, des bois écorcés et fen-

FIG. 23. — Hache de pré.

dus ou des mauvaises planches *b* (analogues à des *dosses*) fixées par des chevilles, des pointes ou des liens. On a l'habitude de disposer horizontalement les pièces *b*, mais nous recommandons de les placer suivant une direction oblique, qu'indique la fig. 26, afin que l'ensemble des pièces *a*, *b* et *c* donne un système triangulé ; on peut laisser entre les

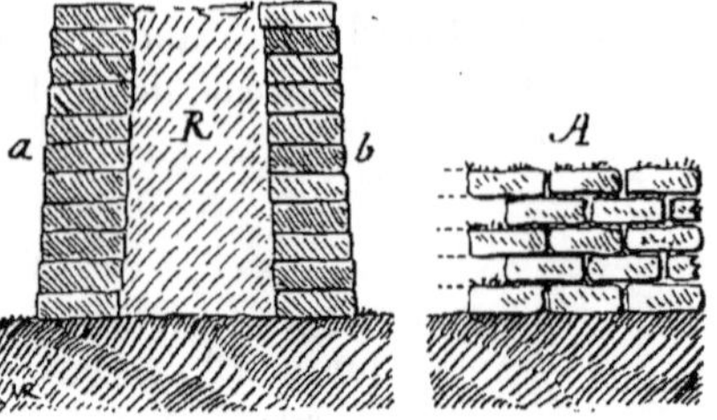

FIG. 25. — Mur en terre revêtu de plaques de gazons.

---

bois *b* des écartements ou vides atteignant, au plus, leur largeur. Lorsque la face interne du pan est ainsi complètement garnie de ces bois *b*, on cloue, sur la face opposée, d'autres bois *c*, disposés horizontalement : on commence, à la partie inférieure, par placer trois ou quatre bois *c* et on remplit le vide entre *c* et *b* avec des matériaux divers *m* : pierrailles et terre argileuse, torchis, limon, etc. (ces matériaux déterminent les écartements à laisser entre les pièces *b* et entre les bois *c*) ; puis, au-dessus de cette assise, on fixe trois ou quatre autres bois *c* en continuant ainsi le travail jusqu'à la

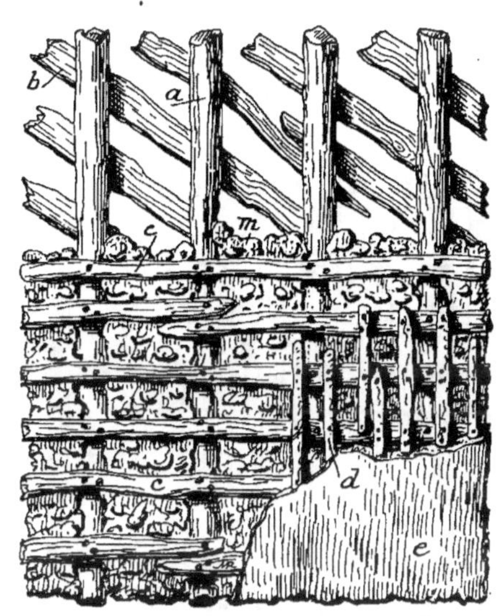

Fig. 26. — Pan de bois.

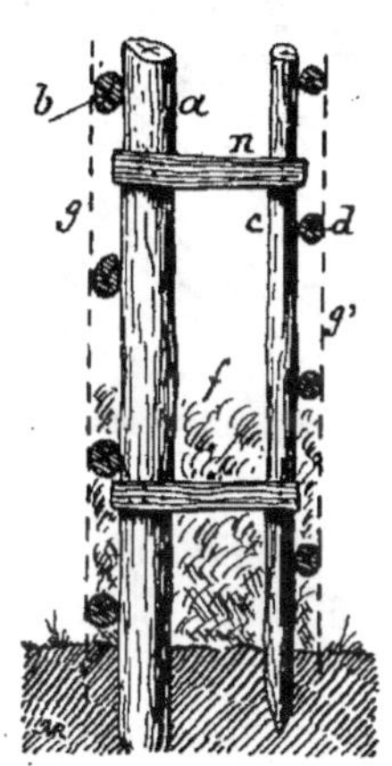

Fig. 27. — Coupe d'une paroi verticale garnie de foin ou de paille.

partie supérieure de la paroi. On termine l'ouvrage en clouant verticalement, sur chaque face, des petits bois fendus ou des lattes *d* qu'on garnit de mortier bien serré à la truelle ; dans la plupart des cas, ce mortier, formant enduit *e*, sera en terre mélangée de matières végétales ou mieux de poils d'animaux (chez nous on emploie du mortier de chaux ou du plâtre pour confectionner l'enduit *e*, l'intérieur *m* étant en terre et en petites pierres).

Nous indiquerons le procédé que nous avons employé pour une petite construction : sur une carcasse en bois *a* (fig. 27) on a attaché des perches *b*, et, à 0^m 30, on a établi une autre carcasse analogue *c d* liée à la précédente de place en place par des entretoises *n* ; sur les bois *b* et *d* on a cloué un grillage métallique *g*, *g'*, à larges mailles de 6 à 7 centimètres et l'intervalle *f* a été bourré avec du mauvais foin et de la paille ; puis on a recouvert le grillage d'un des côtés avec un enduit de torchis.

Les grillages dont nous venons de parler peuvent être très souvent remplacés par des claies que beaucoup d'indigènes ont l'habitude de confectionner avec divers végétaux ; nous donnons dans la

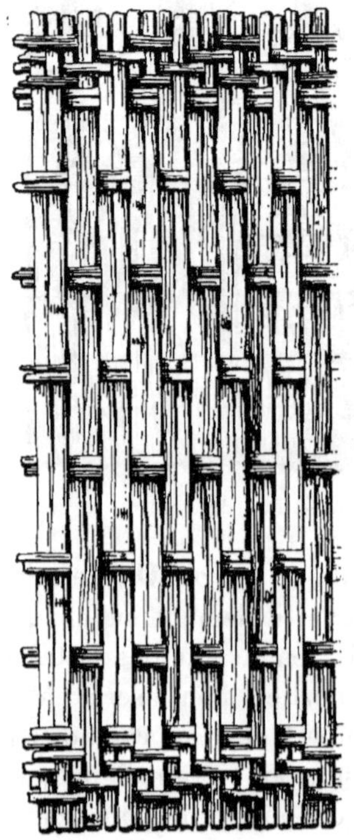

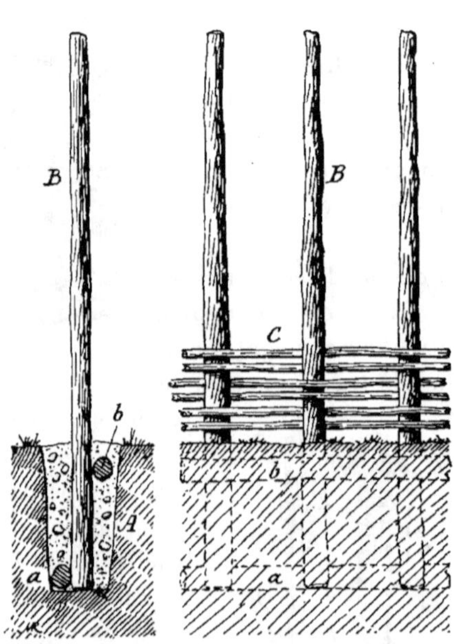

FIG. 28. — Claie en bambous.   FIG. 29. — Clayonnage pour parois verticales.

figure 28 la vue d'une des claies si employées au Tonkin et faites en bambous fendus en deux ; ces claies, établies en panneaux facilement transportables, se nomment *caï-phên*.

Les *clayonnages* peuvent servir à faire des parois verticales. Comme fondation, il suffit d'ouvrir une tranchée A (fig. 29) de 0^m40-0^m50 de profondeur et de 0^m25 à 0^m30 de largeur ; on place ou on enfonce des piquets B de 0^m10-0^m12 de diamètre, 2^m50 à 3 mètres de longueur, espacés de 0^m50 à un mètre. Les pieds des piquets sont reliés par deux bois horizontaux *a* et *b*, l'un

d'un côté, l'autre de l'autre ; on pilonne énergiquement, dans la
tranchée A, avec un bois coupé carrément (analogue au pilon P
de la fig. 5), de la terre, des cailloux ou mieux des pierres. Le clayonnage C, en branchages, en lianes ou même en rachis de certaines

Fig. 30. — Paillottes en bambous et en feuilles de palmier [1].

feuilles, se tresse sur les piquets B, les bouts étant toujours en
dedans de la construction. C'est sur chaque face de cette ossature
très solide, mais souvent peu durable suivant les essences
employées et le climat, qu'on applique des claies, des feuilles ou
une ou plusieurs couches de torchis.

Dans beaucoup de colonies les parois verticales des *paillotes* des
indigènes sont établies par des carcasses formées de pièces orthogonales (montants et traverses) en bambous, maintenant des feuilles
de palmier artistement disposées (fig. 30).

On peut utiliser des terres n'ayant aucune consistance, à la condition de les enfermer dans des enveloppes solides comme des
gabions.

1. *L'Empire colonial de la France ; Madagascar*, p. 169.

Le gabion est une claie enroulée suivant l'aire latérale d'un cylindre, d'environ 0ᵐ80 de hauteur, de 0ᵐ60 de diamètre extérieur et de 0ᵐ45 de diamètre intérieur ; cette claie est soutenue par des piquets en nombre impair (7, 9 ou 11) dirigés suivant les génératrices. Pour fabriquer le gabion, on trace sur le sol un cercle a (fig. 31) du dia-

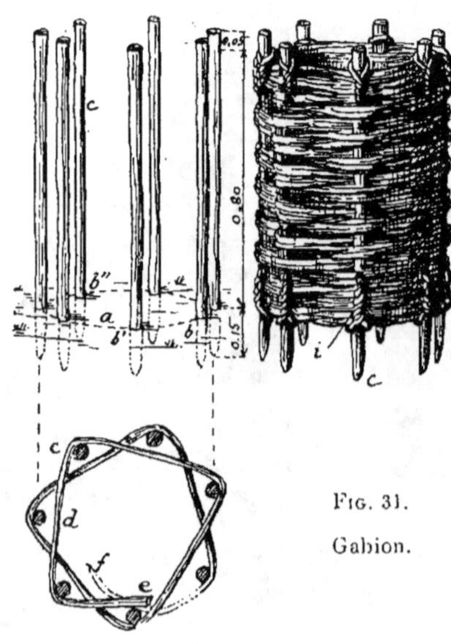

Fig. 31.

Gabion.

mètre moyen voulu et on détermine, à vue, les points b, b', b''... correspondants à la projection des piquets c qu'on enfonce à coups de masse. Pendant qu'un homme tient, au début du travail, les têtes des piquets c, un autre conduit le clayonnage d de branchages flexibles ou de lianes (de 1 à 2 centim. de diamètre au gros bout), en ayant soin de mettre à l'intérieur les talons e ainsi que les pointes f ; il est bon de conduire toujours deux clayons $d'd''$ (fig. 32) à la fois, l'un au-dessus de l'autre, les joints g de l'un tombant au milieu h de l'autre ; à chaque deux ou trois tours, on serre le clayonnage à coups de maillet. Quand le gabion (fig. 31) est monté, on le retire du sol et, à l'aide de harts i (ou de fil de fer), on arrête le clayonnage à l'extrémité de chaque piquet ; les bouts des harts sont passés à l'intérieur de la pièce. — On estime que deux de nos ouvriers peuvent fabriquer un gabion par heure.

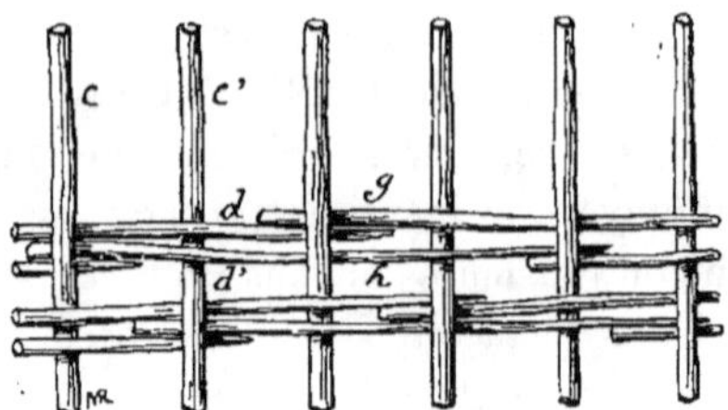

Fig. 32 — Clayonnage.

On applique la méthode précédente pour confectionner des claies plates, rectangulaires ou trapéziformes, en enfonçant dans le sol les piquets c, c' (fig. 32) suivant une ligne droite et en les mettant verticalement (claie rectangulaire) ou obliquement (claie trapéziforme).

Une fois à la place voulue, le gabion est rempli de terre. On peut élever une paroi verticale (fig. 33) avec une assise de deux gabions *a* surmontée des rangs *b* et *c* de diamètres décroissants ou non.

Pour le revêtement des talus *t* (fig. 34) à pentes raides, on utilise de semblables gabions *a*, *a'*, *a''*... inclinés, qu'on place au fur et à mesure que le remblai *t* s'élève ; les rangs de gabions sont séparés par des lits *f*, *f'*... de fascines disposées horizontalement.

Bien qu'il s'agisse d'un travail de charpente, nous pouvons parler ici des parois confectionnées avec des troncs d'arbres, et qu'on rencontre si fréquemment en Russie, en Suède, au Canada, etc.

On peut se contenter de couper les bois à la longueur voulue *a*, *b* (fig. 35) et de croiser les pièces ; on consolide l'ensemble, à chaque angle, par quatre poteaux corniers *c*, *c''*, puis par d'autres poteaux *d* disposés sur les longs-pans à un écartement variant de 1 à 2 mètres.

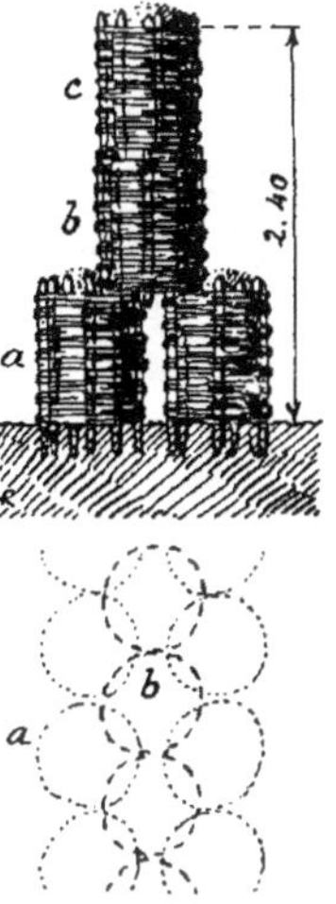

Fig. 33. — Coupe en élévation et plan d'une paroi verticale en gabions.

Parmi les différents systèmes de coupes et d'assemblages utilisés,

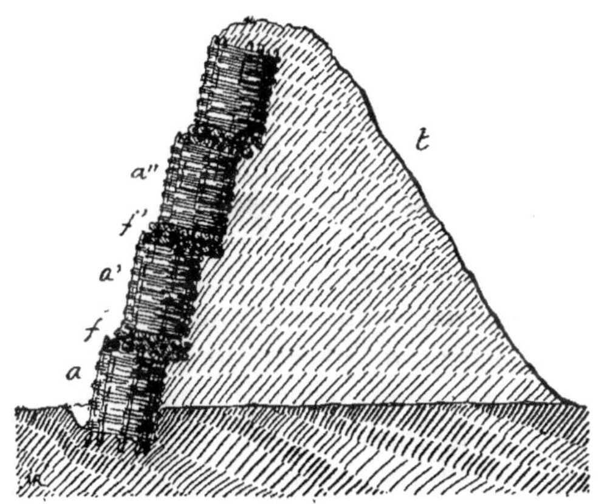

Fig. 34. — Gabions employés pour le revêtement d'un talus.

nous ne citerons que le plus simple : l'extrémité de chaque bois *a* (fig. 36) porte une entaille *b* demi-cylindrique dans laquelle pénètre

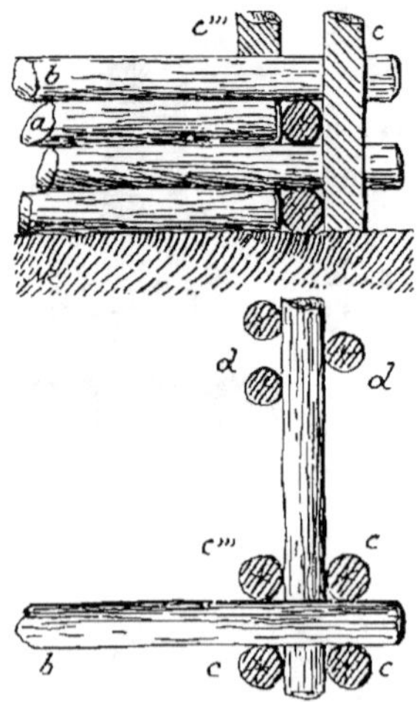

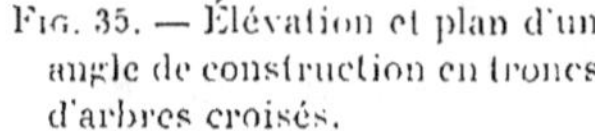

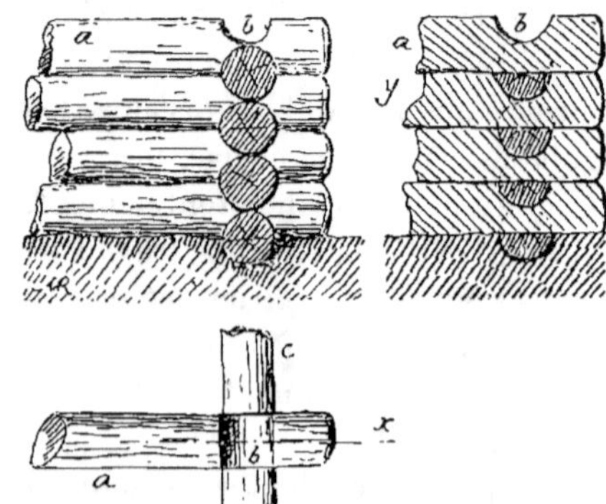

Fig. 35. — Élévation et plan d'un angle de construction en troncs d'arbres croisés.

Fig. 36. — Élévation, coupe et plan d'un angle de construction en troncs d'arbres assemblés.

la partie inférieure, non entaillée, du bois suivant *c* ; on voit en *y* une coupe verticale de la paroi passant par un plan *x*.

Charpentes

Nous connaissons les bois d'œuvre utilisés en France ainsi que leurs résistances ; il n'en est pas de même pour ce qui concerne les essences qui croissent aux colonies et pour lesquelles nous manquons de documents, mais il est très probable qu'il y a analogie avec les données suivantes relatives aux bois des régions tempérées.

La résistance et la durée d'un bois sont en raison directe de l'épaisseur des parois de leurs cellules, ce qu'on aperçoit au microscope ; à simple vue, on se rend facilement compte si le *grain* est serré ou si le tissu est lâche ; cela correspond avec la densité du bois.

Les arbres à croissance lente donnent des bois plus résistants que ceux à croissance rapide (pin et chêne de France comparés aux mêmes bois de Prusse et surtout de Norvège).

Certains bois se détériorent rapidement sous l'influence de causes diverses (humidité, champignons, insectes) ou se déforment : en

Algérie on utilise l'eucalyptus qui ne se *tourmente* pas s'il a été flotté ou trempé dans l'eau un certain temps après l'abatage.

Aux travaux entrepris depuis 1903 à Douvres, pour l'agrandissement du port, on construit les estacades avec des pilotis de 30 mètres de fiche et 0^{m}50 de diamètre en bois d'eucalyptus amenés à grands frais de Tasmanie ; on a constaté que ce bois (densité 1,15) est deux fois plus résistant et plus élastique que le meilleur chêne indigène, qu'il semble être le seul bois dur inattaquable par le taret et que sa conservation dans l'eau paraît indéfinie.

Les troncs des palmiers-dattiers étaient et sont encore utilisés dans les constructions des Orientaux.

Les bambous jouent un grand rôle dans l'Inde et l'Indo-Chine. Au Tonkin [1], les bambous épineux se rencontrent surtout dans le Delta et sur les berges des rivières ; ils sont employés par les Annamites pour enclore et défendre leurs villages ; les tiges, très résistantes, ont quelquefois 10 à 15 mètres de hauteur. Les bambous inermes, répandus dans la région montagneuse du Tonkin, atteignent jusqu'à 34 mètres de hauteur. Les maisons annamites sont souvent construites entièrement avec des tiges de bambous, sauf la couverture qui est faite en feuilles d'*Imperata* ou de *Borassus* ; inutile d'insister ici sur les autres applications des bambous (seaux, claies diverses, stores, câbles, liens, tuyaux, cuillères, embarcations, articles de pêche, etc.).

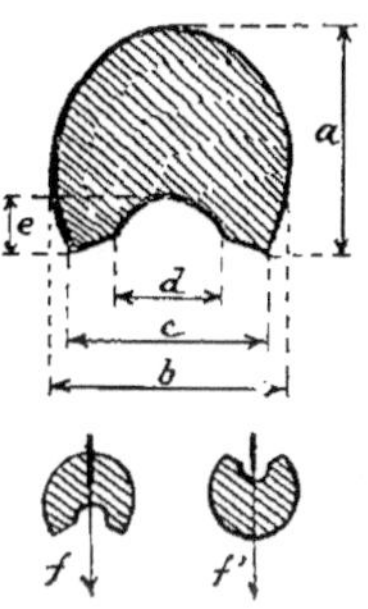

Fig. 37. — Coupe d'un rachis de raphia.

Les renseignements suivants proviennent de nos expériences faites à la Station d'Essais de Machines sur des rachis de raphia du Dahomey, sur des bambous de l'Indo-Chine et, à titre de comparaison, sur des bois sciés et fendus (lattes) en châtaignier de Bretagne.

Rachis de raphia (fig. 37). — Rupture par flexion d'une pièce posée sur deux appuis espacés d'un mètre ; charge appliquée au milieu de la pièce :

1. *Catalogue des graminées de l'Indo-Chine française*, par M. B. Balansa ; *Journal de la Société botanique de Paris*, 1890.

		Sens des efforts (fig. 37).			
		f		f'	
Dimensions en millimètres......	a	48.5	46.5	48.5	47.5
—	b	52.7	45.5	51.0	44.0
— —	c	52.7	40.5	50.0	39.5
— ...	d	31.0	27.5	25.0	19.5
— —	e	11.0	6.5	6.5	10.5
Poids par mètre courant........ kg.		0.697	0.573	0.635	0.519
Charge de rupture en kilogrammes		262	232	192	187
Moyennes.....		247		189.5	

Bambous (fig. 38). — Mêmes conditions d'essais que précédemment :

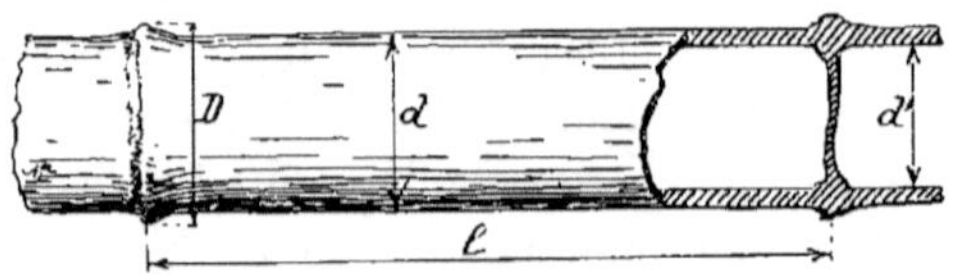

Fig. 38. — Bambou.

Dimensions en millimètres fig. 38	D	69.5	54.0
— —	d	63.5	51.5
— —	d'	50.5	40.5
— —	l	247.5	221.0
Poids par mètre courant .... (kg.)		1.20	0.69
Charge de rupture en kilogrammes.............		463	143

Châtaignier. — Rupture par flexion de pièces posées sur deux appuis espacés de $0^m 60$; charge appliquée au milieu de la portée :

	Pièces (fig. 39).	
	Rectangulaires A (posées à plat)	Triangulaires B
	Bois de sciage.	Bois de fente.
Côtés de la section en millimètres....	33×12	35 à 42 de côté
Poids par mètre courant............. (kg.)	0.235	0.524
Charge moyenne de rupture en kilogr.	48.38	214.59
Flèche maximum (millimètres)..........	46	40

Fig. 39.

Pour une portée de 1 mètre et une charge appliquée au milieu d'une pièce travaillant à la flexion, on peut admettre que la charge de sécurité que peut supporter cette pièce est d'au moins 50 fois son poids par mètre courant.

Il faudra étudier les végétaux employés par les indigènes qui sont
arrivés d'une façon empirique à découvrir, parmi leurs ressources,
les meilleurs bois relativement à la facilité d'exécution des ouvrages,
à la résistance demandée et à la conservation malgré les causes
de destruction dues au climat et aux insectes (termites, etc.).

Il est toujours recommandable d'employer les bois *pelés* ou *écor-*

Fig. 40. — Transport d'arbres sur la concession de Croix-Vallon [1].

cés ; le tissu de l'*aubier*, peu consistant et peu résistant, est
enlevé facilement avec une hachette ou une herminette ; ceci est applicable à nos bois d'Europe et il n'en est pas de même pour les Monoco-
tylédones (palmiers et bambous) qu'on n'a pas à écorcer, car la résistance de leur tige diminue de la circonférence au centre, à l'inverse
de ce qu'on observe chez les Dicotylédones.

Le *flottage* ou le *trempage* de nos bois, de suite après l'abatage,
améliore leur qualité comme résistance et comme durée de conservation ; chez nous, on considère comme suffisant un flottage d'un mois
à 6 semaines dans l'eau courante ou une immersion de 2 ou 3 mois
dans l'eau dormante ; il convient ensuite de laisser sécher lentement

1. *L'Empire colonial de la France ; Madagascar*, p. 78.

Génie rural.   3

les bois à l'ombre avant de les mettre en œuvre (1 à 3 mois au moins).

Quand on emploie des bois fendus ou sciés, il est bon de placer les pièces, autant que possible, de façon que le cœur du bois soit tourné du côté intérieur de la construction ; ajoutons que les bois disposés verticalement ont une plus grande durée que les pièces mises horizontalement ; c'est une raison pour augmenter la section des traverses relativement à celle des montants.

Ce qui précède est relatif aux bois utilisés au-dessus du sol ; nous verrons plus loin ce qui intéresse les bois enterrés.

Le transport des gros arbres présente des difficultés et se pratique le plus souvent à grand renfort d'hommes ; tel est le cas de la figure 40 où l'on voit une trentaine de Malgaches portant un arbre de la forêt à la scierie mécanique du domaine modèle que le commandant de la Croix Laval a organisé sur sa concession de Croix-Vallon, à 84 kilomètres de Tananarive.

Nous appelons l'attention sur l'étude des procédés les plus simples en usage chez nous pour le travail des bois, en vue de leurs applications aux colonies. A Madagascar, on utilise pour les constructions beaucoup de bois venant de Norvège, alors qu'il y a de très belles forêts à exploiter dans l'Ile ; les Malgaches, qui ne connaissent pas la scie, fendent les bois et les équarissent grossièrement à la hache en gaspillant ainsi beaucoup de marchandise pour n'obtenir que des pièces médiocres ; c'est M. Édouard Laborde qui a appris aux Malgaches à se servir de la scie de long [1].

On pourra très utilement appliquer les principes des *poutres armées*.

Une pièce *ab* (fig. 41) destinée à supporter un effort ou une pression *f*, peut être armée par dessous en reliant ses extrémités *a* et *b* par un tirant *acb* passant sur un *poinçon* ou *bielle nc* placé perpendiculaire-

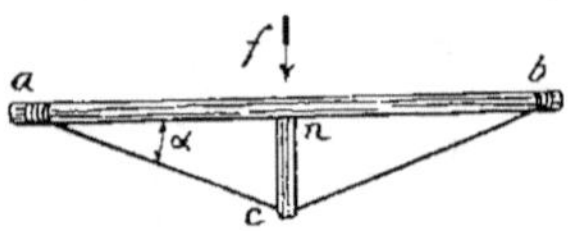

Fig. 41. — Pièce armée en dessous

ment à la pièce *ab* et en son milieu (on trouve ce principe en usage dans les fermes, les flèches de manèges, les charpentes de machines, etc.) ; l'angle *α* étant ordinairement voisin de 18 degrés, la longueur de la bielle *nc* est le

1. *L'Empire colonial de la France ; Madagascar*, pp. 77-81.

$\frac{1}{6}$ de la longueur ab ; sous l'action de l'effort f la bielle nc travaille à la compression et le tirant acb à l'extension ; le tirant peut être constitué par un ou plusieurs fils de fer galvanisé.

Il est souvent possible d'armer les pièces par-dessus à l'aide d'arbalétriers et d'aiguilles ; nous en donnerons plus loin des exemples à propos des *Ponts*.

Rappelons qu'on peut relier deux bois a, b (fig. 42). ou un plus grand nombre, par des moises m, m', dont l'écartement l dépend de la résistance à obtenir : les pièces a et b peuvent être tangentes ou espacées d'une certaine quantité, comme dans la fig. 42, en intercalant au besoin des cales c laissant un vide ne dépassant pas l'épaisseur des bois : on peut

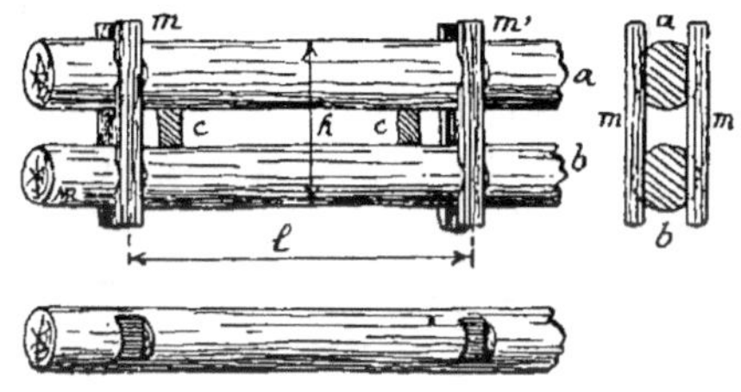

Fig. 42. — Assemblage de deux bois parallèles.

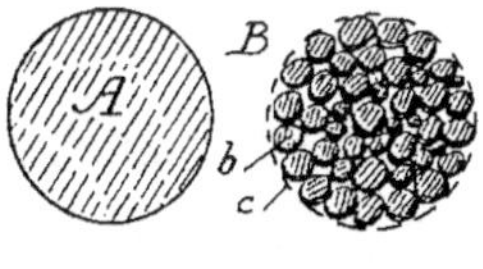

ainsi confectionner des pièces d'assemblages aussi solides qu'une seule pièce de hauteur h. les autres dimensions (largeur et longueur) restant les mêmes.

Quand on ne peut avoir un bois de la section désirée A (fig. 43,), nous croyons possible d'utiliser une *fascine*, c'est-à-dire une pièce B confectionnée par la réunion d'un certain nombre de pièces b ; ces petits bois, bien ligaturés, serrés en faisceaux par des liens extérieurs c, doivent former un ensemble dont la résistance totale est la somme des résistances de tous les éléments constitutifs.

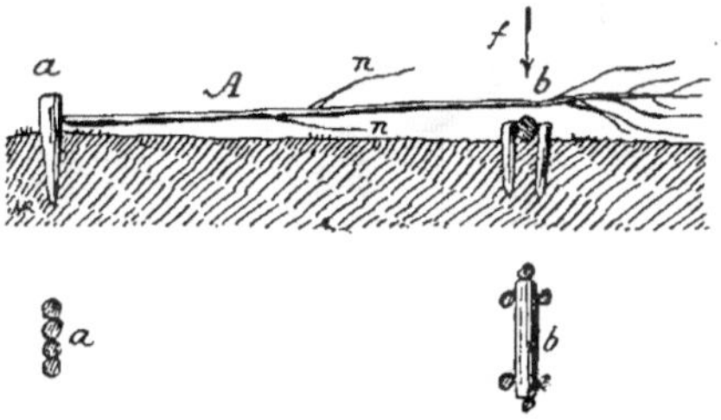

Fig. 43. — Coupe transversale d'un bois et d'une fascine.

Pour opérer facilement, on enfonce sur le chantier une ligne de piquets a (fig. 44), et, à une distance ab égale à la longueur voulue (2 à 4 mètres), on place un *billot* ou rondin b d'au moins 0^m10 à 0^m12 de dia-

Fig. 44. — Coupe en élévation et plan d'un *billot* pour la confection des fascines.

mètre maintenu par six piquets. L'arbre A est couché le pied contre la ligne *a* et on le coupe sur le billot par un coup de hache appliqué suivant *f* ; on enlève ensuite toutes les branches *n*.

Fig. 45. — Position des bois dans une fascine.

Comme les pièces précédentes sont des troncs de cône, on les place en alternant les gros bouts *c* avec les petits *d* (fig. 45) sur un *métier* formé de châssis B, B' (fig. 46), confectionnés avec des piquets *e*, *e'* et des rondins *f* de façon à avoir une hauteur *h* de 0 ^{m} 50 à 0 ^{m} 60 ; l'écartement de *e e'* est fixé par le diamètre de la fascine D ; l'écartement des châssis B, B', est de 0 ^{m} 50 à 0 ^{m} 60 et leur nombre dépend de la longueur de la pièce à exécuter. — Les bois une fois rangés, les plus droits et les plus gros étant en dehors, on les serre en agissant sur deux leviers L, L' (fig. 47), en bois, reliés entre eux par une corde *ijk* ; sous l'action des

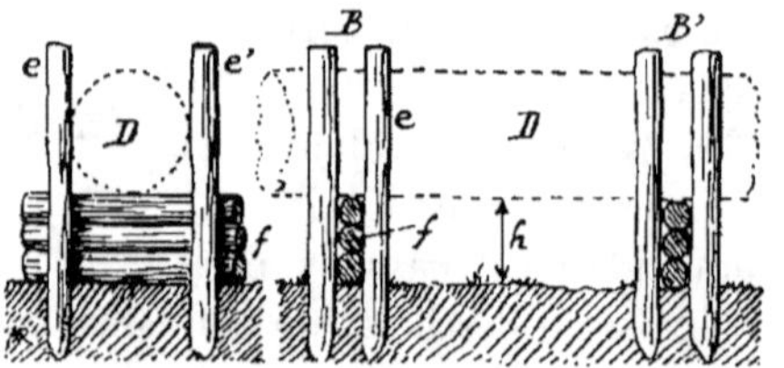

Fig. 46. — Métier pour la confection des fascines.

efforts *m* et *m'* les leviers appuient sur les points de contact *n* et *n'* et serrent les pièces D sur lesquelles on frappe à coups de maillet, puis d'autres ouvriers placent un lien en *hart*, en fil de fer ou en feuillard, contre la corde *j*; on frappe, à coups de maillet, le lien pendant sa pose.

La méthode précédente est appliquée à la confection des *fascines*, des *saucissons*, etc., employés dans les revêtements des talus et que nous retrouverons plus loin dans la partie du Cours relative à l'*Hydraulique*.

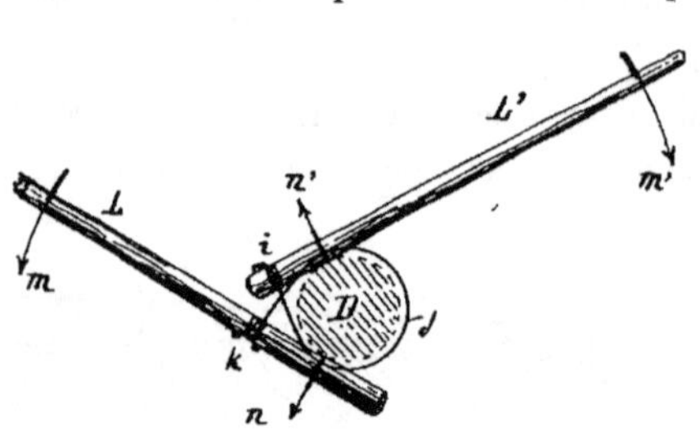

Fig. 47. — Serrage d'une fascine.

Il convient de faire les assemblages des pièces d'une façon aussi simple que possible, et de préférence rectangulaires *a*, *b* (fig. 48); employer surtout des bois fourchus *c*. Les entailles sont faites à la scie ; éviter de les faire trop grandes afin de ne pas affaiblir les pièces.

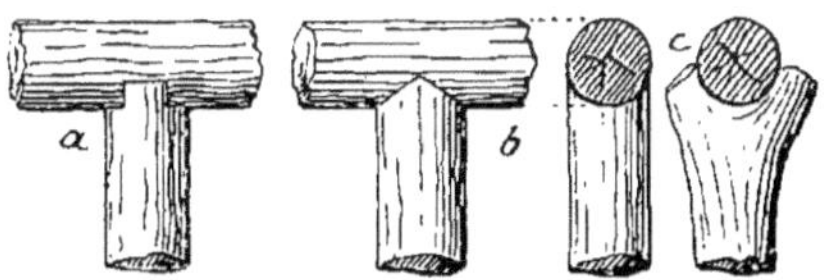

Fig. 48. — Assemblages rectangulaires.

Les charpentiers de race jaune ne savent pas exécuter des assemblages obliques et, quand on leur en demande, au lieu de faire notre *embrèvement d* (fig. 49), ils adoptent la mauvaise coupe *e*.

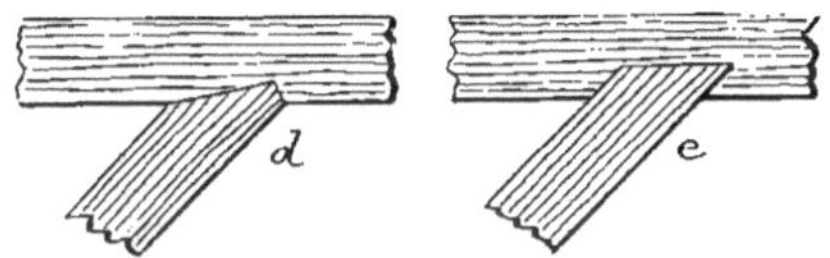

Fig. 49. — Assemblages obliques.

On a souvent à soutenir une pièce A, A', A'' (fig. 50), par d'autres, poteaux ou montants verticaux B ou inclinés B', B''; il est bon de faire reposer, par une entaille triangulaire A ou rectangulaire A', la pièce sur un *chapeau* C, C', C'', posé sur les montants réunis par des liens *a*, *a'*, *a''*.

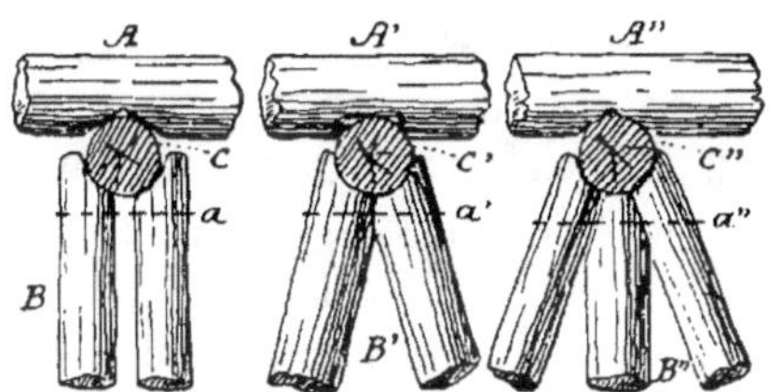

Fig. 50. — Chapeaux.

Le pied des poteaux ou montants, verticaux ou inclinés P, P' (fig. 51), doit être soigné ; il reposera sur une *semelle s*, *s'*, placée dans le fond de la forme *f*, *f'*, et maintenue par des piquets *n* ; la pression *c*, *c'*, sera ainsi répartie sur une grande surface et on évitera les tassements ultérieurs. Après la mise en place on pilonnera soigneusement le remblai dans la forme f, f'.

Il ne faut pas oublier que les bois enterrés se détériorent plus ou moins rapidement selon les végétaux employés, l'humidité du sol et les insectes de la localité ; les bois *fendus* se conservent bien mieux en terre que les mêmes bois sciés ou débités à la hache. On a reconnu que certaines essences se gardent plus longtemps en terre lorsqu'on les met en place avec leur écorce qui jouerait le rôle d'une couche protectrice (cas des Palétuviers employés à Madagascar pour les poteaux de clôtures). Le goudronnage du pied des piquets, si souvent pratiqué chez nous, n'augmente pas autant qu'on le croit généralement la durée de leur conservation ; il vaut mieux employer des bois flottés ou trempés, c'est-à-dire débarrassés d'une grande partie de leurs matières fermentescibles. Le

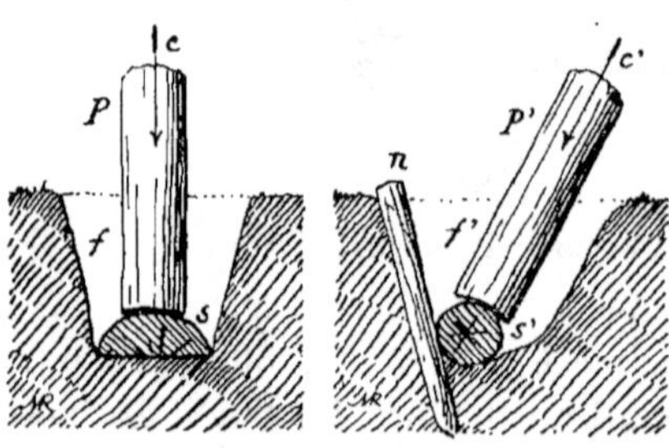

Fig. 51. — Semelles.

créosotage, le carbonylage et le sulfatage au sulfate de cuivre sont très utilisés en France pour les poteaux, les pieux et les échalas. Ajoutons que les bois se détériorent dans une zone de $0^m 10$ à $0^m 20$ en dessous du niveau du sol, c'est-à-dire dans la couche de terre présentant les conditions favorables (aération et humidité) à la vie des végétaux destructeurs ; c'est donc dans cette zone qu'il y a surtout lieu d'appliquer les produits propres à augmenter la durée de conservation des poteaux, pieux et piquets en bois. — La carbonisation superficielle, ou *flambage*, facile à effectuer, est très efficace parce qu'elle détruit la matière organique, localise à la périphérie de la pièce certaines substances antiseptiques provenant de la distillation du bois (comme la créosote, l'acide pyroligneux, etc.) et laisse une couche de carbone impropre à la vie des microbes et des champignons saprophytes qui vivent aux dépens du bois en le détruisant.

Nous laissons de côté les *assemblages* connus chez nous et ceux exécutés avec des clameaux, des clous et pointes, des vis, tirefonds, boulons, etc.

Il convient d'indiquer rapidement les divers modes d'utilisation des cordes et des cordages pour les assemblages de pièces. Dans les *nœuds simples*, citons (fig. 52 à 58) : la *ganse*, la *boucle*, le *nœud simple* ou *double*, le *nœud simple gansé*, le *nœud allemand* et son application à une boucle pouvant servir à hisser un homme.

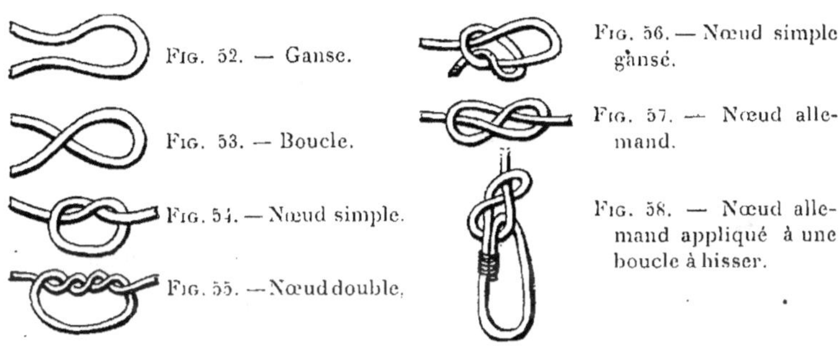

Fig. 52. — Ganse.

Fig. 53. — Boucle.

Fig. 54. — Nœud simple.

Fig. 55. — Nœud double.

Fig. 56. — Nœud simple gansé.

Fig. 57. — Nœud allemand.

Fig. 58. — Nœud allemand appliqué à une boucle à hisser.

Parmi les nœuds reliant deux cordages bout à bout (dits *nœuds de jointure*), nous trouvons les types suivants les plus employés (fig. 59 à 63) : le *nœud droit*, *simple* ou *gansé*, le *nœud de tisserand*, le *nœud-joint anglais* et la *jonction simple*.

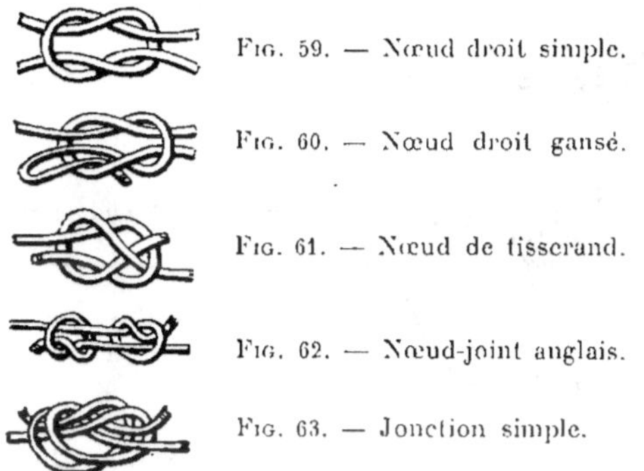

Fig. 59. — Nœud droit simple.

Fig. 60. — Nœud droit gansé.

Fig. 61. — Nœud de tisserand.

Fig. 62. — Nœud-joint anglais.

Fig. 63. — Jonction simple.

Dans la catégorie des *nœuds d'amarrage*, nous avons (fig. 64 à 68) : le *nœud coulant simple*, la *tête d'alouette* dont les deux brins sont reliés par un nœud simple ou même par une ficelle, le *nœud coulant à double clef*, la *boucle nouée*, le *nœud de cabestan*;

fig. 69 à 71 : la *boucle coulante à arrêt*, le *nœud de galère* qui se défait lorsqu'on retire la pièce ou le billot passé dans la ganse ;

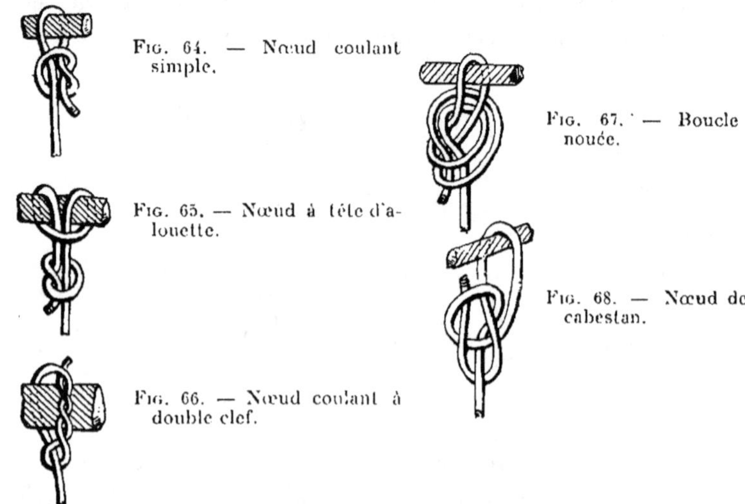

Fig. 64. — Nœud coulant simple.

Fig. 65. — Nœud à tête d'a-louette.

Fig. 66. — Nœud coulant à double clef.

Fig. 67. — Boucle nouée.

Fig. 68. — Nœud de cabestan.

le nœud de galère peut servir à raccourcir un cordage ; pour tendre un cordage on se sert de la *garotture*, le billot ou garot étant tourné un certain nombre de fois puis attaché le long de la corde avec une ficelle.

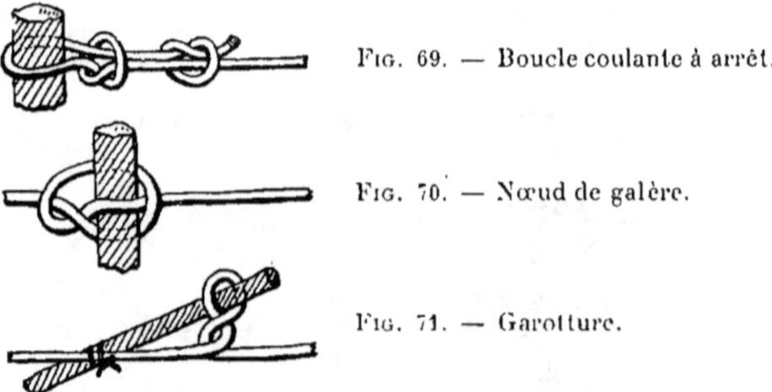

Fig. 69. — Boucle coulante à arrêt.

Fig. 70. — Nœud de galère.

Fig. 71. — Garotture.

Signalons aussi parmi les nœuds d'amarrage : le *nœud de batelier* B, B′ (fig. 72), qu'on peut fixer à un piquet F, A, S, de 0^m09 à 0^m12 de diamètre ; le *nœud de poupée* (P, fig. 73), plus solide que le précédent, et l'amarrage par *demi-clefs* (T, A, fig. 74).

Les harts et les cordes, qu'on fabrique souvent sur place avec l'écorce ou les fibres de certaines plantes, peuvent servir à assembler les bois.

Citons aussi les *brêlages* qu'indique la fig. 75 : on place d'abord, suivant *ab*, la ganse *b* et on revient en *bc* ; on enroule en *c*, *d*, *e*, *f*, puis autour des bois g. g'. suivant h, h'... : le bout i est alors passé

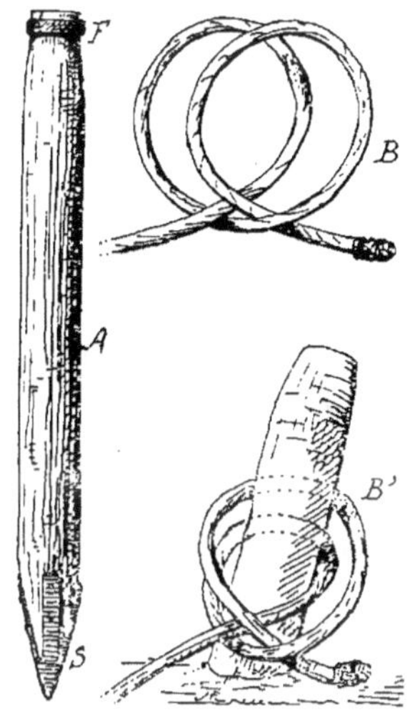

Fig. 72. — Nœud de batelier.

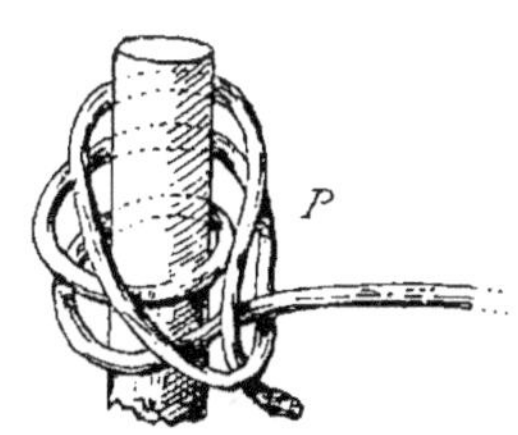

Fig. 73. — Nœud de poupée.

Fig. 74. — Amarrage par demi-clefs.

dans la ganse h; on tire par a souvent jusqu'à ce que l'intersection du brin i et de la ganse h se trouve à peu près au milieu du brélage, dans la zone y ; enfin on replie et on noue extérieurement les deux brins libres a et i, comme on le voit en n. Les coupes de la fig. 75 montrent ainsi le brélage h' des pièces A équarries, et celui de bois en grume de même diamètre B, ou de diamètres différents C ; après le nouage n on serre le brélage en enfonçant latéralement des coins m.

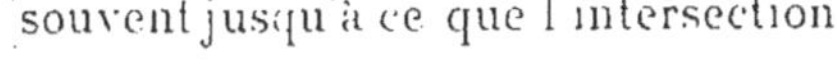

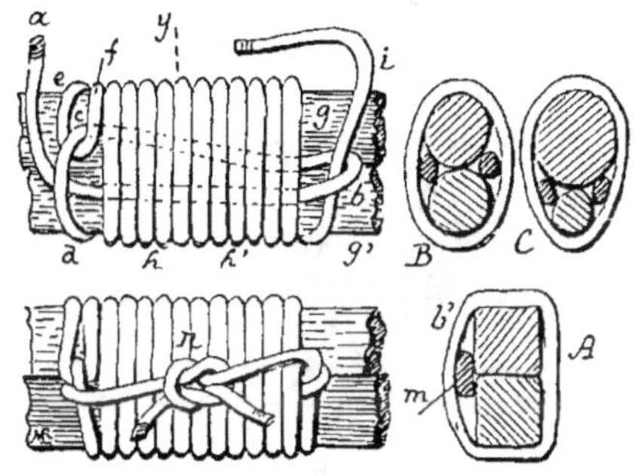

Fig. 75. — Brélage.

La figure 76 montre un brélage à garrot reliant deux bois a et b: le garrot c est arrêté par une ligature d embrassant les deux pièces a et b, ou ne prenant qu'une seule (e) dans un cran ou une encoche.

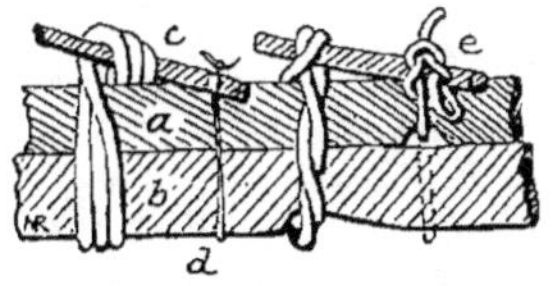

Fig. 76. — Brélages à garrots.

Les fig. 77 à 80, relatives à d'autres brêlages, s'expliquent par elles-mêmes.

On sait qu'en agissant directement sur une corde serrée dans les mains on tire moins énergiquement que lorsqu'on agit sur un petit billot de bois autour duquel on a enroulé la corde ; d'après nos essais,

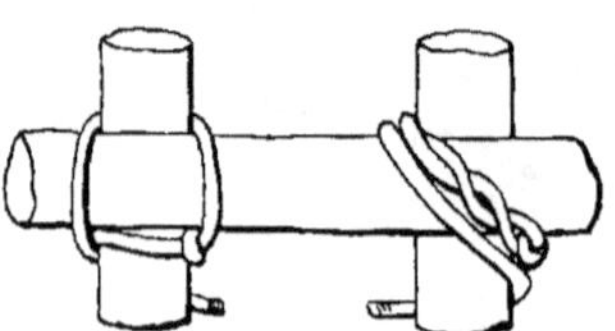

Fig. 77. — Brêlages simples.

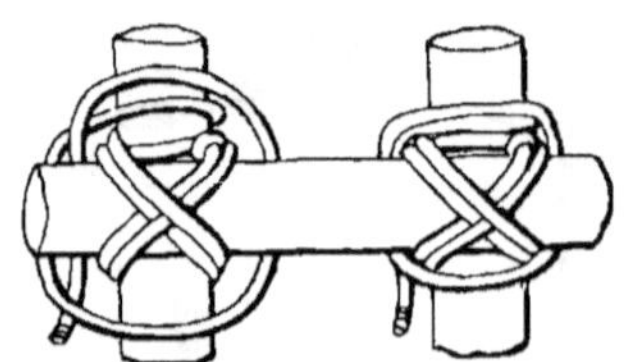

Fig. 78. — Brêlage étranglé.

Fig. 79. — Brêlages.

les tractions fournies dans les deux cas sont au moins dans le rapport de 2 à 3 (ce rapport varie avec le diamètre de la corde ou du câble).

Les indigènes ont souvent recours à des ligatures très intéressantes qu'il y au a lieu d'examiner.

Les *contre-chevilles* peuvent être très utilisées : les pièces A et B (fig. 81)

Fig. 80. — Brêlage avec garotture pour pièces en croix de Saint-André.

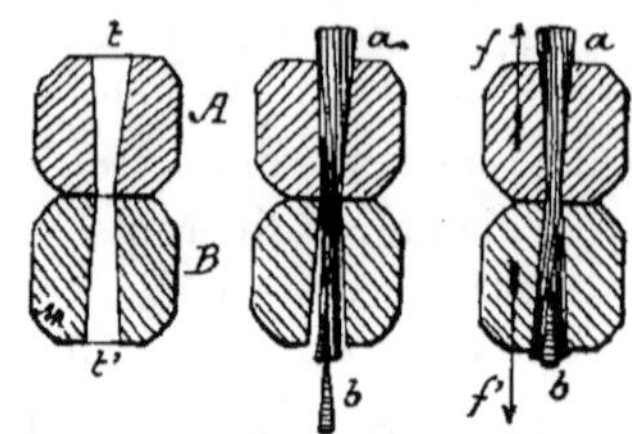

Fig. 81. — Assemblage par cheville et contre-cheville.

sont percées de trous t, t', légèrement cônes ; on enfonce d'abord la cheville a cylindro-conique, puis on fend son extrémité et on chasse la contre-cheville b qui empêche alors les pièces de s'écarter sous l'action d'efforts f et f'.

I es bambous A et B (fig. 82) sont artistement assemblés par les Chinois, les Japonais, les Annamites, les Indiens, etc. et souvent à l'aide de chevilles *a* formant tenon dans le canal des pièces A et B; d'autres fois des bambous de petit diamètre traversent perpendiculairement, et de part en part, de gros bambous percés de trous circulaires (fig. 30).

Fig. 82.
Coupe d'un assemblage de bambous.

Avec des planches de caisses [1] on peut confectionner des solives et des poutres qui peuvent résister au *flambage*, en clouant et en rivant d'autres bois *a. a'* (fig. 83) sur les bords, ou en adoptant comme section des rectangles évidés *n m*; quand ces pièces sont bien clouées, leur *moment d'inertie* est très élevé; il est possible de les consolider extérieurement par des liens en fil de fer ou en feuillard arrêtés par des clous.

Mentionnons les *poutres en treillis*, qui peuvent être faites en planches : on réunit les bois *a* et *b* (fig. 84) par des montants *m* ou *aiguilles*, cloués extérieurement sur chaque face (comme le profil *m* de la fig. 83), et on consolide l'ensemble à l'aide d'écharpes simples *c* ou en croix de Saint-André *d*, en intercalant à leur point de croisement une cale *e* d'épaisseur voulue.

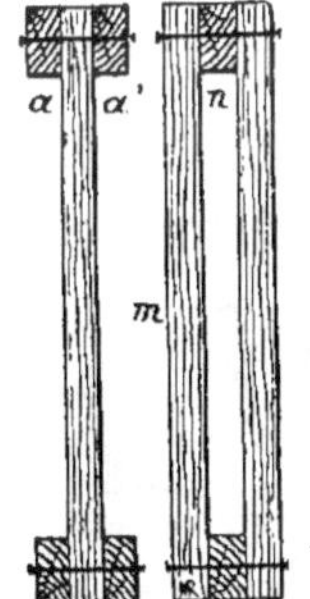

Fig. 83. — Coupe transversale de planches renforcées.

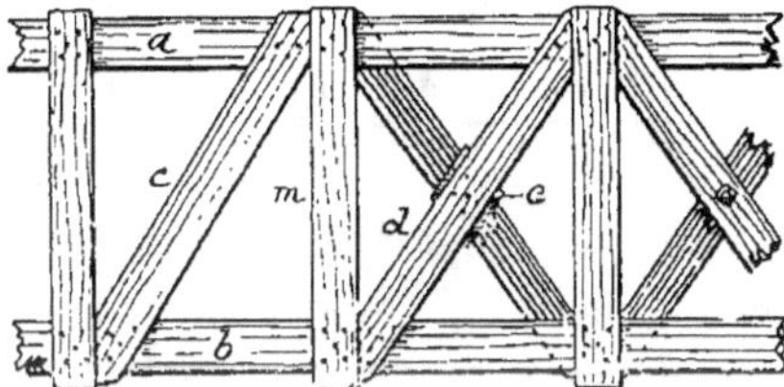

Fig. 84. — Poutre en treillis.

Dans le même ordre d'idées quatre planches *a, b, c, d* (fig. 85), permettent de fabriquer des poteaux très résistants; les consolider au besoin extérieurement par des étriers *t* avec boulons, des châssis *e* assemblés ou simplement cloués, ou avec des feuillards *f* et même, s'il le faut, operculer ces tubes de place en place par des plaques *g*; souvent il y a intérêt d'augmenter le poids de ces pièces en les remplissant de pierres, de gravier ou même de terre sèche.

---

1. On pourrait même combiner les dimensions des caisses d'emballages à envoyer aux colonies afin de pouvoir y bien utiliser leurs bois.

Il faut se rappeler que les châssis carrés ou rectangulaires A (fig. 86), de charpente comme de menuiserie, sont très déformables, par exemple suivant le tracé *n* indiqué en pointillé ; on doit les consolider en triangulant le système par une ou deux *écharpes a, a'*, en diagonale, par des *liens a''* ou par des *goussets a'''* ; les châssis trapéziformes B sont moins déformables, mais dans certains cas il est bon de les écharper ou les consolider par des liens ou des goussets *b*.

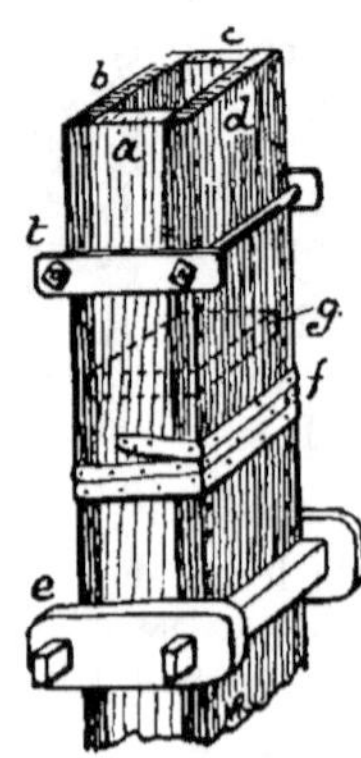

Fig. 85. — Poteau tubulaire en planches

Les peuples de race jaune établissent leurs charpentes avec des assemblages rectangulaires : les poutres *a, a'* (fig. 87), soutenues par les murs ou poteaux *m* et les potelets *b, b'*, reçoivent les sablières *s*, les pannes *p* et le faîtage *f* ; les potelets *b* sont souvent des pièces à section circulaire posées à cheval et chevillées sur les poutres *a a'*.

Les flexions des pièces *a* et *a'*, qui font déjeter les poteaux *m* et les potelets *b*, occasionnent, au bout d'un certain temps, la courbure *f' s'* (fig. 88), caractéristique des *combles chinois*.

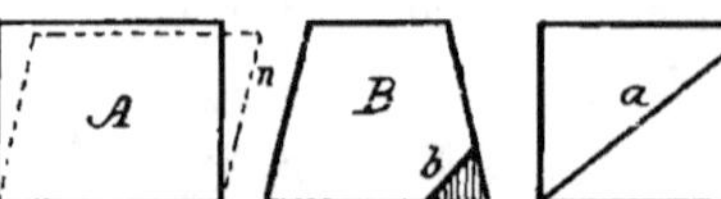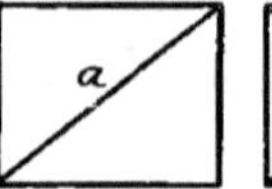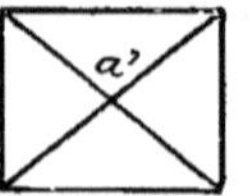

Fig. 86. — Consolidation des chassis en bois.

A titre d'indication, la fig. 89 donne le croquis d'une construction qu'on peut élever avec des bois non équarris, reliés par des liens.

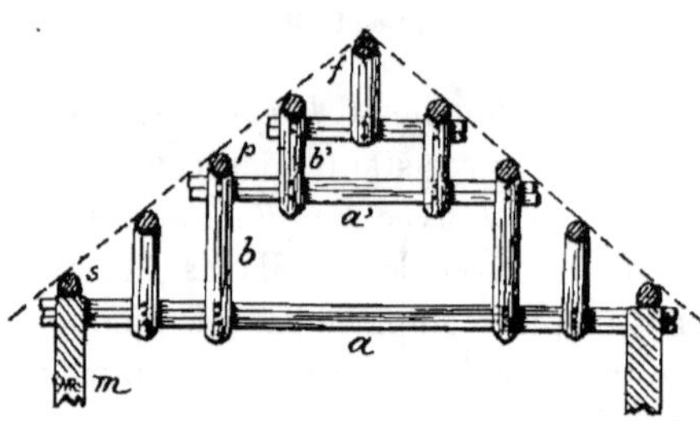

Fig. 87. — Charpente chinoise.

Les arbalétriers A, formant chevrons, et l'entrait *e* sont des perches de 0^m 07 à 0^m 08 de diamètre moyen, espacées de 0^m 60 à 0^m 70 environ (*d*) ; les piquets B, d'une hauteur *h* variable, ont au moins 0^m 10 de diamètre, les gaules *a, a'*, formant lattes, ont un écartement *b* de 0^m 25 à 0^m 30 en projection horizontale. Sur cette carcasse on tresse un clayonnage qu'on garnit de torchis et le toit est recouvert en matières végétales *t*. On peut

consolider (contreventer) l'ouvrage par des écharpes *c* et avec des pièces inclinées J, ou jambes de force, qui donnent à l'ensemble une section triangulaire, le vide compris entre J et B pouvant servir d'isolant. On renforce aussi ces charpentes par des banquettes en terre *n*.

Fig. 88. — Comble chinois.

On se contente souvent de soutenir le faîtage *f* (fig 90) et les sablières *s* par des poteaux *m* et *m'*, puis on jette les chevrons *c* supportant le lattis *l* et la couverture ;

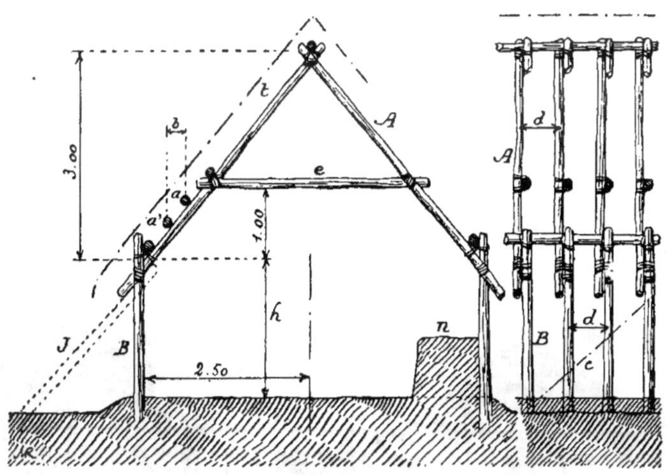

Fig. 89. — Construction en bois (coupe en travers et élévation).

il est recommandable de liaisonner, par des tirants *a*, les pièces *m* et *m'* afin d'éviter leur écartement sous l'influence des pressions occasionnées par la couverture.

La figure 91, tirée de l'*Empire colonial de la France* (fascicule de l'Indo-Chine, page 159), représente la construction d'une maison en bois au Tonkin.

Pour les *gourbis* (fig. 92), on établit des arceaux A en une ou en plusieurs perches courbées, solidement maintenues au pied par des piquets *b*; les arceaux A reçoivent les lattes *a*, espacées de 0ᵐ25 d'axe

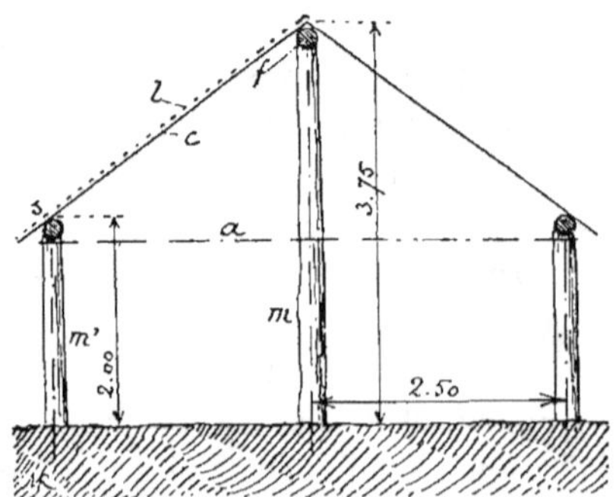

Fig. 90. — Coupe transversale d'une construction en bois.

en axe, garnies de clayonnages et recouvertes de torchis *t*. En B (fig. 93) on voit la section d'un gourbi ogival, consolidé par des banquettes *n* en terre.

Fig. 91. — Construction d'une maison en bois au Tonkin.

Si l'on dispose de bois de 0ᵐ15 à 0ᵐ20 de diamètre on peut adopter des châssis trapéziformes comprenant une semelle *s* (fig. 94), des montants *m* et un chapeau *c*; ces châssis, espacés d'un mètre

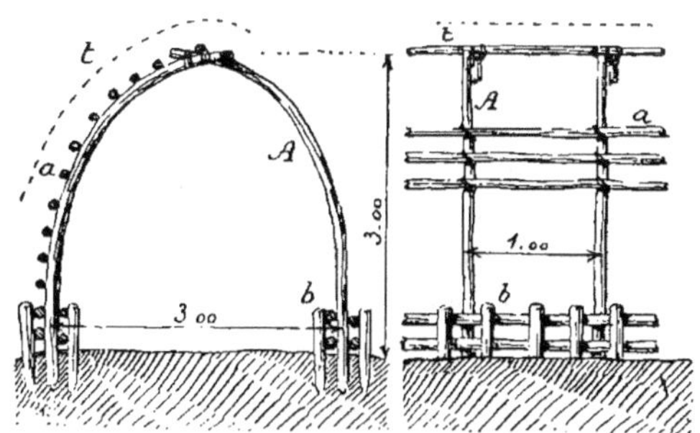

Fig. 92. — Coupe en travers et élévation d'un gourbi.

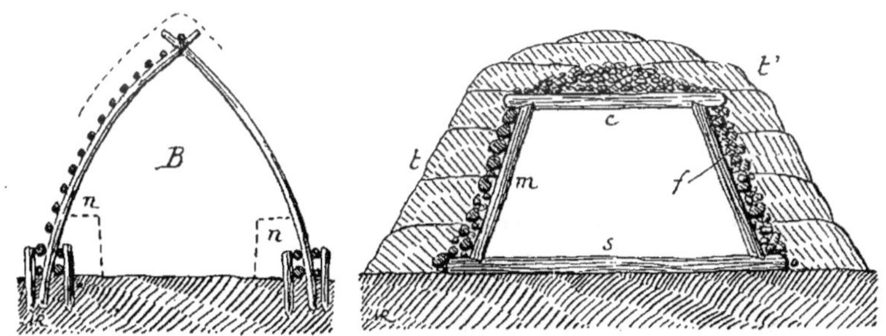

Fig. 93. — Coupe en travers d'un gourbi ogival.

Fig. 94. — Coupe d'une construction en bois et en terre.

environ, sont revêtus extérieurement de perches ou de fascines *f* posées au fur et à mesure qu'on adosse la terre *tt'*.

Combles.

En France nous cherchons, avec raison, à utiliser le comble ou grenier, ce qui conduit à augmenter son volume et à lui donner un *dégagement* dont la section minimum permet le passage des personnes. Cela n'a aucun intérêt dans les pays chauds où il faut considérer le comble comme une capacité plus ou moins close servant

d'isolant (*comble perdu*). Dans ces conditions l'angle α (fig. 95) est
déterminé par le régime des pluies, par la nature de la charpente
ainsi que par la charge de la couverture ; se rappeler qu'on a intérêt à prendre le profil B, plu-
tôt que A, qui diminue la
flexion des arbalétriers et
augmente la capacité isolante.

Dans le cas d'un comble
plat, ou *terrasse t* (fig. 95),
applicable dans les pays où
les pluies sont nulles ou peu
importantes, on fera un comble perdu c, ou, ce qui est

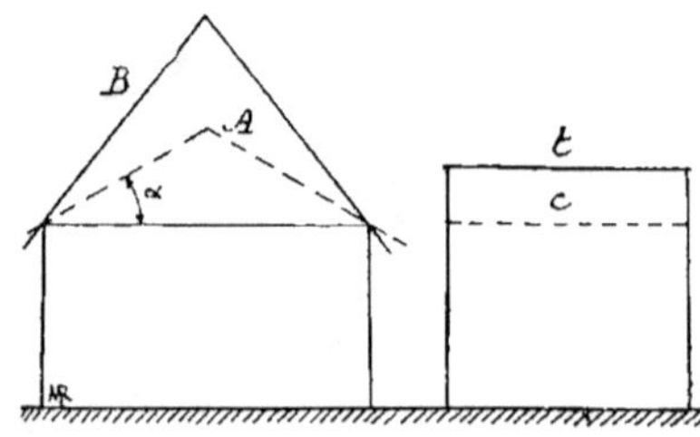

Fig. 95. — Combles.

plus simple, on recouvrira la terrasse d'une couche isolante de
terre.

Employer les combles à *pignons* (fig. 91), plus simples à exécuter
que ceux à *croupe*, à moins que les indigènes aient l'habitude d'en
élever pour leurs constructions courantes (comme à Madagascar et à
Tahiti, fig. 2).

Couvertures

Dans nos possessions, les couvertures se font le plus souvent en
terre, en matières végétales, enfin en tôle galvanisée, plane ou mieux

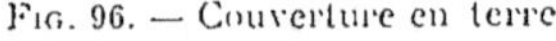

Fig. 96. — Couverture en terre.

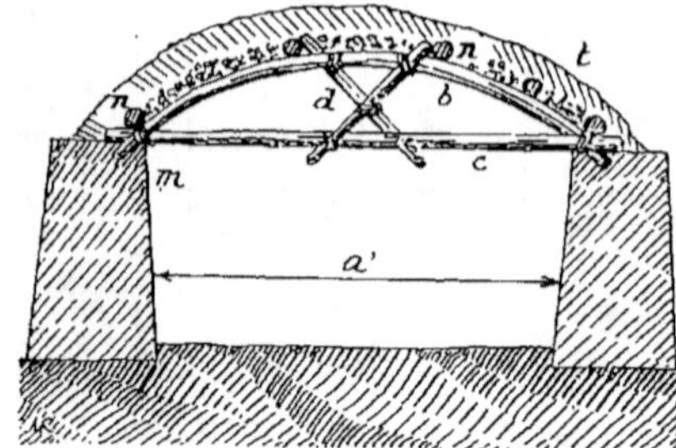

Fig. 97. — Couverture en terre.

ondulée ; nous ne parlerons pas de ces couvertures métalliques qui
ne présentent rien de particulier pour les colonies et qui sont surtout
utilisées par l'Administration.

La couverture en terre conduit à faire des bâtiments étroits, a (fig. 96), et des murs m épais: on jette des bois b, jointifs ou espacés, qu'on recouvre de branchages c et enfin de terre t.

Quand la portée a' (fig. 97) est trop grande pour la section des bois à utiliser, on peut employer des fermes formées de bois cintrés b reliés par des harts avec des tirants c qu'on consolide à l'aide de croix de Saint-André d; ces châssis, posés sur l'arasement des murs m, sont reliés entre eux de place en place par des pannes n; terminer comme précédemment par des branchages, des lianes ou des feuilles et une couche de terre ou de torchis t.

Inutile d'insister sur les voûtes en briques crues ou en briques cuites qu'on peut recouvrir d'une couche isolante de terre.

La couche de terre, quand elle n'est pas destinée à jouer le rôle d'isolant, doit être mince afin de ne pas surcharger inutilement la charpente (0^m 10-0^m 15 d'épaisseur); utiliser si possible, pour la première couche, de la terre grasse, jouant le rôle de mastic, et la lisser ou la battre pendant sa dessiccation, puis terminer par une couche plus sableuse; cet enduit de terre ne doit s'appliquer qu'aux combles à faible pente et dans les pays à climat sec.

Dans les localités exposées aux pluies on peut faire des combles à pente de 0^m 20 par mètre en mettant successivement: une couche a de fagots (fig. 98), des feuilles b jouant le rôle de tuiles, un enduit c de terre grasse bien battue formant *chape*, une couche d de 0^m 07-0^m 10 de gravier fin et une couche e de 0^m 10

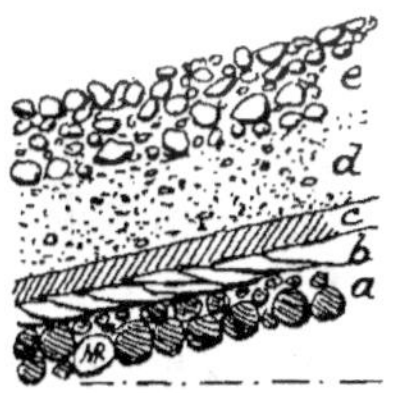

Fig. 98. — Coupe verticale d'une couverture en terre et gravier.

de gros gravier: de cette façon, la pluie ne détériore pas la couche e, ce qui ne ruisselle pas s'infiltre dans la couverture et s'écoule lentement dans la couche d sans dégrader le travail.

Il est souvent possible d'employer les couvertures végétales utilisées par les indigènes; on peut au besoin les recouvrir d'un enduit de terre ou de torchis pour maintenir les éléments en place malgré les vents. Au Congo, on utilise, sous forme de tuiles, de grandes feuilles lisses A (fig. 99) provenant de plantes de la famille des Marantacées (*Sarcophrynium Arnoldianum*); le limbe de ces feuilles a 0^m 70 de long et 0^m 50 de large; des rachis de palmier-bambou (*Raphia*) servent de lattes a.

Au Tonkin, les charpentes en bambous sont recouvertes de feuilles de lataniers, de paille de riz ou de grandes herbes ramassées dans la brousse.

A Madagascar, les Howa, les Betsileo et les Sakalaves emploient des joncs, les Betsimisara et les Antaimoro utilisent des grandes feuilles de *Ravinala* (*arbre des voyageurs*).

Il est certain, qu'une fois en place, le carton bitumé, si employé chez nous, remplacerait très bien la couche c de la fig. 98, mais il se ramollirait pendant l'expédition et le transport, à moins qu'on fasse une fabrication particulière, en intercalant plusieurs couches de papier entre les spires du rouleau et en diminuant le poids du sable, ou encore en supprimant le goudronnage et en le remplaçant par une autre matière

Fig. 99. — Couverture en feuilles.

hydrofuge moins sensible à la chaleur. Sous ce rapport, nous ne pouvons que signaler les divers produits spéciaux en feutre qu'on trouve dans le commerce.

Dans les régions exposées aux pluies, il convient de recommander l'emploi des *gouttières*, sinon le pied des bâtiments, recevant toute l'eau du toit, est exposé à une humidité surabondante qui contribue à l'insalubrité du local ; c'est certainement pour ce seul motif qu'on constate que, dans ces pays, les locaux dont le plancher est surélevé d'une quantité quelconque au-dessus du sol, et n'est pas en contact avec ce dernier, sont plus habitables que ceux dont le sol est en terre battue. En tous cas il faut, dans les pays exposés aux pluies, considérer la gouttière comme absolument indispensable aux logements des hommes.

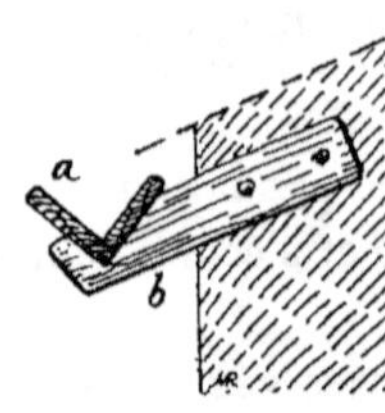

Fig. 100. — Coupe d'une gouttière en planches.

Inutile de décrire les gouttières métalliques ordinaires, qu'on peut très bien remplacer par des goulottes a (fig. 100) en planches, maintenues tous les 0 ^{m} 50 à 1 mètre par des tasseaux b.

On assèchera les bâtiments qui n'ont pas de gouttières en surélevant leur sol intérieur d'au moins 0^m20 sur le sol extérieur et en adossant, en dehors, au bas des parois verticales, un talus dont la terre est extraite d'un fossé de ceinture (on en trouvera des exemples plus loin).

Menuiserie—Serrurerie

Les châssis fixes, les tables, etc., sont confectionnés avec des bois légers ou avec des bois provenant de caisses d'emballages ; consolider, par des écharpes ou avec des goussets, ces châssis ordinairement rectangulaires (voir la fig. 86).

Pour ce qui concerne les châssis mobiles il y aurait à examiner les appareils de rotation (*charnières, gonds*) et ceux de fermeture (*loquets, verrous, serrures*, etc.) ; il est très facile de faire venir de France ces petits articles de quincaillerie courante, mais, dans beaucoup de cas, on pourra les remplacer en partie par des matériaux locaux sur lesquels il n'y a pas lieu d'insister : plaques et lanières de cuir, cordes, harts, chevilles de bois, etc.

Les crapaudines des portes P (fig. 101) peuvent se faire avec des pierres creusées, ou même avec des culots de bouteilles *a* enfoncées dans le sol et recevant le pivot du battant *b* du châssis qu'on taille en conséquence ; nous

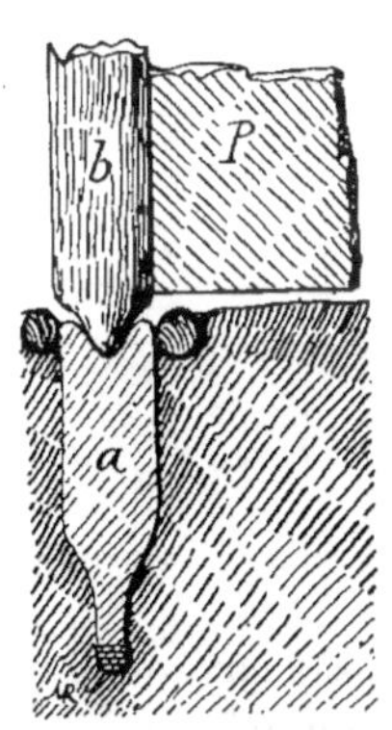

Fig. 101. — Crapaudine de porte.

avons fait construire, selon la fig. 101, une grande porte de grange dont chaque vantail avait 2 mètres de largeur et 5 mètres de hauteur ; la partie supérieure du battant *b* (fig. 101) était simplement retenue par un collier en fer plat tirefonné contre le poteau d'huisserie.

Parmi les nombreuses combinaisons de serrures rustiques, nous ne citerons que la suivante : à l'intérieur, la porte A (fig. 102) est pourvue du loquet L, en bois, pouvant tourner dans le plan vertical autour d'un boulon ou d'une vis *x* ; le bec du loquet s'engage soit dans une entaille pratiquée dans le poteau d'huisserie, soit, comme l'indique la fig. 102, dans une gâche B en bois, maintenue par les tasseaux *b* (dans la figure 102, les tasseaux *b* débordent afin de former deux buttées au panneau mobile A). Le loquet étant disposé sur la face interne du vantail A, pour ouvrir la porte de l'extérieur, on

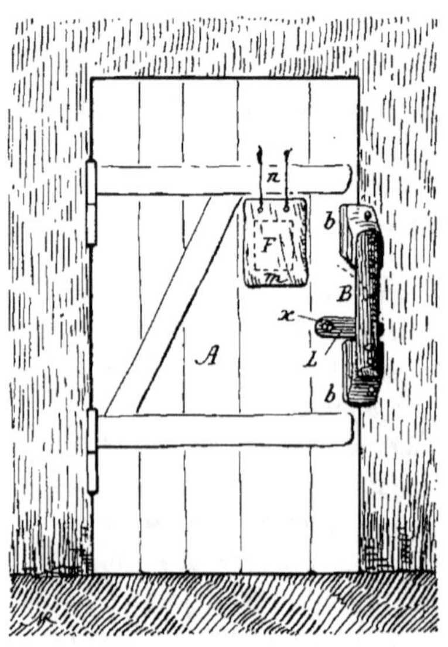

Fig. 102. — Vue intérieure d'une porte munie
d'une fermeture en bois.

passe l'avant-bras par une fenêtre F, carrée, d'environ 0 ^{m} 15 de côté (indiquée en pointillé) ; enfin cette ouverture F est fermée par une planchette *m* suspendue, en dedans, aux deux cordes *n*. Comme on ne voit à l'extérieur que la fenêtre F et le volet *m*, on a ainsi une sorte de fermeture à secret.

On aura quelquefois intérêt à établir des doubles portes ; dans ce cas, la porte principale *a* (fig. 103) sera placée à l'aplomb de la paroi *nn'* de la pièce A, et le *tambour* B, d'un mètre au moins de profondeur, sera reporté à l'extérieur E, ou sous la vérandah, la porte *b* ouvrant en dehors (les parois *m* peuvent être pleines ou formées par des châssis garnis de toile métallique). — La porte *b* de la fig. 103 peut être disposée pour se fermer seule si on a eu soin de monter

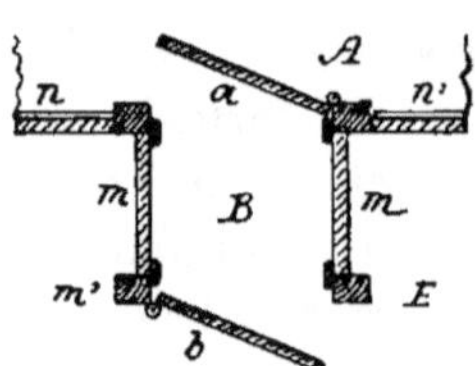

Fig. 103. — Plan d'un
tambour avec double porte.

ses charnières y, y' (fig. 104), suivant un plan oblique par rapport au poteau d'huisserie m'.

Inutile d'insister sur le petit matériel (escabeaux, tables, etc.) qu'on pourra établir d'une façon rustique. — Au sujet des échelles rappelons celle dite de *perroquet*, composée d'un montant a (fig. 105) à section carrée ou circulaire, de 0^m07 à 0^m10, percé de trous dans lesquels on passe les *roulons* b, longs de 0^m30, de 0^m025 à 0^m030 de gros diamètre et espacés d'axe en axe de 0^m27 environ. Citons aussi l'échelle employée sous le nom de *pitey* par les résiniers de la forêt d'Arcachon et que représente le dessin C de la fig. 105; les tasseaux d, placés les uns sous les autres sur la même génératrice, sont espacés d'environ 0^m60; le montant

Fig. 104. — Porte montée pour se fermer seule.

m se termine à sa partie inférieure par une sorte de patin p qui lui donne un peu d'assise sur le sol; ces piteys ont jusqu'à 5 et 6 mètres de longueur.

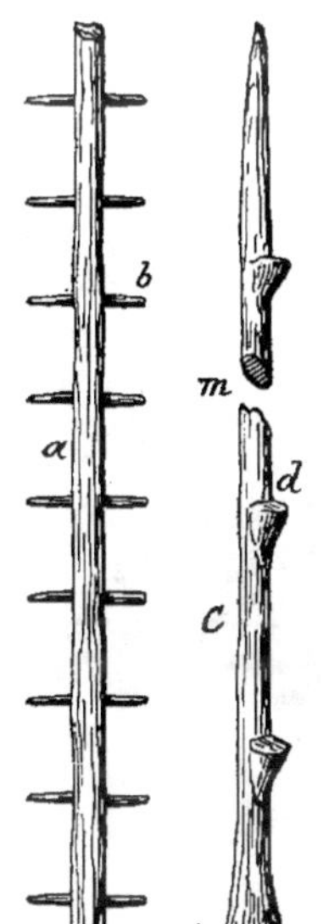

Fig. 105. — Échelle de perroquet et pitey.

Travaux d'achèvement

Il convient de réduire le plus possible la *vitrerie* (fragilité pour le transport et réparation souvent impossible); utiliser les nouveaux *verres armés* lesquels, probablement, dans un avenir prochain, se vendront à un prix abordable pour nos applications coloniales (actuellement on fait surtout de la *glace armée*, en noyant dans sa masse un grillage en fils d'acier; ces matériaux sont très résistants et, s'il survient une fêlure, les fragments de verre restent en place).

On peut garnir les fenêtres avec des étoffes à petites mailles pour empêcher l'introduction des insectes (moustiques); employer de la toile métallique et donner la préférence à celle en fils de cuivre, celle de fer se détériorant très rapidement dans les localités humides. Il y a quelques années, on fabriquait de la toile métallique recouverte d'un vernis translucide assez résistant à la chaleur, car cette toile pouvait être utilisée comme abat-jour de lampes à gaz ou à pétrole ; cette toile servait à vitrer des fenêtres, des châssis de couche, etc.

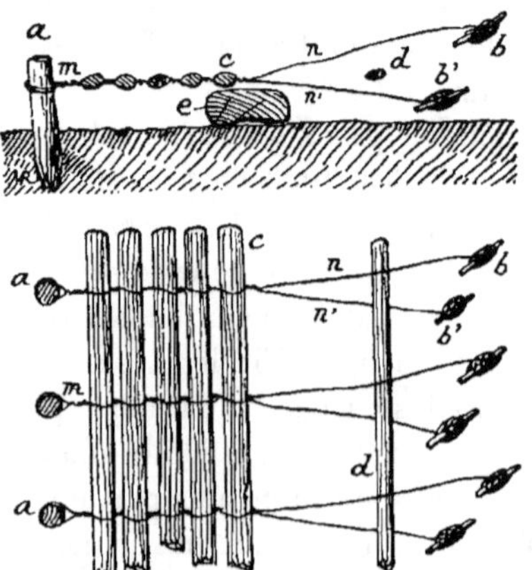

Fig. 106. — Principe de la fabrication d'un store.

Nous avons fait employer du grillage galvanisé (de clôture) de 3 centimètres de mailles garni d'un côté d'une feuille de papier huilé.

Fig. 107. — Métier pour fabriquer les paillassons.

Dans certains cas les fenêtres seront utilement doublées extérieurement de *stores* faits avec les matériaux de la localité (rachis de feuilles, joncs, roseaux, écorces, etc.) reliés par des cordes et analogues aux *paillassons* employés en Horticulture pour ombrer les serres et les

châssis de couche (mais il convient de nouer les éléments de chaîne).
Pour faire ces sortes de paillassons, enfoncer dans le sol des piquets
a (fig. 106) en nombre et à l'écartement voulus ; attacher à chacun
les bouts *m* de deux pelotes *b*, *b'*, de corde ou de ficelle ; placer les
poignées *c* de la matière à employer (une ou plusieurs tiges
ensemble) ; serrer ou nouer les cordes *n* et *n'* à chaque poignée
qu'on peut tasser avec un bois *d* ou *battant*, et déplacer le bois

Fig. 108. — Etabli pour fabriquer les paillassons de grande longueur.

e, servant d'établi, au fur et à mesure de l'avancement du travail ;
n, *n'* constitue la *chaîne* et *c* la *trame* du store ou de son succédané.

L'ancien métier à paillassons, employé par les jardiniers, se compose d'un cadre en planches *a* (fig. 107), posées de champ et maintenues en place par des piquets ; des clous enfoncés dans les petits
côtés du cadre servent à tendre les cordes *b* de la chaîne. Les pailles
ou tiges C sont attachées par petits paquets successifs sur chaque
corde *b* par une autre qu'on a enroulé préalablement sur un fuseau *d*.
La fig. 108 représente un établi à fabriquer, de longueur indéfinie,
des paillassons attachés avec du fil de fer : sur un tréteau C sont
fixées deux planchettes A dont l'écartement est déterminé par la
longueur des tiges ou des pailles à tisser ; la traverse B serre le paillasson et le maintient sur le métier ; quand une certaine longueur
est fabriquée, on la fait glisser en arrière après avoir retiré la traverse B. Aux environs de Paris, les beaux paillassons ont 1 ᵐ 30 à
1 ᵐ 40 de largeur et un ouvrier en fabrique une longueur d'environ
2 mètres par heure.

Il convient de diminuer les fenêtres et de réduire leurs dimensions pour éviter l'introduction d'un trop grand nombre de calories ; souvent les constructions n'ont qu'une porte servant en même temps à l'éclairage, et la ventilation est assurée par d'étroites ouvertures placées très haut : toutes choses égales d'ailleurs, les pièces obscures sont plus *fraîches* que les pièces très éclairées. Mais, d'un autre côté, il faut bien se rappeler que le nettoyage, c'est-à-dire la propreté du local, qui intéresse sa *salubrité*, ne peut s'obtenir qu'avec un éclairement suffisant.

Les *peintures* sont capables de jouer un rôle antiseptique et insecticide ; quand cela est possible on doit employer le lait de chaux. Les parois en terre des cases de certaines populations du Congo français seraient, dit-on, peintes avec une bouillie de farine de manioc (?).

Pour les *enduits* citons : la terre, le plâtre, la craie, les ocres, en un mot ce qu'on peut avoir à sa disposition.

On augmente la solidité de l'enduit de terre en y incorporant, comme matière colloïdale, des excréments d'animaux et surtout de ruminants, mais il ne faut pas aller jusqu'à indiquer l'emploi possible des excréments solides de l'espèce humaine.

L'adjonction de poils d'animaux (*bourre*) à la terre argileuse contribue à donner de la solidité et de la cohésion à l'enduit qui est employé, dans beaucoup de nos campagnes, pour les murs comme pour les plafonds.

M. E. Duchemin, Président de la Chambre d'agriculture du Tonkin, a rappelé (en 1903), qu'en Chine, on confectionne depuis longtemps d'excellents mortiers, mastics et enduits hydrofuges en malaxant, dans un mortier à riz, de la chaux en poudre avec l'huile très siccative extraite des fruits de l'*abrasin* (ou *Faux Bancoulier* ; *Aleurites cordata* ; *cay-trâu* de l'Indo-Chine).

Nous recommandons surtout de bien soigner les enduits, de les entretenir en très bon état et de boucher les fentes au fur et à mesure qu'elles se produisent, afin qu'elles ne servent pas de refuge aux insectes si désagréables dans les pays chauds et dont la destruction est difficile lorsqu'ils se sont établis depuis quelque temps dans une habitation ou un magasin ; aux colonies, plus que partout ailleurs, la *propreté* doit être une des premières règles à observer.

On pourra assez fréquemment utiliser des briques cuites comme matériaux de *pavage* ou de *dallage* ; dans beaucoup de circonstances ces briques seront simplement reliées au mortier de terre (on les

posera à plat ou de champ suivant la résistance demandée à l'ouvrage).

Dans le même ordre d'idées, rappelons les très simples pavages
en bois qui sont employés à New-York, Pittsburg, Chicago, etc. :
sur le sol nivelé A (fig. 109) on pose directement, les uns à côté
des autres, les pavés B constitués par des rondins écorcés, ayant

$0^m 20$ à $0^m 25$ de hauteur et
un diamètre variable ; l'aspect général de ces chaussées
est indiqué par le plan de la
figure 109 ; les joints *a* sont
grossièrement garnis de terre
et, pour achever le travail,
on compte sur la poussière
et sur la boue qui ne manquent jamais dans les rues
américaines. Pour nos applications, la hauteur des rondins peut être réduite à $0^m 12$
ou $0^m 15$. Le mode de construction qui vient d'être dé-

Fig. 109. — Coupe verticale et plan d'un
pavage en bois.

crit est assez employé aujourd'hui pour le pavage des ateliers et
usines ; il pourrait être utilisé pour la confection du sol de diverses
constructions rurales, sauf, croyons-nous, pour les logements d'animaux parce que les bois, s'imprégnant facilement d'urine, consti-
tueraient un foyer d'infection.

Entretien des bâtiments. — Protection contre les incendies

Au sujet de la première question, il suffit d'insister sur un seul
point : tout ouvrage (construction, machine, etc.) a une durée pour
ainsi dire illimitée quand on l'entretient continuellement en bon
état ; il faut donc faire de suite toute réparation nécessaire et ne
jamais attendre, car dès qu'une pièce fléchit ou se détériore, sa charge
est reportée sur les pièces voisines qui, travaillant trop, se ruinent
rapidement ; — en un mot l'entretien doit être permanent et, ainsi
compris, il ne demande que des travaux insignifiants.

Pour ce qui est relatif aux incendies, disons que très souvent on n'aura pas assez d'eau ni d'engins pour les combattre et jamais d'assurances pour les couvrir ; il faut donc prévoir à faire la part du feu, en s'arrangeant pour qu'elle soit la plus petite possible.

A cet effet on doit écarter à plus de 10 mètres les uns des autres les bâtiments *a*, *b*, *c* (fig. 110), éloigner beaucoup le local où l'on fait

Fig. 110. — Écartement des bâtiments.

habituellement du feu (cuisine, fournil, buanderie), éviter que le sol *d* soit couvert de végétation, le feu se communiquant facilement par des herbes sèches (d'ailleurs, un sol nu entre les bâtiments et sur une certaine zone *n* en dehors, permet les nettoyages tout en écartant les insectes et les reptiles qui ne peuvent y trouver refuge).

Fig. 111. — Lanterne à verres plans.

Enfin, bien qu'on se couche avec le soleil, il faut prévoir des appareils d'éclairage dans les cas de nécessité et employer des lanternes analogues à nos modèles dits d'écurie, qui sont munis de verres ou d'une toile métallique comme les anciennes lampes des mineurs. Dans le cas de lanternes garnies de verres, adopter les anciens types à quatre ou à trois verres plans (fig. 111) de préférence aux modèles à enveloppes en verre soufflé, cylindro-sphériques, plus difficiles à remplacer en cas d'accident ; enfin il convient que les verres soient protégés extérieurement par des pièces métalliques. Pour ce qui concerne la lampe proprement dite, disons que, suivant les régions, on utilise pour l'éclairage un combustible solide (cire, suif, résine), pâteux (graisse) ou liquide (huile).

Abris temporaires.

Les installations temporaires, ou *bivouacs*, comprennent un certain nombre d'abris ou de tentes qu'on élève sur un sol sec, décapé
ou privé de végétaux capables de servir de refuge aux reptiles et
aux insectes. Le bivouac s'établit à côté du chantier, à proximité
des ressources en eau et on l'entoure souvent d'une clôture en abatis, en palissades ou en clayonnages, surtout lorsqu'il doit être
utilisé pendant un certain temps.

Le type de tente des nomades du désert (Maroc, Algérie, Tuni-

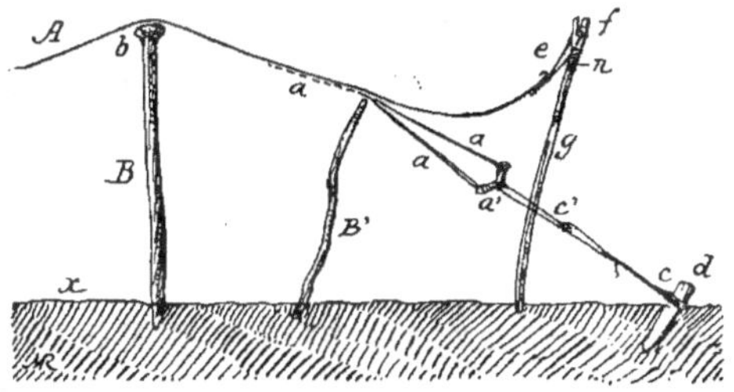

Fig. 112. — Demi-coupe d'une tente arabe.

sie, Arabie) peut être pris comme le modèle le plus simple et le plus
facile à établir : des bandes d'étoffe de laine, cousues ensemble,
forment une sorte de bâche carrée d'environ 6 à 10 mètres de côté ;
pour la facilité des transports, cette bâche peut se décomposer en
un certain nombre de panneaux qu'on relie entre eux par des liens
de diverses natures. La bâche A (fig. 112) est soutenue en son centre
par un piquet B enfoncé légèrement dans le sol, dépassant le
niveau x de 2 mètres à 2ᵐ50, terminé à sa partie supérieure par une
portion sphérique b, ou champignon, formée au besoin de bois
entouré d'étoffe, afin de ne pas perforer la bâche A ; cette dernière
est munie de lanières a, cousues solidement sur une certaine longueur,
attachées à une traverse a' en bois ; on tend la bâche à l'aide
de cordes cc' reliées à des piquets d enfoncés dans le sol. Après la
pose de B, de A et de d, on soulage la tente par d'autres piquets B′
jouant le rôle de jambes de force et on relève l'entrée en soutenant
la lisière de la bâche par des boucles e prises dans des fourches f
taillées à l'extrémité de perches g ; une ligature n, sous la fourche f,

empêche l'entaille de se prolonger en fendant la perche *g*. La vue générale d'une semblable tente est donnée par la fig. 113.

On peut appliquer les principes de construction des tentes militaires.

La *tente-abri*, qui a une section triangulaire, peut être aussi

Fig. 113. — Tente arabe [1].

longue qu'on veut ; le faîtage *f* (fig. 114), en bois ou en corde [2], est soutenu par des bois *a*, d'au moins 1ᵐ20 de long, et consolidé par des cordes *b*, inclinées à 45° environ, arrêtées par des piquets *c* enfoncés obliquement dans le sol. Les panneaux de toile *t* ont des boucles en corde destinées à les retenir à la partie supérieure des piquets *a* (espacés d'environ 1ᵐ65) et se raccordent par des boutonnières et des boutons, ou par un lacet passé dans des œillets. On peut combiner plusieurs tentes *t*, *t'*, pour avoir la longueur nécessaire ; les angles *n* sont presque inutilisables.

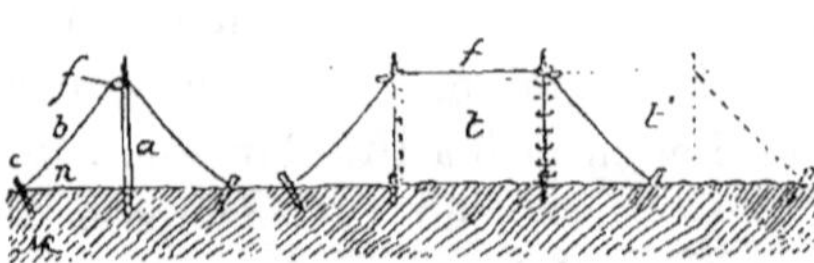

Fig. 114. — Coupe en travers et vue en long d'une tente-abri.

Au montage, il ne faut pas trop tendre les toiles dont le tissu se resserre à l'humidité.

Pour les grandes tentes, on ouvre un fossé *i* (fig. 115) de 0ᵐ25 environ de profondeur, de 0ᵐ50 d'ouverture en gueule et 0ᵐ20 au pla-

---

1. *Le Livre du Fellah*, p. 220.

2. Souvent, il n'y a pas de bois et la toile *t* est simplement tendue entre les piquets *a* : il est recommandable d'employer un faîtage pour diminuer la fatigue de l'étoffe. .

fond ; les terres du fossé sont rejetées en *r* et étalées sur l'étendue que la tente doit occuper ; dans le talus intérieur *i*, et à 0^{m}10 en des-

sous de la surface du sol, on enfonce obliquement des pi- quets à crosse ou à bec *a*, de 0^{m}40 à 0^{m}45 de longueur to- tale ; ces piquets, ainsi placés, résistent bien à la tension des cordes *c*. On tend souvent les cordes *c* avec des petits bois *d* percés de deux trous paral- lèles : dans l'un passe le brin *e* de tension ; dans l'autre, le brin *f* de retenue, arrêté par un nœud ; en tirant suivant la

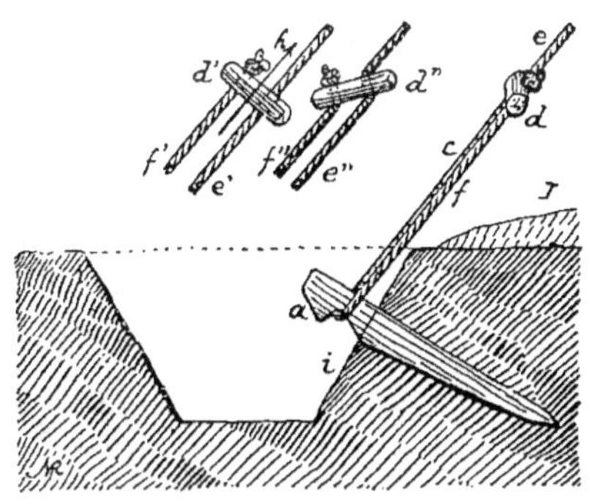

Fig. 115. — Fossé et piquet de tente.

flèche *h*, les deux brins *f'* et *e'* étant parallèles, le billot *d'* coulisse facilement sur *e'* ; en l'abandonnant, il se pose suivant *d"* en pliant

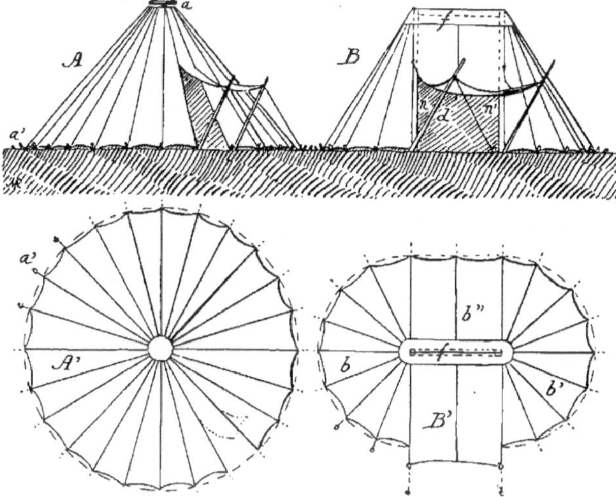

Fig. 116. — Tente conique et tente en bonnet de police (élévations et plans).

les cordages *f"*, *e"* et reste en place en maintenant la tension de la corde *e c f*.

En plan, les tentes de l'armée sont circulaires AA' (fig. 116, tente conique de 6 mètres de diamètre et 3 mètres de hauteur, soutenue

par un montant central *a* et maintenue par 24 piquets *a'*) ou ellip-
tiques BB' (fig. 116 — tente dite en *bonnet de police*, formée de
deux demi-cercles *b* et *b'* de 2 mètres de rayon, raccordés par une
portion rectangulaire *b''* de 2 mètres de longueur ; cette tente est sou-

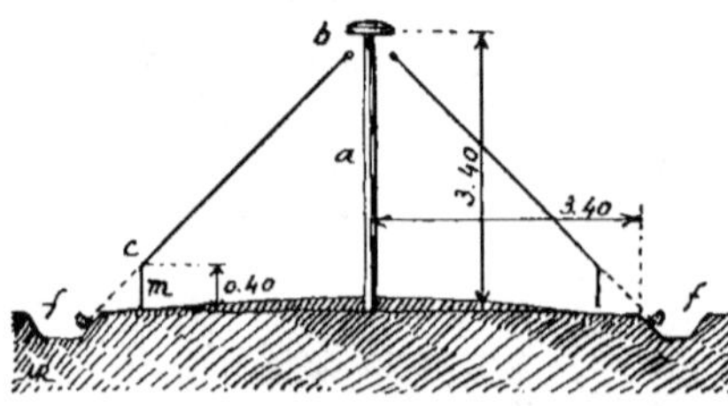

Fig. 117. — Coupe verticale d'une tente à
muraille.

tenue par deux montants *n*
et *n'* de 3 mètres de hauteur
et un faîtage *f* de 2 mètres ;
l'étoffe est tendue par 20 piquets). L'entrée de ces
tentes se fait par un lai qu'on
relève en auvent soutenu
par deux piquets inclinés *d*,
de 1ᵐ80, maintenus par des
cordes obliques.

La section verticale d'une grande tente à muraille est donnée par
la fig. 117 ; le montant, *a*, a 3ᵐ40 ; le rayon intérieur du fossé *f* a
3ᵐ40 ; la toile laisse un jour sous le champignon *b* (de 0ᵐ34 de diamètre) et elle s'arrête en *c* pour tomber verticalement, sur une hauteur *m* de 0ᵐ40, formant ce qu'on appelle la *muraille* ou la *jupe*.

La muraille est garnie d'une
toile à pourrir ; cette bande
d'étoffe, indépendante de la
toile de tente, est destinée à
recevoir une couche de 0ᵐ03
à 0ᵐ05 de terre (la terre ne
doit jamais être en contact
avec la toile de tente qui serait rapidement détériorée).

On peut appliquer la sec-
tion de la fig. 117 à une

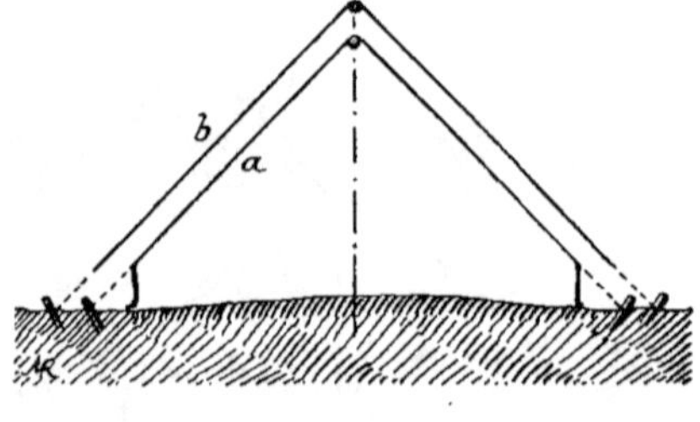

Fig. 118. — Coupe verticale d'une tente à
double paroi.

tente elliptique dont on allonge la partie *b''* (fig. 116) suivant les
besoins, en augmentant le nombre de poteaux.

On peut utiliser les tentes à doubles parois *a* et *b* (fig. 118) laissant
entre elles un espace de 0ᵐ10 à 0ᵐ20 au moins. Enfin, il est
possible d'établir, avec des perches, des châssis qu'on recouvre
d'étoffe. — Il faut se défier, croyons-nous, des beaux systèmes en
fer, articulés, télescopiques, etc. qui fonctionnent parfaitement dans
un magasin ou dans une exposition, mais qui, peut-être, ne se com-
porteront pas aussi bien dans la brousse.

Pour des installations semi-temporaires, devant être utilisées pendant quelques mois, nous recommandons d'employer des constructions en charpente et en clayonnages dont nous avons déjà parlé (fig. 89 à 93) ; il est bon de prendre ses dispositions de façon que ces baraques et gourbis puissent servir, plus tard, comme magasins accessoires.

Rappelons que, dans les bivouacs militaires, l'attache des che-

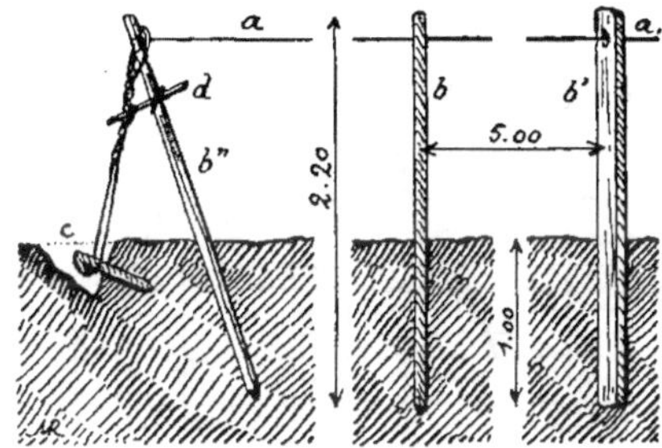

Fig. 119. — Corde d'attache des chevaux.

vaux est faite par une corde *a* (fig. 119) appelée *grelier*, de 25 mètres de longueur, soutenue par quatre piquets-supports *b*, *b'*, de 2ᵐ20, dont 1 mètre enfoui dans le sol, espacés de 5 mètres à 5ᵐ50 ; les deux piquets extrêmes *b″* sont plantés obliquement ; la corde est maintenue à chaque bout par un piquet *c*, à crosse, enfoncé dans un trou qui a souvent 0ᵐ60 de profondeur ; la corde est billée en *d* ; on la desserre un peu chaque soir ou lorsqu'il fait humide.

Constructions isolantes.

C'est à partir de 1875 ou 1876 qu'en France un mouvement d'opinion s'est dessiné en faveur des colonies ; puis, à force de s'entendre répéter qu'il n'était pas un peuple colonisateur, le Français a cherché la possession ou la protection d'un grand nombre de kilomètres carrés et, aujourd'hui, notre domaine colonial comprend 438 millions d'hectares, c'est-à-dire une superficie 8 fois et un tiers plus grande que celle de la métropole. C'est également à partir de 1876 qu'on commença à créer un matériel spécial et, en particulier, des constructions dites coloniales dont beaucoup de modèles, combinés à Paris, ne répondent certainement pas aux conditions et aux besoins de toutes nos colonies.

Examinons les principes que nous pouvons poser relativement aux *constructions isolantes*, c'est-à-dire établies en vue d'empêcher ou d'atténuer le passage de la chaleur de l'extérieur à l'intérieur d'un local, ou inversement ; dans les pays à hivers rigoureux on cherche à retarder la sortie de la chaleur intérieure ; dans les magasins, les

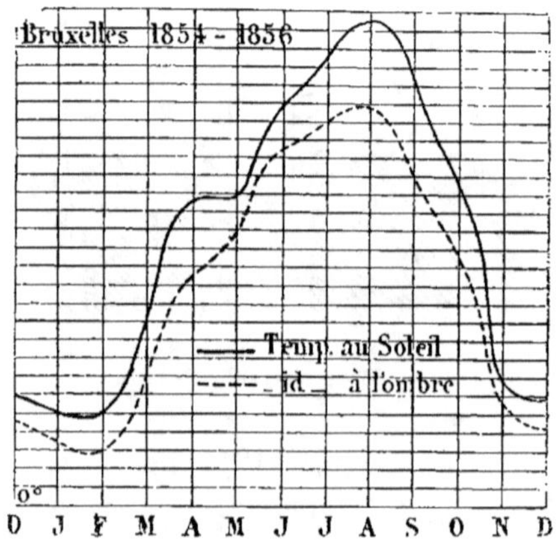

Fig. 120. — Courbes des températures observées au soleil et à l'ombre.

fruitiers, les glacières, les vagons réfrigérants, et dans les pays à étés chauds, on cherche à empêcher l'introduction de la chaleur extérieure.

Les points de départ de notre étude des constructions isolantes sont du ressort de la Météorologie et de la Physique.

Une construction exposée au soleil reçoit une certaine quantité de chaleur. A Paris, en été, selon MM. Violle et Crova, un mètre carré exposé au soleil reçoit 10 à 12 calories par minute, tandis que la même surface en reçoit 18 à Alger ; quel chiffre faut-il appliquer à des régions plus voisines de l'équateur ? — nous n'en savons rien encore ; c'est peut-être plus de 30 calories par minute et par mètre carré.

La température en plein soleil, en différents lieux, nous intéresserait beaucoup ; malheureusement les observations thermométriques ne donnent que la température à l'ombre. Aussi, à titre d'indication pour l'avenir, nous citerons les constatations faites de 1854 à 1856 par Quetelet, alors Directeur de l'Observatoire de Bruxelles, et mentionnées par Marié-Davy [1] :

« Quatre thermomètres, dont l'un était à boule de verre transparent ordinaire, et dont les trois autres étaient en émail blanc, bleu et noir, ont été placés à 1 mètre environ du sol et en plein soleil. Ces thermomètres, situés à côté les uns des autres, ont été observés régulièrement à midi pendant trois ans. Les résultats obtenus sont résumés dans le tableau ci-dessous, qui renferme aussi, comme terme de comparaison, les températures données par le thermomètre ordinaire placé à l'ombre :

Mois.	Température à l'ombre.	Température au soleil donnée par un thermomètre :			
		ordinaire.	blanc.	bleu.	noir.
Janvier	3°4	5°0	5°0	5°7	5°3
Février	2.9	5.1	4.8	5.6	5.4
Mars	7.1	10.4	10.2	11.0	11.3
Avril	12.5	16.7	16.2	17.2	17.7
Mai	15.0	16.8	16.4	16.9	17.0
Juin	19.3	21.8	21.2	21.9	22.2
Juillet	20.9	24.6	23.9	24.7	25.1
Août	21.8	26.5	26.1	26.6	27.1
Septembre	17.8	23.2	23.2	23.3	24.0
Octobre	13.6	17.5	17.1	18.1	18.2
Novembre	5.3	6.4	6.3	6.8	6.6
Décembre	4.2	5.9	5.7	6.1	5.9
Moyennes	12.0	15.0	14.7	15.3	15.5

« Les deux premières colonnes de ce tableau ont servi à construire les courbes de la fig. 120. La courbe pleine donne les températures au soleil ; la courbe pointillée donne les températures à l'ombre. Ces températures moyennes comprennent à la fois celles des jours clairs et celles des jours couverts ou pluvieux ; l'écart moyen est encore de 5°3 en août entre le thermomètre à l'ombre et le thermomètre au soleil. Les différences de chaque jour atteignent un degré plus élevé pendant les beaux temps. »

A Paris, pendant les fortes chaleurs de 1904, nous n'avons pas relevé 50 degrés au soleil (à la Station d'Essais de Machines un thermomètre maxima a marqué 49°5 .

---

1. Marié-Davy. *Météorologie et physique agrioles*, p. 66.

Génie rural.   5

Sur notre demande, M. Rivière, Directeur du Jardin d'Essais du Hamma, à Alger, nous écrivait qu'il avait relevé de 65 à 70 degrés au soleil (dans sa région littorale), et nous donnait, pour l'Algérie, quelques maxima exceptionnels observés à l'ombre :

Alger	45°	Aumale	45°
Dellys	43°	Médéa	45°
Bougie	45°4	Guelma	48°
Boufarik	40°	Constantine	45°
Orléansville	50°	Tlemcen	45°8

Les températures sahariennes (à l'ombre) seraient de 48 à 50 degrés.

Selon notre confrère M. Alfred Angot [1], « à la surface d'un sol bien sec et mauvais conducteur de la chaleur, l'échauffement produit par le soleil peut être considérable. En France, on a quelquefois obtenu des températures de 60 degrés; dans les déserts du Sahara et de l'Australie on peut dépasser 70 ou même 80 degrés, dans des endroits bien exposés et abrités du vent. »

Nous avons tenu à donner ces détails pour montrer que nous ne sommes pas encore documentés sur la température, au soleil, qu'on peut observer dans diverses colonies; quelques personnes pourront peut-être, dans l'avenir, combler cette lacune pour certaines localités.

Si nous considérons les moyennes fournies par Quetelet pour les mois les plus chauds, nous voyons que la coloration du thermomètre exerce une certaine influence, et que celui à boule blanche accuse les plus faibles températures; cela est à retenir pour la coloration à donner aux parois isolantes.

Rappelons qu'en Physique on distingue les *corps diathermanes* et les *corps athermanes* ; on y étudie le *pouvoir absorbant* et le *pouvoir émissif* des corps pour la chaleur.

En plus de la température de l'air, la paroi d'une construction reçoit directement du soleil une certaine quantité de chaleur. D'après la loi dite de l'*équilibre mobile de température*, formulée par Prévost, de Genève, il y a tendance à l'égalisation de température de tous les corps par échange de calories : la paroi tend à se mettre à la température des rayons du soleil en absorbant de la chaleur. La loi,

1. Alfred Angot, *Traité élémentaire de météorologie*, p. 76.

dite de Newton, pose que la *vitesse d'échauffement* (ou de refroidissement) d'un corps est proportionnelle à la différence des températures de la source de chaleur et du corps considéré, alors que, plus tard, Dulong et Petit ont montré qu'il y a une augmentation rapide dans la vitesse d'échauffement dès que la différence des températures dépasse 15 à 20 degrés centigrades.

Ce qui précède s'applique à la vitesse d'échauffement d'une molécule d'un corps ; pour les parois des constructions, nous devons considérer la vitesse de translation de la chaleur d'une molécule à une autre ; cette question est étudiée en Physique dans le chapitre relatif à la *conductibilité* des corps pour la chaleur.

Le *pouvoir isolant* d'un corps est d'autant plus grand que sa conductibilité est plus faible.

On emploie un grand nombre de matières isolantes dont le pouvoir est assez variable. MM. Lamb et Wilson [1] ont fait à ce sujet des expériences et ont fourni des chiffres que nous avons transformé en représentant par 100 le pouvoir conducteur de l'air ; les autres corps ont les *conductibilités relatives* suivantes :

	Conducti-bilité.	Pouvoir isolant.
Deux couches de feutre de poil, de 12 millimètres d'épaisseur.	53	189
Fibres de Kapok (*Eriodendron samauma*)	72	139
Feutre de poil, déchiqueté	73	137
Charbon de bois concassé / Balles de riz	75	133
Coton silicaté	76	132
Copeaux de sapin	81	123
Rognures tassées de papier brun d'emballage	84	119
Air	100	100
Sciure de sapin	121	82
Fibres d'amiante	149	67
Gros sable	370	27

La poudre de liège, qui n'est pas citée dans ce tableau, doit, d'après nos essais de 1890, se classer à peu près comme les balles de riz ou les copeaux de sapin.

Pour ce qui concerne la terre, nous trouvons quelques renseignements dans les températures relevées à l'Observatoire de Juvisy pendant les grandes chaleurs qui ont eu lieu du 11 au 17 juillet 1904.

---

1. *Royal Society of London* (*Proceedings*), 1900.

— La température était prise par un enregistreur à la surface du sol, puis à des profondeurs de 0^m25, 0^m50 et 0^m75. — Par suite des alternatives de la chaleur solaire et du rayonnement nocturne, la température de la surface du sol éprouve une variation journalière : elle croît depuis le lever du soleil jusqu'à une heure de l'après-midi, pour décroître ensuite jusqu'au lever du soleil du jour suivant. — L'amplitude de cette oscillation est beaucoup plus considérable que celle de l'air ; sa valeur moyenne a été, pour la période considérée, de 34°,9 pour la surface du sol et de 16°,6 seulement pour l'air. — La température dans le sol suit une marche analogue, mais l'amplitude des oscillations diminue très rapidement avec la profondeur, en même temps que l'époque des maxima et des minima retarde de plus en plus, comme l'indique le résumé ci-dessous :

Observation	Amplitude de l'oscillation.	Heure de la température maximum.
Air.	16° 6	—
Surface du sol.	34° 9	1 heure après midi.
à 0^m25	3° 5	8 heures du soir.
à 0^m50	0° 4	1 heure du matin.
à 0^m75	0	—

D'après ce qui précède on voit qu'une épaisseur de 0^m75 de terre constitue une masse pratiquement isolante.

Considérons la paroi verticale M (fig. 121) d'un local clos L ; l'extérieur y du mur reçoit, par unité de temps et de surface, une certaine quantité de chaleur A, mais en rayonne ou en réfléchit une quantité a ; la paroi garde donc $(A - a)$ calories, qu'elle doit transmettre en se comportant comme toute machine thermique, c'est-à-dire en prélevant une certaine quantité pour elle-même ; en d'autres termes son *rendement* est plus petit que l'unité.

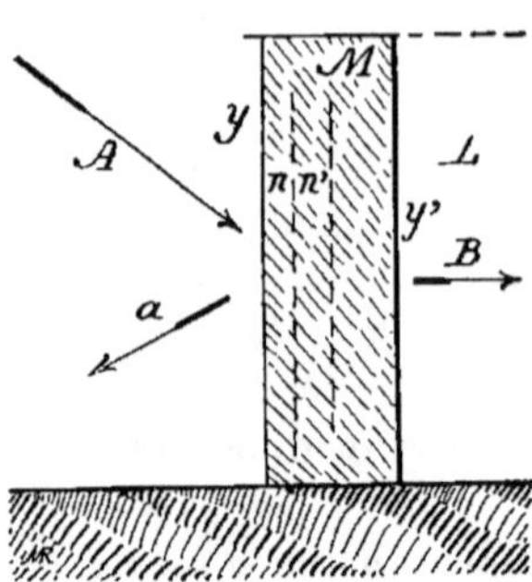

Fig 121 — Principe du passage de la chaleur au travers d'un mur.

La paroi y (fig. 121) recevant $(A - a)$ calories, en gardant une certaine quantité b, va fournir à la tranche élémentaire n consécutive, $A - (a + b)$ calories ; à son tour, la tranche n cède à la tranche n' suivante, $A - (a + b + b')$, et ainsi de suite, de sorte que $\Sigma\ a,\ b,\ b',\ b''...$ représente la quantité totale de la chaleur N perdue par rayonnement et gardée par le mur M ; il n'arrive ainsi, sur la surface intérieure y' du mur, qu'une quantité B plus petite que A, ou :

$$B = A - N.$$

Nous devons chercher que B soit aussi faible que possible en diminuant la chaleur reçue A et en augmentant les pertes N.

On peut diminuer le nombre des calories envoyées en A (fig. 121) en projetant sur la paroi y de l'ombre à l'aide d'un écran quelconque (des végétaux ou des parties de construction) ; la projection horizontale l de cet écran (fig. 122), dépend de la hauteur du mur à protéger et de l'angle d'inclinaison des rayons du soleil.

Si nous supposons que la direction des rayons R du soleil (fig. 122) fait avec le sol ox un angle α, il faut, pour que le mur de hauteur h soit complètement dans l'ombre, que la projection horizontale l de l'écran ait pour valeur :

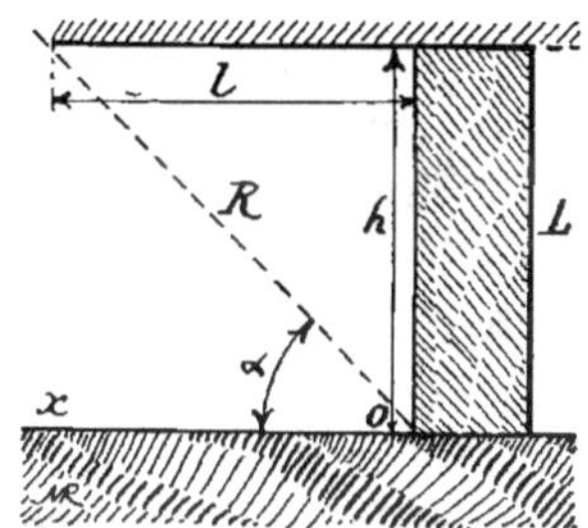

Fig. 122. — Ombrage d'un mur par un écran.

$$l = h\ cotg\ \alpha.$$

Avec R incliné à 45 degrés, $l = h$; pour beaucoup de colonies, dans les mois les plus chauds et pendant les heures les plus chaudes de la journée, l'angle α est plus grand que 45 degrés ; mais comme il est bon d'avoir de l'ombre sur le sol ox et sur une certaine longueur au pied du mur, on voit qu'on peut tabler sur $l = h$ au maximum, à moins que l'abri de l'écran l ait une raison d'être plus grand lorsqu'il s'agit de l'utiliser d'une façon particulière.

La somme des pertes de chaleur N doit être augmentée le plus possible ; elle varie avec les corps, leur état d'agglomération ou de contact des molécules, et aussi avec le nombre de leurs particules constitutives, c'est-à-dire, en définitive, avec l'épaisseur du mur.

On admet que *l'énergie* (lumière, son, chaleur, électricité...) se transmet par des *ondes* ; c'est une série de mouvements moléculaires ; dans notre cas particulier (constructions isolantes), il faut retarder par des frottements, ou des *résistances passives*, le mouvement des ondes calorifiques, et cela est réalisé avec ce qu'on est convenu d'appeler les corps ou les *matières isolantes.*

Quand la paroi est constituée de matériaux solides, compacts, sans vides (terre, briques, pierres, bois, etc.), la résistance de ses éléments au mouvement calorifique est faible et on est conduit à augmenter beaucoup le nombre d'éléments, c'est-à-dire l'épaisseur de la paroi. En d'autres termes, le mur sera épais quand il sera composé d'un seul genre de matériaux compacts ; dans les climats chauds et secs on utilise la terre pisée ou la brique crue sous une épaisseur dépassant souvent un mètre. S'il y a des pluies fréquentes il faut employer des briques cuites, ou un autre dispositif excluant les éléments compacts homogènes.

Lorsque la paroi est constituée par des matières de diverses natures, la résistance au mouvement calorifique est accrue, de telle sorte qu'on peut obtenir le résultat voulu en augmentant le nombre de matières différentes qui composent la paroi, tout en diminuant l'épaisseur de cette dernière : ainsi, par exemple, les corps fibreux, d'origine animale ou végétale, dont les éléments sont séparés par de l'air, présentent une grande résistance à l'écoulement des ondes sonores et calorifiques et il suffit de les disposer sous faible épaisseur ; tel est le rôle des fibres, des tissus divers, du feutre, de la mousse, des feuilles sèches, des pailles, de la sciure de bois, des petits fragments de liège, d'écorces, etc.

Il faut se souvenir qu'il n'existe aucune matière imperméable à la chaleur, mais que la vitesse de translation des ondes calorifiques varie beaucoup avec les corps ; c'est la *conductibilité des corps,* étudiée en Physique, qui nous apprend que le corps le plus mauvais conducteur est l'air ; cela est vrai à la condition que l'air soit confiné dans des espaces aussi petits que possible, retardant son mouvement dû à la variation de sa densité : l'air chaud, plus léger, s'élève pendant que l'air froid, plus dense, descend, de sorte qu'un grand espace clos où l'air n'est pas gêné dans ses mouvements verticaux, au lieu d'être un isolant est, au contraire, un dispositif très bien combiné pour assurer rapidement l'échange de température d'une paroi à l'autre de cet espace, et l'air devient ainsi un excellent véhicule de la chaleur. Le mécanisme peut être représenté schématiquement par la figure 123 ; la paroi extérieure *y* échauffe par contact l'air qui, diminuant de densité, s'élève ainsi que l'indique la flèche *a*, arrive suivant *b* au contact de la paroi intérieure *y'* du local L, lui aban-

donne une partie de sa chaleur, augmente de densité et descend
selon la flèche c pour continuer ce même mouvement jusqu'à ce
que la paroi y' soit à la température de y, état d'équilibre parfait
qui, d'ailleurs, ne peut jamais être atteint. — Nous avons eu un
exemple de ce qui précède avec une construction élevée en Algérie ;
les parois verticales étaient entourées d'un
espace vide, de 0^m30 de largeur, dans lequel
l'air pouvait se déplacer facilement ; aussi
on ne doit pas être surpris que le local était
« chaud en été et froid en hiver » ; pour
modifier cet état de choses nous avons con-
seillé de remplir le vide avec des matériaux
non tassés : paille hachée, sciure de bois,
rognures de liège, etc., afin d'appliquer le
principe suivant :

En plaçant entre y et y' (fig. 123) des
cloisons horizontales rapprochées, ou des

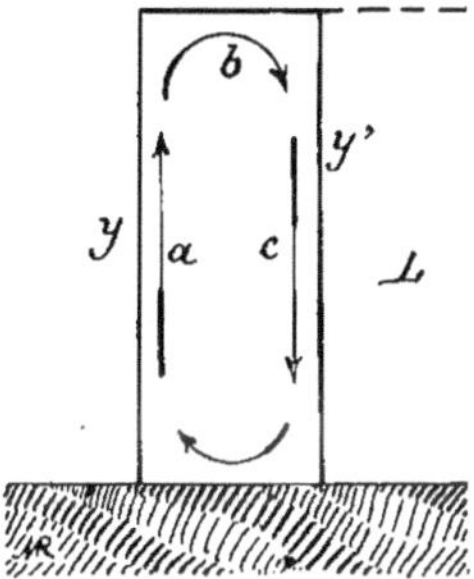

Fig. 123. — Mouvements de
l'air dans un espace clos.

matières divisées et fibreuses, on augmente beaucoup la résistance
au passage des molécules d'air, on diminue les vitesses a et c, et
on retarde ainsi la translation de la chaleur de y à y'. Le problème ne revient donc pas à mettre des matières solides et serrées
ou agglomérées en yy', mais à placer dans l'intervalle des parois un
grand nombre d'éléments laissant entre eux de nombreux et
sinueux méats d'aussi faible hauteur que possible. Comme comparaison, il faut donc faire ici l'inverse de ce que nous cherchons
à réaliser en *Hydraulique* pour les conduites d'eau : il faut augmenter le plus possible la *perte de charge*.

Les ondes calorifiques se propagent plus facilement dans les
milieux homogènes que dans ceux formés de matériaux ayant des den-
sités différentes : un bon isolant est donc constitué par de nombreuses
couches de divers matériaux qui modifient, à chaque instant, la
vitesse de propagation des ondes, en augmentant les pertes dans la
transmission de la chaleur d'un élément à un autre de nature
différente.

L'eau est un corps bon conducteur, transmettant la chaleur 40 fois
plus rapidement que l'air, 20 fois plus que le papier, 7 fois plus que
le bois dans le sens perpendiculaire aux fibres ; il y a donc toute
nécessité à ce que les parois isolantes soient bien sèches ; aussi, dans
les régions chaudes exposées aux pluies fréquentes, il sera bon que

la paroi extérieure *a* (fig. 124) mouillée ou mouillable, et par suite humide, ne soit jamais en contact immédiat avec la paroi isolante *b*,

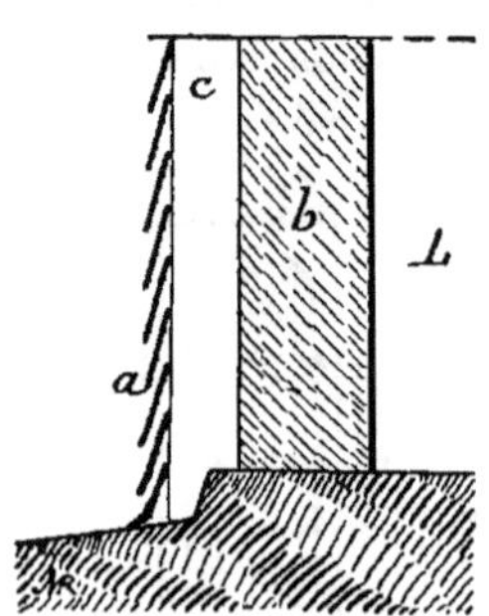

Fig. 124. — Protection d'une paroi isolante contre les pluies.

qui doit rester sèche pour empêcher l'élévation de température du local L (l'espace *c* doit pouvoir s'assécher très facilement.)

Remarquons que le problème ainsi posé : empêcher ou retarder le passage des calories de l'extérieur à l'intérieur d'une construction, est analogue, au point de vue scientifique, à celui que les populations des régions septentrionales ont à résoudre : empêcher la chaleur de la maison de s'échapper au dehors, étant donné que c'est avec beaucoup de peines qu'on obtient le chauffage du local.

Nous sommes amenés à ce résultat, paradoxal au premier abord, qu'il y a intérêt pour les constructions des pays chauds à examiner les principes suivis pour celles des régions froides de la Laponie, de la Sibérie, du Canada, etc..,

Les Esquimaux se nichent dans de véritables terriers : une case A (fig. 125), en grande partie enterrée, recouverte d'une sorte de voûte

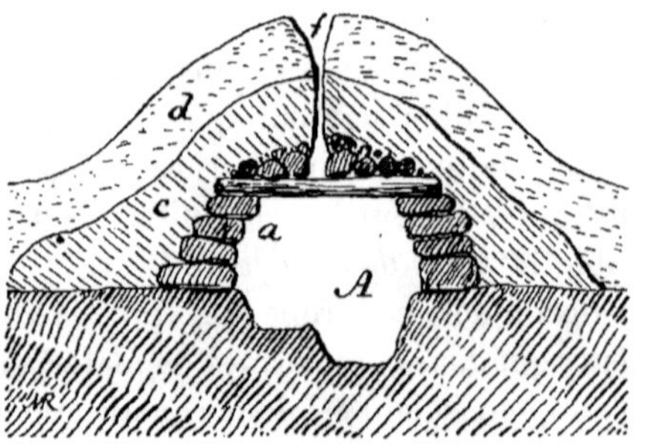

Fig. 125. — Coupe verticale d'une construction isolante des régions froides.

a en bois et en pierres sèches dont les joints sont calfatés de mousse, une couche *c* de terre et, enfin, comme dernier isolant, de la neige et de la glace *d* ; un trou *f*, ou évent, sert à la ventilation et à la sortie de la fumée de la lampe allumée en permanence au milieu de la pièce ; dans certains cas même la voûte *a* est confectionnée avec des blocs de glace en guise de pierres.

Les huttes du Nord-Canada ressemblent souvent à la fig. 94,

sauf que le sommet, à double pente, est recouvert extérieurement de planches ou de rondins facilitant l'écoulement de l'eau et de la neige.

En Scandinavie septentrionale, les habitations sont généralement des cavernes[1].

En Suède, les maisons sont construites en bois à doubles parois *a* et *b* (fig. 126), assemblées à rainures et languettes, reposant par la sablière *s* sur une maçonnerie inférieure *m*, et l'intervalle *c* est garni de mousse, de feuilles sèches ou de sciure de bois. —

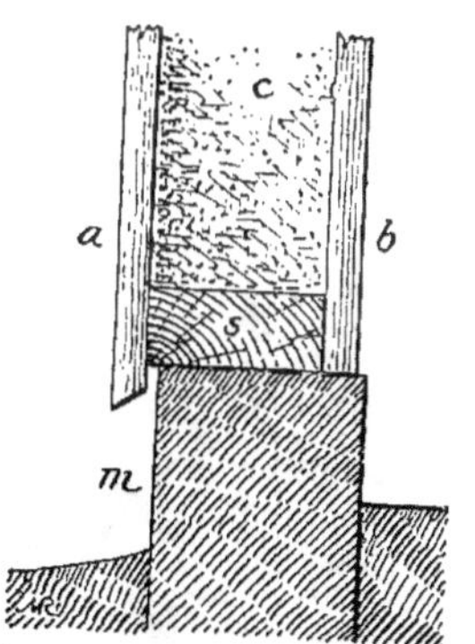

FIG. 126. — Coupe verticale d'une paroi isolante employée en Suède.

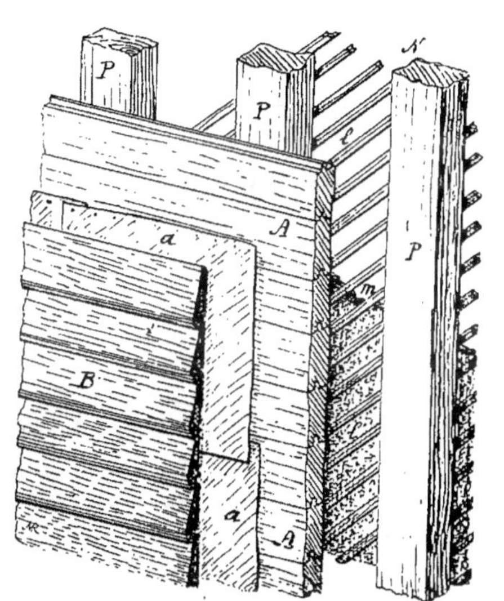

FIG. 127. — Paroi isolante employée dans le Nord des États-Unis.

Nous avons appliqué ce principe aux logements de la Station d'Essais de Machines, mais en garnissant l'intervalle *c* avec du gravier à cause de la question d'incendie et pour diminuer les frais d'assurances le feu, en un point de la paroi, laisserait passer le gravier, dont l'écoulement produirait l'extinction).

Dans le nord des États-Unis, où les hivers sont très rigoureux, on fait les belles maisons d'habitations rurales à doubles parois, l'une intérieure N (fig. 127), en plâtre ou en bourre *m* posé sur le

1. Victor Place croit que vers le golfe Persique, où la température est très élevée, les habitants de l'antiquité, comme les Arabes de nos jours, logèrent dans de véritables tanières creusées dans le sol, garnies de roseaux et de nattes; ce serait, selon lui, l'origine de la fable des *Troglodytes* consignée par les anciens historiens.

lattis *l* obliquement cloué aux tournisses P du pan de bois ; à l'extérieur, on place deux couches de bois : l'une A, assemblée à rainures et languettes, l'autre B, souvent remplacée par des bardeaux, et, entre les deux, on étend des feuilles *a* de papier ciré ou goudronné.

On peut s'inspirer des dispositifs précédents en employant, par exemple, trois clayonnages *y*, *y'*, *y"*, (fig. 128), espacés de 0^{m}15 à 0^{m}20, les deux extrêmes garnis de torchis *a* et *b*, un intervalle *d* (côté interne) étant rempli de matériaux d'origine végétale, l'autre *c* pouvant rester vide ou garni de matériaux faiblement tassés. — Ces constructions, peu coûteuses, demandent un entretien permanent pour qu'elles ne servent pas de logements aux insectes et aux rongeurs ; afin d'empêcher le passage de ces derniers, on

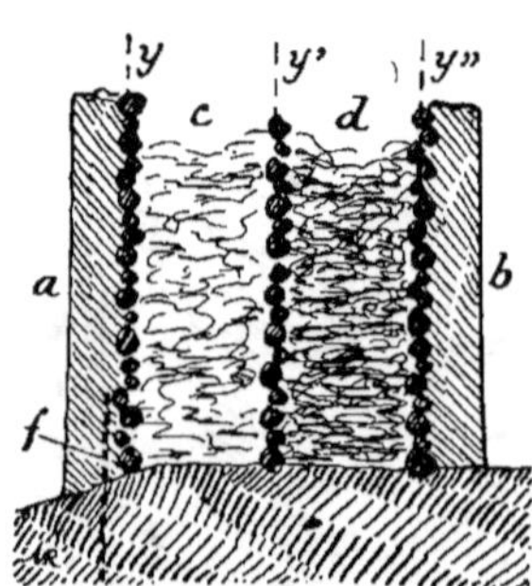

Fig. 128. — Coupe verticale d'une paroi isolante.

peut garnir le pied des clayonnages *y* et *y"* avec des bandes de grillage *f*, en fil de fer galvanisé à petites mailles, qu'il est bon d'enterrer de 0^{m}20 au moins. Ajoutons que dans les espaces resserrés, vides ou encombrés de matériaux, la destruction des insectes et des rongeurs se fait facilement en y envoyant, par un tuyau, des vapeurs d'acide sulfureux obtenues par la combustion de morceaux de soufre.

La mince paroi isolante de certains appareils industriels (séchoirs, étuves) est souvent constituée par deux couches de lames de parquet *a* et *b* (fig. 129), séparées par une feuille de carton d'amiante *c* d'environ 3 millimètres d'épaisseur ; les lames *a* et *b*, en sapin, ont 25 à 30 millimètres d'épaisseur et leurs joints sont croisés, c'est-à-dire que les rainures d'une paroi *a* étant horizontales, celles de l'autre paroi *b* sont disposées verticalement. — Dans les vagons frigorifiques de l'État prussien, deux doubles parois analogues (*a* et *b* fig. 129), mais sans feuille d'amiante, sont séparées par un intervalle rempli de paille hachée.

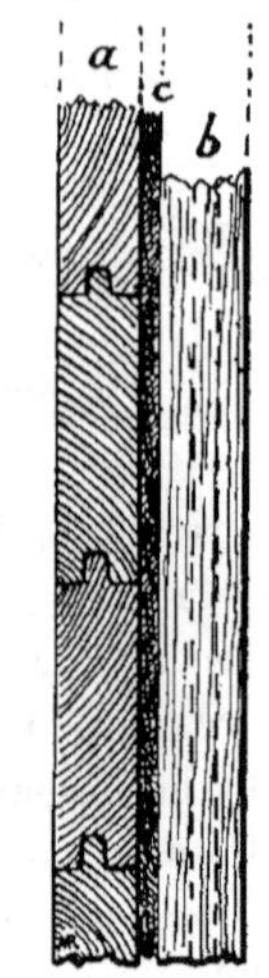

Fig. 129. — Coupe d'une mince cloison isolante.

Les Arabes ont des vêtements très amples, en laine épaisse, de couleur blanche retenant une couche d'air. et les nomades logent sous des tentes établies en feutre également épais, c'est-à-dire en matériaux isolants.

Enfin nous rappellerons que dans la Grèce antique, la pièce principale A (fig. 130., qu'on cherchait à soigner le plus possible. était entourée de tous côtés d'une galerie c limitée par la protection *b* du toit soutenu par des poteaux *n* (ou des colonnes) ; en avant de A se trouvait le *pronaos*, *a*, destiné à abriter la porte *m*.

N'oublions pas que dans nos colonies la lumière est intense. et qu'avec les ondes lumineuses les ondes calorifiques passent ; de sorte qu'un local peu éclairé est plus frais. Nous aurons donc à recommander de petites fenêtres, suffisantes pour assurer le service et le maintien en bon état de propreté, ou mieux des fenêtres garnies extérieurement de stores ou de volets pleins qu'on laissera fermés tant qu'on ne sera pas dans le local ; il n'y aura donc pas lieu de

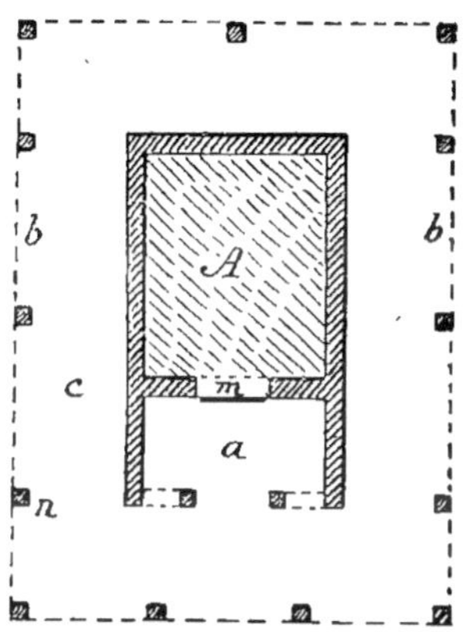

Fig. 130. — Plan d'une construction avec galerie d'isolement.

s'arrêter à des modèles de maisons. dites coloniales, dont on pourra voir les plans indiquant un grand nombre de fenêtres de grandes dimensions qui dépassent même ce qui est nécessaire dans nos climats tempérés ; notre opinion est que ces constructions ne sont bien combinées que pour nos stations balnéaires de France ; cependant on en trouve dans les colonies comme bâtiments administratifs.

Nous avons vu, jusqu'à présent, les procédés propres à diminuer la quantité de chaleur qui peut entrer dans un local. On peut chercher aussi à enlever une certaine partie de la chaleur qui y est contenue. Ainsi, par exemple, on peut imaginer une circulation d'air froid, d'eau ou de tout autre liquide à basse température ; c'est l'inverse du chauffage des bâtiments par circulation d'air chaud, d'eau chaude ou de vapeur. Ces dispositifs. employés les uns dans les édifices publics et les maisons de villes, les autres dans les laiteries, les magasins frigorifiques. etc., ne sont pas applicables aux constructions que nous examinons en ce moment

On peut abaisser la température d'un local en y favorisant l'évaporation de l'eau jetée ou pulvérisée sur le sol ou sur des nattes (la chaleur latente de vaporisation est de 537 calories par kilogramme d'eau), mais il faut laisser évacuer la buée ; c'est le procédé employé en Perse pour assurer la fraîcheur à certaines pièces obscures où l'on passe les heures les plus chaudes de la journée ; on retrouve ce principe dans les *alcarazas* (vases poreux dans lesquels les habitants des pays chauds font rafraîchir l'eau), dans le refroidissement des lentilles de rectification de certains appareils à distiller, dans un grand nombre de réfrigérants industriels et, en particulier, ceux employés pour la vinification en Algérie et en Tunisie.

Logements des hommes

Conditions générales d'établissement. — Voici une section de logement colonial que beaucoup de personnes conviennent de consi-

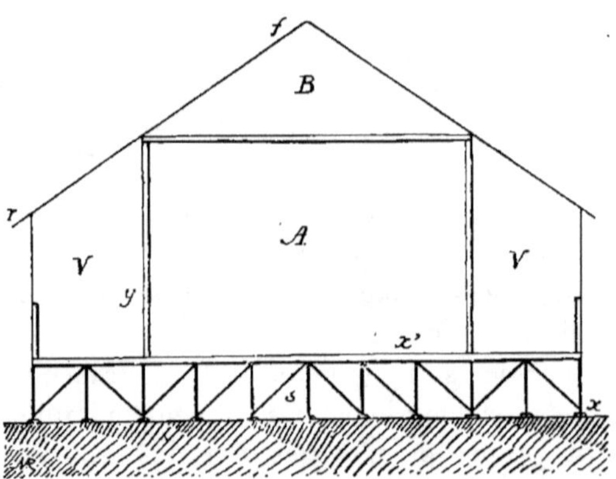

FIG. 131. — Coupe transversale d'une maison coloniale.

dérer comme classique : le local A (fig. 131), qu'on peut diviser intérieurement par des cloisons, a de $3^m 50$ à 4 mètres de hauteur ; son plancher x' n'est surélevé que de $0^m 50$ à 1 mètre au-dessus du sol naturel x ; un grenier perdu B, de 2 mètres de poinçon, joue le rôle d'isolant ; enfin tout autour de la construction règne une galerie-vérandah V garnie de balustrades. On recommande de nettoyer et de niveler le sol x avant de procéder au montage du soubassement *s* qui sert d'isolant. Les plans sont très beaux, les châssis en fer sont démontables en petites parties faciles à transporter...

Nous ne croyons pas recommander un soubassement très peu élevé

Fig. 132. — Maisons dans une rue de Tamatave[1].

(fig. 132), dont le maintien en bon état de propreté nous paraît impossible ; nous craignons donc que l'espace *s* (fig. 131) serve de refuge aux insectes, aux reptiles et aux rongeurs ; si le sol ou le climat obligent à surélever le plancher x', qu'on fasse de suite une sorte de premier étage dont le rez-de-chaussée soit très accessible et puisse être utilisé comme hangar ou comme magasin. Enfin la hauteur du local A (fig. 131) semble avoir été donnée pour obtenir au moins 2 mètres de fiche aux poteaux de la vérandah tout en ayant un comble à une seule pente *fr*. La vérandah, jouant le rôle d'un simple écran pour projeter de l'ombre sur la paroi *y*, peut avoir une pente différente de B à la condition de bien soigner la couverture, c'est-à-dire d'éviter les infiltrations d'eaux pluviales.

1. L'*Empire colonial de la France* ; Madagascar, p. 28.

La figure 133 donne une portion du profil et de l'élévation d'une maison portative qui figurait à l'Exposition Universelle de Paris, en 1900 ; le plancher est élevé à 1 ^{m} 50 au-dessus du sol ; le soubas-

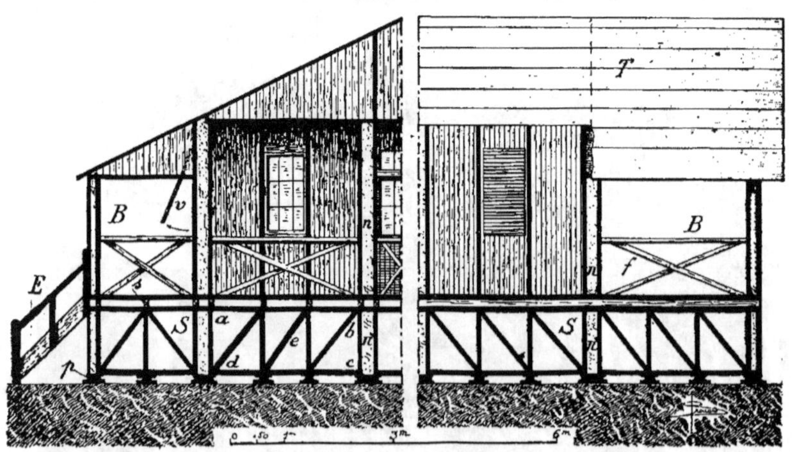

Fig. 133. — Demi-profil et élévation d'une maison coloniale.

sement S est constitué par des cadres rectangulaires *abcd*, triangulés par des écharpes *e* ; les cadres, en bois, reposent sur des patins *p* en fonte et supportent les solives *s* du plancher ; les murs *n* sont à doubles parois, à matelas d'air, comme la toiture T ; les persiennes *v*

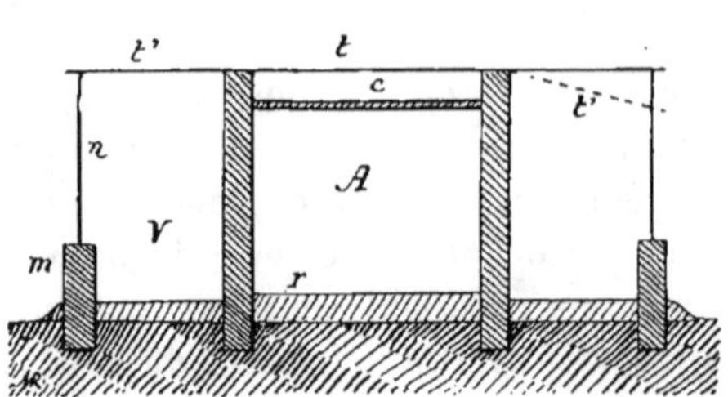

Fig. 134. — Coupe transversale d'une maison pour pays chauds et secs.

sont à charnières hautes, horizontales ; l'escalier E donne accès à la vérandah B*f*. Certaines de ces constructions démontables, dont les pièces sont assemblées à l'aide de boulons avec écrous à oreilles, sont vendus à raison de 55 à 65 francs le mètre carré couvert (prix approximatif du matériel dans un de nos ports d'embarquement).

Il est évident que la vérandah n'est indispensable que du côté exposé aux rayons du soleil pendant les heures les plus chaudes de la journée ; mais comme la vérandah peut être utilisée de diverses façons et qu'elle rend énormément de services, nous croyons très recommandable de la faire régner tout autour des bâtiments.

Dans les climats chauds et secs, on surélèvera l'emplacement des bâtiments par un remblai r (fig. 134) de 0^m20 au moins ; on élèvera la construction A avec son toit t en terrasse et au besoin son caisson isolant c ; la vérandah V, limitée par des murettes m, de 1 mètre

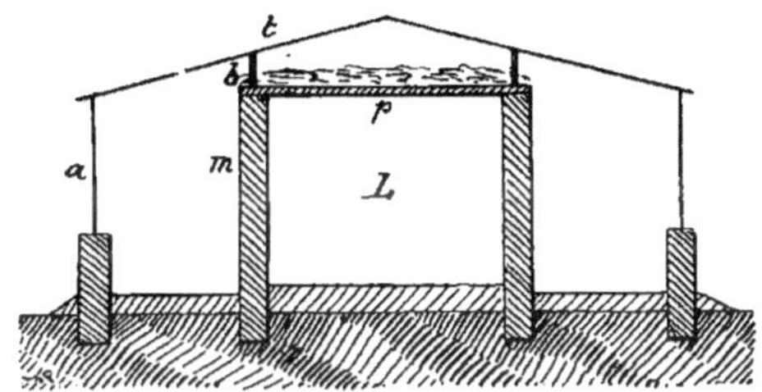

Fig. 135. — Coupe transversale d'une maison pour pays chauds et secs.

environ de hauteur (au-dessus du sol intérieur), comprendra une couverture t' soutenue par des poteaux n ou des piliers.

Nous pensons qu'on aurait un excellent résultat avec un local L (fig. 135), à paroi m et à plafond p isolés, élevé sous un toit t soutenu

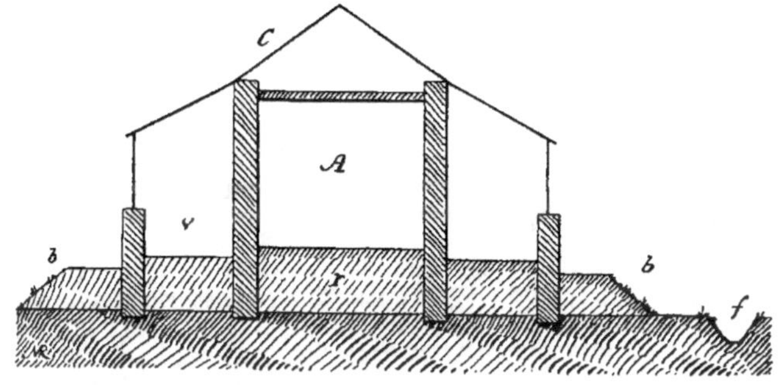

Fig. 136. — Coupe transversale d'une maison pour pays chauds et pluvieux.

par des poteaux a et des potelets b ; rien n'empêche de prévoir à la couverture t la pente imposée par le climat et les matériaux.

S'il pleut dans la localité, on peut appliquer le principe précédent en donnant la pente voulue au comble C (fig. 136) abritant le logis A ;

surélever beaucoup le remblai *r* et assurer l'écoulement des eaux par
des fossés *f* débouchant dans un thalweg voisin; on voit dans la
figure 136 la vérandah *v* et les talus *b* qu'on peut garnir de végétaux. — Ne pas oublier d'employer des gouttières avec goulottes
de descente, afin d'éloigner l'humidité du pied des parois verticales.

Si le sol est très humide, au moins pendant une période de l'année,
il convient d'élever le local A (fig. 137) et sa vérandah V sur un

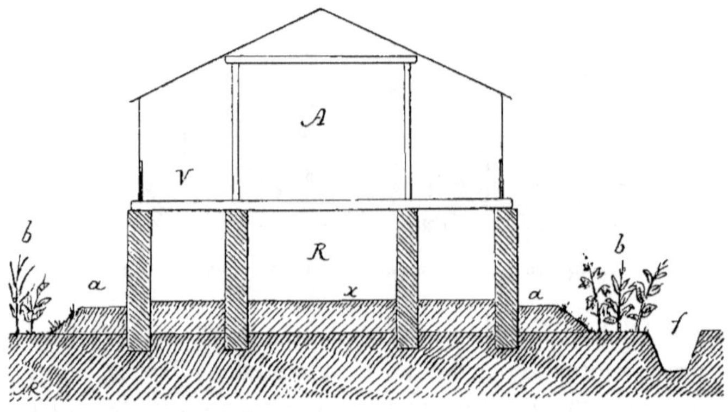

Fig. 137. — Coupe transversale d'une maison pour pays chauds et humides.

rez-de-chaussée R ayant de 1^m 80 à 2 mètres de hauteur sous
plafond et servant de magasin; veiller à la bonne exécution des
fossés *f* d'assèchement. — Au Tonkin, ce rez-de-chaussée R est
quelquefois utilisé pour réunir en commun les animaux de l'exploitation; inutile de dire qu'il faut rejeter complètement ce dispositif
(émanations, mouches, etc.).

Il faut que le plan d'eau de la nappe souterraine soit toujours au
moins à 0^m 50 en dessous du sol intérieur *x* (fig. 137); si l'on a des
pierres, *drainer* l'emplacement des bâtiments (drains en pierres perdues dont nous parlerons à l'*Hydraulique*), mais il ne convient pas
d'employer des fagots ou des fascines dont les tassements inégaux
compromettraient la solidité de l'édifice.

La figure 137 donne le principe des constructions élevées par
les premiers colons français de la Guadeloupe[1], surtout en vue de

1. A. Hugo, *La France pittoresque*, tome III, 1834.

permettre la surveillance facile des alentours de l'habitation
(la construction A, en bois, est soutenue par de gros piliers
en maçonnerie). — La
fig. 138 (extraite de
l'*Empire colonial de la*

Fig. 138. — Maisons au Cambodge.

France, fascicule de l'*Indo-Chine*, p. 57) représente un groupe de
maisons cambodgiennes bâties sur des poteaux.

On peut prendre des dispositions pour que la banquette a (fig. 137
ait jusqu'à 5 mètres
environ de largeur :
la zone b, d'une
dizaine de mètres,
sera garnie de plantes
à grandes évapora-
tion chargées d'assé-
cher l'emplacement.

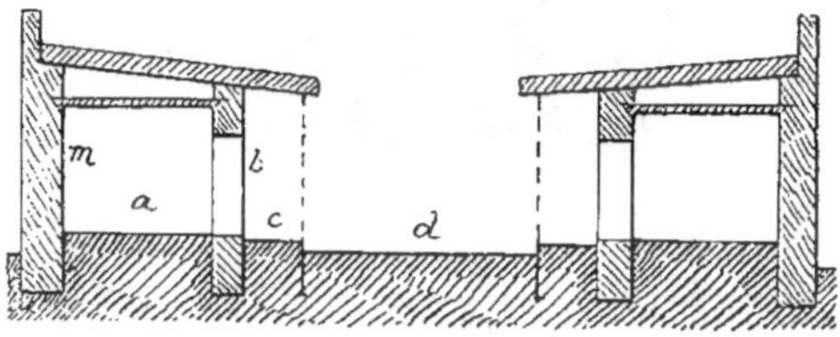
Fig. 139. — Coupe transversale d'une habitation
avec patio.

Nous croyons qu'on
pourrait, dans beau-
coup de circonstances, appliquer les principes suivis par les
Romains, les Maures, les Arabes, etc. : des murs extérieurs m (fig.

139) très épais, des pièces *a* limitées par les murs *b*, une galerie couverte *c* et un *atrium, d,* ou *patio* servant de cour intérieure.

Il nous semble inutile de donner des indications pour l'établissement des habitations dans les régions marécageuses qu'il faut fuir ; ce n'est pas la peine d'aller aux colonies pour chercher des conditions insalubres. — Avant d'être exploitées, ces régions doivent être préalablement assainies par des travaux d'ensemble, d'intérêt

Fig. 140. — Maison malgache à Tananarive [1].

public, qui sont d'ordre administratif et pour lesquels on pourrait utiliser la main-d'œuvre pénale.

Pour faciliter la surveillance du domaine, on peut aménager, à une extrémité de la maison, une petite plate-forme élevée au-dessus du faîtage et à laquelle on accède par une échelle ou un esca-

[1]. L'*Empire colonial de la France* : Madagascar, p. 57.

lier (fig. 140) : dans le même but on peut dresser, dans la cour, un *observatoire* ou *mirador* dont nous parlerons plus loin.

Détails de construction (ventilation, protection contre les insectes, éclairage). — Examinons maintenant quelques détails relatifs aux maisons d'habitation et à leurs annexes.

Relativement au cube d'air respirable, on recommande de donner 3ᵐ 50 à 4 mètres de hauteur d'étage : ce chiffre a été établi en supposant que l'air d'un local ne se renouvelle pas ; d'après les recherches de Pettenkofer, et celles plus spéciales de Max Maercker, on sait que l'air devient impropre à la respiration dès qu'il contient plus de 2,5 à 3 pour mille d'acide carbonique, mais ce gaz s'évacue par les parois, de sorte que ce n'est pas le cube d'air d'une pièce qui est intéressant, mais plutôt l'étendue de ses parois. « Des recherches, disait A. Sanson, ont montré qu'au delà d'une certaine température ambiante l'élimination de l'acide carbonique par les poumons subit un brusque accroissement, qui la porte le plus souvent du simple au double. C'est donc l'élévation de température amenée par l'absence de ventilation qui incommode les animaux et non une accumulation d'acide carbonique qui ne se produit point... Au-dessus de 18° la température des écuries devient d'autant plus pénible pour les chevaux et plus dommageable pour leur santé, qu'elle s'élève davantage », c'est aussi exact pour l'homme ; d'un autre côté la *viciation* de l'air d'une pièce est peu influencée par la capacité du local mais seulement par le volume d'air renouvelé dans l'unité de temps. Nous ferons donc les pièces de la hauteur déterminée par les matériaux et procédés de construction ; 3 mètres doivent suffire largement si on assure la *ventilation* du local A (fig. 141) par une ou plusieurs entrées d'air *a*, à la partie inférieure des murs, du côté non exposé au soleil (au besoin même l'air *a* peut passer préalablement dans une sorte d'aqueduc enterré sur une certaine lon-

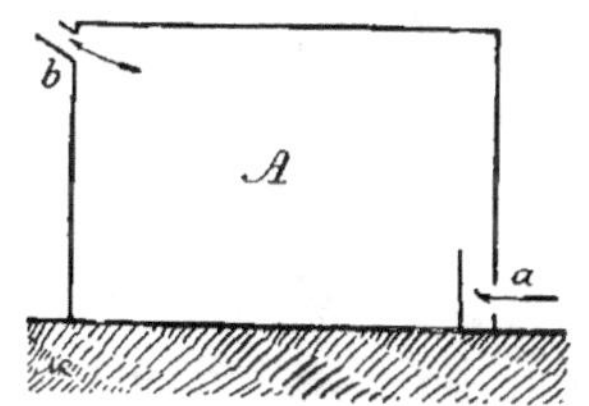

Fig. 141. — Principe de la ventilation d'un local.

gueur), et en permettant l'évacuation de l'air chaud par des ouvertures *b* placées aussi haut que possible ; ces ouvertures, ou *ventouses*, seront pourvues d'une étoffe, d'une toile métallique de cuivre ou d'un grillage ; un volet ou une planchette doit permettre de les obturer à volonté plus ou moins complètement.

On a proposé l'emploi de petits ventilateurs électriques comme ceux qu'on voit dans des magasins, restaurants, etc., mais actionnés par des piles dont le chargement et l'entretien nous paraissent difficiles aux colonies; cependant on pourra utiliser de semblables petits ventilateurs mus par un mécanisme de tourne-broche à ressort ou mieux à contre-poids.

En Arabie, en Perse, etc., on obtient la fraîcheur voulue dans les habitations en étendant, sur le sol, des nattes qu'on arrose de temps à autre.

Contre les insectes, et les moustiques en particulier, on peut prendre des précautions immédiates tout en procédant à des travaux d'assainissement afin de supprimer l'habitation des larves. Les fenêtres garnies de toile n'empêchent pas d'enfermer la couchette

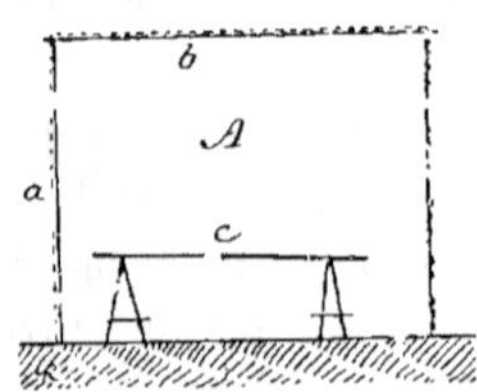

Fig. 112. — Moustiquaire.

c (fig. 112), ou le hamac, dans une sorte de petite pièce A limitée par une étoffe très légère (*moustiquaire*) ou une toile métallique en fil de cuivre tendue sur un simple châssis *ab*; la hauteur *a* sera d'au moins 2 mètres.

Dans le même ordre d'idées on a proposé des systèmes ingénieux de portes et de sortes de *sas* ou écluses pour pénétrer dans la petite pièce A; la manœuvre demande du temps; ces systèmes peuvent être utilisés dans les hôpitaux mais nous les croyons peu applicables à nos constructions.

Il paraîtrait que des branches de certaines plantes suspendues à une vérandah, ou accrochées dans une chambre, suffisent pour éloigner les moustiques.

Rappelons que la destruction des insectes (ou leur éloignement) s'obtient chez nous à l'aide de fumigations, de vaporisation de certains liquides, ou en les attirant par des lumières (lampes-pièges, phares à acétylène utilisés dans les vignobles et les vergers); des feux allumés la nuit, à une certaine époque de l'année, doivent contribuer à la destruction d'une grande quantité d'insectes adultes; enfin il y aura lieu de protéger et favoriser la multiplication d'oiseaux insectivores et d'insectes entomophages, comme on l'a fait, avec succès, dans quelques régions des États-Unis et d'Australie pour sauvegarder certaines cultures.

Nous avons déjà parlé de l'éclairage par des lanternes disposées

de façon à éviter les incendies ; pour le même motif il faut séparer de la maison proprement dite la cuisine, la buanderie, en un
mot les pièces où se fait habituellement le feu.

Dispositions principales. — Le logement de l'exploitant, dans
le cas le plus simple, comprendra une grande pièce A (fig. 143) et la
chambre à coucher B isolée par une cloison a ; cette dernière n'a
pas besoin de monter jusqu'au plafond et peut même être constituée par une tenture en étoffe, en sparterie ou en cuir. — Nous

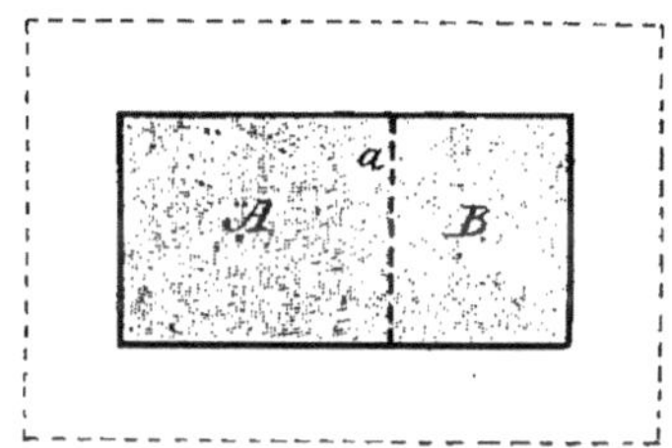

Fig. 143. — Plan d'un logement simple.

croyons que les dimensions minima à adopter seraient de 4 mètres
sur 6 mètres pour la pièce A (fig. 143) et de 4 mètres sur 4 mètres
pour la chambre à coucher B.

Dans la fig. 144 nous avons le plan-type d'un logement plus spa-

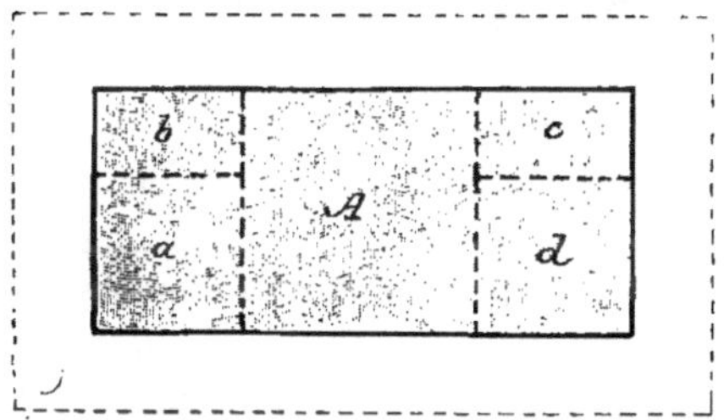

Fig. 144. — Plan d'une habitation.

cieux comprenant la grande salle A et les quatre chambres a, b,
c et d (chambres à coucher, toilettes, vêtements, etc.).

Le logement du personnel européen peut être établi sur le principe précédent, chaque employé ou chaque famille ayant sa construction séparée des autres et comprenant au moins deux pièces
ou une grande divisée en deux compartiments (la cuisine se confec-

tionnant pour tout le monde dans un autre bâtiment); — éviter la promiscuité de ces locaux.

Pour les indigènes logés à l'exploitation même, il suffira de cases ou de constructions ordinaires du pays, auxquelles on pourra peut-être apporter quelques améliorations avec prudence, mais probablement sans grande utilité.

Cuisines, fournils, buanderies. — Pour divers motifs (odeurs, incendies) nous éloignerons de la maison proprement dite la cuisine, comprenant le four et la buanderie; dans un grand domaine nous pourrons avoir (fig. 145) : la salle à manger m, le logement du maté-

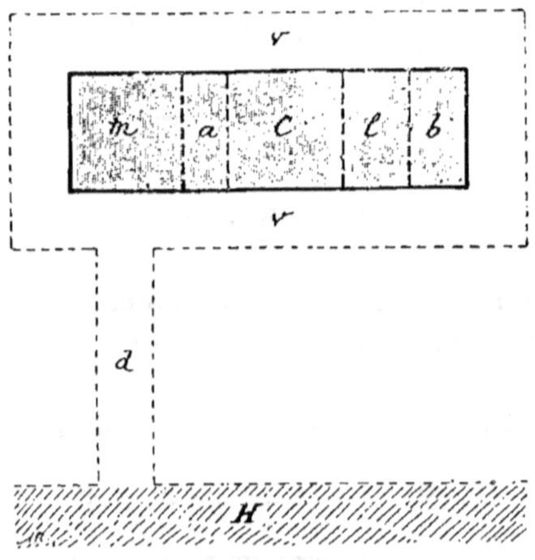

FIG. 145. — Plan d'une cuisine.

riel a, la cuisine C, la laverie, buanderie et le combustible l, enfin le garde-manger b; c'est à cause des odeurs que nous séparons la salle à manger m et le garde-manger b de la cuisine C par les pièces a et l, destinées à servir d'écran; tout autour de la construction règnera la galerie ou vérandah v jouant le rôle d'appentis. La salle à manger sera reliée à la maison d'habitation H par le chemin d ou passage couvert abrité du soleil ou des pluies.

Dans le garde-manger b (fig. 145) il conviendra d'adopter certains dispositifs pour protéger les provisions contre les rongeurs et contre les insectes.

On peut empêcher les rongeurs de grimper à un plancher a

(fig. 146) par les pieds *b* en passant ceux-ci dans une bouteille ou
un litre défoncé *c* qu'on maintient à une certaine hauteur. On voit
souvent dans nos campagnes la planche à pain *a* (fig. 147) soutenue
aux solives du plafond *b* par des lattes *c* dont la partie inférieure
est garnie d'une bouteille *d* sans fond, système qui n'empêche pas
les animaux de sauter de la solive *b* sur le panneau *a*.

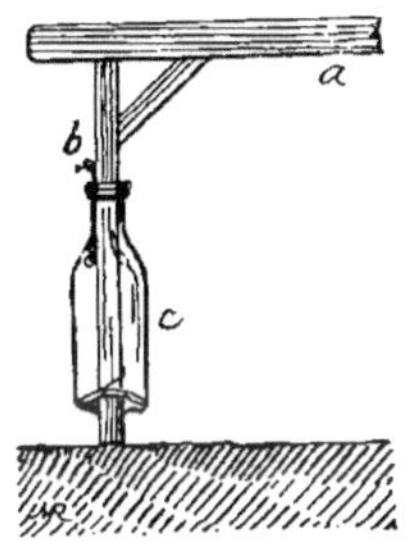

FIG. 146.. — Protection
d'une table contre les
rongeurs.

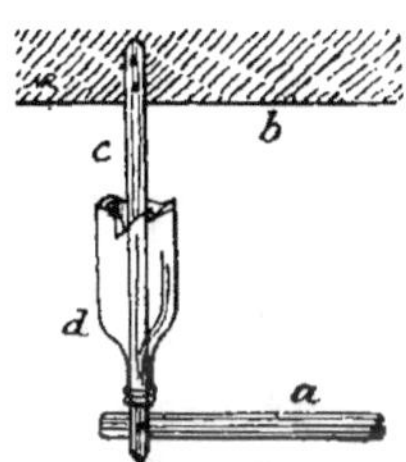

FIG. 147. — Protection
d'une tablette suspen-
due contre les ron-
geurs.

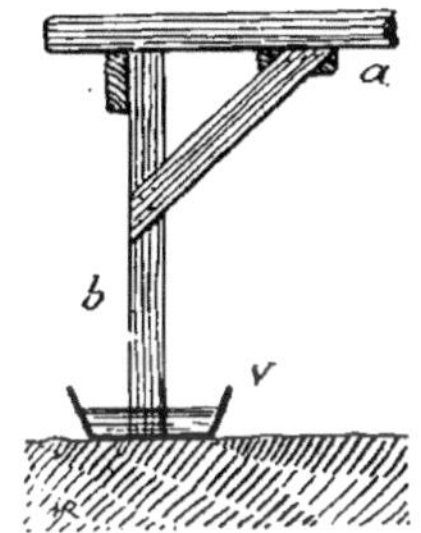

FIG. 148. — Protection
d'une table contre les
insectes.

Contre les insectes, si désagréables surtout pour les provisions
de bouche, on protège les aliments posés sur une table *a* (fig. 148)
en plaçant chaque pied *b* dans un vase plat *v*, qu'on a soin de garnir d'eau.

Les appareils hygiéniques (tub, appareil à douches, etc.)
peuvent se trouver dans la maison d'habitation à proximité de la
chambre à coucher, ou même dans cette dernière.

L'appareil de chauffage est souvent réduit à sa plus simple

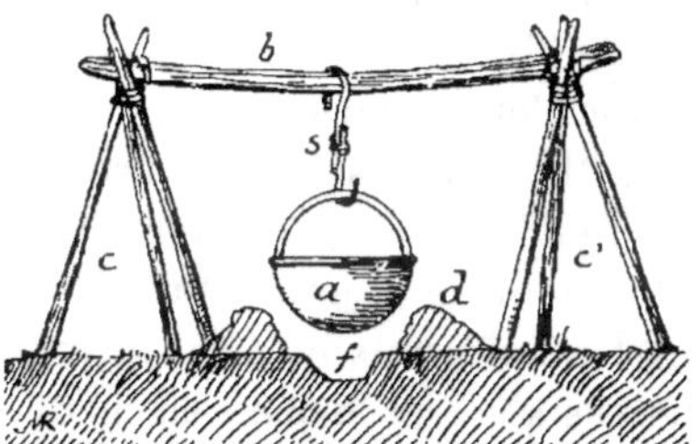

FIG. 149. — Marmite suspendue.

expression : un chaudron ou une marmite *a* (fig. 149), suspendue en
s à une traverse *b* portée par deux chevalets *c* et *c'* entre lesquels

brûle le combustible dans un foyer *f* ; ce dernier, creusé dans le sol, est entouré d'un bourrelet en terre *d* sur deux ou trois de ses côtés.

On peut aussi utiliser le dispositif employé dans les anciennes fromageries du Jura et des Alpes (fig. 150) : le combustible est brûlé sur un *âtre* en pierre, ou en briques, en dessous du chaudron suspendu à une potence mobile dans le plan horizontal ; la potence repose à

Fig. 150. — Marmite montée à potence.

sa partie inférieure sur un pivot, et sa partie supérieure peut tourner dans un collier fixé à une solive, non représentée dans la fig. 150.

Ces dispositifs de chauffage à feu nu sont d'une manœuvre facile, mais utilisent mal le combustible, qu'il est préférable de brûler dans un foyer raccordé à une cheminée.

Il sera souvent possible d'employer du charbon de bois fabriqué sur place par les procédés les plus simples et avec des végétaux divers ; ce charbon de bois peut alors être brûlé dans des foyers en tôle, en terre ou en fonte qui ne présentent rien de spécial et dont les modèles courants sont suffisamment connus. — Nous appellerons l'attention sur les fourneaux qu'on peut construire facilement avec des briques posées à sec et même rien qu'avec de la terre.

Comme l'indique la fig. 151, le foyer F, dont la *sole* est légèrement inclinée vers l'avant, peut avoir 0^{m}50 de profondeur lorsqu'on emploie du bois de fente, ou 0^{m}90 si l'on utilise comme combustible des branchages ou des fagots ; ce foyer, qui peut être plus ou

moins fermé par une plaque de tôle t, se raccorde avec les carneaux
a, de 0^m04 à 0^m05 de largeur, qui entourent la marmite A dont le
fond repose en partie sur les portions b. La fumée passe par a, a',
par le conduit c, de 0^m15 $\times$ 0^m15 de section, et de là dans la chemi-

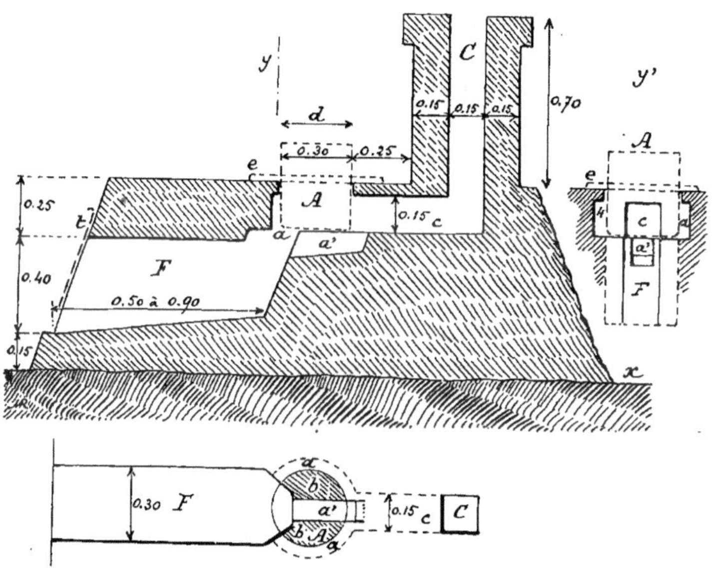

Fig. 151. — Fourneau de campagne (coupe en long, coupe transversale et plan).

née C, à section carrée, dont le couronnement se trouve au moins
à 1^m50 au-dessus du sol x, mais qu'on peut élever à 2 mètres.

Dans certains cas, à la place de la marmite A (fig. 151), on peut
disposer une plaque e, en forte tôle ou en fonte, pourvue d'un ou de
deux trous circulaires destinés à recevoir les casseroles; le dessin y' donne une coupe transversale passant par un plan y.

Pour des établissements importants, on peut accoler deux fourneaux analogues, ou augmenter le diamètre d (fig. 151) proportionnellement aux dimensions des chaudrons à utiliser.

On pourra quelquefois monter des *fours* comme ceux en usage
dans nos campagnes et sur lesquels il est inutile d'insister ; on se
contentera souvent d'un four simple à construire, comme ceux

en demi ou en tiers de cylindre : après avoir posé la *sole a* (fig. 152) du four, on élève, comme *cintre*, une masse *m* de terre ayant la

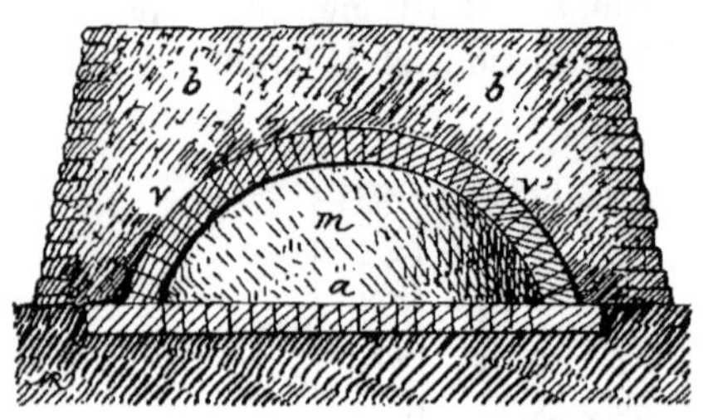

base, la hauteur et la longueur voulues ; on monte la voûte *vv'* en briques crues ou en briques cuites, puis, quand la voûte est sèche et qu'on a confectionné le massif *b*, en terre ou en sable, on gratte et on retire la masse *m* par l'ouverture ou porte du four.

Pour faciliter le service, la sole *a* (fig. 153) doit se trouver environ à 1 mètre au-

Fig. 152. — Coupe transversale d'un four en briques.

dessus du sol *x*, sur un remblai en terre bien pilonnée ; si l'on adopte une cheminée *n* C, il faut pouvoir obturer cette dernière lors de la cuisson ; au-dessus du four, on place le récipient à eau *b* ; l'ensemble est abrité par une toiture légère *t* soutenue par les poteaux *p* (lorsque la sole *a* est établie à même le terrain naturel, ce qui donne plus de garantie de stabilité, on pratique, en avant du four, une tranchée de service appelée le *trou du boulanger*).

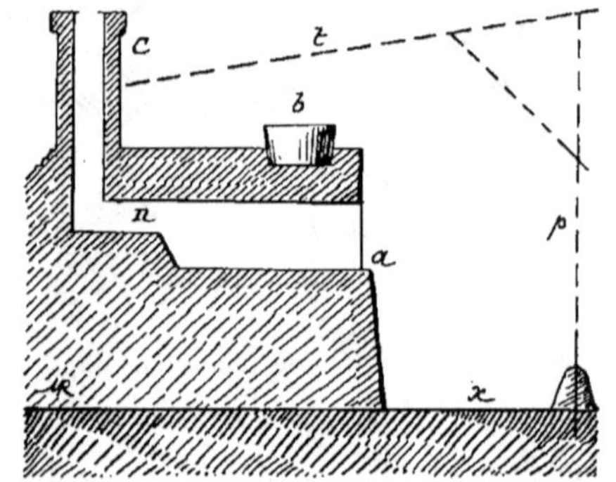

Fig. 153. — Coupe longitudinale d'un four.

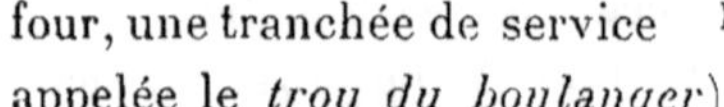

Fig. 154. — Coupe transversale d'un four avec voûte en tôle garnie de terre.

Le four elliptique, employé dans nos campagnes, avec ou sans *ouras*, a 1ᵐ50 à 2 mètres de diamètre et 0ᵐ50 de hauteur. L'Intendance en campagne admet qu'à chaque opération un mètre carré de sole d'un four peut cuire de 24 à 25 kilog. de pain de troupe.

On peut utiliser des feuilles de tôle *t* (fig. 154) pour confectionner la voûte du four A qu'il est alors possible de surbaisser en arc d'ellipse ; au-dessus de la tôle, on pilonne de la terre aussi argileuse que possible suivant le profil *a*, on place ensuite une couche *b* de sable et on termine l'ouvrage par une couche *c* de terre ordinaire.

On ne peut pas, comme dans nos exploitations, cuire le pain une fois tous les quinze, ou même tous les huit jours ; aux colonies, le

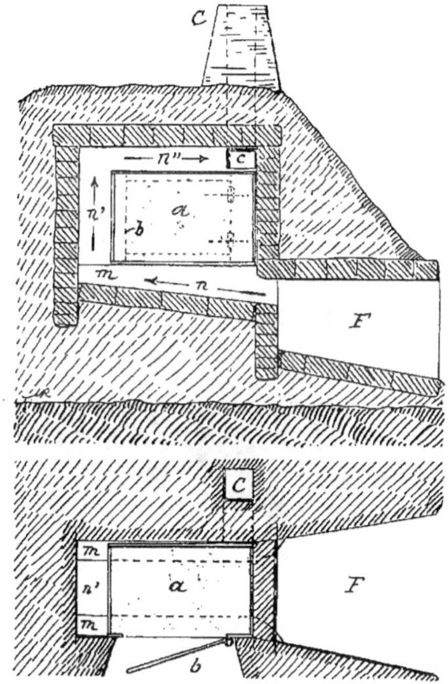

Fig. 155. — Coupe en élévation et plan d'un petit four en tôle.

pain et les galettes se desséchant rapidement il faut cuire tous les jours et, par suite, le four peut être de petites dimensions. Si l'on dispose de tôle, on peut établir un petit four analogue à celui dont nous avons fabriqué deux exemplaires utilisés à la campagne : le four proprement dit (chauffé extérieurement) consiste en une boîte en tôle *a* (fig. 155) pourvue d'une porte *b* à charnières (les côtés sont rivés ou peuvent être assemblés avec de petits boulons) ; aux colonies, on pourra monter le four *a* comme l'indique la fig. 155, avec un carneau *n n' n''* le contournant sur trois faces et raccordé par le conduit *c* à la cheminée latérale C ; le four *a* repose sur les massifs *m* et en avant se trouve le foyer F.

Dans les grands domaines, on pourra employer des fours métalliques faciles à démonter pour le transport, tels que ceux du système Schweitzer (fig. 156), en les chauffant avec du bois de fente ou du charbon de bois. — Dans la figure 156, on voit que le four est une sorte de cornue horizontale, à section elliptique, à doubles

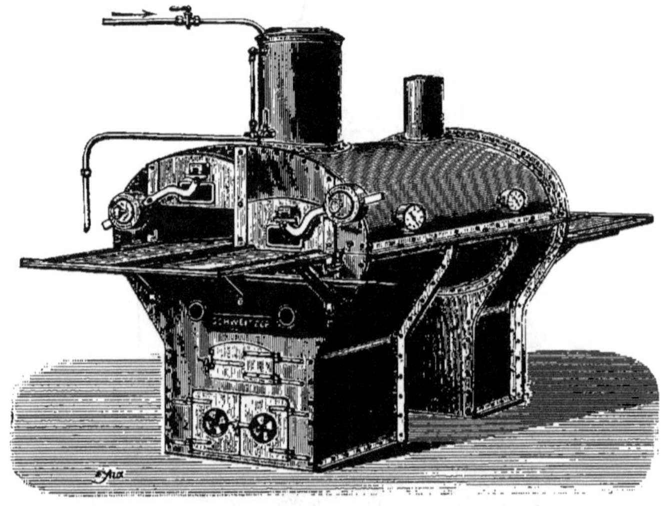

Fig. 156. — Four Schweitzer.

parois et pourvue de portes à chaque extrémité. Les pièces à cuire, posées sur des plaques métalliques, sont enfournées à un bout ; on pousse peu à peu les plaques pendant la cuisson pour les retirer du côté opposé ; deux thermomètres à cadrans, placés latéralement, permettent de suivre la marche de la température du four afin de modifier le feu en conséquence. Sur le four, au-dessus du foyer, on voit un réservoir cylindrique dans lequel l'eau peut arriver par le tuyau supérieur ou s'évacuer par le tuyau inférieur ; ce réservoir est destiné à fournir une petite quantité de vapeur d'eau ou de buée qui passe dans l'intérieur du four pour faciliter la cuisson de la pâte et dorer la surface du pain ou des gâteaux.

Pour les *buanderies*, nous avons cherché à utiliser les lessiveuses de fabrication courante établies avec des fourneaux en fonte (fig. 157), destinés à brûler des combustibles minéraux, du bois de fente ou du charbon de bois ; nous voulions appliquer ces appareils pour chauffer de l'eau, en les disposant dans une construction en terre ou en briques permettant, après l'enlèvement de la grille et de la porte du fourneau, d'employer comme combustible des fagots et de petits bois de branches.

Dans nos essais, le foyer rapporté F (fig. 158) avait 0ᵐ90 de longueur, 0ᵐ30 de largeur intérieure et 0ᵐ35 de hauteur à la partie centrale (voûte en *encorbellement*) ; les briques, posées à sec, ont été recouvertes d'une couche de terre *t* ainsi que le fourneau en fonte A et la base de la cheminée C ; une plaque de tôle *n*, soutenue par des briques, servait de porte, et sa position déterminait, à volonté, le volume d'air passant en *a*.

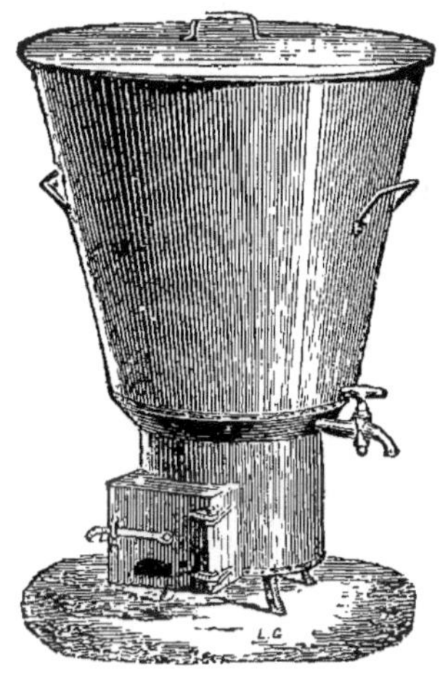

Fig. 157. — Lessiveuse.

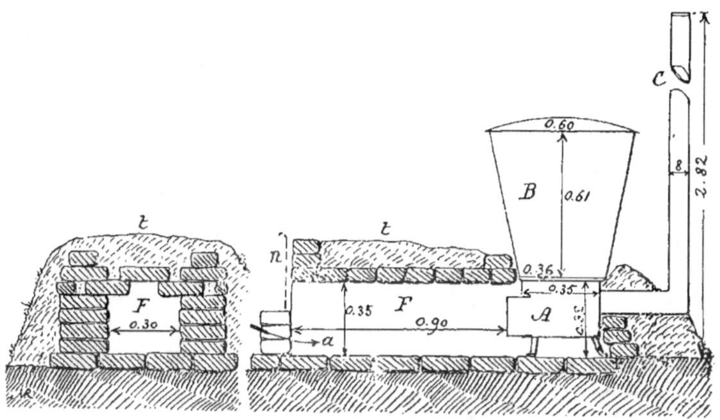

Fig. 158. — Lessiveuse disposée avec foyer pour brûler des branchages (coupe en long et coupe transversale du foyer).

Les expériences ont porté sur le fourneau ordinaire A chauffé successivement avec du coke, de l'anthracite et des briquettes de Paris ; puis, sur le même fourneau pourvu de l'avant-foyer F de la figure 158, en brûlant de mauvais bois de branches et de branchages secs provenant de la taille des arbres et arbustes de la Station d'Essais de Machines (fusains, troènes, lilas, vernis du Japon, marronniers, tamarins, etc.) ; on voit qu'il ne s'agit pas ici de *bois de feu* tel qu'on l'entend ordinairement. A la fin de chaque expérience, la partie du combustible non brûlée qui restait dans le foyer a été éteinte, séchée et pesée (cette partie peut servir à une nouvelle chauffe).

Nous résumons dans le tableau suivant les principaux résultats constatés [1] :

Combustible	La température initiale de 84 litres d'eau étant de 20 degrés. la température finale a été de :	Temps employé en minutes.	Combustible utilisé en kilogr.
Coke....................	50°	160	2ᵏ0
Anthracite...............	53°5	140	2.0
Briquettes	77°5	200	4.0
Branchages..............	54°	200	28.9

Comme les températures ont été relevées toutes les 10 minutes, l'examen des tracés graphiques obtenus montre que pour les mêmes conditions de chauffage (84 litres d'eau élevés de 20 à 48° dans le même temps), le même appareil dépense en poids relatifs : 1 kilog. de combustibles minéraux ou environ 12 kilog. de mauvais branchages secs.

Il est donc possible, aux colonies, d'utiliser des bois de branches et des branchages pour le chauffage d'appareils pourvus de foyers en fonte établis pour les combustibles minéraux, à la condition d'installer un avant-foyer en briques ou en terre, analogue à celui qui a servi à nos expériences.

Nous ferons remarquer que, dans nos essais, la chaudière B (fig. 158) reposait seulement sur le fourneau A. Quand on veut simplement faire chauffer de l'eau, pour un usage

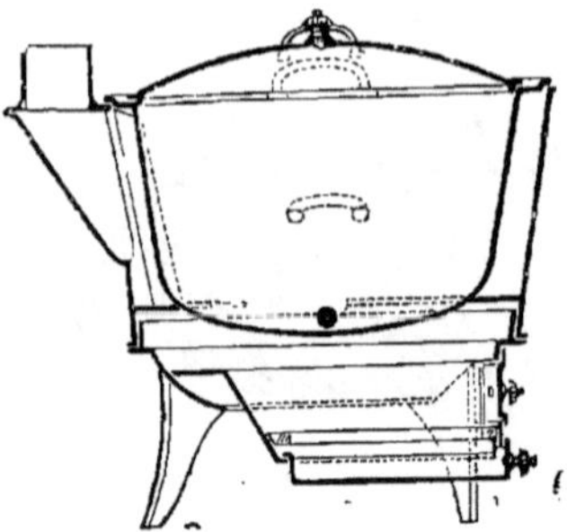

Fig. 159. — Coupe verticale d'une chaudière à feu nu placée dans un fourneau en fonte.

1. Voir le *Bulletin du Jardin Colonial.* — Janvier 1905, p. 83.

quelconque, il est préférable d'adopter des chaudières placées dans
les foyers (fig. 159) qui utilisent bien mieux le combustible que
celles posées au-dessus et dont le fond seul constitue la surface de
chauffe. Ainsi, dans des essais détaillés ailleurs [1], avec une chaudière en fonte de 0^m80 de diamètre et 0^m40 de profondeur, contenant (avec la hausse) 225 kilogr. de pommes de terre (3 hectol. 1/2),
et 50 litres d'eau, le temps nécessaire, de l'allumage à l'ébullition,
ne dépassait pas vingt minutes en employant 14 à 17 kilogr. de
bois de fente (bouleau, hêtre, chêne).

Observatoires. — Dans beaucoup de circonstances, nous croyons
très recommandable d'établir, dans la cour de la ferme, un petit observatoire, ou *mirador*, permettant à l'exploitant de voir facilement ce qui se passe aux environs, et même de surveiller les chantiers de travailleurs lorsque les bâtiments sont bien disposés relativement aux champs ; à titre de document nous donnons, dans la fig 160, le croquis d'un de ces petits observatoires rudimentaires, ayant une plate-forme *a*, de $2^m50 \times 1$ mètre, élevée à 5 mètres au-dessus du sol, recouverte par un toit *b* : on y accède par une échelle

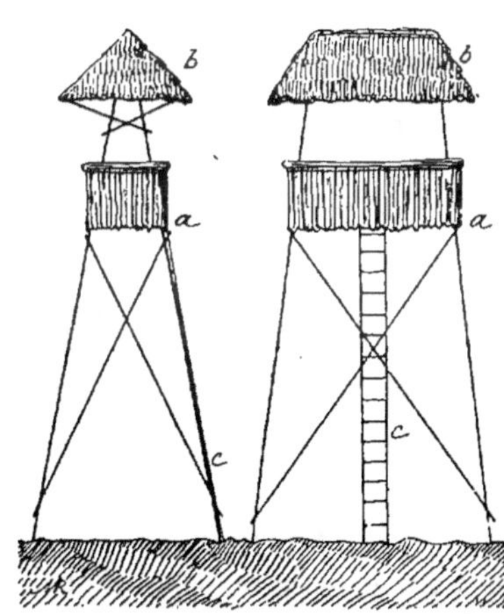

Fig. 160. — Observatoire vue de face et
de profil .

c qu'il est facile de remplacer par un escalier : la plate-forme *a*,
garnie de garde-corps, peut être protégée par des stores.

---

1. *Machines et ateliers de préparation des aliments du bétail*, p. 36-37.

Logements des animaux

Les animaux domestiques peuvent être utilisés et exploités dans bon nombre de nos colonies : les chevaux (qui ne peuvent vivre partout), les mulets (qui reviennent à un prix très élevé, les ânes, les bœufs, les buffles, les zébus, les chameaux et dromadaires, les éléphants, les moutons et les chèvres, rarement les porcs ; nous citerons enfin les oiseaux de basse-cour et les autruches.

Les animaux qui vivent dans leur aire géographique demandent relativement peu de soins, tandis qu'il faudra prendre certaines précautions pour les individus importés dont on tente l'acclimatation, ou pour ceux qu'on sélectionne en vue d'une exploitation déterminée.

En général, la taille des animaux domestiques d'une même espèce diminue à mesure qu'on se rapproche de l'équateur ; on serait donc tenté d'adopter pour les emplacements accordés aux animaux des dimensions bien plus faibles que chez nous ; mais si, dans nos climats tempérés, les bêtes peuvent être attachées, il n'en est pas de même dans les pays à température élevée où il convient de laisser à chaque individu plus d'espace ou de liberté ; cela s'observe déjà en Algérie et en Tunisie où les animaux sont souvent entravés afin d'avoir la tête libre.

Abris. — Si les animaux restent toute l'année en plein air nous pouvons chercher, afin de les abriter, à nous inspirer des dispositifs employés dans les pays de montagnes et en Écosse pour les protéger des vents froids et de la neige, avec cette différence qu'il s'agira, pour nous, de les garantir des vents chauds, secs ou pluvieux ; il faudra étudier ces abris qui, en principe, peuvent se ramener aux deux types suivants : les animaux sont à l'extérieur ou à l'intérieur de l'abri.

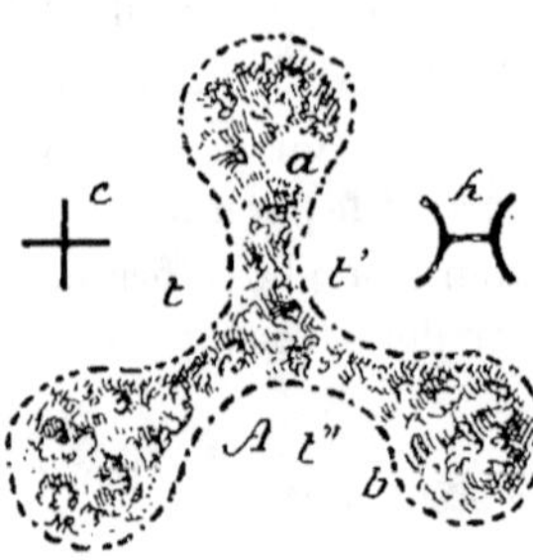

Fig. 161. — Plan d'un abri rayonnant.

Dans le premier cas (A, fig. 161) des arbres et arbustes sont plantés en *a*, entourés de claies, de murs en pierres sèches ou même simplement d'un talus *b* en terre, tracé suivant le plan indiqué par la fig. 161 ; d'après la direction du vent le troupeau s'abrite de lui-

même en *t*, en *t'* ou en *t''* ; on peut très bien adopter d'autres dispositifs pour les plantations *a*, tels que quatre branches *c* en croix, au
lieu de trois, la disposition en *h*, etc.

D'autres fois le troupeau sera placé en B (fig. 162) à l'intérieur
même de l'abri formé par un rideau circulaire *d* de plantations ; le
chemin d'accès *ee'* sera contourné afin de présenter un obstacle au
passage du vent. Ce second dispositif, qui peut également affecter
en plan diverses figures géométriques, nous semble préférable au

Fig. 162. — Plan d'un abri circulaire.

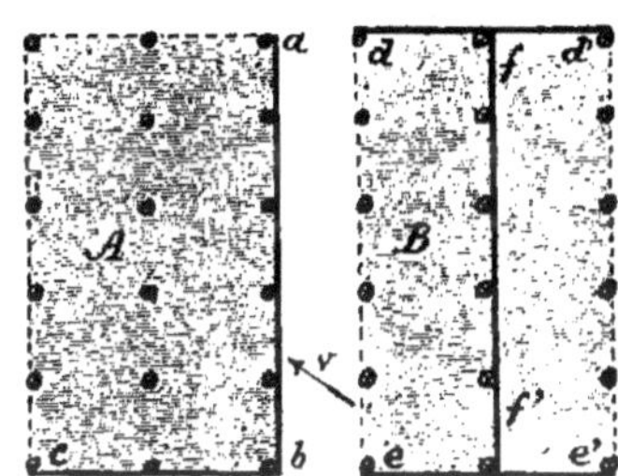

Fig. 163. — Plan de hangars-abris.

premier en ce sens qu'il permet d'enfermer le troupeau par une bar-
rière placée en *e*.

On peut aussi élever dans les parcs ou enclos des constructions
simples dont la couverture joue le rôle de parasol ou de parapluie ;
nous en trouvons dans nos herbages et pâturages beaucoup
d'exemples, aussi bien pour les bêtes bovines que pour les chevaux.
Ce sont de simples hangars A (fig. 163) qu'on peut clore, au moins
partiellement, avec des claies *abc* posées du côté du vent régnant *v* ;
on peut aussi adopter la disposition B (fig. 163) pourvue des cloisons
dd', *ee'*, *ff'* ; les animaux, suivant leur convenance, se placent d'un
côté ou de l'autre de *ff'*.

Parcs. — L'étude des abris nous amène à dire quelques mots
des parcs employés en Europe, pour les moutons comme pour les
vaches, ces parcs étant surtout destinés à renfermer le troupeau
pendant la nuit ; au Canada, au nord des États-Unis et dans l'Amérique du Sud, les *ranchs* à bovidés comprennent de grands espaces
limités par de simples clôtures rustiques.

Le *pacage* ou *parcage* de moutons est une très ancienne opération, dont le but principal était d'économiser les charrois de matières fertilisantes sur les terres les plus éloignées des constructions rurales : on chargeait les moutons de ce travail en les promenant pendant la journée sur les *parcours*, où ils trouvaient leur nourriture, puis on les enfermait la nuit dans des enclos qu'on déplaçait fréquemment ; les déjections des moutons s'accumulaient dans ces enclos et le berger cherchait à assurer la répartition aussi uniforme que possible de l'engrais.

L'amélioration des chemins et des appareils de transports, l'élevage des moutons sélectionnés ont fait qu'on considère aujourd'hui, dans beaucoup de pays européens, le parcage comme une mauvaise opération aux points de vue zootechnique et agricole, salissant la toison des animaux, diminuant sa qualité et par suite sa valeur, et donnant une médiocre utilisation des engrais.

Dans sa *Pratique de l'Agriculture* (tome I, page 257) M. G. Heuzé a décrit le parcage en donnant toutes les indications nécessaires pour assurer la répartition uniforme de l'engrais fourni par les bêtes ovines ; il insiste surtout sur la nécessité de labourer le plus tôt possible l'emplacement du parc, qu'on déplace une ou deux fois par nuit, afin d'atténuer le plus possible les pertes de matières fertilisantes occasionnées par la dessiccation.

Actuellement, dans bon nombre d'exploitations de France, le parcage n'est plus considéré au même point de vue qu'autrefois ; c'est surtout par mesure d'hygiène qu'on laisse le mouton à la belle étoile pendant l'été, car l'animal craint plutôt l'excès de température que le froid, et il utilise mieux ses matières alimentaires quand il est logé en plein air durant la saison chaude que lorsqu'il rentre à la bergerie pour se coucher sur une litière plus ou moins souillée ; d'un autre côté, le troupeau abandonne beaucoup de déjections sur l'emplacement où il a été cantonné la nuit ; de sorte que, pour la bonne utilisation de ces matières fertilisantes, et en même temps par raison de salubrité, il est bon de changer chaque nuit l'emplacement du parc.

Les parcs doivent donc être considérés comme des clôtures destinées à limiter l'emplacement où l'on enferme le troupeau pendant un certain temps ; d'un autre côté ces clôtures doivent être faciles à transporter, car un homme ou deux personnes au plus (le berger et un aide) seront chargés de les déplacer chaque jour.

Cependant tous les parcs à moutons ne sont pas obligatoirement

démontables et transportables ; dans les bergeries d'élevage, il est
bon d'avoir des parcs pour les béliers comme pour les jeunes animaux et très souvent ces parcs sont établis à demeure ; c'est alors
une étendue plus ou moins grande limitée par une clôture fixe, mais
il est toujours recommandable, pour la salubrité, de ne jamais envoyer
les animaux continuellement dans les mêmes enclos.

Fig. 164. — Parc fixe à moutons.

Nous ne dirons que peu de mots des parcs fixes (fig. 164) dont les
clôtures sont faites de différentes façons suivant les ressources
locales ; le mouton ne cherche pas à détruire les clôtures et, très souvent, de simples branchages maintenus entre des lisses peuvent suf-

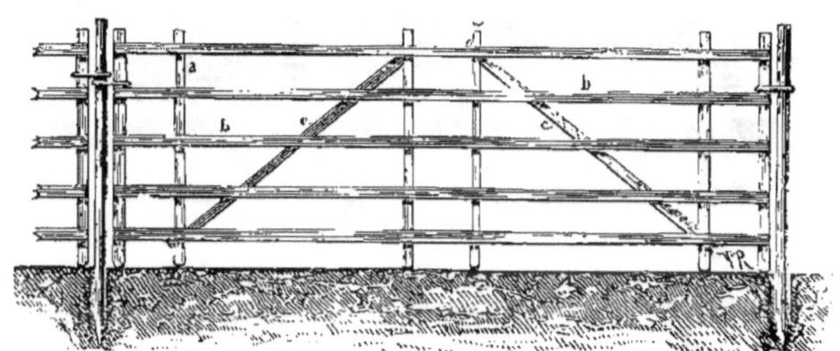

Fig. 165. — Claie en bois.

fire ; on utilise fréquemment des treillages analogues à ceux qui
limitent nos voies ferrées, des grillages métalliques à très larges
mailles, etc., mais il convient d'éviter les matériaux capables d'arracher les toisons ou de blesser les animaux en leur occasionnant
des plaies toujours dangereuses dans les pays à température élevée ;
c'est pour ce motif qu'il nous faut proscrire l'emploi de la ronce artificielle comme clôture des parcs à bestiaux.

Les claies mobiles sont établies par panneaux n'ayant pas plus de 3 mètres de longueur ; on voit dans la figure 165 une claie en bois, formée de six montants *a*, et de cinq traverses *b* ; l'ensemble est consolidé par deux écharpes *c* ; ces claies se posent simplement sur le sol et sont reliées par des harts ou des colliers avec des piquets en bois enfoncés entre deux panneaux consécutifs. Ces claies peuvent être établies d'une façon tout à fait rustique

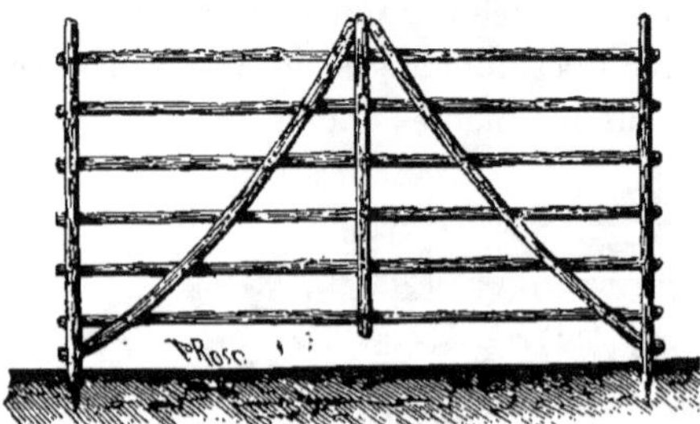

Fig. 166. — Claie rustique en bois.

avec des bois de branches comme l'indique la figure 166.

Dans certains pays sujets aux pluies ou aux vents, on abrite

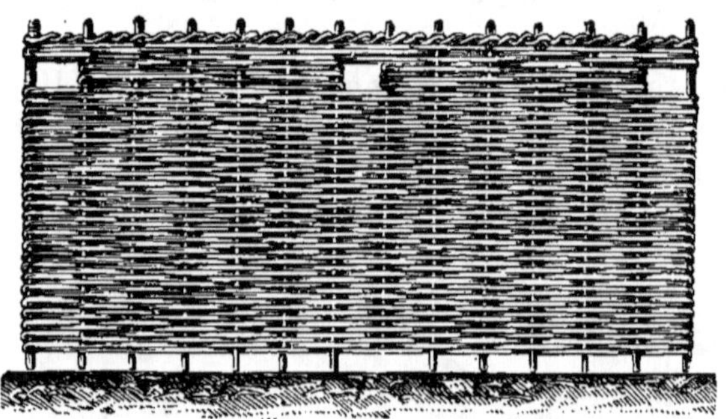

Fig. 167. — Grande claie garnie de clayonnage.

les moutons en plaçant, sur l'un ou sur deux des côtés les plus exposés du parc, des claies pleines ou garnies de clayonnages (fig. 167).

La figure 168 donne la vue d'une petite claie garnie d'osier ; elle est pourvue d'ouvertures *a* et *a″* par lesquelles passent les crosses dont nous parlerons dans un instant. L'ouverture centrale *a′* est destinée à faciliter le transport de la claie ; cette ouverture doit être assez grande pour que l'homme puisse y passer le bras et porter la claie à l'épaule.

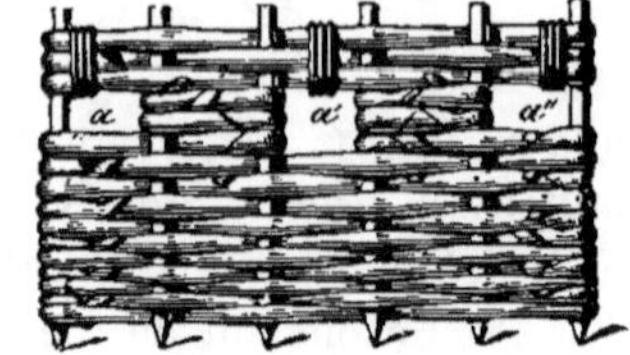

Fig. 168. — Petite claie garnie d'osier.

Les claies sont maintenues par des piquets intercalés (fig. 165): si on n'emploie pas de piquets, on incline légèrement et en sens inverse les claies successives en leur donnant 0^m10 à 0^m15 d'écartement au pied : enfin on consolide extérieurement le parc par des piquets obliques, appelés *crosses*, munis de chevilles simplement en bois (aa' fig. 169) : la crosse est maintenue par un coin également en bois (fig. 170) passé dans la mortaise qui se trouve à l'extrémité opposée aux chevilles.

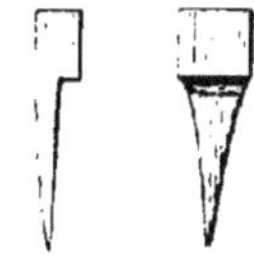

Nous donnons dans la figure 171 la vue d'un angle de parc : les montants de la corne *g* sont réunis par des cordes ou des harts : les claies *a* sont maintenues verticalement par des crosses *c* dont les chevilles de pied sont enfoncées en terre avec le maillet *f*.

Fig. 169.
Crosse.

Fig. 170.
Coin en bois.

On évalue (en Europe) à un mètre carré environ la surface nécessaire

Fig. 171. — Angle d'un parc.

saire à chaque mouton logé dans le parc, mais on peut donner de 0,5 à 0,6 mètre carré par tête pour les moutons de petites races et de 0,7 à 0.9 par tête pour les grands moutons.

Le principe des parcs mobiles, employés pour enfermer les moutons dans les champs, est utilisé pour les grands animaux; c'est ainsi que dans le pays de Bray on rassemble, lors de la traite. les vaches dans un enclos ou parc qu'on change de place de temps à autre ; les animaux passent la nuit dans ces parcs ; la même pratique est suivie dans les montagnes du Cantal et les alpages de la Suisse.

Les clôtures de ces parcs doivent être formées d'éléments plus

hauts que ceux des parcs à moutons. Nous donnons dans la fig. 172
la vue d'une des claies employées dans le pays de Bray ; elles
sont fabriquées à la ferme avec des planches grossières ; elles ont

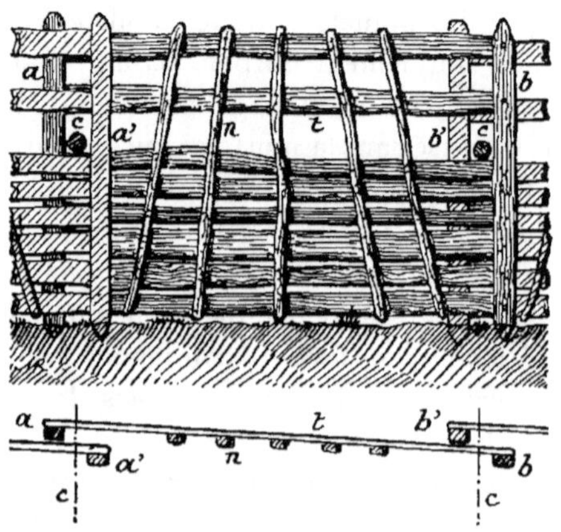

FIG. 172. — Claie pour parc à bovidés (élévation et plan).

environ 1^{m}50 de hauteur et 2^{m}50 à 3 mètres au plus de longueur.
Chaque claie se compose de deux montants extrêmes a et b, terminés en pointe à leur partie inférieure, et d'un certain nombre de
traverses t, rapprochées dans le bas et écartées à leur partie supérieure ; l'ensemble est consolidé par cinq barres n placées à l'extérieur du parc, une centrale,
verticale, et quatre autres inclinées triangulant le système ;
souvent il n'y a que quatre
barres seulement.

Comme l'indique le plan de
la fig. 172, les claies sont disposées suivant des *voies* obliques
et parallèles ab et a', b' ; c'est
dans l'intervalle c qu'on fait
passer la crosse chargée de
maintenir extérieurement le

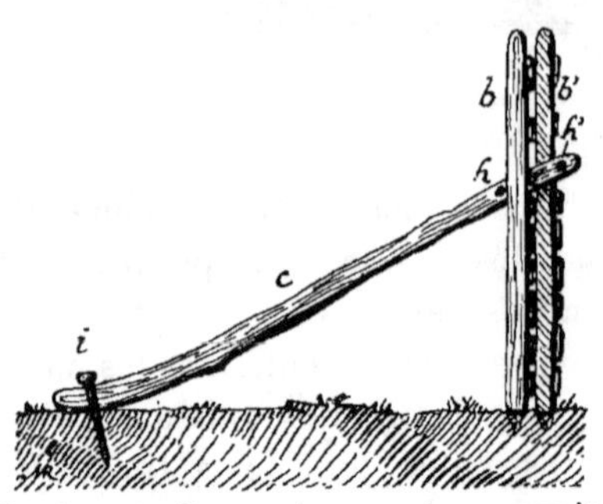

FIG. 173. — Crosse et coupe transversale
de claies pour parc à bovidés.

système (fig. 173) ; le piquet c a de 2^{m}50 à 3 mètres de longueur ; il
reçoit en tête deux chevilles en fer de 0^{m}30 de longueur environ,
l'une h' placée à l'intérieur du parc, l'autre h à l'extérieur, puis on

l'incline et son pied est maintenu par une autre cheville *i* enfoncée
dans le sol.

La porte est constituée par une seule claie, placée en dehors et
maintenue par des liens.

Les enclos à bovidés du Tonkin sont généralement limités par de
solides clôtures, en bambous enchevêtrés et taillés en pointe, s'opposant aux escalades des tigres et des voleurs.

L'étendue à consacrer au parc dépend de la taille des animaux ;
pour les grandes vaches normandes, salers, schwitz, etc., on peut
estimer qu'il faut au moins 4 mètres carrés par bête ; en augmentant cette surface, le parc peut servir plusieurs nuits de suite sans
être déplacé, ce qu'on effectue quand le sol est couvert par trop de
déjections ; on change alors le parc de place et on étend les
bouses sur la prairie. Comme le déplacement du parc s'effectue
dans la journée, alors que les animaux sont en liberté dans un pâturage, on n'a pas besoin d'avoir un matériel en double, comme pour
les moutons, avec lesquels on donne souvent, en Europe, deux ou
trois coups de parc pendant la nuit.

Logements des mammifères. — Nous ne pensons pas qu'on

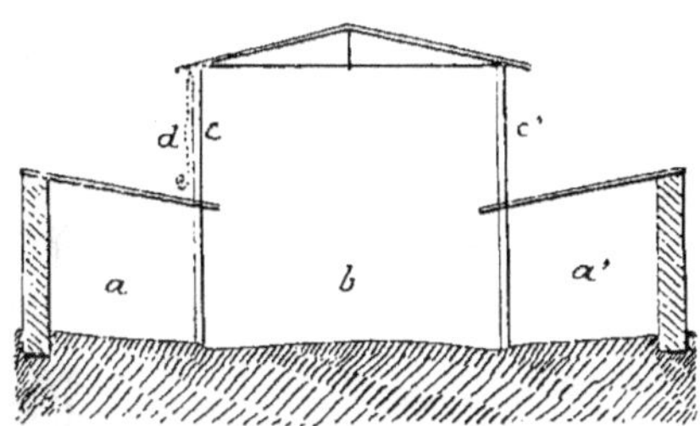

Fig. 174. — Coupe verticale d'une étable algérienne.

puisse généraliser la stabulation permanente aux colonies ; cependant, comme type de bonne disposition algérienne, nous donnerons la
figure 174 ; les animaux sont placés en *a* et en *a'* ; la portion centrale *b*, très grande, permet l'aération par les parties *c* et *c'* qu'on
peut abriter du soleil à l'aide de claies ou de paillassons *d*. Dans cet
exemple, les animaux sont attachés à des piquets enfoncés dans le
sol en avant de leur mangeoire adossée aux murs.

Si l'on abandonne l'idée de la stabulation permanente, les animaux devront être réunis dans un enclos pourvu d'un abri ou hangar destiné à les protéger du soleil ou des pluies ; c'est sous le han-

gar qu'on placera les aliments ; enfin, il convient de rappeler que l'agglomération d'individus est une cause d'insalubrité et, comme

Fig. 175. — Enclos d'élevage (coupe transversale).

il n'y aura souvent pas à compter sur les services des vétérinaires, il sera bon de diviser le troupeau en fractions de 10 à 20 bovins ou 50 à 70 ovins, au plus. Ainsi, schématiquement, chaque cour ou compartiment A, B, C (fig. 175) contenant

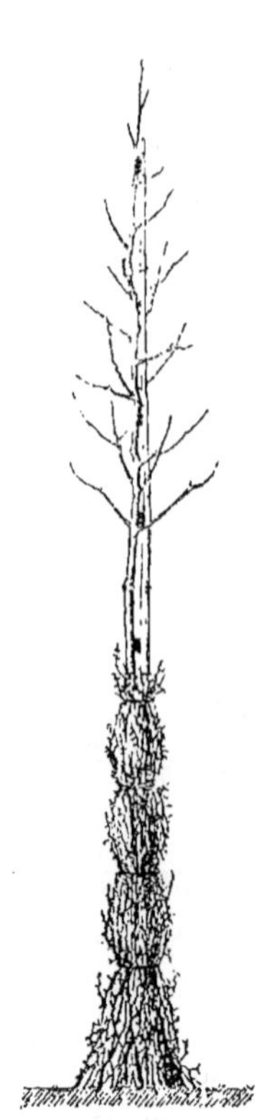

Fig. 176. — Arbre protégé par des branchages.

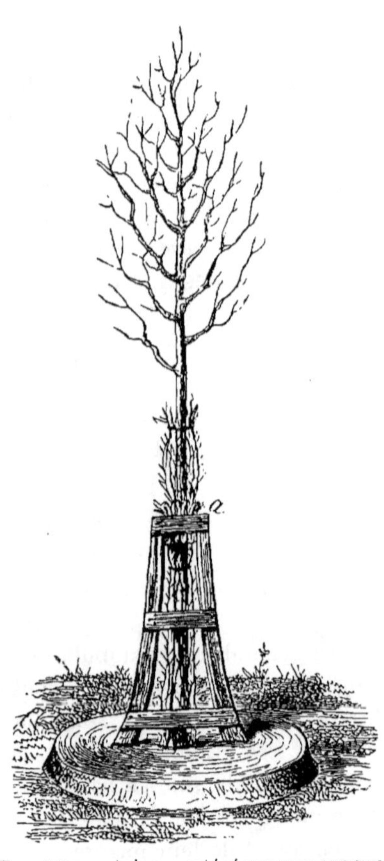

Fig. 177. — Arbre protégé par une armure en bois.

un petit nombre d'animaux du même âge, soumis au même régime,

sera pourvu d'abris *a*, *b*, *c* convenablement orientés relativement
au vent régnant, au vent pluvieux ou au soleil ; les cours seront
plantées, si possible, de végétaux *v* chargés de donner de l'ombre ;
il faudra protéger ces végétaux ainsi que les poteaux ou supports *n*
des abris contre les dégradations, les animaux ayant tendance à s'y
frotter ; des branchages (fig. 176), des dispositifs analogues aux
armures (*a*, fig. 177) employées pour les arbres de nos vergers
pâturés trouveront ici un emploi rationnel ; chaque cour possédera
un ou deux troncs d'arbres *i* (fig. 175), solidement enfoncés en terre,
pour servir de *frottoirs* aux animaux. Les aliments solides et
liquides seront donnés sous les abris *a*, *b*, *c* (fig. 175).

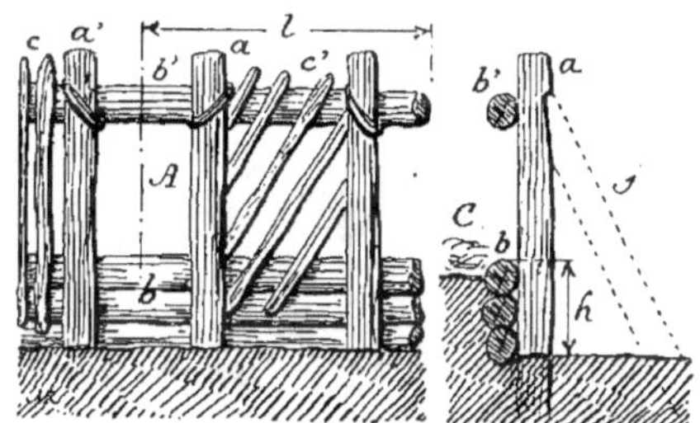

Fig. 178. — Cornadis (vue de face et coupe transversale).

Les enclos sont limités par des clôtures, lesquelles, dans certains
cas, doivent pouvoir résister au passage des maraudeurs et des carnassiers. — Il est bon que le sol soit solide et assaini pour ne pas
se transformer en cloaque insalubre ; on devra veiller aux nettoyages ; dans les terres argileuses, les briques cuites, qui résistent
très bien aux pieds des ruminants, pourront être souvent utilisées
même posées au mortier de terre.

Comme il y aura plutôt pénurie qu'abondance d'aliments, il convient d'éviter le gaspillage, ce qu'on peut obtenir en élevant un
obstacle entre les animaux et leurs aliments ; on utilisera, avec avantage, le système des *cornadis* : les animaux sont tenus de passer la
tête par la fenêtre A (fig. 178) pour prendre les aliments placés en C
et, comme ils sont gênés, ils ne les prélèvent que par petites portions à la fois ; les dimensions de la fenêtre A, limitée par deux forts
piquets *a* et *a'*, dépendront de la taille des animaux ; l'écartement
l sera de 1,2 à 1,3, la largeur maximum de chaque bête. Le des-

sin indique les traverses basses b, dont la hauteur h peut osciller, suivant l'espèce, de 0 ^{m} 30 à 0 ^{m} 60, la traverse haute b', les jambes de force j qu'on pourra mettre au besoin, et le remplissage c ou c' fait avec des perches verticales ou inclinées qui peuvent être garnies de clayonnages.

S'il y avait lieu d'employer des auges ou crèches, utiliser des

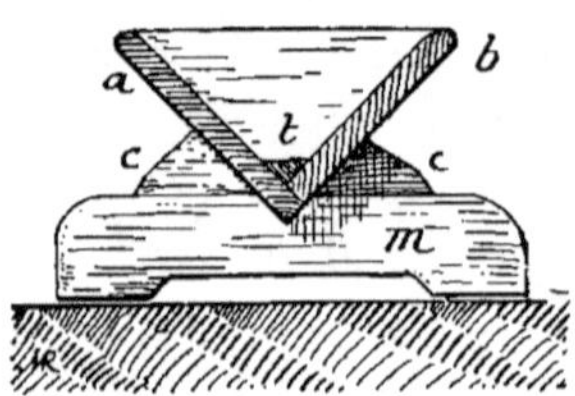

Fig. 179. — Coupe transversale d'une crèche portative.

modèles faciles à déplacer ; la fig. 179 donne la coupe verticale d'une auge volante formée de deux planches a et b, à bords arrondis, soutenues par des patins m et des chantignoles c ; une baguette d'angle t est clouée au fond de la crèche qui peut avoir jusqu'à 0 ^{m} 60 d'ouverture et 0 ^{m} 30 de profondeur.

La coupe transversale d'un des abris a, b,... de la fig. 175 peut se représenter ainsi : en C (fig. 180) le cornadis, en a un couloir dont la zone a' sert de crèche, en b un emplacement légèrement en pente

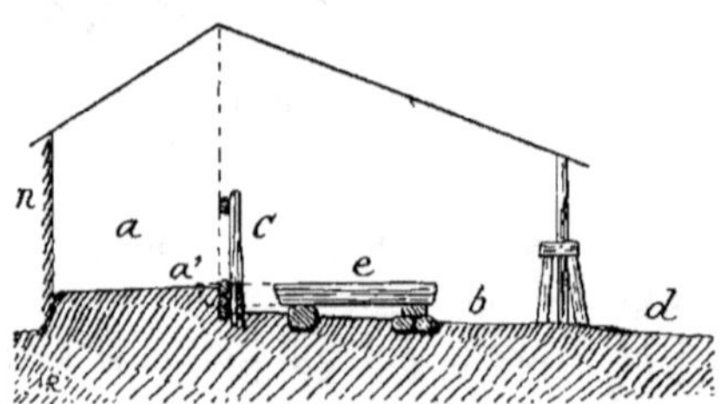

Fig. 180. — Coupe transversale d'un abri pour bestiaux.

dont la largeur est au moins d'une fois et demie à deux fois la longueur des animaux ; enfin le parc d. Le passage a peut avoir de 1 ^{m} 50 à 2 ^{m} 50 de largeur et la paroi n est en clayonnage garni d'un enduit de terre. Les emplacements b et d peuvent être recouverts de branchages ou de végétaux enlevés dans la brousse, se transformant peu à peu en terreau utilisable pour le jardin potager qui doit accompagner toute exploitation (méthode employée en Bretagne, pour transformer en fumier les litières ligneuses d'ajoncs, de genêts, etc., qu'on étale jusque dans la cour de la ferme). L'abreuvoir e sera mis à l'abri du soleil ; il peut être disposé, comme l'indique le tracé pointillé, pour être rempli du passage *a*. Dans certaines conditions de climat on devra, à des époques déterminées, disposer des panneaux ou des claies mobiles contre les poteaux, afin d'abriter les animaux des vents froids ou pluvieux.

Quand le troupeau est important, on peut faciliter les services du ravitaillement et des nettoyages en établissant un parc supplémentaire et l'installation se présenterait de la façon suivante : en A B (fig. 181) est le bâtiment renfermant le couloir d'alimentation com-

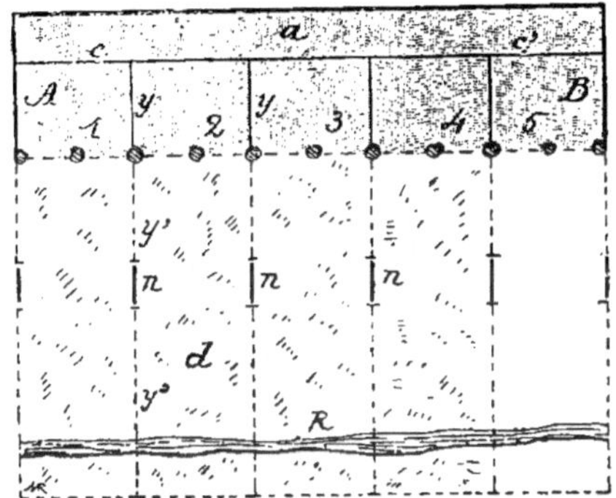

FIG. 181. — Plan d'un groupe d'enclos d'élevage.

mun *a* ; les cornadis sont en *c c'* ; les parties 1, 2, 3, 4 et 5 sont séparées par des cloisons *y* et communiquent directement avec chaque cour correspondante *d*, dont les clôtures séparatives *y'* sont munies de portes représentées en *n*. Ce plan s'applique au logement de quatre troupeaux qui, par exemple, lors d'un repas, sont dans les compartiments 1, 2, 3 et 4 ; le n° 5 étant vide est nettoyé et on lui distribue la ration, puis on fait passer les animaux du n° 4 au n° 5 ; on nettoie et alimente le n° 4, qui est alors vide, pour y faire pénétrer ensuite les animaux du compartiment n° 3 et ainsi de suite. Si cela est possible, faire un petit fossé R où l'eau s'écoulera lentement, pour que les bestiaux puissent s'abreuver quand bon leur semble. L'installation précédente est surtout applicable aux animaux ne passant que peu de temps à l'exploitation, parce qu'elle peut présenter des dangers dans le cas de maladies contagieuses. Pour les animaux d'élevage, nous croyons préférable de les laisser toujours dans les mêmes enclos.

Citons, comme annexes : un parc où l'on peut isoler les femelles lors de la parturition ; un autre destiné aux individus mâles et enfin, un dernier, très éloigné, servant d'*infirmerie* ou pour l'observation d'animaux malades (*lazaret*), où il sera possible de prendre toutes les précautions sanitaires voulues ; après le nettoyage des locaux, leur désinfection sera faite avec les produits utilisés en Europe, et parmi lesquels nous citerons le *crésyl*, le *lysol* et le *lusoforme*.

Nous laissons de côté ce qui est relatif aux logements d'autres animaux (chiens, lapins, etc.). La disposition indiquée par la fig. 175 peut s'appliquer aux porcheries.

Logements des oiseaux. — Comme les volailles peuvent être

Fig. 182. — Portes et clôture de parquet.

exploitées avantageusement dans un très grand nombre de nos colonies, il y a lieu de résumer ici les indications principales relatives à leur logement.

Il ne convient pas de laisser les animaux complètement libres ; au contraire, il faut les cantonner dans un enclos spécial, appelé *parquet*, limité par une clôture d'environ 2 mètres de [hauteur. Une excellente disposition a été indiquée par M. Ch. Jacque[1] :

1. Ch. Jacque, *Le Poulailler*, p. 12.

tous les mètres on plante des pieux formés de préférence avec des bois fraîchement abattus et capables de reprendre de bouture (fig. 182) ; on confectionne ensuite un treillage composé de perches mises verticalement et maintenues par quatre traverses ; la partie inférieure de la clôture est garnie de branchages, de bourrées, de paille, de plantes vivaces grimpantes, etc., afin de constituer un abri et pour que les animaux ne puissent voir à l'extérieur ; les boutures sont élaguées chaque année. Lorsqu'il y a plusieurs parquets contigus, on accole leurs portes deux à deux, comme le montre la figure 182, en employant trois poteaux d'huisserie et un chapeau.

Le parquet doit comprendre une étendue laissée en prairie naturelle, une partie sablée dans laquelle les poules aiment à se poudrer, enfin des arbustes servant d'abri et attirant les insectes que les animaux détruisent : on peut recommander d'y planter des arbres fruitiers, et le *verger-basse-cour* fournira ainsi des fruits en même temps que des volailles et des œufs.

On estime, en France, qu'un parquet d'une surface d'un are peut loger très confortablement de 10 à 25 individus suivant leur taille.

Dans le parquet se trouve une cabane, ou *poulailler* proprement dit, et un petit hangar ou *abri*. Voici les dimensions approximatives qu'on peut donner aux poulaillers d'après le nombre d'animaux mis en commun :

Dimensions en plan (mètres).	Nombre de poules.
$1^m 60 \times 1^m 50$	12
$1^m 60 \times 2^m 00$	24
$1^m 60 \times 2^m 50$	36
$1^m 60 \times 3^m 00$	48 à 50

Il est bon d'établir assez de parquets pour qu'il n'y ait pas plus de 24 à 25 animaux en compagnie ; en tout cas le chiffre de 50 doit être considéré comme un maximum.

Le poulailler, qui peut être construit d'une façon très rustique, sera pourvu d'une fenêtre grillagée, munie d'un volet, et d'une porte ayant à sa partie inférieure une ouverture de $0^m 20$ de largeur et de $0^m 25$ de hauteur qu'une trappe pourra fermer complètement ; il faudra bien prendre toutes les précautions nécessaires pour empêcher l'introduction des carnassiers.

Les *perchoirs*, ou *juchoirs*, seront amovibles afin qu'on puisse les sortir facilement pour les nettoyer ; on peut les monter à 0 m 30-0 m 40 au-dessus du sol à la façon d'un banc (fig. 183). On doit

Fig. 183. — Juchoir.

employer, pour les perchoirs, des planches, débitées à la hache, de 0 m 10 à 0 m 12 de largeur, à angles arrondis, ou de grosses perches fendues en deux donnant une surface plate de 0 m 10 à 0 m 12 de largeur, et non, comme on le fait presque toujours, des bois à section circulaire (à cause de la conformation des pattes des gallinacés). Tous les perchoirs doivent être placés les uns à côté des autres sur le même plan horizontal, et jamais en gradins, disposition habituelle qui provoque chaque soir des combats entre les animaux voulant tous occuper le rang le plus élevé. Les bois des perchoirs sont espacés horizontalement de 0 m 40 à 0 m 50 et une longueur de 0 m 15 à 0 m 25 est nécesssaire à chaque poule, de sorte qu'un mètre carré de perchoir (vide compris) convient pour 8 à 15 animaux (suivant leur taille).

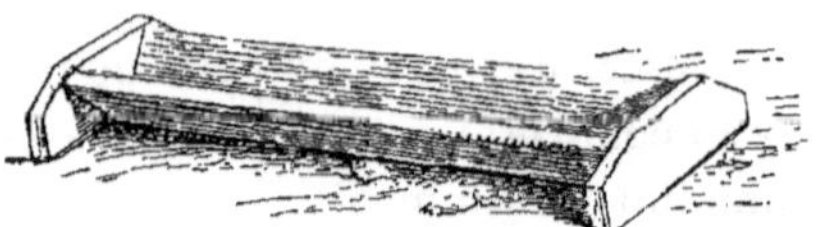

Fig. 184. — Augette.

Nous n'insisterons pas sur les *pondoirs* (en planches ou en vannerie), les *mangeoires* ou *augettes*, qu'on peut confectionner facilement avec quatre planchettes (fig. 184), les *buvettes*, etc.

L'*abri*, dont nous parlions tout à l'heure, peut être accolé au

poulailler ou être séparé de lui ; il consiste en quelques perches
soutenant une simple couverture en matériaux quelconques, son
rôle consistant à abriter du soleil ou de la pluie une surface de terrain
au moins aussi grande que le poulailler proprement dit.

Pour ce qui concerne les logements destinés aux autres animaux
de basse-cour (pintades, dindons, canards,
oies, pigeons) nous n'avons pas encore de
documents sur les dispositifs qu'on pourrait recommander spécialement à nos
exploitations coloniales.

Très souvent, certains animaux sont
abandonnés pour ainsi dire à eux-mêmes
dans de grands enclos ; tel est le cas des
parcs à autruches limités par de simples
palissades non jointives (fig. 185). Dans
quelques exploitations (Égypte) les autruches sont logées par groupes de 20 à
30 dans des cours entourées de hauts murs
en briques crues ou en pisé ; de plus
petits enclos sont disposés pour les couples couveurs.

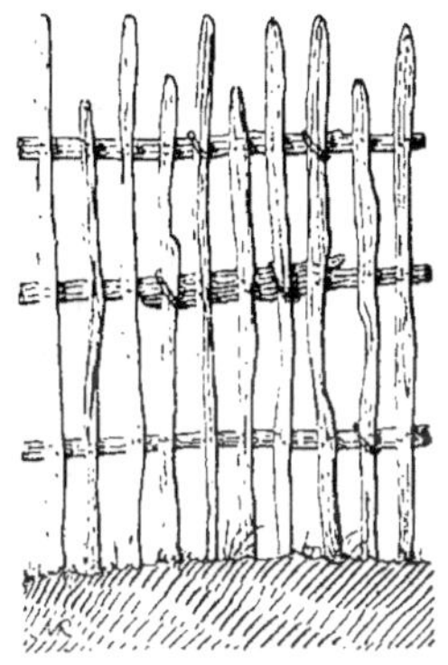

Fig. 185. — Palissade de
parc à autruches.

Locaux et constructions annexes.

Le local pour la *manutention des aliments du bétail* consiste en
un simple abri ou hangar protégé du vent, de la pluie et du soleil ;
employer dans ce but des constructions établies sur le type de celles
des indigènes et avec les mêmes matériaux. Les *abreuvoirs* et les
mares seront examinés dans la partie du Cours relative à l'*Hydraulique*.

Nous avons parlé tout à l'heure du *fumier* qu'il est possible de produire, en quantité certainement limitée ; c'est une raison de bien
le soigner ; certes, dans notre pensée, il ne s'agit pas, comme chez
nous, de fabriquer d'importantes masses de matières fertilisantes
pour assurer au sol la restitution intégrale des éléments exportés par les récoltes, mais seulement d'une petite quantité, comprenant les ordures et les balayures, capable de produire un terreau
permettant la culture de quelques plantes potagères que le colon
est très heureux de pouvoir consommer.

La Chimie nous montre que le fumier doit être maintenu dans
un certain état d'humidité pour retenir, en dissolution, le carbonate d'ammoniaque qui se produit ; c'est pour ce motif que nos
exploitations soignées ont une citerne et une pompe à purin. S'il
ne faut pas, souvent, songer à arroser le fumier, même avec de
l'eau, on peut prendre au moins certaines dispositions pour atténuer

Fig. 186. — Coupe transversale d'une fosse à fumier.

son évaporation ; ainsi, le fumier F (fig. 186) peut être déposé dans
une *fosse*, abritée par des végétaux v et même protégée par une toiture
t en branchages ; faire autant que possible les parois de la fosse en
terre argileuse battue. Enfin, le tas peut être, par petites portions,
recouvert d'une couche de terre a.

Ne pas oublier de placer le fumier, comme les latrines, de façon à
ne jamais contaminer les eaux d'alimentation.

Au sujet des *latrines*, il convient d'établir un petit abri A (fig. 187)
en clayonnage, de un mètre sur deux par exemple, en appliquant,
dans une certaine mesure, le système Goux [1], c'est-à-dire en garnissant de temps à autre les parois d'une petite fosse, a, avec des
matières absorbantes analogues à des feuilles sèches, des herbes
sèches, de la terre, des cendres, etc. ; à certains intervalles,

---

1. Le système Goux, employé avec succès au camp de Satory (8000 hommes), utilisait comme couche absorbante le mélange suivant (rapport de M. L'Hôte) :

Chènevotte (paille de chanvre)	2	hectolitres.
Feuilles de chanvre	2	—
Déchets de laine	1	—
Gadoue ou boue de ville, desséchée	50	litres.
Sulfate de fer pulvérisé	25	litres.

le mélange est retiré de la fosse et incorporé au fumier ; au-dessus de la fosse *a*, il est bon de placer un châssis de trois planches clouées ensemble afin d'éviter les chutes désagréables. L'abri A (fig. 187) peut même être portatif ; au bout d'un certain temps de service dans un endroit, on recouvre de terre la fosse *a* et on change la latrine de place ; on peut ainsi consacrer un certain temps pour fumer copieusement des parcelles destinées à des cultures potagères ou fruitières.

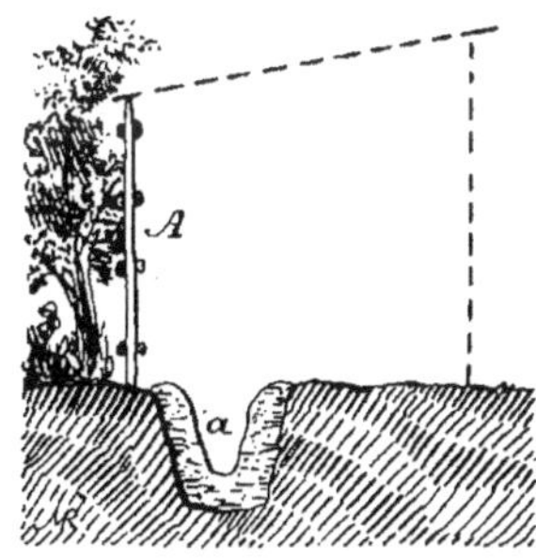

Fig. 187. — Coupe transversale d'une latrine.

Logements des récoltes et des produits

Certaines récoltes pourront souvent se conserver en *meules* analogues à celles élevées en Europe, mais il y aura lieu de prendre

Fig. 188. — Meule de paille protégée par un clayonnage en diss (Kabylie).

quelquefois des précautions contre les pluies (couverture soignée, enduit de torchis) et contre les rongeurs. « Les Kabyles conservent la paille et le foin dans des sortes de huttes appelées *athemma* (fig. 188), formées au moyen de piquets hauts de 2 mètres et plan-

Génie rural.

tés circulairement. Entre ces piquets on entrelace des branchages, puis on couvre au moyen de diss ou d'halfa ; autour on accumule du jujubier sauvage pour empêcher le bétail d'approcher »[1].

On donne aux meules de foin et de paille une base circulaire ou rectangulaire, limitée par une rigole d'assainissement dont la terre sert à surélever l'emplacement. Les récoltes ne sont jamais posées directement sur le sol, mais isolées de ce dernier par un *sous-trait* formé de bois et de fagots, qui ont l'inconvénient de servir de refuge aux rongeurs. Le toit est quelquefois confectionné avec des paillassons et la couverture est maintenue contre les vents par des cordes en paille auxquelles sont attachées des perches ou des pierres.

En Suisse on élève la réserve R (fig. 189) sur un plancher x soutenu par dés pierres a et b s'opposant au passage des rongeurs. La fig. 189 est analogue au grenier malgache élevé en 1905 au Jardin

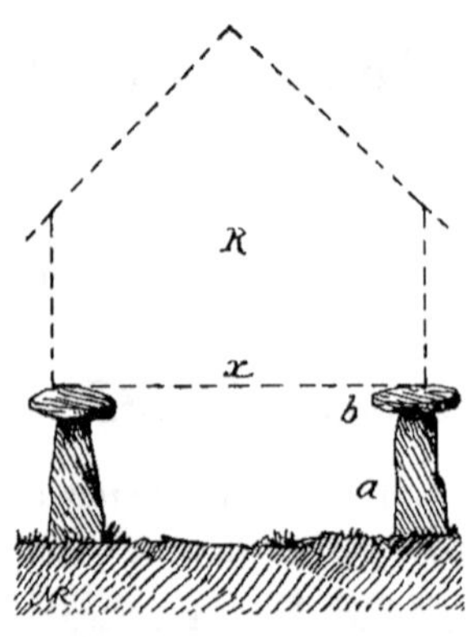

Fig. 189. — Grenier suisse.

Colonial, sauf que dans ce dernier modèle (fig. 190) les pièces a et b de la fig. 189 sont en bois ; citons également les couronnes protectrices en tôle estampée et plombée (fig. 191) qu'on fixe par des clous autour des troncs de cacaoyers, à 1 mètre environ au-dessus du sol, pour empêcher les rats de grimper aux arbres (système employé dans les colonies allemandes, pouvant servir aussi pour garnir des poteaux en bois soutenant des récoltes qu'on veut mettre à l'abri des rongeurs). Dans le même ordre d'idées, on fabrique depuis longtemps en Angleterre des supports de meules, en fonte, terminés à leur partie supérieure par une cloche hémisphérique renversée, également en fonte (malgré toutes les tentatives ce système si simple ne s'est pas propagé en France).

Pour protéger de petites quantités de récoltes, des graines de semence, etc., on peut avoir recours à des dispositifs analogues à ceux des figures 146, 147 et 148 dont nous avons parlé à propos des *Cuisines* (*Logements des hommes*).

1. *Le livre du Fellah*, par Lecq et Rolland, p. 114.

Aux Etats-Unis, on conserve en plein champ les épis de maïs

Fig. 190. — Grenier malgache [1].

dans des cages portatives, généralement cylindriques, A (fig. 192) formées de lames de bois à section trapéziforme, placées verticalement et reliées entre elles par des fils de fer comme un treillage ordinaire ; la jonction peut s'ouvrir pour la vidange ; la couverture est faite en tiges de maïs, en paille ou en toile ; le diamètre de ces magasins, que nous avons vus en 1893, varie de 4 à 7 mètres, et leur hauteur, d'environ 2^{m}50, est souvent faite en deux parties superposées ; c'est ainsi que dans l'Illinois, l'Iowa et le Nebraska on emmagasine, de novembre à juin, des millions d'hectolitres de maïs dans ces *corn-cribs*. Le dessin B (fig.

Fig. 191. — Couronne protectrice des cacaoyers.

1. *L'Empire Colonial de la France : Madagascar*, p. 57.

192) montre un magasin à grains, établi sur le même principe, mais avec des barreaux presque jointifs.

Dans les fermes des États-Unis le maïs est mis dans des constructions appelées *cages* : ce sont des cases à section rectangulaire,

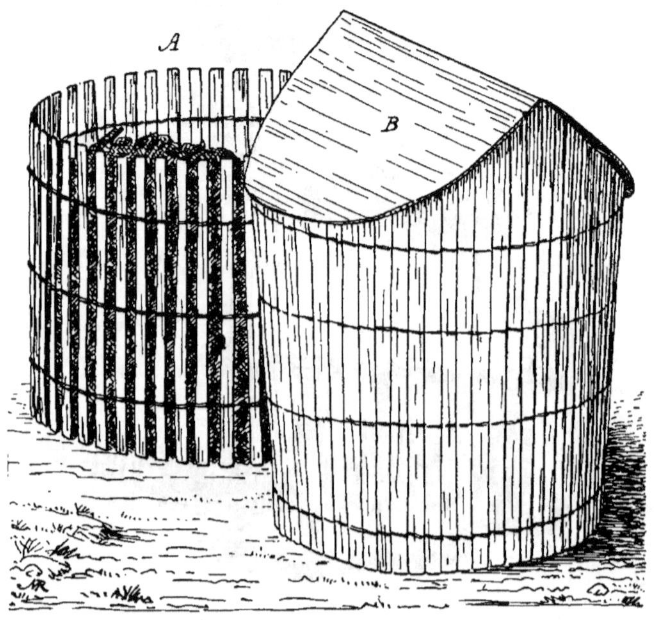

Fig. 192. — Cages portatives à maïs.

en bois, de 2 mètres de largeur et 6 à 7 mètres de hauteur au-dessus du sol ; la figure 193 donne la coupe transversale du bâtiment ; les parois extérieures a sont protégées des pluies par des planches ; les parois intérieures b et b' sont à claire-voie, formées de montants et de traverses (on pourrait employer du grillage de clôture) ; les épis de maïs sont jetés en m et m' par des ouvertures c et leur extraction a lieu par des portes d ; on donne souvent une largeur suffisante en e pour utiliser le passage comme remise aux véhicules et aux machines ; un pavillon à jalousies v assure la ventilation ; dans ces fermes américaines, l'égrenage du maïs se fait au fur et à mesure des besoins par petites quantités à chaque fois.

Rappelons que le maïs, comme tous les grains, subit une diminution de poids surtout dans les débuts de son magasinage ; le déchet est dû à diverses causes (poussières, insectes, etc.), dont la principale est le dessèchement du grain. Selon le professeur Holden, aux États-Unis, le maïs emmagasiné en octobre et pesé quatre ou cinq mois après, en février, accuse un déchet de 12,6 % en poids.

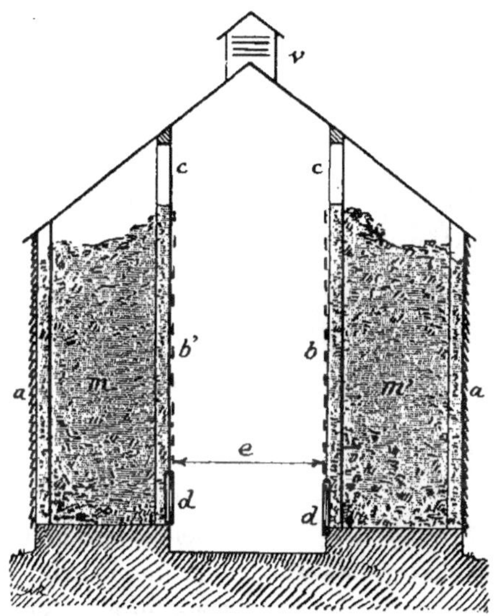

Fig. 193. — Coupe transversale d'un magasin à maïs.

Des constatations récentes ont été faites à Sainte-Clotilde (Ile de la Réunion) par M. Léon Ozoux ; en voici le résumé[1] :

Du maïs récolté le 8 mars 1905 a perdu en trois mois 12,6 % de son poids.

Du maïs rouge, dit à coton (ou houppe) rouge, a perdu en deux mois, du 20 mars au 23 mai, 11,1 % de son poids ; du 23 mai au 16 juin, il perdait encore 3,2 % de son poids.

Des épis de maïs jaune, à houppe rouge, ont perdu du 4 mars au 23 mai, 13,2 % de leur poids ; à partir de cette date, on a séparé la récolte en grains, houppes et spathes donnant les rapports suivants, en poids :

Grains.. 100
Houppes.. 9
Spathes.. 18

1. Les détails des constatations sont indiqués dans la *Revue de l'Ile de la Réunion,* numéro du 1er juillet 1905.

et du 23 mai au 16 juin, le grain subissait un nouveau déchet de 3 °/₀.

Le maïs fraîchement récolté, exposé une seule journée au soleil, perd 5 à 6 °/₀ de son poids.

Dès le deuxième mois de magasin, les spathes de l'épi et les houppes ne subissent plus qu'un faible déchet, ce dernier portant presque entièrement sur le grain.

A partir du troisième ou du quatrième mois de conservation, le maïs est très sec, sa perte en poids devient insignifiante, et à ce moment le déchet total varie de 12 à 16 °/₀.

Ainsi que l'a fait observer M. A. de Villèle, de la Réunion, ces constatations sont à retenir lorsqu'il s'agit de l'emmagasinage collectif du maïs apporté par les colons, pour l'application du warrant, afin de répartir le déchet moyen sur chaque syndiqué selon les quantités qu'il a pu confier au magasin coopératif.

Tous les grains secs se conservent facilement ; dans le cas contraire, ils se couvrent de moisissures et

Fig. 194. — Grenier à mil des N'Gapous.

des négociants, à Madagascar, ont ainsi perdu d'importantes quantités de riz emmagasiné un peu humide ; lorsqu'on se trouve dans ces conditions, il faut disposer les grains, à l'abri, sur une aire ou sur un plancher, en tas de 2 à 4 mètres de largeur, de 0ᵐ40 à 0ᵐ50 d'épaisseur et procéder à l'opération du *pelletage* (chez nous, une ou deux fois par mois on change les tas de place, en projetant en l'air les grains avec une pelle en bois ; de temps à autre on les passe au *tarare*).

Citons le grenier à mil des N'Gapous, dont Dybowski nous a rapporté un croquis de sa mission au lac Tchad ; le gros mil (*Sorghum vulgare*) est très cultivé par ces indigènes qui le conservent dans des greniers dont le plancher est surélevé sur des pieux (fig. 194) ; les parois, garnies de terre, sont blanchies à la farine et portent, en noir, différents dessins : un couteau de jet, un lapin, une tête d'antilope ; la couverture est en feuilles ; pour prélever du grain, on

se contente de faire en un endroit un trou *a* qu'on bouche ensuite
avec de la terre.

Un dispositif analogue est employé par les indigènes de la haute
vallée du Niger pour leurs magasins à mil (fig. 195) ; ce sont des

FIG. 195. — Magasins à mil dans la vallée du Niger [1].

cylindres en paille et en bambous tressés, appelés *boundous*, d'une
contenance variant de un à trois mètres cubes, recouverts souvent
d'un enduit en terre glaise et en bouse de vache, et enfin protégés
par un toit conique.

Pour de petites quantités de grain, le magasin peut être constitué par une amphore en terre cuite ; c'est le procédé qui était utilisé
dans l'antiquité par les peuples du littoral de la Méditerranée ;
actuellement les Kabyles se servent souvent de semblables jarres
en terre séchée (fig. 196), appelées *Koufis* [2], pour conserver le
grain, les figues, etc.

1. *Le Sorgho dans les vallées du Niger et du Haut Sénégal,* par M. Dumas, p. 17.
2. *Le livre du Fellah,* p. 101.

En sols secs on peut avoir recours à des *silos* (fig. 197) à parois en briques crues ou en terre battue ; c'est ainsi qu'on procède en Espagne, au Maroc, en Algérie et en Tunisie ; rappelons que le grain ne peut se conserver ainsi que lorsqu'il est emmagasiné dans un certain état de siccité[1].

Fig. 196. — Jarre en terre séchée employée par les Kabyles pour conserver le grain et les figues.

Doyère, dans son rapport de 1862, a montré que « les blés qu'ensilaient les Romains et les Maures étaient très secs et leurs silos étaient à l'abri de l'air atmosphérique et de l'humidité du sol, par la perfection de leur construction, ou par la nature même de leurs parois ».

Selon la *Maison Rustique du XIXe siècle* (tome I, p. 324), les Chinois conservent le blé dans des cavernes naturelles, bien sèches, ayant une ouverture à l'exposition nord ; l'intérieur est tapissé de paille. — Souvent on creuse en sol sec et consistant, à mi-côte, des puits appelés *Kiar* ; avant l'emmagasinage, on les remplit de branchages qu'on allume pour dessécher et durcir les parois ; puis, le fond est garni de 0^m 15 à 0^m 20 de balles de riz, bien sèches, recouvertes de nattes de paille ; les parois sont tapissées de paille ou de nattes ; la partie supérieure du grain est recouverte d'une natte et de 0^m 10 à 0^m 15 de balles de riz ou de paille hachée, et, enfin, d'une couche de terre grasse qu'on bat à plusieurs reprises et qui forme un mamelon pour éloigner les eaux de pluie. Cer-

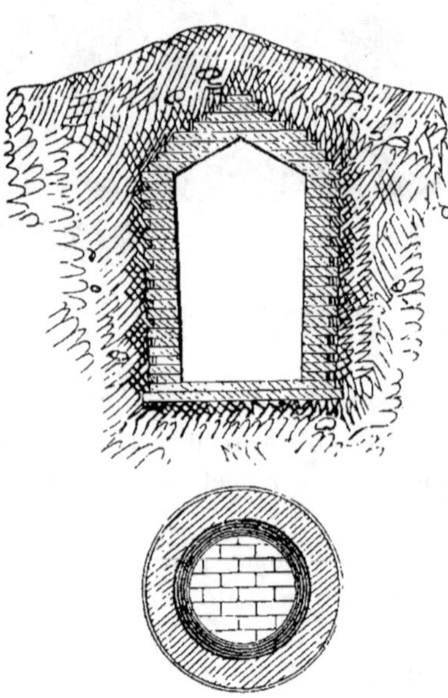

Fig. 197. — Coupe en élévation et plan d'un silo à grains.

1. Voir notre étude sur les *Greniers* et les *Silos* dans la collection du *Journal d'Agriculture pratique* de 1901.

taines de ces fosses sont coniques, la pointe étant au sommet afin
de retarder l'introduction de l'air. — Dans les terrains trop
humides, les Chinois cons-
truisent des tours rondes
(*Kouen*) en briques crues,
séchées au soleil ou en pisé ;
le mur est très épais et sans
ouverture latérale ; ces tours
sont garnies extérieurement
de contreforts qui supportent
le toit et d'un glacis très
épais en terre rapportée ;
souvent ces constructions
sont agglomérées, enfermées
dans la même masse de
terre, et l'ensemble présente

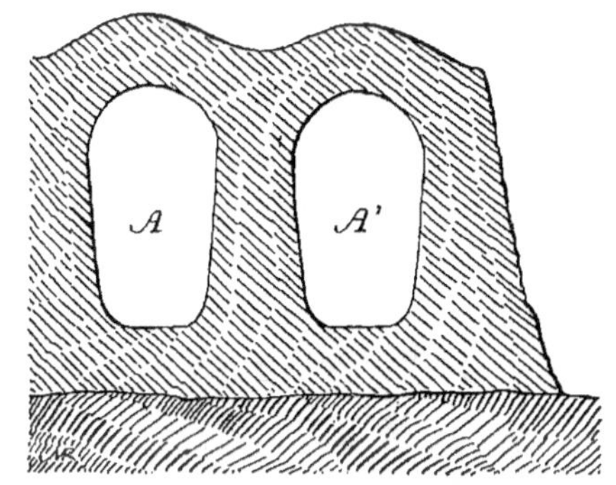

Fig. 198. — Coupe transversale de magasins
à grains.

l'aspect d'une colline couverte de gazon et d'arbustes. « Quel que
soit le procédé employé, les Chinois ont le plus grand soin que
les grains enfermés dans les silos ou dans leurs greniers de réserve.
soient parfaitement secs ».

Si l'on dispose de terres
pouvant se piser, ou si l'on
emploie du torchis, on
pourra donner aux maga-
sins A, A′, la coupe indiquée par la figure 198.

Dans les sols humides
on établira les magasins A
(fig. 199), au-dessus du sol

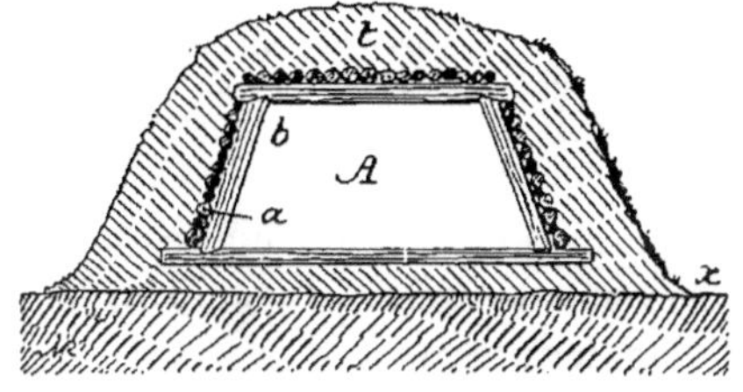

Fig. 199. — Coupe transversale d'un magasin
en bois et en terre.

x, limités par des branchages a maintenus par des châssis trapéziformes b et l'ensemble sera protégé par une couche de terre t ;
des fossés latéraux assureront l'assèchement.

N'insistons pas sur les *magasins aux fruits* : des grillages les pro-
tégeront contre les rongeurs. — Nous ne pouvons malheureusement
entrer dans les détails relatifs aux *magasins spéciaux* à certaines
récoltes (tabac, café, cacao, etc.), qui sont d'ailleurs plutôt du ressort du Cours de *Technologie*.

Il convient d'appeler l'attention sur l'*ensilage* qui donne de si
bons résultats chez nous, et qui peut probablement s'effectuer dans

beaucoup de nos colonies malgré les différences de teneur en eau des plantes, de la température, etc. ; l'ensilage permettrait d'avoir des réserves de fourrages pour le bétail. Un de nos anciens élèves, M. Vieillard, nous a remis une note sur un essai fait à Madagascar (Station Agronomique de Nanisana-Tananarive) ; les végétaux ensilés (maïs, téosinte, sorgho, rameaux feuillus de patate, et des plantes spontanées : Andropogon hirtus et cymbarius, fataka, danga[1], bozaka[2], etc.) ont été préalablement débités, au hache-paille ou avec une bêche, en bouts de 6 à 8 centimètres de longueur et mis en fosse A (fig. 200) de 2 mètres de profondeur, 1 m 50 de plafond et 2 m 50 d'ouverture ; le tas était tassé et monté à 1 mètre au-dessus du niveau du sol x, recouvert de claies de zazoro (papyrus) et d'une couche de terre t. Ces silos ont été ouverts à la saison sèche ; il a fallu trois ou quatre jours pour habituer graduellement les bêtes de somme à leur nouvelle alimentation ; « on a ainsi pu fournir au bétail une nourriture abondante pendant la saison sèche et exiger des animaux un travail soutenu qu'il serait impossible d'obtenir autrement ».

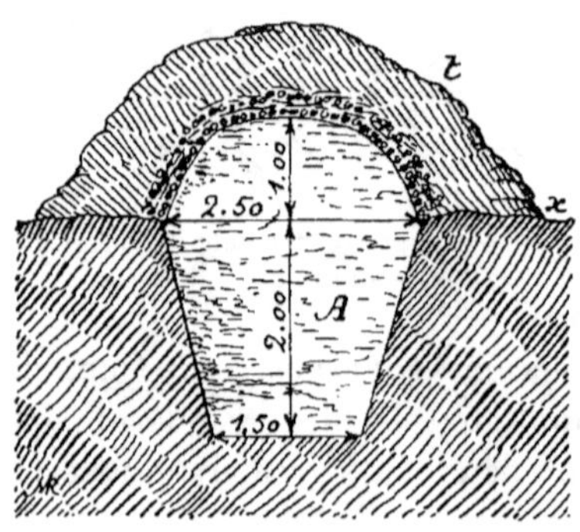

Fig. 200. — Coupe transversale d'un silo à fourrages expérimenté à la Station Agronomique de Nanisana-Tananarive.

Dans les pays humides pourrait-on, comme chez nous, avoir recours aux silos établis entièrement au-dessus du sol ? Il y aurait en tous cas une expérience à tenter en soumettant la masse à la pression voulue (obtenue par une charge de terre) que quelques essais pourront déterminer d'une façon empirique[3] ; nous ne croyons pas qu'on puisse laisser les parois latérales du silo à l'air libre, à cause de l'évaporation, mais qu'on devra les protéger par un talus en terre.

1. Graminées très dures, atteignant 3 mètres de hauteur ; les animaux ne peuvent les consommer en nature.

2. Petite herbe fine, mais assez dure.

3. Le maïs-fourrage est ensilé avec succès dans l'Inde anglaise : des essais encourageants ont été effectués en Indo-Chine, au Lang-bian et à l'École d'Agriculture de Hué (il n'aurait pas encore été fait d'essais au Tonkin).

Bien que nous n'ayons pas encore de documents scientifiques établissant les conditions dans lesquelles on doit placer les fourrages à ensiler (suivant les plantes et le climat), la question de l'ensilage nous semble tellement importante pour nos colonies que nous proposons le profil suivant à expérimenter : sur un emplacement *ab* (fig. 201), surélevé au-dessus du sol

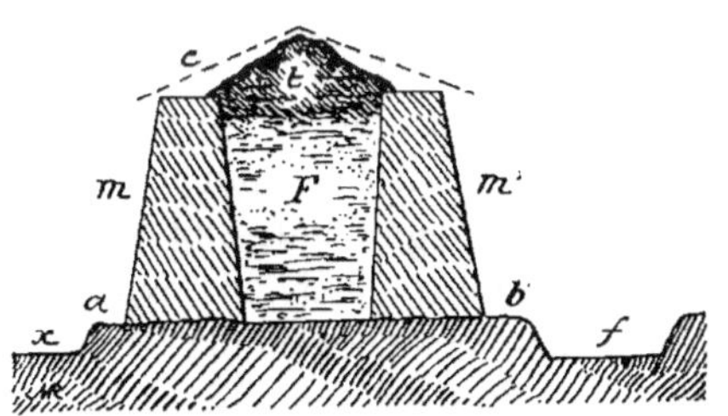

Fig. 201. — Coupe transversale d'un silo à fourrages surélevé au-dessus du sol.

x, au besoin assaini par des fossés latéraux *f*, dresser deux murs de terre *m* et *m'* qui resteront en permanence ; tasser en F le fourrage qu'on chargera par de la terre *t* mise sous une épaisseur suffisante ; si des pluies sont à craindre, placer sur l'ensemble une couverture végétale *c*.

Magasins et logements du matériel

Nous n'avons pas à donner de longues explications relativement aux magasins divers.

Le gros matériel de culture et les appareils de transports se logeront sous de simples abris : des poteaux *a* (fig. 202) soutenant des perches *b* chargées de matières végétales *c* ; du côté exposé au soleil *s*, comme du côté du vent sec ou pluvieux, on établira une paroi *d* en clayonnage ;

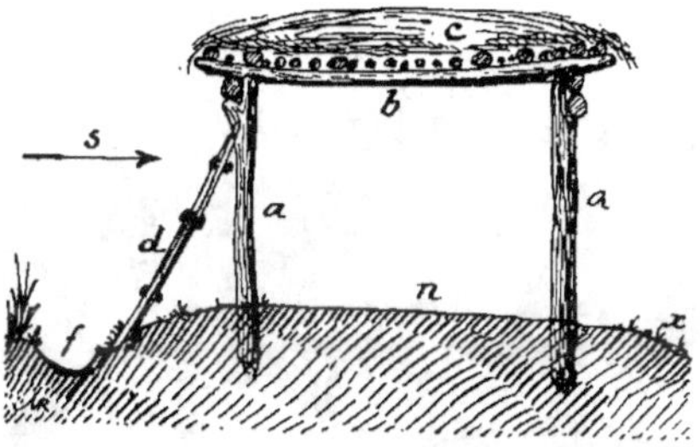

Fig. 202. — Coupe transversale d'un abri pour le matériel de culture.

dans les pays pluvieux, il faudra surélever l'aire *n* de l'abri au-dessus du sol naturel *x* et au besoin assurer son asséchement par un fossé *f*.

Le petit outillage, les pièces de rechange, le matériel de quincaillerie, etc., se rangeront dans un local clos qui ne présente aucune difficulté ou particularité de construction ; les parois verticales du magasin seront garnies d'étagères ou de tablettes.

Nous avons dit qu'un petit comptoir (factorerie) doit être annexé à toute exploitation : les étoffes, les perles, les miroirs, l'alcool, le sel, etc., constituent souvent la monnaie courante ; le *Trésor* de l'exploitation devient un véritable bazar, et il est bon alors de séparer les marchandises en plusieurs endroits : un seul, peu important, destiné à l'étalage, l'autre ou les autres étant dissimulés afin de ne pas éveiller inutilement la convoitise des indigènes qu'il est toujours prudent de considérer comme étant doués d'une moralité douteuse.

Clôtures.

Il y aurait un important chapitre à développer au sujet des *clô-*

Fig. 203. — Haie en figuiers de Barbarie [1].

tures fixes ; nous nous sommes déjà occupés des clôtures mobiles

1. *Traité pratique de Cultures tropicales*, t. I, par J. Dybowski, p. 508.

destinées au parcage des animaux ; nous parlerons plus loin des *palissades* et des *clôtures défensives* pouvant protéger les bâtiments de l'exploitation ; ici. nous avons surtout en vue les clôtures légères destinées à entourer certains emplacements, comme, par exemple, le jardin potager pour le protéger des volailles, pour délimiter les enclos des cases logeant le personnel indigène, les parcs permanents ou cours des bestiaux. etc., en un mot les clôtures empêchant le passage des animaux et celles qui rendent plus difficile celui des hommes afin de diminuer la fréquence de leur circulation en certains endroits. On pourra s'inspirer de ces divers modèles pour l'établissement des clôtures générales limitant une concession et la mettant à l'abri des incursions des fauves ou des troupeaux des indigènes. tout en empêchant la fuite des animaux de la propriété.

Les clôtures formées de plantes (comme le cactus épineux ou figuier de Barbarie (*Opuntia Ficus Indica*. fig. 203 , en Afrique septentrionale, etc.) ou garnies de végétaux (arbustes, plantes grimpantes, etc.) doivent être utilisées de préférence chaque fois que leur situation ne gêne pas la vue. c'est-à-dire la surveillance. Le semis ou la plantation *a* (fig. 204 se fait dans une petite tranchée en dehors de l'emplacement A à clore, qu'il est bon de limiter par un ouvrage provisoire c. (Inutile d'insister sur l'entretien annuel des haies arbustives,

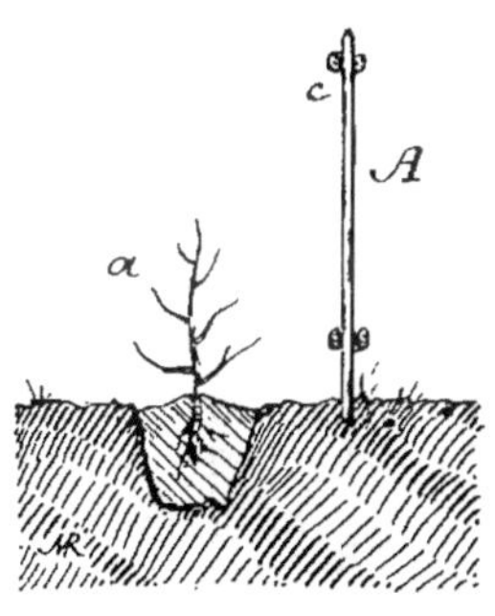

Fig. 204. — Coupe transversale d'une clôture garnie de végétaux.

consistant en un tondage ; c'est une opération courante d'Horticulture ; enfin rappelons qu'on établit d'impénétrables haies vives, occupant peu de largeur, avec des végétaux dont les tiges entrelacées sont capables de se greffer par approche .

Les clôtures arbustives seront surtout adoptées pour limiter le domaine ; à Madagascar, on emploie le pignon d'Inde qu'on sème en *a* (fig. 204) (le semis serré est moins coûteux que les boutures dont la reprise n'est jamais certaine). Selon une note qui nous a été transmise par un de nos anciens élèves. M. G. R. de Gironcourt. on remplacerait avantageusement, à Madagascar. le pignon d'Inde par des aloës ou agaves (fig. 205) plantés à 1 m 50 d'intervalle ; trois ans après la plantation on obtient une haie vive de 3 mètres de hauteur, infranchissable aux bœufs, aux sangliers, aux hommes et arrê-

tant même les feux de brousse ; cette dernière qualité est très intéressante à retenir.

Au Canada, les clôtures des champs sont fréquemment formées de

Fig. 205. — Haie d'Agaves [1].

branches et de branchages entremêlés. En Tunisie, comme
en Égypte, les indigènes limitent les parcs à bestiaux avec des

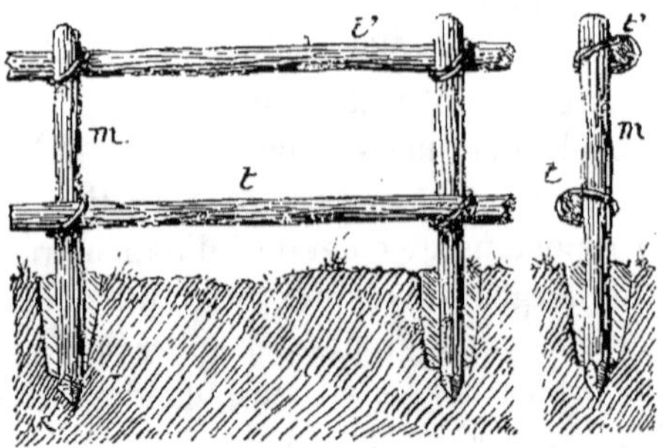

Fig. 206. — Châssis de clôture.

souches d'arbustes épineux (jujubiers) placées les unes à la suite des
autres et enchevêtrées de branchages.

La clôture est souvent composée de châssis formés de poteaux ou
montants m (fig. 206), enfoncés dans le sol tous les deux mètres envi-

1. *Le Livre du Fellah*, p. 129.

ron et de deux traverses ou lisses, l'une basse, t, disposée d'un côté,
l'autre t' (traverse haute) fixée sur l'autre face.

Les panneaux rectangulaires ainsi constitués sont garnis avec des
bois de plus petit échantillon, attachés aux deux traverses, et dont

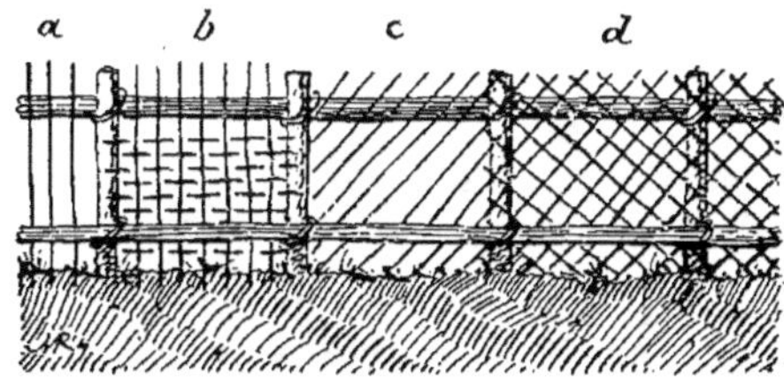

Fig. 207. — Clôture en bois.

l'extrémité, taillée en sifflet ou en pointe, est enfoncée de 0^m 15 à
0^m 25 dans le sol : on peut également, une fois l'ouvrage terminé,
butter la terre sur chaque face au pied de la clôture. Les bois de
remplissage sont mis verticalement, a (fig. 207) : quelquefois ils sont
garnis d'un clayonnage horizontal b destiné
à empêcher le passage des volailles : on peut
les placer obliquement dans une seule direction c, ou dans deux directions d, en croix de
Saint-André, donnant une clôture très solide
si on ligature les pièces à leurs points de
croisement.

Une hauteur de 0^m 80 suffit pour les jardins et pour les moutons : pour les bovins,
il convient de porter ce chiffre à un mètre ou
1^m 20.

Les poteaux de clôture se placent très
rapidement lorsque, pour faire les trous, on
emploie des outils spéciaux : en particulier
nous pouvons signaler la *tarière* Boivin-
Delsu que nous avons eu l'occasion d'expérimenter à la Station d'Essais de Machines.

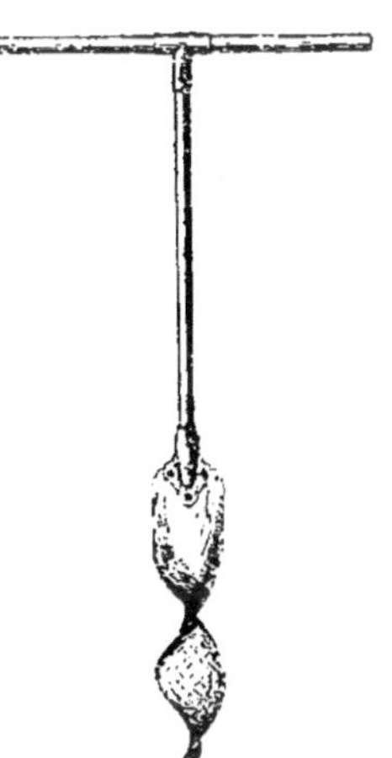

Fig. 208. — Tarière pour
creuser les trous de plantation.

La tarière, représentée par la fig. 208, est constituée par une lame
hélicoïdale en acier fondu, raccordée à un manche solidaire d'une
poignée formant tourne-à-gauche : le manche et la poignée sont en
tubes d'acier réunis par une douille : voici les dimensions principales de l'instrument :

Diamètre de la tarière............................... 0^{m}09
Hauteur de la lame................................. 0^{m}34
    —   totale de la tarière......................... 0^{m}94
Longueur totale du tourne-à-gauche................... 0^{m}48
Poids... 3^{k}04

Nos essais ont été effectués en comparant le temps du travail fait avec la tarière, à celui nécessité à l'aide de la pioche ou de la bêche dans les mêmes conditions de sol.

Dans la terre dure, à sous-sol très compact parsemé de nombreuses pierres (terre de la Station d'Essais de Machines), il faut en moyenne une minute avec la tarière pour creuser un trou de 0^{m}30 de profondeur ; 54 secondes sont nécessaires avec la pioche pour creuser un trou de 0^{m}20 de profondeur seulement.

Dans la terre ordinaire très pierreuse, garnie de racines enchevêtrées, il faut en moyenne 19 secondes pour creuser avec la tarière un trou de 0^{m}30 de profondeur, alors qu'on emploie 20 secondes, avec la pioche, pour creuser un trou n'ayant que 0^{m}23 à 0^{m}24 de profondeur.

Dans la terre légère et sableuse du Jardin Colonial, à Nogent-sur-Marne (Seine), les temps suivants ont été constatés :

Outils.	Profondeur du trou en centimètres.	Temps moyen en secondes et centièmes.
Tarière	30	9″80
Pioche...........................	22.9	14.05
Bêche	25.6	17.77
Bêche	33	23.50

On peut, par le calcul, obtenir de ces résultats les rapports suivants relatifs à des trous creusés à la même profondeur :

TERRE	Nombres relatifs de trous ouverts par le même ouvrier dans les mêmes conditions de sol et dans le même temps utile de travail[1].		
	Tarière.	Pioche.	Bêche.
Très dure, sous-sol très compact.......	133	100	»
Ordinaire, très pierreuse, garnie de racines	132	100	»
Légère, sableuse	189	100	88 et 86

1. C'est-à-dire non compris le temps employé par l'ouvrier pour se déplacer de l'emplacement d'un trou à un autre.

Ces chiffres montrent que, dans le même temps utile consacré au travail, l'ouvrier peut creuser de 132 à 189 trous avec la tarière contre 100 effectués à l'aide de la pioche ou 86 à 88 ouverts avec la bêche.

Une quinzaine d'expériences ont été faites en creusant, à 0^m50 de profondeur, des trous pour la plantation de grands piquets de clôture, de perches à houblon, etc. — Dans la terre sableuse du Jardin Colonial, il fallait en moyenne 28 secondes pour creuser et retirer la tarière, à laquelle on devait faire faire 3 tours et demi. — Dans le même sol à l'état de prairie permanente et à la même profondeur (0^m50), il fallait 61 secondes.

Le trou cylindrique, ouvert par une tarière, réduit beaucoup le ter-

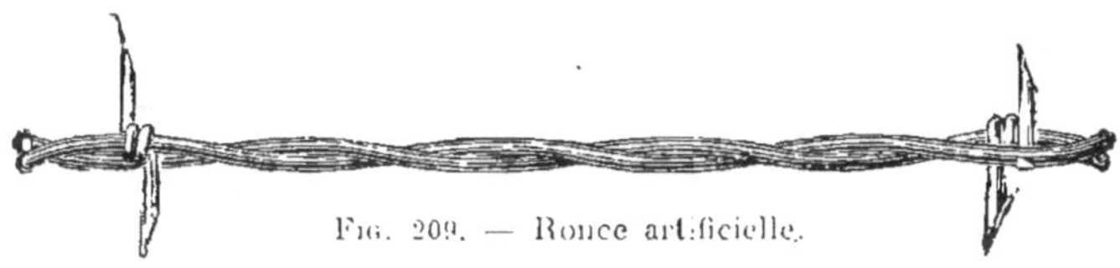

Fig. 209. — Ronce artificielle.

rassement qui est nécessaire (déblai, remblai, pilonnage) lorsqu'on utilise une pioche pour effectuer ce travail : dans le trou de tarière, il suffit d'enfoncer avec quelques coups de masse le piquet taillé en pointe.

Les piquets en fer à simple T ou en fer cornière, terminés par une pointe faite à la forge, qui sont employés pour les clôtures européennes, sont souvent enfoncés directement dans le sol, à coups de masse, sans qu'il y ait besoin d'ouvrir préalablement un avant-trou avec une barre.

Lorsque la clôture est constituée par des *fils de fer*, des *câbles métalliques* ou des *ronces artificielles* (fig. 209, 210), les piquets principaux ont 1^m50 à 1^m60 de longueur, dont un mètre à 1^m10 hors de terre ; sur les alignements, les piquets principaux sont espacés de 5 à 6 mètres environ, entre lesquels on a intérêt à placer un ou deux

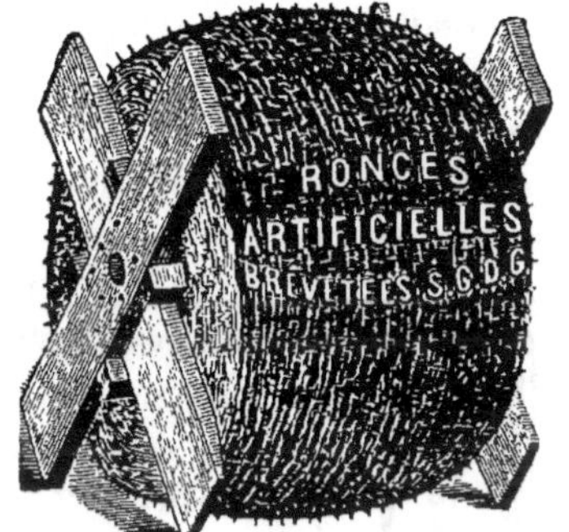

Fig. 210. — Bobine de ronce artificielle.

petits piquets de support pour diminuer la tension des fils et leur flèche ; on emploie un fort piquet tous les 100 à 150 mètres ainsi qu'aux angles ; on consolide, par des contre-fiches a (fig. 211), les piquets d'angle b soumis à une forte tension.

Comme clôture de concession, on peut employer trois rangs horizontaux de gaules a, b, d (fig. 212) et deux rangs c, e de ronce arti·ficielle ; dans les pays où l'on doit défendre les plantations contre

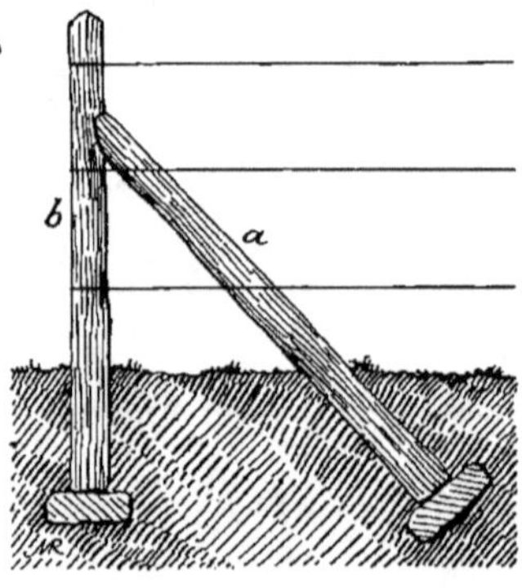

Fig. 211. — Poteau d'angle d'une clôture, avec contre-fiche.

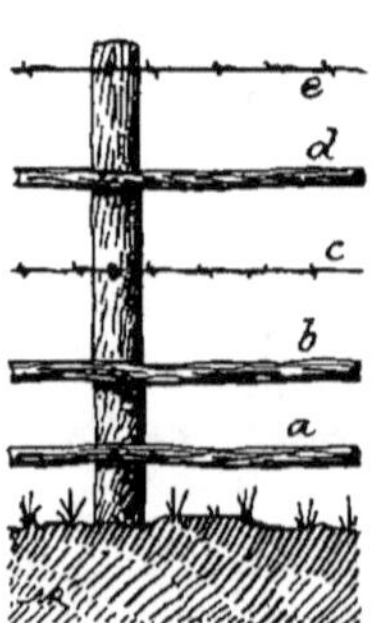

Fig. 212. — Clôture en gaules et en ronce artificielle.

les sangliers[1] on remplace les gaules inférieures a et b (fig. 212) par des ronces artificielles ; au pied de la clôture on fait le semis ou la plantation des végétaux devant constituer la haie vive (fig. 204).

Contre les gros animaux, on peut adopter trois rangs de ronce artificielle : un à 0^m40 au-dessus du sol, le second à 0^m70, le der-

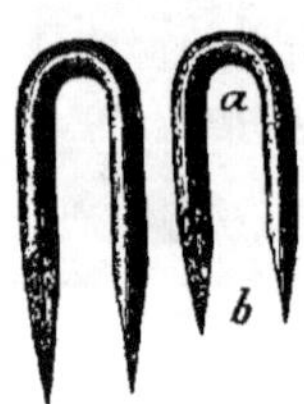

Fig. 213.
Cavaliers.

nier à un mètre environ ; pour le premier rang du bas, on peut remplacer la ronce artificielle par un gros fil de fer ou par un cordon de deux fils qu'on tend facilement avec un levier en bois, ou mieux avec un tendeur à mâchoires (tel que le tendeur *grip.*). La ronce, ainsi que le fil de fer, se fixent sur les piquets à l'aide de *cavaliers* ou *conduites* en acier galvanisé ; ce sont des fils a (fig. 213) recourbés en U dont chaque extrémité b est coupée en pointe.

Pour les ronces artificielles, les piquants, serrés sur un des deux fils, sont à 0^m12 ou 0^m13 d'écartement ; les cavaliers sont

---

1. A Madagascar, ces sangliers anéantissent les plantations de Manioc.

en fils n° 12 à 20 et ont 0ᵐ025 à 0ᵐ045 de longueur. (Dans les pays chauds et humides, il convient d'employer des ronces bien galvanisées et dont le fil est aussi gros que possible afin que la surface d'oxydation soit faible relativement à la section du fil).

Les ronces artificielles doivent être réservées aux clôtures-limites des concessions, ou contre les animaux sauvages et non pour les enclos des bestiaux qui risqueraient de se blesser et peut-être de se faire des plaies dont la guérison serait difficile dans les pays chauds ; c'est pour ce motif que nous les avons rejetées de la partie du Cours relative aux *Parcs* (*Logements des animaux*).

Lorsqu'il s'agit d'empêcher le passage des petits animaux, on

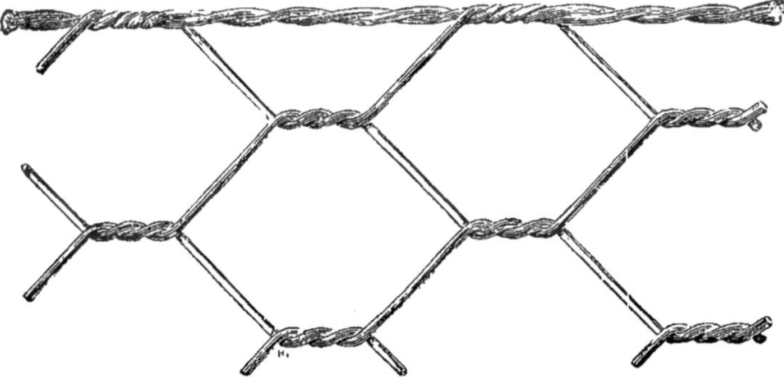

Fig. 214. — Grillage métallique.

étend, sur les fils de fer, des *grillages* de clôture (fig. 214) qui se fabriquent de diverses dimensions comme hauteur, diamètre (ou numéro[1]) du fil et largeur des mailles ; le pied du grillage est enterré

1. On estime très souvent les fils au *numéro*, alors qu'il est plus logique de les désigner par leur diamètre en millimètres ; les numéros des jauges correspondent à d'anciennes dimensions et le commerce adopte des jauges variant avec chaque pays : jauge de Paris 1857 ; jauge carcasse ; jauge de Limoges ; la Birmingham Wire Gauge désignée par B. W. G. ; la jauge de l'Inde ; celles de l'Amérique, etc.

Nous croyons utile de donner les diamètres de certains numéros de jauges pour les fils les plus employés :

N° de la Jauge de Paris, 1857.	Diamètre du fil en millimètres.	N° de la Jauge B. W. G.	Diamètre du fil en millimètres.
5	1.0	19	1.06
6	1.1	18	1.24
8	1.3	17	1.47
10	1.5	16	1.65
12	1.8	15	1.83
16	2.7	12	2.77
18	3.4	10	3.40
20	4.4	6	5.15
25	7.0	2	7.21
30	10.0	000	10.79

de 0^{m}10 à 0^{m}15 dans une petite saignée ouverte avant la pose de la clôture.

Voici des indications générales (adoptées en France) concernant les grillages de fabrication courante (la dimension de la maille est le diamètre du cercle inscrit dans l'hexagone) :

Maille en millimètres.	Largeur du grillage en mètres.	Numéros des fils employés. (jauge de Paris)	Usages du grillage.
16	0^{m}50 à 1^{m}20	N°s 5 et 6	Cages et volières
19	0^{m}50 à 1^{m}20	5 et 6	Cages, volières et garnitures de fenêtres.
25	0^{m}50 à 1^{m}50	6 et 8.	Faisanderies, pigeonniers, basses-cours.
31	0^{m}50 à 1^{m}50	6 et 8.	Faisanderies, pigeonniers, basses-cours et clôtures de chasse.
41	0^{m}50 à 2^{m}00	6, 8, 10 et 12.	Clôtures de chasse.
51	0^{m}50 à 2^{m}00	8 et 10.	Clôtures ordinaires et pour gros gibier.
57	0^{m}50 à 2^{m}00	8 et 10.	Grandes clôtures et garnitures de grilles.

Pour les clôtures de chasse et afin de protéger les champs A (fig. 215) contre les dégâts du gibier (lapins)[1], on attache (avec du fil recuit, de 1 à 2 millimètres de diamètre) le grillage g à un cordon ou à un gros fil de fer f (de 0^{m}0027 ou 0^{m}0034 de diamètre), tendu et fixé sur des piquets à 0^{m}15 ou 0^{m}20 en dessous du bord supérieur n, le pied a étant enterré de 0^{m}10 à 0^{m}20 ; les piquets sont écartés de 2 à 3 mètres ; une fois le grillage fixé, en frottant horizontalement un bois dans la zone b, on courbe la partie supérieure, qui de n vient en m en constituant ce qu'on appelle un *bavolet flottant*, fm, empêchant les petits animaux venant de B de franchir la clôture ; le grillage g a environ un mètre de largeur (ou de hauteur).

---

1. Rappelons qu'une simple corde enduite d'une huile très odorante, comme certaines huiles de poisson, suffit pour empêcher le passage des lapins ; cette corde est tendue, à 0^{m}15 environ au-dessus du sol, sur de petits piquets en bois.

.Citons aussi les *treillages* du genre de ceux utilisés pour clore les lignes de chemins de fer (fig. 216). Dans les clôtures Peignon, les barreaux sont en châtaignier fendu, à section triangulaire, reliés entre eux par deux ou trois cordons de gros fils de fer ou d'acier ; le

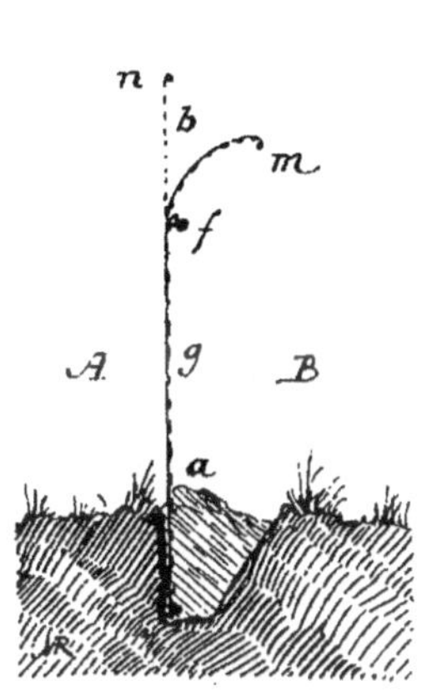

Fig. 215. — Coupe transversale d'une clôture en grillage métallique avec bavolet flottant.

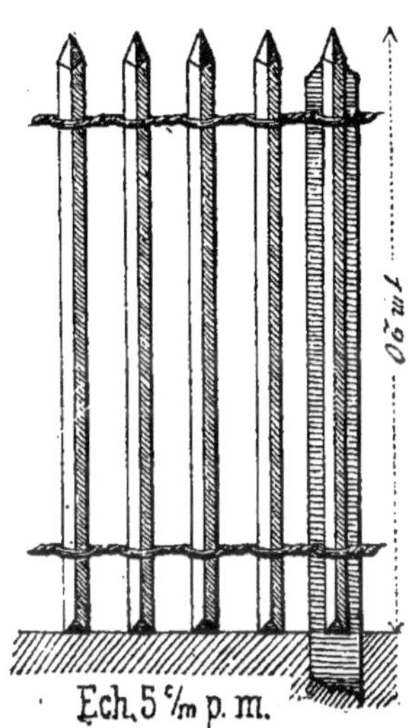

Fig. 216. — Treillage de clôture à deux cordons.

treillage se fixe à des piquets dont l'écartement varie de $1^m 50$ à 2 mètres. Le pied des treillages peut être également garni de grillage pour empêcher le passage des petits animaux.

Les clôtures se détériorant plus ou moins rapidement, surtout dans leurs parties qui sont enterrées, elles demandent un entretien pour ainsi dire permanent. Il y a lieu de choisir, pour les poteaux, les bois les plus durs et les plus résistants parmi ceux qu'on peut se procurer dans le pays, et, dans la partie du Cours consacré aux *Charpentes*, nous avons mentionné les principaux procédés propres à augmenter la durée des poteaux, pieux et piquets (p. 38).

Pour l'entretien nous recommandons de faire l'inverse de ce qui se pratique généralement : on se contente de retirer le poteau abîmé pour en remettre un neuf à la même place. Or le bois est détruit par des microbes et des champignons saprophytes infestant le sol au moment où on vient y placer un bois sain ; ce dernier sera donc bien plus rapidement détérioré que le premier poteau. Nous avons observé, en effet, que les poteaux d'une clôture neuve n'ont été changés qu'au bout de 9 à 10 ans, alors que les autres poteaux neufs, de remplacement, en même bois et mis dans les mêmes trous que les anciens, n'ont pu durer que 3 à 5 ans au plus. Il y a lieu de retenir de ce qui précède que, pour réparer une clôture, au lieu de mettre un nouveau poteau à la place de celui qui est détérioré, a par exemple (fig. 217), il est préférable de le remplacer par deux

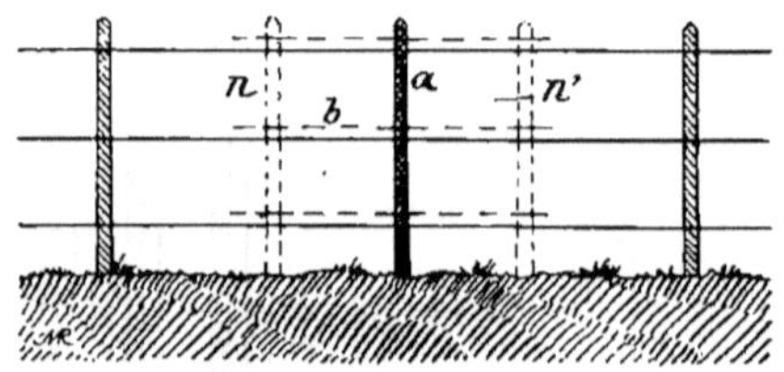

Fig. 217. — Réparation d'une clôture.

autres poteaux latéraux n et n' aussi écartés que possible et reliés au besoin avec des traverses supplémentaires b; quant au mauvais poteau a on peut le laisser en terre tant qu'il tient encore un peu ; sinon, étant inutile, il vaut mieux l'enlever complètement.

Ouvrages de défense

Conditions générales d'établissement. — Dans beaucoup de localités, appartenant à des pays parfaitement policés, les bâtiments des exploitations agricoles sont groupés autour d'une cour centrale et présentent à l'extérieur une suite de murs élevés, percés d'un très petit nombre de fenêtres ; une ou rarement deux portes donnent entrée dans cette sorte de forteresse dont les habitants n'ont pourtant aucune attaque à redouter de la part de leurs voisins. Ces dispositions, qu'on rencontre surtout aux environs de Paris (Seine-et-Oise, Seine-et-Marne, Oise), dans le Nord, etc., sont totalement opposées à celles d'autres régions (Normandie, Bretagne, centre, littoral de l'Océan Atlantique, etc.) où les bâtiments se présentent isolés les uns des autres, espacés quelquefois dans une sorte de verger ou de prairie, et souvent sans qu'il y ait une clôture quelconque à la cour de ferme largement ouverte à tout venant.

Nous n'avons pas à examiner ici les avantages (diminution de la propagation des incendies ; séparation des différents services, etc.), ou les inconvénients (surface disponible, extension difficile des bâtiments, etc.) de chacune des deux dispositions, ni à chercher les raisons qui guident les agriculteurs (économie des matériaux ; volume d'eau disponible ; influence du système de culture et des habitudes locales ; surveillance ; etc.) ; nous croyons que, pour beaucoup de pays, le motif est d'ordre historique et l'habitude aurait été prise bien avant le Moyen-Age [1], alors que les fermes se confondaient avec l'habitation du chef de la communauté.

Dans nos Colonies il y a toujours lieu de se tenir en garde contre les populations indigènes ; aussi les comptoirs et les exploitations s'installent surtout à l'abri des postes ou des lignes protégées par les soins de l'Administration.

Cependant des circonstances peuvent obliger d'établir des constructions rurales isolées à une grande distance d'un poste, bien que cela ne soit pas très prudent ; il sera bon, dans ces conditions, d'adopter certaines dispositions jouant un rôle défensif lors d'une agression des indigènes. Nous ne pouvons donner ici qu'un exposé des principes à suivre, laissant à chacun le soin de les modifier suivant les cas.

L'emplacement des constructions sur une hauteur donne, par lui-même, une grande sécurité ; c'est ainsi que s'établirent les villes anciennes puis les châteaux féodaux ; beaucoup de peuplades des colonies font actuellement l'application du même système :

---

1. Dans les pays où les constructions rurales ont cette apparence de forteresse, dont nous parlions plus haut, on les désigne sous le nom général de *fermes*. — Selon Bescherelle (*Dictionnaire français*) le mot *ferme* vient du celte *ferm*, tiré lui-même. de *ferh*, *berh*, signifiant enclos, défendu, fortifié, c'est-à-dire que les bâtiments ruraux étaient entourés de clôtures, haies, fossés, murailles, qui en rendaient l'accès ou l'approche difficile. — D'après de Wailly (*Dictionnaire*), *ferme* viendrait de *firma* qui, chez les bas latins, signifiait un lieu clos et fermé. — Les constructions rurales des Avares (vallée du Danube) étaient groupées et protégées par des enceintes circulaires appelées *rings*, qui présentaient aux assaillants des obstacles insurmontables. — Selon Fustel de Coulanges (*l'Alleu et le domaine rural pendant l'époque mérovingienne*), la villa mérovingienne avait l'aspect d'une ferme immense protégée par des enceintes palissadées et entourées de fossés. — D'après Larousse, *ferme* viendrait du bas latin *firma*, *firmus*, ferme : la ferme signifiant ainsi proprement chose ferme, établie, convenue. Gilles Ménage (auteur du premier *Dictionnaire étymologique*, 1613-1692) donnait à *firmus* le sens de lieu fermé, d'où l'emploi de *ferme* dans l'acception de métairie, comme en Anjou on se sert de *closerie* dans le même sens ; mais la signification de bail et de convention appliquée au mot ferme aurait précédé celle de métairie.

elles se mettent à l'abri des attaques en dressant leurs villages sur des points culminants, souvent très élevés, malgré les difficultés que cette position occasionne aux différents services de l'alimentation en eau et des transports ; nos procédés modernes doivent nous permettre d'assurer la sécurité nécessaire sans avoir besoin de placer les bâtiments à un niveau qui serait incommode sous beaucoup de rapports.

Au point de vue de la protection contre les incendies, nous avons vu (fig. 110) qu'il est bon d'avoir des bâtiments séparés les uns des autres par un intervalle d'une dizaine de mètres au moins ;

Fig. 218. — Profil de l'emplacement des bâtiments d'une exploitation.

au point de vue de la défense, ces divers bâtiments A (fig. 218) seront enfermés dans une enceinte continue *a b*, placée sur une surélévation, une butte naturelle, un dos d'âne, etc., dont le profil *m* A *n* contribue à l'assèchement de la cour et par suite à la salubrité des habitations ; enfin, tout autour de l'enceinte, le sol sera dégarni d'obstacles ou d'abris sur une *zone de protection* dont la largeur *am*, *bn*, sera plus grande que la plus longue portée des armes des indigènes (flèches, lances, mauvais fusils, etc.). En définitive, au milieu de la zone de protection *m n*, l'*enceinte fortifiée a b* doit abriter les constructions rurales A, auxquelles on peut utilement adjoindre un petit observatoire dont nous avons déjà parlé (fig. 140 et 160).

Pour le tracé de l'enceinte fortifiée (en dehors de la configuration générale géométrique : polygone régulier ou irrégulier) nous devons partir d'un principe différent de celui appliqué par le Génie Militaire pour l'établissement des fortifications.

Dans les fortifications militaires (système des *fronts bastionnés*), l'enceinte comprend des parties droites, telles que *a* C *b* (fig. 219), relativement longues, appelées *courtines*, reliées entre elles par des *bastions* B B′, placés aux angles saillants du tracé général ; cette disposition est adoptée parce qu'il faut avoir un *front* ou dévelop-

pement suffisant de courtines et de bastions, afin de placer le
matériel d'artillerie et les combattants toujours en assez grand
nombre ; les lignes de tir sont réparties sur tout le périmètre de

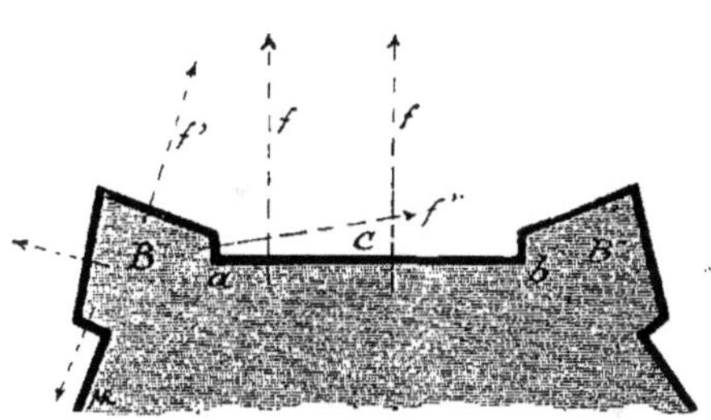

Fig. 219. — Principe d'un front bastionné.

l'ouvrage : les courtines envoyant leurs feux dans les directions *f*
qui sont croisées par celles *f'* des bastions, dont les *flancs* sont
chargés d'envoyer les feux *f''* destinés à protéger (*à flanquer*) le pied
des courtines *a b*.

Pour les constructions rurales qui nous occupent, dont les défenseurs disponibles sont toujours en nombre restreint, il y a lieu de
demander à la courtine de résister elle-même [1], par sa propre
construction, afin de pouvoir concentrer les combattants dans un
petit nombre de bastions placés d'une façon favorable. D'un autre
côté, il n'est pas prudent d'adopter le tracé de la figure 219, les
postes de défense étant en B, B', à chaque angle du polygone, car
les défenseurs, souvent inhabiles et peu exercés, risqueraient de se
blesser, les feux du bastion B pouvant accidentellement atteindre
le bastion B' par exemple.

Ainsi, vers l'axe des faces rectilignes *ab*, *bd* (fig. 220) de l'enceinte
A de nos constructions, on élèvera des bastions B, B'...[2]; les
enceintes C, C' C''... seront résistantes par elles-mêmes ; leur face
externe pourra être balayée par les feux *f*, tandis qu'au début d'une
attaque la zone de protection est placée sous les feux *f'* de chaque
bastion.

---

1. Cette dernière n'est plus alors à proprement parler qu'une *enceinte défensive*.
2. Jouant ainsi, jusqu'à un certain point, le rôle des *caponnières centrales* qu'on
rencontre dans les systèmes de fortification polygonale et ayant pour but d'assurer le
flanquement bas des fossés.

Au lieu de construire des bastions rectangulaires, comme l'indique la figure 220, il est préférable d'adopter le tracé triangulaire de la

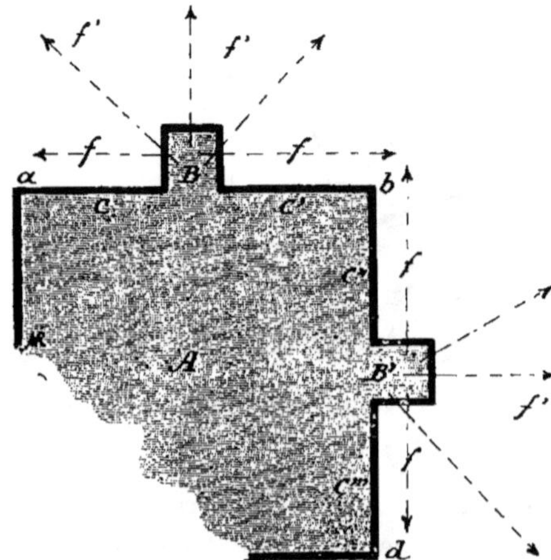

FIG. 220. — Principe d'une enceinte de constructions rurales.

figure 221 : les côtés inclinés *ho* ou *oi* permettent aux mêmes hommes d'envoyer les projectiles soit suivant f et f' sur la zone de

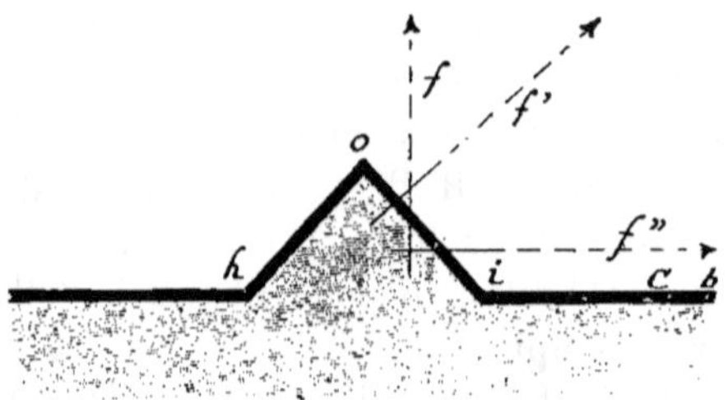

FIG. 221. — Principe d'un bastion triangulaire.

protection, ou suivant f'' pour balayer le flanc de l'enceinte C et sa corne *b*.

D'un autre côté, il faut, pour les signaux, que d'un bastion on aperçoive tous les autres de l'enceinte et que ces différents bastions soient reliés entre eux par le chemin le plus court, afin de pouvoir rapidement et facilement concentrer la majeure partie des défenseurs sur un des fronts les plus attaqués.

Nous pouvons tenter l'application des notions qui précèdent à un type idéal de grande exploitation dont nous supposerons les bâtiments enfermés dans une enceinte carrée représentée schématiquement par la figure 222 : l'enceinte *a b c d* est flanquée de bastions B B′ B″ B‴ qui communiquent entre eux par les chemins rectilignes *n* et *m* ; la porte principale P, placée en retraite à l'angle *a*,

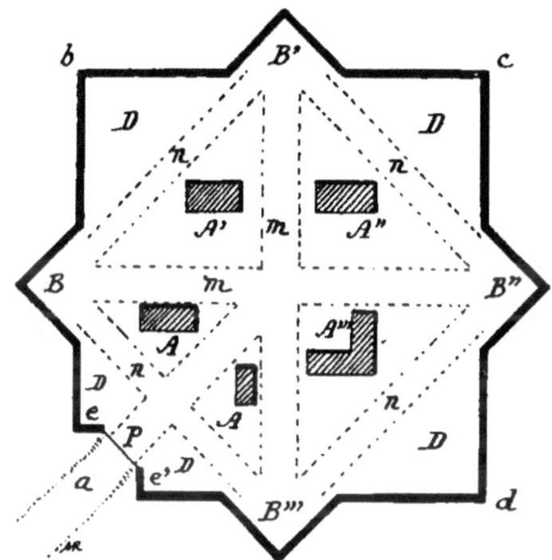

Fɪɢ. 222. — Principe de fortification d'une grande exploitation.

est très bien défendue par les bastions B et B‴ et par les parois *e* et *e′* [1]. Le tracé des chemins centraux *m* et des chemins de ronde *n* divise le carré *a b c d* de l'enceinte en huit grands triangles que nous pouvons utiliser pour les constructions. Il faudra, autant que possible, placer les bâtiments A-A, A′, A″ A‴ dans les quatre triangles principaux du centre en affectant chacun d'eux à une construction ou à un groupe de constructions destiné spécialement à un service déterminé :

1º logement des hommes,
2º   —   des animaux,
3º   —   des produits,
4º   —   du matériel,

dont les emplacements sont réglés par l'orientation et les besoins

1. Nous donnons la préférence à la porte P (fig. 222) placée dans un angle *a*, comme étant bien mieux défendue par B, B‴, *e* et *e′*, que si elle était placée à côté d'un bastion B, par exemple, dont un côté serait seul chargé d'en assurer la défense.

du service ; ainsi disposés, ces bâtiments A-A, A′, A″, A‴, ne
gênent pas la vue et les signaux des bastions entre eux ni leur
facile communication. Enfin les triangles externes D peuvent être
utilisés de nombreuses façons : jardins, enclos pour le bétail,
basse-cour, abris temporaires des récoltes, emplacement du fumier
et des ordures, etc. ; de même, la paroi intérieure de certaines portions d'enceinte convenablement exposées peut supporter des espa-
liers.

L'exemple ci-dessus (fig. 222) est applicable à une exploitation
importante, comprenant un certain nombre d'hommes capables de

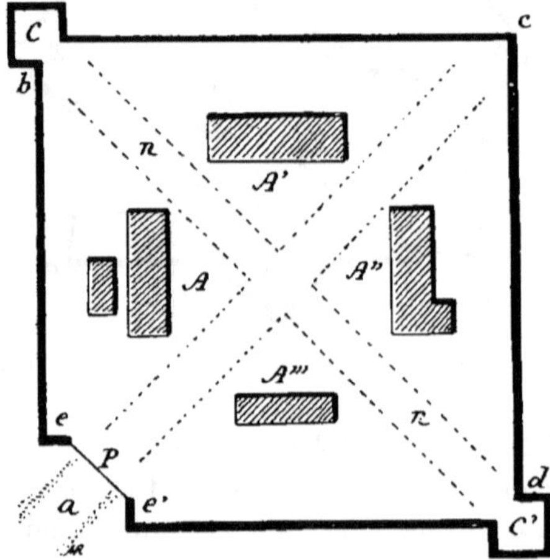

FIG. 223. — Principe de fortification d'une moyenne exploitation.

concourir à sa défense à l'aide d'armes à feu. Pour de plus petits
domaines on peut réduire à deux les postes de défense en appliquant le principe des *caponnières d'angle*, placées aux extrémités
d'une même diagonale comme l'indique la figure 223 ; l'enceinte
a b c d est pourvue des bastions C et C′ ayant chacun deux côtés à
protéger ainsi que la porte principale P, placée en retraite et dont
l'accès est défendu en *e* et en *e′* ; les bastions communiquent par le
chemin rectiligne *n* et les quatre groupes de bâtiments occupent,
avec leurs dépendances, les triangles A, A′, A″ et A‴ ; au besoin,
une seconde porte peut être ouverte à l'angle *c* et protégée comme
la porte P.

Au point de vue de la construction, on doit donner la préférence à la disposition représentée par la figure 223 ; on pourra adopter le principe de la figure 222 lorsque le côté de l'enceinte (*b c*, fig. 222) serait trop long pour être défendu efficacement par une seule de ses extrémités ; nous croyons qu'on peut fixer la longueur *a b* de la figure 223 à une centaine de mètres.

Examinons maintenant ce qui est relatif aux enceintes défensives et aux bastions dont nous indiquerons plusieurs modes de construction, le choix à faire étant surtout imposé par les ressources disponibles de la contrée, tant en matériaux qu'en main-d'œuvre.

Enceintes en terre. — Les enceintes en terre peuvent s'établir partout où l'on dispose de travailleurs en nombre suffisant ; dans certains cas on protège extérieurement ces clôtures par des plantations défensives.

Pour être efficace, le talus extérieur doit avoir une hauteur totale de 3^m50 à 4 mètres ; les terres nécessaires au remblai R (fig. 224), qui entoure l'emplacement A, sont prises dans un fossé extérieur F, le niveau primitif du sol naturel étant indiqué par la ligne *xx*. Dans ce mode de retranchement on distingue :

Le *glacis* N (dont la hauteur est déterminée par la *ligne de visée r* N *x*) ;

Le *fossé* F, comprenant la *contre-escarpe ce*, le *plafond p* et l'*escarpe e* ;

La *berme b*, petit sentier qu'on a intérêt à faire disparaître après le tassement du remblai et quand ce dernier est recouvert de végétation ;

Le *parapet R*, dont la partie supérieure ou *crête r* a au moins 0^m 60 d'épaisseur et présente une inclinaison, ou *plongée*, d'au moins 0^m 20 à 0^m 25 par mètre[1], le *talus extérieur t*, le *talus intérieur t'*. — Dans le cas où l'on voudrait pouvoir utiliser cette enceinte, ou une de ses portions, pour les tirailleurs, il faudrait ménager en B une *banquette* (indiquée en pointillé sur la figure 224) ; cette banquette, de 0^m80 de largeur au moins, devra être à 1^m 30 au-dessous de la crête intérieure *r* du parapet R.

---

1. La plongée *r* doit rencontrer la zone de protection à la crête de la contre-escarpe ; si les dimensions du profil ne permettent pas cette condition, comme dans la figure 224, on l'obtient en surélevant le niveau du sol naturel par le glacis N.

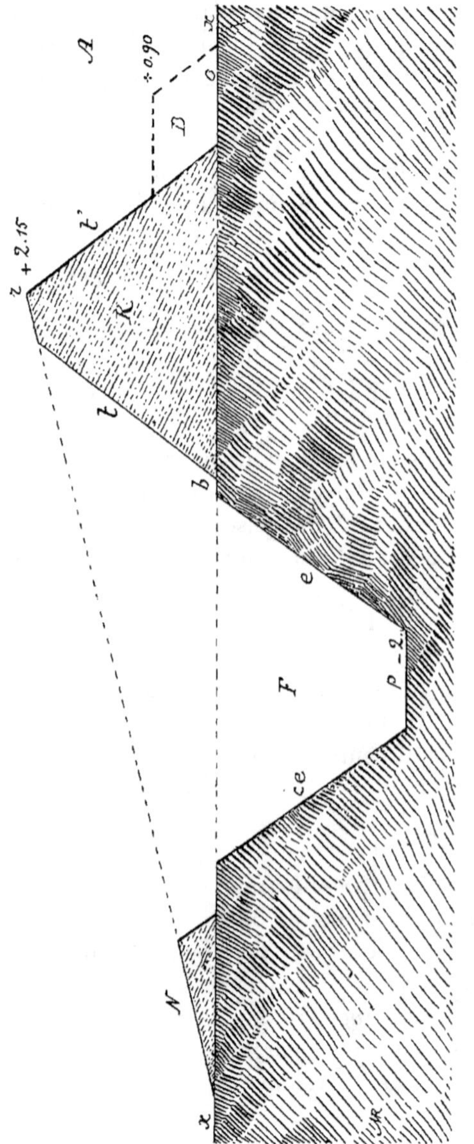

Fig. 224. — Profil d'un retranchement en terre.

Les talus *cc*, *e*, *t*, *t'* doivent être aussi raides que possible et dépendent de la nature des terres à travailler : en général on leur donne [1] :

1 de base pour 1 de hauteur avec des terres franches et légères ;

1 de base pour 1.5 de hauteur lorsqu'il s'agit de terres consistantes capables d'être pisées.

Les terrassements doivent être effectués avec soin et les remblais bien damés par couches successives de $0^m 10$ à $0^m 15$ d'épaisseur.

Ces retranchements (qui sont surtout recommandables avec les talus inclinés à plus de 1 pour 1) peuvent se combiner avec d'autres procédés de défense, comme les *palissades*, les *palanques* et les

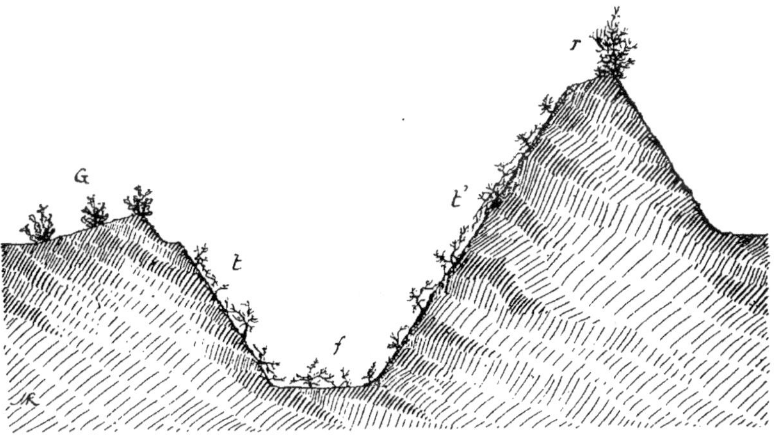

FIG. 225. — Profil d'un retranchement en terre garni de végétaux défensifs.

fraises, dont nous parlerons dans un instant : on peut également les tapisser de certains végétaux dont le choix dépend de la flore de la région : les talus *t* et *t'* (fig. 225), comme le fond *f* du fossé, peuvent être utilement garnis de plantes épineuses traînantes ; la crête *r* peut recevoir des arbustes touffus et enchevêtrés (ces haies *r* peuvent être remplacées par un clayonnage) ; — le glacis G peut,

---

1. Dans le cas d'argiles susceptibles de se déliter, il conviendrait d'adopter 1 de base pour 0.5 de hauteur afin d'assurer la stabilité des talus, et, avec cette pente faible, il faudrait augmenter beaucoup la hauteur du parapet : dans de semblables sols il y a donc lieu d'abandonner les retranchements en terre et avoir recours à d'autres modes de construction étudiés plus loin.

de même, être planté de trois lignes de certaines plantes très défensives, comme le figuier de Barbarie, les agaves, etc. ; ces lignes, destinées à ralentir la marche des agresseurs, doivent pouvoir être
entretenues et, pour ce motif, il faut les espacer d'au moins 4 à
5 mètres, les plantes étant très rapprochées sur les lignes. —
(Les haies de figuier de Barbarie sont utilisées par les Malgaches
de l'Ouest et du Sud ; ces *raiketra*, d'une dizaine de mètres
d'épaisseur, abritant les sentiers d'accès aux villages, ont souvent
gêné nos opérations militaires et les obus à la mélinite parvenaient
difficilement à y faire une trouée).

On peut combiner une partie de ces retranchements en terre

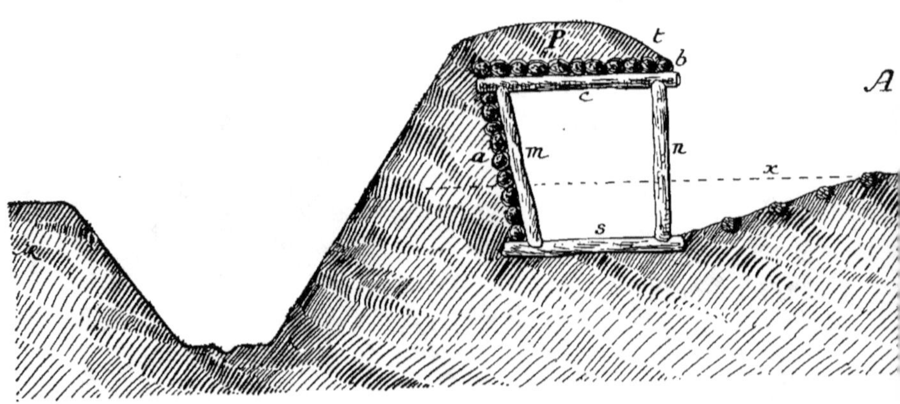

Fig. 226. — Coupe d'un local ménagé dans un retranchement en terre.

avec la construction de certains magasins et même de logements
d'animaux. La figure 226 en donne un exemple ; le parapet P
comprend une couche de terre *t* d'une épaisseur d'environ 1 mètre
soutenue par des branchages, des fascines, ou des fagots *b*, maintenus eux-mêmes par des fermes ou châssis très simples, formés
d'une semelle *s*, d'un montant *m*, d'un poteau *n* et d'un chapeau *c* ;
le montant *m* soutient les fascines *a* contre lesquelles s'appliquent
les terres. La figure 226 représente un magasin partiellement enterré,
construit en terrain sec ; inutile de dire qu'avec un travail plus considérable on peut surélever le parapet, afin que la semelle *s* soit au
niveau *x* du sol de l'enceinte A ou au-dessus de ce niveau.

Les retranchements en terre ont l'avantage de pouvoir être
exécutés presque partout, en un temps plus ou moins long suivant

la ténacité du sol et le nombre de travailleurs employés ; ajoutons que les fossés, jouant le rôle de drains, assainissent l'enceinte, mais il faut, par un canal de décharge ou par un puisard, assurer l'écoulement de toutes les eaux afin que ces fossés ne se transforment pas en marécages dangereux pour la salubrité.

Enceintes en bois. — Les *palissades* défensives en bois se composent de pièces verticales ayant au moins 1ᵐ 70 de fiche au-dessus du sol : ces pièces A A' (fig. 227), de 0ᵐ 08 à 0ᵐ 10 de diamètre,

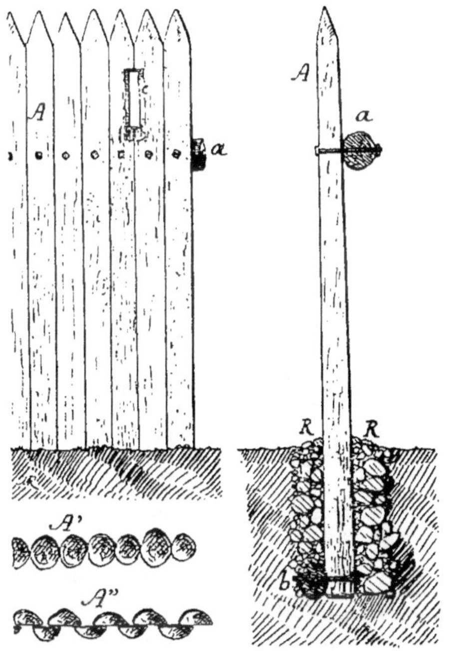

Fig. 227. — Palissades et palanques (Élévation, plans, coupe transversale).

sont enfoncées de 0ᵐ 50 à 0ᵐ 80 dans le sol et sont réunies entre elles par une lisse basse *b* du côté externe, et par une lisse haute *a* sur la face interne.

Pour construire une palissade, on ouvre une tranchée à la profondeur voulue (0ᵐ 50 à 0ᵐ 80), et de 0ᵐ 40 environ de largeur ; les bois A (fig. 227) sont maintenus par un remblai R, fortement pilonné, de pierres, de terre et de gazon. La liaison des pièces A avec les lisses *a* et *b* se fait à l'aide de chevilles, de fils de fer, de clous, de tirefonds ou de boulons ; le sommet des pièces A est taillé en pointe.

Si l'on dispose de rondins fendus on les place comme l'indique le plan A″ (fig. 227) (système dit de *palissade doublée*).

Dans les portions de la clôture qui doivent servir aux tirailleurs on peut ménager des *créneaux c* (fig. 227), espacés d'au moins un mètre les uns des autres.

La palissade prend le nom de *palanque* quand elle est construite avec des arbres de 3 et 4 mètres de longueur, qu'on enterre d'un mètre environ.

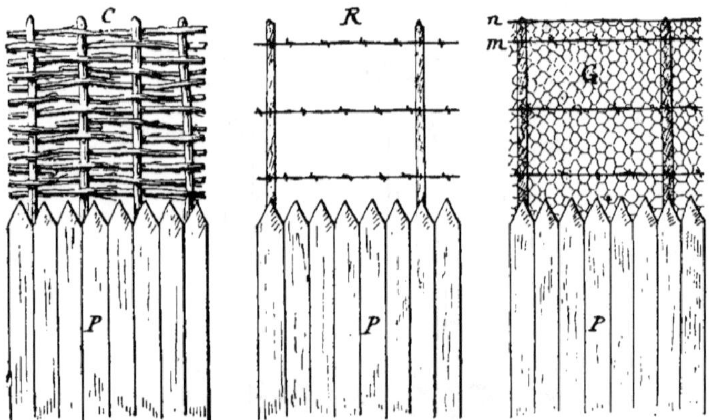

Fig. 228. — Défenses de la partie supérieure des palissades.

Le rôle défensif de la palissade doit être complété en plaçant en crête une clôture flexible qui présente beaucoup de difficultés à l'escalade ; ainsi il est possible de surélever de 0ᵐ 50 à 1 mètre la palissade P (fig 228) avec des clayonnages C en branchages, avec deux ou trois rangs de ronce artificielle R, auxquels on peut adjoindre un grillage G en fils de fer galvanisé, comme on en fabrique couramment pour les clôtures (au point de vue de la difficulté de l'escalade, la lisière supérieure *n* du grillage doit être flottante et située à 0ᵐ 15 environ au-dessus du dernier rang *m* de ronce artificielle).

Aux palissades on peut adjoindre un ouvrage en terre et des fraises. La figure 229 donne la coupe d'une palissade P dont le pied est butté extérieurement par un talus *c*, en avant

duquel se trouve un fossé f, d'environ 1^m 30 à 1^m 50 de profondeur
sur 2 mètres 50 au moins d'ouverture en gueule. Le fossé f peut
être lui-même garni de végétaux défensifs, comme
nous l'avons vu à la figure 225.

Les *fraises* sont des palissades inclinées posées
hors du remblai, comme l'indique la figure 230 ; elles
rendent très difficiles l'escalade des talus. La fraise
se compose de bois A, de 3 mètres environ de longueur, réunis par deux lisses a et a', une au milieu
et en dessous, l'autre en
queue et au-dessus, la
pointe o doit se trouver à
une hauteur, h, d'au moins
2 mètres au-dessus du
plafond b du fossé. Les
bois A, qu'on peut mettre
presque jointifs, sont inclinés, vers le fossé, de
0^m 25 par mètre.

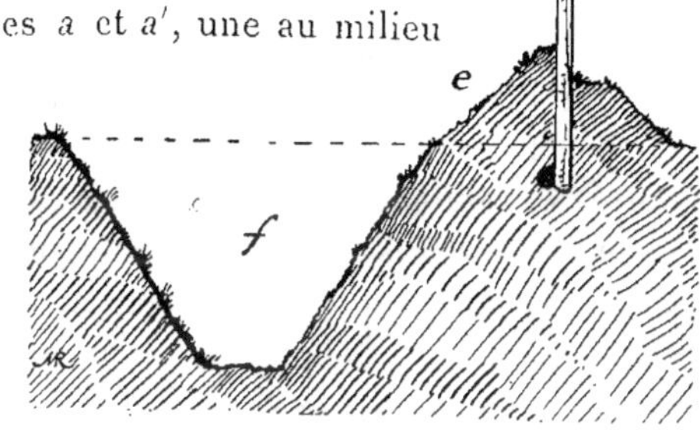

FIG. 229. — Coupe d'une palissade avec butte
et fossé.

Murs d'enceinte. — Les murs d'enceinte peuvent être établis de
diverses façons : en pierres sèches, en pierres reliées avec un mor-

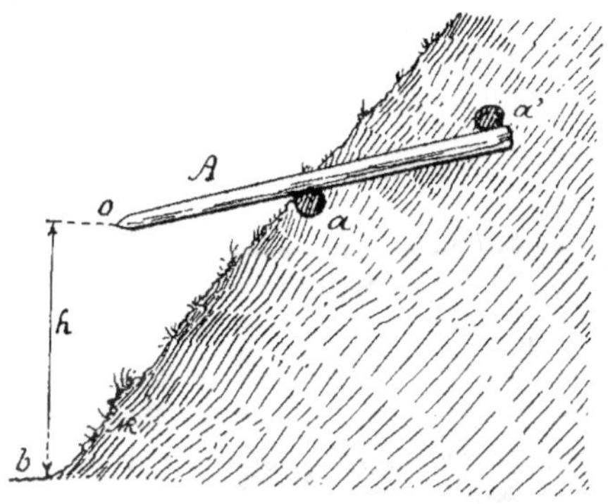

FIG. 230. — Coupe d'un talus garni d'une fraise

tier de terre ou avec du mortier de chaux, en briques crues, en
pisé, en torchis avec ou sans ossature en bois (voir ce que nous avons
exposé dans la partie du Cours consacré aux *Parois verticales*).

Les murs d'enceinte ont une section trapéziforme ; on donne à leurs

faces intérieure et extérieure une pente pouvant dépasser 2 et 3 centimètres par mètre, suivant la nature des matériaux et l'habileté des
artisans chargés de la construction. Leur principe d'établissement
revient à celui des palissades en ce qui con-
cerne la hauteur h (fig. 231), la surélévation possible h', placée à l'aplomb de la face
externe E, et l'adjonction d'un fossé f.

Les murs d'enceinte peuvent se combiner
avec certains bâtiments dont ils constituent
la paroi extérieure. La coupe donnée par la
figure 232 représente un local A dont les
poutres c, soutenues par les poteaux p, reçoivent des solives en rondins, des fagots
ou des fascines sur lesquelles on étend
une couche bien battue de torchis de
0^m20 environ d'épaisseur (destinée à
jouer le rôle d'un mastic) qu'on recouvre ensuite d'une couche de terre, de
gazon ou de chaume fait avec des végé-

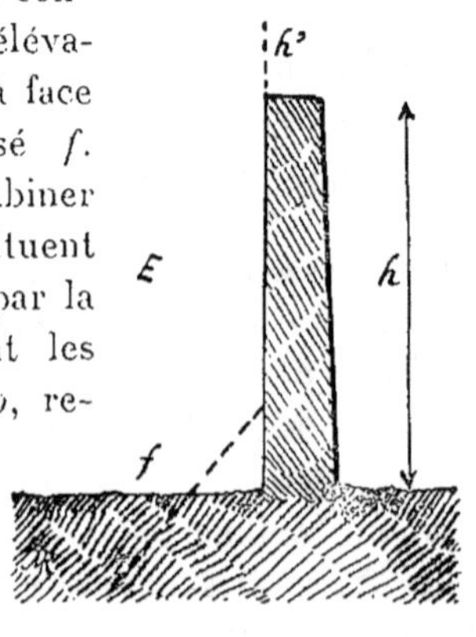

Fig. 231. — Coupe verticale
d'un mur d'enceinte.

taux qu'on peut se procurer dans les environs; suivant la pluvio-
métrie de la localité, le toit t peut être plat ou en pente.

Si l'on adopte la disposition précédente sur une certaine longueur d'enceinte, la terrasse t peut servir à la
défense; on lui ménage alors un accès facile (rampe R)
et la crête supérieure n
est arasée à 1^m30 au-
dessus du plan de la ter-
rasse t; on peut aussi
ajouter une surélévation
m (fig. 232) et un fossé
extérieur F.

Enfin lorsqu'il s'agira
de ménager, au niveau du
sol, une vue dans une di-
rection déterminée, on
pourra appliquer le prin-

Fig. 232. — Coupe d'un local adossé à un mur
d'enceinte.

cipe employé chez nous dans l'établissement de ce qu'on appelle un
saut de loup ; cet ouvrage est comparable à la figure 229, dans
laquelle il n'y a pas de palissade P, mais en avant d'un parapet c

on creuse un fossé *f* très profond et très large, à parois aussi verticales que possible afin de le rendre infranchissable.

Bastions et portes. — Comme nous l'avons vu (fig. 222 et 223), le bastion constitue l'abri des hommes chargés de la défense d'un ou de deux des longs-pans de l'enceinte et de la porte d'entrée; le sol naturel étant représenté par la ligne *x* (fig. 233), les défenseurs,

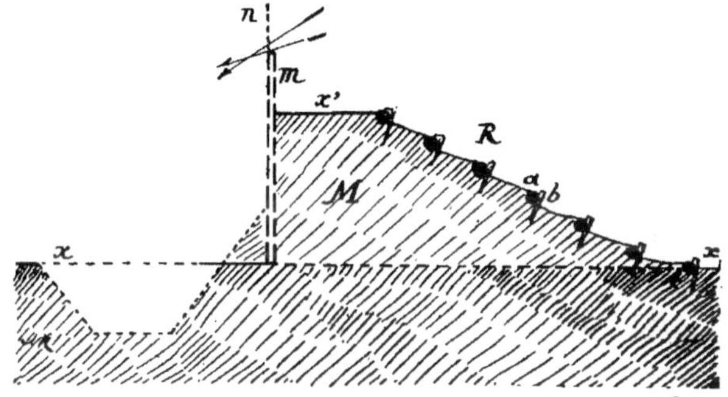

Fig. 233. — Coupe verticale d'un bastion.

devant dominer le plus possible les enceintes comme la zone de protection, seront placés sur un sol x' surélevé d'au moins 2 mètres à 2^m50 au-dessus du niveau *x*; le plan x' se raccordera avec le sol *x* par une rampe d'accès R dont les terres sont consolidées par des rondins *a* maintenus à chaque extrémité par des piquets *b*. (La rampe est plus facilement accessible qu'un escalier, surtout quand plusieurs personnes se pressent dans un moment d'affolement.) Le sol x' devra être abrité du côté externe par une paroi *m* d'au moins 1^m30 de hauteur, qu'on pourra prolonger par des pièces de garantie *n*, telles que des créneaux, des clayonnages ou des palissades.

Les bastions peuvent se faire en terre, en bois, ou en maçonnerie, et il nous suffit d'appliquer ici les principes exposés à propos des enceintes. — Par suite de la surélévation obligatoire du plan x' (fig. 233), il est recommandable d'utiliser le dessous de la construction pour un local ou magasin M, en adoptant des profils tirés des figures 226 et 232.

Le rez-de-chaussée du bastion peut être pourvu d'une porte de service ou de dégagement : cette porte pleine *d* (fig. 234) doit être ménagée dans un des pans *a b* ou *b c* du triangle : il est bon de la faire ouvrir du dehors E au dedans A, et de prendre d'avance des précautions afin qu'on puisse la barricader facilement et solidement par des traverses et des arcs-boutants : ces portes seront munies d'une ou de deux meurtrières. La figure 235 donne les différents détails d'une meurtrière : E l'élévation du côté interne, A l'élévation du côté externe, C la coupe

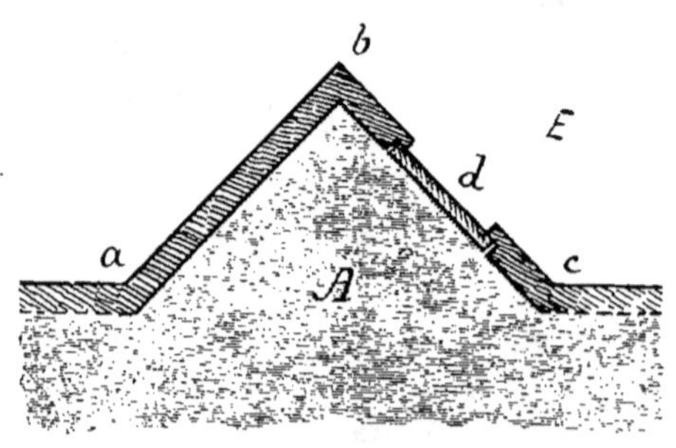

Fig. 234. — Plan du rez-de-chaussée d'un bastion pourvu d'une porte de dégagement.

verticale et *x* la coupe horizontale.

La porte charretière, qui doit avoir au plus 3 mètres de largeur, est placée à un des angles de l'enceinte (fig. 222 et 223), afin d'être défendue par les deux bastions voisins. Le portail P (fig. 236) est

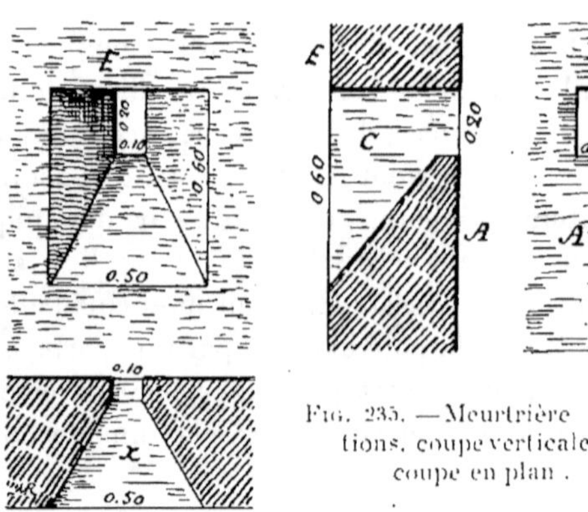

Fig. 235. — Meurtrière : élévations, coupe verticale et coupe en plan.

protégé par les deux retraites *b* et *b'*, de 3 à 4 mètres de longueur, établies suivant les mêmes procédés que les enceintes C et C : mais ces parois *b* et *b'* sont pourvues de meurtrières *m*, espacées les unes des autres de 1 mètre au moins.

Le portail doit s'ouvrir en dedans, sur la cour *n*, et on doit prendre d'avance toutes ses dispositions pour le consolider et le barricader avec des matériaux mis en réserve à proximité, le long des enceintes C et C'.

Le portail, de $2^m 50$ environ de hauteur, peut être plein ou en

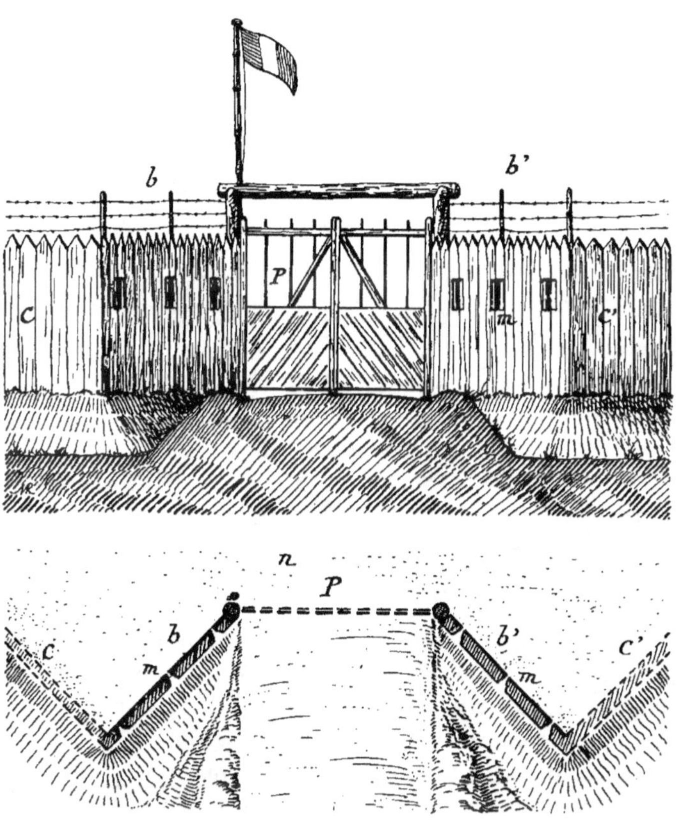

FIG. 236. — Élévation et plan d'un portail.

partie à claire-voie; dans le cas d'un portail plein, on le percera de meurtrières. Si on adopte un portail en partie à claire-voie, sa portion inférieure sera pleine sur une hauteur d'environ $1^m 50$; la claire-voie, placée au-dessus du panneau, pouvant être, au moment voulu, garnie intérieurement de claies abritant les combattants chargés de la défense de l'entrée principale de l'exploitation.

Routes et Chemins

La question des voies de communication nous semble capitale et une colonisation rationnelle devrait s'effectuer sur le principe suivant : soit un point A (fig. 237) constituant un centre considéré comme organisé et relié avec la métropole (port, poste télégraphique, poste militaire) ; des explorations sérieuses ayant montré qu'on pouvait avantageusement créer des exploitations dans la zone B, l'Administration doit établir une voie de communication *n*, de A à B, et en même temps poser une ligne téléphonique ; les nouvelles

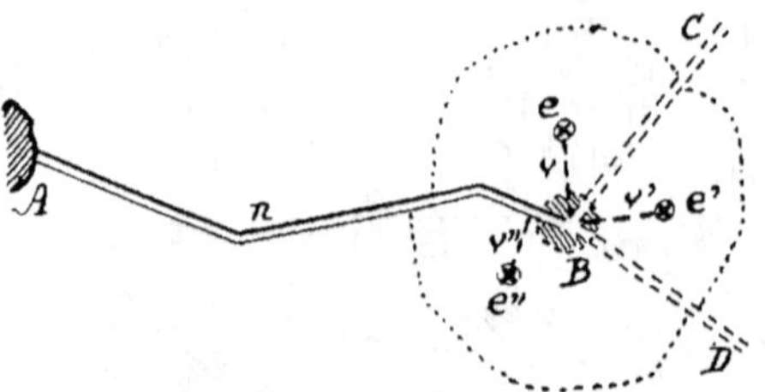

Fig. 237. — Plan de voies de communication.

exploitations *e, e' e"*... auront à se relier, à leurs frais, avec la route A*n* B. Ce n'est que lorsqu'on sera bien établi en B qu'on pourra songer à aller plus loin, en rayonnant, avec la même méthode, suivant d'autres directions, C, D par exemple. (Nous trouvons illogique et surtout dangereux de s'en aller coloniser loin d'un centre A, à l'aventure, sans être assuré d'une communication facile et aussi directe que possible avec ce centre ; combien de personnes que nous connaissons se sont placées, pour ainsi dire volontairement, dans des conditions défavorables en s'engageant dans des installations mortnées, où elles n'ont pu récolter que du découragement ! alors qu'un peu de jugement et un esprit méthodique les eût détournées de cette mauvaise voie ; si on n'a pas le pouvoir d'empêcher les gens d'aller se ruiner de plein gré, on a le devoir de ne pas les encourager dans de folles tentatives et de leur donner tous les conseils nécessaires.)

Dans notre idée, une colonisation, ou la mise en exploitation d'une colonie, doit se faire de proche en proche si l'on veut avoir

les garanties nécessaires à toute œuvre durable ; cela n'exclut pas
la rapidité de l'extension qui est en fonction des ressources disponibles : en dehors de cette règle c'est l'incertitude assurant bien plus
de déboires que de réussites. — Selon la figure 237, la route AB, *d'intérêt général*, est un travail administratif, effectué et entretenu par
le Gouvernement de la colonie, dont le rôle doit être de choisir,
d'une façon judicieuse, les points B d'expansion en ayant recours
aux hommes compétents, pourvus de l'instruction technique nécessaire, offrant toutes les garanties, devant faire partie du Conseil de
la colonie au même titre que ceux qui sont chargés de sa défense,
de ses travaux publics ou de ses finances ; de cette façon, les colons
sont utilement appelés dans le centre B après l'établissement de la
voie de communication AB, et les dépenses engagées pour la construction de cette voie ne sont que des avances que l'avenir rembourse largement au pays. Ajoutons qu'il n'y a aucune raison à ce
que AB soit aussi long que possible ; au contraire, avancer brusquement d'un grand nombre de kilomètres ne vaut pas la mise en
exploitation, avec toute sécurité, de surfaces plus voisines d'un
point de départ.

Si la route AB (fig. 237) est un travail dont nous n'avons pas à
nous occuper ici, il n'en est pas de même des voies d'accès v. v' v''
dont l'établissement et l'entretien incombent aux exploitations
e, e', e''...

La largeur de la voie d'accès (non compris ses abords) est déterminée par le mode de transport employé :

1 à 1 ^{m} 50, pour les transports à dos d'hommes,
2 à 3 ^{m} 00,   —   —   par bêtes de somme,
3 à 5 ^{m} 00,   —   —   — bêtes de trait.

D'ailleurs il sera facile de prévoir une grande largeur pour l'avenir
tout en ne construisant d'abord que la voie qui correspond aux premières années d'exploitation.

Les chiffres approximatifs précédents ne comprennent que la
voie ou la *chaussée* ; il est utile de faire des sortes d'*accotements*
en débroussant le terrain de chaque bord sur une zone de 2 à 5 mètres
afin d'éviter les embuscades, et laisser d'un ou des deux côtés, à
une distance variant de 7 à 10 mètres de l'axe de la voie, de grands
arbres destinés à jalonner la route : certains d'entre eux serviront

temporairement de supports aux fils téléphoniques en les transformant en poteaux après l'ablation de la cime et des branches principales. Il faut éviter le plus possible les ouvrages d'art et ne pas chercher à faire uniquement une ligne droite qui, bien que court, est souvent le chemin le plus *difficile* d'un point à un autre.

Le tracé en ligne droite n'est applicable que dans les conditions favorables de sol plat et assaini. Dans les terrains mouvementés, il faut limiter la pente à 10 °/₀ au maximum et sur des portions d'une centaine de mètres au plus ; pour les longues rampes, il convient de se tenir en dessous de 6 à 7 °/₀ ; si cette condition ne peut être remplie l'utilisation de la voie ne sera pas économique.

En établissant des pentes, afin d'éviter les terrassements (remblais et déblais), on est conduit à tracer la voie suivant des lignes brisées : des courbes réunissant les alignements. Le tracé des courbes *bc* (fig. 238) raccordant deux alignements *a* et *a'* peut se faire à l'aide

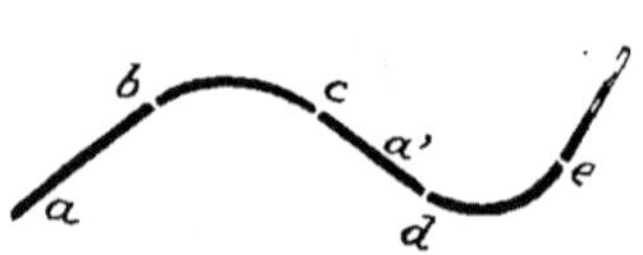

Fig. 238. — Tracé d'une route.

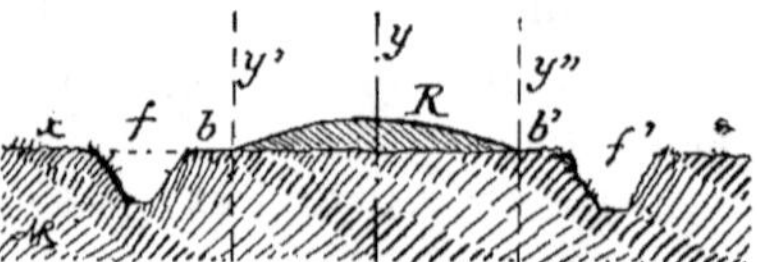

Fig. 239. — Coupe en travers d'une chaussée.

des méthodes employées chez nous. mais s'effectue le plus souvent à simple vue, en ayant soin d'augmenter le plus possible leur rayon qui doit être au moins d'une dizaine de mètres pour les larges voies, mais qui peut s'abaisser à 4 ou 5 mètres pour les petits chemins ; il est bon de séparer deux virages successifs opposés, tels que *bc* et *dc*, par un alignement *a'* d'une dizaine de mètres au moins.

Pour ce qui concerne la coupe en travers (fig. 239), soit x le niveau moyen du sol naturel, y l'axe de la chaussée limitée par les projections y' et y'', dont l'écartement dépend du mode de transport et du trafic ; on délimitera la voie par deux fossés f et f', dont les terres serviront à faire le remblai R tout en asséchant l'ouvrage. Ordinairement le remblai R détermine les sections des fossés ; pour les routes en terre, on s'arrange à ce que le bombement de la voie R soit le $\frac{1}{20}$ de sa largeur $\left(\frac{1}{30} \text{ à } \frac{1}{40} \right.$ pour les routes empierrées) ; d'autres fois, c'est le niveau du plan d'eau qui règlera la profondeur

des fossés *f* chargés d'assainir la route ; enfin on peut réserver
entre le pied du remblai R et le bord du fossé une banquette *b*, *b'*,
de 0^m 30 environ, mais qu'on peut augmenter pour permettre à
deux équipes ou à deux véhicules de se croiser sans encombre.

Dans de bonnes conditions de sol, on adoptera le profil de la
fig. 240 limitant le remblai à une petite portion *aa'* de la route *bb'*.

Les profils précédents (fig. 239 et 240) sont applicables dans les

Fig. 240. — Coupe en travers d'une chaussée.

alignements comme dans les courbes ; cependant si le chemin répond
à un trafic important, il y a intérêt à augmenter la largeur de la
voie dans les courbes en modifiant le profil qu'on rapproche alors
de celui de la fig. 242, avec une pente dirigée vers le centre de la
courbe ; ces idées ont été reprises récemment en France sous le nom
de *relèvement des virages*.

La coupe transversale d'une voie peut se représenter par la

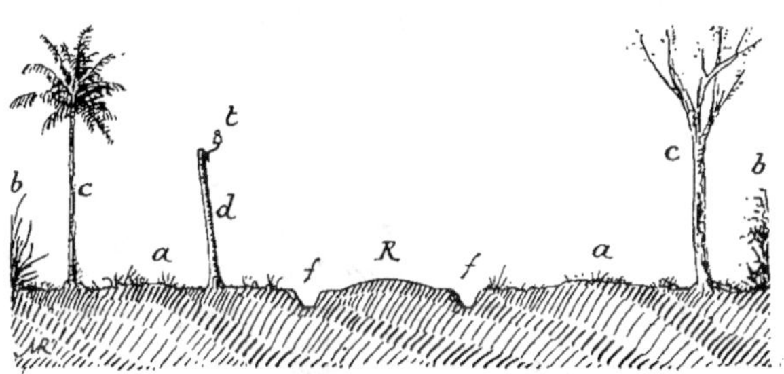

Fig. 241. — Coupe en travers d'une route.

fig. 241 : en R la chaussée, en *f* les fossés, en *a* la zone débroussée,
en *b* le terrain naturel, en *c* les grands végétaux jalonnant la route,
en *d* d'autres arbres coupés en partie et transformés, pour un
certain temps, en poteaux supportant la ligne téléphonique *t* (en
fixant cette dernière à des arbres à feuillage, on risque de la voir
détruite par les vents).

Sur quelques points du tracé on sera peut-être conduit à faire des terrassements ; tâcher de se placer à flanc de coteau en adoptant une section mi-déblai D (fig. 242), mi-remblai R, les terres de R étant fournies par D ; plus tard, à petites journées, on complétera le travail par des banquettes *a* du côté aval ; au besoin des fossés *f* du côté amont empêcheront les dégradations occasionnées par les

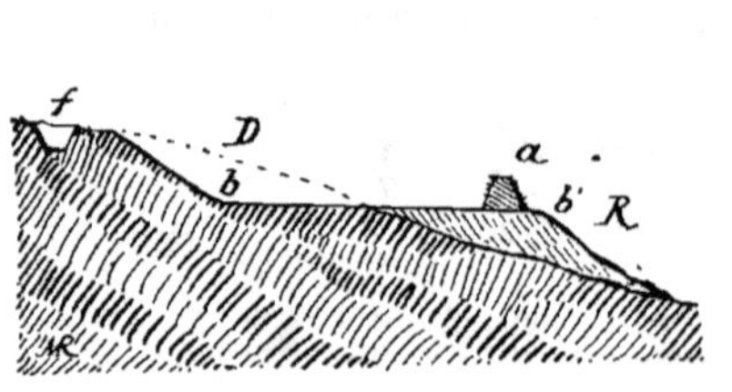

Fig. 242. — Coupe en travers d'une route en déblai-remblai.

Fig. 243. — Plan et coupe verticale d'un cassis.

pluies ; il convient, dans ces profils, de donner à la voie une pente transversale de *b* vers *b'*.

Dans les creux on doit s'occuper de l'écoulement des eaux qu'on

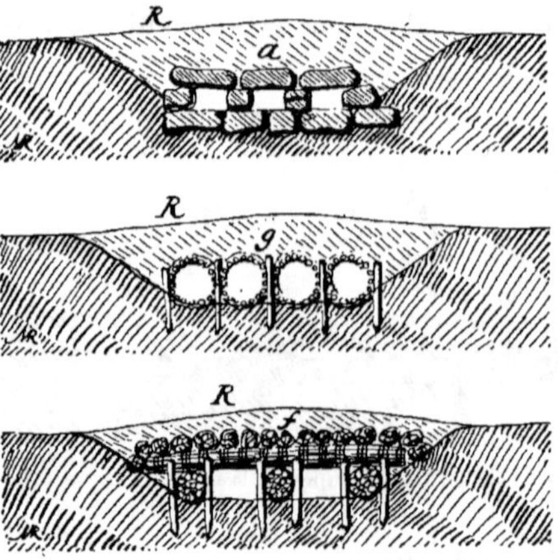

Fig. 244. — Ponceaux.

pourra assurer par des *cassis c* (fig. 243), obliques à l'axe longitudinal *x* de la chaussée ; on voit en *x'* la coupe verticale du cassis *c'*, suivant *x* ; dans certains cas on peut employer des *aqueducs* ou *ponceaux*, en pierres *a* (fig. 244), des gabions *g* (fig. 244), des fascines *f* (fig. 244), enfin des *ponts* que nous étudierons plus loin

(en R la route peut être limitée par des barrières en bois ou par
des banquettes en terre comme celle représentée en *a* dans la
figure 242).

Lorsque le tracé AB (fig. 245) rencontre un marais M, il faut autant

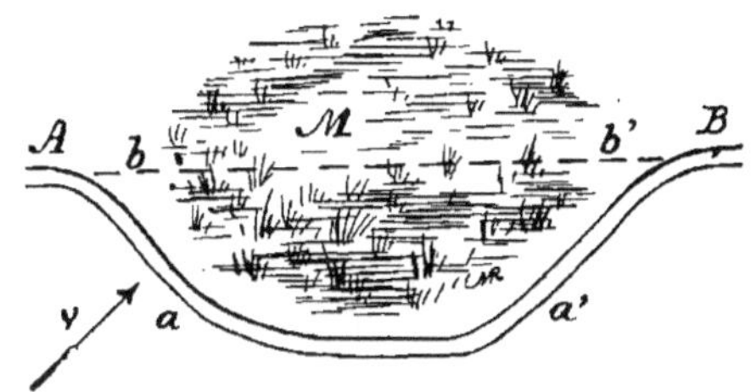

Fig. 245. — Plan d'une route au passage d'un marais.

que possible le détourner en *aa'* vers l'amont, et placer le marais
sous le vent régnant *v* de la route ; si ces deux conditions ne
peuvent être remplies en même temps, conserver celle du tracé vers
l'amont.

Dans les terrains humides, voisins d'un marais, on sera souvent
obligé de consolider la voie en plaçant successivement : un lit *a*

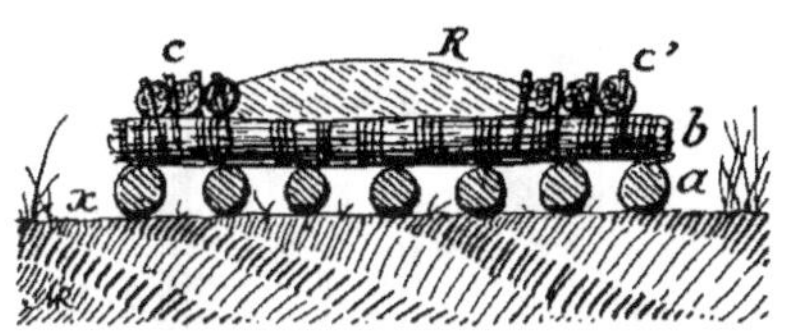

Fig. 246. — Coupe en travers d'une chaussée en terrain marécageux.

(fig. 246) de branchages, de fascines, ou de troncs d'arbres disposés
parallèlement à l'axe longitudinal de la route et espacés de $0^m 50$ à
1 mètre (ils sont destinés à s'enfoncer peu à peu dans le sol *x*) ; un
lit *b*, analogue, mais en matériaux jointifs, est placé transversalement (dans certains cas défavorables, il faudra disposer plusieurs
lits superposés *b*, alternativement suivant l'axe longitudinal et perpendiculairement à cet axe) ; enfin, de semblables matériaux *c*, *c'*,
maintenus par des piquets, sont destinés à encaisser le remblai R
de cailloux, de sable ou même de terre sèche.

Il peut se faire que le marais M (fig 245) soit temporaire et qu'il y ait intérêt à assurer, au moins pour les hommes, un chemin direct bb' ; tel est le cas des terrains inondables périodiquement ; on doit établir alors, pendant la saison sèche, des *passerelles a* (fig. 247)

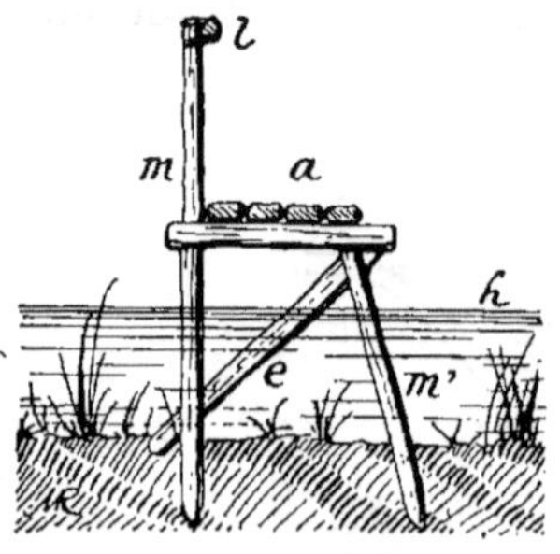

FIG. 247. — Coupe en travers d'une passerelle.

dont les châssis sont constitués par des montants $m\ m'$, reliés par des écharpes c, et une lisse l ou *main-courante* ; les châssis $m\,e\,m'$ supportent des bois a, ou des perches garnies de branchages et de terre ; avoir soin que le plan a soit au-dessus du niveau h des plus hautes eaux, qu'on peut reconnaître à certains accidents du sol comme par la présence de quelques végétaux spontanés (voir page 163).

Nous nous sommes occupés jusqu'à présent de la voie d'accès au domaine, qui va du chemin public aux constructions rurales, et dont on doit chercher à réduire la longueur ; pour ce motif, les bâti-

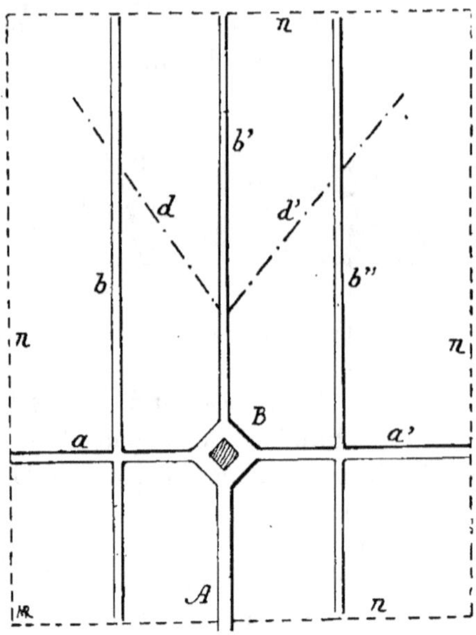

FIG. 248. — Tracé des chemins d'exploitation d'un domaine en sol plat.

ments ne seront pas placés au centre de gravité des terres, mais entre ce point et la route publique, tout en tenant compte des conditions de salubrité, d'abri contre les inondations, de profil du terrain, etc., étudiées dans nos Cours de *Génie Rural*. Comment tracer maintenant les chemins d'exploitation afin de faciliter les différents services ?

Dans le cas d'un sol relativement plat (fig. 248), A étant la route d'accès aux bâtiments B, et n le périmètre exploitable, il faut tracer des voies transversales ou *traverses a, a'*, et des *lignes b, b'*,

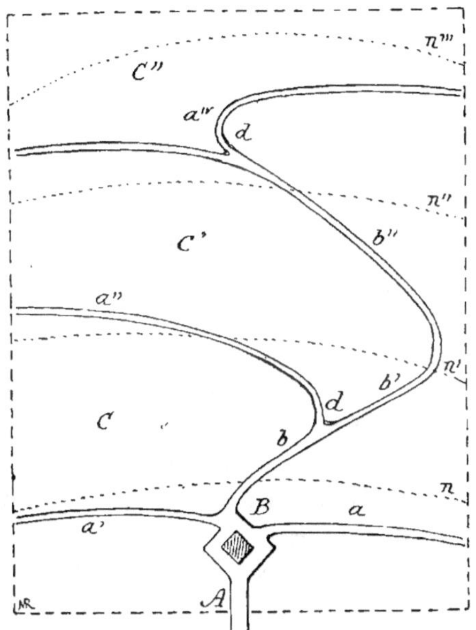

Fig. 249. — Tracé des chemins d'exploitation d'un domaine en sol accidenté.

b'' ; en un mot, on doit employer les coordonnées rectangulaires, les lignes $b\,b'$ pouvant être distantes de 200 à 800 mètres par exemple, suivant les modes de transports adoptés sur l'exploitation et que nous examinerons dans une autre partie du Cours (*Appareils de transports*). S'il s'agit d'un très grand domaine, il est recommandable d'ouvrir des voies diagonales d, d' pour diminuer les transports relatifs à certaines zones.

Lorsque le terrain est très mouvementé, les bâtiments étant placés en B (fig. 249) et la voie d'accès en A, il convient de tracer les chemins principaux a, a', a''... rapprochés des courbes de niveau n, n', n''..., et les raccorder par d'autres b, b', b'' auxquels on cherchera à donner la plus faible pente possible ; les chemins *a*, *a'*, *a''*... seront à l'aval des zones à desservir C, C', C''... comme les bâtiments B seront à l'aval de la propriété, car les transports de bas en haut (de la ferme aux champs) seront insignifiants relativement à ceux effectués en sens inverse (les angles *d* seront effacés par des courbes).

Les chemins d'exploitation ont le profil indiqué aux fig. 240 (terres sèches) et 239 (terrains humides).

Des *sentiers* compléteront le réseau de la voirie ; il faut chercher à faire autant que possible des lignes droites et non des tracés tortueux comme ceux qu'on rencontre dans nos campagnes, aussi bien que sur les pistes des colonies, parce qu'on n'a pas exécuté d'ouvrage préliminaire indiquant le sentier ou le chemin, tout le monde passant là où d'autres ont déjà passé en piétinant et en comprimant le sol ; dès les débuts de l'organisation d'un domaine, on doit marquer les chemins et les sentiers principaux par un décapage *ab* (fig. 250) du sol, un nivellement très grossier, effectué d'un côté de grands piquets *c*, espacés de 4 à 10 mètres, servant à jalonner

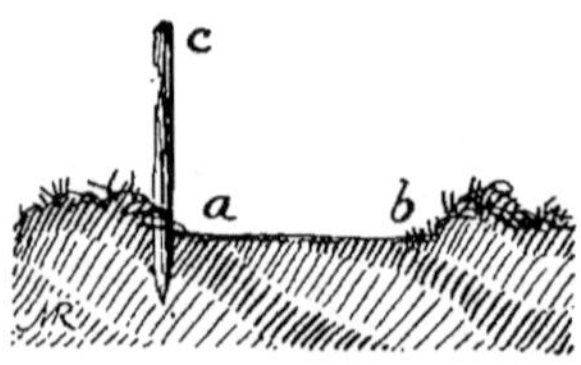

Fig. 250. — Coupe en travers d'un sentier.

la voie ; ces piquets pourront disparaître plus tard sans compromettre la direction du sentier.

L'entretien de ces voies, effectué pendant le chômage des autres travaux, consiste à enlever les herbes, à combler les ornières avec des matériaux voisins et, si possible, avec des pierres, enfin, à curer de temps à autre les fossés d'assainissement.

Gués.

La traversée d'un cours d'eau se fait souvent par un passage à gué[1] ; les sentiers battus qui aboutissent à un cours d'eau conduisent

---

1. A propos des gués qu'on pratique sur les marigots de Madagascar, voici quelques données pratiques qui nous ont été communiquées par un de nos anciens élèves, M. Georges R. de Gironcourt, ingénieur-agronome : — Il y a presque toujours des caïmans qui sont très peureux et n'attaquent leur victime avec les pattes (jamais avec la gueule comme le représentent les illustrés populaires) que par des fonds de 0^m80. — La présence du saurien est généralement signalée par l'*oiseau à caïman*, noir,

ordinairement à un endroit guéable ; quand on n'a aucune indication de la part des indigènes, on cherche un gué en sondant la rivière avec une *ligne de sonde* (pierre attachée au bout d'une corde fixée à l'extrémité d'une gaule ; des espacements de 0^m10 ou de 0^m20 sont indiqués par des nœuds sur la ligne).

La profondeur à donner au gué ne doit pas dépasser 0^m70 à 0^m80 lorsqu'il est destiné à des hommes ; pour les véhicules on peut aller jusqu'à 1 mètre ou 1^m30 ; ces dimensions maxima correspondent à une très faible vitesse d'écoulement de l'eau ; il faut choisir, si possible, un endroit où la vitesse de l'eau ne dépasse pas 0^m20 à 0^m30 par seconde.

Le fond doit être solide (gravier), débarrassé des obstacles comme les grosses pierres ; les trous seront bouchés avec des matériaux voisins et les fonds mouvants seront comblés avec des fascines chargées de pierres et de gravier : une houe, ou mieux une griffe ou un croc à trois dents, facilite le travail.

On peut améliorer un endroit guéable en augmentant la largeur

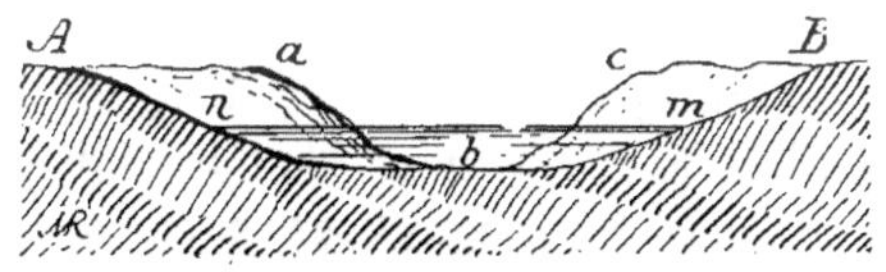

Fig. 251. — Coupe en long d'un gué.

du cours d'eau : on transforme le profil naturel *abc* (fig. 251) suivant le tracé A *n b m* B qui a pour résultat de diminuer la vitesse d'écoulement de l'eau par suite de l'augmentation de la section. — Ce travail, qu'il est bon de faire sur une longueur aussi grande que possible, peut s'effectuer économiquement lors des crues du cours d'eau en faisant ébouler les berges ; le courant se charge ainsi de transporter les terres au loin ; il faut éviter de procéder en temps de basses eaux, sinon on risquerait de provoquer, à peu de distance

plus petit qu'un de nos corbeaux, qui se tient sur le rivage (cet oiseau va, dit-on, picorer sur la tête du caïman, lorsqu'elle émerge). — On ne risque presque rien en passant en file indienne entre deux noirs ; — les coups de fusil tirés dans l'eau, le bruit effrayent les caïmans. — Pour passer une rivière, les chiens vont à 200 mètres de l'endroit où ils veulent traverser, aboient à qui mieux mieux, puis, quand ils supposent y avoir attiré tous les caïmans, courent au point initial et passent rapidement le marigot.

en aval du gué, un atterrissement qui aurait pour résultat d'élever le niveau du plan d'eau.

L'axe longitudinal du gué est perpendiculaire ou oblique à l'axe du cours d'eau ; la dernière disposition est préférable (surtout quand la vitesse de l'eau dépasse 0^{m}50 par seconde) bien qu'elle augmente la longueur de l'ouvrage.

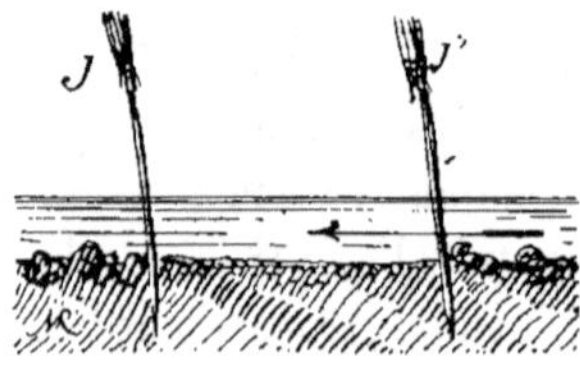

Fig. 252. — Coupe en travers d'un gué balisé.

Le gué, qui doit avoir autant de largeur que possible, est indiqué par quelques perches ou *balises j, j'* (fig. 252) enfoncées dans le lit du cours d'eau ; l'écartement *j j'* des balises, entre lesquelles se trouve le passage, peut être fixé, suivant le trafic, à :

1^{m}50, voie parcourue par des hommes,
3 à 5^m,   —   —   — animaux de bât,
6 à 8^m,   —   —   — véhicules.

Afin qu'il n'y ait pas confusion, il est toujours bon de disposer deux rangs de balises *j, j'*, un sur chaque bord du gué comme l'indique la figure 252, sinon il faudrait convenir que tous les ouvrages d'une région seront balisés sur leur bord dirigé, par exemple, vers l'amont des cours d'eau.

Pour rendre ces balises plus visibles pendant le crépuscule il est utile de les surmonter d'un petit balai de branchages attaché au-dessus du plan des plus hautes eaux. Le balisage est indispensable aux gués qui ne sont pas rectilignes.

Ponts.

Les ponts que nous pouvons avoir à construire aux colonies sont des ouvrages temporaires (désignés quelquefois sous le nom de *ponts de fortune*) ou permanents ; nous ne nous occuperons que de ces derniers, les premiers pouvant être considérés comme dérivés d'eux (nous laisserons de côté les ponts importants, d'intérêt public, qui sont étudiés, établis et entretenus par les soins de l'Administration).

Le pont AB (fig. 253) étant le prolongement d'un sentier, d'un
chemin ou d'une route *ab* au-dessus d'une dépression D, occupée

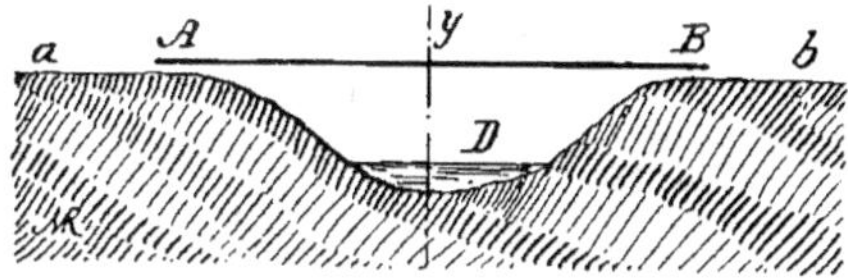

Fig. 253. — Pont (coupe en long).

ordinairement par un cours d'eau, sa largeur est liée à celle de sa
voie d'accès ; elle sera au moins de :

0^m 70   s'il s'agit d'une voie parcourue par des hommes (passerelle),
1^m 50   —   —   —   animaux de bât,
3^m 00   —   —   —   véhicules.

L'étude préliminaire pour fixer l'emplacement d'un pont comprend
la mesure de la vitesse de l'eau, le relevé de la section et la déter-
mination de la nature du fond.

Sans nous occuper pour l'instant de la longueur AB (fig. 253) du
pont, si nous faisons une coupe transver-
sale, suivant un plan y, nous voyons que
l'ouvrage est constitué en principe par
un certain nombre de pièces parallèles P
(fig. 254) appelées *poutrelles*, sur lesquelles, en travers, est jeté le *tablier* t ;
enfin, chaque rive est limitée par les
poutrelles dites *de guindage* G ; à la

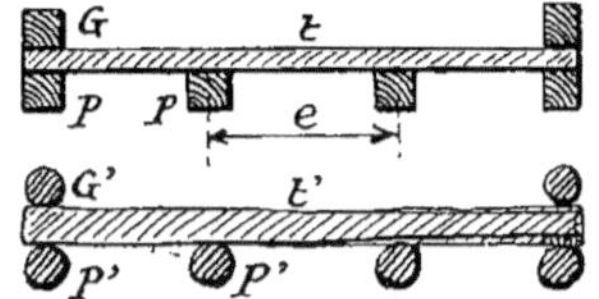

Fig. 254. — Coupes en travers
d'un tablier de pont.

place des poutrelles équarries on peut utiliser des pièces de bois
à section circulaire P′ G′ t′ (fig. 254).

L'écartement e (fig. 254) des poutrelles ne dépasse pas 0^m 80 ; il
peut se réduire suivant la nature et la section des bois employés et
la charge que l'ouvrage doit supporter. Le tablier t, aussi jointif
que possible, est confectionné avec de fortes planches ou des *bas-
tings* de 0^m 05 à 0^m 08 d'épaisseur, ou même avec des rondins et
des fagots ou fascines recouverts d'une couche de sable ou de terre
maintenue par les poutrelles de guindage.

La section des poutrelles peut être carrée A (fig. 255), rectangulaire B, ou circulaire C ; les dimensions a, b et h, ou le diamètre d de la pièce supposée écorcée dépendent de la portée des poutrelles, de leur écartement et de la nature des bois. En fixant à $0^m 80$ le plus grand écartement des poutrelles (e, fig. 254), en considérant des bois analogues (comme résistance) au chêne ou au sapin, on peut tabler sur les dimensions minima suivantes admises par le Génie (correspondant à un poids mort du tablier de 50 kilogrammes par mètre carré et à une charge maximum de 750 kilogrammes par mètre courant ; comme on le voit, ces chiffres sont bien plus élevés que ceux relatifs à nos applications, mais il est bon de tenir compte d'une médiocre construction et d'augmenter le coefficient de sécurité des pièces) :

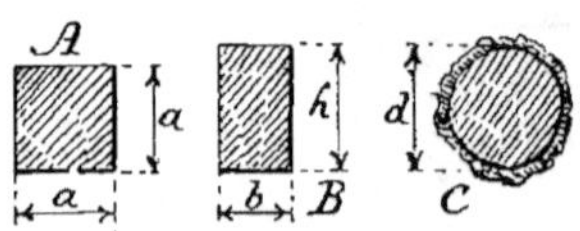

Fig. 255. — Sections transversales de poutrelles.

| Portée (en mètres) | Équarissage en centimètres d'une poutrelle (fig. 255) | | | |
| | carrée | rectangulaire | | circulaire |
	a	b	h	d
3	11	8	13	13
4	13	10	15	16
5	15	11	17	18
6	17	13	20	20
7	19	14	22	23
8	21	16	24	25
9	23	17	26	—
10	25	19	29	—

Quand on emploie des supports, les poutrelles $a\ a'$ (fig. 256) succes-

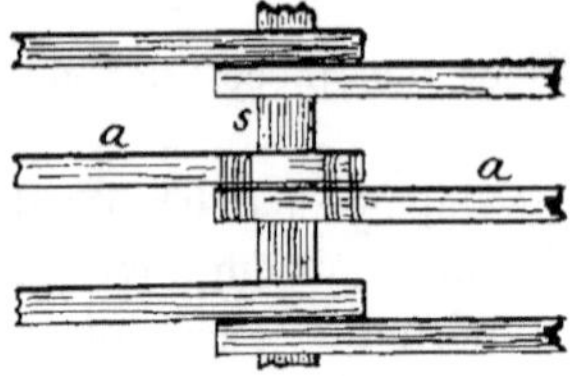

Fig. 256. — Liaison des poutrelles avec un support (plan).

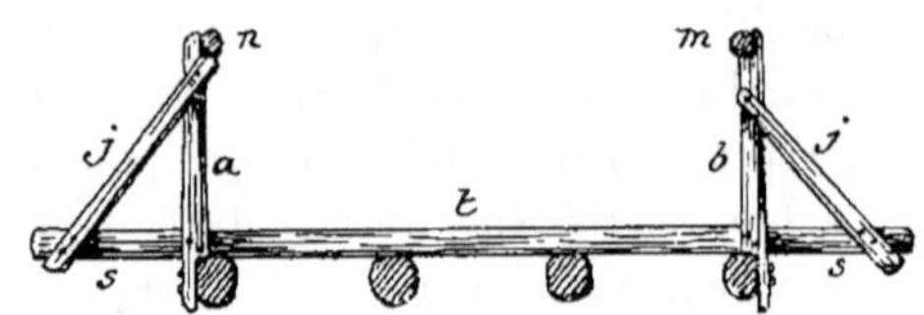

Fig. 257. — Coupe en travers d'un pont.

sives d'une même file sont *jumelées*, c'est-à-dire posées l'une contre l'autre sur le support s et reliées ensemble.

Il est bon de munir les ponts de *garde-corps* a, b (fig. 257) élevés à un mètre environ au-dessus du tablier t (montants a et b reliés chacun avec une lisse horizontale ou *main-courante* n, m, et consolidés extérieurement par des jambes de force j réunies à des semelles s faisant pièces de tablier).

La liaison du pont avec la berge se fait par une *culée*; les poutrelles P (fig. 258) reposent sur un madrier ou sur des rondins c (constituant le *corps mort*) et buttent contre un rondin de *culée*, m; les pièces c et m, maintenues en place par des piquets, doivent résister aux différents efforts verticaux et horizontaux du pont. L'ouvrage doit être placé au-dessus du niveau h des plus hautes eaux,

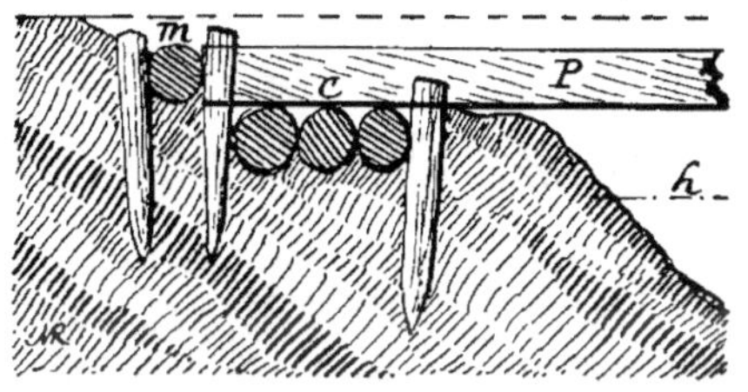

Fig. 258. — Culée (coupe verticale).

qu'on peut déterminer en examinant les traces que les crues laissent toujours sur les rives.

En nous reportant à la fig. 253, la longueur AB de l'ouvrage étant connue, on peut considérer le cas d'un pont sans support ou avec supports reposant sur le fond ; les premiers s'appliquent aux petites portées ou lorsqu'il s'agit de franchir un cours d'eau dont le courant rapide [1] risque de compromettre la stabilité des supports.

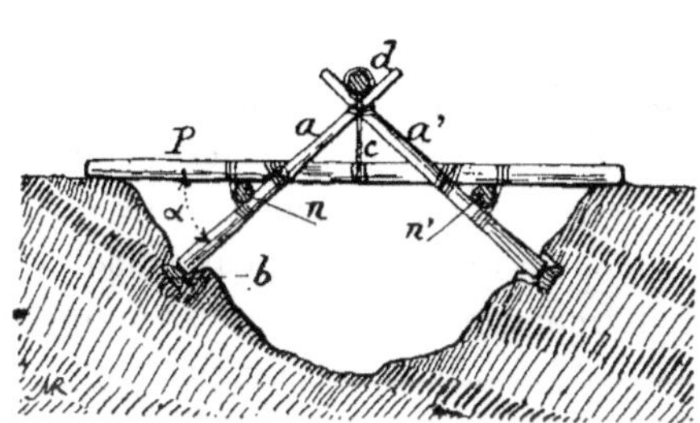

Fig. 259. — Pont à contre-fiches.

Lorsqu'on craint pour la solidité du pont on peut *armer* les pièces de rive, comme on le ferait pour une poutre ordinaire ; il nous suffira d'indiquer les croquis suivants : fig. 259, a, a' contre-fiches reposant

1. La vitesse du courant se mesure au flotteur :

Faible courant de........	$0^m 50$ à $0^m 80$ par seconde	
Courant ordinaire..	0. 80 à 1. 50	—
Courant rapide..........	1. 50 à 2. 00	—
Courant très rapide.......	2. 00 à 3. 00	—
Courant torrentiel, plus de.	3. 00	—

sur les semelles b, soutenant la poutrelle P par les traverses n et n' et, au besoin, par un lien c attaché en d ; l'angle α doit être d'au moins 30° ; les poutrelles peuvent être en trois parties reposant sur les culées et sur n et n' ; — dans certains cas, le point d peut être placé au-dessous du tablier P, comme on peut doubler les contre-fiches, de façon que, pour chaque rive du pont, la pièce P (fig. 259) soit prise entre

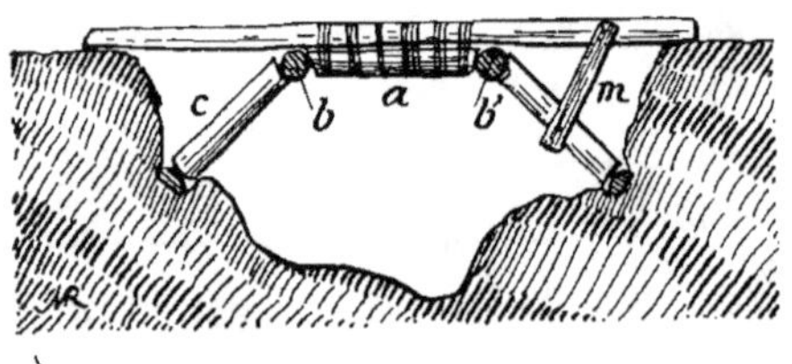

Fig. 260. — Pont sur sous-longerons et contre-fiches.

deux châssis parallèles a et a' la moisant, pour ainsi dire ; dans ce cas, les pièces P reçoivent des traverses, les unes placées près des culées, les autres au-dessus des bois n ; ces traverses supportent à leur tour les poutrelles ordinaires du pont. — Dans la fig. 260, la pièce de pont est soutenue par un sous-longeron a ; on voit en b, b' les traverses sur lesquelles reposent

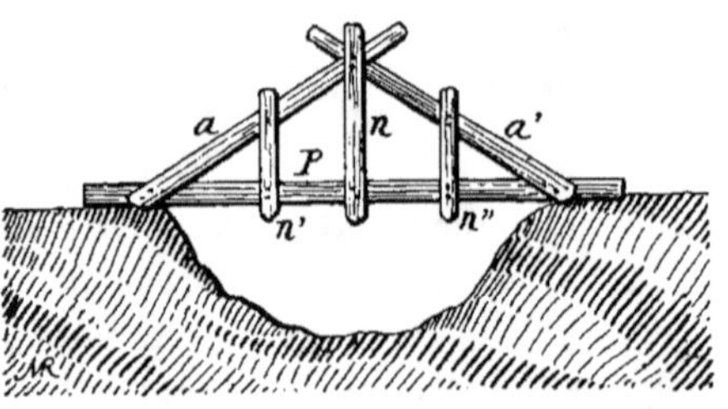

Fig. 261. — Pont sur fermes à aiguilles.

toutes les poutrelles, et en c les contre-fiches qu'on peut consolider par des moises m. — La fig. 261, représente le principe d'une pièce de rive établie suivant une poutre armée en dessus par deux arbalétriers a, a' reliés à la pièce P par des *aiguilles* ou moises n, n', n'' ; pour des ouvrages durables, ces moises m doivent être à entailles et fixées par des boulons

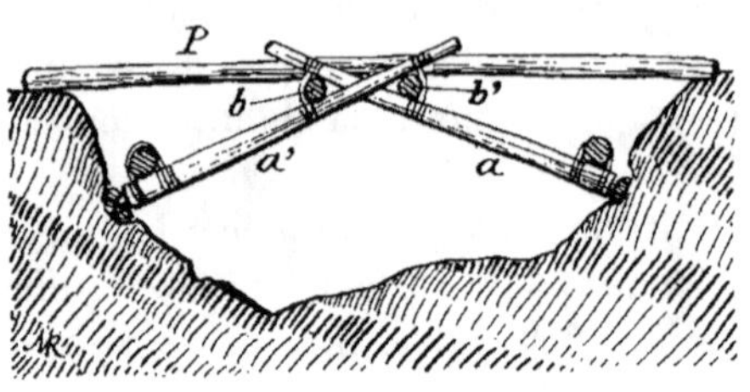

Fig. 262. — Pont sur contre-fiches arc-boutées.

traversant les trois pièces (les deux moises et l'arbalétrier compris entre elles, de façon qu'en section transversale on ait le dessin $m\,n$ de la figure 83, page 43 ; on pourrait également employer deux arbalétriers ($a\,a'$ de la fig. 83) entre lesquels il n'y aurait qu'une seule série d'aiguilles). — Fig. 262, deux contre-fiches *a. a'* arc-boutées avec les traverses *b, b'* supportant les poutrelles P. — Fig. 263, analogue, les trois pièces *a, b* et *c* sont arc-boutées avec les traverses *t, n, m, t'*; les poutrelles P reposent sur les traverses *n* et *m*.

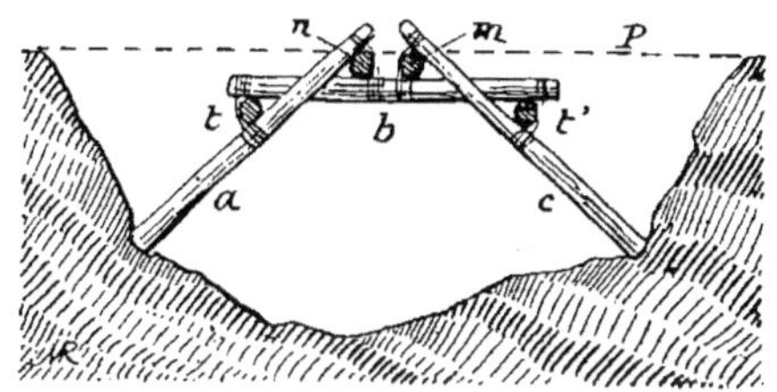

Fig. 263. — Pont sur contre-fiches arc-boutées.

Les ponts portatifs du système Eiffel (1888-1889) sont formés d'éléments triangulaires A (fig. 264) en cornières d'acier, qu'on relie

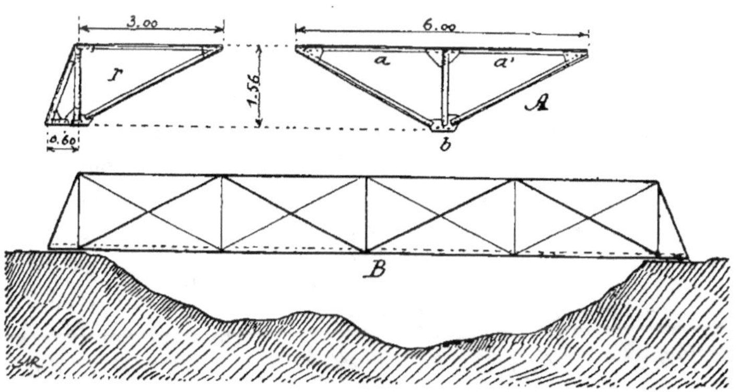

Fig. 264. — Pont système Eiffel.

entre eux par les côtés *a* et *a'* et par *b*; les éléments [1], dont les dimensions principales sont indiquées dans la fig. 264, sont placés alternativement les ailes des cornières en dehors et en dedans du pont ; l'élément de tête est représenté en *r* : le montage terminé a l'aspect B ; on peut s'inspirer de ce dispositif en constituant les éléments A à l'aide de planches, ou en faisant des *poutres* dites *en*

1. Ces éléments A fig. 264 pèsent 115 kilogr. environ.

treillis : les deux poutrelles *a* et *b* ou *a'* et *b'* (fig. 265) sont reliées entre elles par des montants *m*, *m'* et par des diagonales *c* en croix de

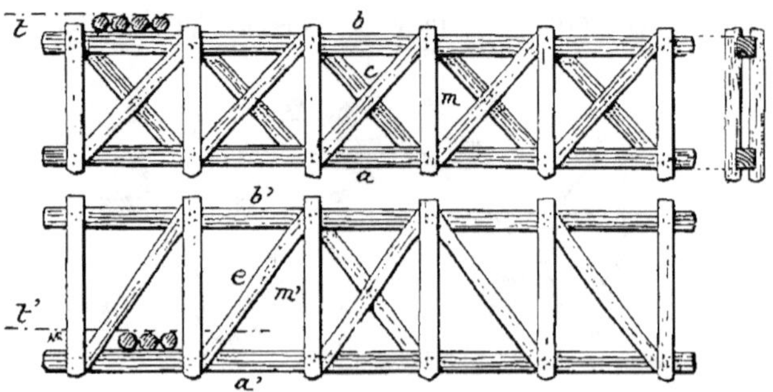

FIG. 265. — Poutrelles en treillis.

Saint-André ou par des écharpes *e* : le tablier *t* peut se poser soit sur la poutrelle *b*, soit en *t'* sur des traverses reposant sur la semelle inférieure *a'* (voir les fig. 83 et 84.

Enfin, on peut armer les poutrelles par des tirants inférieurs constitués par des cordages ou des lianes entrelacées *a* (fig. 266) atta-

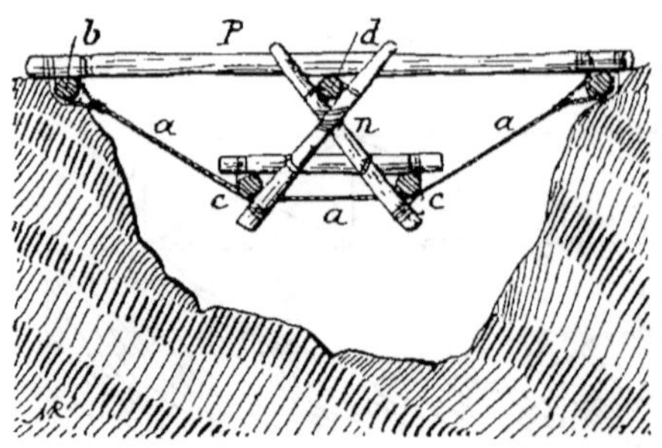

FIG. 266. — Pont suspendu.

chées à des traverses *b* solidement reliées aux extrémités des poutrelles P : les tirants reçoivent une ou deux traverses *c* soutenant. par des pièces obliques *n*, la traverse *d*.

On peut employer en *a* fig. 266 des chaînes ou mieux des câbles métalliques v. la fig. 41, p. 34).

Beaucoup d'indigènes établissent de véritables passerelles suspendues très bien combinées eu égard aux matériaux disponibles et au service à assurer. Dans l'Hindoustan on utilise de longues tiges de rotang (*Calamus rotang*) ; il serait très utile d'avoir des données sur la résistance et la durée de certaines lianes.

Chaque fois que cela est possible il y a lieu de donner la préférence aux supports placés dans le lit du cours d'eau.

Quand la vitesse de l'eau ne dépasse pas $1^m 50$ par seconde, on peut supporter le pont P (fig. 267) tous les 3 ou 4 mètres par des

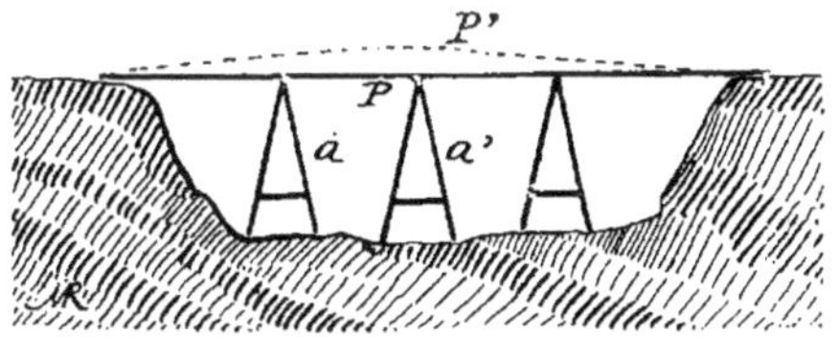

Fig. 267. — Pont sur chevalets.

chevalets a, a', dont on voit une vue perspective en A (fig. 268) ; on distingue le *chapeau* b, les *pieds* c, les *traverses* d, les *écharpes* e et les *coussinets* f.

Généralement les chevalets a, a' (fig. 267) sont écartés de 4 mètres, mais dans le cas de cours d'eau sujets à charrier de nombreux corps flottants (bois, herbes, etc.) il est prudent de diminuer le nombre des chevalets en augmentant les dimensions des pièces qui les constituent ; on prendra des précautions que nous indiquerons plus loin (fig. 274, page 173) afin de protéger les supports contre l'accumulation de matériaux capables de constituer un barrage.

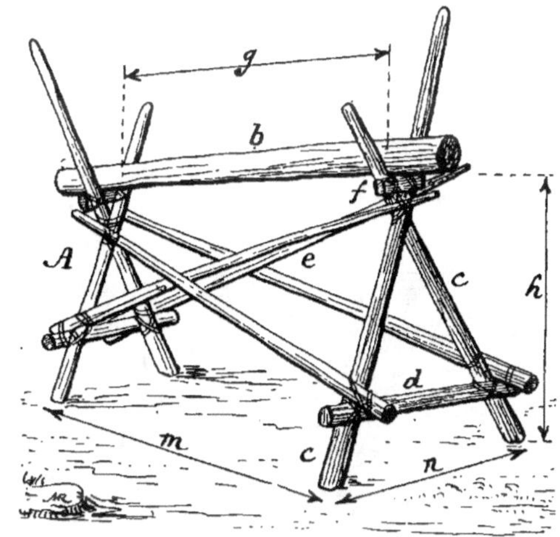

Fig. 268. — Chevalet.

Les dimensions relatives d'un chevalet A (fig. 268) sont :

l'écartement $n = 0,5\ h$

l'écartement $m = g + 0,2\ h$

La hauteur h de chaque chevalet est déterminée par des sondages préalables (3 mètres au plus), mais on s'arrange à ce qu'au moment de la construction le pont ait le profil P' (fig. 267) présentant une flèche de 1/20 de sa longueur, afin de tenir compte des tassements ultérieurs.

Les chevalets se font en rondins et le Génie Militaire admet, pour des écartements de 4 mètres entre deux chevalets *a a'* (fig. 267), les diamètres suivants pour des pièces assemblées dont le chapeau *b* (fig. 268) a de 4 à 5 mètres de longueur :

Chapeau	0^m28 à 0^m30
Pieds.	0^m16 à 0^m19
Traverses et écharpes.	0^m08 à 0^m10
Coussinets.	0^m16 à 0^m19

Dans la figure 268, les pièces sont reliées entre elles par des ligatures, mais, pour des ouvrages durables, on peut concevoir des assemblages ordinaires de charpente, consolidés par des boulons, des tire-fonds ou des chevilles.

Le chapeau *b* (fig. 269) peut être réglé à la hauteur voulue à l'aide de cales *i* interposées entre les pieds *c*, qu'on peut prolonger en *c'* pour recevoir la main-courante *j* du garde-corps. Les poutrelles P reposent sur le chapeau *b* et sont maintenues par des liens ou à l'aide de deux taquets *k* cloués sur les pièces à réunir.

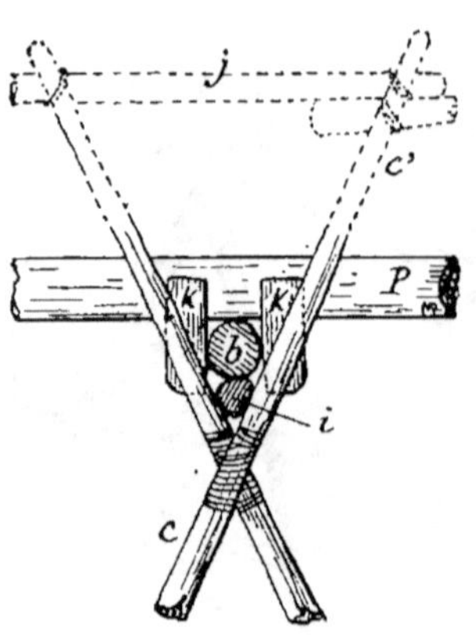

Fig. 269. — Support de garde-corps.

Les mains-courantes *j* de la figure 269 sont consolidées transversalement, comme cela a été indiqué à la figure 257 (page 164), par des jambes de force reliées avec les chapeaux *b* (fig. 269) des chevalets. Pour rendre les garde-corps plus visibles, surtout aux animaux, il est recommandable de remplir de diverses façons le vide compris entre la main-courante *j* et la poutrelle de rive *P*; on pourra appliquer dans ce but les principes exposés lors de l'étude des *Clôtures* (fig. 207, p. 127).

Pour la construction, on peut *lancer* les chevalets A' (fig. 270) en les suspendant à la traverse *t* d'un châssis, formé de deux *cadres* *aa'*, *bb'* consolidés par des cordages *c c'* et des croix de Saint-André *s*; l'ensemble peut tourner dans le plan vertical autour d'un rondin *c*; on retient le châssis par des cordes *d d'*, dont une (*d'*) est enroulée

autour d'un arbre ou d'un pieu et retenue par des hommes ; les chevalets A, A' peuvent être légers et ne servir que de passerelle provisoire pour faciliter l'exécution d'un pont définitif, ou, si l'on a bien
pris ses dimensions et si l'on dispose de la main-d'œuvre voulue,

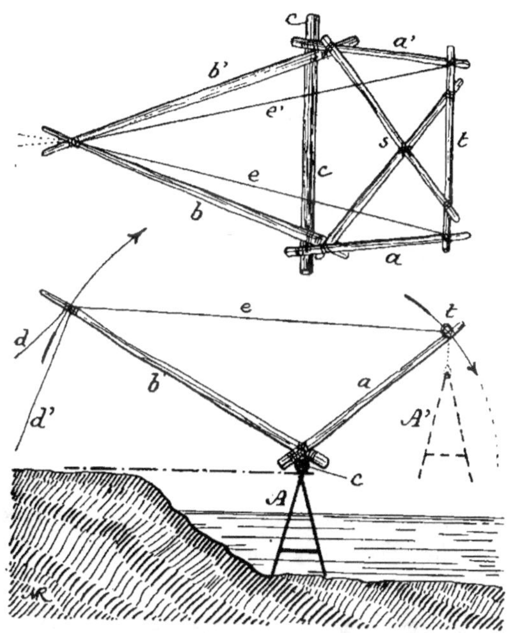

Fig. 270. — Construction d'un pont de chevalets par la *méthode des cadres*
(plan et élévation).

on lance ainsi, par cette *méthode* dite *des cadres* [1], les supports défi-
nitifs construits suivant le profil en travers du cours d'eau. — Dès
qu'un chevalet A' est placé, on jette des poutrelles et on avance le
système afin que c soit au-dessus de A' pour lancer le chevalet suivant, et ainsi de suite.

Les *étais*, qui peuvent remplacer les chevalets précédents, con-

1. Cette *méthode des cadres* a été imaginée par le capitaine Cavarrot et perfectionnée par le capitaine Binet.

sistent en pieux ou perches aa' (fig. 271) reliés en d et par les traverses b et c ; la pièce c supporte la traverse t qui reçoit les pou-

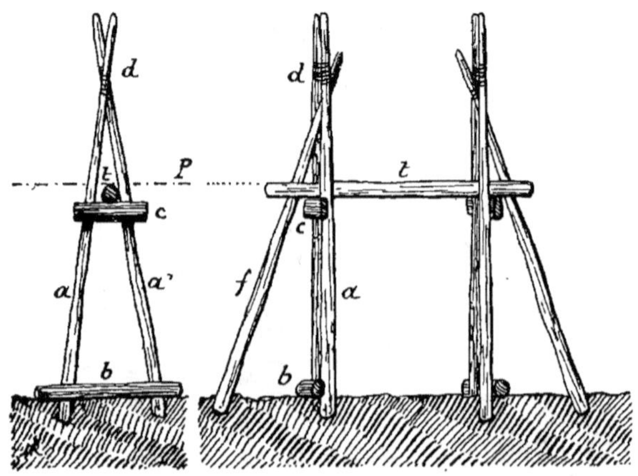

Fig. 271. — Etais.

trelles P du pont ; le contreventement se fait à l'aide de pièces obliques f.

On peut employer, comme supports, des *piles* confectionnées de diverses façons : fig. 272, entre trois rangées de pieux a, b, c, on place

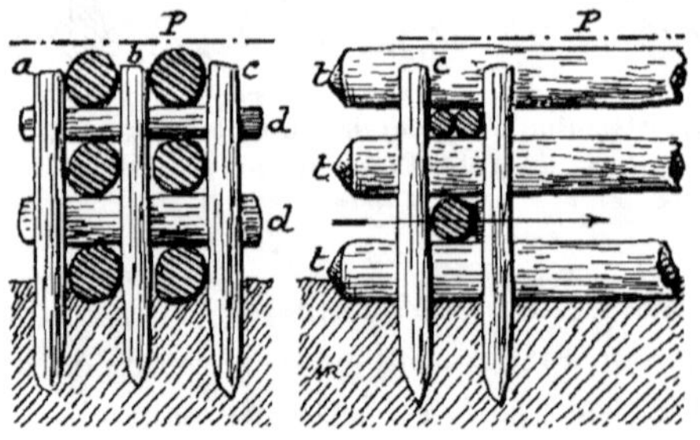

Fig. 272. — Pile en rondins.

des bois en grume t parallèlement au sens du courant du cours d'eau (ces traverses doivent être plus longues que la largeur du tablier P); entre les rondins t on dispose des cales d. — Fig. 273, des gabions G, remplis de pierres ou de gravier, consolidés par les piquets a et supportant les poutrelles P ; pour des passerelles légères, les gabions peuvent rester vides sans gêner l'écoulement des eaux.

Il est bon de protéger, contre les corps flottants, les piles, cheva-

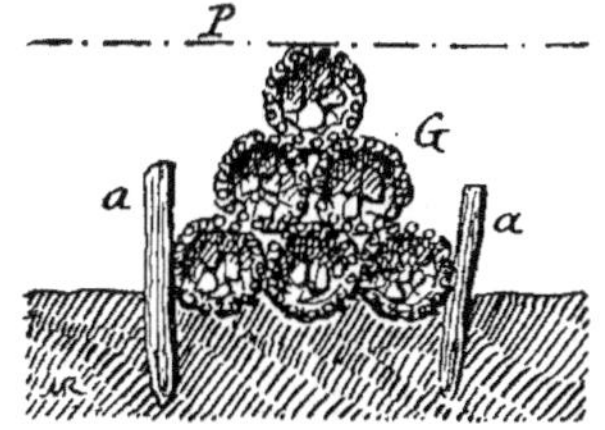

Fig. 273. — Pile en gabions (vue en travers du cours d'eau).

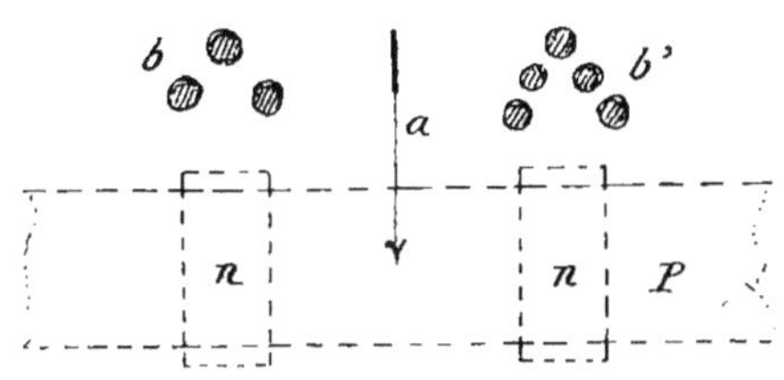

Fig. 274. — Pieux de protection des piles (plan).

lets, et étais *n* (fig. 274), en enfonçant, du côté amont *a*, des pieux *bb'* disposés en *avant-becs* mais indépendants des supports *n* du pont P.

On pourra quelquefois établir des *enrochements a* (fig. 275) mainte-

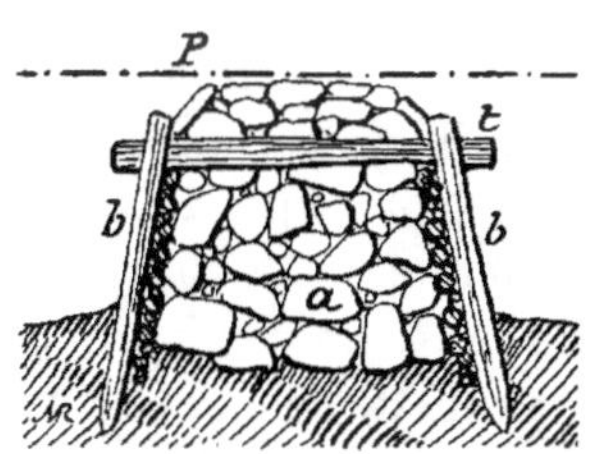

Fig. 275. — Pile en enrochements (coupe en travers du cours d'eau).

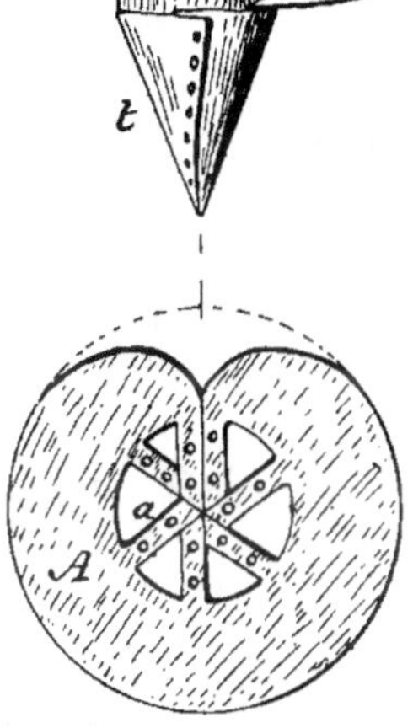

Fig. 276. — Pilot à vis.

tenus par des *caissons* formés de clayonnages *b* et de pilots reliés par des traverses *t* ; on peut également employer de grands gabions disposés verticalement et remplis de pierres (cas d'un faible courant ; 1^{m}50 de profondeur au maximum).

Nous n'insisterons pas sur les piles en maçonnerie de pierres ou de briques cuites, mais nous dirons un mot des *pilots à vis* employés par le Génie et qu'il sera quelquefois possible de fabriquer en découpant une feuille de tôle d'après le tracé A*a* de la figure 276 : on obtient ainsi une spire A' qu'on cloue au pilot par les pattes *a'* ; la pointe conique est garnie d'une feuille de tôle *t* ; ce pilot est enfoncé par un mouvement de rotation *f*, dans le plan horizontal, donné à l'aide d'une broche ou d'un levier ; pour un pilot de 0^m 20 de diamètre, le cercle A a 0^m 50 de diamètre ; l'épaisseur de la tôle doit être d'au moins 2 à 3 millimètres.

Avec les pilots à vis on constitue des *palées* comme s'il s'agissait de pilots ordinaires enfoncés par chocs ; au sujet de ces derniers nous citerons la méthode employée, par le Génie, sur l'Isère en un point où le courant a une vitesse de 1^m 60 par seconde avec une hauteur d'eau maximum de 2^m 50 (le pont, de 93 mètres de longueur, a très bien résisté à deux crues subites, l'une de 1 mètre en 12 heures, l'autre de 1^m 20 en 24 heures ; on avait seulement enlevé les poutrelles et le tablier du pont que l'eau menaçait d'atteindre).

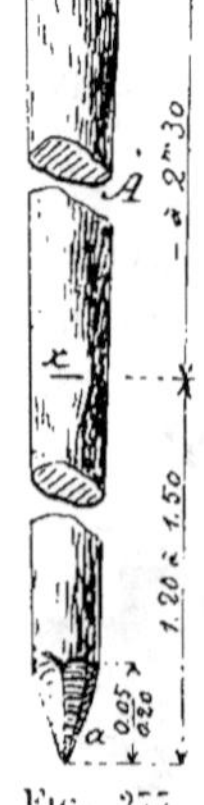

Fig. 277.
Pilot.

Les *pilots* A (fig. 277) ont 0^m 12 à 0^m 18 de gros diamètre ; leur longueur totale ne doit pas dépasser 3^m 50 à 3^m 80 ; la longueur de la pointe *a* est de 0^{m}05 à 0^m 20 suivant la nature du fond ; la tête *b*, chanfrénée, reçoit une frette en fil de fer empêchant le pilot d'éclater sous les coups de masse ; au-dessus du niveau *x* du fond du cours d'eau (marqué d'avance sur la pièce, d'après un sondage préalable), le pilot a une longueur qui dépend de la hauteur de l'eau mais qui ne dépasse pas 2^m 30 ; la longueur de fiche *x a* est au maximum de 1^m 20 à 1^{m}50.

Dans les fonds de gravier de l'Isère (fonds qui indiquent un courant rapide et des crues subites), il a suffi de donner 1^m 20 de fiche à ces pilots ; pour les fonds vaseux (cours d'eau à faible vitesse et à crues lentes), on donne une fiche suffisante pour que le pilot ne s'enfonce pas sous la charge maximum qu'il doit supporter et qu'on détermine expérimentalement d'après certaines règles[1].

---

1. La règle du Capitaine du Génie Gengembre, vérifiée à l'École d'Arras, est la plus recommandable ; elle est donnée par :

$$Re = 0,625\ Ph\ \frac{P}{P + A}$$

R charge maximum (en kilogr.) que doit supporter un pilot ; *e* enfoncement total (en fraction décimale de mètre) du pilot produit par les 10 derniers coups, divisé par 10 ; P poids du mouton en kilogr. ; *h* hauteur de chute du mouton (en mètres) ; A poids du pilot (en kilogr.).

Les ingénieurs hollandais adoptent la formule :

$$Re' = 0,166\ Ph\ \frac{P}{P + A}$$

dans laquelle *e'* est l'enfoncement du pilot produit par le dernier coup de mouton ; — les autres lettres R, P, *h* et A représentent les valeurs indiquées ci-dessus.

Un pilot ou un pilotis est dit *battu au refus* lorsque son enfoncement n'est que de 0^m 02 par volée de 10 coups de mouton.

Avec les pilots précédents on construit des palées espacées de
4 mètres ; chaque palée comprend quatre pilots verticaux a, a'
(fig. 278) et deux pilots inclinés b jouant le rôle de contre-fiches ;
le chapeau c est formé de deux pièces moisées qui supportent les

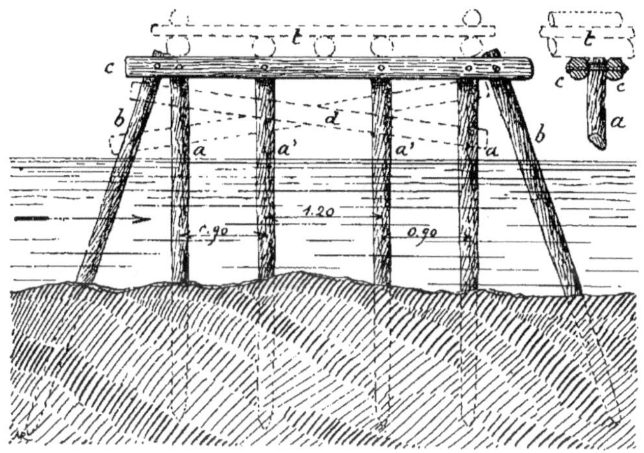

Fig. 278. — Palée de pilots.

poutrelles et le tablier t indiqué en pointillé ; des écharpes d, en
croix de Saint-André, consolident la palée dans le plan transversal ;
mais comme ces écharpes arrêtent les corps flottants il ne faut les
placer que si cela est indispensable.

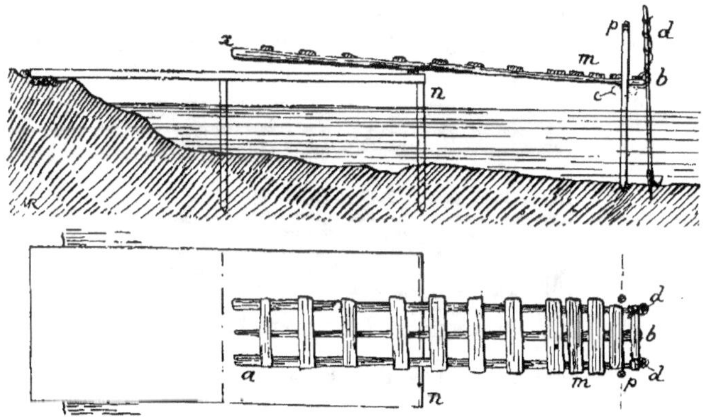

Fig. 279. — Elévation et plan d'une passerelle volante.

Pour construire une palée on se sert d'une *passerelle volante a b*
(fig. 279), sorte d'échelle, de 8 mètres de longueur et de 1ᵐ20 de largeur,

formée de 3 perches, de $0^m 13$ à $0^m 15$ de diamètre moyen, reliées par des bouts de planches *m* ; la passerelle est lancée de la rive ou d'une palée *n* et est soutenue par deux *gaffes* *d* auxquelles on l'amarre ; en *a* on met une charge, qui peut être constituée par six ou huit hommes ; c'est en *m* que se placent deux hommes, dont l'un maintient le pilot *p* vertical pendant que l'autre frappe à coups de masse (au début du travail, la tête du pilot ne doit pas se trouver à plus de $1^m 70$ au-dessus du plancher *m*, sinon la manœuvre est trop difficile). Après avoir enfoncé les deux pilots d'axe (*a'* fig. 278) on les relie temporairement par deux bois horizontaux, fixés par des brélages, et constituant un *faux-chapeau c* permettant de retirer la passerelle ; entre *n* et *c* on jette alors des poutrelles et un tablier provisoires pour procéder à l'enfoncement des pilots *a* et *b*, de la fig. 278, et achever la construction de la palée.

Les *ponts flottants* (sur outres, tonneaux, radeaux ou sur bateaux) ne peuvent être destinés qu'à un usage temporaire ; ils demandent des soins de réglage suivant les variations du niveau de l'eau ; il est souvent préférable de les remplacer par des radeaux ou des bacs.

Radeaux, bateaux et bacs

Les *radeaux* sont formés par la réunion d'un certain nombre de pièces de bois ; la charge que peut supporter un radeau est égale à la différence entre le poids de l'eau qu'il déplace (volume du bois)

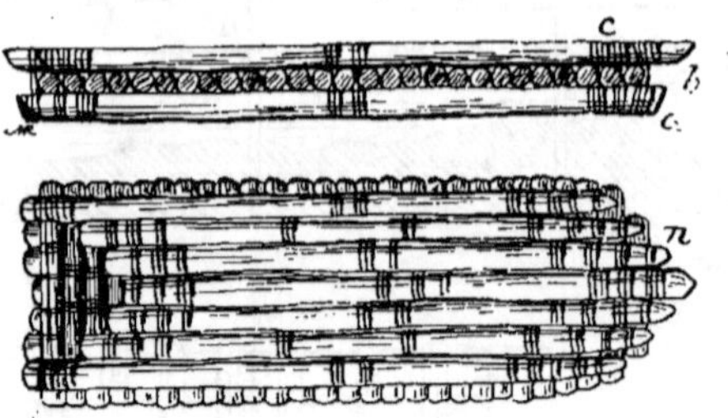

FIG. 280. — Elévation et plan d'un radeau.

et son propre poids ; on est souvent conduit à disposer plusieurs couches superposées de bois *a*, *b*, *c* (fig. 280) qu'on lie solidement entre elles ; les bouts des pièces sont coupés en sifflet, le bec posé en dessus et, en plan, on dispose les bois en retraite, à droite et à gauche de l'axe longitudinal, afin de former une *proue n* ; les couches intermédiaires *b* sont souvent faites de branchages.

On peut confectionner des radeaux avec des outres gonflées d'air ou avec des tonneaux ; comme exemple nous donnons la figure 281 : les tonneaux *t* supportent les longrines *a*, *a'*, sur lesquelles on fixe les traverses *bb'* devant recevoir un plancher.

Les outres sont en peau de mouton ; les animaux sont dépecés d'une façon particulière : on ne fend pas la bête sur le ventre, mais on coupe la tête du mouton et les jambes autour du genou et du jarret ; on vide l'animal par l'ouverture du cou. Les procédés de tannage sont généralement simples (un bain au lait de chaux, puis un séjour dans une eau saturée de tanin). — Les peaux sont fermées à l'aide de cordes et on procède au gonflement par insufflation. Les jambes facilitent la fixation des outres sur les radeaux.

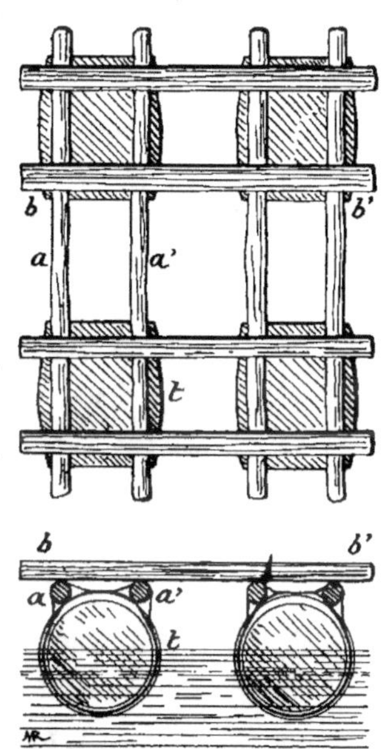

Fig. 281. — Plan et élévation d'un radeau de quatre tonneaux.

On pourra quelquefois utiliser le mode de construction de la *Kouffa* employée sur l'Euphrate : c'est un grand panier, hémisphérique, fabriqué avec des branches de saule et sur lequel, extérieurement, on tend des peaux ; le fond est garni de paille.

Nous ne parlons ici que des embarcations destinées au passage des cours d'eau à la place des ponts, l'étude des bateaux comme *Appareils de transports* appartenant à la troisième partie du Cours (*Machines*).

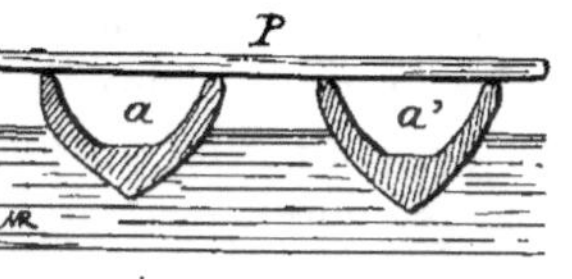

Fig. 282. — Nacelles supportant un plancher.

Les *nacelles* des indigènes peuvent être utilisées en en réunissant un certain nombre *a*, *a'* (fig. 282) par un plancher P solidement fixé ; on peut ainsi relier jusqu'à six petites

Génie rural.　　　　　　　　　　　　　　12

nacelles *n* (fig. 283) sous un plancher P capable de supporter les
charges voulues.

Les *bateaux* sont constitués par des *courbes* formées chacune de
pièces *a* (fig. 284) réunies à des montants *a'* ; ces courbes sont espacées (*c*) de $0^m 40$ à $0^m 50$ et les montants sont reliés intérieurement

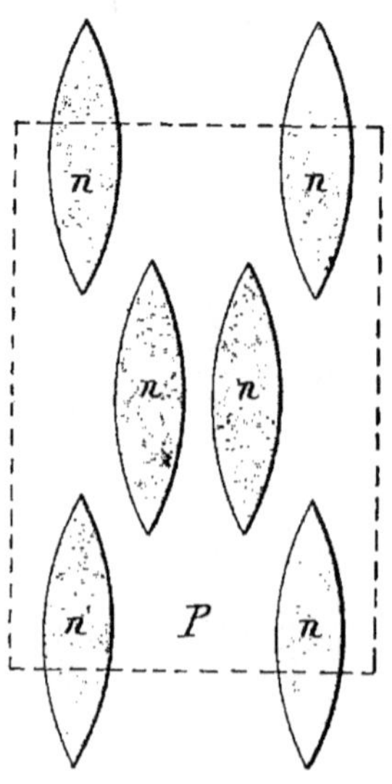

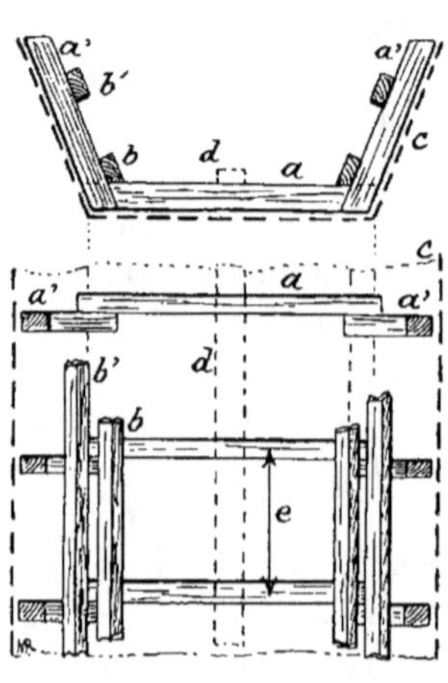

Fig. 283. — Plancher supporté
par six nacelles plan .

Fig. 284. — Coupe transversale et
plan partiel d'un bateau,

par les *tringles b, b', d* ; extérieurement on cloue le *bordage* de
planches *c* dont on *calfate* les joints avec de la filasse ou des fibres
diverses ; enfin on passe, si possible, un enduit hydrofuge (poix,
résine, goudron végétal).

Pour leurs jonques, les Chinois emploient le mastic d'huile
d'abrasin et de chaux dont nous avons déjà parlé à la page 56 ; ce
mastic, posé sans aucun calfatage, fait bien corps avec le bois,
sèche et durcit dès qu'il est au contact de l'eau ; il constitue les
grandes raies blanches qu'on voit à l'extérieur des jonques (le
mastic, tenu au sec, peut rester huit à dix jours sans durcir). Selon
M. E. Duchemin, lorsqu'on répare une vieille jonque, on chauffe
les parties à garnir afin d'évaporer l'eau que les rainures peuvent
retenir, on mastique, puis on met de suite l'embarcation à l'eau.

Les bateaux que le Génie Militaire désigne sous le nom de *demi-*

bateaux, dont les dimensions principales sont indiquées par la figure 285, pèsent 300 kilogr. et peuvent supporter une charge de

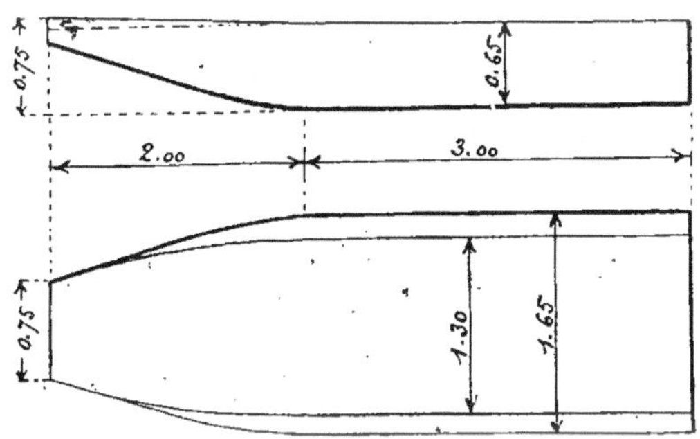

Fig. 285. — Élévation et plan d'un bateau.

3.000 kilogr. : deux de ces demi-bateaux peuvent être rapprochés par leur *poupe* et reliés avec des cordages, en constituant ainsi une grande embarcation, d'une longueur de 10 mètres, capable de porter 6.000 kilogr.

Quand le cours d'eau a un faible courant, il est possible d'employer un *bac* B (fig. 286) qu'on fait passer d'une rive à l'autre en le halant sur un câble *c* tendu en travers de la rivière ; le câble passe entre des chevilles *f*, formant fourches, fixées au bordage du côté amont.

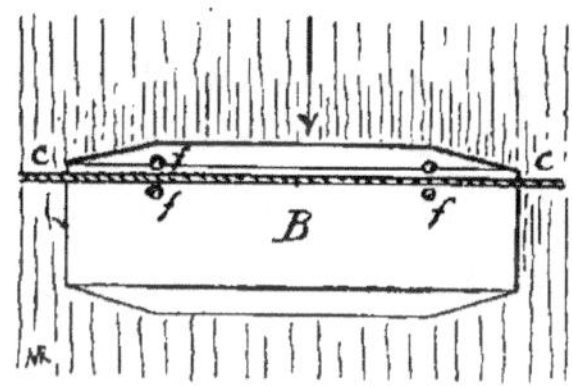

Fig. 286. — Bac droit (plan).

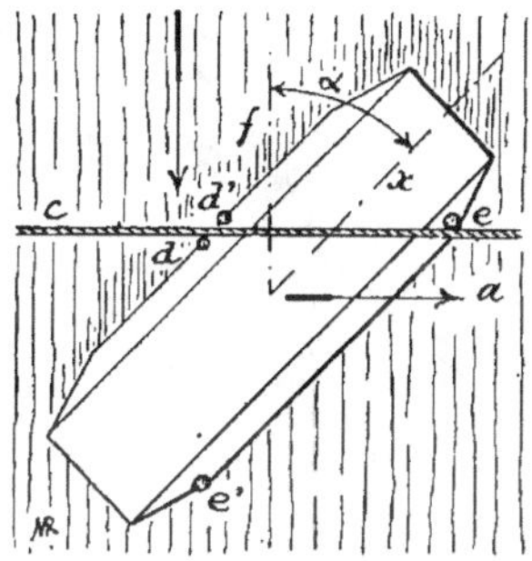

Fig. 287. — Bac oblique (plan).

S'il y a un peu de courant, on utilise ce dernier pour faciliter le déplacement du bac ; on place alors son axe *x* (fig. 287) incliné d'un angle α de 45 à 55° avec la direction *f* du courant. Dans la figure 287 le bac est supposé se déplacer dans le sens *a* ; pour

faciliter la manœuvre, le câble *c* passe entre deux chevilles *d,d'*
fixées sur le bordage amont et contre la cheville *e* du bordage
aval ; la cheville *e'* sert à appuyer le câble lors du retour du bac,
en sens inverse de *a*.

Sur les rivières n'ayant pas plus de 110 à 120 mètres de largeur
et dont le courant est d'au moins un mètre par seconde, on peut
employer la *traille* (on en trouve de nombreux exemples sur le

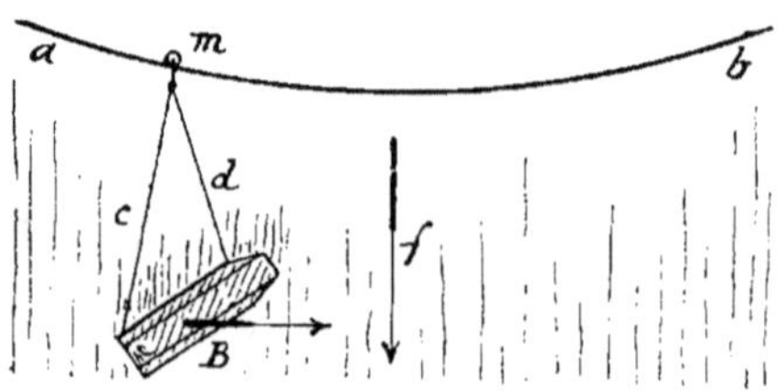

Fig. 288. — Traille plan.

Rhône) : on tend à l'amont, et au-dessus du cours d'eau, un câble *ab*
(fig. 288) sur lequel roule un galet *m* (dit *moufle de traille*) ; le
bac B est relié au moufle *m* par deux cordes *c* et *d* qu'on allonge ou
qu'on raccourcit pour donner au bac l'inclinaison voulue (voir
fig. 287) relativement à la direction *f* du courant.

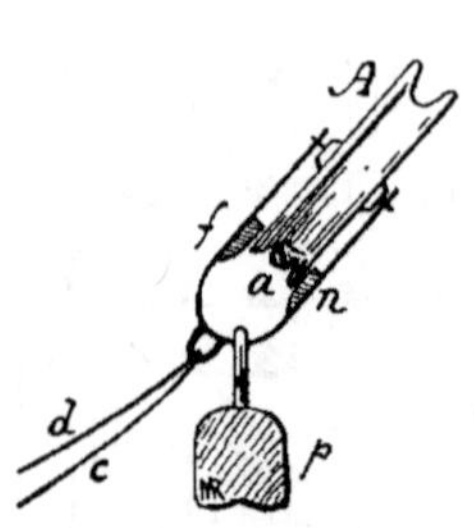

Fig. 289. — Poulie de traille.

Les extrémités *a* et *b* (fig. 288) doivent être
assez élevées au-dessus des berges pour que
le milieu du câble ne soit pas en contact avec
l'eau, même pendant les crues, surtout lorsqu'on doit laisser le passage libre à la navigation. On se servira de charpentes suffisamment hautes sur lesquelles passeront les
points *a* et *b* du câble, dont les bouts seront
solidement attachés à des matériaux ancrés
dans le sol à une certaine profondeur.

Le moufle de traille peut être constitué simplement par une poulie à gorge A (fig. 289) roulant sur le câble *a* ; la fourche *f*, garnie
de cales *n* pour éviter la prise du câble *a* entre elle et la poulie A,
reçoit les cordes *c* et *d*, et le poids *p* est chargé de ramener la poulie A dans le plan vertical.

Pour les transports par eau, l'abordage peut se faire sur des *embarcadères* établis à poste fixe ou qui sont flottants ; les premiers sont utilisables sur les cours d'eau n'ayant pas de brusques

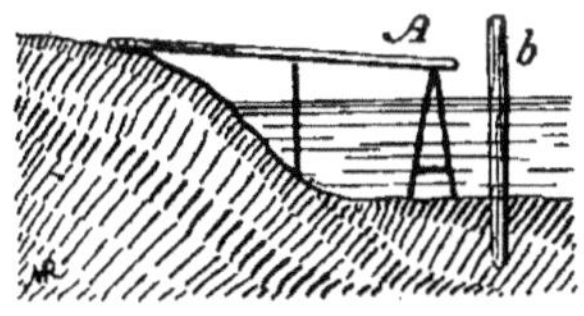

Fig. 290 — Elévation d'un
embarcadère fixe.

ni de fortes variations de niveau, sinon il convient d'avoir recours aux seconds.

Les embarcadères fixes A (fig. 290) sont supportés par des chevalets, des étais ou des palées analogues à ceux que nous avons déjà examiné à propos des *Ponts* (v. les fig. 268, 271, 272, 275 et 278) ; ces supports sont protégés des chocs par des pieux indépendants b qui servent à l'amarrage du bateau.

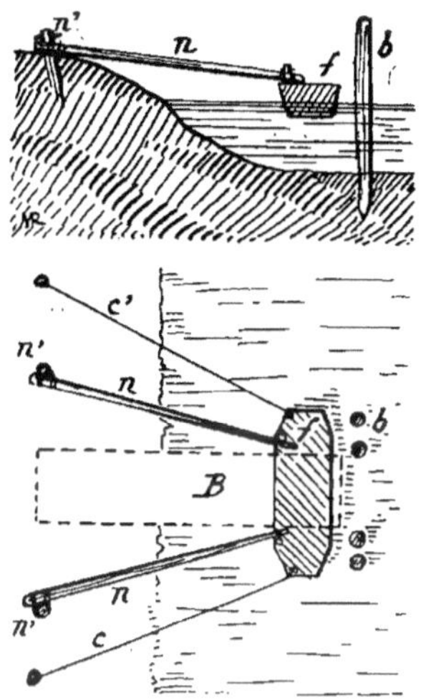

Fig. 291. — Elévation et plan d'un
embarcadère flottant.

Les embarcadères flottants assurent une communication permanente avec la rive quel que soit le niveau du plan de l'eau. Le bateau ou le radeau f (fig. 291) reçoit la passerelle B, constituant un plan incliné pouvant subir des déplacements verticaux ; le support flottant est protégé par les pieux d'amarrage b ; l'écartement constant de l'embarcadère f à la rive est obtenu par les perches n attachées à de solides pieux n' enfoncés dans la berge ; enfin, des chaînes ou des câbles c et c' consolident l'installation.

DEUXIÈME PARTIE

HYDRAULIQUE

Notes préliminaires.

Dans tous les pays chauds le premier besoin de l'homme est de se procurer l'eau nécessaire à son existence, à l'alimentation de son bétail et à l'entretien de ses cultures.

L'eau est indispensable à la vie et au développement de toute cellule végétale ou animale. D'après des observations faites dans nos pays tempérés, on estime qu'il faut laisser évaporer par une plante de 250 à 350 kilogrammes d'eau pour obtenir 1 kilogramme de matière sèche [1] (la consommation en eau d'une plante déterminée, pour élaborer un certain poids de matière sèche, est en raison inverse de la richesse du sol en éléments utilisables) ; nous n'avons pas encore les chiffres correspondants aux principales plantes cultivées dans nos colonies.

Rappelons que ce qu'on appelle la *fertilité* d'une terre n'est pas uniquement fixé par l'analyse chimique ; de nombreuses terres dites *stériles* (il serait plus exact de dire *improductives*), qui ont cependant une bonne composition minérale, se rencontrent dans les régions boréales comme dans les zones tropicales, car on comprend qu'il doit exister des relations entre la composition de la terre, la quantité d'eau disponible, la lumière et la chaleur fournies à un sol, pour que ce dernier soit capable d'alimenter tels ou tels végétaux. Ce qui précède nous montre, dans leurs grandes lignes, les rapports qui existent entre la Météorologie, la Chimie et la Physiologie végétale.

Pour un même sol, plus la quantité d'eau qui peut traverser une plante est élevée, plus la récolte est abondante et la végétation rapide, en fournissant des cellules moins résistantes ; d'une façon

---

1. Voir notre étude : *L'eau nécessaire aux plantes : Journal d'Agriculture pratique*, 1905, t. II, pp. 175 et 526. — *La pluie au point de vue du Génie Rural*, 1903, t. II, p. 704.

générale, avec de l'eau en quantité suffisante et dans les zones à évaporation intense (climats chauds) on obtient surtout des matériaux herbacés, alors que les plantes fabriquent plutôt des fibres ou du ligneux quand leur évaporation est réduite, soit parce qu'il y a peu d'eau à leur disposition (climats chauds et secs) soit parce que la température est basse (climats froids et humides).

L'eau nécessaire à la vie des êtres organisés est fournie par les *pluies* qui tombent soit sur le lieu même où vivent ces êtres, soit en d'autres endroits, souvent très éloignés, situés en amont de ce lieu. L'eau des pluies qui se précipitent sur les continents provient le plus généralement de l'évaporation de la mer.

Les pluies sont étudiées en Météorologie ; elles se distinguent en *pluies de convection, pluies cycloniques* et *pluies de relief*. Les pluies de convection sont produites par les courants ascendants réguliers qui sont la conséquence des mouvements généraux de l'atmosphère. — Les grandes pluies régulières se manifestent dans la zone équatoriale. De part et d'autre de l'équateur, vers les 30° latitude nord et sud, on trouve les zones de calmes subtropicaux au delà desquelles la quantité de pluie qui tombe annuellement augmente jusqu'au 40° ou 50°, pour diminuer ensuite vers les pôles.

En outre du volume total d'eau qui se précipite dans l'année, la répartition des pluies a une influence capitale sur la végétation ; aussi doit-on chercher à constituer de grandes réserves d'eau à mettre à la disposition des plantes, et on y parvient par l'approfondissement du sol (sous-solages, fouillages, labours profonds, défoncements). En Algérie, les indigènes grattent superficiellement leur sol très résistant, avec des outils imparfaits tirés par de faibles attelages ; quand la répartition des pluies est favorable, ils récoltent 6 à 7 hectolitres de grain à l'hectare ; dans le cas contraire, ils obtiennent à peine la semence et sont réduits à la misère (nous reprendrons cette question dans la partie du Cours relative aux *Travaux et Machines*).

Les observations pluviométriques ne sont faites, dans quelques stations de nos colonies, que depuis un petit nombre d'années ; nous trouvons cependant dans le *Traité pratique de Cultures tropicales*, de notre confrère et ami, Jean Dybowski (t. I, p. 24 et suivantes), les figures 292 à 300 qui représentent graphiquement les hauteurs mensuelles de pluies d'un certain nombre de localités de différents pays (Martinique ; Guyane française ; Brésil ; — Sénégal ; Madagascar ; — Tonkin ; Nouvelle-Calédonie ; Tahiti).

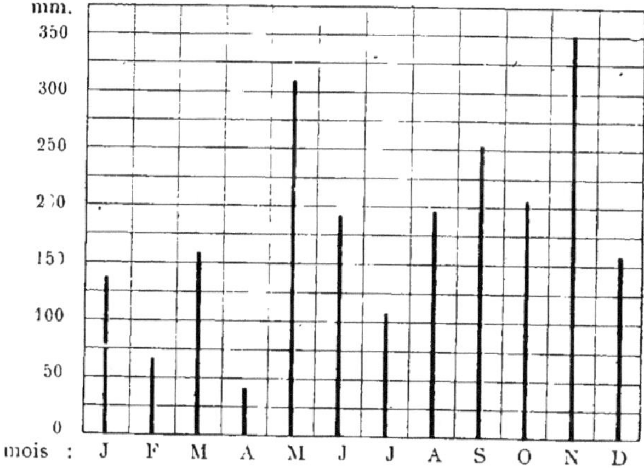

Fig. 292. — Pluies en millimètres à Fort-de-France (Martinique)
(moyennes des années 1894-95-96)

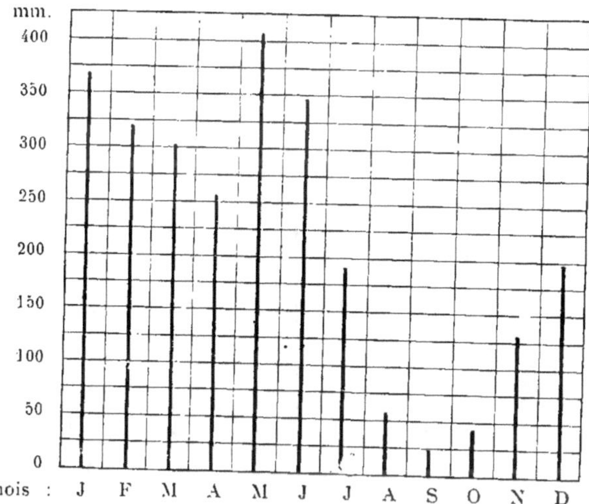

Fig. 293. — Pluies en millimètres à Cayenne (Guyane française)
(moyennes des années 1894-95-96)

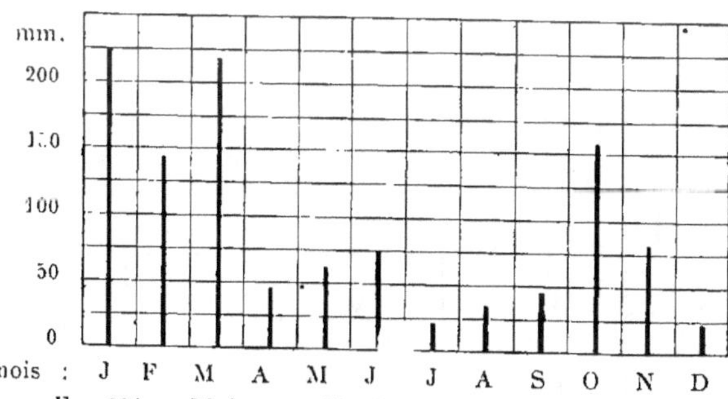

Fig. 294. — Pluies en millimètres à Saint-Paul (Brésil)
(moyennes des années 1895-1896)

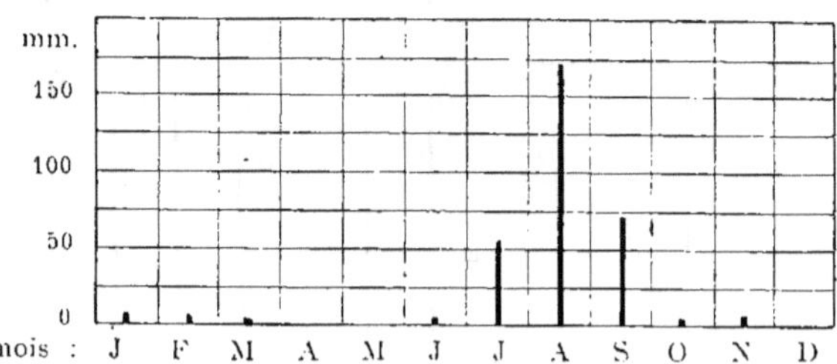

Fig. 295. — Pluies en millimètres à Saint-Louis (Sénégal)
(moyennes des années 1894-95-96)

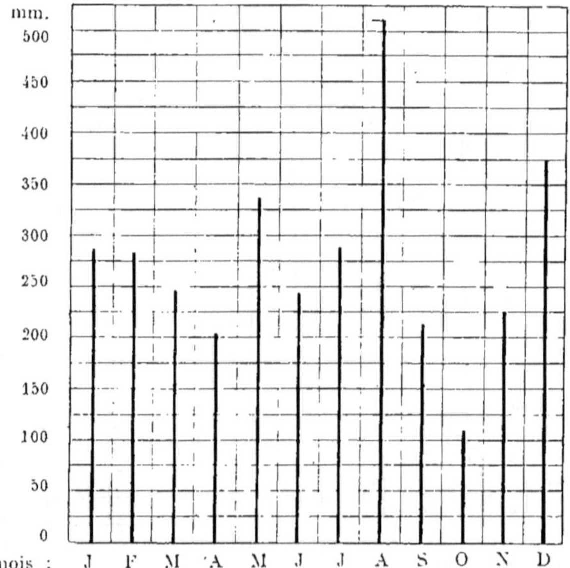

Fig. 296. — Pluies en millimètres à Tamatave (Madagascar)
(moyennes des années 1894-1895)

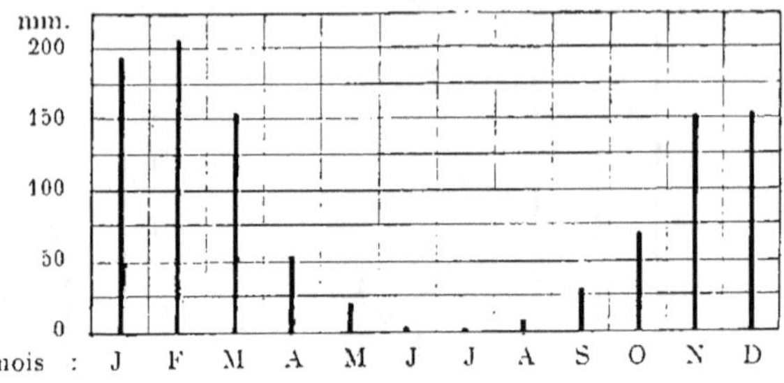

Fig. 297. — Pluies en millimètres à Tananarive (Madagascar)
(moyennes des années 1894-95-96)

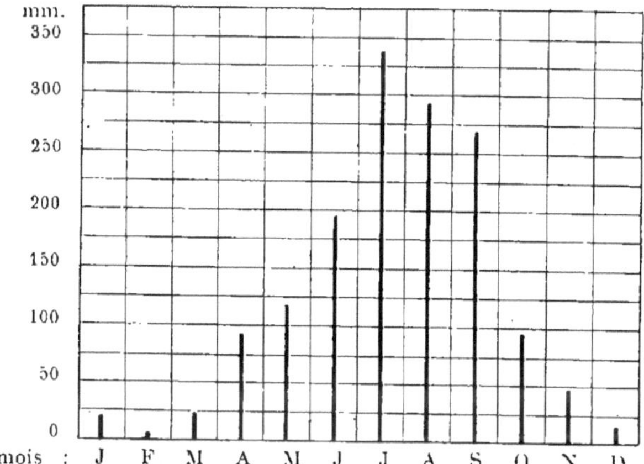

Fig. 298. — Pluies en millimètres à Nan-Dinh (Tonkin)
(moyennes des années 1894 et 1896)

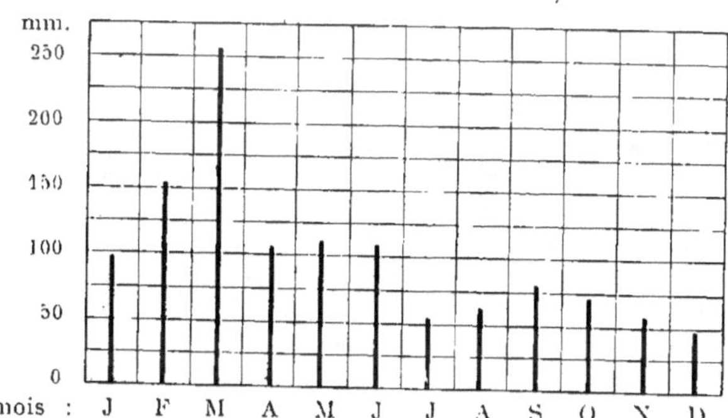

Fig. 299. — Pluies en millimètres à Nouméa (Nouvelle-Calédonie)
(moyennes des années 1894-95-96)

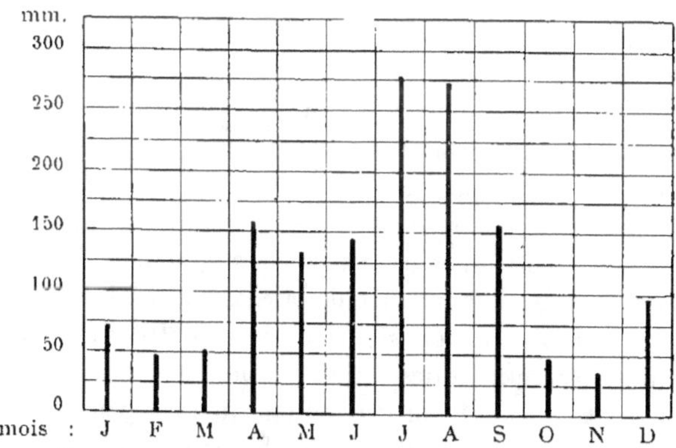

Fig. 300. — Pluies en millimètres à Tahiti (Océanie)
(moyennes des années 1894-95-96)

On désigne sous le nom de *régime pluviométrique* d'une station la manière dont la quantité totale de pluie se répartit entre les diverses saisons : on calcule le quotient de la quantité moyenne de pluie de chaque mois par le total annuel de la station ; exprimé en millièmes, ce quotient s'appelle la *fraction pluviométrique* du mois. A titre de document, pour diverses régions qui peuvent nous intéresser, nous donnons dans la page suivante un tableau extrait du *Traité élémentaire de météorologie* (p. 235) de notre savant confrère M. Alfred Angot (c'est à titre de comparaison que nous avons indiqué les régimes pluviométriques des stations de Milan, de Paris et de Brest).

Au sujet de l'intensité des grandes averses observées en divers pays, M. Alfred Angot donne les chiffres suivants :

A Tcherrapoundji, (Inde) dans la journée du 4 juin 1876, on a recueilli 1036 millimètres de pluie, soit à peu près le double de ce qu'il tombe en moyenne pendant toute l'année à Paris.

A Crohamhurst (Queensland, Australie), on a observé 907 millimètres dans la seule journée du 2 février 1893, et 1963 millimètres en quatre jours consécutifs, du 31 janvier au 3 février.

A Nedunkeni, dans le nord de l'île de Ceylan, on a recueilli 807 millimètres en vingt-quatre heures, du 15 au 16 décembre 1897.

A Hong-Kong, le 30 mai 1889 a fourni 521 millimètres de pluie et, du 29 au 30 mai, il est tombé 886 millimètres en trente-six heures.

A Batavia, on a relevé 97 millimètres en une heure, le 10 janvier 1867.

Selon M. Ch. Rivière, on a récolté à Bizerte, le 31 octobre 1903, plus de 133 millimètres d'eau en vingt-quatre heures, soit le quart de la tranche moyenne annuelle.

« La *rosée* est très importante pour la végétation. Dans certaines contrées très sèches et où il ne pleut presque pas, une partie de l'eau nécessaire à la vie des plantes est fournie par la rosée. On n'a jusqu'ici que peu de mesures exactes de la quantité d'eau qui correspond à la rosée ; cette mesure est, du reste, soumise à une grande incertitude, puisque l'abondance de la rosée dépend de la nature du corps sur lequel elle se dépose. Dans nos contrées, les rosées ne correspondent guère qu'à des pluies de quelques centièmes de millimètres ; c'est tout à fait par exception qu'elles peuvent atteindre un dixième de millimètre. Elles sont beaucoup plus intenses dans

STATIONS	FRACTIONS PLUVIOMÉTRIQUES MENSUELLES, EN MILLIÈMES DE LA PLUIE TOTALE.												Total annuel en millimètres.
	JANV.	FÉVR.	MARS	AVR.	MAI	JUIN	JUILL.	AOUT	SEPT.	OCT.	NOV.	DÉC.	
Régime équatorial.													
Singapore (Indo-Chine anglaise)...	76	66	71	73	68	82	65	104	79	84	118	114	2330
Bogota (Colombie)	58	55	71	150	108	50	41	52	45	132	150	88	1624
Régime tropical.													
Bangkok (Siam)	2	10	18	56	160	133	129	112	207	127	45	1	1487
Bathurst (Gambie anglaise	»	»	»	1	12	49	210	394	253	79	1	1	1283
Port Darwin (Australie)	239	185	205	76	43	»	»	»	3	40	56	183	1583
Régime continental et des moussons.													
Bombay (Inde)	2	1	»	»	5	263	342	201	146	33	6	1	1856
Pékin (Chine)	3	4	8	27	45	96	394	274	104	29	14	2	664
Cordoba (Rép. Argentine)	173	134	144	50	24	7	3	43	37	84	170	161	666
Régime marin et méditerranéen.													
Angra (Açores)	111	107	95	79	61	46	27	45	79	100	120	130	1081
Lisbonne (Portugal)	128	146	132	97	74	18	6	11	44	106	129	139	726
Jérusalem (Palestine)	203	230	176	63	7	»	»	»	4	23	84	210	558
Valdivia (Chili)	28	32	64	85	147	163	150	119	67	52	46	47	2694
Auckland (Nouvelle-Zélande)	54	70	64	72	98	115	143	98	84	84	75	73	1086
(Pour comparaison) *Régimes divers et de transition.*													
Milan	54	50	83	100	95	88	57	77	97	115	112	72	997
Paris	64	54	67	75	91	108	102	91	97	100	87	70	537
Brest	102	91	69	66	59	62	64	66	95	110	116	100	824

les régions tropicales, surtout dans le voisinage de la mer »
(A. Angot).

On ne peut modifier la quantité de vapeur d'eau qui passe au-
dessus d'un sol, mais il semble qu'il est possible d'agir quelquefois
sur la quantité qui se précipite sous forme de pluie (reboisements,
canaux, lacs artificiels).

Rappelons, en dernier lieu, qu'on peut très bien cultiver des pays
où il ne pleut pas, si l'on aménage convenablement les cours d'eau
alimentés par des chutes météoriques tombées à de très grandes distances, et l'Égypte, depuis la plus haute antiquité, en offre un très
bel exemple.

L'eau fournie par les pluies se divise en trois parties :

> **évaporation** — (perte influencée par la température et l'état hygromé-
> trique de l'air).
> **ruissellement** — (perte influencée par la nature et la pente du sol; pro-
> duit la dénudation des terrains et les torrents).
> **infiltration**— (plus ou moins profonde suivant la nature des couches géo-
> logiques ; cette quantité d'eau peut recevoir une utilisation immédiate
> ou future).

L'évaporation de l'eau [1] s'effectue tant que l'air n'est pas saturé
de vapeur ; elle croît avec la température et la vitesse du vent ; en
France, 57 °/₀ de l'eau fournie par les pluies sont enlevés par l'évaporation. Tous les chiffres qui intéressent notre enseignement
et qui sont cités dans nos Cours (évaporation à la surface de l'eau, à
la surface de la terre nue, par le sol cultivé, irrigué ou non) sont
relatifs à des constatations faites dans nos climats tempérés et, sans
contrôle préalable, ne peuvent pas s'appliquer à nos colonies dont
le climat et la flore sont si différents.

Les *vents* ont des effets désastreux sur les cultures en augmentant l'évaporation dans une énorme proportion : les racines ne pouvant plus fournir aux feuilles, dans l'unité de temps, l'eau nécessaire,
les plantes sont *brûlées* ; c'est ce qui explique le rôle si utile joué
par les *abris* (ou *brise-vents*) qu'emploient les maraîchers comme
les agriculteurs des pays balayés fréquemment par les vents.
Dans la partie inférieure de la vallée du Rhône, ces abris a, a'

---

1. *Évaporation : Journal d'Agriculture pratique*. n° 40 du 6 octobre 1901. Voir
aussi : *Traité élémentaire de météorologie*, par M. Alfred Angot, et : *Météorologie
et physique agricoles*, par Marié-Davy.

(fig. 301), formés de palissades de 3 mètres de hauteur, en roseaux de Provence (*Arundo Donax*) sont élevés suivant une direction perpendiculaire à celle du vent régnant *v*, et espacés d'une dizaine de mètres ; tous les 100 mètres environ on entretient des haies *b* de cyprès de 5 à 6 mètres de hauteur ; ces chiffres s'appliquent à des planches *c* destinées aux cultures maraîchères ; ailleurs, sur les côtes de Bretagne (Belle-Ile-en-Mer), on estime qu'un abri protège une

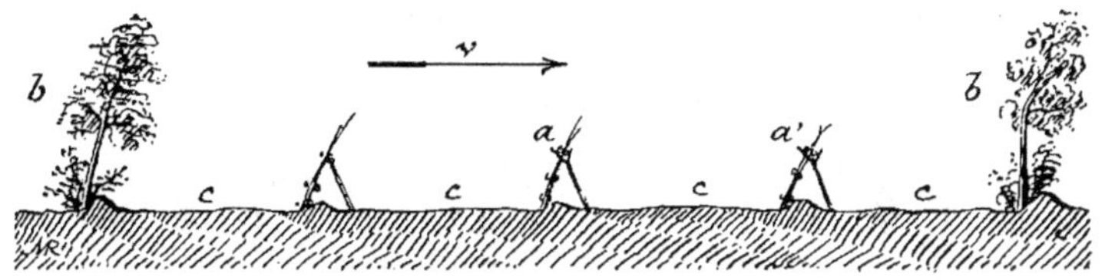

Fig. 301. — Coupe transversale d'abris.

bande de terrain dont la largeur est égale à une dizaine de fois la hauteur de cet abri.

La figure 302, extraite du *Traité pratique de Cultures tropicales*, par J. Dybowski (p. 76), représente, d'après une photographie de M. F. Foureau, des abris en feuilles de dattier employés dans les oasis de l'Algérie.

La porosité du sol et son ameublissement superficiel modifient l'évaporation de la terre ; cela est traduit par le dicton populaire : que « *binage vaut arrosage* » ; cette évaporation du sol, perdue pour les plantes, peut être diminuée par certains matériaux (rôle du calcaire dans les sols argileux ; emploi de diverses matières en couvertures : paillis, herbes et feuilles sèches ; graviers, pierres, mâchefer proposé pour les vignobles de l'Alsace et de l'Algérie, etc.).

L'état hygrométrique élevé de l'air dénote un climat favorable à l'extension des prairies (Angleterre, Hollande, Normandie) ; là où l'évaporation est importante les prairies disparaissent pour faire place aux céréales (Beauce), à la vigne (Midi), à l'olivier (Tunisie), ou aux plantes textiles et filamenteuses (agaves, sansevières, etc.), à moins qu'on ne dispose d'eau pour les arrosages d'autres cultures.

Le *ruissellement* se manifeste sur les sols dénudés présentant une certaine inclinaison ; il se traduit à chaque pluie par un transport plus ou moins important de matériaux que les eaux entraînent, en pure perte, vers des points plus bas.

Dans beaucoup de circonstances, on pourrait appliquer la méthode proposée, il y a plus d'un demi-siècle, sous des noms différents (*barradines, irrigations en montagnes*) : sur les flancs des collines A (fig. 303) incultes ou couvertes de cultures, de pâturages ou d'arbustes, on ouvre de simples rigoles *a* suivant des courbes de niveau ;

Fig. 302. — Abris en feuilles de dattier.

les rigoles, assez rapprochées (*e*) pour que le ravinement soit évité, débouchent dans un collecteur C dont les talus sont protégés des dégradations par des clayonnages ou des perrés (quand la pente C du collecteur est trop forte, on la transforme en escalier par des petits barrages successifs, comme nous en parlerons plus loin à propos des déversoirs de *Réservoirs* et des *Canaux*). Lors des pluies, les eaux se rendent dans le canal D qui peut servir à l'irrigation des parties basses ; s'il n'y a pas de cultures à l'époque des pluies, on laisse les eaux de D se réunir dans un réservoir ou s'infiltrer dans le sol et le sous-sol des champs E où elles constituent des réserves utilisables en grande partie plus tard, au lieu de s'en aller directement au loin sans rendre aucun service.

L'eau d'*infiltration* pénètre dans le sol, tend à descendre verticalement jusqu'à ce qu'elle rencontre des couches plus compactes, moins ou *peu filtrantes*, sur lesquelles elle s'écoule en formant une *nappe souterraine* ; la pente de la nappe est souvent liée à celle de la couche géologique, mais, dans quelques cas, elle est plus accentuée que cette dernière, car, pour un débit

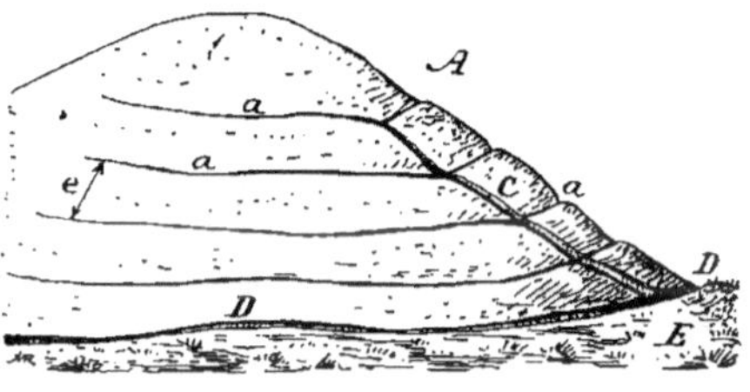

Fig. 303. — Barradines.

déterminé, il lui faut avoir une certaine *charge* ; cela a été constaté dans la presqu'île de Gennevilliers : en augmentant le débit de la nappe souterraine par les irrigations aux eaux d'égout de Paris, on souleva le niveau de l'eau des puits, et, pour l'abaisser à sa cote primitive, on fut conduit à faciliter son écoulement, vers la Seine, par des drains qui diminuèrent sa *perte de charge*.

Ce sont ces nappes souterraines qui alimentent les racines des arbres, les puits ordinaires, les puits artésiens, les sources temporaires ou permanentes qui s'écoulent à l'air libre dans les cours d'eau, dont le régime dépend de nombreuses conditions.

Inutile de dire que l'utilisation de l'eau doit être faite d'une façon d'autant plus judicieuse qu'on en a moins à sa disposition pour satis-

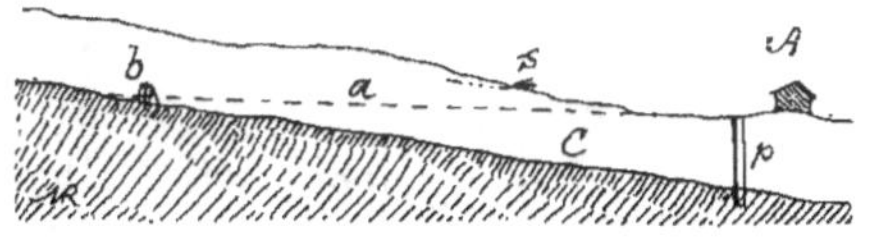

Fig. 304. — Principe de divers modes d'alimentation d'eau d'une exploitation.

faire aux différents besoins des hommes, des animaux et des cultures.

Pour alimenter d'eau les constructions A (fig. 304), comme les

cultures avoisinantes, on peut, suivant les circonstances locales :
faire une *dérivation* a d'un cours d'eau apparent C, en établissant
ou non un *barrage* en un point *b* ; capter une source *s*, ou chercher
à rejoindre la *nappe souterraine* en creusant un *puits p* et élever l'eau à l'aide de diverses *machines*.

Quand le débit de l'eau fournie ne correspond pas aux besoins de
la consommation, dans le même temps, il y a lieu d'emmagasiner
l'eau dans des *réservoirs*.

Avec tous les dispositifs précédents, il faut conduire l'eau par
des *canalisations* ou des *canaux* à son point d'utilisation.

Enfin, il y a lieu d'étudier : les eaux d'*alimentation* des hommes
et des animaux, l'*assainissement* et le *dessalement des terres*, les
systèmes de *défense contre les ensablements*, les *cours d'eau*,
l'établissement des *moteurs hydrauliques*, les *irrigations* et les
travaux divers.

Barrages pour dérivations d'eau.

Pour se procurer l'eau nécessaire à une exploitation E (fig. 305),
ou à l'arrosage des cultures, le problème est relativement simple
quand il s'agit de capter et de dériver
l'eau s'écoulant à l'air libre dans un
chenal naturel *a b* (les constructions E
doivent toujours être élevées au-dessus
du plan atteint par les crues du cours
d'eau : en un point *a*, en amont, on
établit une *dérivation* qui alimente un
canal *a a'*, à plus faible pente que *a b*
— Lorsque la pente du cours d'eau naturel *a b* est forte, le travail ne présente
pas trop de difficultés ; sinon le canal *a a'*
doit être très long, à moins qu'on
n'augmente artificiellement la dénivellation entre les points *a* et *b* par l'établissement, en *c*, d'un *barrage*.

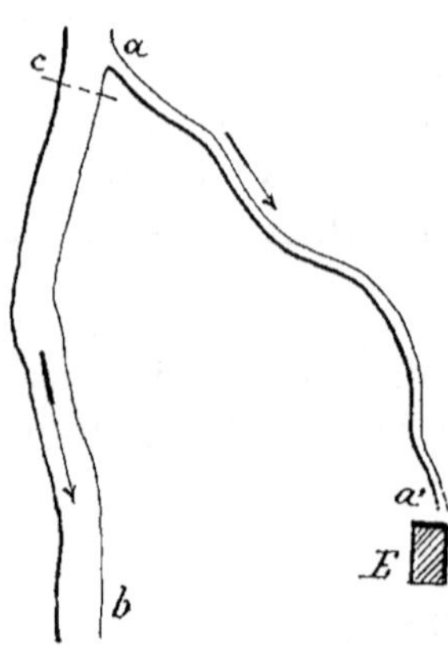

Fig. 305. — Principe d'une
dérivation.

Dans certains cas, il y aura nécessité de décanter les eaux de l'oued
ou du ruisseau R (fig. 306) afin d'atténuer le colmatage et, par suite,
de réduire les curages du canal de dérivation *d* ; il suffit de ménager,
en tête du canal *d*, une sorte de réservoir ou *bassin de dépôt* A pro-

tégé par un *musoir* m (en pieux et clayonnages, ou en blocs de pierres) ; au besoin une claie filtrante a est chargée d'arrêter les gros éléments charriés par le cours d'eau ; la plus grande partie des dépôts s'effectue ainsi dans la chambre A d'où on les drague de temps à autre.

On doit chercher à faire les barrages aussi courts que possible en choisissant, dans la zone voulue, une partie étroite a b (fig. 307) du lit ; cette dernière correspond toujours à des rives en matériaux plus résistants, en même temps qu'à un point où le courant a le plus de vitesse et où, généralement, la pente du lit

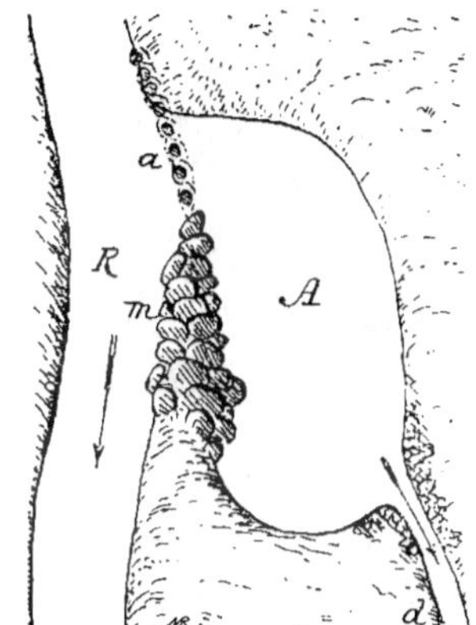

Fig. 306. — Plan d'un bassin de dépôt.

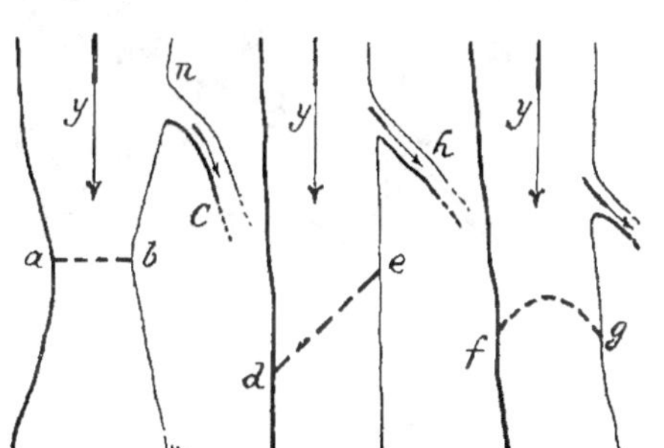

Fig. 307. — Tracés de barrages.

est la plus forte ; en amont n s'embranche le canal de dérivation C. Ordinairement le barrage a b est perpendiculaire à l'axe y du cours d'eau ; on le trace quelquefois obliquement (e d, fig. 307) dans le but de chasser le courant des crues et les corps flottants vers la rive d opposée au canal de dérivation h ; on adopte aussi un profil en arc de cercle f g sous prétexte que l'ouvrage résiste, en plan horizontal, à la façon d'une voûte dont les *sommiers* appuient sur les rives, mais les hypothèses d'ordre mécanique [1] (décomposition des forces) qu'on peut faire valoir pour les dispositions d e et f g ne peuvent se vérifier dans la pratique, parce que l'ouvrage n'est pas monolithe.

Très souvent il n'y a pas lieu de construire en c (fig. 305) un barrage étanche et il suffit de créer une résistance à l'écoulement de l'eau pour que son niveau s'élève en a ; des troncs d'arbres, des fas-

---

1. Voir notre *Traité de Mécanique expérimentale*.

cines (fig. 308 et 309), des bottes de tiges de végétaux maintenues
par des piquets ou consolidées par des pierres sont souvent utili-

Fig. 308. — Vue d'aval d'un petit barrage en bois soutenu par des chevalets.

sables, et, pour les cours d'eau d'allure tranquille, des constructions
simples, établies sur le principe des barrages à aiguilles, sont très
recommandables.

Fig. 309. — Vue d'un petit barrage en bois maintenu par des pilots.

Ces barrages à aiguilles s'installent de la façon suivante : lors des
basses eaux, on enfonce dans le lit du cours d'eau des pieux incli-

nés *a* (fig. 310) espacés de 0ᵐ 50 à 0ᵐ 80, consolidés par des contre-fiches *b* et reliés par des traverses *t*, *t'* ; c'est contre ces traverses qu'on place les *aiguilles c* en enfonçant un peu (à la main) leur pointe dans le lit ; ces aiguilles, formées de simples perches plus ou moins rapprochées, ne sont pas attachées, elles ne font que d'appuyer contre les traverses et sont mainte-nues en place par la pres-sion que l'eau exerce en

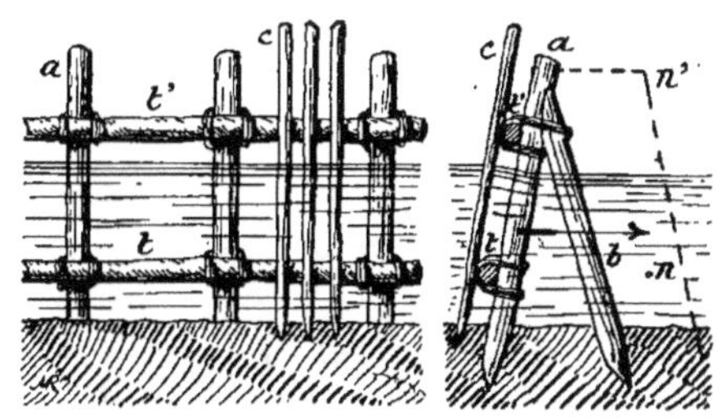

Fig. 310. — Barrage à aiguilles.

amont ; leur pose et leur enlèvement s'effectuent facilement avec une barque, ou, ce qui est préférable, d'une passerelle de service (voir fig. 247, p. 158) qu'on peut établir suivant le tracé indiqué en pointillé *n*, *n'* sur la figure 310.

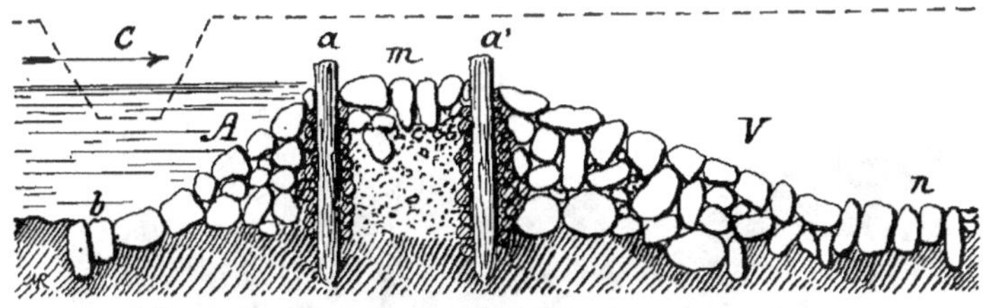

Fig. 311. — Coupe transversale d'un barrage en pierres.

Pour les barrages permanents, les galets et les pierres constituent d'excellents matériaux à employer. En travers du cours d'eau on enfonce des pilots de 0ᵐ 10 à 0ᵐ 15 de diamètre, sur une, ou mieux sur deux files *a*, *a'* (fig. 311), espacées de 1 mètre à 1ᵐ 50, réglant ainsi la largeur de la partie *m* (qu'on peut augmenter si l'on a les matériaux nécessaires) ; on voit en C l'origine du canal de dériva-tion. Les pierres sont jetées de façon à donner à l'amont A un talus *b* de 1 à 1.5 de base pour 1 de hauteur ; souvent les talus amont et aval sont seuls en gros matériaux, la portion *m* pouvant être en petits éléments ou, s'ils font défaut, en terre maintenue par des clayonnages tressés sur chaque file *a*, *a'* de pilots.

Il convient de surveiller et d'entretenir l'aval des barrages, surtout au pied *n* de l'ouvrage (fig. 311) qui est sujet à des érosions

dues aux remous ; il faut enfin, comme pour tous les travaux analogues, mettre les matériaux de plus petites dimensions *a* (fig. 312)
au cœur même de l'ou-
vrage ; on les recouvre
d'éléments plus gros *b*, et
on termine les parements
c par une ou plusieurs
couches de blocs les plus
volumineux.

La figure 313 donne la
photographie d'un de ces
barrages qu'on rencontre
fréquemment dans les Cé-
vennes : généralement ces
barrages, qui sont filtrants

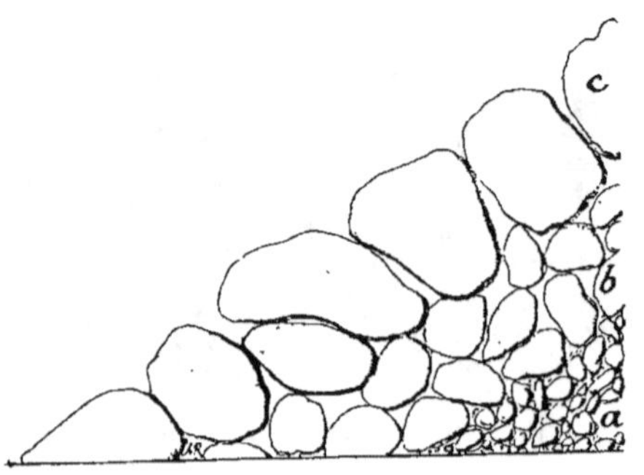

Fig. 312. — Ordre de superposition des pierres
dans un revêtement.

Fig. 313. — Barrage en pierres.

les premières années, se colmatent peu à peu et deviennent pratiquement imperméables.

Quand, à certaines époques, le faible débit du cours d'eau filtre au travers du barrage sans refluer en A (fig. 311), pour pénétrer dans le canal C, on rend étanche la paroi d'amont en la couvrant d'herbes, puis de terre maintenue en place par des claies fixées à l'aide de piquets ; une légère couche de fumier ou de cendres rend un barrage très rapidement imperméable.

Lorsque le cours d'eau est torrentiel (ce qu'on constate à l'examen du lit et des berges), on peut employer des barrages provisoires qu'il y a lieu de reconstruire après chaque crue ; le système, adopté sur certains cours d'eau d'Espagne, consiste à établir des sortes de

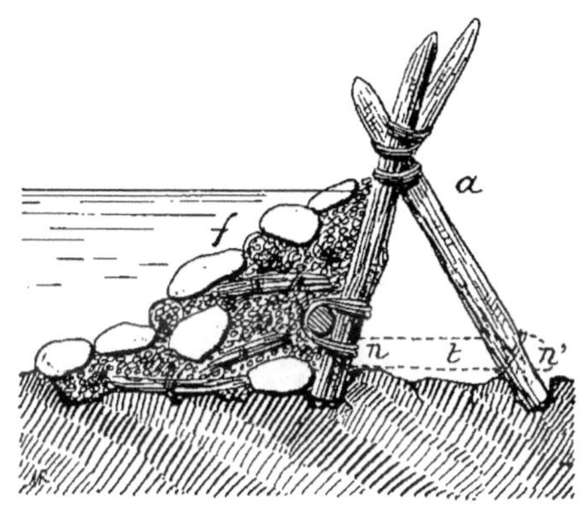

Fig. 314. — Coupe transversale d'un barrage temporaire.

trépieds *a* (fig. 314) arc-boutés dans les anfractuosités *n*, *n'* du lit et, au besoin, consolidés par des traverses *t* ; ces trépieds sont garnis en amont de fascines, de fagots *f* recouverts de pierres, de sable ou de terre [1]. Mais ce procédé nous semble demander beaucoup de peines, et il y aura lieu de voir s'il n'est pas plus sage de recourir à d'autres dispositions plus durables, comme, par exemple, l'ouverture d'un large canal latéral C (fig. 315)

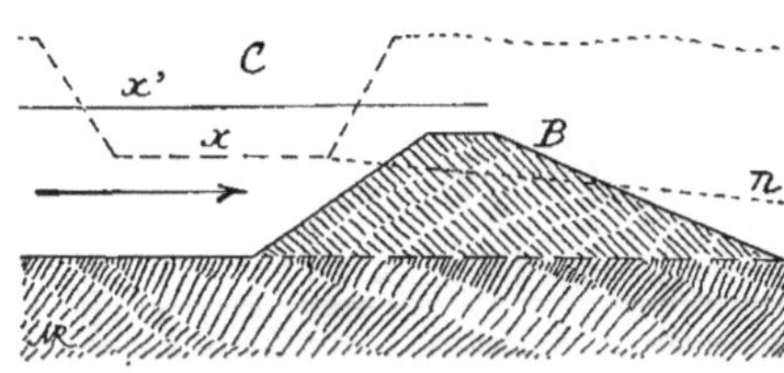

Fig. 315. — Déversoir latéral.

permettant d'écouler une partie de l'eau d'une crue *x'*, lequel canal, à section suffisante, jouant le rôle d'un *déversoir* à partir du niveau *x*, déboucherait vers *n*, en aval du barrage B. Les parois de ce canal seront consolidées par des enrochements, des fascines ou

1. Quand la terre est friable, on peut la loger dans des *gabions*, dans de vieux sacs en toile ou en sparterie ; aux travaux de construction de la digue d'Assouan, sur le Nil, on fit un barrage provisoire avec des sacs remplis de sable et empilés les uns sur les autres.

des clayonnages qu'on remettrait en état après chaque crue, ainsi
que le barrage B qui subit forcément des dégradations; en un mot
ici, comme pour tous les ouvrages d'Hydraulique, l'entretien doit
être constant.

Nous n'avons considéré jusqu'à présent que des cours d'eau s'écoulant à l'air libre, mais nous savons que, dans les vallées, des nappes
souterraines N et N' (fig. 316) viennent converger vers le thalweg
F, car une galerie P ou un puits s', ne fournissent pas de l'eau de la rivière F, mais l'eau des nappes N ou N' lesquelles, généralement, n'ont pas la même composition chimique. En dessous du cours d'eau visible, F, se trouve toujours un *cours*

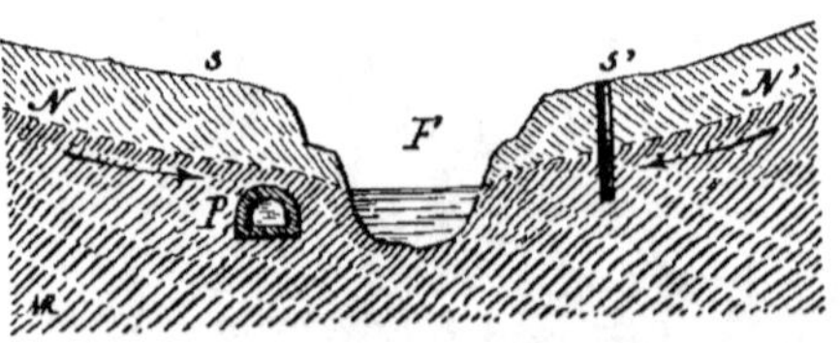

Fig. 316. — Écoulement des nappes souterraines
dans un cours d'eau.

d'eau souterrain à grande section, à grande masse d'eau animée
d'une faible vitesse, mais déplaçant comme l'autre des matières
solides et ayant, comme lui, des crues et des étiages présentant
toutefois un certain retard sur les crues et les étiages du cours
d'eau apparent.

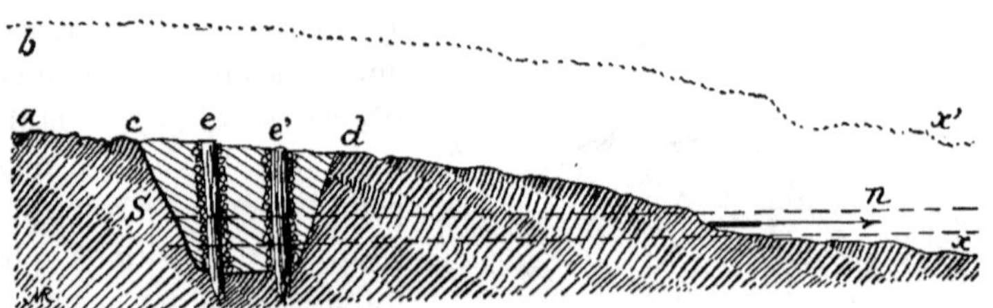

Fig. 317. — Coupe transversale d'un barrage souterrain.

Le cours N N' (fig. 316) peut exister sans qu'il y ait d'eau visible
dans le chenal F : tel est le cas des nombreux oueds de l'Afrique
septentrionale, qui n'ont souvent un peu d'eau à l'air libre que
pendant quelques jours de l'année ; les nomades savent très bien
qu'il suffit de creuser au milieu d'un oued à sec pour trouver, à une
certaine profondeur, l'eau qui leur est nécessaire ; cela a été mis à
profit par les Arabes d'autrefois pour établir des *barrages souter-
rains* de la façon suivante, qu'on pourra appliquer dans certains cas.
Soit (fig. 317), suivant une coupe en long, le fond $a\,x$ d'une dépres-

sion ou d'un oued dont les berges sont en $b\,x'$; on creuse une tranchée transversale $c\,d$, dans laquelle on fiche des troncs de palmiers c, c', garnis de clayonnages ou de sparterie entre lesquels on tasse fortement de la terre fine dépourvue de cailloux ; l'ouvrage terminé ne laisse rien d'apparent, sinon que l'eau souterraine S vient sourdre entre les points a et c pour se perdre dans le sol entre d et x ; on crée ainsi une sorte de mare ou de flaque d'eau. D'autres fois on a construit un aqueduc souterrain n, à faible pente, qui conduit les eaux à une fontaine établie bien en aval. Dans le dernier cas, l'ordre d'exécution des travaux est : 1° construction de l'aqueduc n en commençant par l'aval ; 2° ouverture de la tranchée $c\,d$; 3° construction du barrage $c\,c'$; 4° fermeture des tranchées $c\,c$ et $e'\,d$; on voit qu'une étude préalable, avec nivellements, est nécessaire et il est bon de faire des observations sur la variation de la hauteur du plan d'eau dans un trou de sondage, garni d'un tube, et percé verticalement au point c choisi pour l'établissement du barrage souterrain. On retrouve, dans le nord de l'Afrique, de semblables ouvrages très importants qu'on suppose avoir été établis par les Maures, et qui ont péri faute d'entretien.

On peut très souvent confectionner le barrage $c\,d$ (fig. 317) en terre très argileuse bien pilonnée sans employer les bois e et e' : avoir soin que le pied de l'ouvrage s'encastre le plus possible dans le fond imperméable (appliquer ici les notes données plus loin à propos des *Réservoirs*). En c on peut construire un puits qui sera alimenté par la nappe souterraine. Enfin, on n'a quelquefois à sa disposition que des eaux limoneuses pour l'alimentation des hommes et des animaux d'une exploitation ; tel est le cas lorsqu'on doit utiliser des oueds qui charrient des eaux troubles, d'une façon permanente ou temporaire ; on pourra établir soit une galerie filtrante, analogue à celle représentée en P dans la figure 316 ou des *fontanili* dont nous parlerons dans un instant à propos des *Sources*, soit un ou plusieurs *puits s'* (fig. 316) (puits ordinaires ou système connu sous le nom de *puits instantané* (voir plus loin le chapitre consacré aux *Puits*).

Captage des Sources.

La théorie, la recherche et le captage des sources sont connus et nous n'avons pas à y insister ici, les mêmes règles étant applicables dans tous les pays [1] ; rappelons qu'il est facile de trouver la *nappe souterraine* dans les terrains garnis d'une végétation spontanée, herbacée ou ligneuse ; on pourra, suivant les cas, adopter le principe des *fontanili*, des *galeries filtrantes*, des *aqueducs* ou *drains de captage*, etc.

Pour recueillir les eaux de suintement on peut suivre la méthode des *fontanili* du Milanais. On creuse, à la fin de la saison sèche, suivant une ligne de niveau, une tranchée A (fig. 318) dont le plafond entame un peu la couche non filtrante *n* : la tranchée A a 1ᵐ50 à 2 mètres de largeur au plafond et ses talus sont inclinés à 1 ou 1,5 de base pour 1 de hauteur. A la fin de la saison pluvieuse, on observe et on marque les endroits où il se produit des suintements ou des petits bouillonnements d'eau : à chacun de ces points on place verticalement un tonneau B dont le fond, percé de trous, est garni de mousse ; un couvercle ou une pierre plate ferme le tonneau qui joue le rôle de regard-réservoir : tous les tonneaux sont réunis par un canal souterrain C (une pierre plate *p* en

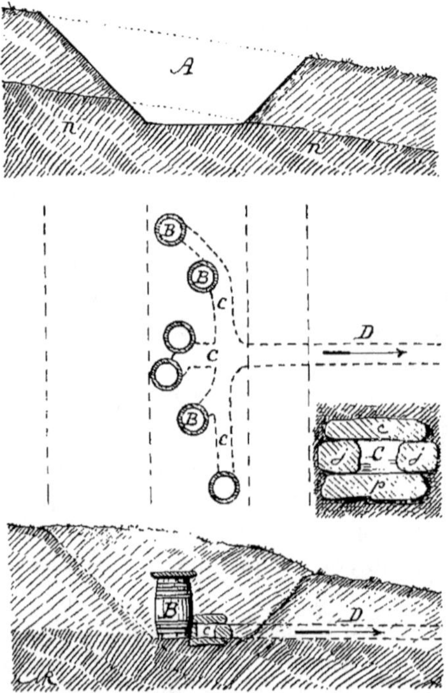

Fig. 318. — Coupes et plan d'un fontanili.

plafond ou *radier*, deux, *j*, en *jambages* ou *pied-droits* et une *c* en *chapeau*) se raccordant avec le collecteur D à faible pente (un demi-millimètre par mètre) débouchant en aval à la surface du sol. — Pour des travaux durables, on remplacera les tonneaux B de la figure 318 par des regards en pierres garnies de terre glaise.

Les *galeries filtrantes*, les *aqueducs* et les *drains de captage* sont

1. *Captage des sources* : *Journal d'Agriculture pratique*, 1902, 2 octobre, p. 441, et 9 octobre, p. 474.

établis en pierres sèches sur les mêmes principes que les drains qui seront étudiés plus loin, dans la partie du Cours relative à l'*Assainissement des terres* ; la seule différence réside dans l'affectation de ces ouvrages : au lieu de recueillir et d'évacuer des eaux nuisibles, on leur demande de capter les eaux d'une nappe souterraine pour les conduire en un point plus bas où elles doivent être utilisées.

Les *feggaguir*[1] de l'Algérie présentent beaucoup d'analogies avec les fontanili : « A l'oasis d'El-Goléa, une *foggara*, c'est-à-dire une galerie souterraine de drainage recueillant les eaux d'une série de puits le long de son parcours, (de 8 à 10 kilomètres), part de la lisière des grandes dunes, à l'ouest, et s'écoule vers l'oasis, à l'est[2] ».

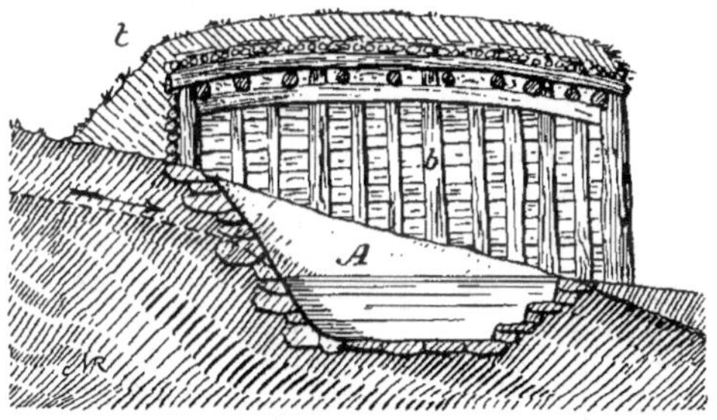

Fig. 319. — Coupe verticale d'une chambre d'eau.

Les galeries souterraines dont il vient d'être question sont établies sur le principe des *drains* que nous examinerons plus tard (*Assainissement des terres*).

Il convient de réunir les eaux captées dans une *chambre d'eau* ; cette dernière peut consister en un petit réservoir en terre A (fig. 319) maintenu par des perrés ou, au besoin, par des clayonnages, et recouvert de charpentes en bois *b* garnies de terre *t*, afin que l'eau reste fraîche et à l'abri des poussières.

---

1. Pluriel de *foggara*.
2. Georges Rolland, *Hydrologie du Sahara algérien*, p. 29.

Puits.

Quand la nappe souterraine $n\ n'$ (fig. 320) est située à une trop grande profondeur[1], on la rejoint par un conduit à axe vertical ou *puits* A. Des puits voisins A, B et C peuvent avoir des profondeurs très différentes tout en étant alimentés par la même nappe $n\ n'$; le *nivellement*, y, y', y'', des puits ne doit donc pas s'effectuer à partir de la surface $s\ s'$ du sol, mais bien d'un *plan de rapport ox* ; de cette façon, on peut mesurer la pente d'une nappe $n\ n'$, afin de pouvoir évaluer approximativement la profondeur d'un nouveau puits qu'on compte établir en un endroit voulu sur cette nappe.

Autant que possible, on creuse les puits pendant la période d'étiage de la nappe qui les alimente ; dans le cas contraire l'ouvrage sera exécuté en deux fois, en prévoyant un approfondissement à faire lors d'une année très sèche.

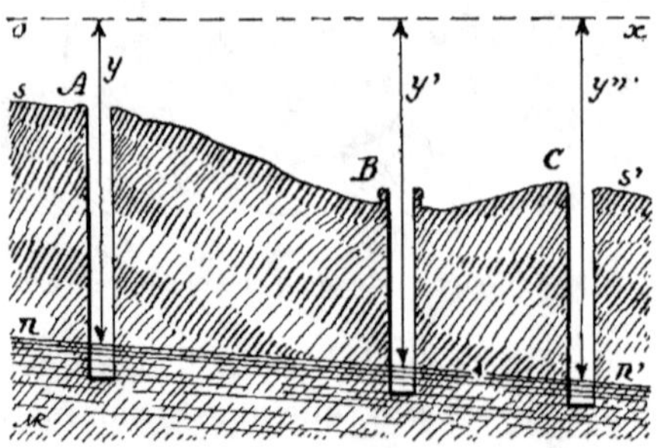

Fig. 320. — Nivellement de la nappe d'eau des puits.

Souvent, dans les terrains très consistants, on ouvre le puits jusqu'à la couche aquifère, en le boisant soigneusement sur toute sa hauteur ; arrivé à la nappe, l'ouvrier travaille dans l'eau et creuse encore, au moins à 1 mètre de profondeur ; puis il maçonne les parois en remontant jusqu'au niveau du sol, où l'on termine l'ouvrage par une *margelle*.

La partie inférieure de la maçonnerie d'un puits doit être en pierres sèches, ou présenter des vides (*barbacanes*) par lesquels l'eau de la nappe pénètre dans le puits ; c'est au-dessus du niveau

---

1. Dans l'extrême sud Algérien, la végétation permet de jalonner la nappe souterraine : les lauriers-roses et les palmiers indiquent la présence de l'eau à moins de 5 mètres de profondeur.

du plan d'eau qu'on exécute la maçonnerie à mortier hydraulique qu'il convient de soigner, sinon elle se dégrade et tombe après un certain temps. — Si l'on ne peut pas faire de maçonnerie, il faut établir un solide *boisage*.

A la place d'une maçonnerie ordinaire (moellons et mortier) on peut établir la paroi en *ciment armé*. — Au Sénégal, d'après le capitaine Friry[1], on a fait ainsi des puits de 1 m 35 de diamètre et de 40 mètres de profondeur, à raison d'une quarantaine de francs par mètre d'enfoncement; pour construire ces puits on creuse d'un mètre environ, on pose le treillis de gros fils de fer (espacés de 0 m 10, les uns verticalement, suivant les génératrices, les autres horizontalement selon des cercles parallèles) et on cimente la paroi sur une épaisseur de 0 m 05 ; puis on creuse à nouveau d'un mètre pour construire un autre anneau en ciment, raccordé avec le précédent dont on a laissé libre, de 0 m 10, les bouts inférieurs des fers verticaux ; par mètre courant, on a employé : 10 kilog. de fil de fer, 200 kilog. de ciment et du sable qu'on a trouvé généralement à proximité.

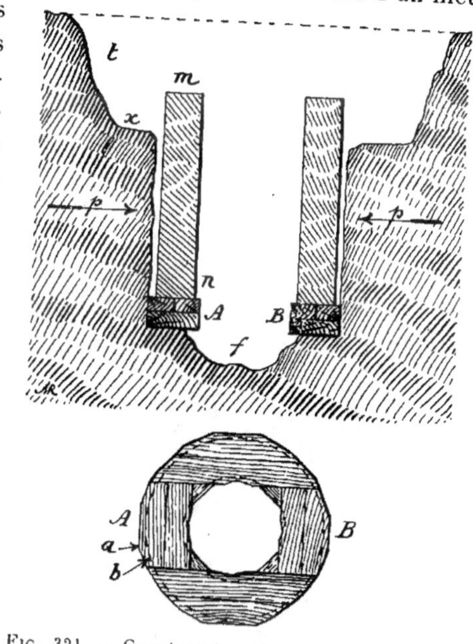

FIG. 321. — Construction d'un puits sur un rouet
(Coupe verticale et plan).

Dans la méthode dite *indienne*, on établit sur le sol, ou mieux dans le fond d'une tranchée *t* (fig. 321), un solide cadre A B en charpente, appelé *rouet*, confectionné avec des pièces en bois dur de 0 m 30 × 0 m 15 d'équarrissage ; on a soin, comme l'indique le plan, que le profil extérieur *a* du rouet soit un peu plus grand que le profil extérieur *b* de la maçonnerie *n m* du puits. Un ouvrier, placé sur le sol *x*, construit sur le rouet la maçonnerie *n m*, pendant qu'un autre, au fond *f* du puits, déblaye en dessous du rouet A B,

1. *Revue du Génie*, juin 1906.

qui doit s'enfoncer bien d'aplomb : aussi ce procédé est-il surtout
employé dans les sols faciles, mais non noyés, qui n'opposent pas
une grande résistance au travail du terrassier. Au delà d'une certaine profondeur, la maçonnerie $n\,m$ ne descend plus par suite des
déplacements des terres, ces dernières exerçant des pressions horizontales p souvent considérables : on continue alors le puits avec un
autre rouet de plus petit diamètre placé à l'intérieur du précédent.
— Quand on n'a aucun document au sujet de la profondeur probable du puits et de la na-
ture des sols à traverser,
il est recommandable de
faire la tranchée t aussi
profonde que possible.

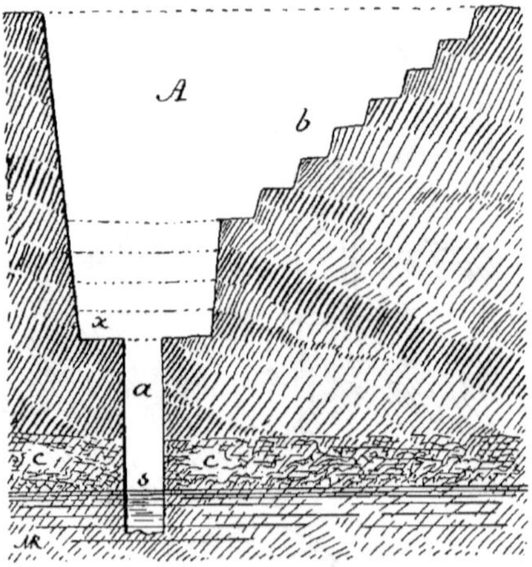

Les puits ont générale-
ment de 1 mètre à $1^m 30$
de diamètre intérieur et la
maçonnerie a $0^m 50$ d'épaisseur. Dans certaines ré-
gions (sud Algérien) il
faut protéger les puits des
ensablements produits par
le vent, en les terminant
par une construction en
maçonnerie ou en bois
(comme celle de la figure

Fig. 322. — Coupe verticale d'un puits arabe.

319) pourvue d'une porte sur le côté opposé au vent régnant ; on
disposera à l'extérieur une auge ou abreuvoir.

Rappelons que les puits doivent toujours être maintenus en bon
état de propreté, ce dont les indigènes n'ont aucun souci.

Dans beaucoup de cas on ne peut pas songer à maçonner les
puits sur toute leur hauteur, par suite du manque de matériaux ou
même d'ouvriers capables ; il y a lieu d'utiliser les procédés des
Arabes et des Hébreux en creusant, aussi profond que possible, un
grand trou A (fig. 322) à section horizontale rectangulaire ou carrée
dont un des côtés est taillé en escalier b : le puits proprement dit est
alors ouvert en a sur une petite profondeur, jusqu'à la rencontre de la
nappe souterraine s qu'on cherche à atteindre lors de son étiage, c'est-
à-dire à la fin des mois chauds et secs ; le puits a est boisé et les talus
de A sont consolidés de diverses façons. Certains puits algériens ont

ainsi 25 à 30 mètres de profondeur, dont plus des trois quarts pour la partie A, laquelle, au plan *r*, a souvent de 2 à 3 mètres de côté ; quelquefois la nappe *s* se trouve en dessous d'une couche *c* très dure à percer : pour approfondir le puits *a* les ouvriers, auxquels on attache une lourde pierre à la ceinture, sont descendus à la corde : ils travaillent quelques instants sous l'eau (jusqu'à 2 et 3 minutes), grattent le fond, chargent le déblai dans un couffin, sont remontés par leurs camarades et remplacés par d'autres. En Algérie, ces ouvriers spéciaux forment une sorte de corporation religieuse de puisatiers ou plongeurs (appelés *r'tass*) qu'on fait venir de très loin.

Le colon peut très bien effectuer lui-même ce qu'on désigne sous les noms de *puits instantanés*, *puits Norton*, *puits Piloy* ou *puits abyssins*, car ils ont été utilisés par les Anglais lors de leur expédition de 1867-1868 en Abyssinie ; ces puits sont très recommandables pour des profondeurs ne dépassant pas 7 mètres et lorsque le sol à traverser ne renferme pas des couches rocheuses. Dans le modèle actuel, le tuyau d'aspiration, percé de trous sur une certaine hauteur, est garni d'une pointe en acier : il reçoit à sa partie supérieure A (fig. 323) une chape à deux poulies sur lesquelles passent les cordes de manœuvre attachées au

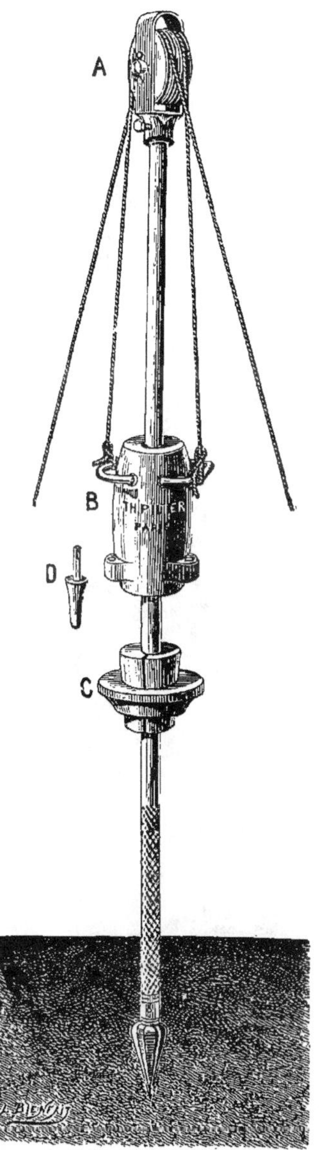

Fig. 323. — Matériel de puits instantanés Piller.

mouton B, en fonte ; on place sur le tube, à la hauteur voulue, un

coin en deux pièces maintenues par un collier C : deux hommes,
tirant sur les cordes, soulèvent le mouton B et le laissent tomber
sur les coins C ; le tuyau s'enfonce ainsi, puis on raccorde à son
extrémité un autre tube, avec un manchon, jusqu'à ce qu'on ait
atteint la profondeur désirée. — Au lieu
d'enfoncer le tube à partir de la surface du
sol naturel, il est préférable de le faire
du fond d'un avant-trou creusé de 0^{m}30 à
0^{m}50. — Sur les premiers cinquante centimètres d'enfoncement, entre chaque coup
de mouton, on vérifie, au fil à plomb, la
verticalité du tube afin de pouvoir, en
cas de besoin, le redresser en le déviant
avec une corde tirée horizontalement dans
une certaine direction. — Pour retirer le
coin C (fig. 323), on fixe dans les oreilles
inférieures du mouton B deux broches D,
lesquelles, en frappant la couronne C,
laissent tomber les coins. Lorsqu'on a
atteint la nappe N (fig. 324), on visse à la
partie supérieure du tube t une petite
pompe aspirante P qu'on consolide par un
socle S ; au début, on doit pomper fortement pour enlever le sable afin de former,
à l'aspiration, une *chambre d'eau* A ; ce
n'est qu'après quelque temps que l'eau
fournie par la pompe P est limpide. (Les
poids du matériel sont de 50 kilog. pour
le mouton, 15 kilog. pour la chape à 2
poulies et 18 à 20 kilog. pour les coins
et le collier ; les tubes employés ont de
24 à 38 millimètres de diamètre intérieur
et pèsent de 3 kil. 50 à 6 kilog. le mètre
courant.)

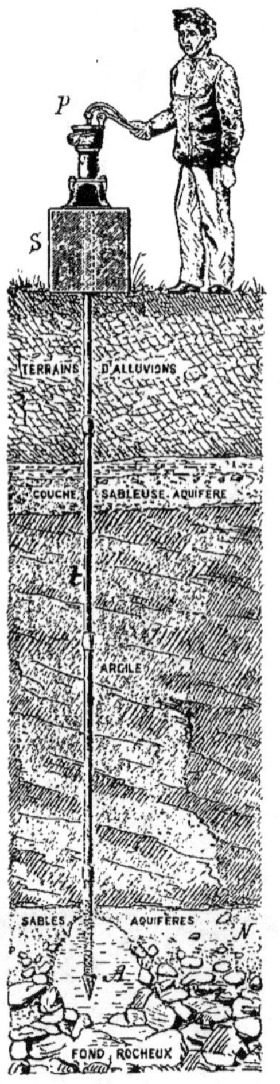

Fig. 324. — Coupe verticale
d'un puits instantané.

Ces tubes en acier peuvent être enfoncés dans le fond d'un grand puits ordi-
naire, comme nous en avons proposé, en 1901, l'application en
Syrie pour rejoindre, à 10 ou 15 mètres de profondeur, une
nappe capable de fournir l'eau nécessaire à l'arrosage d'orangers :

le puits P (fig. 325), de 0^{m}80 de diamètre intérieur, est creusé par les procédés habituels jusqu'à 7 ou 9 mètres en dessous du niveau du sol x, puis prolongé par un tube t en acier, pénétrant d'un mètre environ dans la couche aquifère n ; après l'exécution du travail, la partie supérieure du tube t est raccordée avec une pompe A, aspirante et élévatoire, mue par un manège ou un moteur à pétrole placé sur le sol x (la hauteur d'aspiration h a été limitée à 7 mètres). — On a pu supprimer le puits en maçonnerie et le remplacer par un gros tube métallique A (fig. 326) enfoncé à 15 mètres de profondeur ; ce tube est percé de trous dans sa zone inférieure pénétrant d'environ un mètre dans la nappe souterraine n ; la partie supérieure du tube A, arasée au niveau du sol, est pourvue d'une embase x sur laquelle on place le mécanisme B raccordé au tuyau de refoulement r au bas duquel est fixée la pompe élévatoire P, la tige y du piston passant dans le tuyau r pour s'articuler à la bielle et au plateau manivelle logés en B. — (A la place de la pompe P B (fig. 326) on peut avoir recours

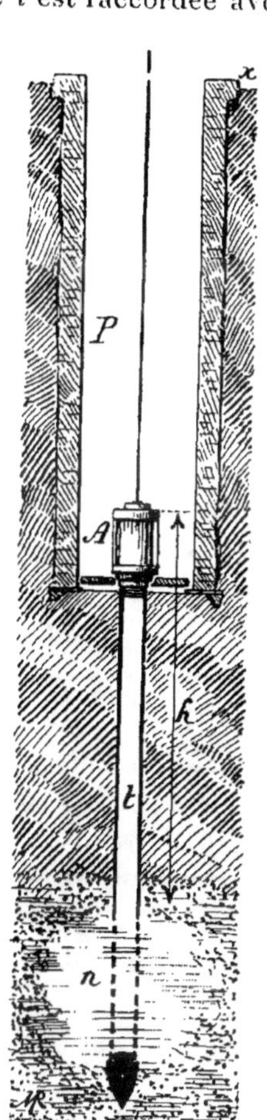
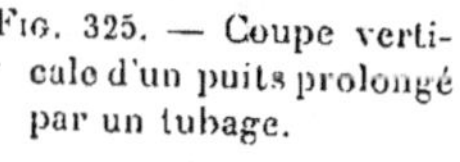

Fig. 325. — Coupe verticale d'un puits prolongé par un tubage.

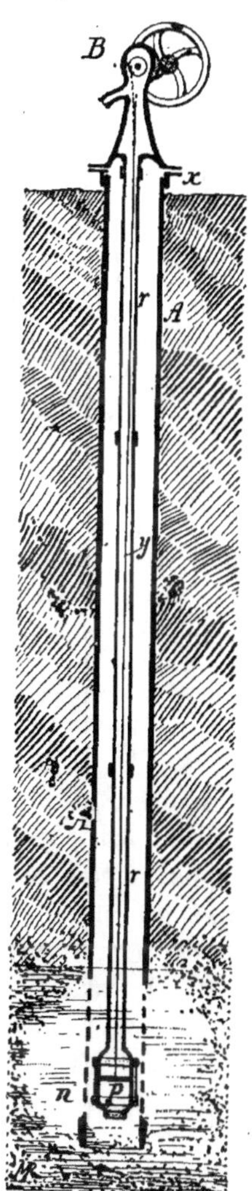

Fig. 326. — Coupe verticale d'un puits tubé pourvu d'une pompe élévatoire.

à un élévateur d'eau par l'air comprimé, que nous examinerons à propos des machines employées pour l'*élévation des eaux*).

Le tube A (fig. 326) est enfoncé avec le matériel ordinaire employé dans les travaux de sondages, sur lesquels il y a lieu de nous arrêter un instant.

Sondages.

Nous ne rappellerons pas la théorie des *puits artésiens* [1], laquelle, d'ailleurs, est la même pour tous les pays.

Un des plus grands bienfaits de notre Administration en Algérie, à partir de 1856, deux ans après la pacification, a été l'établissement de nombreux puits artésiens exécutés avec un matériel perfectionné. Ainsi, pour la région de Tougourt, les statistiques [2] donnent les chiffres suivants :

	En 1856	En 1880
Nombre d'habitants	6.672	12.827
— d'oasis	31	37
— de palmiers	359.300	517.563
— d'arbres fruitiers	40.000	90.000
— de puits artésiens arabes [3]	282	434
— de behours	21	16
— de puits artésiens français	0	59
— de litres d'eau par minute	52.767	124.916

Selon M. Jus, dans le Hodna (Sahara de Constantine), on a fait, de 1856 à 1882, plus de 22 kilomètres de sondages; on a obtenu 270 nappes d'eau ascendantes et 352 nappes jaillissantes donnant ensemble un débit de 210 mètres cubes d'eau par minute.

D'après M. Ville, dans les régions du Hodna et de Biskra, les puits, de 80 à 175 mètres de profondeur, sont revenus en moyenne de 70 à 90 francs le mètre courant, non compris les frais du transport du matériel (à dos de dromadaires); tous ces puits sont tubés et le diamètre des tubes en fer varie de $0^m 30$ (à la surface du sol) à $0^m 12$ (au fond du forage).

Dans le sud de l'État de Californie, il y a plus de 3.500 puits artésiens, de 30 à 70 mètres de profondeur, dont les eaux sont des-

---

1. *Puits artésiens* : *Journal d'Agriculture pratique*, 1906, 15 novembre p. 622.

2. A. Daubrée : *Les eaux souterraines à l'époque actuelle.*

3. Ebn-Khaldoun, écrivain arabe du XIVe siècle, fait mention des puits jaillissants qui existaient déjà dans l'Oued-Rir'.

tinées à l'alimentation des exploitations agricoles et à l'irrigation des cultures.

L'exécution des grands sondages nécessite un matériel assez coûteux et des chefs de chantier expérimentés ; ces puits pourraient être exécutés dans nos colonies par des entrepreneurs qu'on aurait, au besoin, intérêt à subventionner pendant les premières années de leur établissement ; sinon l'Administration locale pourrait en confier la mission à des Officiers du Génie au courant de la technique de ces travaux relativement simples, qui demandent surtout beaucoup de précautions ; — dans cet ordre d'idées nous n'avons pas, dans ce Cours, à nous occuper des grands sondages et il nous suffira de rappeler sommairement le matériel et les procédés applicables à des puits dont la profondeur ne dépasse pas beaucoup 40 ou 50 mètres.

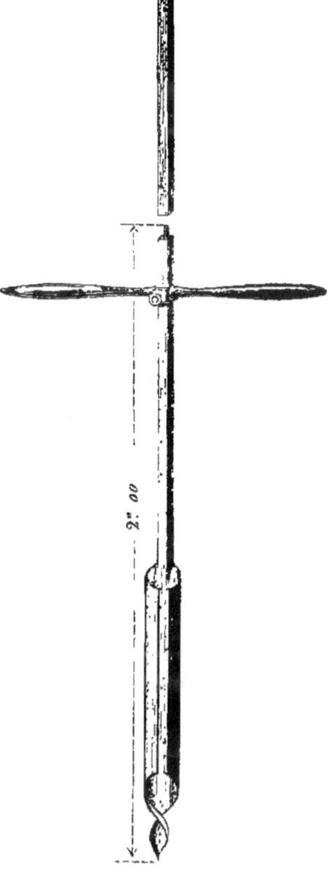

Fig. 327. — Sonde de Palissy.

Fig. 328. — Sonde de Palissy à rallonge.

Pour les sondages de 2 mètres on utilise ce qu'on appelle la *sonde de Palissy*[1], dont le petit modèle se compose d'une tarière (fig. 327) de 0^m04 de diamètre, solidaire d'une tige et d'un tourne-à-gauche ; pour des profondeurs de 2 à 8 mètres, on emploie une sonde dite à *rallonge* (fig. 328) dont le tourne-à-gauche peut coulisser le long de la tige carrée et se fixer, à la hauteur voulue, avec une vis de pression.

1. Bernard Palissy (1510-1590) a indiqué cette tarière.

Suivant les roches à traverser, on utilise comme pièce travaillante: pour les terres franches, une *tarière à mèche* (fig. 329) ; — pour les marnes, les terres glaises, les sables secs, une *tarière à langue rubanée* (fig. 327); — pour les terres très fortes et compactes, une *tarière à langue américaine* (fig. 328).

Avant d'enfoncer la sonde on tasse bien le sol un peu arrosé, ou on creuse, à la pioche, un avant-trou jusqu'à la rencontre du terrain solide, afin que les bords du trou ne puissent s'ébouler ; de même, on peut se garantir des petits éboulements en posant sur le sol quelques planches clouées à deux traverses de 0^m 60 à 0^m 80 de longueur ; ce plancher est percé d'un trou dont le diamètre est un peu plus grand que celui des tarières.

Par un mouvement de rotation, dans le plan horizontal, on fait pénétrer la tarière de 0^m 15 à 0^m 30, tout en la soulevant un peu de temps à autre pour s'assurer qu'elle reste toujours libre ; puis on la retire pour en dégager la terre qu'elle a découpée.

A la rencontre de roches on remplace la tarière par un trépan (comme ceux que nous examinerons dans un instant) et on agit par chocs successifs : on soulève la sonde de 0^m 25 à 0^m 30, et on la laisse retomber de

Fig. 329. — Tarière à mèche.

tout son poids en ayant soin de donner une légère rotation à chaque coup de sonde.

Avec des rallonges de 1 à 2 mètres de longueur (fig. 328) vissées les unes au bout des autres, on peut, par ce procédé simple, descendre jusqu'à 4 mètres dans les terrains difficiles et, exceptionnellement, jusqu'à 7 et 8 mètres de profondeur ; au-delà il faut avoir recours au procédé et au matériel suivants :

En principe, à l'endroit choisi pour le forage (d'après une étude géologique du pays, sur laquelle nous ne pouvons nous arrêter) on ouvre une fosse A (fig. 330) dont on consolide les parois par un boisage ; on se contente souvent d'un simple décapage superficiel, mais on a intérêt, pour faciliter les manœuvres ultérieures, de donner à cette fosse jusqu'à 2 et 4 mètres de profondeur et 2 m à 2^m 50 de côté ; on la ferme par un plancher *x*, de madriers jointifs assez forts pour pouvoir supporter les ouvriers et la sonde ; il évite la chute d'outils dans le forage ; le fond de la fosse A est également garni d'un solide plancher x' auquel on fixe, par des pattes ou un collier, un *tube conducteur* B destiné à servir de *guide* pour l'exécution du forage d. Le tube conducteur, ordinairement en fonte, a un mètre environ de longueur ; il est très soigneusement calé avec des pierres pilonnées, des bois, etc. (lorsqu'on n'ouvre pas de fosse A, le plancher x' de la fig. 330 est posé directement sur le sol naturel et reçoit, comme précédemment, le tube conducteur). Le tube B

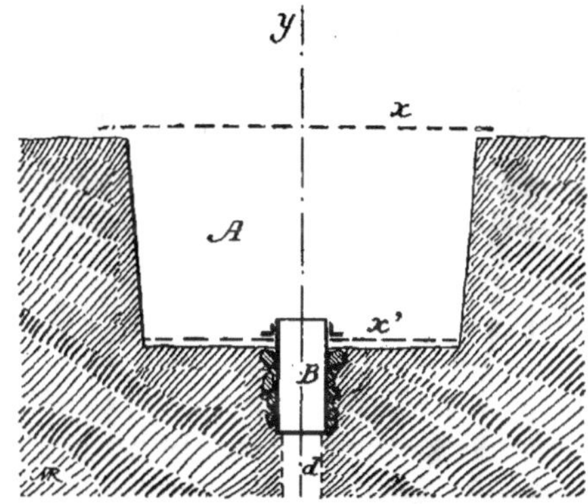

Fig. 330. — Coupe verticale d'une fosse de sondage.

doit être bien d'aplomb, suivant l'axe y du forage d (pour ce motif on doit mettre préalablement en place la *chèvre* dont nous parlerons plus loin et dont la corde de manœuvre sert de fil-à-plomb). On a intérêt à donner au guide B le plus grand diamètre possible, car le diamètre du forage diminue au fur et à mesure que la profondeur augmente (généralement le diamètre diminue tous les 10 à 30 mètres suivant la nature des terrains traversés).

Le problème revient alors à percer un trou d (fig. 330) à section circulaire ; — pour cela on se sert d'un outil appuyant par son poids et travaillant par rotation (*tarière*), ou d'une pièce agissant par percussion (*trépan*) qu'une corde élève à une hauteur variant de 0^m20 à 0^m40 puis qu'on abandonne à elle-même ; en tombant, le trépan désagrège les roches qu'il rencontre sur une épaisseur dépendant de son poids et de leur résistance ; — dans l'intervalle de deux chutes successives, le trépan, dont la pièce travaillante n'agit que suivant un diamètre du trou, doit être tourné horizontalement d'un certain angle (un sixième à un dixième de tour), à l'aide

d'un *tourne-à-gauche*, afin qu'il ne retombe pas au même point ; de
suite après la chute et avant la relevée de l'outil, le chef-ouvrier
force sur le tourne-à-gauche pour faire tourner un peu le trépan afin
d'éclater la roche et pour resserrer les assemblages à vis des rallonges dont nous parlerons tout à l'heure ; — pour faciliter la désa-
grégation des roches et éviter l'échauffement de l'outil (qui pourrait
se détremper) on maintient une petite couche d'eau dans le fond du
trou ; les détritus se réduisent ainsi en boue ; — on s'assure continuellement que l'outil reste libre dans le forage, qu'il n'est pas
bloqué, par exemple, par la
chute de matériaux détachés
de la paroi, ou qu'il n'est
pas coincé par un déplacement horizontal des roches
travaillées ; cela est surtout
important lorsqu'on traverse
certains terrains, comme les
argiles et les marnes, qui
foisonnent rapidement au
contact de l'air ou de l'eau ;
quand on a creusé d'une certaine quantité (0^{m}20 à 0^{m}40)
on retire le trépan et on le
remplace par une *cuiller*
chargée de recueillir et d'enlever la boue ou les déblais

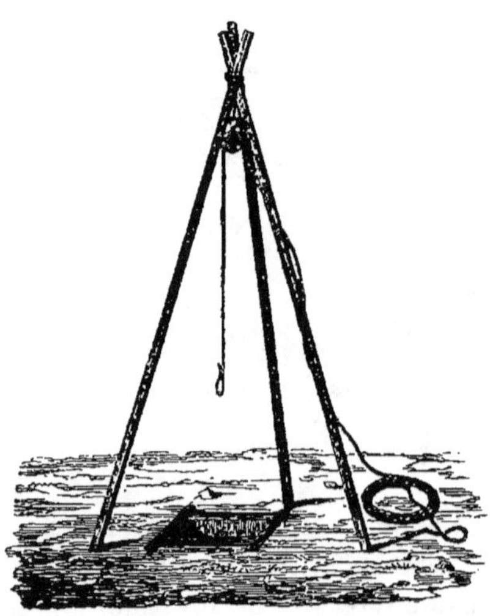

Fig. 331. — Chèvre.

ameublis ; puis on recommence au trépan ; — au fur et à mesure
que la profondeur du forage augmente, on allonge la tige de manœuvre à l'aide de pièces ou tiges assemblées les unes au bout
des autres, les hommes restant toujours sur le niveau x (fig. 330).

Tels sont, en résumé, les principes des diverses opérations successives que nécessite l'exécution d'un sondage : c'est un travail méti-
culeux plutôt que difficile, la pratique montrant très rapidement le
genre de tarière ou de trépan à employer pour le passage des différentes roches.

Pour de petits forages, jusqu'à 10 et 20 mètres au plus, on ins-
talle une simple *chèvre* (fig. 331) de 3 à 4 mètres de hauteur, pourvue à sa partie supérieure d'une poulie ordinaire sur laquelle passe
la corde de manœuvre ; les pieds de la chèvre doivent être, dès le

début, bien solidement fixés en terre afin qu'elle ne se déplace pas dans le cours du travail.

Quand on emploie des tarières, la corde, retenue, ne doit pas être tendue ; elle ne sert que pour soulever l'outil de temps à autre ; lors du travail au trépan (dont nous parlerons dans un instant), la manœuvre de la corde se fait *à la tiraude*, c'est-à-dire qu'un ouvrier la tire à lui de façon à élever verticalement l'outil de 0 ^{m} 20 à 0 ^{m} 40 environ, puis, sans l'abandonner, il lui donne brusquement du *lâche* afin que la tige devienne libre et que l'outil puisse agir sur la roche par percussion.

Les outils principaux sont les suivants :

Dans les marnes, les argiles et les sables, une *tarière à talon* ou *mouche* (encore appelée *mèche*) formant *gouge* (fig. 329), ou une *tarière rubanée*, à *langue* (fig. 332) ; ces outils reposent sur le fond du trou sur lequel ils appuient de tout le poids de la sonde, et on les fait pénétrer par un mouvement de rotation donné à l'aide d'un ou de deux tourne-à-gauche ; tous les tours ou tous les deux tours on remonte un peu la tarière pour s'assurer qu'elle reste toujours libre, dans le sens vertical, sans être bloquée par la pression des parois ou par la chute de matériaux, puis on la redescend. Lorsqu'on traverse des sables maigres et ébouleux, on consolide le forage en jetant, dans le trou, des boulettes d'argile que l'outil malaxe avec le sable en donnant un peu de consistance aux parois.

Fig. 332. — Tarière rubanée.

Fig. 333. — Trépan à téton.

Dans les roches, on emploie un *trépan* ou *casse-pierre* dont le tranchant, ou *taillant*, est *droit* ou à *téton* (fig. 333) ; il est bon de se servir alternativement de ces deux outils ; le taillant, en acier, a une longueur de 0 ^{m} 005 à 0 ^{m} 010 de plus que le diamètre extérieur des manchons des tuyaux à enfoncer ensuite dans le forage. Les tré-

Fig. 334. — Tige ou rallonge de sonde.

pans agissent par percussion : on les remonte de 0ᵐ 20 à 0ᵐ 40 au plus pour les laisser retomber de leur poids ; il vaut bien mieux réduire la hauteur de chute et augmenter le nombre de coups de trépan par minute ; dans l'intervalle de deux chutes on tourne horizontalement le trépan comme nous l'avons déjà indiqué.

Les différents outils sont reliés à des *tiges* ou *rallonges de sonde* (fig. 334) ; ce sont des barres de fer, à section carrée, ayant 1, 2, 3 ou 4 mètres de longueur. Le tableau suivant donne les dimensions des tiges de sonde (ou *calibres*) suivant la profondeur et le diamètre des forages :

Côté du carré de la tige (millim.).	FORAGE.	
	profondeur (mètres)	diamètre (millim.)
20	10 à 15	80 à 100
25	25 à 30	80 à 140
30	40 à 50	80 à 150
35	60 à 70	80 à 200

La tige de sonde doit former un ensemble rigide depuis la pointe de l'outil (fig. 332 ou 333) jusqu'à 1 mètre ou 1ᵐ 50 au-dessus du niveau du sol. L'assemblage des différentes pièces se fait à vis, avec emmanchement mâle à une extrémité et emmanchement femelle à l'autre ; pour assurer le serrage, sans risquer d'abîmer les filets, on fait deux ou trois tours de corde à la base de chaque vis de l'emmanchement mâle.

En vue de réduire les temps de montage et de démontage de la tige de sonde, on a intérêt à employer de longues rallonges (2 à 4 mètres), diminuant le nombre de joints à vis, mais il faut disposer de quelques rallonges courtes (1 et 2 mètres) qu'on remplace par des longues dès que la profondeur du forage a augmenté.

Pour les grandes profondeurs, la tige de sonde, afin d'être plus légère, peut comprendre deux séries de rallonges, une de gros calibre en bas, l'autre de plus petite section à la partie supérieure.

A la dernière rallonge on visse la *tête de sonde* (fig. 335) dont l'anneau, libre dans le plan horizontal, s'accroche à l'*esse* (fig. 336) de la corde ou de la chaîne de manœuvre.

A un mètre environ au-dessus du niveau du sol, la dernière tige reçoit un *tourne-à-gauche* en bois (fig. 337) ou en fer (fig. 338); souvent, au tourne-à-gauche en bois, qui se fixe à la hauteur voulue par une vis de pression, on superpose un tourne-à-gauche à simple manche (fig. 339) permettant ainsi à deux hommes d'agir sur les tarières pour leur donner le mouvement de rotation.

Fig. 335.
Tête de
sonde.

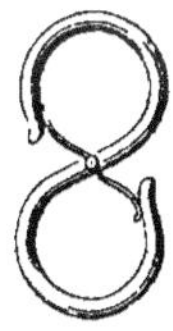

Fig. 336.
Esse.

Avec le tourne-à-gauche, l'ouvrier fait tourner la tige de sonde toujours dans le même sens afin de ne pas dévisser les rallonges; de cette façon, on assure la direction voulue à la tige de sonde et on obtient un trou régulier.

Lorsqu'il s'agit de changer d'outil, on remonte la tige de sonde en dévissant successivement les rallonges; la corde ou la chaîne de relevage est terminée par un crochet spécial, appelé *clef de relevée*, ou

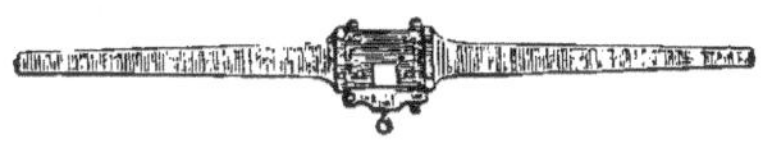

Fig. 337. — Tourne-à-gauche en bois.

Fig. 338. — Tourne-à-gauche
en fer.

Fig. 339. — Tourne-à-gauche à
simple manche.

pied-de-bœuf (fig. 340), dont la partie horizontale forme deux branches fermées en avant par une plaque maintenue par des clavettes; le trou carré de cette partie embrasse la rallonge et vient buter sous son épaulement supérieur; le pied-de-bœuf est pourvu d'un anneau tournant qui s'accroche à l'esse de la chaîne de relevage.

Pendant l'opération du démontage on retient la rallonge inférieure par une *griffe* ou *clef de retenue* (fig. 341) passée sous un épaulement et reposant sur le plancher de manœuvre

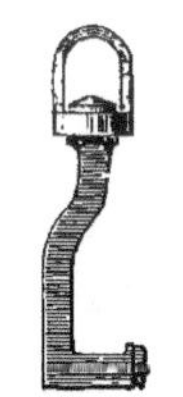

Fig. 340. — Clef
de relevée, ou
pied-de-bœuf.

Fig. 341. — Griffe ou
clef de retenue.

(fig. 346); un tourne-à-gauche peut remplacer la clef de retenue.

Les détritus sont retirés tous les 0ᵐ30 ou, au plus, tous les 0ᵐ50 d'avancement ; il ne faut pas craindre de faire des curages fréquents, car beaucoup d'accidents qui surviennent sont dus à une trop grande agglomération de détritus au fond du forage (en définitive, on consacre aux curages moins de temps qu'aux tentatives à faire en vue de réparer un accident); on remonte la tige de sonde, et on remplace la tarière ou le trépan par une *cuiller*.

Quand il s'agit d'enlever des matières humides ou pâteuses, on se sert de la *soupape à clapet* (fig. 342), constituée par un cylindre en forte tôle, raccordé à sa partie supérieure à une tige à bout mâle, et pourvu, à sa partie inférieure, d'un clapet monté à charnières : le cylindre est terminé souvent par une mèche. Avec la cuiller à clapet on agit par rotation, comme dans le cas des tarières, et les déblais rentrent peu à peu dans le cylindre en soulevant le clapet chargé de les retenir lorsqu'on relève la tige de sonde et pendant le temps nécessité par les dévissages des rallonges. — Quand il est possible de fonctionner avec de l'eau, les détritus sont réduits sous forme de boue ; on les retire avec la *soupape à boulet* (fig. 343) analogue à la précédente, sauf que le clapet à charnières est remplacé par une sphère en métal reposant sur un siège tronconique ; la sphère peut se soulever de bas en haut et sa course est limitée par une entretoise ; on fait agir cette cuiller à boulet par percussion et, dans ce cas, on suspend l'outil à un câble métallique ou à une chaîne de manœuvre, ce qui économise le temps du montage et du démontage des rallonges. (On peut fréquemment utiliser le principe de ces soupapes à boulet (fig. 343) pour effectuer le curage des puits ordinaires).

Fig. 342.
Coupe d'une
soupape
à clapet

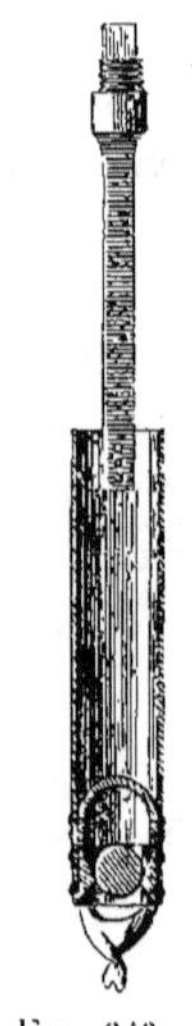

Fig. 343.
Coupe d'une
soupape
à boulet

Dès qu'on prévoit un sondage dépassant une quinzaine de mètres (jusqu'à 30 mètres), il est bon d'installer une *chèvre à treuil simple* (fig. 344); le treuil, de 0ᵐ15 environ de diamètre, est tourné toujours dans le même sens : la corde (de 0ᵐ030 à 0ᵐ035 de diamètre),

reliée à la tête de sonde, passe sur la poulie supérieure de la chèvre,
puis fait deux ou trois tours sur le tambour du treuil et son
extrémité libre est tenue par un homme ; ce dernier tire sur le

FIG. 344. — Chèvre à treuil simple.

brin pour faire entraîner la corde qui élève la sonde, et, au
moment voulu, indiqué par le chef-ouvrier qui manœuvre le
tourne-à-gauche, il donne brusque-
ment du *lâche* pour que la corde glisse
sur le tambour du treuil en laissant
opérer la chute du trépan.

Lorsque la corde ou la chaîne de
manœuvre est fixée au treuil, on emploie la *détente* (fig. 345) ; c'est un levier *a* attaché à la corde ou à la chaîne
de manœuvre *m* par l'œil *b* et dont le

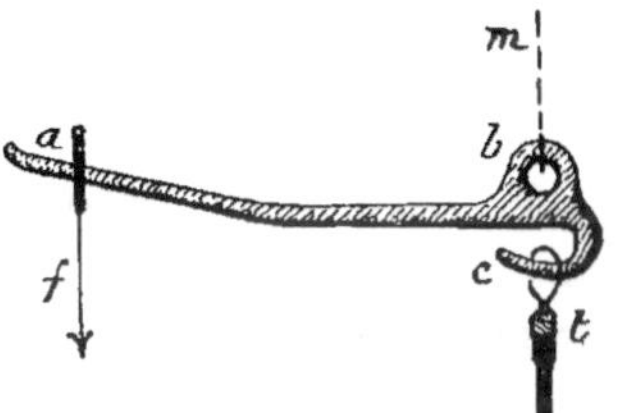

FIG. 345. — Détente.

crochet *c* se prend dans la tête de sonde *t* ; le chef-ouvrier tient
le levier *a* dans la position indiquée par la figure 345 pendant la
levée, puis, au moment voulu, il décroche brusquement la tige
de sonde *t* en appuyant, suivant *f*, sur l'extrémité *a* de la détente

qui sert en même temps de tourne-à-gauche. Après la chute, le treuil est tourné en sens inverse pour laisser descendre la détente qu'on raccroche en *c* avec la tête de sonde.

Quand le forage doit dépasser 25 à 30 mètres de profondeur, le treuil simple est insuffisant par suite du poids de la tige de

Fig. 346. — Chèvre pourvue d'un treuil à engrenages.

sonde; on emploie alors le *treuil* à *engrenages* (fig. 346) avec lequel on peut atteindre des profondeurs de 50 à 60 mètres; dans ce cas, la chèvre a 5 ou 6 mètres de hauteur et les tiges de sonde ont 3 à 4 mètres de longueur afin de diminuer le nombre d'emmanchements et le temps nécessaire aux montages et aux démontages, qu'on facilite en élevant à côté de la chèvre un petit échafaudage supportant un plancher à 3 mètres environ au-dessus du sol. Généralement le pignon et la roue du treuil (fig. 346) sont dans le rapport de 1 à 6; la manœuvre de la corde se fait comme pour celle de la figure 344, la manivelle étant toujours tournée dans le même sens. (Lorsqu'on se sert d'une chaîne passant sur la poulie de la chèvre pour tirer la tige de sonde, on y attache, à la hauteur voulue, une corde de 5 à 6 mètres de long qui peut glisser facilement sur le tambour du treuil).

Ces grands forages nécessitent au moins deux hommes au treuil et deux autres pour la manœuvre de la corde.

Il n'y a rien de particulier à signaler au sujet de ces sondages de 25 à 60 mètres, sinon qu'il convient d'apporter beaucoup de précautions dans la conduite méticuleuse du travail, afin d'éviter les accidents qui occasionnent une perte de temps considérable (employer plusieurs calibres de tiges comme cela a été indiqué à la page 216).

Pour remplacer les chèvres en bois, représentées par les figures 331, 344 et 346, nos constructeurs établissent des appareils en fer, très bien combinés, démontables et dont les poids approximatifs sont de : 80 kilog. pour la chèvre simple destinée aux sondages de 15 à 20 mètres de profondeur ; 300 kilog. pour la chèvre à treuil simple convenant pour les sondages ayant jusqu'à 25 à 35 mètres de profondeur ; le poids de la

Fig. 347.
Élévation et plan d'une caracole.

Fig. 348.
Coupe verticale d'une cloche à vis.

chèvre munie d'un treuil à engrenages, qu'on utilise pour les sondages d'une soixantaine de mètres de profondeur, est de 650 kilog. environ.

Souvent les tiges ou les outils se brisent dans le forage ; on prend alors l'empreinte de la pièce brisée en faisant descendre la soupape (fig. 342), dont on bloque le clapet et qu'on garnit d'un gros tampon de terre glaise ou mieux de cire ; on voit alors comment la pièce est posée et à quelle profondeur elle se trouve. Les grands chantiers disposent de tout un arsenal d'outils *arrache-sonde* de formes diverses et de trépans en acier très dur, capables de bri-

ser, au fond du trou, les pièces en fer qu'on ne peut retirer et que des
tarières finissent quelquefois par chasser latéralement en les logeant
dans la paroi du forage. Les outils les plus simples sont au nombre
de deux : la *caracole* (fig. 347) destinée à sai-
sir, par tâtonnements, une rallonge de sonde
sous son épaulement, et la *cloche à vis* (fig.
348) pourvue d'une sorte d'entonnoir garni
d'un taraudage cône dans lequel on cherche,
par rotation, à faire mordre l'extrémité d'une
tige rompue. — Comme on le voit, on se
livre à un véritable jeu de patience lequel,
malheureusement, quand il n'est pas couron-
né de succès, oblige à abandonner le forage
pour en ouvrir un autre à côté.

On vérifie de temps à autre la verticalité du
trou de sonde en y faisant descendre un bois,
ou un tube de fer, de 4 à 5 mètres de longueur
et d'un diamètre de 2 centimètres plus petit
que celui de l'outil foreur : s'il descend en tournant librement, le forage est suffisamment vertical. Quand le trou n'est pas bien rond, on
manœuvre verticalement des *alésoirs* ou des
tarières qui finissent par dresser peu à peu les
parois.

Lorsqu'un trou de sonde a dévié de la verticale, on le rectifie de la façon suivante : on
pilonne dans le trou, avec un mouton en bois
dur, des matériaux au moins aussi résistants
que la roche traversée (on emploie souvent du
ciment) ; on tasse très énergiquement jusqu'au
dessus du point où la déviation commence,
puis on bat de nouveau au trépan ou à la tarière comme s'il s'agissait d'agir sur la roche
naturelle.

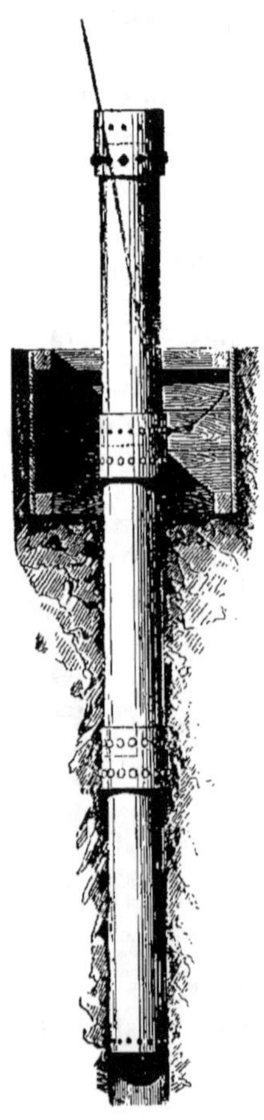

Fig. 349. — Tubage
d'un trou de sonde.

On est le plus souvent obligé d'opérer un *tubage*, surtout quand
le sol n'est pas stable. — On se sert de tuyaux en tôle (fig. 349)
de 2 à 3 millimètres d'épaisseur, réunis par des manchons fixés à
l'aide de rivets, de boulons ou de goujons taraudés qu'on assemble

au fur et à mesure de l'enfoncement de la colonne. Les tubes ont 1,
2 ou 3 mètres de longueur ; ils descendent par leur propre poids
auquel on ajoute souvent celui de la sonde reposant sur un tampon
en bois.

Généralement, dans les petits sondages, les tuyaux d'une même
section n'ont pas plus de 15 à 20 mètres de longueur, car ils subissent
des pressions latérales et des frottements qui empêchent leur descente, et si l'on insiste trop avec un mouton on risque de les déformer. Dès qu'une ligne de tuyaux est placée à refus, on continue le
forage avec un plus petit diamètre afin d'enfoncer une nouvelle file
de tuyaux à l'intérieur des précédents. Souvent on place, à la fin du
travail, un tuyau d'ascension dont les tronçons sont vissés les uns
au bout des autres (tuyaux en fer ou en cuivre) ; l'intervalle entre
les tubes du forage et le tuyau d'ascension est alors garni d'argile ou
mieux de ciment.

Fig. 350. — Extrémité du tube d'ascension d'un puits artésien.

La partie supérieure du tuyau d'ascension d'un puits artésien est
arasée à quelques décimètres au-dessus du niveau du sol (fig. 350),
et l'eau fournie est recueillie dans un petit bassin circulaire communiquant avec la rigole d'écoulement (fig. 351) ; dans quelques
cas, le tuyau d'ascension se raccorde avec une canalisation qui conduit l'eau à une certaine distance. — On a toujours intérêt à placer le débouché du tuyau aussi bas que possible afin d'augmenter
le débit du puits artésien en laissant plus de *charge utile* sur l'orifice d'écoulement ; ainsi, peu après son achèvement (26 février 1841),
le puits artésien de Grenelle (qui a 548 mètres de profondeur) débi-

tail, par minute, 2.400 litres au niveau du sol, alors qu'après avoir été prolongé par un tube de 33 mètres de hauteur son débit s'abaissa à 1.100 litres à la minute.

Deux forages ouverts dans une même nappe s'influencent mutuel-

Fig. 351. — Puits artésien et son gardien [1].

lement, c'est-à-dire qu'en creusant un puits artésien à proximité d'un autre existant, le débit de l'ancien puits a beaucoup de chances de diminuer brusquement, comme cela a été observé dans les oasis de l'Oued Rir' ; d'après notre confrère, M. Georges Rolland, le sondage n° 5 d'Ourlana a jailli, en avril 1898, avec un débit de 3 mètres cubes d'eau par minute, mais en faisant baisser de plus de moitié le débit du puits n° 2 situé à 500 mètres environ : par contre

1. D'après une photographie prise par M. F. Foureau dans une des oasis de l'Oued Rir' ,J. Dybowski : *Traité pratique de Cultures tropicales*, t. I, p. 113.

il n'a pas influencé le puits n° 4, foré en 1888 à 200 mètres de là et qui est certainement alimenté par une autre nappe.

Lorsqu'un sondage n'a pas réussi, on cherche à en retirer le tubage en tâchant d'accrocher, avec des outils spéciaux ou avec la caracole, la partie inférieure du tube à une chaîne enroulée sur un treuil ; pendant qu'on exerce un effort de bas en haut, on ébranle le tube en le frappant à petits coups de mouton ou en cherchant à lui donner un mouvement de rotation ; souvent l'opération présente de telles difficultés qu'il y a économie d'abandonner le tubage dans le trou.

Pour les grands sondages on fait usage de treuils à moteur et on emploie des dispositifs qui rendent, pendant la chute, le trépan libre de la tige de sonde, cette dernière devenant trop lourde. On a proposé de nombreux systèmes, tel que l'emploi de tiges creuses dans lesquelles une pompe à vapeur refoule constamment de l'eau sous pression ; cette eau jaillit dans le fond du trou, près du trépan, et remonte à la surface du sol en entraînant les détritus ; en même temps que le forage, on fait donc l'enlèvement des boues (la même eau peut resservir après décantation dans des bassins où les matières solides se déposent). Citons aussi le système Raky, le sondage canadien, le sondage à la corde (analogue au sondage chinois) si employé aux États-Unis pour le forage des puits de pétrole. Pendant l'exposition universelle de 1900, un de ces appareils américains, installé dans l'annexe du bois de Vincennes, a exécuté un forage de 595 mètres de profondeur en deux mois de travail de jour et de nuit ; il a traversé les terrains tertiaires (100 mètres environ), les terrains crétacés et s'est arrêté aux argiles du Gault.

Élévation des eaux.

Le choix d'une machine destinée à l'élévation des eaux est influencé par :

le *moteur* employé (homme, animaux, moteurs inanimés),

la *hauteur d'élévation utile* de l'eau,

le *débit* à obtenir dans l'unité de temps.

Remarquons que la hauteur d'élévation et le débit déterminent le *travail mécanique utile* que doit produire la machine élévatoire, et, comme le *rendement mécanique* est toujours moins grand que l'unité, le travail utile est plus faible que le *travail mécanique total* qu'on demande au moteur de fournir ; on est donc lié, dans chaque cas particulier, à un petit nombre de machines à employer entre lesquelles il y a toujours lieu de choisir la plus simple, présentant les facilités d'établissement et d'entretien ainsi que les garanties nécessaires de bon fonctionnement.

Quand, dans ce qui va suivre, nous indiquerons le *débit pratique* obtenu par heure avec chaque machine actionnée par l'homme ou par les animaux, le chiffre sera correspondant à une durée de travail utile ne dépassant pas 45 minutes par heure (sauf spécification contraire, tous les débits pratiques cités sont relatifs à des observations faites en France ; comme nous l'avons déjà vu, page 8, il convient de les réduire pour les applications aux colonies).

Machines élevant l'eau directement. — Dans cette catégorie, comprenant surtout des appareils très simples qu'on peut construire sur place, nous distinguerons les machines suivant qu'elles fournissent l'eau d'une façon *périodique* ou *continue*.

Machines élevant l'eau d'une façon périodique. — Pour les petites quantités d'eau et hauteurs d'élévation, on emploie un *récipient* attaché à l'extrémité d'une corde ou d'une perche ; le récipient peut être un seau en bois ou en métal, mais il est souvent confectionné avec une corbeille ou un couffin en sparterie consolidé par des bois et rendu imperméable par un enduit de mastic, de résine, de latex, ou garni de cuir. — Un ouvrier peut, en pratique, élever par heure 5.400 litres d'eau à 0^m50 de hauteur, ou 3.400 litres à 1 mètre.

L'*écope*, ou *pelle à eau*, consiste en une sorte de cuiller fixée à l'extrémité d'une poignée courte (l'homme travaillant à genoux) ou d'un manche long (l'homme travaillant debout) ; la figure 352 donne la vue d'un certain nombre de types de ces écopes dont la pelle est en planches (A, B), en bois taillé (C, hortillons des environs d'Amiens ; blanchisseurs de toile dans les Flandres), en bois ou en tôle (D, E ; *azaïgadouire*) ou confectionnée avec une calebasse (F) ; à l'aide de ces écopes, un homme peut élever 2.900 litres d'eau par heure à 1^m50 de hauteur.

Les écopes à long manche (fig. 352) sont manœuvrées de diverses façons suivant le genre d'ouvrage à effectuer : pour élever l'eau dans un bief, l'ouvrier déplace simplement l'écope dans le plan vertical, comme il le ferait pour une pelle chargée de terre; au contraire, lorsqu'il s'agit d'arroser des cultures, l'écope est déplacée à la fois dans le plan vertical et dans le plan horizontal afin que l'eau soit projetée suivant un arc de cercle, dont le rayon peut atteindre jusqu'à 6 et 7 mètres (nous parlerons plus loin, au chapitre des *Irrigations*, de ce mode d'arrosage par aspersion).

On utilise aussi l'*écope suspendue*; la figure 353 donne le principe d'une écope A suspendue par une corde C à une charpente B : l'eau est élevée du bief V pour être, suivant la flèche E, déversée en R : les

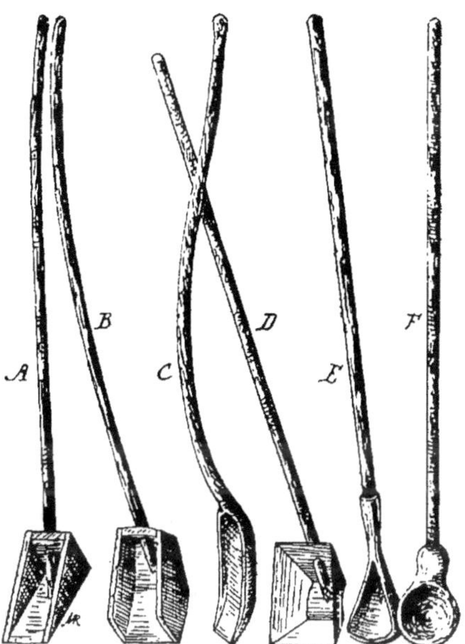

Fig. 352. — Écopes diverses.

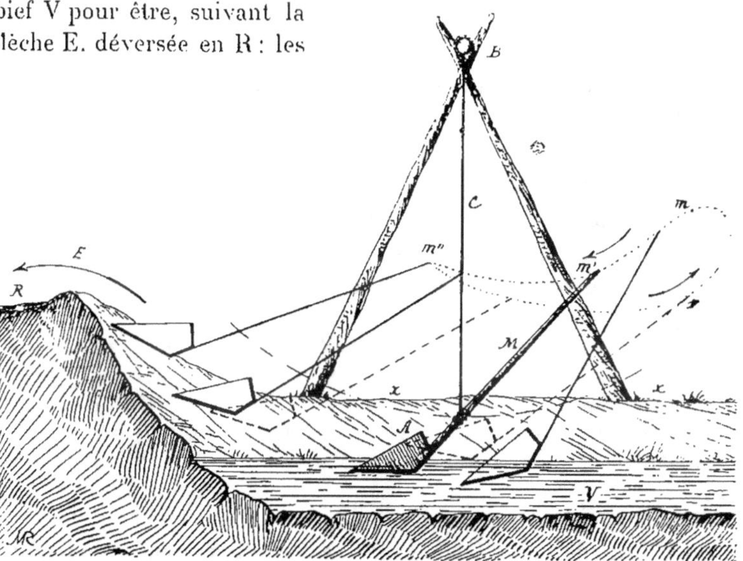

Fig. 353. — Écope suspendue.

tracés *x. m, m', m''* et *r* représentent les diverses positions successives de l'écope A et de son manche M. On obtient pratiquement, à l'aide de cette machine mue par un homme, un débit de
6.800 litres élevés par heure à 1 mètre de hauteur. — Au Tonkin,
la pelle à eau de l'écope est un récipient tressé en sparterie (bananier, bambou), solidaire d'une perche suspendue à une corde attachée
à trois pieux.

Pour les petites élévations, ne dépassant pas 1 mètre, les Tonkinois, les Annamites et les Égyptiens emploient le *nattal* ; l'appa-

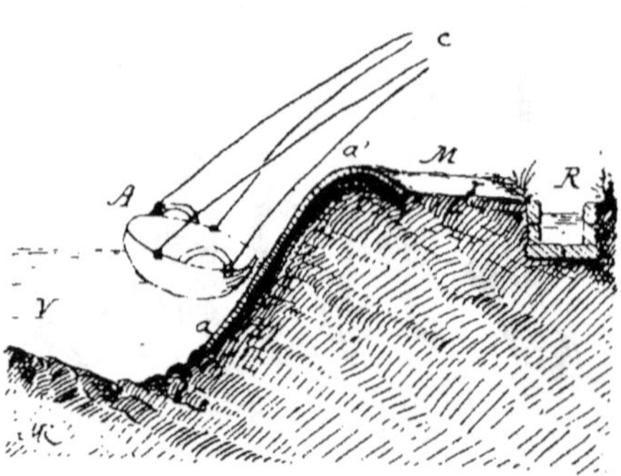

Fig. 354. — Nattal.

reil consiste en un récipient A (fig. 354) en vannerie, de 0^{m}40 environ de diamètre et de 0^{m}25 de profondeur, manœuvré par deux hommes écartés l'un de l'autre d'environ 1^{m}50 et placés en M. Le talus *a a'*, qui se raccorde avec le bief d'aval V, est souvent presque d'aplomb et protégé des dégradations par des nattes en sparterie.

Les deux hommes manœuvrent le récipient A par les quatre cordes
c en lui imprimant un mouvement de balancement : le récipient est
lancé dans le bief V, puis relevé le long du talus *a* et, arrivé à la
partie supérieure de sa course, les hommes, en rejetant sur le côté
le haut du corps (comme le ferait un terrassier qui vide sa brouette)
le font déverser dans la rigole *a' r* d'où l'eau s'écoule en R. — Deux
ouvriers peuvent pratiquement élever par heure :

$$8.100 \text{ litres à } 0^m 50 \text{ de hauteur,}$$
$$6.500 \quad — \quad 1.00 \quad —$$

Dans l'Inde, les coolies, avec le nattal, élèveraient souvent l'eau
à 2 mètres.

Pour élever les eaux à une faible hauteur, on emploie *l'auge
mobile*, sorte de pelle A (fig. 355) de 2 mètres environ de longueur
et de 0^{m}70 à 0^{m}75 de largeur, articulée en O, pourvue de poignées
de manœuvre B et d'un large clapet de fond C formé d'une plaque

de cuir doublée d'une planche ; l'homme soulève la pelle de B en B' :
le travail est pénible car l'ouvrier, placé en x, est souvent les pieds

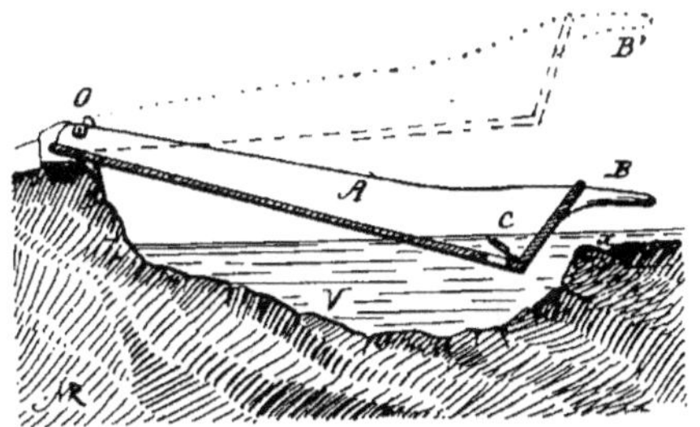

Fig. 355. — Auge mobile.

dans l'eau ; les déplacements de l'auge produisent des remous dans
le bief aval V dont il faut consolider les berges par des perrés ou
des clayonnages. La hauteur d'élévation de l'eau ne dépasse pas
0^m 50 et un homme peut fournir, dans cette condition, un débit de
4.000 litres à l'heure.

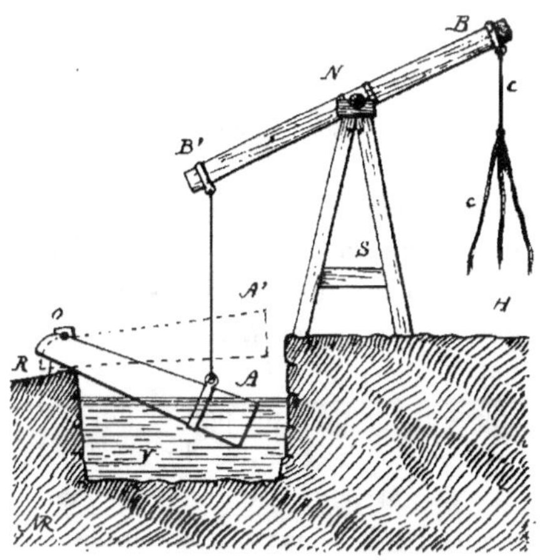

Fig. 356. — Écope hollandaise.

La figure 356 représente une *écope hollandaise* A, A', articulée
en o et manœuvrée par des hommes, placés en H, agissant par les
cordes c sur le balancier B B' ; ce dernier oscille autour de l'axe N
soutenu à la partie supérieure de la charpente S ; l'eau du bief V
est déversée en R ; avec cette machine, un homme élève 5.400
litres d'eau par heure à 1 mètre de hauteur.

Dans une écope hollandaise rustique on peut remplacer la pelle A, de la figure 356, par un récipient *a* (fig. 357) pourvu d'un tuyau *b* oscillant autour d'un axe *c* : le récipient *a*, suspendu par les cordes *d*, peut être en vannerie recouvert d'enduit. et le tube *b* en métal ou en bambou.

Le *seau à bascule* (désigné sous les noms de *chadouf* en Égypte, *kattara* en Tunisie, *k'otarat* en Algérie, *cigogne* dans les environs de Gênes, etc.) se rencontre en beaucoup de pays. La figure 358

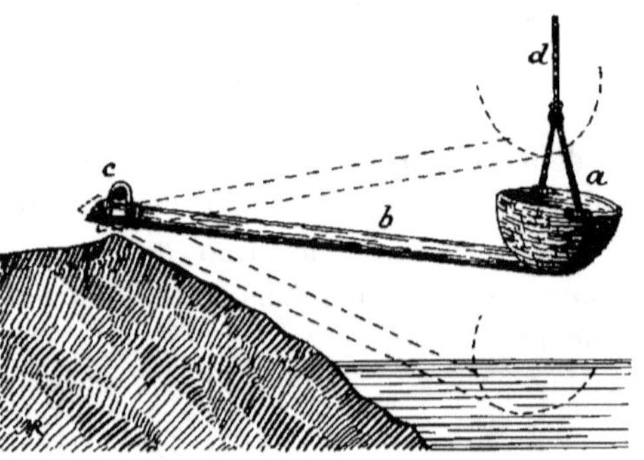

Fig. 357. — Écope hollandaise à tuyau.

représente une de ces machines établie pour élever à 3 mètres de hauteur l'eau puisée dans un fossé V. Les supports verticaux A, de 1 m 20 de haut, sont formés de branches fourchues ou de massifs en pierres ou en terre battue ; en dessous de la traverse B est suspendu, en *n*, le balancier C dont le grand bras a 3 m 80 de longueur ; le récipient D, souvent formé d'un panier garni de cuir ou de toile goudronnée, est attaché à l'extrémité du levier C par des cordes et une perche *t* de 5 à 6 mètres de longueur : à l'autre bout du levier est fixé le contrepoids P qui vient butter sur le sol à l'extrémité de sa course ; le contrepoids P est ordinairement établi avec de la terre (mélangée de paille) retenue par des chevilles de bois implantées dans le balancier C. L'ouvrier chargé de la manœuvre de la machine se tient sur une petite plate-forme M, en terre ou en branchages, établie à 1 mètre en-dessous de la rigole d'amont R ; il est debout, le dos appuyé contre les parois T de la tranchée du fossé, et, quand le récipient D est arrivé à la hauteur voulue, il le vide par un mouvement de bascule dans la rigole R.

La figure 359 [1] représente, d'après une photographie prise en Égypte, deux chadoufs articulés à la même traverse.

Dans les figures précédentes (358 et 359) le seau à bascule est indiqué pour l'élévation des eaux d'un fossé ou d'un canal ; on l'utilise aussi pour élever les eaux d'un puits ou d'une citerne, à la condition que l'ouverture ait une largeur suffisante permettant l'oscillation de la tige t (fig. 358) cette dernière s'éloignant et se rapprochant du centre de rotation n pendant le mouvement angulaire du balancier C. — Enfin, dans certaines machines de Tunisie. le balancier C (fig. 358) repose sur la traverse B, sur laquelle il roule tout en cherchant à l'entraîner ; il faut donner la préférence au montage de la figure 358, l'axe de rotation n étant suspendu en-dessous de la traverse B.

Selon nos essais (de 1881) le rendement mécanique de cette très simple machine peut atteindre 59 à 60 °/₀ : c'est celui de beaucoup de nos pompes ordinaires actuellement en usage. On peut compter, par heure, sur les débits pratiques suivants fournis par le seau à bascule :

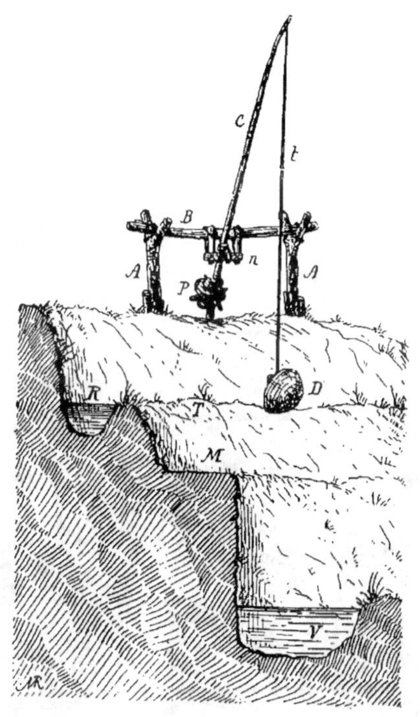

Fig. 358. — Seau à bascule.

3.400 litres élevés à....................	2 mètres de hauteur.
2.700 —	3 —
2.050 —	4 —
1.850 —	5 —
1.650 —	6 —

1. Henri Lecomte : *Le coton en Égypte.* p. 137.

Fig. 359. — Installation de deux chadoufs.

Les seaux à bascule sont très employés en Algérie pour élever l'eau d'arrosage des palmiers et des cultures intercalaires (région du Zab, à El-Amri, à Foughala, groupe des oasis de M'lili et d'Ourlal) ; à El-Amri, d'après M. Georges Rolland, les puits ordinaires ont de 3 à 4 mètres de profondeur, et, un indigène, avec le seau à bascule, élève en moyenne 50 litres d'eau par minute, soit, en pratique (en admettant 45 minutes de travail à l'heure), un débit horaire de 2.250 litres élevés à 3 ou 4 mètres : ce chiffre est comparable à ceux qui résultent de nos essais.

Selon M. Barois [1], un fellah, en Égypte, ne travaillant que pendant 2 heures de suite, n'élève guère à 2 ou 3 mètres au plus que 10 paniers de 10 litres par minute, soit 100 litres d'eau à la minute (ce chiffre, plus élevé que le nôtre, doit provenir du calcul basé sur une observation de courte durée) : il ajoute qu'on compte,

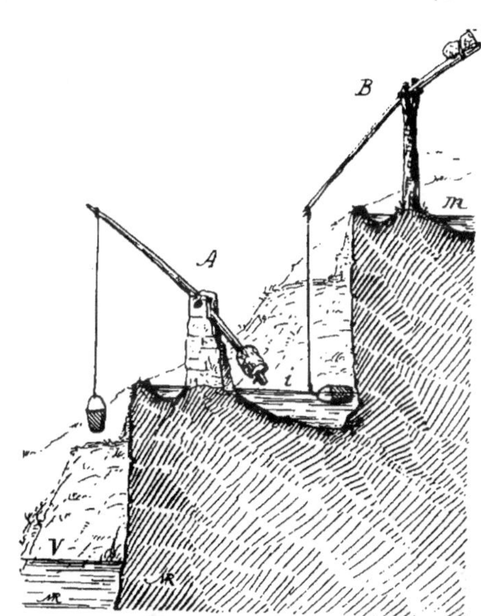

Fig. 360. — Seaux à bascule superposés.

en général, qu'il faut actuellement une de ces machines avec 2 hommes pour assurer l'arrosage d'un demi-hectare de culture.

Le seau à bascule convient bien pour des élévations ne dépassant pas 3 à 4 mètres ; au delà, la déviation de la perche t (fig. 358) devient trop grande et conduit à exagérer la longueur du balancier ; on a alors souvent recours à plusieurs machines A, B (fig. 360) étagées les unes au-dessus des autres, élevant l'eau successivement de V en i, puis du bief intermédiaire i en m : on peut disposer ainsi jusqu'à trois ou quatre batteries superposées de seaux à bascule, comme on en trouve des exemples dans la Haute Égypte.

Dans l'Inde, les indigènes se servent d'une machine représentée

1. Barois : *L'irrigation en Égypte.*

par la figure 361 : le seau S, en cuir, est attaché au balancier B O A :
deux ou trois coolies se déplacent, avec agilité, sur les portions *a a' a''*
en se maintenant au treillis latéral *m* en bambous : un homme placé

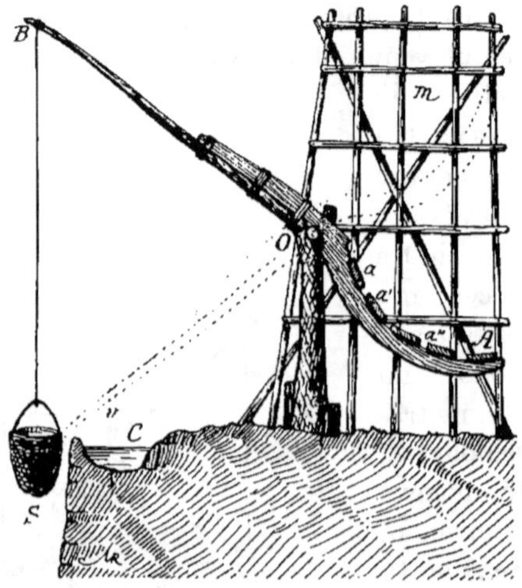

Fig. 361. — Balancier à échelons.

au bief aval assure le remplissage de la benne S de grande capacité,
un autre, placé en *v*, la déverse dans le canal C.

Inutile d'insister sur l'emploi d'une *poulie à gorge* dans laquelle
passe une corde attachée au récipient. Il ne convient pas que la hauteur d'élévation dépasse 10 mètres, sinon l'ouvrier est essoufflé ; on
peut employer deux récipients, un à chaque extrémité de la corde :
quand l'un plein s'élève, l'autre descend vide ; chez nous, on peut
compter sur les débits pratiques suivants, par heure :

	1 seau	2 seaux
à 5 mètres	1 650 litres	2.050 litres
à 10 —	900 —	1.150 —
à 15 —	600 —	800 —

Au delà d'une dizaine de mètres, il convient de faire enrouler la
corde sur un *treuil* simple, à manivelle ou pourvu d'une vieille roue
sur la jante de laquelle les hommes agissent obliquement et de haut
en bas.

Au lieu de faire exercer sur la corde, passant sur une poulie, un effort dans le sens vertical, de haut en bas, pour déterminer l'ascension du récipient plein d'eau, on peut la faire tirer horizontalement par le moteur (homme ou animal) se déplaçant sur un chemin dont la longueur est égale à la hauteur d'élévation ; le moteur s'éloigne et se rapproche ainsi alternativement de la poulie maintenue par une charpente dressée au-dessus du puits ou de la citerne. — Ce dispositif est utilisé aux environs de Paris pour éle-

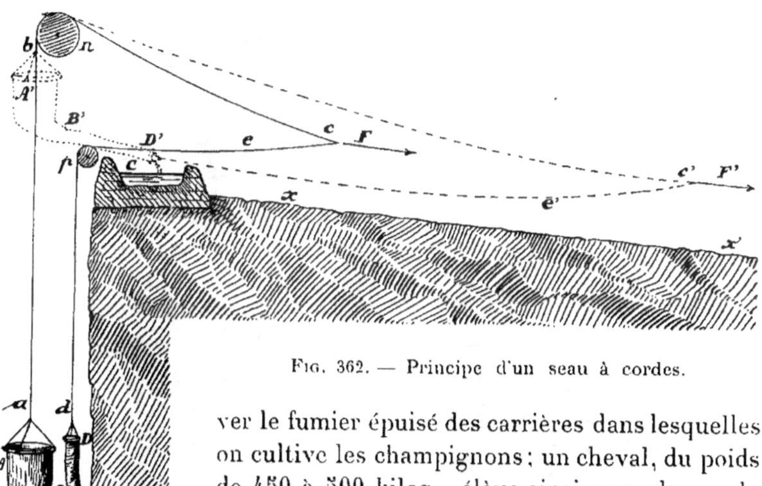

FIG. 362. — Principe d'un seau à cordes.

ver le fumier épuisé des carrières dans lesquelles on cultive les champignons ; un cheval, du poids de 450 à 500 kilog., élève ainsi une charge de 70 kilog. à une vitesse de 0 m 65 par seconde.

Le *seau à cordes*, désigné sous le nom de *guer-ba* par les Arabes, de *kuppilay* par les *Hindous*, est une machine très recommandable, aussi bien pour les petites installations, ayant pour moteur un homme ou une femme, que pour les grandes qui utilisent un âne, deux bœufs, deux buffles attelés au joug double ou un dromadaire. Comme l'indique la coupe verticale de la figure 362, le récipient A B, en cuir, est terminé par un boyau B D qui est retourné verticalement et ouvert à son extrémité supérieure ; le récipient est suspendu à un câble *a b c* passant sur une poulie *n* : le boyau BD est maintenu par la corde *d e* qui passe sur un rouleau *p*. Les deux brins *c* et *c* sont réunis en F à un palonnier ou au joug des animaux qui se déplacent sur le plan incliné *x x'*. Lorsque le moteur F est arrivé à l'extrémité de sa course, vers *x'*, le point *a* se trouve en *b* et le boyau B

D s'allonge horizontalement ($A'\,B'\,D'$) en passant sur le rouleau p, déversant ainsi automatiquement l'eau dans le réservoir C ; une fois le récipient vidé, le moteur recule ou revient sur ses pas, de x' en x, et le récipient descend dans le puits se remplir de nouveau.

A Sidi-Bou-Ali (entre Tunis et Sfax, à l'entrée du Sahel), une de ces machines, établie par la municipalité, a ses poulies n et p (fig. 362)

Fig. 363. — Installation d'un seau à cordes.

fixées à une charpente en bois de 7 à 8 mètres de hauteur, portant, à 5 ou à 6 mètres au-dessus du sol, le récipient C d'où part la canalisation chargée d'amener les eaux à l'agglomération.

On peut construire le récipient A (fig. 362) en bois et le tuyau BD en toile garnie intérieurement d'une spirale en lianes ou en fil de fer. — Cette machine, très simple et très pratique, peut être actionnée par un homme jusqu'à une profondeur de 10 à 15 mètres (pays des Beni-M'zab, en Algérie) et la figure 363 montre l'installation destinée à élever l'eau d'arrosage d'un jardin : la poulie n est maintenue par une légère charpente scellée dans deux massifs M, en pisé, élevés de chaque côté de l'orifice du puits ; à la partie inférieure se trouve le rouleau p ; le récipient se vide dans le petit bassin C, qui déverse l'eau dans le réservoir R ; en c et en e sont les cordes nécessaires à la manœuvre généralement effectuée par une femme.

Les *élévateurs* d'eau, qui se répandent beaucoup en France depuis l'exposition de 1900, pourront probablement trouver des applications ; en principe, ces appareils simples (fig. 364) consistent en une poulie à gorge A montée sur un arbre à manivelle M : un câble métallique n est entraîné par la poulie, dans un sens ou dans l'autre et porte, à chaque extrémité, des récipients B, B' ; en dessous de A, et soutenus par le bâti en fonte F, sont placés deux sortes de tampons C et C' et une table de déversement D D' ; quand un récipient B' arrive à la partie supérieure de sa course, la tige m passe par le tube central t, la paroi du récipient passe à son tour entre le tampon C et la collerette d ; l'eau contenue en B' vient alors frapper la portion annulaire c pour tomber en D et s'échapper en D'. Dans d'autres modèles, les récipients sont pourvus de clapets de fond s'ouvrant auto-

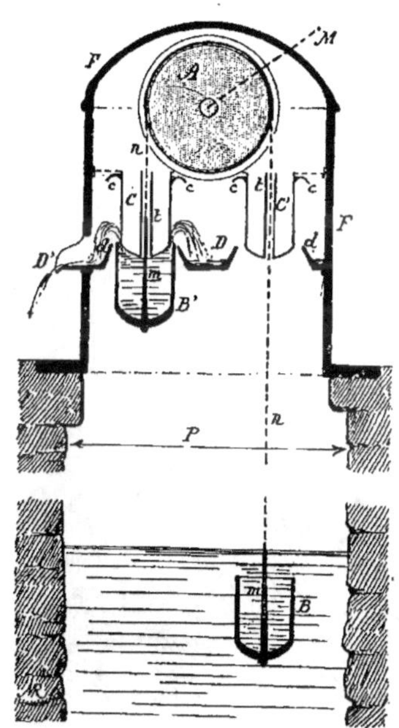

Fig. 364. — Coupe verticale d'un élévateur d'eau.

matiquement, ou peuvent basculer lorsqu'ils sont arrivés au niveau voulu ; chez nous, ces appareils très robustes se fixent sur les puits P de toutes profondeurs (dont le diamètre doit être d'au moins 0 ᵐ 60), mais on peut également les installer sur une charpente établie, à la hauteur voulue, au-dessus du bief aval.

D'après des observations faites sur un certain nombre de ces machines actionnées par un homme, on peut admettre, en pratique, les débits suivants :

Hauteur d'élévation.	Débit par minute.
6 mètres	60 litres.
16 —	25 —
25 —	17

Par suite du temps nécessité pour le déversement des récipients,
qui est indépendant de la hauteur et de la durée d'élévation, le travail utile fourni par minute, passe ainsi de 360 kilogrammètres
(pour 6 mètres d'élévation) à 400 kilogrammètres pour 16 mètres et
à 425 kilogrammètres pour 25 mètres.

Machines élevant l'eau d'une façon continue. — Le principe de la *roue hollandaise*, qui convient pour les petites hauteurs d'élévation. est appliqué par les peuples de race jaune pour monter l'eau dans les compartiments de submersion des rizières. La roue à palettes A (fig. 365), en tournant suivant le sens de la flèche *f*, élève l'eau du bief aval V en R par-dessus la digue D garnie de nattes en sparterie ; l'homme, qui se tient à la traverse *m* maintenue

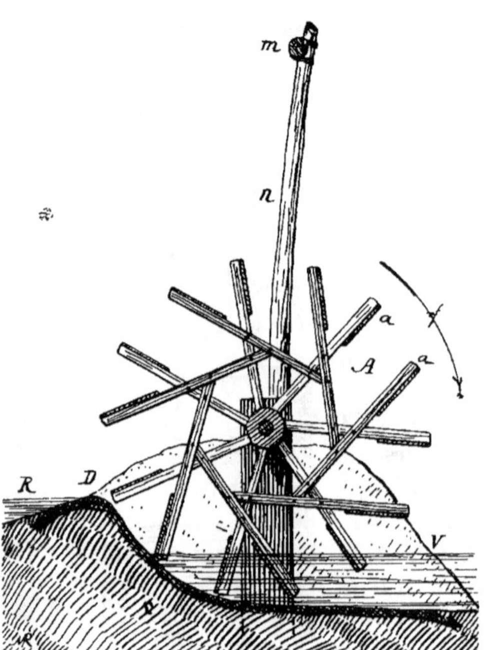

Fig. 365. — Roue hollandaise.

par les piquets *n*, fait tourner avec ses pieds la roue A, comme s'il
montait un escalier dont les marches mobiles seraient constituées par
les palettes *a* ; le rendement mécanique de cette machine doit être
assez élevé.

Nous pouvons rappeler que la machine rustique, indiquée par la
figure 365, se retrouve dans de grandes roues élévatoires construites
en bois ou en métal et fonctionnant dans un *coursier* en maçonnerie
ou en fonte ; ces machines, si employées pour élever les eaux de
desséchement des marais du Nord de la France, de la Hollande, de
la Prusse orientale, etc., sont actionnées par des moulins à vent,
des moteurs à vapeur ou électriques.

Le *chapelet incliné* comprend une auge en bois *a b* (fig. 366), faisant un angle de 20 à 30 degrés sur l'horizontale, formée d'un fond et de deux côtés en planches ; la chaîne sans fin (en bois ou en métal) porte une série de palettes en bois c, carrées ou rectangulaires, dont les bords laissent un jeu de 5 à 6 millimètres avec les parois fixes de l'auge ; la chaîne passe sur des hérissons m et n dont l'un, m, reçoit le mouvement du moteur (comme pour la figure 365). Il est

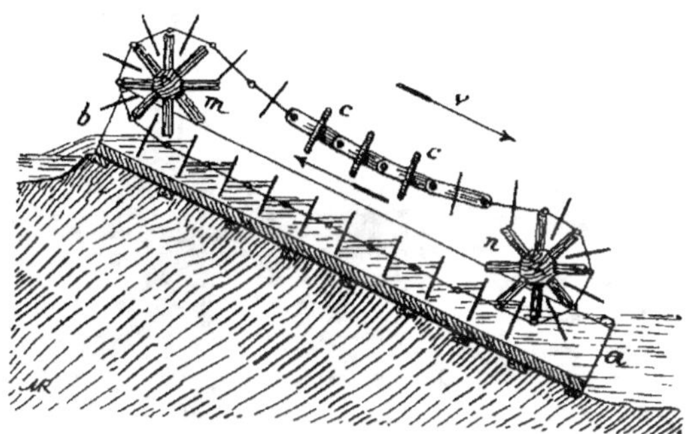

Fig. 366. — Principe d'un chapelet incliné.

bon de donner aux palettes une hauteur à peu près égale à leur longueur et un écartement de une fois à une fois et demie, au plus, leur hauteur ; pour diminuer les pertes dues aux fuites, il convient de communiquer une grande vitesse v à la chaîne (1 mètre à 1^m50 par seconde) ; avec cette machine, un homme peut élever, par heure, de 7.000 à 8.000 litres d'eau à 1 mètre de hauteur.

La figure 367 est faite d'après une photographie prise en Indo-Chine par un de nos anciens élèves, M. Paul Vieillard : deux femmes, qui se retiennent à une légère charpente, actionnent avec les pieds le hérisson m de la figure 366 dont l'axe porte, de chaque côté, quatre rayons terminés par une petite traverse formant pédale. — Au Tonkin, on élève, avec ces machines, l'eau à 1 mètre ou 1^m50 de hauteur.

La *pompe à chapelet* peut être établie d'une façon rustique en remplaçant le tube métallique à section circulaire, des modèles fabriqués en France, par un tuyau en bois a (fig. 368) à section octogonale, formé de 8 planches ; la chaîne sans fin t, passant sur la poulie A, serait remplacée par une corde c et les tampons seraient

constitués par des écorces garnies de tissus ou même par des bou-
chons de paille ou d'herbe.

A propos de ces tambours A (fig. 368), indiquons le moyen employé
par les Chinois pour obtenir le diamètre voulu avec des pièces de
petit échantillon : sur deux plateaux en bois b (fig. 369), calés sur

Fig. 367. — Chapelet incliné
d'après une photographie prise en Indo-Chine.

l'axe a, ils attachent des bambous c, qui constituent ainsi les génératrices du cylindre ; comme variante de ce système, nous donnons
le dessin N de la fig. 369. Voir aussi la construction du tambour
égyptien représenté par la figure 377, p. 246.

Rappelons que les tampons des pompes à chapelet doivent avoir
un certain jeu dans le tuyau d'élévation ; il en résulte bien une
perte de liquide, mais les résistances passives de la machine étant
plus faibles, le rendement mécanique est plus élevé.

Le diamètre du tube des pompes à chapelet doit diminuer en
raison de l'élévation de l'eau, afin que la pression ou la charge de la
chaîne ne dépasse pas 9 à 10 kilog. pour les pompes à bras, et

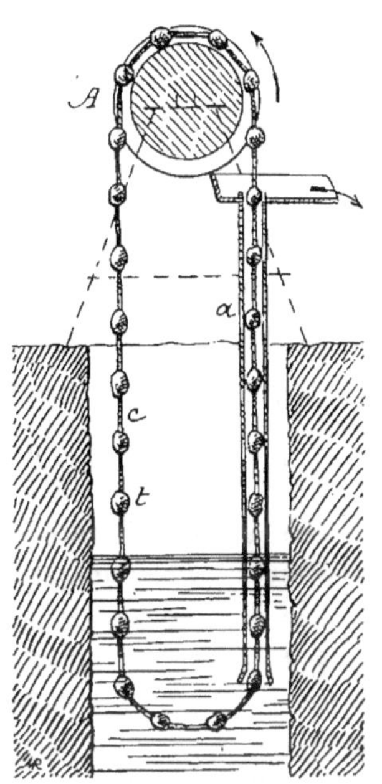

Fig. 368. — Principe d'une pompe à chapelet de construction rustique.

50 kilog. pour celles mues par un manège ou un moteur ; cette question de charge de la chaine est sur-

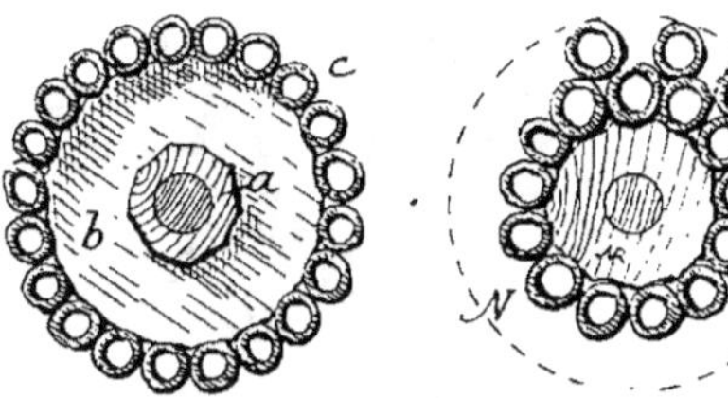

Fig. 369. — Coupes verticales de tambours construction chinoise .

tout importante pour les pompes à bras afin que leur manœuvre reste toujours facile à l'ouvrier. Voici les diamètres correspondant aux hauteurs-limites, qu'il ne convient pas de dépasser avec les pompes à chapelet de fabrication courante :

Hauteur d'élévation de l'eau (mètres)	Diamètre du tube (millim.)	Section du tube décim.carrés	Pression due à la colonne d'eau (kilog.)
Pompes à bras :			
2.5	70	0.38	9.5
5	50	0.19	9.5
10	35	0.09	9.6
Pompes à moteur :			
2.5	150	1.76	44
5	100	0.78	39
10	70	0.38	38
15	55	0.23	35
20	45	0.16	32
30	35	0.09	28

(Aux pressions indiquées par la dernière colonne du tableau on doit ajouter les résistances diverses, qui croissent avec la hauteur d'élévation, pour obtenir l'effort total supporté par la chaine de la pompe).

Génie rural.

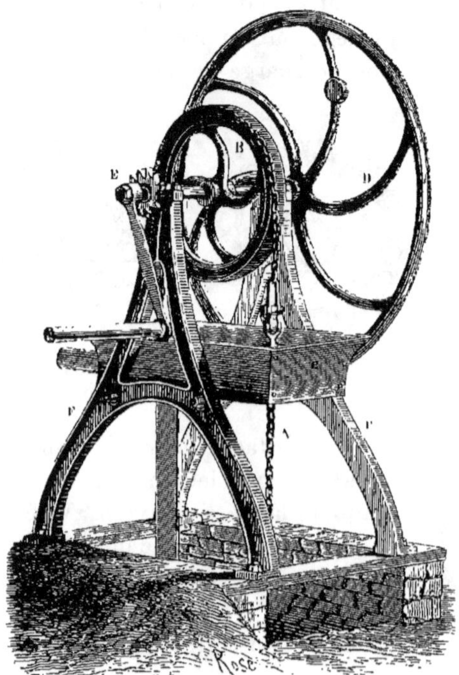

Fig. 370. — Pompe à chapelet.

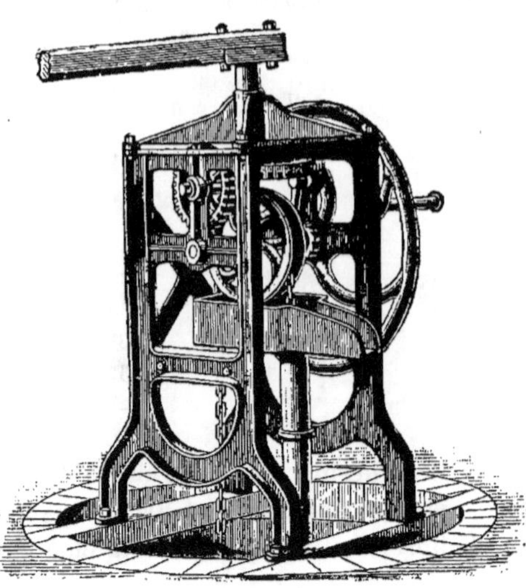

Fig. 371. — Pompe à chapelet à manège direct.

Pour les pompes destinées aux eaux potables, les tuyaux sont en laiton et les tampons garnis de caoutchouc ; pour les liquides troubles et les purins, on emploie des tampons lenticulaires en fonte et des tuyaux en fonte.

Le bâti de la pompe peut se poser directement sur la maçonnerie du puits (fig. 370 : on voit la roue à gorge B dans laquelle passe la chaîne A garnie de tampons ; la manivelle, pourvue du rochet E imposant le sens de rotation, est calée sur l'arbre de la machine munie du volant D et tournant à la partie supérieure du bâti F) ; d'autres fois on fixe le mécanisme sur une charpente surélevée comme l'indique la figure 372.

Les petites pompes à chapelet à bras, les plus simples, pour une hauteur d'élévation de 4 à 5 mètres, avec un tube de 40 millimètres de diamètre, pèsent une cinquantaine de kilogrammes.

Avec les pompes à chapelet, un homme peut élever, en 60 minutes, 20 mètres cubes d'eau à 1 mètre de hauteur ; avec deux hommes, une grande vitesse de chaîne (2 m. au plus par seconde) et des tuyaux de petit diamètre, on peut élever l'eau jusqu'à 10 ou 15 mètres de hauteur, mais au delà de ce chiffre il convient d'avoir recours à un manège (fig. 371) ou à un moteur inanimé.

Les pompes à chapelet, à manège direct, peuvent se monter en locomobiles sur deux roues ; elles furent utilisées autrefois en France pour élever successivement de plusieurs points différents les eaux destinées à la submersion des vignobles de petite étendue ; avec des tubes de 0 m 120 de diamètre, un cheval élève de 8 à 10 litres d'eau par seconde à 2 mètres de hauteur. Le rendement mécanique de ces machines à manège direct est de 60 à 65 %.

Les pompes à chapelet actionnées par un moteur inanimé conviennent aux installations importantes ; la transmission a

Fig. 372. — Montage d'une pompe à chapelet sur une charpente.

lieu généralement par courroie. Afin de ne pas exagérer les dimensions des tampons, les tubes ont 0 m 120 de diamètre au plus, et on en place plusieurs les uns à côté des autres pour obtenir le débit voulu. On peut élever, en pratique, à un mètre de hauteur, de 160 à 180 mètres cubes d'eau par cheval-vapeur et par heure.

La figure 373 représente une petite *noria* à manivelle utilisée pour élever l'eau d'arrosage de nos jardins méridionaux ; les godets de cette machine sont en fer blanc, de 0^m 20 de hauteur, attachés par leurs anses à deux chaines métalliques parallèles.

La figure 374 montre une des norias employées dans un grand nombre de fermes des États-Unis pour élever les eaux destinées à l'alimentation ; les godets métalliques A (tôle, fer blanc ou fonte mince) sont fixés à une courroie passant sur une lourde poulie en fonte B, retenue seulement par sa gorge profonde ; cette disposition a été adoptée afin de tendre la courroie pour éviter

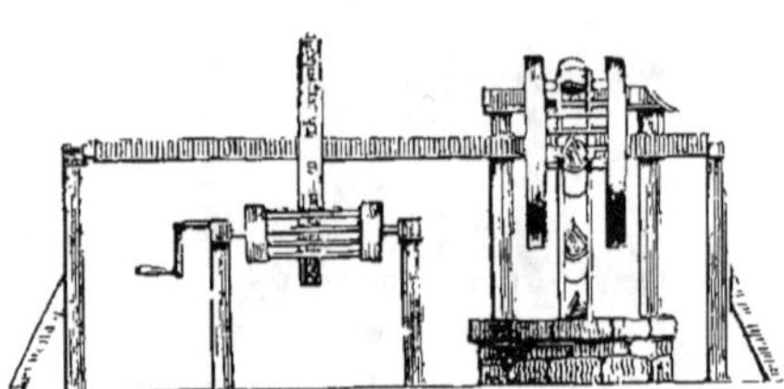

Fig. 373. — Petite noria à manivelle.

Fig. 374. — Petite noria à manivelle employée aux États-Unis.

son balancement ou *baquetage* (dont nous parlerons dans un instant).

Les grandes *norias à manège* n'élèvent l'eau qu'à une très faible hauteur au-dessus du niveau du sol : ajoutons que dans beaucoup de localités ces norias sont construites sur place par les charpentiers du pays.

La noria dite *catalane* (fig. 375) consiste en une roue ou tambour vertical placé au-dessus du puits ; sur ce tambour viennent s'enrouler deux cordes sans fin garnies de godets. Le tambour est mis en mouvement par un manège en l'air, directement accouplé à la machine, et l'animal moteur, attelé à la flèche, se déplace sur une piste circulaire tracée autour de la noria ; l'arbre vertical du manège tourne dans un collier fixé à une traverse haute soutenue par deux murs : noria des environs d'Alger (fig. 376) ; — noria égyptienne, appelée *sakieh* (fig. 377).

Le diamètre ou la largeur de la section du puits, sur lequel est montée la noria, est réglé d'après le diamètre du tambour supérieur

Fig. 375. — Noria catalane.

Fig. 376. — Noria des environs d'Alger [1].

qui entraîne la chaîne à godets ; l'eau est recueillie dans une auge placée contre ce tambour.

La corde sans fin, qui est constituée par deux brins parallèles,

[1]. *Le livre du Fellah*, p. 84.

Fig. 377. — Sakieh

(*Le coton en Egypte*, p. 141).

plonge dans l'eau du puits à la partie inférieure de sa course : les godets. qui se remplissent en ce point. sont élevés verticalement par le mouvement du tambour. se déversent à la partie supérieure de leur course et redescendent à vide pour se remplir de nouveau.

Dans les anciens modèles. encore très employés dans les pays méridionaux et en Afrique. les engrenages de la machine sont en bois (fig.375-376-377). les chaînes sans fin sont constituées par deux câbles parallèles a, b (fig. 378). auxquels sont attachés. par les cordes n. les godets ou vases en terre cuite A qui ont environ 0^m 30 à 0^m 35 de hauteur. 0^m 11 à 0^m 12 de diamètre et portent extérieurement une gorge vers les 2 3 de leur hauteur ; le fond de ces vases est percé d'un petit trou t, qui laisse échapper l'air lorsque le godet plonge dans l'eau pour se remplir : pendant la période de montée du godet. ce trou t occasionne une fuite f qui s'écoule dans le godet suivant : cela explique pourquoi ces anciens modèles ne sont pas d'un emploi avantageux dès qu'il s'agit d'élever l'eau à plus de 5 ou 6 mètres de hauteur. car les godets perdent une trop grande partie de leur contenu pendant leur période d'ascension.

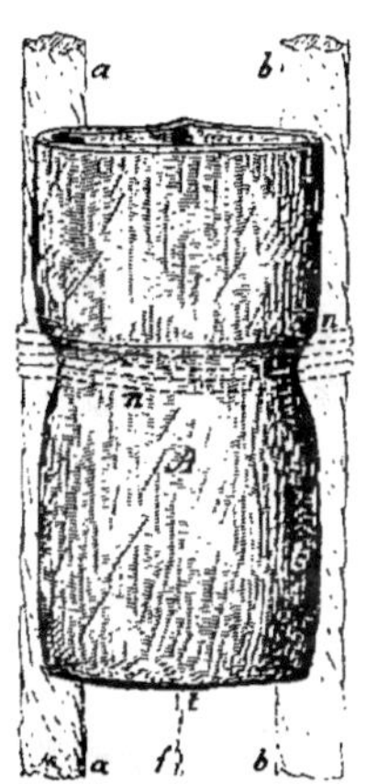

Fig. 378. — Godet en terre cuite.

Lorsque les godets plongent dans l'eau, ils reçoivent des secousses qui communiquent à la chaîne un balancement appelé *baquetage* : ces oscillations, qu'on atténue par le trou de fond t (fig. 378). dues à la difficulté qu'éprouve l'air à s'échapper des récipients, se traduisent par une perte d'eau qu'on peut estimer en moyenne à 1 10 de la capacité de chaque godet.

Voici les dimensions principales des norias employées dans les jardins maraîchers des environs d'Alger :

Rayon de la flèche	3 m.
Lanterne horizontale, diamètre	1 » à 1.20
— — hauteur	0.50 à 0.60
Diamètre de la roue verticale	1.50 à 1.80
Godets en terre cuite. diamètre	0.10 à 0.20
— — — hauteur	0.30
Nombre de godets par 10 mètres de chaîne	28

Avec ces machines. un cheval ou une mule peut élever de 80 à 90 mètres cubes d'eau à un mètre de hauteur par heure, ou à peu près la moitié à **2** mètres, le tiers environ à **3** mètres, etc.

On a beaucoup perfectionné les norias en adoptant une construction métallique. Afin de diminuer le poids du mécanisme, qui se traduit par une augmentation de résistances passives, on remplace les godets en fonte par d'autres plus légers, en tôle de fer ou de cuivre, et on emploie certains dispositifs pour supprimer le baquetage et les pertes d'eau (tuyaux disposés en siphon ou cloisons intérieures).

La fig. 379 représente un des modèles de norias de Burgess, qui

Fig. 379. — Noria à manège (Burgess).

sont si employés en Angleterre et dans les colonies anglaises. Le moteur A entraîne, par la flèche B, la roue d'angle C qui commande directement le tambour sur lequel s'enroule la chaîne des godets G ; ceux-ci se déversent dans la goulotte D ; l'ensemble est fixé à deux pièces de bois *n* reliées à un bâti encastré dans le sol ou dans la maçonnerie du puits.

Certaines norias algériennes (présentées par M. Julien au concours de Mostaganem, en 1892) ont les godets cylindriques, en zinc, fixés par des pattes et des boulons à deux câbles en fil de fer qui remplacent les cordes ou les chaînes à maillons articulés des systèmes précédents.

La capacité des godets métalliques varie en général de 7 à 15 litres suivant le moteur employé pour actionner la noria : au delà de 15 litres on a souvent intérêt à placer côte à côte deux chaînes à godets distinctes. Ce n'est que dans les grandes installations, mues par un moteur inanimé, qu'on établit des norias dont les godets cubent jusqu'à 40 et 50 litres.

Lorsque la hauteur d'élévation de l'eau n'atteint pas 3 mètres, le tambour vertical de la noria, sur lequel s'enroule la chaîne sans fin, est remplacé par une *roue élévatoire* munie sur sa périphérie de récipients en terre cuite (montés comme ceux de la figure 394, page 257) ou en bois : — de semblables machines, à manège direct, sont très employées au Tonkin et en Égypte où elles portent le nom de *tabout* : elles sont actionnées par un bœuf ou un buffle et ont l'aspect général de la sakieh (fig. 377).

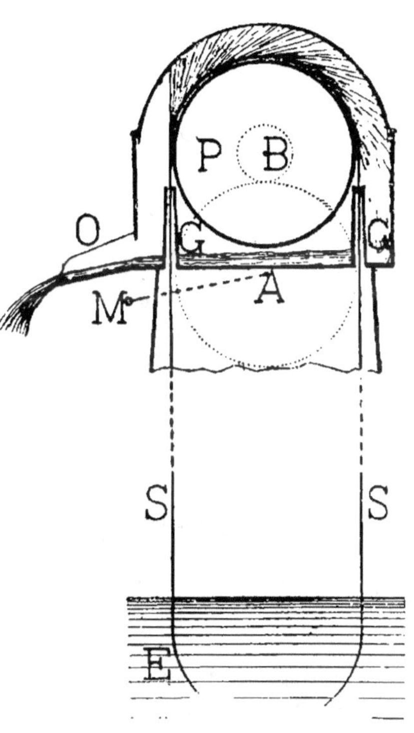

Fig. 380. — Principe d'une pompe à sangle Pilter.

Nous ne ferons que mentionner les *vis d'Archimède* et les *tympans* dont la construction nous semble trop difficile à aborder aux colonies, à moins de disposer d'un outillage convenable et d'ouvriers capables (la vis serait susceptible d'un certain nombre d'applications, si un de nos constructeurs en entreprenait la fabrication d'une façon courante ; des petits modèles sont très employés en Hollande et par les fellahs de l'Égypte).

La *pompe à sangle* de fabrication actuelle est établie sur le principe de l'ancienne *pompe à corde* : elle a le grand avantage d'être très simple : la manivelle M (fig. 380), la roue A et le pignon B donnent au tambour P un rapide mouvement de rotation qui déplace la sangle sans fin S plongeant d'environ 0^{m}30 dans le bief aval E ; au changement de direction que la sangle subit sur le tambour P. l'eau qu'elle entraîne à sa surface est projetée dans l'enveloppe et tombe dans la goulotte intérieure G pour s'écouler en O. — La figure 381 donne la vue extérieure d'une pompe à sangle avec bâti en tôle et en fonte. — Les sangles sont en chanvre, en jute, en coton, ou mieux en tissu mélangé de lin et de ramie.

La pompe à sangle à bras convient pour les hauteurs d'éléva-

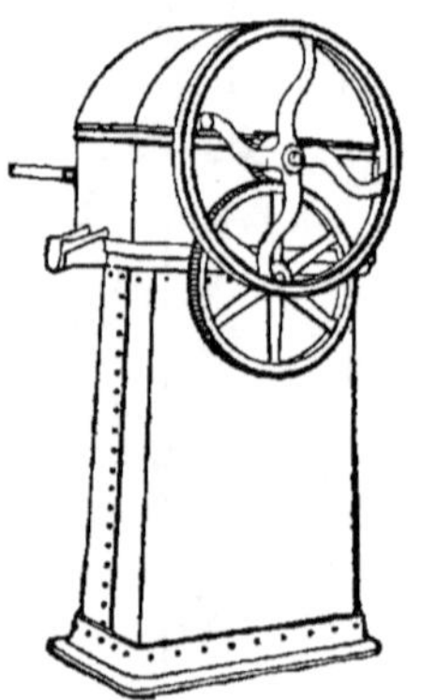

Fig. 381. — Pompe à sangle
Pilter .

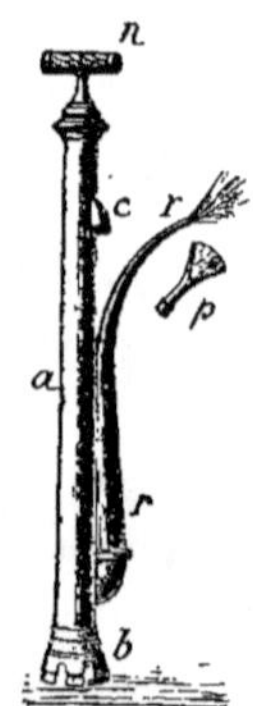

Fig. 382. — Petite
pompe à main.

tion ne dépassant pas 20 à 25 mètres ; au delà, jusqu'à 80 mètres (comme il y en a des exemples en France) il faut l'actionner par un manège ; le débit, suivant la hauteur d'élévation et le moteur employé, varie de 8 à 25 litres d'eau par minute.

Pompes proprement dites. — Au sujet des *pompes à bras*, il nous suffira de rappeler un certain nombre de modèles en usage chez nous et qui nous paraissent susceptibles d'intéresser les exploitations coloniales.

Les petites pompes à main, *a* (fig. 382), mais d'une construction plus solide que les modèles ordinaires en fer blanc. peuvent être utilisées pour les irrigations par aspersion ; on les repose dans le récipient à épuiser par le pied *b* qui est pourvu d'ouvertures permettant l'arrivée de l'eau ; on les retient d'une main par l'ergot *c*, pendant que de l'autre on manœuvre le piston avec la poignée *n* :

le jet s'échappe par le tuyau de refoulement *r* qui peut recevoir une palette d'épandage *p*. — Citons aussi la petite pompe portative américaine dite *à étrier* ou *à patin*, (fig. 383), dont on plonge l'extrémité inférieure dans un récipient contenant de l'eau et qu'on maintient en place par un patin sur lequel l'ouvrier pose le pied (fig. 384) ; le débit est faible (9 à 10 litres d'eau par minute) mais la lance permettant d'envoyer un jet à 12 ou 15 mètres de distance recommande cette machine pour lutter au début d'un incendie, pour de nombreux usages domestiques : lavages, désinfections avec des liquides divers ou pour des arrosages en remplaçant le jet droit par un jet en éventail répandant l'eau en pluie.

Nos anciennes *pompes foulantes* étaient en planches : K, *h*, *a*, *b*, *f* (fig. 385-386), consolidées par des feuillards *l*, *m* : les soupapes *d*

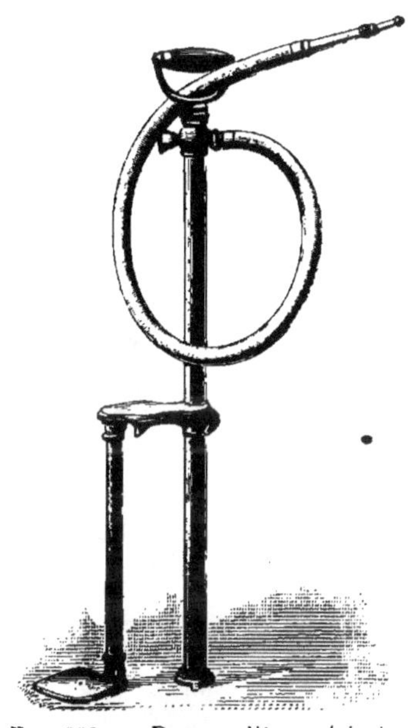

Fig. 383. — Pompe dite américaine à patin (Piller).

Fig. 384. — Manœuvre d'une pompe à patin.

étaient formées d'une pièce de cuir sur laquelle on clouait une petite planchette ou un morceau de plomb, et le piston C était un bloc carré, en bois, entouré d'une bande de cuir ; le tuyau *b* avait environ 2 mètres de hauteur ; — sur le même principe, nous trouvons la machine de Jacob et Becker (1881), connue sous le nom de pompe Fauler (fig. 387), très recommandable par sa rusticité (voici la légende de la figure 387 : *13*, lanterneau ; *15*, soupape d'aspiration ; *14*, soupape de refoulement ; *17*, sièges en caoutchouc des soupapes ; *12*, raccord au corps de pompe *11* dans lequel se déplace verticalement le piston en fonte, *16*, qu'on fixe à l'extrémité inférieure d'une perche non figurée dans le dessin ; *10, 9,* tuyau et coude de refoulement ; — *18,* clapet permettant de vider la colonne de refoulement.) — Avec

FIG. 385. — Pompe foulante FIG. 386. — Coupe verticale d'une
construite en bois.   pompe foulante construite en bois

une de ces machines, dont le piston avait 0^m058 de diamètre, nous avons obtenu les résultats suivants :

Hauteur d'élévation de l'eau		Course du piston		Volume d'eau élevé par coup de piston	
1 m.	84	0 m.	76	1 lit.	75
2	35	0	82	1	72
4	35	0	81	1	33
6	35	0	79	0	98
8	35	0	76	0	65
10	35	0	74	0	45

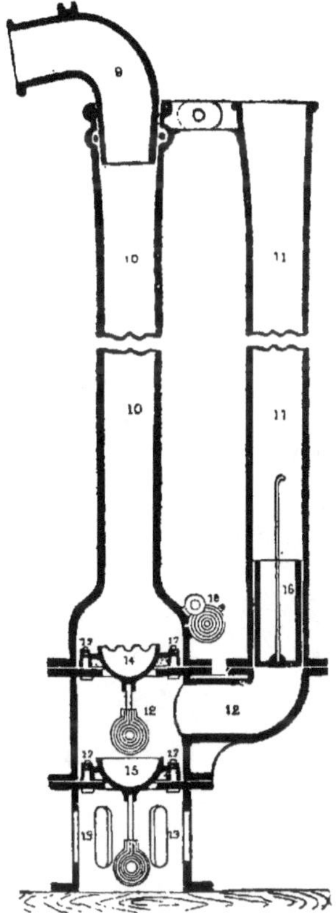

Fig. 387. — Coupe verticale de la pompe foulante Fauler.

Dans un travail de courte durée avec la pompe Fauler, on peut tabler, pour un de nos ouvriers de France, sur le débit pratique de 100 litres élevés par minute à un mètre de hauteur.

Signalons les *pompes aspirantes* genre Douglas (fig. 388) : les *pompes aspirantes portatives* (fig. 389).

Fig. 388. Pompe aspirante.

manœuvrées par un balancier et fixées à l'extrémité d'un tube, dont la partie inférieure est pourvue d'une lanterne en fonte percée d'ouvertures par lesquelles pénètre le liquide. Avec les pompes aspirantes la hauteur maximum d'élévation de l'eau ne dépasse pas 7 à 8 mètres. Enfin, mentionnons les nombreux modèles de *pompes aspirantes et foulantes*, à *simple* ou à *double effet*, à balancier ou à volant-manivelle, installées à poste fixe ou montées sur une civière ou sur une brouette à deux roues et qui sont si employées dans nos fermes et nos jardins.

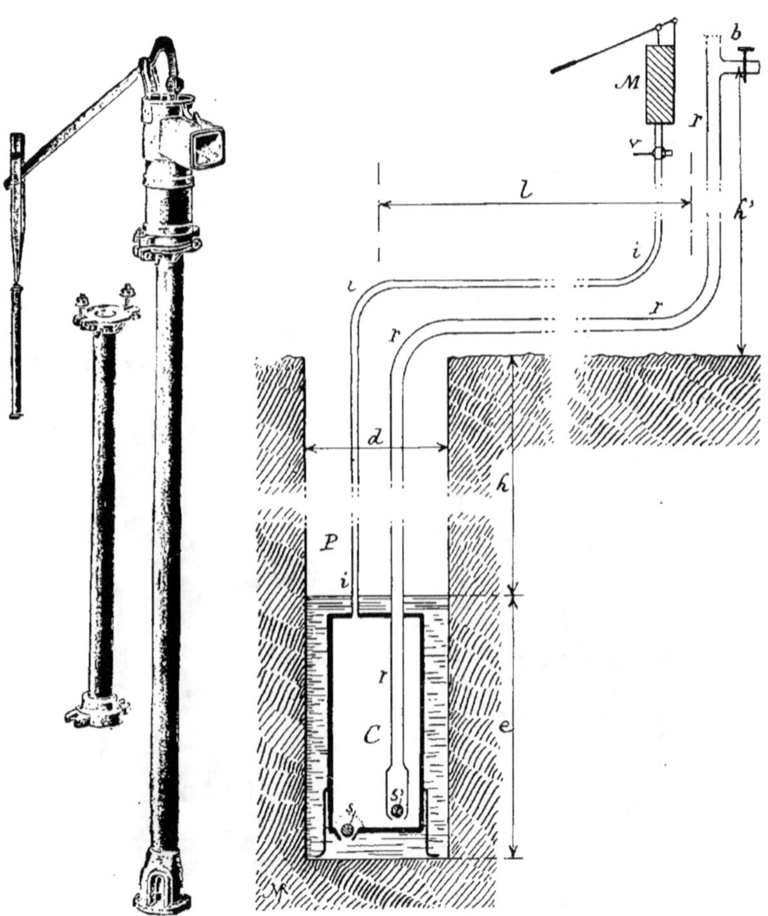

Fig. 389. — Pompe aspirante portative et tuyau de rallonge (Mayfarth).

Fig. 390. — Principe d'un élévateur d'eau par l'air comprimé.

On peut élever les eaux par l'intermédiaire de l'*air comprimé* : sans parler ici de la machine à débit continu, connue en France sous le nom de *pompe Mammouth*, qui exige une grande profondeur d'eau et une pompe à air actionnée par un moteur, nous dirons un mot des systèmes à débit intermittent, convenant pour de petits volumes d'eau à élever d'une façon périodique. En appliquant le principe proposé, en 1900, par M. T. Sourbé, on peut installer un réservoir C (fig. 390), suspendu dans le puits P, ou reposant par des cales un peu au-dessus du fond ; une soupape s s'ouvre de bas en haut ; le réservoir C est en communication par le tube i avec une pompe à air M (analogue à celle de nos *pulvérisateurs* examinés dans la troisième partie du Cours, relative aux *Machines*), et reçoit un tuyau r ; la partie inférieure de ce dernier porte une soupape s', s'ouvrant de bas en haut, et la partie supérieure se termine en b. Lorsque le robinet v est ouvert, l'eau du puits pénètre en C en soulevant la soupape s et l'air s'échappe par v ; puis, en fermant le robinet v et en manœuvrant la pompe M, l'air comprimé, envoyé par le tuyau i, fait refouler en $s' r b$ l'eau contenue dans le réservoir C ; à la fin de l'opération, le robinet b laissant échapper de l'air indique que le réservoir C est vide ; on recommence alors les manœuvres précédentes (on peut même fonctionner sans arrêt en perdant continuellement une certaine quantité d'air par le robinet b). — Notons que les dimensions (hauteur et diamètre) du réservoir C (fig. 390) peuvent être quelconques ; comme il en est de même pour les distances e, h, h' et l on voit la souplesse que présente le système qui serait susceptible de très nombreuses applications s'il était plus connu ; enfin, le diamètre d du puits pouvant être très réduit, on peut employer, pour le construire, les procédés de *sondages* examinés antérieurement.

Nous ne ferons que citer les *pompes à manège direct* en donnant, à titre de spécimen, la figure 391 ; cette machine est très recommandable par ses trois corps, les pistons, calés à 120 degrés, assurant un débit uniforme, et par suite une résistance constante au moteur, en supprimant les coups de bélier dans la colonne de refoulement (le débit de cette pompe est de 100 à 130 litres d'eau par minute).

Fig. 391. — Pompe à trois corps, à manège direct (Pilter).

Pour ce qui est relatif aux *pompes à piston commandées par courroie*, nous nous limiterons à donner les figures 392 et 393. —

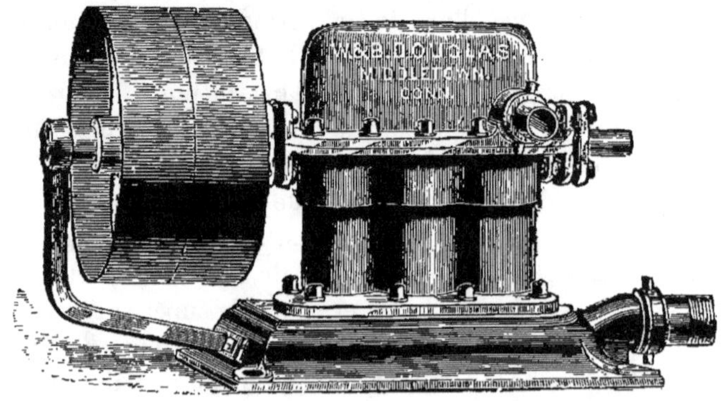

Fig. 392. — Pompe à moteur, à trois corps verticaux à simple effet (Douglas-Pilter).

Dans la figure 392, les trois corps verticaux, à simple effet, sont raccordés avec un carter formant réservoir de refoulement ; et abritant l'arbre à vilebrequin dont les extrémités passent par deux presse-étoupes ; le socle forme culotte d'aspiration. — La figure 393 montre une pompe à trois corps à double effet. — Suivant leurs dimensions, les machines précédentes élèvent de 60 à 250 litres d'eau par minute, à une hauteur dépendant de la puissance du moteur qui leur donne le mouvement.

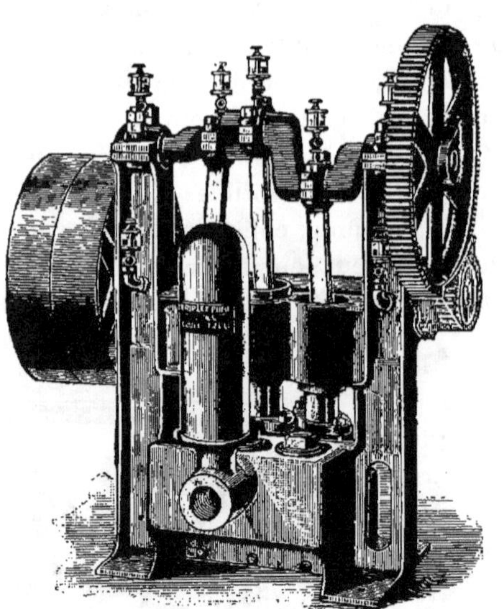

Fig. 393. — Pompe à moteur, à trois corps verticaux à double effet (Gould-Pilter)

Machines actionnées par des moteurs inanimés. — Examinons dans ce paragraphe spécial les principales machines élévatoires mues par des moteurs inanimés (eau, vent, moteurs thermiques).

On peut concevoir un **moteur hydraulique** (étudié plus loin) actionnant, par une transmission, une pompe à chapelet, une noria ou une pompe à piston (fig. 392-393) ; souvent, cette installation mécanique importante peut être remplacée par des dispositifs plus simples applicables surtout aux petits débits.

Lorsqu'un cours d'eau est animé d'une certaine vitesse, on peut utiliser la *roue élévatoire*, appelée encore *roue à pots* ou *roue chinoise* (elle est très employée dans le midi de l'Espagne, et notamment à Palma del Rio) : c'est une roue à palettes *a* (fig. 394) que le courant *c* fait tourner dans le sens de la flèche *d* ; des pots en terre cuite *b*, ou des récipients en bois ou en métal, fixés à la périphérie de la roue, se remplissent en bas de leur course, s'élèvent et déversent l'eau dans une auge ou

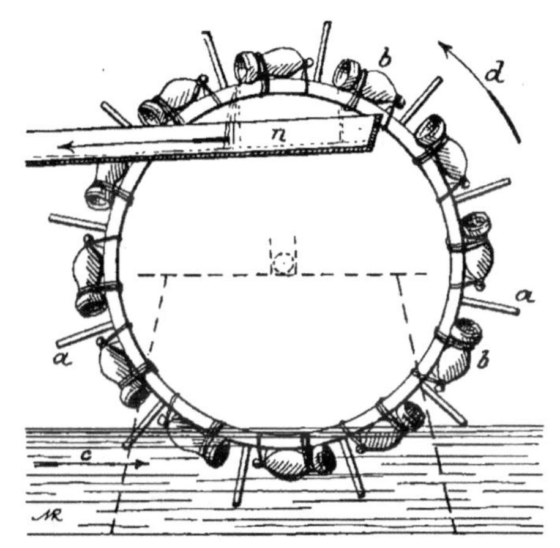

Fig. 394. — Principe d'une roue élévatoire.

chenal *n* ; d'après M. Jean Brunhes (*Étude de géographie humaine, l'Irrigation*, p. 130), parmi les roues élévatoires employées à Palma del Rio, il y en a une vingtaine qui ont jusqu'à 8 et 9 mètres de diamètre. — Selon M. Barois, de semblables roues établies en Égypte ont ordinairement 4^m45 à 4^m50 de diamètre (nous en donnerons le dessin dans la section relative aux *Moteurs hydrauliques*), 12 palettes de 0^m90 de largeur sur 0^m60 de hauteur, et portent une couronne de 24 vases en terre contenant chacun 7 litres ; à raison de 4 tours par minute elles peuvent élever par heure 40 mètres cubes d'eau à 3 mètres de hauteur ; on calcule qu'une seule de ces roues suffit pour irriguer pendant l'été une superficie de 13 hectares en culture ; certaines roues portent deux couronnes de vases disposées chacune sur un côté des palettes, et les grands modèles sont pourvus de 96 vases placés sur deux couronnes.

Les Chinois se servent depuis longtemps d'une roue élévatoire, analogue aux précédentes, construite en bambous comme le

Génie rural.   17

montre la figure 395 ; cette dernière est la copie d'une gravure de
l'ouvrage, le *Thien-kong-kaï-wou*, dont la deuxième édition, qui se
trouve à la Bibliothèque nationale, date de 1637. — De nombreuses
machines analogues sont actuellement installées sur les trois rivières
de la province de Quang-ngai par quelques riches Annamites qui se
font payer une redevance en nature (le tiers de la récolte) par les cul-

Fig. 395. — Roue élévatoire (copie du dessin d'un livre chinois datant de 1637).

tivateurs aux rizières desquels ils fournissent l'eau d'irrigation ; selon
M. Borel, agent de culture, chargé de la Station expérimentale de
Quang-ngai[1], ces roues, qui ont souvent 10 à 12 mètres de diamètre, sont en bambous et en perches raidies par de gros rotins bil-
lés ; les aubes sont en bambous tressés (comme la claie de la fig. 28) ;
les godets, en bambous, dont le nombre varie de 60 à 70 selon le

1. *Bulletin économique de la Direction de l'Agriculture et du Commerce du gouvernement général de l'Indo-Chine*, mars 1906, p. 350. — Il y a beaucoup de semblables roues élévatoires au Tonkin.

diamètre, sont fixés obliquement sur la circonférence de la roue et
se déversent dans un chenal en bois soutenu par des étais. Sur les
larges rivières il y a souvent des batteries de 10 à 12 roues, montées
chacune, l'une à côté de l'autre, sur un axe indépendant, et leur
installation, qui revient de 500 à 600 piastres[1], ne dure qu'une
saison ; elle est refaite chaque année au prix de 100 à 200 piastres
en utilisant presque tous les matériaux de l'année précédente. —
Une roue de 10ᵐ50 de diamètre, pourvue de 60 godets de 8 litres,
mais n'en élevant utilement que 5.3, fait, dans les meilleures condi-

Fɪɢ. 396. — Roue élévatoire dite *la Vivonnaise* (Pascault et de Coursac).

tions, un tour par minute et élève 19.080 litres d'eau par heure ;
l'ensemble de 12 semblables roues fournit au maximum, par 24
heures, un volume de 5.495 mètres cubes d'eau capable d'irriguer
70 hectares pendant les 6 mois de la saison sèche, d'avril à fin septembre ; lorsque la vitesse de l'eau diminue dans la rivière, malgré
les barrages, on réduit à 40 ou à 30 le nombre des godets de chaque
roue.

La roue de MM. Pascault et Henry de Coursac (à Vivonne,
Vienne), connue sous le nom de *la Vivonnaise* (fig. 396), est un per-

1. Soit 50 piastres par roue. — La valeur fictive de la piastre sur le marché intérieur est de 5 francs ; actuellement le cours du change varie entre 2 et 3 francs.

fectionnement du système précédent et sa construction simple, métallique et démontable, permet de la recommander ; les aubes radiales de la roue pendante sont constituées par des panneaux en tôle ondulée ; en arrière de chaque aube est fixé un tube cylindrique, en zinc, coudé et pourvu d'un tube siphoïde destiné à assurer la sortie de l'air lors du remplissage et la rentrée de l'air lors de la vidange ; l'axe de la roue tourne dans deux paliers fixés à un bâti en bois. Suivant la vitesse du courant on peut régler celle de la roue en réduisant le volume des tubes par l'introduction d'une ou de deux fourrures en bois dans chacun d'eux : on diminue ainsi le poids de l'eau élevée et par suite la charge de la roue. L'eau est déversée dans une goulotte en bois maintenue à la hauteur voulue par des pilots.

Dans nos expériences de la Station d'Essais de Machines, la roue de 12 aubes avait 1 m 54 de rayon ; chaque palette avait 2 mètres de longueur et 0 m 61 de hauteur ; la vitesse du courant était mesurée en 7 points différents de la section et le débit fourni par la roue était jaugé ; nous avons obtenu les résultats suivants : dans la série A, les tubes n'étaient pas garnis ; chacun d'eux avait reçu une fourrure en bois dans la série B et deux fourrures pour la série C :

Vitesse moyenne du cours d'eau (mètre par seconde).	Vitesse de la roue (nombre d'aubes plongeant par minute).	Hauteur d'élévation de l'eau au-dessus du niveau de la rivière. (mètres)	Volume pratiquement élevé en litres par heure.
A — 0 m. 258	5	1 m. 50	3.840 lit.
0 280	11	2 10	8.460
0 291	10	2 215	4.560
0 293	12.2	1 49	10.020
0 386	21	1 45	16.140
0 390	21.7	1 815	17.820
0 394	22	1 52	19.920
0 456	29	1 525	21.180
0 506	31.2	1 53	22.560
0 565	37	1 48	24.180
0 617	40	1 52	24.180
B — 0 m. 317	14	2 m. 22	4.860
0 355	18	1 47	13.560
0 394	23.4	2 135	6.180
C — 0 m. 237	5.5	1 m. 45	3.000
0 276	11	1 45	6.060
0 354	19.8	1 465	13.560

Lorsqu'on pourra créer une chute d'eau et avoir les tuyaux nécessaires, il sera recommandable d'adopter un *bélier hydraulique*. Avec
ces machines très simples, à fonctionnement automatique (bélier
Douglas-Pilter, fig. 397), nous avons obtenu à la Station d'Essais
de Machines (1903) des rendements mécaniques, comptés en eau
élevée, dépassant 80 pour cent. — La figure 398 donne la vue
générale de l'installation d'un bélier hydraulique alimenté par une

Fig. 397. — Bélier hydraulique
(Douglas-Pilter).

Fig. 398. — Installation d'un bélier
hydraulique.

chute retenue par une vanne ; on voit, à gauche, le tuyau d'amenée, dit de *batterie*, conduisant l'eau à la machine ; cette dernière,
par le tuyau de droite, refoule l'eau aux bâtiments situés sur une
hauteur.

Les plus petits béliers hydrauliques fonctionnent avec un débit
en eau motrice de 8 à 10 litres par minute, sous une chute d'au
moins 0 ^{m} 75.

Voyons ce qui est relatif aux pompes à employer de préférence
avec les **moulins à vent** (ces moteurs seront examinés dans une
autre partie du Cours). — Par suite de la grande longueur de la tige
du piston (distance du mécanisme du moulin à la pompe placée au
niveau du sol ou, dans un puits, en dessous de ce niveau), il

convient d'adopter certains dispositifs pour diminuer la fatigue de la tige.

Dans la fig. 399, l'axe x porte la manivelle a, animée d'un mouvement circulaire continu, articulée avec une longue tringle b, guidée de place en place et raccordée avec la tige du piston n de la pompe P aspirante et élévatoire. Comme la tringle b est très longue, il faut lui demander de ne travailler qu'à l'extension, sinon elle se détériore par flexion et occasionne, aux glissières, des pressions qui se traduisent par une augmentation de résistances passives et une diminution du rendement.

Ce qui précède montre que la période de travail d'élévation de l'eau doit s'effectuer quand la tringle b (fig. 399) se déplace suivant le sens m ; pendant ce mouvement, la face inférieure du piston n aspire en f l'eau du bief aval V, tandis que sa face supérieure refoule ou élève l'eau, contenue en g, dans le bief amont R ; la tringle b, travaillant ainsi à l'extension, peut être confectionnée avec un tube en fer ou même une simple pièce de bois. Lors de la descente de la tige, suivant le sens d, l'eau logée en f passe en g au travers d'une large soupape que comporte le piston n, et la résistance opposée à la tringle b est très faible,

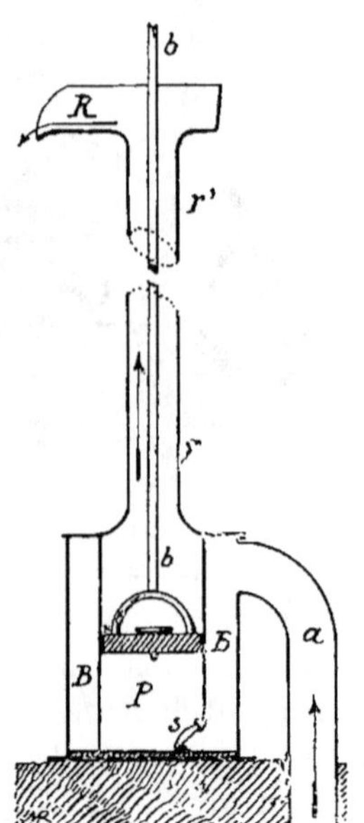

Fig. 399. — Principe d'une pompe aspirante et élévatoire avec presse-étoupe.

Fig. 400. — Principe d'une pompe aspirante et élévatoire sans presse-étoupe.

surtout s'il est possible d'adopter un modèle de pompe dépourvu de presse-étoupe e, c'est-à-dire lorsque le point d'élévation R de l'eau peut être situé directement au-dessus de la pompe et suivant son axe.

Dans la pompe aspirante et élévatoire représentée schématiquement par la figure 400, la tige b se déplace au milieu du tuyau

d'élévation *r r'* qui se termine à sa partie supérieure par la goulotte
de déversement R, d'où l'eau s'écoule seule, par un tuyau ou un
canal, jusqu'à son lieu d'utilisation. Dans les bons modèles spéciaux
pour les moulins à vent, le corps de pompe P est plongé dans une
bâche annulaire B à la partie supérieure de laquelle se raccorde le
tuyau d'aspiration *a* : avec ce dispositif (connu sous le nom de
pompe canadienne, ou de *pompe-siphon*, fig. 401), il reste toujours
de l'eau à la partie inférieure de la bâche B
(fig. 400) ; cette eau, noyant la soupape d'aspiration *s*, assure l'amorçage de la pompe même
après plusieurs jours d'arrêt du moulin à vent.

Nous ne pouvons insister sur les machines
élévatoires actionnées par des **moteurs thermiques** dont l'application nous paraît malheureusement restreinte aux colonies, sauf pour les
très grandes exploitations pourvues d'un personnel compétent et d'un outillage permettant
l'entretien et les réparations. Signalons seulement
les machines suivantes : lorsqu'on peut disposer
d'une chaudière (qu'on chauffe avec des combustibles végétaux) le *pulsomètre* semble indiqué
bien qu'il ait l'inconvénient d'augmenter d'environ 1 degré la température de l'eau par 6 ou 10
mètres de hauteur d'élévation. Dans le cas d'un
moteur à vapeur ou à pétrole, la *pompe centri-*

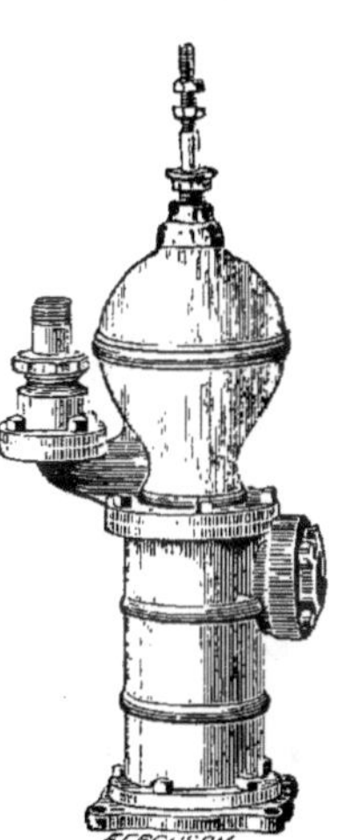

Fig. 401. — Pompe-
siphon avec presse-
étoupe.

fuge est très recommandable par la simplicité de ses organes ; enfin
il y a les nombreux modèles de *pompes à chapelet*, de *norias* et de
pompes à piston mues par courroie (fig. 392-393).

Indiquons qu'il y aura lieu d'étudier, pour quelques applications,
les *châteaux d'eau*[1], les *canalisations en siphon*[2], etc.

Rappelons que pour une même hauteur d'élévation de l'eau on
peut avoir une *tuyauterie* courte (verticale) ou très longue (oblique),
et quand la longueur d'une conduite dépasse une dizaine de mètres, il
y a lieu de prendre des précautions contre les *coups de bélier* que
peuvent produire les pompes à simple effet (qu'on atténue avec

1. *Journal d'Agriculture pratique*, nᵒ 16 du 12 novembre 1903, p. 638.
2. *Journal d'Agriculture pratique*, nᵒ 52 du 24 décembre 1903, p. 836.

un *réservoir d'air* au refoulement). Dès que la canalisation a plus de 30 à 40 mètres, il faut que l'eau s'y déplace d'un mouvement continu aussi uniforme que possible, ce qu'on obtient avec les pompes centrifuges, les rouets ou avec les pompes à trois corps, dont les pistons sont calés à 120 degrés, munies d'un réservoir d'air interposé entre la pompe et la canalisation (veiller à ce qu'il y ait toujours de l'air dans ce réservoir ; quelquefois l'eau entraîne l'air par dissolution et le réservoir ne fonctionne plus comme amortisseur) ; par suite des *pertes de charge* qui se manifestent et du prix élevé des conduites d'eau, il convient de combiner ses projets pour avoir un tuyautage aussi court que possible débouchant dans un canal découvert.

Réservoirs.

Les réservoirs et les barrages, étudiés dans nos Cours de Génie Rural, seront très souvent considérés aux colonies comme des tra-

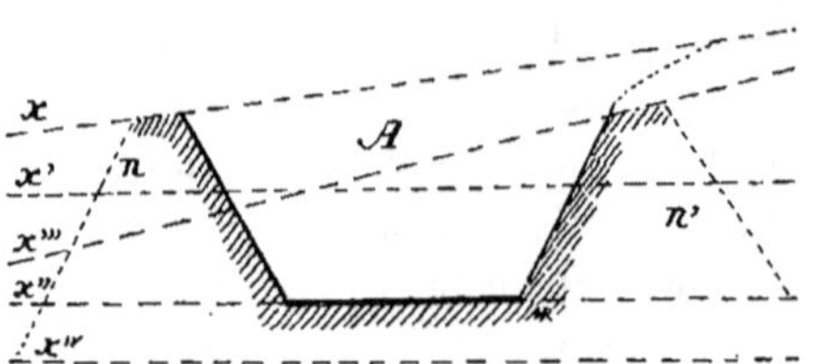

Fig. 402. — Coupe verticale d'un réservoir.

vaux d'utilité publique et, à ce titre, devront être exécutés par les soins de l'Administration ; aussi n'insisterons-nous ici que sur quelques détails relatifs aux petits réservoirs.

Un réservoir peut être complètement ou partiellement enterré (partie en déblai, partie en remblai), ou établi en totalité au-dessus du sol. Suivant une coupe verticale (fig. 402), le réservoir A peut occuper ainsi diverses positions relativement au niveau du sol naturel indiqué par les différentes lignes x, x' x'', x''', x^v. Le réservoir complètement enterré (Ax) est plus facile à exécuter ; dans les autres conditions, la paroi n ou n' du réservoir joue le rôle d'un barrage qui doit être établi avec soin de façon à donner toute sécurité.

La figure 403 montre la coupe d'un réservoir R obtenu en barrant en *b* une vallée *a c* [1] : dans le second dessin [2], le réservoir R' est limité par les digues *d*, *d'*, élevées directement sur le sol *x*.

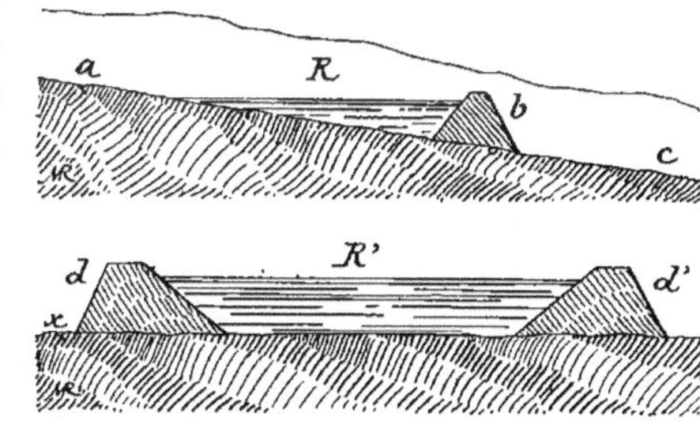

Fig. 403. — Sections de réservoirs.

Digues. — Au point de vue de la stabilité du barrage, rappelons que la pression *p* (fig. 404) exercée par l'eau en un point *a*, est égale à celle d'une colonne d'eau de hauteur *h* (distance de *a* au plan d'eau *m*) ; sur la même verticale *y*, la somme des pressions, dues ainsi à la poussée de l'eau, a donc pour mesure la surface d'un triangle *n m o*, le côté *o n* étant égal à *o m* c'est-à-dire à l'épaisseur H de la couche d'eau retenue par la digue : la pression totale P, supportée par un plan vertical *o m*, est égale à $\frac{H^2}{2}$, et son point d'application est situé sur un plan horizontal A au tiers de la hauteur comptée à partir de la base *o* (le centre de gravité du triangle *n m o*

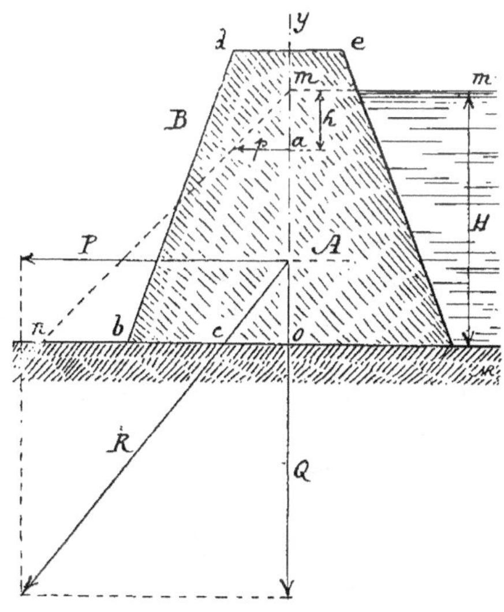

Fig. 404. — Conditions de stabilité d'une digue.

1. La capacité d'un réservoir dépend de l'étendue du *bassin versant* qui l'alimente et de la hauteur de pluie ; en France, on admet que la moitié de l'eau tombée dans le bassin versant peut parvenir au réservoir ; dans l'Inde, où l'évaporation est considérable, les ingénieurs anglais n'admettent que le quart.

2. Nous pouvons faire remarquer que les digues *d d'* de la figure 403 sont analogues à celles qu'on élève le long des cours d'eau R' (*digues longitudinales insubmersibles*) pour protéger les terres *x* contre les inondations ; l'établissement de ces digues en terre a lieu sur le principe de celles que nous étudions ici, sauf qu'on consolide leurs talus afin qu'ils ne soient pas dégradés par la vitesse du courant (voir plus loin, aux *Cours d'eau*, ce qui est relatif à la *Protection des berges*).

est situé sur ce plan A). On voit, par ce qui précède, que la pression P est indépendante de la surface $m\,m'$ du réservoir, comme de la capacité de ce dernier.

Considérons la section transversale d'une digue B (fig. 404) dont le centre de gravité se trouve situé sur la verticale y ; nous pouvons reporter en A deux forces orthogonales : l'une P représentant la pression horizontale due à la charge d'eau H et calculée pour une longueur de digue égale à l'unité, l'autre verticale Q représentant le poids de la digue pour une longueur égale aussi à l'unité (surface de la section B, multipliée par 1 et par le poids des matériaux de la digue à l'unité de volume). La résultante R de la composition de ces deux forces doit passer en c, en dedans de la ligne $b\,o$, et le barrage est d'autant plus solide que le point c est plus rapproché de o, ce qui, pour une même valeur de P (ou une même hauteur H de retenue), revient à augmenter le poids Q du barrage, c'est-à-dire sa section. La digue ne peut pas résister si le point c tombe, vers n, en dehors de l'empattement $o\,b$. Une simple épure de géométrie permet donc de remplacer un certain nombre de calculs pour vérifier la stabilité d'une digue ou d'un barrage, qu'on doit toujours considérer comme résistant uniquement par son poids ; ce n'est qu'avec des maçonneries très soigneusement faites qu'on peut admettre l'ouvrage comme un monolithe dont certaines parties seraient capables de travailler à l'arrachement.

La crête $d\,e$ (fig. 404) doit être aménagée en chemin d'au moins 1 mètre à 1^{m}50 de largeur, mais qu'on peut augmenter sans inconvénient ; le plan $d\,e$, pouvant se détériorer sous l'action des vagues soulevées par le vent, doit se trouver de 0^{m}25 à 1 mètre (suivant l'étendue du réservoir) au-dessus du niveau m' des plus hautes eaux, déterminé par un *déversoir* ; on augmente cette dimension (appelée *revanche*) lorsqu'il y a des crues accidentelles à craindre, car il faut éviter à tout prix que l'eau passe par-dessus la crête du barrage, et on doit se rappeler que *tous ces ouvrages périssent par la tête*.

Laissant de côté les ouvrages en maçonnerie, nous ne nous occuperons ici que des digues en terre convenant à nos exploitations agricoles, bien que certains de ces barrages en terre, qui ont des retenues d'eau de plus de 20 mètres de hauteur, soient des travaux publics exécutés en vue de l'aménagement d'une vallée ou de l'alimentation d'un canal de navigation.

La digue en terre a pour section un trapèze irrégulier : du côté
amont on donne un talus en pente douce, correspondant à la stabilité
des terres noyées d'eau ; généralement on admet 3 de base (rarement 2) pour 1 de hauteur ; du côté aval, le talus, à pente aussi
raide que possible (1 ou 1,5 à 2 de base pour 1 de hauteur, suivant
la nature des terres), est garni de végétation herbacée mais non
d'arbres ou d'arbustes dont les racines risquent de favoriser les fuites.
Les talus amont et aval peuvent être partagés en gradins, de 1 ^{m} 50 à
2 mètres de hauteur, séparés les uns des autres par des bermes.

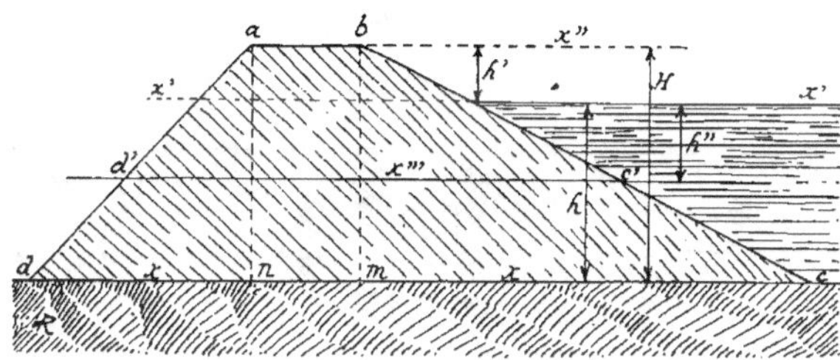

FIG. 405. — Coupe transversale d'une digue en terre.

La section d'une digue en terre se détermine facilement dans
nos projets; soit, par exemple, à établir le profil d'une digue (fig.
405) pour une retenue h de 2^{m}50 d'eau ; fixons : $h' = 0^m75$; pente
du talus d'amont à 2 de base pour 1 de hauteur ; pente du talus
d'aval à 1 pour 1 ; $a\,b = 1^m50$; on a, pour le profil à l'aplomb du
thalweg, c'est-à-dire au point le plus bas :

$$\text{H} = 2.50 + 0.75 = 3^m25$$
$$\text{Projection } m\,c = 3.25 \times 2.00 = 6^m50$$
$$\text{Projection } dn = 3.25 \times 1.00 = 3^m25$$
$$\text{Empattement } dc = 3.25 + 1.50 + 6.50 = 11^m25$$

L'empattement $d\,c$ diminue avec la hauteur H à mesure qu'on
s'approche des *naissances* de la digue, c'est-à-dire de ses extrémités;
mais on conserve sur toute la longueur de l'ouvrage la même inclinaison aux talus d'amont et d'aval. Ainsi, en un point où la retenue
n'est plus que h'' et le niveau du sol (relativement au plan d'eau x')
en x''', l'empattement de la digue se réduit à la longueur $d'\,c'$.

Voici comment l'on procède au travail : on commence par construire le canal ou aqueduc d'écoulement, qu'on laisse ouvert afin

de ne pas noyer le chantier (cet aqueduc, dont nous parlerons dans un instant, doit débiter toute l'eau qui peut arriver pendant les crues) : on décape et on régularise le sol naturel sur l'emplacement $a\,b$ (fig. 406) de la digue et on ouvre, suivant une verticale y passant par l'arête amont c de la crête $c\,d$, une tranchée $e\,f\,g$, descendue jusqu'à la rencontre du bon sol, qu'on entame sur une profondeur d'au moins 0^m50, mais qu'on peut augmenter sans aucun inconvénient ; la largeur au fond de cette tranchée varie de 1^m50 à 2

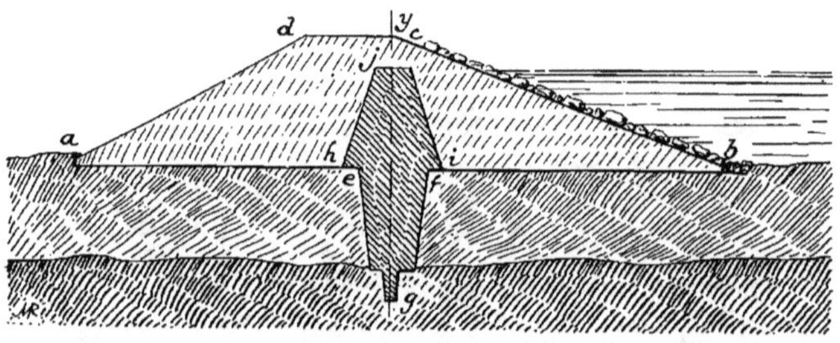

FIG. 406. — Coupe en travers d'une digue avec corroi central.

mètres pour une digue de 10 à 12 mètres de retenue, et la largeur $e\,f$ oscille de 1^m80 à 3 mètres. La tranchée $e\,f\,g$ est remblayée avec de la terre aussi argileuse que possible, dépourvue de cailloux, très soigneusement pilonnée par couches successives de faible épaisseur. Puis on continue le remblai suivant le profil $a\,d\,c\,b$, dont la partie centrale $h\,i\,j$ est en terre argileuse, les autres portions pouvant être en terre quelconque, exempte de cailloux plus gros qu'une noisette, bien pilonnée par petites couches horizontales ; rappelons que la terre se pilonne bien lorsqu'elle est dans un certain état d'humidité, afin de ne pas adhérer aux pilons ou aux pisoirs (fig. 5, p. 12 et fig. 14, p. 18).

Aux polders de la baie du Mont-Saint-Michel, où l'on ne dispose que d'une seule nature de terre (*tangue*), on confectionne la digue $a\,b\,d\,c$ (fig. 406), puis on y découpe verticalement une tranchée, analogue au tracé $j\,e$, dans laquelle on piétine ou on pilonne à nouveau, et avec beaucoup de soins, de la tangue convenablement arrosée d'eau, afin de constituer une *âme* centrale aussi compacte que possible.

Lorsqu'on n'a pas de terre argileuse pour confectionner le corroi

central de la figure 406, il faut alors descendre le pied *a b* de la
digue en dessous de la surface du sol naturel et, pour éviter de trop
grands terrassements, on peut adopter pour la digue D le profil indiqué par la figure 407, l'axe *y* passant par le milieu de la fouille *a*
qui entame le bon sol ; puis on fait des redans avec des plans *b b'*,
c c', *d d'*, *e e'*, horizontaux raccordés par des ressauts ; après l'ouverture de la tranchée *h a i*, on commence le remblai. Notre professeur Hervé-Mangon préférait la méthode de la figure 407, mais de

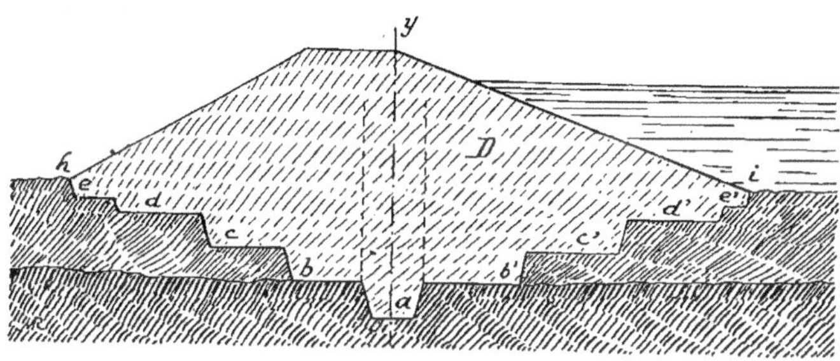

Fig. 407. — Coupe en travers d'une digue en terre.

nombreuses digues sont établies selon la figure 406 [1], en Allemagne et dans la colonie du Cap, où elles donnent toute satisfaction.

On a toujours intérêt à descendre les fondations le plus possible
pour éviter, sous la digue, les infiltrations compromettant les
ouvrages en terre, aussi bien que ceux en maçonnerie. On a intérêt
également à augmenter la largeur en crête de la digue ; souvent
même elle a 4 à 5 mètres et joue le rôle de route.

Le talus amont, surtout dans sa partie supérieure, doit être protégé des érosions occasionnées par le clapotis des vagues soulevées
par le vent ; on peut le garantir par des clayonnages superposés,
maintenus par des piquets, mais il est préférable d'avoir recours à
un enrochement ordinaire : sur le talus, on pilonne une couche de
0 m 10 à 0 m 30 d'épaisseur de sable fin, puis une autre couche, de même
épaisseur, en pierres cassées ou en galets, et on termine par une dernière couche de 0 m 25 à 0 m 50 de gros matériaux qu'on enchevêtre
par pilonnage (voir la fig. 312, p. 198.)

1. Et, dans certains cas, l'âme centrale de la digue fig. 406 est constituée par un
béton à mortier hydraulique, de chaux ou de ciment.

Autant que possible, il convient d'attendre six à huit mois que le terrassement ait eu le temps de bien se tasser avant de mettre le réservoir en eau.

Lorsqu'un réservoir est alimenté par un torrent ou par un cours d'eau qui ne coule souvent que quelques heures à certains moments dans une vallée étroite A B (fig. 408), il y a lieu de prendre des précautions ; si l'on veut construire un barrage en *a b*, en travers de la vallée, il faut le faire très résistant et il est à craindre que lors d'une crue exceptionnelle l'eau passe par-dessus la crête de la digue, qui risque alors d'être rapidement emportée en occasionnant un désastre.

Le plan de la figure 408 indique, par exemple, un petit vallon latéral *b c d*, se raccordant au thalweg A B bien au-dessus du point B d'utilisation de l'eau. Dans ces conditions, il est plus recommandable de transformer une partie de ce vallon en un réservoir R, limité par une digue *m n* qui présente toute garantie de solidité, n'étant pas soumise à l'action directe

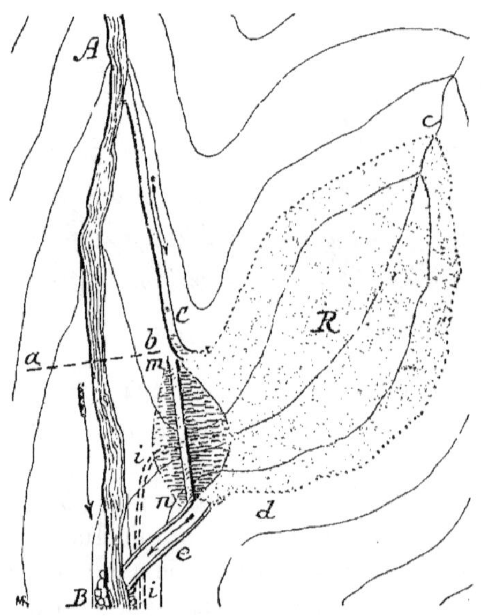

Fig. 408. — Plan d'un réservoir latéral alimenté par un cours d'eau torrentiel.

du torrent A B et ne retenant qu'une eau calme. L'alimentation de ce réservoir est assurée par un canal A C établi à flanc de coteau ; on voit en *e* le déversoir, calculé pour débiter plus d'eau que le canal A C et l'évacuant dans le thalweg B ; enfin en *i* se trouve la canalisation, indiquée en pointillé, qui conduit l'eau à son point d'utilisation.

Dès qu'une brèche tend à se produire dans une digue, il faut y jeter rapidement des matériaux destinés à diminuer la vitesse de l'eau qui s'écoule par la brèche (clayonnages, branchages, paquets d'herbes, sacs remplis de terre, etc.), afin de pouvoir procéder à la réparation.

Il faut éviter de laisser les réservoirs à sec pendant les grandes chaleurs, sinon on surveillera, pendant la remise en eau, les fendillements ou crevasses qui ont pu se manifester.

Déversoirs. — Afin que le plan d'eau ne puisse s'élever au-dessus du niveau voulu, on établit un ou plusieurs déversoirs calculés pour un débit maximum, comme si le ou les ruisseaux tributaires débitaient tous, en temps de crue, dans le réservoir supposé plein.

Des observations préalables, des jaugeages[1], permettent de fixer le volume d'eau maximum qui doit passer par seconde. La largeur du déversoir doit être calculée pour que l'épaisseur

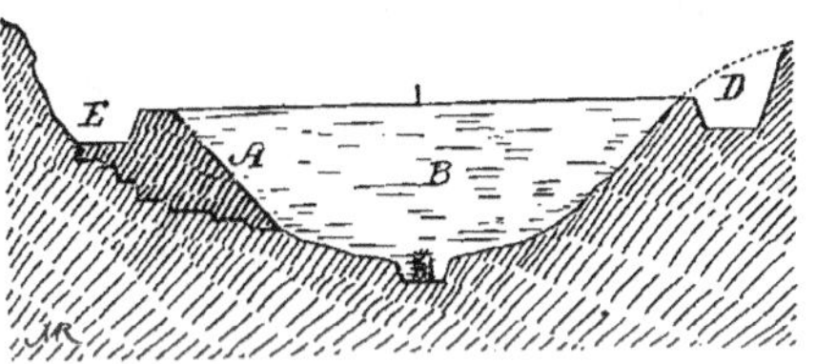

Fig. 409. — Vue de face d'une digue pourvue de deux déversoirs.

de la lame d'eau ne dépasse pas 0^m10 (dans nos petits réservoirs); si cette largeur était trop grande pour un seul déversoir, on en établirait deux, un à chaque naissance de la digue B (fig. 409). Le déversoir se prolonge par un *canal de fuite* qui rejoint le thalweg à l'aval de la digue.

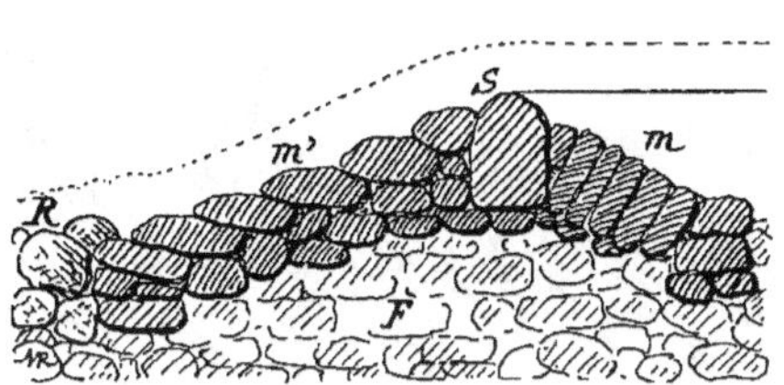

Fig. 410. — Coupe verticale d'un déversoir en pierres.

Les déversoirs, et les canaux qui les prolongent, sont établis en déblai D (fig. 409) dans le terrain naturel.

Lorsque cette disposition ne peut être appliquée, le canal d'écoulement E sera maintenu par une digue A, à la construction de laquelle on ne saurait apporter trop de soins afin d'éviter les dégradations.

Dans le cas d'un déversoir en pierres, le seuil S (fig. 410) est constitué par des moellons taillés, raccordés avec les maçonneries d'amont m et d'aval m' faites, autant que possible, au mortier hydraulique et posées sur une bonne fondation F ; des enrochements R, en grosses pierres perdues, protègent le pied aval du canal de fuite sur une longueur d'au moins deux à trois fois la hauteur de chute.

---

1. Pour les *jaugeages* et les calculs des *déversoirs* voir notre *Traité de Mécanique expérimentale*.

Les réservoirs (alimentés par les eaux pluviales) construits par les hindous, dans la résidence de Madras, ont leur déversoir (appelé *calingulas*) établi de la façon suivante : des dalles verticales sont fixées, à $0^m 60$ ou $1^m 20$ d'écartement, dans la maçonnerie du seuil du

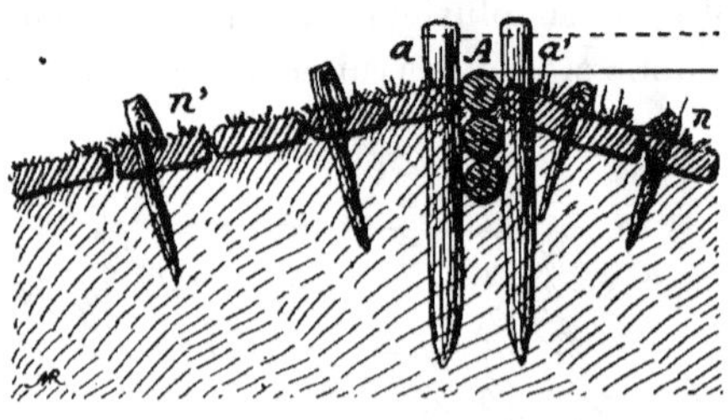

FIG. 411. — Coupe verticale d'un déversoir en bois.

déversoir et les intervalles sont remplis de torchis bien pilonné constituant une fermeture amovible ; en cas de surélévation inquiétante du niveau de l'eau dans le réservoir, on détruit le torchis entre un certain nombre de pierres, afin de laisser passage à l'eau ;

mais, quelquefois, on n'a pas le temps de faire la manœuvre et il en résulte des accidents. Les réservoirs construits par les ingénieurs anglais sont aujourd'hui pourvus de hausses mobiles, comme celles employées aux barrages de nos cours d'eau navigables.

Pour les petits réservoirs, le seuil du déversoir peut être constitué par des planches épaisses ou des rondins A (fig. 411) en bois dur, fixés par des piquets a, a' ; les pentes douces

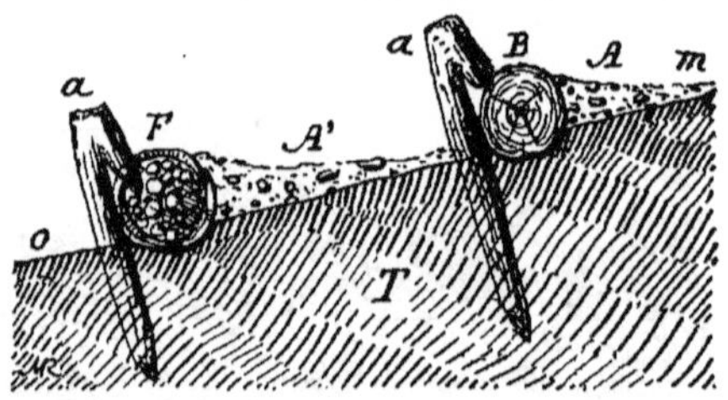

FIG. 412. — Protection d'un canal de fuite.

d'amont et d'aval sont garnies de plaques de gazons n, n', maintenues en place par des clayonnages et des piquets.

Lorsqu'on est obligé de donner une pente trop prononcée au canal de fuite, à l'aval du déversoir, et qu'on craint avec raison la dégradation des terres T (fig. 412), on jette, en travers du canal, des fagots, des fascines F ou des rondins B retenus par des piquets à crosse a ; peu à peu les alluvions se déposent en amont de ces obstacles et le plan incliné m o est remplacé par une sorte d'*escalier hydraulique* constitué par les biefs successifs A, A'...

Inutile de dire que si l'on a des pierres ou des briques à sa disposition on doit les employer de préférence, mais il faut toujours surveiller l'ouvrage et y faire des réparations, si minimes qu'elles soient, dès que cela est nécessaire, sinon les dégradations augmentent avec rapidité.

Bondes de prise d'eau. — Le tuyau de *prise d'eau*, et la *bonde*, sont les ouvrages les plus difficiles, sinon les plus délicats, à établir lors de la construction d'un réservoir, surtout quand la digue est en terre, ce qui est le cas le plus fréquent pour nos applications rurales.

Suivant une coupe transversale de la digue D (fig. 413), passant par le thalweg x, ou par le point le plus bas du réservoir R dont le

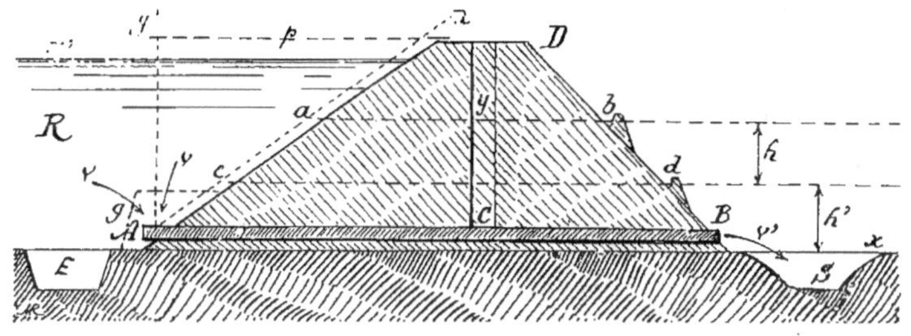

Fig. 413. — Principe des prises d'eau d'un réservoir.

plan d'eau atteint au maximum la cote x' réglée par le niveau du seuil du déversoir, on voit qu'on peut établir plusieurs prises d'eau suivant des plans superposés $a\ b$, $c\ d$... ou une seule, dite *prise de fond*, au plan inférieur x.

Les prises d'eau superposées ou étagées ont été proposées dans le but d'accroître la zone arrosable : la bonde $a\ b$, (fig. 413) par exemple, envoie l'eau dans un canal b, établi à flanc de digue, qui la conduit sur le coteau voisin et permet l'arrosage d'une zone h : de même pour la bonde $c\ d$ qui irrigue la zone h' ; quant à la bonde de fond, elle arrose les terrains en aval et situés à un niveau inférieur au plan x.

L'utilité de ce système est évidente quand le réservoir R (fig. 413) est très grand ou lorsqu'il est bien alimenté, c'est-à-dire quand le niveau x' varie peu ; sinon le résultat est aléatoire, car dès qu'on aura prélevé la tranche d'eau de x' à a, on ne pourra plus arroser la zone h, de même pour la zone h' ; de sorte que, souvent, la possibilité de l'arrosage fréquent d'un plus grand périmètre est illusoire, et, sauf des cas tout à fait particuliers, ne justifie pas la dépense supplémentaire faite pour ces prises d'eau étagées.

Nous laisserons volontairement de côté certains systèmes spéciaux proposés ou employés, soit pour le dévasement des réservoirs, soit pour assurer toujours une prise d'eau claire à la surface du plan x', quelles que soient les variations de son niveau, soit enfin les bondes automatiques ou systèmes vidant complètement le réservoir dès que l'eau atteint une certaine hauteur.

L'ouvrage de prise d'eau comprend, en principe, un conduit A B (fig. 413) traversant la digue D et pourvu d'un organe permettant ou interceptant le passage de l'eau.

Lorsque le conduit A B (fig. 413) est en matériaux capables de résister à la charge d'eau x' (ciment, métal), la bonde peut être placée en B, ou en C, au milieu même de la digue ; dans ce dernier cas, un puits y permet la manœuvre de la bonde C ; ce système, d'établissement coûteux, est appliqué à un grand nombre de réservoirs d'Italie, ce qui lui a fait donner le nom de *bonde à l'italienne*.

Quand le conduit A B (fig. 413) n'est pas établi pour supporter la charge d'eau x', ou que, avec raison, on ne tient pas à le soumettre à cette charge permanente, capable d'amener à la longue des infiltrations susceptibles de ruiner la digue, on place la bonde en A à l'intérieur même du réservoir R ; ce dispositif, très employé en France et en Angleterre, est désigné sous le nom de *bonde à la française*.

Les systèmes les plus simples, et par suite les plus recommandables, sont ceux qui utilisent la bonde placée en A (fig. 413).

La bonde A (fig. 413) peut, comme dans les installations françaises, se manœuvrer verticalement, suivant y', ce qui oblige à la raccorder à la digue D par un pont ou une passerelle de service p, alors qu'en Angleterre la bonde A se manœuvre souvent obliquement, suivant n, du sommet même de la digue D.

Enfin, on ne doit pas oublier certaines précautions indispensables pour assurer la durée de l'ouvrage : il faut éviter les infiltrations d'eau entre le conduit A B (fig. 413) et la digue, comme les affouillements en A et en B, dus à la vitesse des filets liquides à l'entrée A et à la sortie B.

Le conduit A B (fig. 413) est en tuyaux divers (poterie, ciment, fonte, sur lesquels il n'y a pas lieu d'insister), en maçonnerie à mortier de chaux hydraulique ou de ciment, ou en bois, en fortes planches consolidées par des cadres extérieurs (ce conduit est appelé quelquefois *buse*, *couëf* ou *coëf*), ou en bambous (dont on enlève les entre-nœuds). — En tous cas, pour éviter les fuites, il ne faut pas que la paroi extérieure du conduit soit rectiligne; tous les mètres environ, on placera des ailettes ou diaphragmes en bois *a* (fig. 414), cloués contre les châssis *b* du couëf C, ou, dans le cas d'un aqueduc C′ en maçonnerie, on construira des sur-épaisseurs *m m′*; de cette façon l'eau de fuite, venant de l'amont, est obligée de suivre un parcours très sinueux qui en atténue les effets destructeurs (Rappelons que ce conduit d'évacuation est construit et placé avant de commencer la digue D (fig. 413), et on le maintient ouvert pendant l'exécution de l'ouvrage, puis pendant une durée de six à huit mois, si possible, pour permettre au terrassement de bien se tasser avant la mise en eau du réservoir;

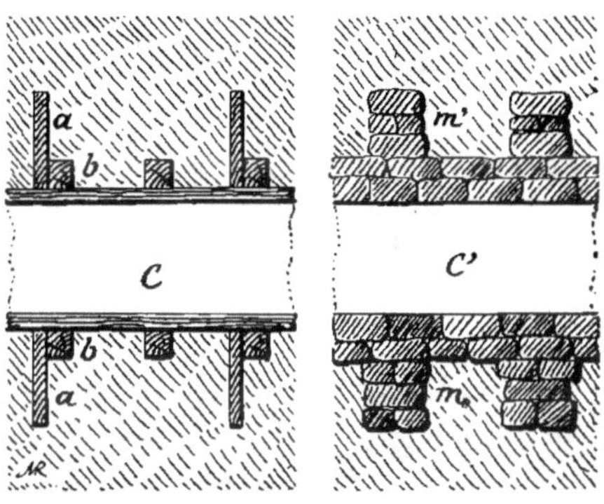

FIG. 414. — Coupes verticales de conduits de prise d'eau.

c'est pour ce motif que la bonde A (fig. 413) doit avoir une section suffisante pour écouler toute l'eau d'alimentation, et ne doit pas être calculée seulement sur le débit moyen qu'elle est appelée à fournir en service courant).

Lors de la prise de l'eau, la vitesse *v* (fig. 413) des filets liquides risque de dégrader les parois voisines; pour ce motif, il convient de placer la bonde A assez loin du pied de la digue et de consolider ses environs par des perrés maçonnés ou en pierres sèches; au besoin par des clayonnages dont l'entretien nécessitera la mise à sec du réservoir. — Une grille *g*, en fer ou en bois, empêchera l'introduction des détritus en A et la sortie des poissons; pour ce dernier cas, il faut ménager, à l'amont de A, un ou plusieurs bassins E, de grandeur proportionnée, afin que les poissons puissent s'y rassembler lors de la vidange complète du réservoir pour diverses raisons (réparations, pêche, etc.); d'ailleurs une partie des terres de la digue D peut souvent être fournie par le déblai de ce ou de ces bassins E. — Dans les Dombes, on établit actuellement les bassins à poissons, non dans l'intérieur E, mais en S, à la sortie, on supprime E et g et on place la grille en x, à l'aval du bassin S.

A la sortie du conduit, la vitesse v' (fig. 413) de l'eau risque également d'affouiller le pied aval de la digue ; pour prévenir les dégradations on a intérêt à éloigner le point B du pied de la digue, et à le faire déboucher dans un bassin S capable d'amortir le courant et les remous ; on consolidera les parois voisines par des matériaux résistants (maçonneries à mortier, perrés, au besoin des fascinages et des enrochements).

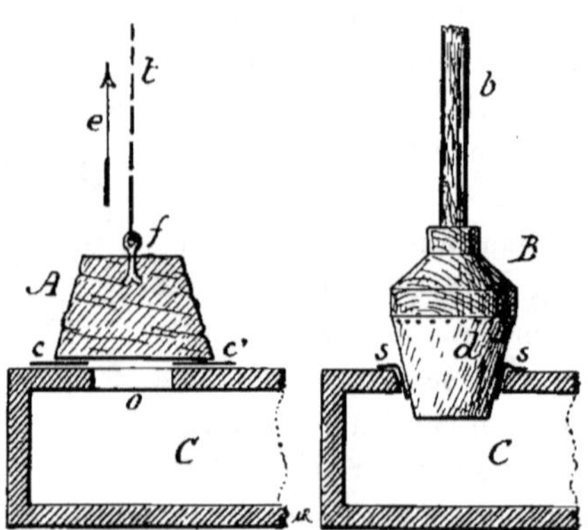

FIG. 415. — Bonde en bois pour petit réservoir.

FIG. 416. — Bondes en pierre et en bois.

Comme appareil de fermeture de la prise d'eau, mentionnons, pour mémoire, les gros robinets en fonte ou en bronze, les robinets-vannes, et les divers clapets en fonte, malheureusement trop coûteux pour trouver place dans nos installations rurales.

Pour les petits réservoirs, ou viviers, on emploie de simples planches ou palettes en bois qu'on peut soulever avec une corde ou une chaîne, ou encore des bondes tronc-coniques a (fig. 415), en bois, boulonnées à la partie inférieure d'une tige b en fer qu'on manœuvre par un crochet ou une poignée c : la pièce en fer b peut être remplacée par une perche en bois ; — on voit en C la buse de prise d'eau.

La bonde peut être constituée par une pierre A (fig. 416), dont la partie inférieure est dressée ; elle repose sur une garniture $c\ c'$ de cuir clouée sur le pourtour de l'orifice *o* de la buse d'écoulement C ; un anneau *f* relie la bonde A à la tige ou à la chaîne *t* de manœuvre ; en plus de la charge d'eau sur la pièce A il y a à exercer en *t*, suivant la flèche *c*, un effort égal à la différence du poids de A et du volume d'eau que la pierre déplace (application du principe d'Archimède) : aussi la manœuvre de ce système (qu'on rencontre surtout en Italie) est assez pénible, et il y a lieu de préférer la bonde suivante :

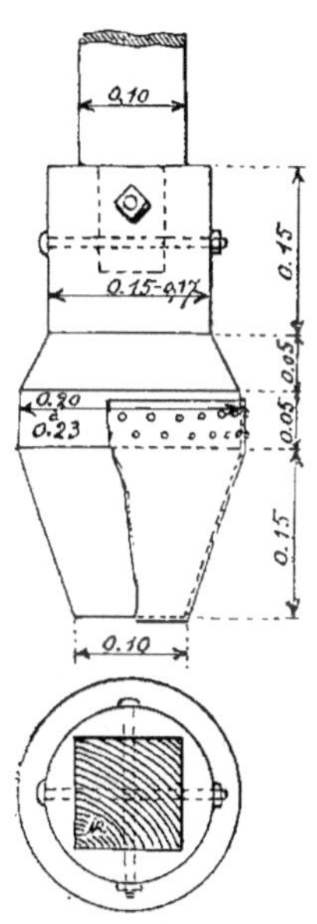

Fig. 417. — Élévation et plan d'une bonde Pareto.

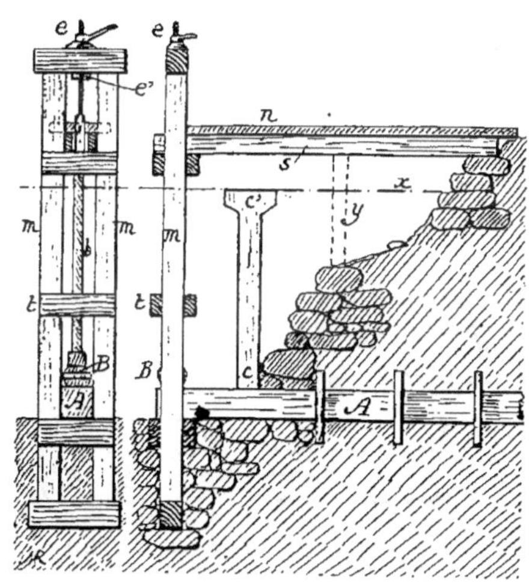

Fig. 418. — Installation d'une bonde.

Le tampon tronconique B (fig. 416), en bois dur, a son aire latérale garnie de cuir *d* et se raccorde avec la tige carrée *b*, en bois ; Raphaël Pareto, qui a établi de nombreuses bondes de ce système, s'en est déclaré toujours satisfait : il nous indique les dimensions approximatives que nous reproduisons dans la figure 417, et qui sont surtout intéressantes au point de vue de leurs rapports (On peut également garnir de cuir les bords du siège *s* (fig. 416) de la bonde).

La figure 418 donne la vue du montage de cette bonde B dont la tige *b* coulisse entre deux montants *m* reliés par les traverses *t* : ce bâti vertical supporte les solives *s* de la passerelle *n*. Si la portée de la passerelle était trop grande pour l'équarrissage des solives, on la soulagerait en un ou plusieurs points par des chevalets y indiqués en pointillé. Pour la manœuvre, la pièce b se raccorde avec une tige en fer, filetée, qu'on monte à volonté, de la quantité voulue, à l'aide d'un écrou e; Pareto avait imaginé d'employer un contreécrou e' qu'on devait serrer pour exercer une pression de haut en bas sur la bonde B, afin d'assurer l'étanchéité de la fermeture.

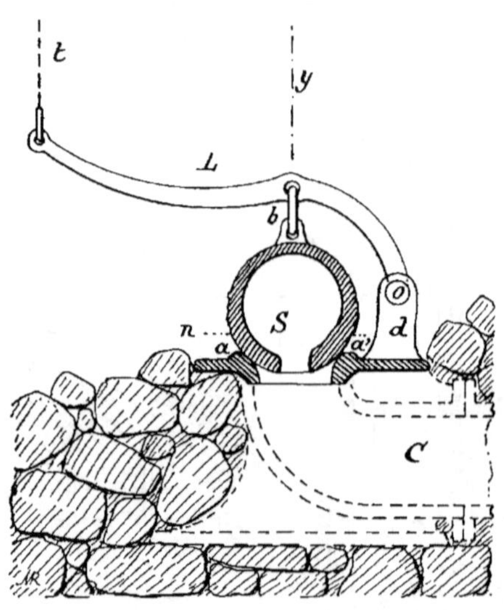

Fig. 419. — Bonde à boulet en fonte (Lebreton).

Rappelons que pour aveugler les fuites qui se manifestent toujours à une bonde, comme à une *vanne*, on a l'habitude de jeter à l'amont un peu de terre ou de sable ; de la cendre fine joue le même rôle en occasionnant une plus faible usure de la bonde et de son siège.

Nous avons ajouté dans la figure 418, à l'aval de bonde, sur la conduite A, un tuyau de trop plein $c\,c'$, qui peut souvent remplacer le déversoir dans les petites installations, à la condition de lui donner une section d'écoulement suffisante au niveau du plan d'eau x.

On peut employer une sphère creuse, en fonte S (fig. 419), tournée sur un de ses pôles en dessous du plan n, manœuvrée par une chaîne ou une tringle : la sphère repose sur le siège tourné $a\,a'$ qui constitue l'origine du conduit d'écoulement C. Dans certains modèles la sphère, soulevée suivant y, est pourvue d'oreilles latérales qui la guident dans son mouvement vertical par deux tiges de fer situées dans le plan y ; dans d'autres, tirés par une chaîne t, elle est articulée en b avec un levier courbe L, mobile autour de l'axe o fixé à l'extrémité du support d venu de fonte avec le siège $a\,a'$ (vannes du système Lebreton : A. Senet) ; ces vannes sont construites depuis $0^m 05$ (pour l'orifice de sortie $a\,a'$) jusqu'à plus de $0^m 50$ de diamètre.

En Angleterre, on supprime souvent le pont de service : l'origine du canal de fuite A (fig. 420), peut être obturé par une vanne V dont la tige *t* se déplace parallèlement au talus amont *t'* de la digue D (ces vannes, généralement en fonte, sont guidées par les glissières *i* du cadre; on peut les confectionner en bois dur).

La manœuvre des tiges des bondes peut se faire avec un petit treuil (cas de bondes lourdes), au levier, avec une crémaillère, ou mieux à l'aide d'une tige filetée que déplace un écrou tourné avec une broche, une clef ou un volant.

Dans beaucoup de petits réservoirs des Dombes, la bonde est une simple planche inclinée, à charnières, qu'on soulève avec une corde; l'étanchéité est assurée en garnissant la planche d'un peu de fumier.

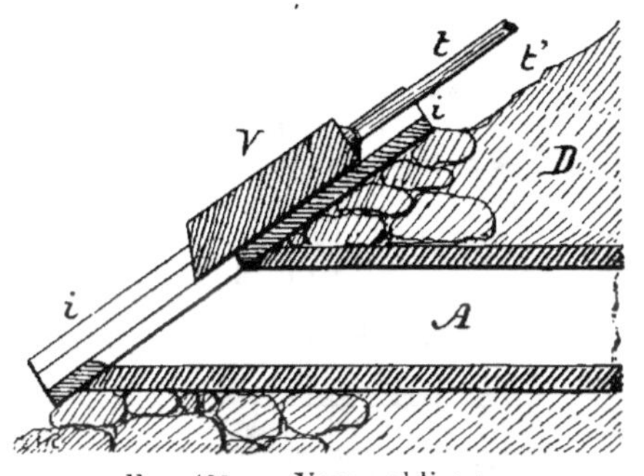

Fig. 420. — Vanne oblique.

Citernes. — C'est ici que nous pouvons dire quelques mots sur

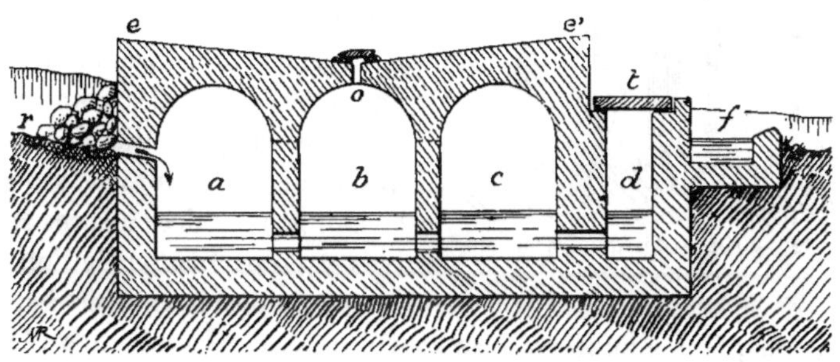

Fig. 421. — Coupe verticale d'une citerne tunisienne.

les *citernes-réservoirs* si employées en Tunisie et dont il reste de nombreuses ruines datant de l'époque romaine [1]; plus tard, au XIIe siècle, Edrîsî [2] signalait la grande *citerne remarquable* qui alimentait la ville sainte de Kairouan; ces citernes, en maçonnerie,

---

1. Enquête faite (depuis 1897) sous la direction de M. Paul Gauckler, sur les installations hydrauliques romaines en Tunisie.

2. Edrîsî, traduit en 1826 par Dozy et De Goeje : *Description de l'Afrique et de l'Espagne*.

peuvent être considérées comme établies sur le principe suivant :
pendant les quelques pluies de l'année [1], les eaux de ruissellement
des terrains voisins arrivent par la rigole r (fig. 421), garnie de
pierres, dans un compartiment a ; l'eau de pluie qui tombe sur la
surface $e\,e'$ (*pluvium*), formant bassin de réception, s'écoule en b par
l'orifice o protégé par des pierres ; les eaux décantées en a et en b
passent en c (tous ces comparti-
ments communiquent entre eux)
et de là à un puits latéral d fermé
par une trappe t : les indigènes
élèvent l'eau, au fur et à mesure
de leurs besoins, avec un récipient
attaché à l'extrémité d'une corde ;
en f se trouve un abreuvoir pour
les bestiaux (dromadaires, ânes et
moutons). Toutes ces citernes sont
établies sur le plan rectangulaire
et certaines atteignent de très
grandes dimensions.

A l'époque punique, l'Afrique
n'était peuplée que sur son littoral
nord ; aux époques romaine (Anto-
nins et Sévère) et byzantine, la
colonisation s'étendit dans tout
l'intérieur de la Tunisie grâce au
développement des cultures arbustives et en particulier de l'olivier ;
les ruines de citernes et d'agglo-

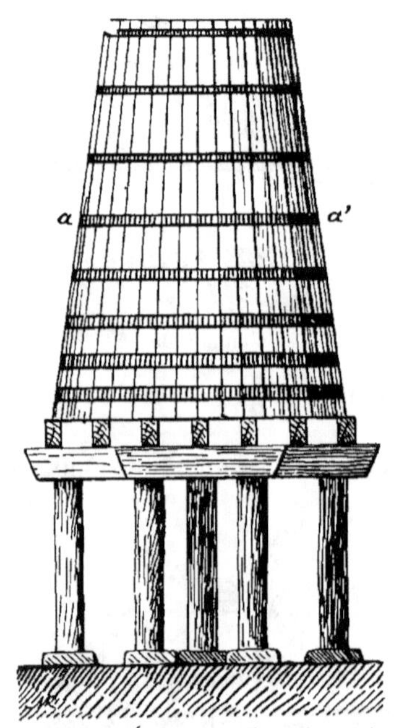

Fig. 422. — Élévation d'un réservoir
en bois.

mérations, très nombreuses, se rencontrent dans toutes les régions
sableuses, c'est-à-dire salubres, mais nécessitant l'établissement de
ces réservoirs capables d'emmagasiner, en quelques jours de pluies,
l'eau nécessaire à la consommation de l'année. Toute cette belle
civilisation tomba de décrépitude à la suite des invasions des Van-
dales, puis des Arabes au VIIe siècle de notre ère ; une nouvelle
période de prospérité date de l'établissement du Protectorat de la
France.

Réservoirs divers. — Aux États-Unis et au Canada on utilise beau-

1. Souvent, par les pluies d'orage, une plaine sèche est transformée en un lac, pour
quelques heures seulement.

coup les réservoirs en bois, souvent de grandes dimensions : ce sont
des pièces de tonnellerie qui ont jusqu'à 8 et 10 mètres de diamètre ; les douves sont maintenues par des tiges de fer ou d'acier a a'
(fig. 422) plus grosses et plus rapprochés
vers la base du réservoir : les douves d
(fig. 423) du réservoir A, sont entourées
par les cercles a a' dont les extrémités
filetées passent dans des blocs de fonte
b et sont serrées par les écrous e, e' : le
bloc b peut être taillé dans un morceau
de bois dur laissant passer des boulons
raccordés à une bande de feuillard qui
serre sur les douves.

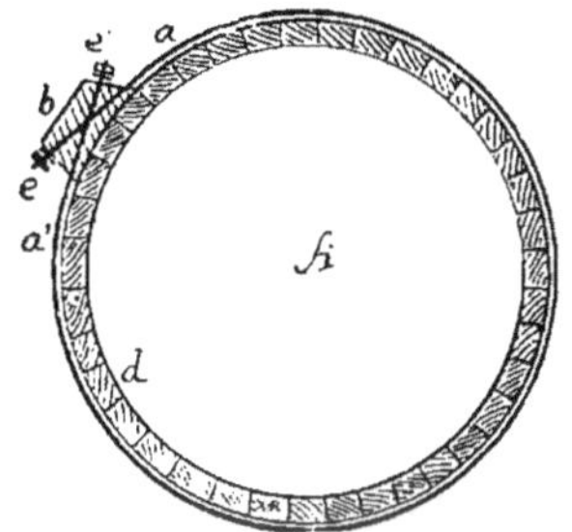

FIG. 423. — Plan-coupe d'un
réservoir en bois.

  Les réservoirs métalliques [1] présentent
des difficultés de transport et d'assem-
blages sur place ; ils ne peuvent convenir que pour de petites

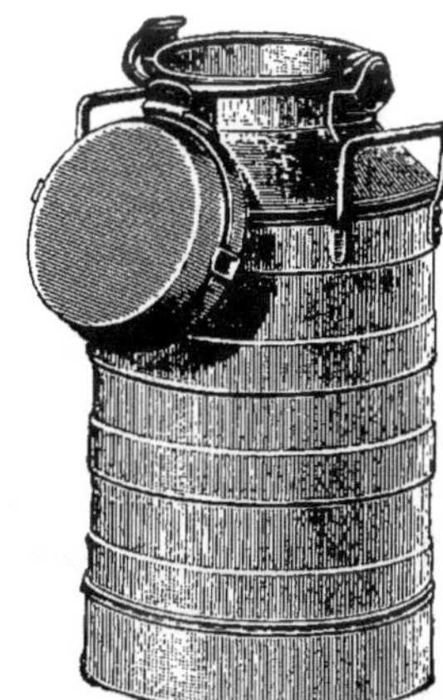

FIG. 424. — Bidon métallique à fermeture hermétique (Pilter).

capacités (tonneaux en tôle, en tôle emboutie, bidons emboutis (fig.
424), analogues aux boîtes à lait ; ces bidons [2], pouvant cuber jusqu'à

---

1. En Angleterre, on construit des réservoirs en fonte ; les panneaux, garnis de
joints, sont assemblés avec des boulons. Le réservoir d'eau d'alimentation des locomotives de la gare de la Bastille est de ce système.
  2. Voici les poids de ces bidons à fermeture hermétique (fig. 424 — Pilter).

Contenance	10	20	30	40	50 litres
Poids	4^k2	6^k7	8^k7	10^k8	12^k5

50 litres, permettent la conservation et le magasinage des produits solides).— Citons aussi les réservoirs en *ciment armé*.

Canalisations.

Tuyaux. — Il convient d'établir les canalisations aussi courtes que possible par suite de la difficulté d'approvisionnement des tuyaux. — Les tuyaux en ciment, en terre cuite ou en grès, sont lourds et fragiles ; — Les tuyaux métalliques, fonte ou plomb, sont trop lourds ; ceux en tôle d'acier sont légers mais d'un transport difficile, par suite de leur grande longueur ; — Les tuyaux en bois peuvent être employés (en Suisse et dans les Vosges, on se sert de troncs de résineux, ayant de 3 à 4 mètres de long, percés à la tarière ; aux États-Unis on fait des gros tuyaux avec des douves en bois cerclées extérieurement comme les tonneaux) ; — Les tuyaux en toile sont légers mais ont une durée limitée, et, comme les tuyaux en toile et caoutchouc, servent de conduites portatives aux pompes ; — Citons enfin les tuyaux confectionnés avec des bambous, dont on a enlevé les entrenœuds, qui rendent de grands services dans certaines régions.

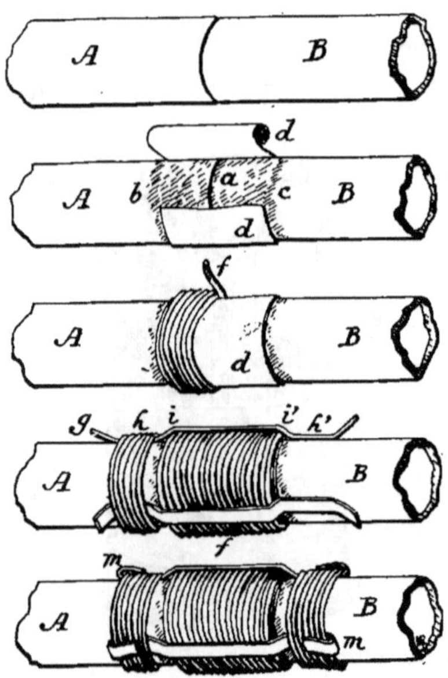

Fig. 425. — Joint pour tuyaux.

Comme joint très simple qu'on peut appliquer à des tuyaux A et B (fig. 425) de même diamètre, destinés à l'écoulement de l'eau sous des charges d'une vingtaine de mètres, nous citerons le suivant que nous avons eu l'occasion d'employer :

Après rapprochement, le joint a (fig. 425) est enduit au pinceau d'une couche de bitume sur une largeur $b\,c$ de $0^m\,15$ environ ; à défaut

de bitume on peut employer le *mastic de fontainier*[1]. — On enveloppe
le joint *a* avec une bande *d* de très forte toile de 0^m10 à 0^m15 environ de largeur (suivant le diamètre de la conduite) et assez longue
pour faire deux ou trois fois le tour des tuyaux. — Autour de la
bande *d* on serre fortement un fil de fer galvanisé *f* enroulé régulièrement en hélice dont les spires sont en contact les unes des
autres ; ce fil *f* est la partie principale du joint chargée de résister
à la pression intérieure de la canalisation, la bande de toile ne servant qu'à maintenir le mastic devant assurer l'étanchéité.

Pour des charges d'une dizaine de mètres de hauteur d'eau, le
joint que nous venons de décrire est suffisant ; pour de plus fortes
pressions, on le consolide en plaçant trois fers feuillards *g* (fig. 425)
parallèlement à l'axe des tuyaux : on a soin de plier préalablement,
au maillet, chaque feuillard, en *i* et en *i'*, pour lui faire épouser la
saillie du joint *f* ; ces feuillards, sont maintenus par des fils de fer
galvanisé aussi serrés que possible en *h* et en *h'*. Enfin, on replie,
sur ces ligatures, les extrémités *g* des feuillards, suivant *m*, comme
l'indique le dernier dessin de la figure 425.

La réparation des tuyaux en toile, s'effectue suivant le même
principe : à l'endroit d'une fuite, on coupe le tuyau et on rapproche

---

1. Le *mastic de fontainier* a la composition moyenne suivante :

> Résine ordinaire..................... 3 kilog.
> Suif............................... 2 kilog.
> Matière pulvérulente................ 1 décimètre cube.

Comme matière pulvérulente on utilise de la cendre de houille très fine, de la brique
ou de la tuile pilée, ou mieux de la chaux éteinte, en poudre bien sèche. — Dans un
récipient métallique, et en prenant des précautions pour que le feu ne s'y communique
pas, on fait chauffer jusqu'à l'ébullition la résine et le suif, en brassant le mélange ;
puis on ajoute la matière pulvérulente par petites portions et en continuant d'agiter ;
ensuite, on retire du feu et on jette le mélange dans un récipient contenant de l'eau,
dans laquelle on le pétrit avec les mains, comme s'il s'agissait d'un mastic ordinaire
de vitrier, et on le met en petites pelotes ou en bâtons comme ceux de cire à cache-
ter. — En un ou deux jours le mastic durcit au contact de l'air et se conserve sans
altération. — Lors de son emploi, on le rend malléable en le malaxant à nouveau dans
de l'eau chaude et, dès qu'il est suffisamment ramolli, on s'en sert comme du mastic
de vitrier, avec le couteau ou avec les doigts. — Le mastic de fontainier durcit rapidement sous l'eau ; il sert à obturer des fuites, à assurer l'étanchéité aux joints de
métal sur métal ou sur verre, et aux réparations ; ainsi, lorsqu'on ne peut faire une
soudure aux récipients ou aux arrosoirs, on nettoie et on chauffe la pièce, on y passe
une mince couche de mastic de fontainier, on y applique fortement un morceau de
toile solide puis on repasse une couche de même mastic.

On peut également utiliser la *poix*, et surtout le mastic chinois à *l'huile d'Abrasin*
dont nous avons déjà parlé aux pages 56 et 178.

les deux extrémités A et B (fig. 425) sur un bout de tuyau en zinc
placé à l'intérieur ; on supprime la bande *d* de la figure 425 et on se
contente d'une ligature *f* serrant les deux bouts sur la fourrure
métallique dont le diamètre extérieur est égal au diamètre intérieur
des tuyaux en toile.

Canaux et rigoles. — Les canaux découverts seront d'un emploi
plus fréquent que les tuyaux ;
il y a donc lieu de les étudier
avec quelques détails.

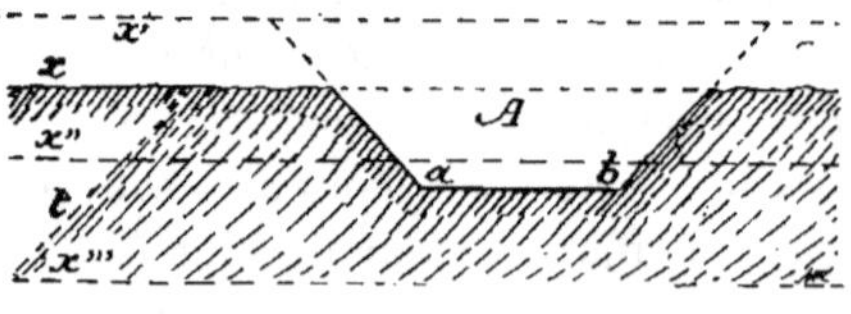

Fig. 426. — Coupe en travers d'un canal.

Les canaux d'amenée des
eaux d'alimentation ou d'arrosage, et ceux destinés à
l'écoulement des eaux d'as-
sainissement, ont généralement une section trapéziforme A (fig.
426), calculée suivant la pente par mètre du plafond, l'épaisseur
de la lame d'eau et le débit par seconde[1]. Le profil en travers du
canal A (fig. 426), dont le plafond est en *a b*, peut occuper diverses
positions relativement au terrain naturel indiqué en *x. x'*, *x''*, *x'''* ;
on a ainsi : le canal en déblai (*x'*, *x*), le canal en partie déblai-remblai
(*x''*) ou tout en remblai (*x'''*) ; dans ce cas, le plus défavorable, le
canal A est ménagé au sommet d'une petite digue ou d'un talus *t* ;
(voir fig. 403, p. 265).

La pente du canal est généralement très faible et doit être telle
que la vitesse de l'eau ne dépasse pas une certaine limite correspondant à la stabilité des terres qui constituent les parois[2]. Lorsque la

1. Voir pour ces calculs notre *Traité de mécanique expérimentale.*

2. Rappelons que la *vitesse moyenne* U d'écoulement de l'eau dans un canal, la vitesse
maximum V et la vitesse minimum, ou de fond, *v*, sont, en général, reliées par :
$$U = 0.8\,V = 1.33\,v.$$
Suivant la nature des parois, les vitesses-limites de fond, en mètres par seconde
sont :

Terres détrempées	$0^m\,07$
Argiles tendres	$0^m\,15$
Sable fin	$0^m\,30$
Graviers	$0^m\,60$
Cailloux	$0^m\,91$
Pierres cassées. galets	$1^m\,22$
Cailloux agglomérés	$1^m\,52$
Roches stratifiées	$1^m\,83$
Roches très dures	$3^m\,05$
Canaux de navigation (vitesse-limite pour retarder la décomposition des matières organiques)	$0^m\,02$ à $0^m\,05$

dénivellation entre deux points a et b (fig. 427) conduit, dans le cas d'une pente unique i, à communiquer à l'eau une vitesse trop élevée, on adopte des biefs, $a\,a'$ et $b'\,b$, ayant la pente voulue et, en un point convenable, on raccorde ces biefs par une chute, un escalier ou une cascade $a'\,b'$ protégée par des enrochements ou des fascines et des clayonnages.

Quand le débit du canal est sujet à de grandes variations, il convient d'adopter deux lits : un *lit mineur a* (fig. 428) placé sur un des bords ou dans l'axe de l'ouvrage, et un lit majeur A ; au petit débit, l'eau qui s'écoule en a présente ainsi une faible surface d'évaporation ; le fond $n\,n'$ du lit majeur doit

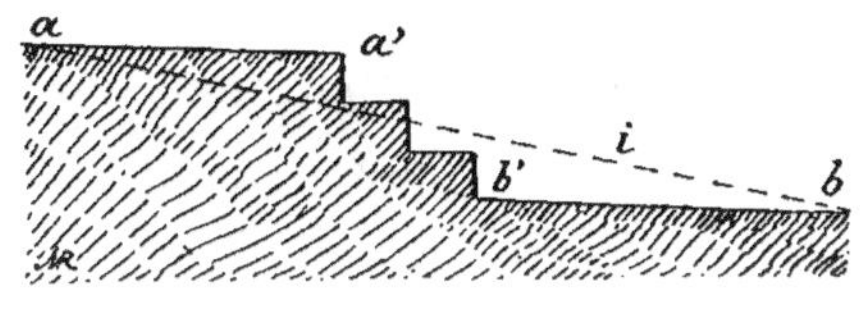

Fig. 427. — Profil en long d'un canal avec chutes.

avoir assez de pente pour éviter que cette zone ne se transforme en marécage insalubre.

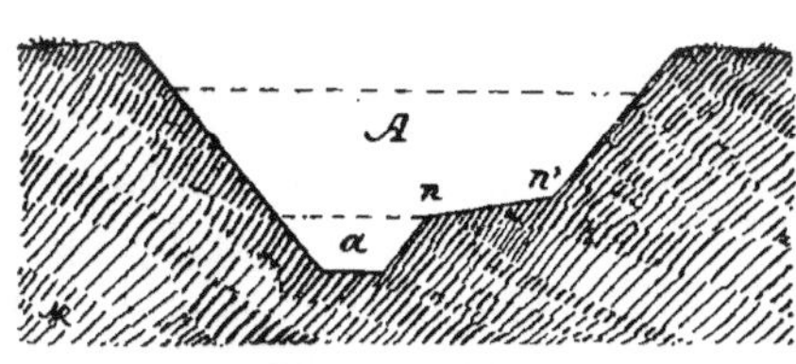

Fig. 428. — Coupe en travers d'un canal avec lit majeur et lit mineur.

Les canaux doivent être quelques fois pourvus de *déversoirs*, établis en certains points de leur tracé, afin que le niveau maximum de leur plan d'eau soit limité automatiquement ; ces déversoirs, prolongés par un canal de fuite, sont établis sur le principe indiqué dans la section relative aux *Réservoirs*, page 271.

En tête du canal on dispose une *vanne* ou *martellière de prise d'eau*, permettant de régler le débit et de maintenir le canal à sec pendant les réparations ; souvent d'autres vannes doivent être disposées sur le parcours et en queue du canal. Sans insister sur ces ouvrages, étudiés avec beaucoup de détails dans nos Cours de Génie Rural, il nous suffira de recommander les vannes à *feuillure* de préférence à celles dont la *palette* se déplace dans une *rainure* pratiquée sur une face des montants.

Une partie de l'eau du canal est perdue par infiltration ; elle varie avec la durée de l'écoulement de l'eau et la nature des terres. Dans les sols très sableux de la Campine belge on estimait la perte d'eau, par infiltration, à un dixième de litre par seconde et par mètre carré de la paroi mouillée de la rigole, soit 360 litres d'eau par heure et par mètre carré.

Bien que des recherches très précises n'aient pas encore été publiées à ce sujet, nous donnons dans la figure 429 un aperçu des mesures faites à l'École d'Agriculture de l'Université de Californie [1] : dans un sol argileux A, après vingt-quatre heures, l'eau de la rigole R avait imbibé le sol sur toute la section comprise entre R et la courbe a ; après quarante-huit heures, la zone imbibée était limitée par la courbe b, et, après soixante-douze heures, par la courbe c ; pour le sol sableux S (fig. 429), après les mêmes temps on avait les courbes-limites a' (24 heures), b' (48 heures) et c' (72 heures). — Nous pouvons projeter ces points a, b, c et a', b', c', sur les parallèles 1, 2 et 3 représentant les temps, et obtenir les points n, n',

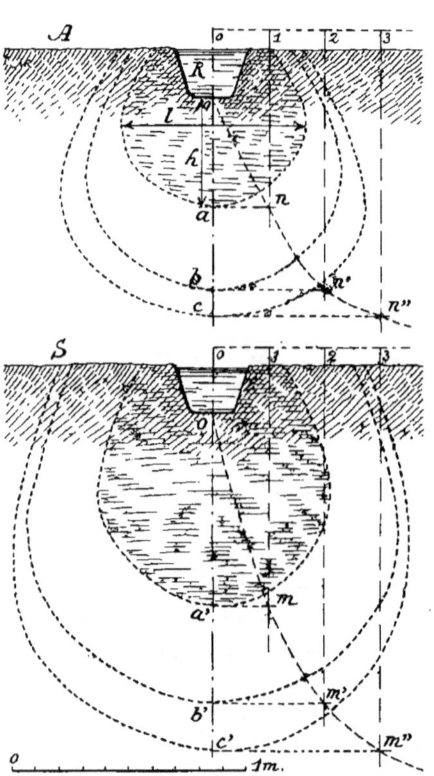

Fig. 429. — Marche de l'infiltration de l'eau dans un sol argileux (A) et dans un sol sableux (S).

n'' et m, m', m'' nous fournissant les courbes $o\ n''$, et $o\ m''$, qui nous donnent l'allure de la pénétration verticale de l'eau en fonction du temps : l'eau atteint rapidement une certaine profondeur, puis la vitesse de propagation se ralentit de plus en plus.

1. *Journal of the Department of Agriculture of Western Australia*, octobre 1902, p. 224.

Nous résumons, dans le tableau ci-dessous, les dimensions principales des zones complètement imbibées d'eau après diverses périodes : la plus grande largeur l (fig. 429) et la profondeur h comptée à partir du fond de la rigole R :

	SOL ARGILEUX		SOL SABLEUX	
TEMPS	l	h	l	h
Après 24 heures	0 m. 80	0 m. 45	1 m. »	0 m. 80
— 48 —	1 10	0 80	1 60	1 20
— 72 —	1 30	0 90	1 70	1 40

Cette pénétration de l'eau est utilisée dans les *irrigations par infiltration* ou *par imbibition* : par contre. elle est nuisible pour les canaux d'amenée des eaux, surtout dans les premiers temps de leur mise en service, le colmatage naturel finissant par rendre un canal à peu près étanche. Quand les eaux sont claires et limpides, on peut activer l'opération en jetant, à l'amont du canal, de la terre aussi argileuse que possible, des cendres. des déjections de ruminants (ce qui n'est applicable qu'aux canaux d'irrigation) : une garniture des parois du canal avec

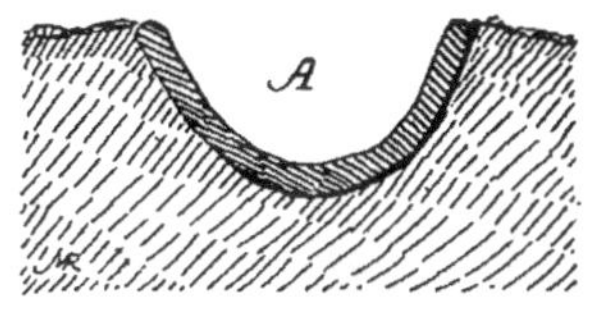

Fig. 430. — Coupe transversale d'un canal garni d'un corroi.

des nattes en sparterie. maintenues en place par des piquets. facilite le colmatage.

Les indigènes du M'zab (Sud algérien) ont l'habitude de chauler les parois des rigoles, ou *seguias*. de leurs oasis. afin de réduire les pertes d'eau par infiltration. — On peut également garnir la paroi du canal A (fig. 430) avec un corroi en terre grasse.

On sait que le débit des puits artésiens diminue quand on fait des sondages voisins dans la même nappe : aussi, en Algérie. un certain nombre d'oasis ont aujourd'hui à leur disposition beaucoup moins d'eau qu'autrefois, et. pour conserver le même nombre de palmiers arrosés, on est conduit à adopter des dispositifs propres à diminuer les pertes d'eau par infiltration dans les canaux d'amenée. C'est dans ce but qu'à l'Oued Rir', notre confrère, M. Rolland[1], fit faire, avec une très mauvaise argile et une marne sableuse, de grossiers cani-

---

1. *Société Nationale d'Agriculture*, juin 1898.

veaux A (fig. 431), analogues à des tuiles faîtières avec joint à simple recouvrement, ayant de 0^m30 à 0^m40 de diamètre ; on les a placés bout à bout, et leur joint n fut garni au mortier de ciment ; en canalisant les eaux de cette façon, on diminua les pertes par infiltration qui sont très élevées dans les terrains sableux du Sud algérien ; pour les trois oasis d'Ourir, de Sidi Yahia et d'Ayata (Société agricole et industrielle du Sud algérien), les 4.741 mètres de longueur de canalisation ainsi établis ont permis de récupérer 4.000 litres d'eau par minute, soit le quart du débit des puits artésiens ; en tablant sur un diamètre moyen de 0^m35, le périmètre mouillé du caniveau étant de 0^m40, l'expérience de l'Oued Rir' nous montre qu'il peut se perdre, par mètre carré de surface mouillée et par heure, au moins 130 litres d'eau dans des terrains sableux ; ce chiffre, très élevé, est encore plus faible que celui indiqué précédemment pour la Campine belge, lequel doit s'appliquer à des observations de

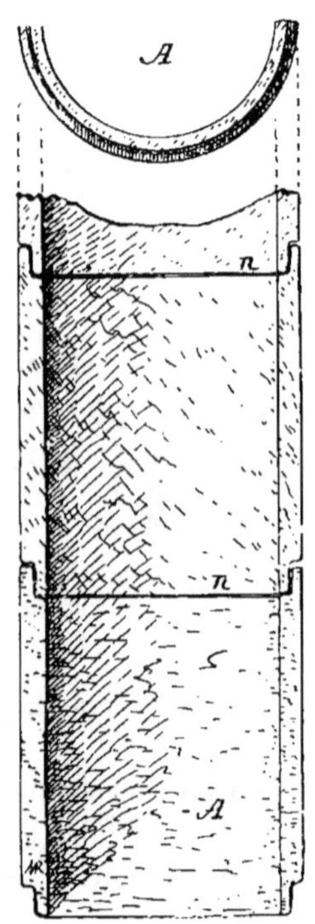

Fig. 431. — Coupe en élévation et plan d'un caniveau en terre cuite employé dans les oasis de l'Oued Rir'.

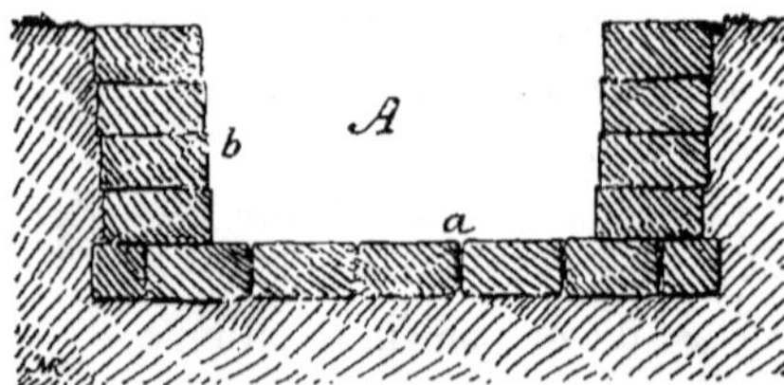

Fig. 432. — Coupe en travers d'un canal en briques posées à plat.

courte durée faites sur des rigoles mises à sec depuis quelque temps.

Pour les parois des petits canaux, on peut utiliser des briques posées au besoin sans mortier, en adoptant une section à peu près rectangulaire A (fig. 432), d'une exécution plus facile que les autres profils ; les briques du radier a sont posées à plat comme celle des pieds-droits b ; si l'on peut rejointoyer les matériaux avec un mortier hydraulique de chaux ou de ciment, il est possible de placer de champ les briques b sans pourtant dépasser une hauteur de 0^m50 à 0^m60 environ.

Les parois d'un canal peuvent être garnies avec des perches ou des branchages maintenus en place par des piquets à crosse ; dans certains pays, on utilise ainsi des troncs d'arbres de 0^m10 à 0^m20 de diamètre, et placés côte à côte.

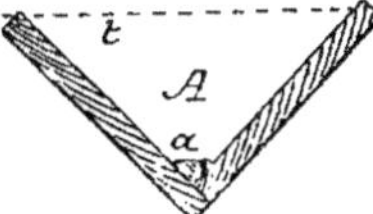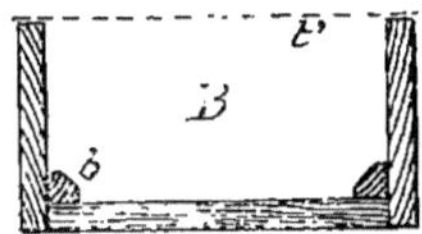

Fig. 433. — Coupes en travers de goulottes en planches.

Pour les petits caniveaux, il est préférable d'employer des planches, en adoptant, suivant le débit, une section triangulaire A (fig. 433) ou une section rectangulaire B ; ces *goulottes* sont renforcées par des tasseaux a ou b et on peut les consolider de place en place, soit par des traverses t, t', soit avec des châssis extérieurs ; ces caniveaux en bois peuvent se poser en aqueducs C, C' (fig. 434), sur des traverses t maintenues par des chevalements e e', ou sur des étais e'' leur permettant ainsi de franchir les dénivellations x ; d'autres traverses t' et t'' peuvent consolider ces supports.

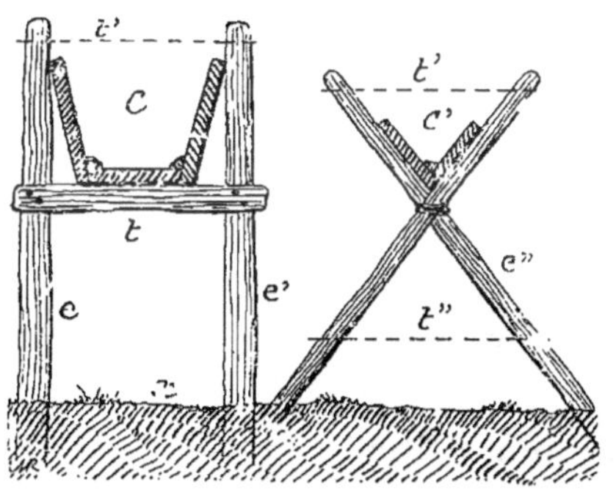

Fig. 434. — Coupes transversales de goulottes surélevées.

Inutile d'insister sur les goulottes métalliques (en tôle, en fonte, ou en zinc) établies sur le même principe que celles en bois ; les dispositifs précédents sont très utilisés pour la conduite des liquides divers (eau, purin, etc.) fournis par les machines élévatoires.

La perte d'eau par évaporation à la surface des canaux est assez facile à déterminer expérimentalement ; cette perte dépend de la température et de l'état hygrométrique de l'air, de la vitesse d'écoulement de l'eau et de la vitesse du vent. Selon des expériences faites en 1904 à Berkeley (Californie), on a eu les évaporations suivantes [1] par jour, mesurées en millimètres d'épaisseur :

1. *Engineering Record*. 1905.

Génie rural.   19

Température de l'eau en degrés centigrades.	Évaporation journalière en millimètres d'épaisseur.
13 degrés	1.5
17 —	2.8
21 —	5.6
27 —	11.4
32 —	14.2

En Californie, l'évaporation est insignifiante pendant les froids et les brouillards de l'hiver ; elle est à peine de 2 millimètres par jour en novembre et en février ; mais en juillet-août elle s'élève à 11 et 12 millimètres par jour. Quand une nappe d'eau perd par jour $7^{mm}5$ d'épaisseur, une terre nue, complètement imbibée d'eau, ne perd que $5^{mm}6$ (soit les 0,75) dans les mêmes conditions.

Selon Hervé-Mangon (notes de son Cours à l'Institut National Agronomique), un hectare de rizière, observé en Portugal, aurait évaporé en un jour 210 mètres cubes d'eau, dont 20 par les plantes et 190 à la surface du plan d'eau ; cela représente par jour une perte par évaporation de 21 millimètres d'eau, dont 19 pour la surface de l'eau.

D'après le major Brown, le Birket-el-Keroum (Égypte) perd, en année moyenne, par évaporation, une tranche d'eau de $2^m 36$ d'épaisseur.

Eaux d'alimentation.

Fontaines. — Lorsque l'eau potable arrive en un certain point a (fig. 435), il est bon de ménager, en cet endroit, une certaine hauteur

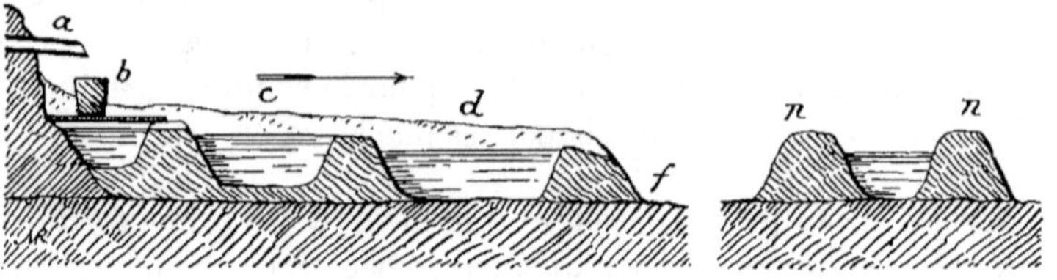

FIG. 435. — Coupes en long et en travers d'une fontaine.

pour pouvoir la recueillir directement dans un récipient portatif b : le surplus de l'eau s'écoule dans deux bassins successifs, c et d, maintenus par des bourrelets en terre n (ou par de la maçonnerie) ;

on a ainsi toujours de l'eau propre en *b*, de l'eau moins propre en *c* puis en *d* pour divers usages domestiques ; le trop plein de *d* s'écoule, par un fossé *f*, dans le thalweg voisin.

Un grand nombre de maladies sont dues à l'absorption d'eaux contaminées par des microorganismes, dont le développement est favorisé par l'obscurité et une élévation de température[1]. L'épuration des eaux destinées à l'alimentation des hommes peut s'effectuer en appliquant une des trois méthodes suivantes :

Méthode physique. — Filtres.

Méthode chimique. — Emploi d'antiseptiques et de coagulants.

Méthode thermique. — Stérilisateurs.

Filtres. — La filtration de grandes quantités d'eau est généralement grossière et se fait sur du sable ou du gravier auquel on ajoute quelquefois du charbon de bois concassé, comme désinfectant. — D'un ruisseau ou canal A (fig. 436) on peut prendre l'eau par un *fossé filtrant a b*, pourvu

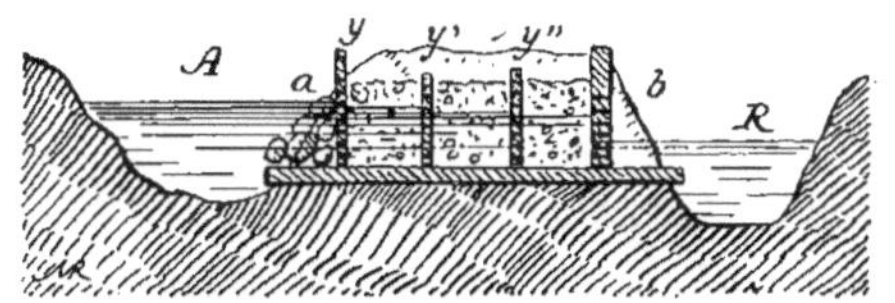

Fig. 436. — Coupe en travers d'un fossé filtrant.

transversalement de claies *y. y'. y"*. entre lesquelles on jette des pierres, du gravier, du sable, du charbon de bois ; l'eau, grossièrement épurée, s'écoule dans le récipient étanche R ou dans une rigole qui la conduit à l'exploitation.

Rappelons les célèbres citernes de Venise (cuvettes rendues étanches par un corroi d'argile, et remplies de sable ; au centre de la cuvette se trouve un puits ; l'eau à filtrer traverse toute la couche de sable pour s'accumuler à la partie inférieure du puits). — Le *puits filtrant* que M. Lefort, ingénieur en chef des Ponts et Chaussées, installa dans la Loire, en amont de Nantes (1889-1890), est entouré d'un tronc de cône en sable fin, de 10 et de 15 mètres de diamètres,

1. Duclaux, notre ancien Maître, dans son *Traité de Microbiologie* (1898, tome I insiste à diverses reprises sur l'action de la lumière solaire qui active l'action chimique d'oxydation : une heure d'insolation de l'eau sous faible épaisseur (dit-il, page 596). détruit les Bacilles *typhi, coli* et *pyocyaneus* : la lumière atténue les microbes virulents et exerce une action de premier ordre sur l'*auto-dépuration* des eaux de fleuves ou de rivières.

protégé extérieurement par un enrochement à pierres perdues formant un îlot artificiel ; l'eau du fleuve filtre au travers du sable et se rend dans le puits d'où on l'extrait par une pompe ; dans les essais de Nantes, le puits a donné, par 24 heures, 2.500 mètres cubes d'eau filtrée reconnue excellente aux points de vue organoleptique, physique, chimique et bactériologique.

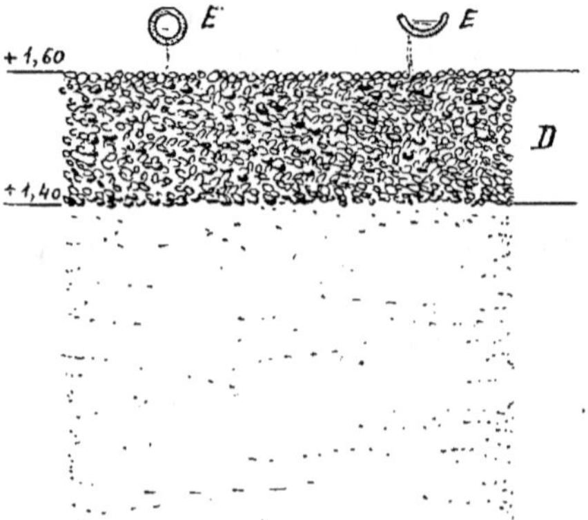

A la suite de leurs recherches, MM. Miquel et Mouchet [1] ont montré qu'on obtenait une épuration parfaite avec ce qu'ils ont appelé le *filtre à sable non submergé*, installé comme l'indique la figure 437. Sur le fond imperméable F d'un réservoir quelconque, on dispose successivement : un drainage S (qui peut être en briques ou en grosses pierres) noyé dans une couche A de 0^m08 à 0^m10 d'épaisseur de pierres cassées ou de gros gravier, une couche B (0^m10 d'épaisseur) de sable ordinaire, une couche C (1 mètre à 1^m30 d'épaisseur) en sable très fin et pilonné, enfin une couche de protection D (0^m20 d'épaisseur) en gros gravier afin que l'eau à épurer, amenée en E, arrive sans vitesse sur le filtre proprement dit C et ne puisse y produire des affouillements. — Quand l'eau à épurer est sale, la zone D est remplacée par du sable moyen retenant les

Fig. 437. — Coupe verticale d'un filtre à sable non submergé (Miquel et Mouchet).

1. *Académie des Sciences*, 16 mai et 18 juillet 1901.

impuretés et dont on enlève de temps à autre la couche superficielle pour la remplacer par du sable propre. — L'eau doit arriver
goutte à goutte (tuyaux ou goulottes E percées de petits trous) à raison de 231 centimètres cubes par seconde et
par mètre carré (soit un débit de 2 mètres
cubes par 24 heures et par mètre carré de
section horizontale du filtre). — Le système
fonctionne sans surveillance et, pouvant être
établi aussi petit qu'on le désire, est capable
de rendre de très
grands services
dans nos colo-
nies.

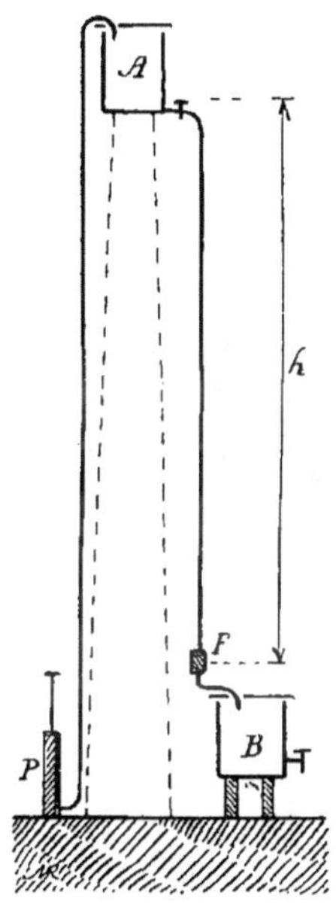

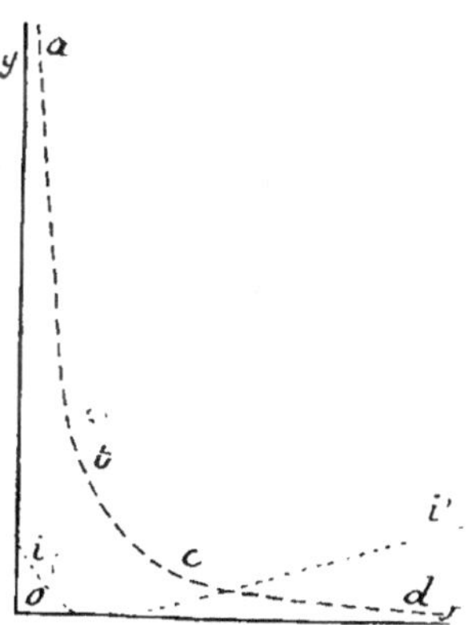

La filtration à
l'aide d'appareils
domestiques ne
peut s'effectuer
que pour de pe-
tites quantités
d'eau ; nous
avons eu l'occa-
sion de faire étu-
dier ces filtres à
notre laboratoire
par un de nos
anciens élèves,

Fig. 438. — Principe de l'installation d'un filtre domestique.

Fig. 439. — Représentation graphique du fonctionnement d'un filtre.

M. F. Main, ingénieur agronome.

Tout filtre demande à fonctionner sous une certaine pression qu'on
peut obtenir à l'aide d'un réservoir surélevé A (fig. 438) qu'on remplit, chaque matin par exemple, avec une pompe P ; le filtre F,
travaillant sous la charge h, débite l'eau dans le réservoir B.

Dans tous les essais on voit que l'allure du débit d'un filtre peut
se traduire par la courbe $a\,b\,c\,d$ (fig. 439), les débits (litres à l'heure)
étant portés suivant $o\,y$ et les temps suivant $o\,x$; au début, le débit
est élevé (a, b) mais l'eau est incomplètement filtrée, puis les pores
du filtre se colmatent, la filtration est bonne mais avec un débit
moyen $b\,c$; enfin, le débit diminue ($c\,d$) et la filtration devient mauvaise, car de nombreux microorganismes retenus par le filtre y
ont formé des colonies prospères (la courbe des impuretés peut être

représentée par *i i'*). Chaque filtre, ou plus exactement chaque matière filtrante, a ainsi une durée d'action limitée, au delà de laquelle il devient nécessaire de la changer ou de la remettre en état, sinon l'appareil contamine l'eau au lieu de l'épurer.

De ses expériences, faites en 1900 à la Station d'Essais de

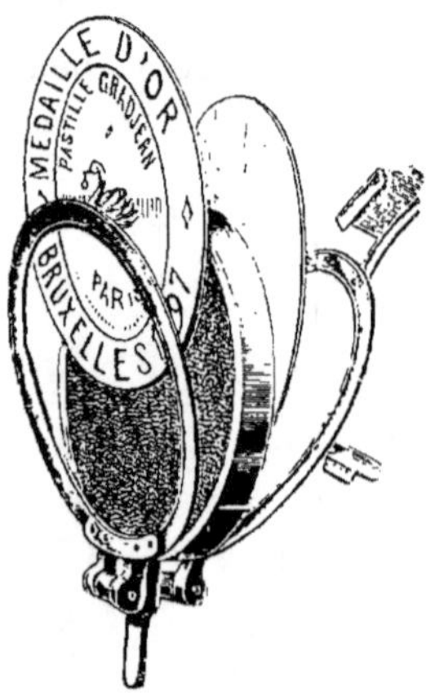

Fig. 440. — Filtre à rondelles de cellulose (Grandjean).

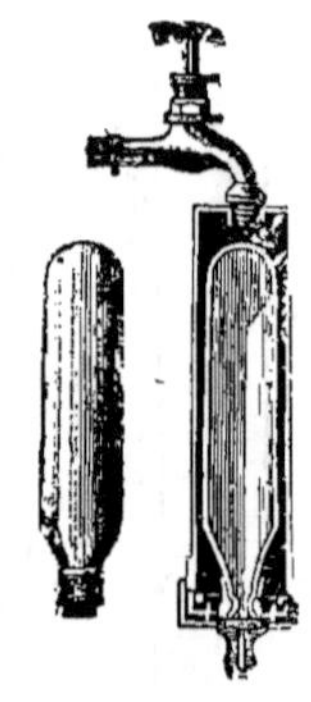

Fig. 441. — Filtre à bougie en porcelaine aéri-filtre Maillé).

Machines, M. Main n'a retenu que les trois filtres suivants : (A) filtre Grandjean, ou *Eden-filtre* ; la partie filtrante est constituée par deux rondelles en cellulose, de 0^m082 de diamètre, fixées par un cercle métallique sur un disque en charbon (fig. 440) ; après un certain temps de service on remplace les rondelles par des neuves. — (B) *Aéri-filtre* de Maillé (fig. 441) : bougie en porcelaine d'amiante de 0^m20 de long et 0^m047 de diamètre extérieur. — (C) filtre Maignen : double enveloppe en tissu d'amiante renfermant du noir animal pur ; un tissu d'amiante recouvre des disques en faïence vernissée ; longueur 0^m20, diamètre extérieur 0^m085. — Ces trois filtres, alimentés par le même réservoir, avec de l'eau de Seine, ont fonctionné sous la la même charge d'un mètre d'eau (faible pression de 100 grammes par centimètre carré) ; les résultats constatés sont résumés dans le tableau suivant :

Époque de l'observation comptée à partir de la mise en route.	Débit (en centimètres cubes) observé à l'heure pour le filtre :		
	A	B	C
Après 30 minutes	1.500 cc.	1.800 cc.	10.500 cc.
— 10 heures	600	1.800	9.300
— 24 —	315	840	6.060
— 48 —	225	610	5.925
— 72 —	135	720	3.120
— 96 —	105	715	2.370
— 120 —	80	480	2.010
— 144 —	73	505	1.632
— 168 —	65	450	1.615
— 192 —	55	390	1.600
— 216 —	45	465	1.420
— 240 —	40	350	1.400

Une bougie filtrante se colmate, et, tous les 8 ou 10 jours, il faut la nettoyer à froid puis l'ébouillanter (la mettre dans l'eau froide sur un feu doux, chauffer très lentement jusqu'à l'ébullition qu'on maintient pendant une demi-heure ou une heure ; laisser ensuite l'ensemble refroidir très lentement).

Épuration chimique et clarification des eaux. — L'épuration des eaux potables par les antiseptiques et les coagulants est une question qui ressort surtout de la Chimie et de la Microbiologie.

Lorsqu'on veut purifier rapidement l'eau d'alimentation, il faut avoir recours à des agents chimiques, tels que le permanganate de potasse, la poudre aluno-calcaire, mais surtout le brome et l'iode ; les *Archives de médecine et de pharmacie militaires* (juillet 1902) contiennent à ce sujet un rapport très documenté présenté au Comité technique de Santé par M. Vaillard, professeur au Val-de-Grâce.

Le brome s'emploie à la dose de 60 milligrammes par litre ; l'iode à la dose de 50 à 75 milligrammes par litre.

Sur les indications de M. Georges, professeur au Val-de-Grâce, on fabrique des pastilles comprimées composées d'iodure de potassium, d'iodate de soude, d'acide tartrique et d'hyposulfite de soude. La purification avec ces pastilles, qu'on ajoute simplement à l'eau, n'exclut pas l'emploi d'un filtre ordinaire, chargé de retenir préalablement, ou après le traitement chimique, les matières qui sont en suspension dans l'eau.

Une petite quantité, à déterminer, de teinture d'iode est suffisante pour épurer rapidement l'eau destinée à l'alimentation des hommes ; c'est une indication qui intéresse ceux qui sont obligés d'habiter des pays malsains ou qui voyagent dans nos colonies.

On peut avoir recours à des désinfectants qui ont été spécifiés et employés à diverses reprises [1] ; parmi ces derniers, indiquons le permanganate de potasse, qu'on peut remplacer par le permanganate de chaux [2]. — (Les corps d'occupation du Tonkin, de l'Indo-Chine, du Soudan, etc., sont pourvus de permanganate.)

Ajouté à l'eau contenant des matières organiques, des microbes et des bactéries, le permanganate les oxyde rapidement et stérilise l'eau dès qu'on en met une quantité suffisante pour la maintenir colorée en rose pendant une demi-heure au moins. La quantité, variable avec la composition chimique de l'eau, oscille de 20 grammes à 100 grammes par mètre cube.

Après une demi-heure, l'eau se colore en brun (oxyde de manganèse, qui est inoffensif), et le précipité s'effectue rapidement à l'aide de la poudre de braise de boulanger.

L'opération est donc facile à effectuer : après avoir fait un essai sur 10 litres d'eau, pour déterminer la quantité de désinfectant nécessaire, on descend, dans le puits, la citerne ou le réservoir, un seau contenant le permanganate ; on prélève un échantillon après une demi-heure pour vérifier s'il y a encore la coloration rose, c'est-à-dire s'il y a eu assez de désinfectant ; puis on projette la poudre de braise qui clarifie le liquide. S'il s'agit d'un puits, trois ou quatre jours après l'opération on épuise énergiquement afin de changer l'eau.

Le permanganate employé dans ces conditions, selon M. Toussaint, réduit le nombre de microbes de 72.000 à 1.000 et même de 112.000 à 150 par centimètre cube d'eau, et encore ceux qui restent n'appartiennent pas aux espèces pathogènes et putrides.

A l'Exposition Nationale d'Agriculture Coloniale de Nogent-sur Marne (1905), on remarquait le procédé Freyssinge et Roche (Durafort concessionnaire) qui consiste à verser dans 10 litres d'eau à épu-

---

1. Dr Schipiloff; M. Langlois (*Presse médicale* de 1899). — M. Delorme (Désinfection des puits du camp de Châlons : *Académie des Sciences*. 1900).

2. Le permanganate de potasse est vendu en France à raison de 2 fr. le kilog. chez les marchands de produits chimiques et le permanganate de chaux (à 25 0/0), 5 fr. le kilog.

rer, 5 grammes d'une poudre, dite *bicalcite n° 1*, agiter, puis verser 5 grammes d'une autre poudre, dite *bicalcite n° 2*, agiter de nouveau, enfin, passer sur un filtre en coton hydrophile. La composition (en poids) des poudres, communiquée par M. le Dr E. Roux [1], serait la suivante :

    Peroxyde de calcium ($Ca\ O^2$).................... 53.15
    Carbonate de chaux (avec traces de magnésie).. 35.09
    Eau... 11.94

Par l'application de cette méthode il se dégage de l'eau oxygénée, laquelle, à l'état naissant, détruit très rapidement les bactéries et le précipité qui se forme entraîne les microorganismes tués.

M. Watt a proposé l'emploi du perchlorure de fer (donnant naissance à de l'oxyde de fer), puis on ajoute de l'eau de chaux ou du carbonate de soude. — On a constaté que le précipité, qui se forme avec les matières précédentes, englobe la presque totalité des microbes contenus dans l'eau en les retenant mécaniquement ; de sorte que la clarification comporte en même temps une stérilisation partielle de l'eau.

On sait que de très petites quantités de sels de cuivre sont toxiques pour les organismes inférieurs (emploi du sulfate de cuivre pour la conservation des bois, pour le traitement des maladies cryptogamiques des céréales, de la vigne, de la pomme de terre, etc.). On a appliqué aux États-Unis le sulfate de cuivre à la destruction des algues qui se développent dans les réservoirs ; on a constaté que le cuivre semblait former avec la matière organique un composé insoluble qui restait au fond des réservoirs, mais il faut augmenter la dose de sulfate de cuivre si l'on veut obtenir la destruction complète des microbes.

Des expériences de M. A. Brown [2], sur les eaux de la ville d'Anderson (États-Unis), on peut tirer les conclusions suivantes :

Le sulfate de fer employé seul, à la dose de 21 grammes par mètre cube, donne une eau plus claire que le traitement au sulfate d'alumine ; lorsque le sulfate de fer contient 0,5 °/₀ de sulfate de cuivre on obtient une eau complètement stérilisée, sans qu'il y ait à craindre une action nuisible pour la santé du fait du peu de cuivre pouvant rester dans l'eau filtrée, car il n'atteint jamais la dose que les

---

1. *Académie des Sciences*, 2 janvier 1905.
2. *Engineering News*, 25 mai 1905 ; *Génie civil*, 9 septembre 1905.

physiologistes reconnaissent pouvoir être ingérée tous les jours sans occasionner de troubles (16 milligrammes).

Quelques heures après l'adjonction du sulfate de fer, on ajoute de l'eau de chaux pour neutraliser et précipiter les oxydes métalliques, puis l'eau est envoyée sur des filtres à gros sable, qui débitent, par mètre carré, 2.500 litres par vingt-quatre heures.

On pourra, dans certains cas, appliquer ce qui précède à de petites installations établies sur le principe suivant : trois réservoirs, bacs ou même des tonneaux, sont superposés, soit sur un terrain incliné, soit sur une charpente. On admet l'eau à clarifier dans le réservoir supérieur, on y verse le sulfate de fer et on laisse trois ou quatre heures en repos ; puis on ajoute de l'eau de chaux, et quelque temps après on fait écouler l'eau lentement dans le récipient intermédiaire contenant du sable sur une épaisseur d'au moins 1 mètre ; enfin l'eau filtrée passe au fur et à mesure dans le bac inférieur d'où on la prélève pour les différents besoins.

Les eaux dites *argileuses*, qu'on rencontre si fréquemment dans beaucoup de nos possessions, contiennent en suspension une infinité de petits grains d'argile de diverses colorations ; après quelque temps de repos, les gros éléments se déposent, mais l'eau reste avec son aspect trouble, grisâtre ou rougeâtre.

On peut précipiter les argiles à l'état gélatineux, à l'aide d'un certain nombre de sels ; on les sépare ensuite en faisant passer l'eau sur des filtres à gros sable. — Les précipitants employés sont surtout l'alun et le mélange de sulfate d'alumine et de chaux qui agit plus rapidement que l'alun.

Les recherches du Dr A. Gauducheau, directeur de l'Institut vaccinogène du Tonkin, à Hanoi[1], ont montré la possibilité d'épurer les eaux argileuses en appliquant un procédé très simple : un alunage suivi d'une filtration faite d'une façon spéciale.

L'alunage a la propriété de clarifier l'eau, et surtout de la rendre *filtrable* au travers de substances qui seraient insuffisantes sans l'alunage préalable. — L'alunage se fait à la dose d'un gramme d'alun pour 10 litres d'eau (à cette dose l'effet précipitant est énergique, sans danger d'intoxication ; cependant, même pour les eaux les plus chargées, 1 gramme d'alun pour 20 et au besoin pour

---

1. *Bulletin économique de la Direction de l'agriculture et du commerce du Gouvernement général de l'Indo-Chine* ; novembre 1905, page 1036.

30 litres suffirait, mais l'effet serait bien moins rapide). Une dizaine de minutes après l'alunage les agglomérats sont formés et on peut procéder au filtrage.

A la suite d'expériences sur divers filtres faciles à confectionner et à stériliser, le Dr A. Gauducheau a constaté que les meilleurs résultats étaient obtenus en tendant fortement une toile de coton dans le fond d'un récipient, et en y jetant de l'eau bouillante contenant du charbon (à 3 ou 4 litres d'eau on ajoute un quart de litre de charbon de bois pulvérisé, et on fait bouillir le tout, — c'est-à-dire qu'on stérilise). Le filtre laisse écouler d'abord de l'eau noire, puis les particules de charbon viennent se loger dans tous les interstices du tissu, qui se gonfle et se colmate en constituant un excellent filtre stérilisé. — L'eau chaude et les premières parties d'eau froide qui passent sont rejetées. — Le système filtrant ne doit pas servir plus d'une journée sans être régénéré, mais on peut filtrer en quelques heures de l'eau pour plusieurs jours et la conserver en bouteilles.

On peut employer comme récipient du filtre : un seau, un tonneau sans fond, ce dernier pouvant débiter une centaine de litres d'eau à l'heure ; la toile de coton (molleton), simple ou mieux en plusieurs épaisseurs, est rabattue extérieurement et fixée par plusieurs tours d'une bande en toile, large de 5 centimètres, fortement serrée et au besoin garnie de plusieurs tours de corde.

Dans ses premiers essais, M. Gauducheau employait comme récipient un tronçon de bambou, mais cette pièce ne peut servir qu'une seule fois à cause de la rapidité avec laquelle elle se couvre de moisissures ; un récipient métallique (seau en tôle, bidon à pétrole, etc.) est à conseiller pour la confection d'un appareil d'usage permanent.

Après fonctionnement on détache facilement le charbon en secouant le tissu, on le met à bouillir avec de l'eau ; les substances solubles mélangées au charbon étant stérilisées par l'ébullition, puis entraînées par l'eau chaude, il n'y a aucun inconvénient à employer trois ou quatre fois la même poudre.

Cette méthode, très simple et très expéditive, capable de rendre beaucoup de services, aussi bien en France que dans nos colonies, fournit pratiquement des eaux qui sont très pures.

Stérilisateurs. — Des appareils portatifs, destinés à la stérilisation des eaux par la chaleur, ont été employés par les Anglais lors de leur guerre du Transvaal, en 1900 ; le principe est analogue à celui des *pasteurisateurs* ou des *chauffe-vin*. — On a imaginé de petits modèles à marche continue, chauffés avec une lampe à pétrole, à alcool ou avec un bec de gaz ; cela suffit pour que nous ne puissions pas les utiliser aux colonies, où il sera plus simple de faire bouillir de l'eau qu'on laissera refroidir ensuite avant de la consommer ; le refroidissement de l'eau pourra être activé en la logeant dans des récipients poreux (terre cuite non vernie) analogues aux *alcarazas* (refroidissement dû à l'évaporation de l'eau qui suinte à l'extérieur du vase).

Rappelons que l'usage du thé revient, en définitive, dans les pays chauds de l'Asie (Inde, Chine, Japon, etc,) à consommer de l'eau bouillie, c'est-à-dire stérilisée par la chaleur (bien entendu cette eau aromatisée a également une action par les alcaloïdes qu'elle reçoit du thé ; il en est de même pour le café, etc.) ; dans une grande partie de la Chine, l'eau étant de très mauvaise qualité, il existe le métier de *marchand d'eau bouillie*.

Abreuvoirs et mares. — On table souvent, en France, sur les chiffres ci-dessous[1] indiquant la quantité d'eau nécessaire par jour et par animal suivant son espèce :

$$
\begin{array}{rll}
30 & \text{litres par} & \text{cheval,} \\
20 & — & \text{bœuf ou vache,} \\
2 & — & \text{mouton,} \\
20 & — & \text{porc.}
\end{array}
$$

Nous donnons ces chiffres à titre de renseignement, car nous n'avons aucun document concernant les besoins des animaux exploitables aux colonies ; on serait tenté de les réduire proportionnellement à la taille et au poids des individus ; il y a peut-être lieu de les conserver et même de les augmenter légèrement en prévision des pertes plus grandes, par évaporation, que subissent les animaux.

1. Dans l'exploitation de M. E. Fouret, à la Manderie (Loiret), comprenant :

12 personnes,
7 chevaux,
16 bœufs,
2 vaches,
500 moutons,

on ne consomme que 1,500 litres d'eau par jour d'été et de 800 à 900 litres d'eau par journée d'hiver.

Lorsqu'on a peu d'eau à sa disposition, il convient de la distri-
buer dans des *auges* abritées des rayons du soleil.

L'auge peut être creusée dans un tronc d'arbre ou faite en planches
comme l'indique la figure 442 : ces abreuvoirs A sont consolidés
extérieurement par des châssis C, *n*, *m*, et sont placés sur une banquette B en maçonnerie, en
pierres, ou en terre, afin
que le bord supérieur soit à
une hauteur *h* d'environ 0ᵐ
60 à 0ᵐ70 au-dessus du sol
x (pour les grands mammifères), ou *h'*, de 0ᵐ30 à 0ᵐ
40 au-dessus du sol *x'* (pour
les petits animaux ; voir
aussi la figure 179, p. 106) ;
entre les châssis C (fig. 442)
la banquette peut avoir le
profil *y* indiqué en pointillé.
Pour les grands mammi-
fères, l'abreuvoir peut avoir
0ᵐ50 à 0ᵐ60 de largeur en
gueule, 0ᵐ30 à 0ᵐ40 au

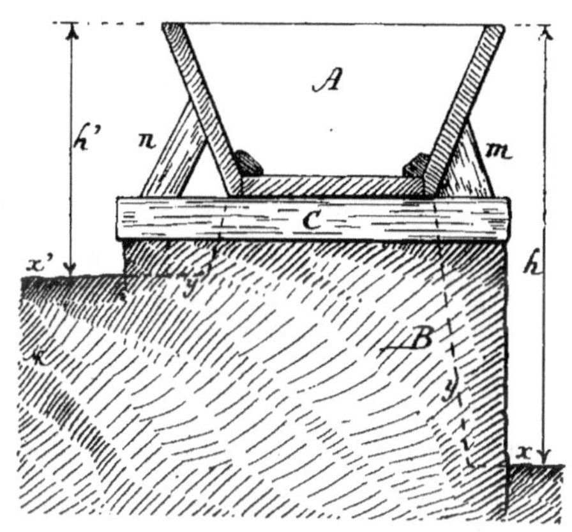

Fig. 442. — Coupe transversale d'un abreuvoir
en planches.

fond, et une profondeur de 0ᵐ20 à 0ᵐ25. On compte, chez nous,
sur une longueur de 0ᵐ70 à 0ᵐ80 par animal (cheval ou bœuf).

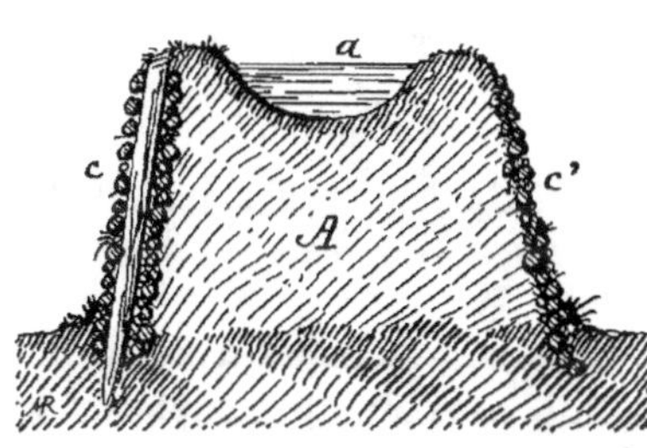

Fig. 443. — Coupe transversale d'un
abreuvoir en terre.

Quand l'auge est alimentée
par une pompe à bras, on a
intérêt à lui donner une longueur suffisante pour qu'elle
contienne le volume d'eau nécessaire par jour, à moins d'intercaler un réservoir, de capacité voulue, entre la pompe et
l'abreuvoir.

Nous n'avons pas besoin d'insister sur les auges métalliques
(fonte, tôle galvanisée) lourdes ou fragiles, délicates à transporter
et d'une réparation difficile aux colonies.

A défaut de planches, on peut confectionner une banquette en
terre bien battue A (fig. 443), protégée extérieurement par des

clayonnages *c* et *c'*, et ayant à sa partie supérieure une dépression *a* constituant le réservoir, qu'on rendra étanche par un corroi en argile ou en terre grasse : ce dispositif, surtout applicable aux ins-

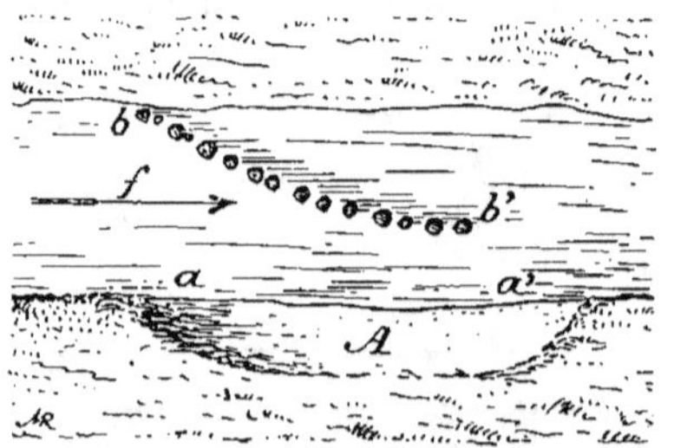

Fig. 444. — Plan d'un abreuvoir à eau courante.

tallations temporaires, a pour but d'éviter le gaspillage de l'eau, mais lorsque cette dernière est surabondante, une simple rigole creusée à fleur du sol est suffisante.

Le trop plein de ces auges doit pouvoir s'écouler dans une mare voisine servant aux ablutions des animaux.

L'*abreuvoir* à eau courante est recommandable[1] ; la vitesse de l'eau ne doit pas dépasser 0^{m}40 à 0^{m}50 par seconde. Quand la vitesse du courant *f* (fig. 444) est trop faible, on l'augmente à l'endroit de l'abreuvoir A en établissant dans le lit du cours d'eau, et obliquement à son axe, un léger barrage *b b'* formé de piquets reliés par des clayonnages ; il faut ménager une pente douce sur la longueur *a a'* et au

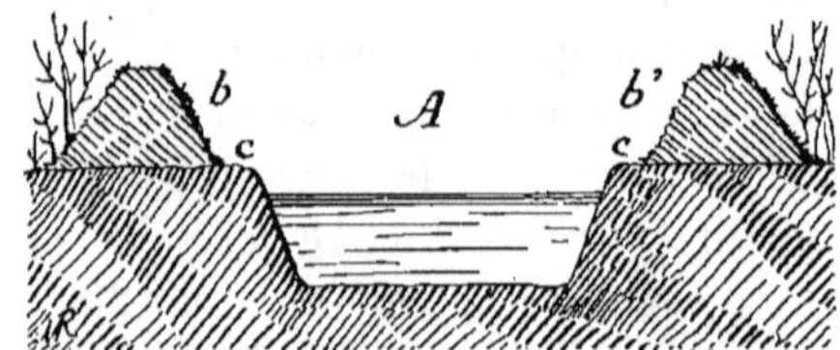

Fig. 445. — Coupe en travers d'une mare.

besoin établir une sorte de clôture limitant l'emplacement affecté aux animaux ; l'épaisseur maximum de la couche d'eau peut être fixée à 0^{m}70.

Les abreuvoirs à eau courante permettent en même temps l'ablution des animaux ; dans certains cas ils peuvent être remplacés par des *mares* de 0^{m}70 de profondeur au plus, ayant le profil en travers A (fig. 445), les terres extraites formant les bourrelets *b* et *b'*, en réservant une banquette ou berme *c* de 0^{m}30 de largeur ; pour le

1. Lorsqu'il n'y a aucun danger pour les animaux, ce qui n'est pas le cas quand le cours d'eau est habité par des crocodiles ou des caïmans, à moins de clayonner fortement l'emplacement réservé à l'abreuvoir pour y empêcher l'entrée des sauriens (employer les barrages à aiguilles du genre de celui de la figure 310).

profil en long (fig. 446) on peut adopter soit le tracé B (avec deux pentes n et n') qui permet aux animaux de traverser la mare, soit le profil C (avec une pente m et un fond plat m'; — les pentes n et m de la figure 446 ont été exagérées avec intention ; on doit les faire aussi douces que possible et ne pas dépasser 0ᵐ20 à 0ᵐ30 par mètre); — les pentes et le fond doivent être couverts, si possible, de matériaux résistants (graviers, galets, pierres ou briques cuites). — Il faut avoir soin d'établir des plantations (arbres et arbustes) pour abriter la mare, mais veiller à ce que ces végétaux ne nourrissent pas des insectes lesquels, tombant dans l'eau, pourraient la rendre malsaine (tels que, chez nous, les cantharides qui vivent sur les frênes) ; au besoin, on pourrait couvrir la mare avec un léger clayonnage soutenant une couverture végétale

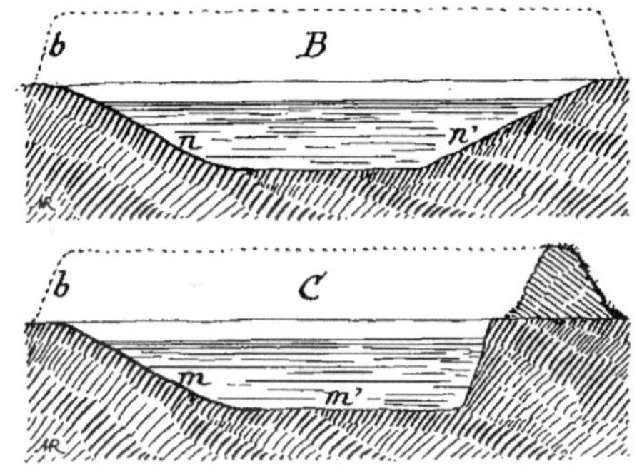

Fig. 446. — Profils en long de mares.

et placer les arbres et arbustes à une certaine distance des banquettes $b\ b'$ de la figure 445 ; il convient, par des rigoles, d'assurer l'amenée de l'eau propre et l'évacuation du trop-plein ; procéder à des curages, à des nettoyages et veiller à ce que la mare n'abrite pas des animaux nuisibles (comme les sangsues[1], par exemple).

Il y a à craindre que les mares servent d'habitacles à des micro-organismes ou aux larves de mouches et de moustiques toujours si incommodes et si dangereux dans les pays chauds ; ceci nous

---

1. La destruction des sangsues d'une mare ou d'un étang est assez difficile ; voici cependant un procédé à essayer : avec des perches, on agite l'eau afin que les sangsues quittent le fond et les corps auxquels elles étaient fixées : on promène alors lentement dans l'eau une bande de flanelle attachée à un bâton ; les hirudinées viennent se fixer à l'étoffe qu'on enroule doucement autour du bâton en le faisant tourner : on retire le tout pour dérouler la flanelle en la secouant dans l'eau d'un récipient. Même avec un très grand nombre d'opérations semblables nous doutons qu'on puisse capturer toutes les sangsues, alors que certains sels ajoutés à l'eau doivent pouvoir les détruire avec certitude sans occasionner des accidents au bétail ; — un moyen radical consiste à vider complètement la mare et à la nettoyer.

montre que si la mare ne pouvait servir qu'aux ablutions du bétail
(l'eau d'alimentation étant donnée dans des auges), on pourrait
utilement ajouter certains sels à l'eau, comme du sulfate de fer par
exemple, ou divers produits insecticides ou antiseptiques, ainsi que
cela se pratique en France avec les *pédiluves* employés dans nos
exploitations comme traitement préventif de la fièvre aphteuse. —
La mare étant établie uniquement pour l'ablution des animaux (si

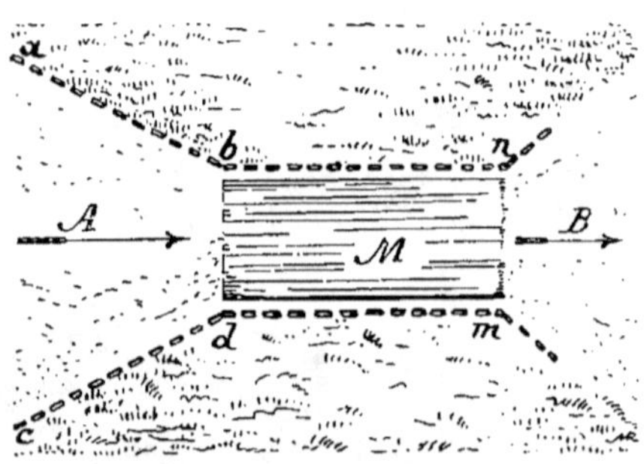

Fig. 117. — Plan d'un pédiluve.

utile au point de vue de leur hygiène), il suffit que le bétail la traverse sans y séjourner et, pour faciliter la conduite du troupeau, il convient d'adopter des clôtures *a b*, *c d* (fig. 117) assurant l'entrée A des animaux dans la mare M limitée par les clôtures *b n* et *d m* ; la sortie s'effectue en B ; la largeur *b d* peut alors être réduite (1 mètre à 1^m 50) : la longueur *b n* pouvant varier de 3 à 5 mètres.

Enfin, pour combattre certaines maladies ou affections du bétail.
on a recours à de véritables *bains* ; dans beaucoup de fermes anglaises
on traite les maladies parasitaires des moutons en les faisant passer
à la nage dans une fosse cimentée de 10 à 12 mètres de long.
1^m 50 de profondeur et dont les largeurs sont de 0^m 60 en gueule
et 0^m 30 au plafond (l'eau contient du crésyl ou du sulfate de
fer). — Dans un article sur la *pathologie vétérinaire aux colonies* [1].
le Dr A. Loir décrit le *Dipping Tank* très employé en Australie
pour détruire les tiques qui inoculent la *malaria bovine* : un réservoir enterré, de 14 mètres cubes de capacité, contient une solution
composée de :

> 2 k. 7 d'arsenic.
> 10.8 de savon noir,
> 10.8 de cristaux de soude.
> 9.0 de goudron de Norvège,
> 1600 litres d'eau.

1. *Bulletin du Jardin colonial*, juin 1906, p. 470-474.

Le bain est chauffé à 38 ou 39° et on y laisse nager, pendant une
minute, les bovidés qu'on y fait descendre par un plancher à bascule :
il y a une perte de 4 litres environ par bête ; le bain est protégé des
pluies par une toiture ; l'installation est complétée par une pompe,
un foyer et deux réservoirs en fer dans lesquels on porte une partie
du liquide à l'ébullition. On compte en Australie plus de trois cents
de ces bains établis par l'Administration ou par les grands éleveurs ;
on appliquerait le même procédé dans la République Argentine. —
Pour les petits domaines, il est probable qu'un traitement des
animaux avec le liquide insecticide précité appliqué avec un *pulvérisateur* (comme ceux employés contre les maladies cryptogamiques)
serait tout aussi efficace que le Dipping Tank, tout en étant bien
moins coûteux ; il nous suffit d'appeler l'attention sur cet emploi
de nos pulvérisateurs ordinaires, dont nous parlerons dans la partie
du Cours consacrée aux *Machines*.

Assainissement des terres.

Les terres sont humides et marécageuses quand la nappe qui les
imprègne, à une distance plus ou moins grande de leur surface,
s'écoule avec une vitesse excessivement faible, ou quand elle reste
stagnante. Chez nous, on met ces terres en culture par des travaux,
souvent coûteux, permettant à la fois de tirer partie de la propriété
foncière, d'augmenter la valeur de l'ensemble du domaine et dans
un but de salubrité publique ; la question ne se présente pas de la
même façon aux colonies où il y a tout intérêt à s'éloigner le plus
possible des terres marécageuses, dont le voisinage est d'autant
plus dangereux que la température est élevée. S'il y avait utilité
d'entreprendre, dans une colonie, un des grands travaux d'assainissement ou de desséchement étudiés dans nos Cours de Génie
Rural, ce serait à titre d'intérêt public et l'exécution de l'œuvre
incomberait à l'Administration.

On pourra avoir quelquefois de petites étendues à assainir,
comme par exemple les emplacements des bâtiments (nous en avons
parlé dans la partie du Cours relative aux *Constructions*, page 80) ;
dans ce cas, il y aura lieu d'adopter des *drains* en pierres perdues,
des *caniveaux* en pierres ou en briques ; (nous croyons qu'on ne
pourra pas avoir recours aux drains en tuyaux de terre cuite dont

l'usage est courant en France) ; il ne faudra pas employer les drains
en bois, en fagots ou en fascines, par suite des tassements ultérieurs
qu'ils pourraient occasionner aux constructions ; par contre ces derniers systèmes (bois et fascines) pourront être utilisés, en dehors de
l'aplomb des bâtiments, comme *drains de ceinture* et pour conduire
les eaux dans un thalweg voisin.

Dans beaucoup de cas, l'examen du sol montre que l'humidité
d'une construction A (fig. 448) provient de la nappe souterraine

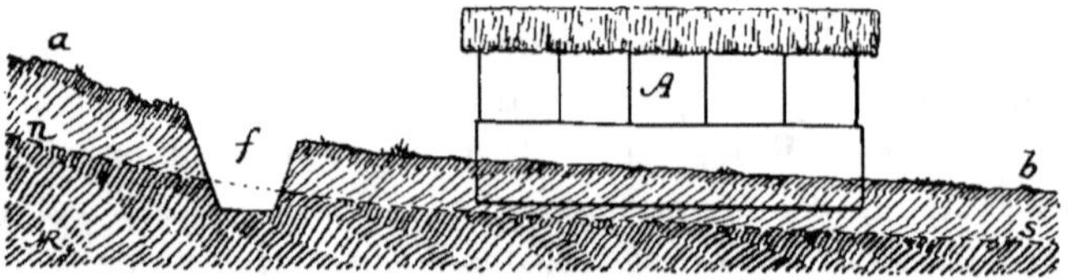

Fig. 448. — Principe de l'assainissement d'une construction humide.

n s qui remonte par capillarité jusqu'au plan des fondations, d'où
elle continue son chemin dans les parois ; il suffit de creuser, à 5 ou
à 10 mètres en amont du bâtiment A, un fossé *f* coupant la nappe
souterraine *n* et la dérivant autour des bâtiments vers l'aval *b* ; le
fossé peut rester ouvert avec ses talus garnis d'arbres et d'arbustes
chargés de consommer une certaine quantité d'eau ; si le fossé permanent constituait une gêne pour les services, on le remplacerait
par un drain.

Sans insister ici sur les drains étudiés avec détails dans nos
Cours de Génie Rural, rappelons qu'on ouvre une
tranchée à la profondeur voulue, avec une aussi
forte pente que possible (2 à 4 millimètres par
mètre). La tranchée a de 0^{m}20 à 0^{m}40 de largeur
au plafond ; sa largeur en gueule dépend de sa
profondeur et de la nature des terres traversées
(on a intérêt à faire la tranchée d'aussi petite section que possible). — Suivant les matériaux disponibles, le fond de la tranchée est garni de galets,
de cailloux ou de pierres cassées sur une épaisseur
de 0^{m}30 à 0^{m}40 (fig. 449) ; ces fragments sont
jetés pêle-mêle (*pierres perdues*), mais on a soin
de mettre les plus gros au fond, puis une autre cou-
che d'éléments de moyenne grosseur et de terminer par les pierrailles.

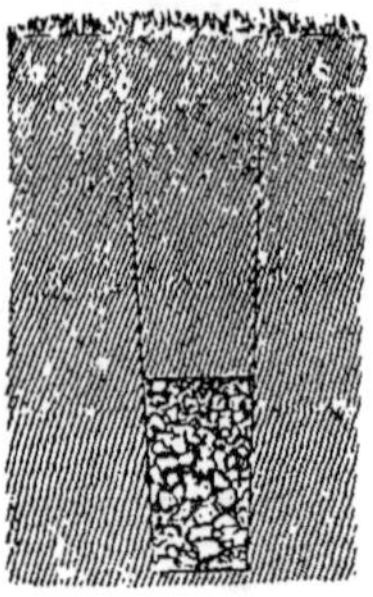

Fig. 449. — Coupe en
travers d'un drain
en pierres perdues.

Lorsqu'on dispose de pierres assez grandes, surtout sous forme de dalles, on peut établir des *caniveaux* à section triangulaire (fig. 450) ou à section rectangulaire (fig. 451) ; enfin, dans certains

Fig. 450. — Coupe en travers d'un caniveau triangulaire.

Fig. 451. — Coupe en travers d'un caniveau rectangulaire.

cas on pourra utiliser des briques cuites. La figure 452 donne la section d'un caniveau de quatre briques : une placée en *radier*, deux en *pieds-droits* et une en *chapeau*.

Les caniveaux, (fig. 450, 451 et 452) seront recouverts d'une couche de pierres, puis par de la terre. — Certains auteurs recommandent de garnir les drains et caniveaux par une dernière couche de branchages, de joncs, de genêts et même de paille avant de remblayer la tranchée ; il faut rejeter cette méthode préconisée en vue de constituer une sorte de filtre, car ces matières végétales finissent à la longue par se désorganiser en se transformant en humus, lequel cimente les matériaux en obstruant les interstices destinés à l'écoulement des eaux ; nous l'avons constaté à l'École Nationale d'A-

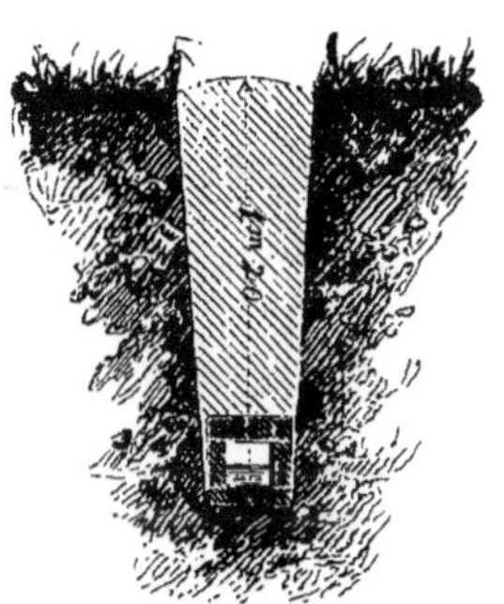

Fig. 452. — Coupe en travers d'un caniveau en briques.

griculture de Grand-Jouan en découvrant d'anciens drainages établis de cette façon. Il est préférable, comme l'indiquait Hervé-Mangon, de terminer par une couche de gravier ou de sable bien pilonné ; on doit également tasser la terre de remblai.

Une précaution à observer est de ne pas employer des coquilles de mollusques à la place des pierres, ces coquilles étant peu à peu dissoutes par l'eau de drainage contenant généralement une forte proportion d'acide carbonique.

Lorsque les tassements ultérieurs de la tranchée n'auront pas une grande importance, on pourra utiliser des matières végétales : on place, dans le fond de la tranchée, des perches, des bambous, des fagots ordinaires posés les uns à côté des autres, ou mieux des fascines confectionnées avec des branchages suivant les procédés que nous avons indiqués à propos des *Charpentes* (fig. 44, 45, 46 et 47) : ces fascines, de 4 à 5 mètres de longueur et de 0^m20 à 0^m40 de diamètre, sont liées par des harts qu'on rend flexibles en les passant à la flamme d'un foyer (on peut également disposer trois fascines dans le fond d'une large tranchée). Les drains en fascines ont une durée d'une dizaine à une quinzaine d'années au plus.

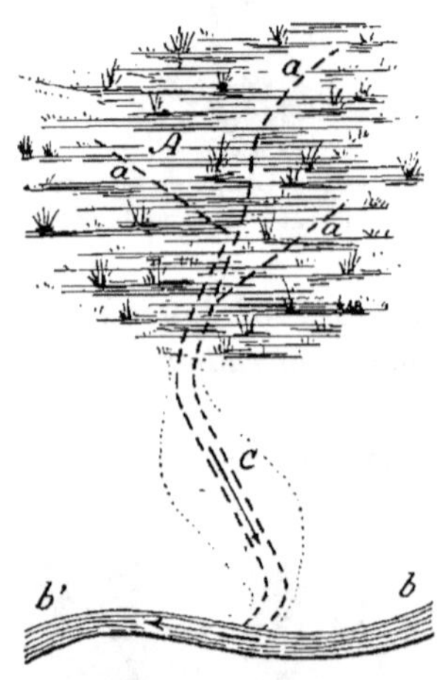

Fig. 453. — Plan des fossés d'assainissement d'une parcelle marécageuse.

Il peut exister dans un grand domaine une petite parcelle marécageuse que le colon a intérêt d'assainir, souvent à l'aide de travaux très simples : un nivellement montre qu'il y a, par exemple, possibilité d'évacuer les eaux d'une zone A (fig. 453) vers un point plus bas bb', à l'aide de fossés et de canaux C, a, convenablement tracés (commencer le travail par l'aval). Comme il ne faut pas songer aux drainages par tuyaux, on aura recours à des canaux découverts, lesquels, dans certains cas, devront présenter un lit mineur et un lit majeur (voir la figure 428, p. 285).

Quand l'exécution du canal sera hors de proportion (comme longueur et section transversale) avec la surface à assainir, il y aura lieu d'examiner si l'on peut remblayer le marais (*colmatage sec*) avec des matériaux quelconques pris aux alentours : nous avons ainsi fait garnir, en 1885, une portion marécageuse et tourbeuse de prairie avec une couche de 0^m50 d'épaisseur de déchets de schistes provenant d'une carrière voisine, puis on a terminé par une mince couche de terre et de boues de route et on a effectué un semis qui a donné une prairie naturelle à la place des joncs. Sur le remblai, on peut également planter certains végétaux, à larges feuilles, capables d'évaporer de grandes quantités d'eau : on a suivi fréquemment cette dernière méthode en Algérie en ayant recours aux eucalyptus, et même, en quelques endroits, des plantations trop importantes ont appauvri les nappes souterraines et fait tarir les fontaines ou sources à tel point qu'il a fallu procéder à de fortes éclaircies.

Dans toute l'épaisseur occupée par les racines des plantes cultivées (épaisseur variable avec les plantes, annuelles, vivaces, arbres, etc.) le sol doit toujours constituer un milieu oxydant et non réducteur, ce dernier ne convenant qu'à une flore particulière et inutilisable.

Certains arbres possèdent des racines qui descendent très profondément ; lorsqu'elles rencontrent des couches d'eau stagnantes, chargées d'acide carbonique et constituant un milieu réducteur, ces racines se désorganisent et les végétaux meurent (cas des plantations de pins dans les Landes de Gascogne, où l'eau est arrêtée par l'*alios* ; cas de certains jardins fruitiers).

Au Gabon et dans la Colombie, J. Dybowski[1] a observé « des plantations de cacaoyers qui se développaient d'une façon remarquable pendant les deux ou trois premières années de leur âge, puis, subitement, au moment où l'on était en droit d'attendre d'eux un commencement de fructification, on les voyait dépérir, perdre leurs feuilles et donner tous les symptômes d'une mort réelle ; cela tenait à ce que le sol argilo-siliceux reposait sur un sous-sol absolument imperméable qui, à une profondeur d'environ un mètre, retenait une couche d'eau stagnante ; sitôt que les racines venaient à se mettre en contact avec les parties où l'eau séjournait, elles dépérissaient, et c'est à cette cause qu'il fallait attribuer la mort de tous les arbres arrivés à un certain âge ». — Des fossés d'assainissement furent creusés et les plantes purent reprendre leur aspect normal.

Certains végétaux n'ont pas besoin d'une grande épaisseur de terre assainie ; c'est ainsi que chez nous, lorsqu'on veut établir une oseraie (ou des plantations de peupliers) dans un terrain humide, il suffit de disposer le sol en planches de 1^m20 à 2 mètres de largeur (fig. 154) séparées par des rigoles d'assainissement ayant 0^m30

---

1. Dybowski : *Traité pratique de cultures tropicales*, t. I, p. 18.

à 0 ^m 65 d'ouverture et 0 ^m 40 à 1 mètre de profondeur ; la terre extraite des rigoles sert à remblayer les planches ; ces rigoles sont curées chaque année afin d'assurer l'écoulement de l'eau et la vase est rejetée au pied des arbres.

Dans les *hortillonnages* des environs d'Amiens, le sol est souvent

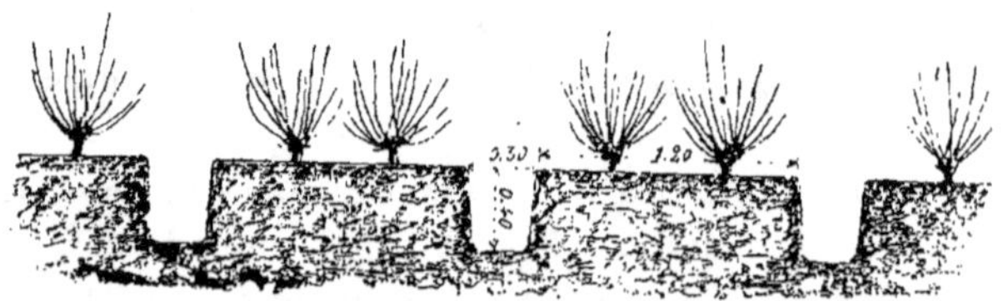

Fig. 454. — Plantation d'arbres dans un terrain marécageux.

à moins de 0 ^m 50 au-dessus du plan de l'eau des canaux qui séparent les planches, sur lesquelles on se livre à la culture maraîchère.

Lorsqu'il s'agit de mettre en valeur des plateaux humides, et par suite très peu inclinés, on partage les champs par des *saignées* A (fig. 455) dont l'écartement l varie de 50 à 100 mètres ; l'ouverture a est quelquefois de 7 à 10 mètres et la profondeur h de 0 ^m 60 à 1 mètre ; pour des cultures arbustives, la profondeur h peut atteindre 1 ^m 50 à 2 mètres. — Ces saignées A se réunissent à un collecteur général qui évacue les eaux dans le thalweg de la vallée.

Nous appelons l'attention sur l'examen préalable du sol afin de

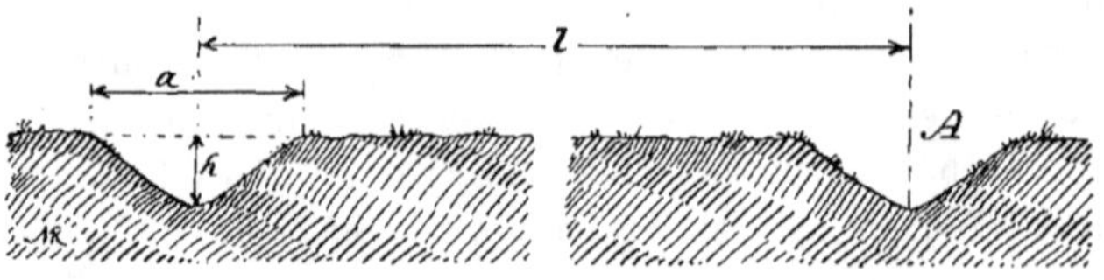

Fig. 455. — Coupe en travers de saignées d'assainissement.

chercher le mécanisme d'alimentation d'eau du terrain marécageux ; tantôt ce sont des pluies surabondantes qui tombent à certaines époques sur un sol argileux et presque sans pente (on appliquera alors les méthodes précédentes), tantôt ce sont des infiltrations d'eau venant quelquefois de très loin.

Souvent l'humidité du sol M (fig. 456) est due à l'écoulement des eaux souterraines provenant des terrains d'amont A ; dans ce cas il suffit d'ouvrir, suivant une *courbe de niveau*, un *fossé de ceinture*

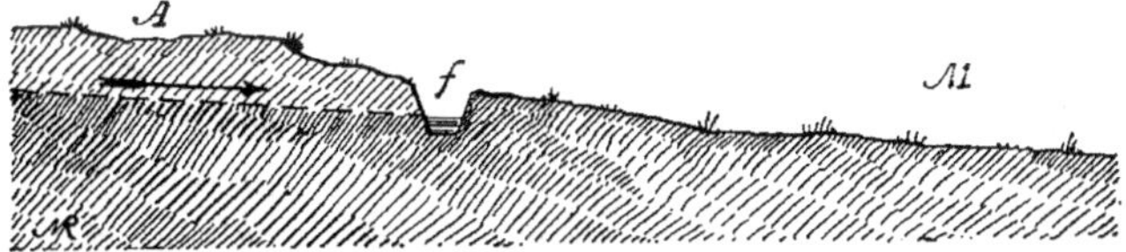

Fig. 456. — Assainissement d'un terrain par un fossé de ceinture.

f destiné à recueillir les eaux d'infiltration et à les conduire à l'aval de la zone M.

D'autres fois, des taches humides, *h* (fig. 457), qu'on constate dans les terrains, sont dues à l'ascension lente d'une nappe souterraine *n* maintenue par une couche non filtrante *i*, mais présentant de place en place des brèches *b* ; l'assainissement est obtenu en ouvrant un conduit vertical D, dont la partie inférieure pénètre dans la nappe *n* et dont la partie supérieure débouche dans un fossé d'écoulement *f*. Le drain D peut être en bambous désoperculés, ou confectionné avec de fortes planches de bois

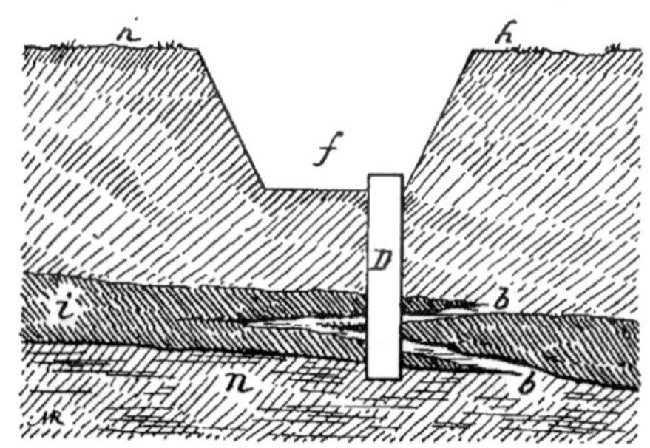

Fig. 457. — Assainissement d'un terrain sourcier.

dur, suivant le principe que nous avons indiqué dans la fig. 85, p. 44.

Enfin une étude géologique du lieu, faite à l'aide d'un sondage, peut montrer qu'en dessous du sol marécageux M (fig. 458) se trouve une couche imperméable *i*, retenant les eaux, surmontant une couche absorbante A ; le problème revient à

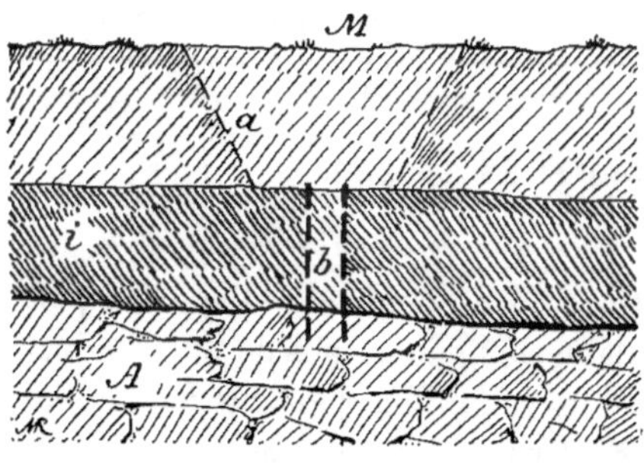

Fig. 458. — Assainissement d'un terrain par un boit-tout.

faciliter le passage de l'eau au travers de la couche non filtrante.

Il y a, en France, de nombreux exemples d'assainissements de terrains analogues à celui de la figure 458 par des *boit-tout* ou *bétoirs* (encore appelés *boîtards*, *gouffres*, *entonnoirs* ou *engoul-touts*) souvent établis d'une façon très simple : on ouvre un trou *a* jusqu'à la rencontre de la couche *i*, puis on perce cette dernière avec une barre de fer ou un pilot (suivant la méthode indiquée à la figure 5, page 12) ; on remplit le trou *b* avec un pieux garni d'ajoncs, de genêts ou de paille ; on dispose un fagot ou mieux quelques pierres, dans le fond du trou *a* qu'on remblaie ensuite ; ce procédé n'est efficace que pendant un temps limité par suite de la décomposition de la matière végétale. — On a perfectionné ce système par l'emploi de tuyaux en terre cuite (*drainage vertical*) ; chacun de ces petits drains est capable d'assainir une surface d'au moins 25 mètres carrés.

On peut avoir recours à un réseau de fossés à ciel ouvert qui débouchent dans un grand *puits absorbant* placé au point le plus bas du terrain à dessécher. Le conduit vertical peut être formé d'un ou de plusieurs bambous, de tuyaux en planches (fig. 85, p. 44) ou, s'il doit recevoir les eaux d'une grande étendue, on peut le construire comme un des *puits* d'alimentation dont nous avons déjà parlé ; les parois seront garnies de boisage (en planches ou en clayonnages maintenus par des rondins jointifs), ou mieux de maçonnerie en pierres sèches. Il y a en Europe des exemples de ces grands puits d'assainissement ayant souvent une vingtaine de mètres de profondeur ; à Bondy, près de Paris, on a fait dans ce but, en 1840, un sondage tubé (comme un puits artésien) de 76 mètres de profondeur, qui absorbe 133 mètres cubes d'eau par 24 heures.

Dessalement des terres.

Lorsque le sol contient de 2 à 3 °/₀ (en poids) de sels, il ne porte qu'une végétation spontanée rabougrie ; en dessous de 2 °/₀, on peut cultiver certaines plantes (une sorte de millet) ; en dessous de 0,50 °/₀, le sol peut être occupé par du riz ou par du trèfle [1].

---

1. En Égypte, le bersim ou trèfle d'Alexandrie est considéré comme la plante s'accommodant le mieux de fortes proportions de sel ; on doit dessaler le terrain dès que le bersim fournit des récoltes insignifiantes.

Les terrains cultivés du delta du Nil renferment (en poids) 0,50 %
de magnésie et 0,01 % de chlorure de sodium.

Au bord du lac d'Aboukir, le sol inculte contient de 8 à 8,6 %
de chlorure de sodium et de 1 à 1,8 % de magnésie ; à un mètre au-
dessus du niveau du lac, le terrain, un peu lavé par les pluies d'hiver, renferme encore 1,6 % de chlorure de sodium et 1,1 % de
magnésie.

Le dessalement des polders dans les régions tempérées (Hollande, Mont-Saint-Michel, Vendée) s'effectue d'une façon naturelle
au bout de quelques années sous l'action des pluies.

L'Administration des Domaines de l'État égyptien fit, en 1902,
des essais comparatifs de trois systèmes de dessalement sur 34 hectares de terres très salées, renfermant 14 % (en poids) de chlorures
dans la couche superficielle, et 5 % dans les échantillons prélevés à
0^m60 de profondeur [1].

La parcelle I fut traitée suivant la méthode dite du *lavage superficiel* : elle était entourée d'une digue d'un mètre de hauteur ; l'eau
arrivait continuellement à une extrémité de la pièce et s'évacuait
à l'autre ; la couche d'eau douce, maintenue constamment sur les
terres, avait 0^m50 d'épaisseur.

La parcelle II fut traitée par la méthode dite du *lavage intérieur* :
tous les 35 mètres, on ouvrit un fossé de colature de 0^m70 de profondeur, bordé de chaque côté de digues de 0^m50 de hauteur : les
compartiments recevaient continuellement l'eau douce, maintenue
sur une épaisseur de 0^m20 à 0^m30.

La parcelle III fut traitée selon la méthode du *drainage* par tuyaux
en poterie, de 0^m10 à 0^m12 de diamètre, posés à 0^m70 de profondeur et à 12 mètres d'écartement ; le sol, entouré d'une digue d'un
mètre de hauteur, recevait continuellement l'eau douce, maintenue
sur une épaisseur de 0^m50.

En raison de l'altitude du plan d'eau naturel, les eaux de colature
étaient élevées par des pompes à vapeur.

Les expériences ont duré pendant 1.400 heures, et on constata les
résultats que nous résumons dans le tableau suivant :

---

[1]. Julien Barois : *Les irrigations en Égypte*, 1904 ; page 213.

	PARCELLE		
	I	II	III
Volume d'eau fourni continuellement par heure, en mètres cubes	232	10,4	117
Sel (en kilogr.) contenu, en moyenne, dans un mètre cube d'eau de colature	3	44,3	20,3
Poids (en tonnes) de sel enlevé de chaque parcelle pendant la durée de l'essai (58 jours et 8 heures)	975	632	3.320
Frais (en francs) :			
Appropriation du terrain, digues, fossés, drains, etc.	155	239[1]	722
Élévation de l'eau de colature	160	7	81
Frais totaux	315	246	803

Chaque parcelle devait avoir 10 hectares. La méthode du drainage, la plus coûteuse, a enlevé la plus forte quantité de sel (3.320 tonnes), mais elle est revenue au plus bas prix par tonne extraite. Si nous faisons le calcul, nous trouvons en effet les chiffres suivants, représentant les dépenses (non compris le prix d'eau douce d'amenée) par tonne de sel enlevée au sol :

	fr. c.
Pour la parcelle I	0 33
— II	0 39
— III	0 24

Mais nous devons faire remarquer que ces prix s'appliquent à des expériences de même durée. En supposant, ce qui est vraisemblable, qu'en augmentant le temps du lavage de la parcelle II dans le rapport de 632 à 3.320, c'est-à-dire de 1 à 5,2 ou à 6 en chiffres ronds, on puisse enlever environ 3.320 tonnes de sel comme pour la parcelle III, on aurait eu les dépenses suivantes :

Appropriation du terrain	239 francs.
Élévation de l'eau de colature (7×6)	42 —
Total	281 francs.

Soit un peu plus de 0 fr. 08 par tonne de sel.

On voit ainsi, en résumé, que si l'on est très pressé de dessaler un terrain, il faut employer la méthode par drains en terre cuite ;

---

1. Dans les grandes installations d'Égypte, les compartiments ayant de 150 à 300 mètres de longueur et 50 mètres de largeur, les fossés ont $0^m 80$ de profondeur, $0^m 25$ de plafond et $1^m 25$ d'ouverture ; les frais d'appropriation du terrain, selon cette méthode, sont de 140 à 150 francs environ par hectare, et les frais totaux de l'amélioration s'élèvent de 250 à 300 francs par hectare.

mais lorsqu'on a du temps à sa disposition (une année par exemple
au lieu de deux mois), il est bien plus économique d'avoir recours
au procédé de la parcelle II, c'est-à-dire à des fossés de colature,
espacés de 30 à 35 mètres, bordés de digues.

Les eaux salées de colature doivent être envoyées le plus loin possible, dans un cours d'eau qui les conduit à la mer ; si cela ne peut

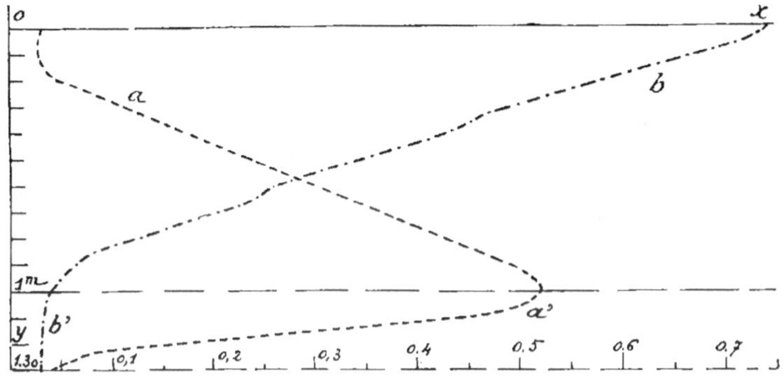

Fig. 459. — Représentation graphique des déplacements du salant dans le sol.

avoir lieu, on les réunit soit dans un bas-fond soit dans un marais
inutilisable, où elles se concentrent par évaporation ; dans certains
cas, il serait souvent possible de creuser un *puits absorbant* (voir
fig. 458, p. 311), chargé de les faire disparaître à une profondeur
telle qu'elles ne risqueraient plus d'être nuisibles pour la végétation.

Lorsqu'on n'a pas d'eau douce à sa disposition, on cherche par des
matériaux mis en couverture à diminuer l'évaporation du sol, laquelle,
par capillarité, fait remonter le sel des couches inférieures pour
l'accumuler et cristalliser à la surface en frappant cette dernière
de stérilité ; on ne peut alors cultiver, que très péniblement, des
plantes à racines traçantes.

Les terrains salés de la Californie ont été étudiés par MM. E. Hil-
gard et R. H. Loughridge[1] ; voici, en résumé, les conclusions de
leurs recherches :

Sur les terres incultes, le sel total, ou *salant*, (comprenant le sulfate de soude, le chlorure de sodium, le carbonate et le nitrate de
soude) se déplace sur une épaisseur de plus d'un mètre. Si l'on fait
un tracé graphique (fig. 459) dont les ordonnées oy représentent la

---

1. L'analyse de ces travaux a été donnée par M. J. Vilbouchevitch dans les
Annales de la Science agronomique française et étrangère de 1893, 1897 et 1898.

profondeur et les abscisses ox le dosage du salant en pour cent du poids de la terre, on constate, qu'après les pluies d'hiver, le sel total peut être représenté par la courbe $a\,a'$ (les dosages ont indiqué 0,03 % de salant à la surface du sol et 0,52 % à 1 mètre de profondeur); tandis qu'en été, sous l'influence de l'évaporation, l'eau remontant par capillarité, on en a eu jusqu'à 0,74 % à la surface et 0.04 % seulement à 1 mètre de profondeur, suivant la courbe $b\,b'$.

En terrain vierge, et non irrigué, si un gazon fin et serré peut s'établir après les pluies d'hiver, les racines ayant au plus $0^m 60$ de longueur, le sel n'est pas remonté, car, à $0^m 72$ de profondeur on netrouve que 0.21 % de salant, dose que supportent un assez grand nombre de plantes ; la couche superficielle du sol n'évapore presque plus et joue le rôle des *paillis* employés dans les terrains salés du midi de la France (Camargue, Aude, Pyrénées-Orientales, Hérault). — Ainsi, pourvu qu'elle ait pu s'installer au printemps, une culture quelconque empêche la montée du sel.

Dans les vergers irrigués, où le sol reste nu entre les arbres fruitiers, le salant se concentre près de la surface.

On améliore les terres salées par un amendement de plâtre à raison de 1.300 kilog. par hectare [1]; cependant les sols riches en plâtre sont susceptibles d'être très sérieusement endommagés par la stagnation des eaux, en raison de la réduction qui en pourrait résulter du sulfate en sulfure, lequel est capable de dégager de l'hydrogène sulfuré excessivement nuisible à la végétation.

Si, en analysant sur une profondeur de $1^m 30$, la quantité moyenne de salant est inférieure à 0,175 % du poids de la terre, le sol peut être mis en culture, même s'il est couvert d'une végétation spontanée d'*alkali grass* (*Distichlis maritima*) ; jusqu'au taux de 0,185 % on peut amender le sol par un plâtrage et cultiver de l'orge. — Jusqu'à 0,30 % on peut cultiver un *salt-bush* (*Atriplex semibaccatum* ?) pouvant être utilisé comme fourrage. — Enfin, on a dressé des tableaux donnant, pour diverses plantes, leur tolérance relativement au salant que contient le sol [3].

---

1. En théorie, il faut employer un poids de sulfate de chaux supérieur d'un tiers au poids du carbonate de soude contenu dans le salant, mais on peut, en pratique, aller jusqu'à 3 de plâtre pour 1 de carbonate de soude.

2. Voir, à ce sujet, les *Mémoires de la Société Nationale d'Agriculture*, 1892.

3. *Annales de la Science agronomique française et étrangère*, 1898, t. II, p. 417 et 418.

Mais, quand on a de l'eau à sa disposition, il est préférable d'avoir recours au *lavage*, suivant le principe que nous avons indiqué plus haut, à propos des essais faits en Égypte par l'Administration des Domaines.

Défense contre les ensablements.

Les grains de sable très fins peuvent être soulevés par le vent et entraînés comme une poussière qui se disperse au loin, pour tomber sous forme de *pluie de sable* (nous ne connaissons pas de moyens de protection contre ces pluies). Quand les matériaux sont un peu gros, le vent les fait progresser sur le sol : suivant leurs dimensions et la vitesse du vent v (fig. 460) (ou la pression), ils sont capables, en roulant, de monter sur un plan $a\,b$ d'une certaine inclinaison (de 7 à 12 degrés) : arrivé au sommet b du remblai, le sable retombe suivant un talus raide $b\,c$ (incliné de 30 à 45 degrés) où il reste en place pendant un certain temps :

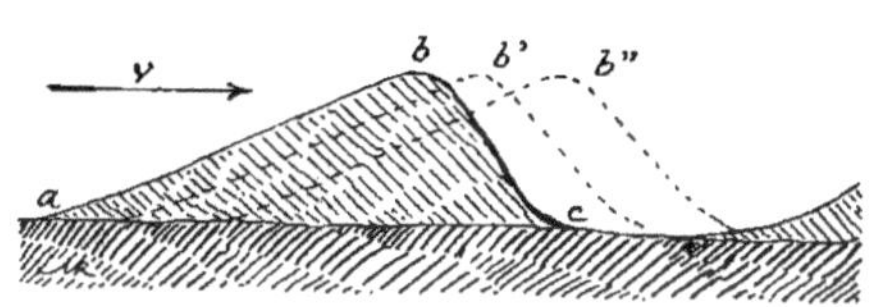

Fig. 460. — Coupe transversale d'une dune naturelle.

en c se trouve une dépression (appelée *lette* en Gascogne). Le niveau de la crête b se modifie très lentement, mais, par suite des apports incessants, le point b se déplace dans le sens du vent, en b', b''.... pendant que le point a suit le même mouvement : la dune est *mouvante*; les monticules se succèdent ainsi sur de grandes étendues et leur ensemble constitue, en définitive, des vagues terrestres qui avancent très lentement dans une direction déterminée. On trouve de nombreuses dunes sur les côtes de France, d'Angleterre, de Hollande, d'Allemagne, etc. ; sur le littoral de l'Atlantique, au cap Bojador et au cap Vert, certaines auraient jusqu'à 170 et 180 mètres d'élévation [1], alors que les plus hautes dunes de Gascogne n'ont que 89 mètres [2].

---

1. Carl Ritter : *Afrika*.

2. Ces chiffres de 180 et de 89 mètres, qui semblent être fixes pour un même point géographique, correspondent à la vitesse maximum du vent du lieu et aux dimensions des grains de sable. Sur les côtes de Gascogne on estime que l'apport moyen annuel de sable est de 20 à 25 mètres cubes par mètre courant de rivage, mais ce volume est variable d'un point à un autre suivant l'orientation.

Les dunes se rencontrent dans beaucoup d'espaces qualifiés de *déserts* (Afrique, Asie, Amérique) ; au Souf, elles envahissent continuellement les jardins de l'oasis d'El Oued que les Arabes sont

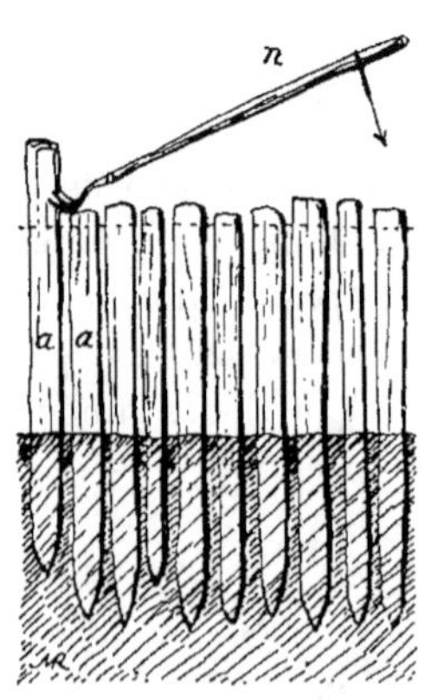

obligés de déblayer chaque jour (nous en parlerons plus loin au chapitre des *Irrigations*) ; dans de semblables conditions, il y a lieu de chercher à protéger les terrains cultivés contre l'envahissement des sables, en appliquant les procédés de *défense* qui ont donné d'excellents résultats en France, en particulier dans le département des Landes ; la défense est complétée par la *fixation* des dunes au moyen de végétaux appropriés au climat de la localité ; les recherches relatives à ces travaux ont été faites par Charlevoix de Villiers, puis, en 1790, par le célèbre Brémontier [1], alors ingénieur de la région des Landes de Gas-

Fig. 461. — Palissade.

cogne ; depuis, les procédés ont été modifiés et on a recours à celui que nous allons indiquer :

Suivant une ligne perpendiculaire à la direction du vent régnant, on élève une simple palissade *a* (fig. 461), qui peut être en planches ou en troncs d'arbres de 0ᵐ10 à 0ᵐ15 de diamètre, de

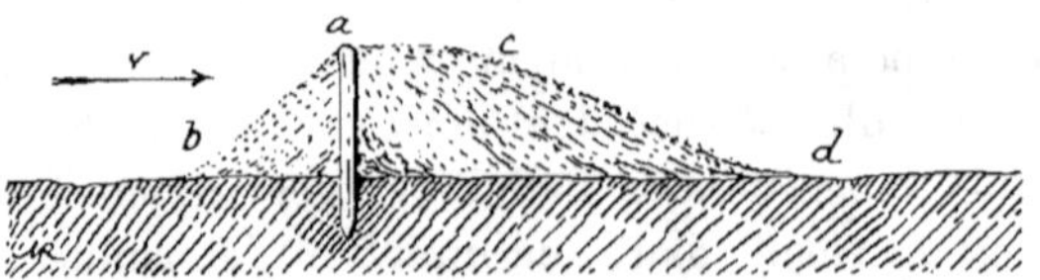

Fig. 462. — Coupe transversale d'une dune de protection
pendant la première période.

1ᵐ60 au moins de hauteur, enfoncés, de 0ᵐ70, les uns à côté des autres, sans aucune liaison entre eux. Le vent *v* (fig. 462) accumule rapidement, du côté amont, un remblai *b* de sable à pente raide (de 35 degrés environ) et, l'apport des matériaux arénacés continuant, le profil d'aval se présente suivant *a c d* avec un talus *c d* à pente douce (d'environ une vingtaine de degrés) : c'est l'inverse du

1. Brémontier : *Mémoire sur les Dunes,* imprimé en l'an V.

profil de la dune naturelle indiqué par la figure 460. Lorsque la
crète *a c* (fig. 462) a une certaine largeur (1ᵐ50 à 2 mètres), on
relève les pieux *a*, de 0ᵐ80 à 0ᵐ90 environ, avec une griffe *n*
(fig. 461) ; le profil de la nouvelle dune devient *b' a' c' d'* (fig. 463) ;
par des déplacements successifs des pieux, on arrive ainsi à donner
à la dune de défense une hauteur dépassant 10 à 15 mètres, qui
suffit pour abriter longtemps la zone située en A où l'on pratique

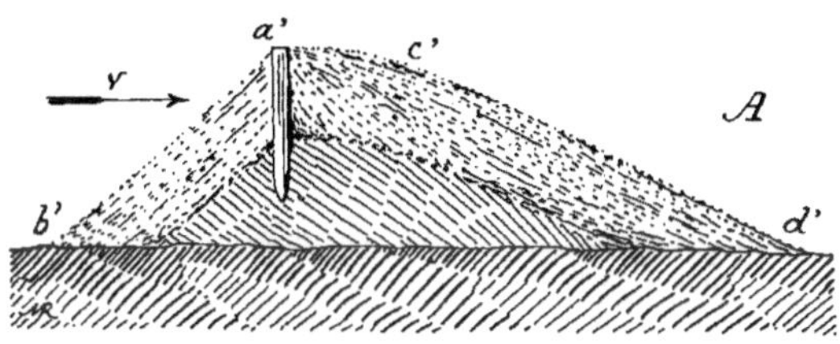

Fig. 463. — Coupe transversale d'une dune de protection
pendant la deuxième période.

les semis de plantes herbacées (l'halfa par exemple) ou ligneuses,
capables de fixer le sable. (On peut également consolider certains
points du talus *b' a'* à l'aide de clayonnages divers, surtout le
pied *b'* et la crète *a'*).

Au bord de la mer, la *dune littorale*, qu'on fait construire ainsi par
le vent, protège pour un grand nombre d'années la zone A (fig. 463).
Dans les espaces découverts, comme au Souf par exemple, à moins
d'arriver à obtenir une hauteur suffisante de dune, la protection ne
peut durer qu'un certain temps, car le vent *v*, déplaçant continuellement du sable venant de très loin, il y a lieu de prévoir,
à un certain moment (dès que le talus *b' a'* commencera à se remblayer, jusqu'à prendre une très faible inclinaison), l'exécution d'une
nouvelle dune de défense élevée à une certaine distance, en amont
de la précédente.

Cours d'eau.

Les cours d'eau, quelle que soit leur importance, ont un régime
influencé par leur mode d'alimentation, la nature et l'étendue de leur

bassin versant. On peut en avoir une idée par la figure 464, relative à deux rûs ou ruisseaux alimentés par des pluies de printemps, l'un, en terrain imperméable, ayant l'allure représentée par la courbe *a*, montrant une *crue* subite et de courte durée,

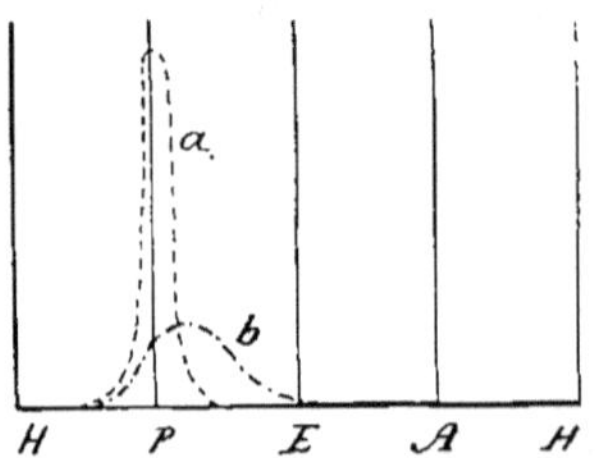

Fig. 464. — Représentation graphique des débits de deux cours d'eau.

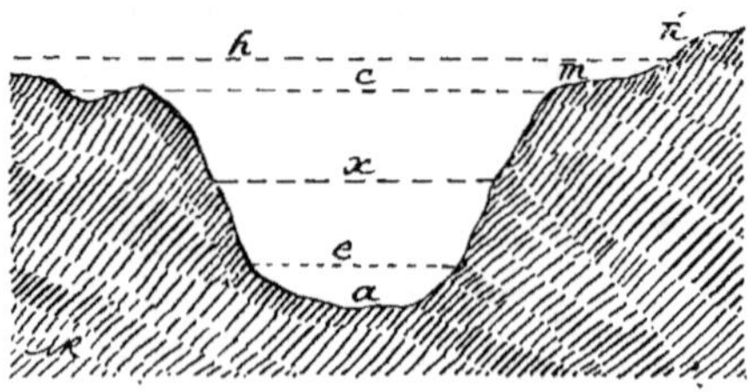

Fig. 465. — Coupe en travers du lit d'un cours d'eau.

l'autre, en terrain très filtrant, ayant une crue plus faible, *b*, mais soutenue plus longtemps ; certaines rivières de nos colonies sont à sec une grande partie de l'année.

Il y a lieu d'étudier le régime de chaque cours d'eau, afin de voir l'utilisation qu'il est possible d'en tirer. Sur une coupe en travers, en un point déterminé, on peut tracer les positions des principaux plans d'eau : en x (fig. 465) le niveau moyen, en e le niveau d'*étiage*, les crues ordinaires en c et les crues exceptionnelles en h. Les différents ouvrages et travaux seront imposés par ces plans a, e, x, c, h. Les constructions seront toujours élevées sur un plan n, au-dessus du niveau des plus hautes eaux qu'on peut connaître par une enquête auprès des indigènes (les grandes inondations restent dans la mémoire des populations) et par l'examen des traces que les crues, même accidentelles, laissent toujours sur les rives. Il y aura lieu, quelquefois, de protéger les berges m (fig. 465) du

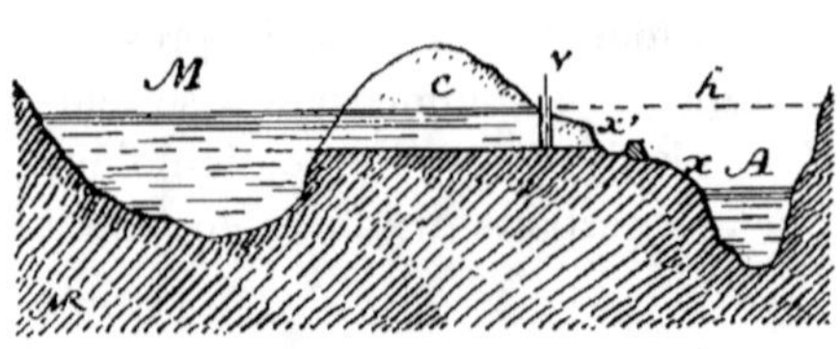

Fig. 466. — Coupe verticale d'un réservoir alimenté par les crues d'un cours d'eau.

lit majeur contre les érosions occasionnées par les crues : des clayonnages, analogues à ceux dont nous parlerons plus loin, serviront à la fois de limites aux champs et à diminuer la vitesse du courant.

Dans certains cas, on peut utiliser les crues h (fig. 466), du cours d'eau A, en emmagasinant les eaux dans les dépressions naturelles voisines M par l'ouverture d'un canal c, pourvu de vannes v (suivre en petit l'exemple du fameux lac Mœris des anciens Égyptiens) ; on peut ainsi employer, après la crue, le volume d'eau emmagasiné en M entre les niveaux x' et x ; de même, des canaux ouverts entre les plans x et c (fig. 466) peuvent permettre la submersion des terres en vue de certaines cultures.

La protection des terrains bas contre les inondations s'obtient par des *digues longitudinales insubmersibles* ; ces digues en terre sont établies sur le principe de celles destinées aux *réservoirs*, qui ont été examinées antérieurement (voir la fig. 403, page 265); on en trouve de nombreux exemples en Indo-Chine [1] ; nous examinerons plus loin, à propos des *Irrigations*, l'utilisation possible de ces digues longitudinales insubmersibles pour l'arrosage de certaines cultures, ainsi que cela a lieu en une zone de la vallée du Niger. Les grandes digues, qui permettent de transformer en terrains cultivables des étendues lesquelles, sans cela, seraient humides et insalubres, doivent être bien entretenues pour éviter des désastres ;

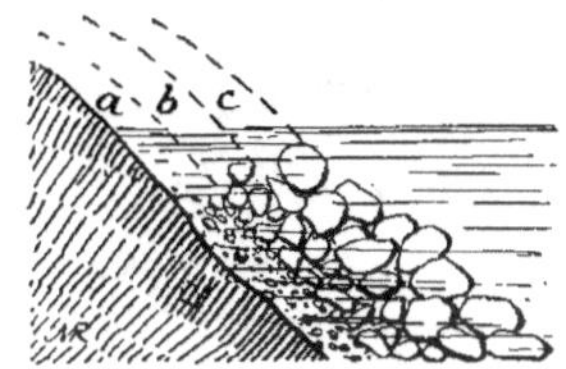

Fig. 467. — Coupe verticale de l'enrochement d'une rive.

ce sont des travaux d'utilité publique dont l'exécution incombe à l'Administration ; leur examen ne rentre donc pas dans le programme de notre Cours.

Les travaux de *défense des rives* et de *régularisation des cours d'eau*, si importants chez nous, deviennent secondaires aux colonies, et nous ne pouvons les envisager que comme compléments nécessaires d'un autre ouvrage dont il s'agit d'assurer la stabilité (chemin, pont, prise d'eau, installation d'un moteur hydraulique, etc).

La protection des rives peut se faire par des enrochements ou perrés, par des fascinages et des clayonnages.

Pour les enrochements, la première couche a (fig. 467) doit être faite en petits matériaux (graviers) la seconde b en éléments moyens et la dernière c en blocs aussi volumineux que possible,

---

1. Pour l'irrigation de ces terrains protégés par des digues, on emploie généralement des pompes centrifuges installées sur des chalands avec leur moteur à pétrole lampant ou une machine à vapeur chauffée au bois.

capables de résister aux plus grandes vitesses lors des crues. —
On ne doit pas se fier à un calcul sommaire pour estimer le cube
des matériaux nécessaires à l'ouvrage, car l'expérience montre
qu'il en faut souvent 4 et 5 fois plus parce que l'enrochement
s'enfonce et, au bout d'un certain temps, prend la position stable
a b (fig. 468) qui correspond à la résistance des couches d.

Les fascinages et les clayonnages sont des procédés d'une application plus fréquente. — Les claies ou les fascines sont disposées sur
la berge a b (fig. 469) préalablement régularisée; d'après la nature des
terres plus ou moins résis-
tantes et la vitesse du courant, on les dispose suivant
une ou plusieurs couches
superposées et croisées c,
qu'on maintient en place
par des piquets d ; beau-
coup de travaux hollan-
dais sont confectionnés
avec des fascines, liées
par trois harts, de 3 m 50

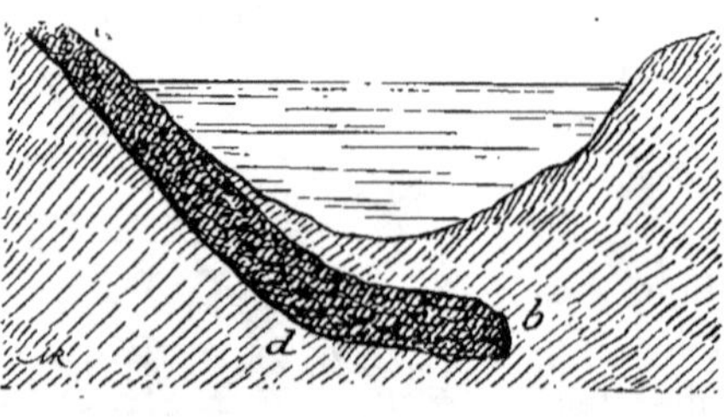

Fig. 468. — Coupe en travers
d'un enrochement.

de long et 0m 20 de circonférence à leur partie moyenne ; des
fascinages très importants protègent une partie des rives du Missis-
sippi ; les fascines sont confectionnées suivant les procédés indiqués

Fig. 469.— Coupe en travers
d'un fascinage.

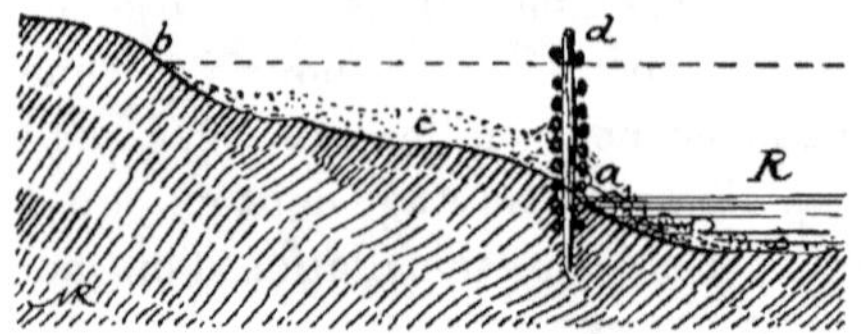

Fig. 470. — Protection du lit majeur
d'un cours d'eau.

dans la partie du Cours relative aux *Constructions* (fig. 44, 45, 46
et 47, p. 35-36). Pour quelques travaux on emploie des *saucissons* ;
ce sont de grosses fascines dont la partie centrale est garnie de
pierres plus ou moins volumineuses ; on peut également utiliser
des gabions (fig. 31, p. 28) remplis de galets ou de pierres cassées.
Comme la corrosion des berges a b (fig. 470) du lit majeur d'un

cours d'eau R a lieu lors d'une crue, par suite de la vitesse du courant, on peut, tout en protégeant ces berges par les fascinages précédents, diminuer la vitesse de l'eau au contact de la paroi $a b$ en élevant, suivant $a d$, des obstacles constitués par des pilots ou même de simples piquets espacés de $0^m 60$ à 1 mètre et reliés par des clayonnages ; employer, si possible, comme piquets d des bois de végétaux capables de reprendre par bouture (comme chez nous les saules, les tamarins, les peupliers, etc.); cette disposition amène fréquemment un colmatage ou un atterrissement dans la zone c, qu'il faut éviter de voir se transformer en marécage.

L'enfoncement de longs pilots A (fig. 471) présente des difficultés lorsqu'on ne peut pas frapper directement, suivant la flèche f, sur leur tête a, à moins d'établir une *passerelle volante* comme nous l'avons vu dans l'étude des *Ponts* (fig. 279, page 175); nous pouvons citer le dispositif suivant applicable aux tuteurs, échalas, perches, etc. Un collier

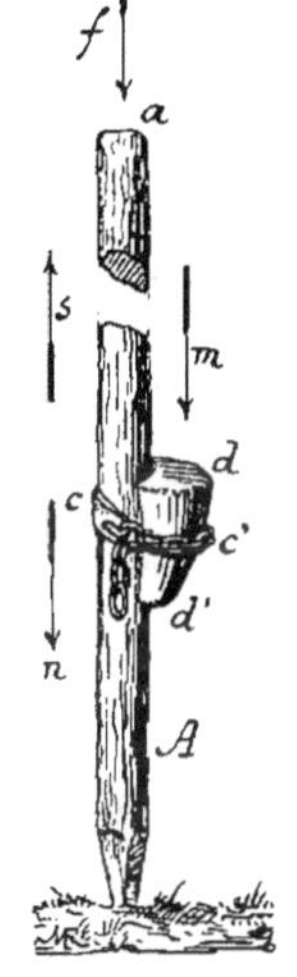

Fig. 471. — Procédé pour l'enfoncement des pilots et des perches.

$c c'$ (fig. 471), constitué par un bout de chaîne, retient une pièce $d d'$ demi-conique, formant coin, portant une gorge sur sa face verticale afin d'embrasser le pilot A : le système ne peut pas descendre suivant la flèche n, mais il peut être soulevé facilement, suivant la flèche s, pour être mis (au fur et à mesure de l'enfoncement de A) à la hauteur voulue la plus favorable au travail de l'ouvrier qui frappe (en m), avec une masse, sur la tête d du demi-cône ; ce dernier peut être en métal ou même en bois très dur.

Fig. 472 — Panier pour la plantation des boutures.

On pourra fixer le remblai $b c$ de la figure 470 par des plantations ; au besoin, les boutures seront mises dans des paniers grossiers (fig. 472) maintenus en place par des piquets qui auront une durée suffisante pour permettre la reprise des plantes. — Au point de vue de l'assainissement, il est très recommandable de procéder, dans le lit majeur du cours d'eau, à ces plantations qui retiennent les sables et les galets chariés lors des crues (en France, on utilise surtout certaines variétés de peupliers qu'on plante à 4 ou 5 mètres d'écartement, et chaque arbre, exploité à 25 ou 30 ans, rapporte environ un franc par an).

On appliquera les procédés ci-dessus pour l'établissement des *épis* et *éperons*, c'est-à-dire des obstacles disposés perpendiculairement ou obliquement aux rives afin de dévier le courant, pour favoriser les atterrissements en un endroit ou une corrosion en un autre ; on peut les confectionner en jetant dans la

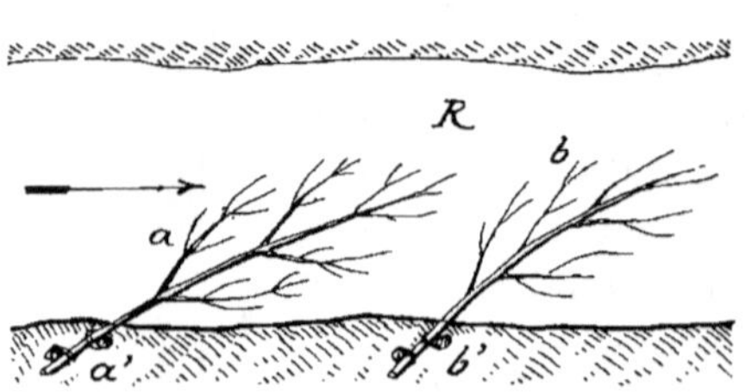

Fig. 473. — Arbres abattus protégeant une rive d'un cours d'eau (plan).

rivière R (fig. 473) des arbres *a*, *b*, dont les pieds reposent sur les berges *a'*, *b'* où ils sont maintenus en place par des piquets; disposés sur les deux rives, ces épis assurent la fixité du chenal.

C'est avec beaucoup de précautions qu'on doit modifier le profil du lit d'un cours d'eau ; le plus sage est de conserver ce qui existe d'une façon naturelle, qui est la *résultante* de diverses conditions : section, débit, vitesse, nature des parois et des éléments charriés, etc. : la rectification du tracé horizontal d'un cours d'eau exige d'importants travaux dont la durée est limitée s'ils ne sont pas bien étudiés et entretenus. Il est préférable de chercher à

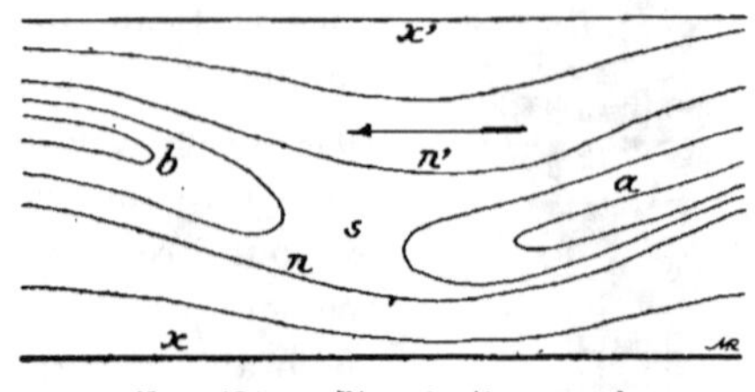

Fig. 474. — Plan du lit naturel d'un cours d'eau.

fixer le chenal, comme cela a été commencé en 1904-1905 sur la Loire, entre Angers et Nantes.

La figure 474 donne, par exemple, les courbes de niveau du plafond naturel du cours d'eau considéré : les *creux* ou *mouilles* *a* et *b* sont séparés par des *seuils* ou *hauts-fonds* *s* ; on n'a pas changé les courbes naturelles *a*, *b*, *n*, *n'* pour les remplacer par d'autres savamment tracées, mais arbitraires ; on a, par des clayonnages obliques aux rives x et x', et limités par les courbes de niveau n et n', cherché à fixer le chenal $a\,b$ en chargeant les crues de l'approfondir, de le régulariser, de déblayer les seuils s et de remblayer les bords de n à x et de n' à x'.

Les clayonnages sont indiqués schématiquement en d sur la

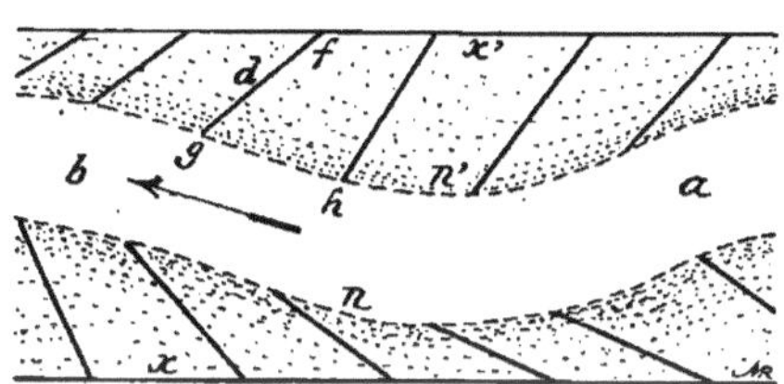

Fig. 475. — Plan des clayonnages destinés à fixer le lit d'un cours d'eau.

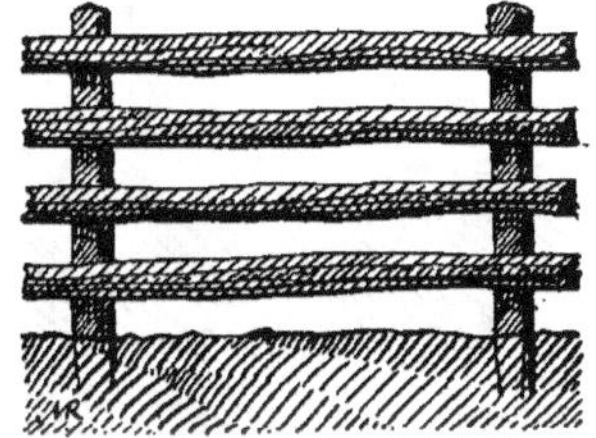

Fig. 476. — Élévation d'un gros clayonnage.

fig. 475 ; ils sont soutenus par des pilots enfoncés de 3 à 4 mètres au plus vers le chenal $a\,b$, et de 1 à 2 mètres vers les rives ; ces chiffres, adoptés aux travaux de la Loire, peuvent être réduits pour de petits cours d'eau à 1 mètre vers le chenal et à 0^m50 vers les bords (on peut employer la méthode indiquée par la figure 471).

Il semble que la longueur $f\,g$ (fig. 475) d'un clayonnage doit être approximativement égale à l'écartement $g\,h$ des têtes de deux clayonnages successifs.

On s'arrange de façon que les clayonnages d, de la figure 475, présentent verticalement une surface de plein égale au plus à la surface des vides ; ils sont formés (fig. 476), de perches horizontales reliées par des harts avec des pilots ; ils lais-

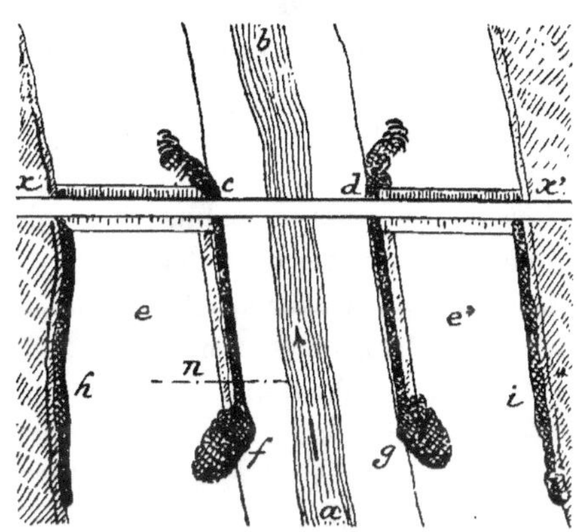

Fig. 477. — Vue en plan des travaux de protection d'un pont contre les crues.

sent l'eau s'écouler, mais avec une plus faible vitesse facilitant les atterrissements vers les bords de la rivière.

Lorsqu'un cours d'eau $a\,b$ (fig. 477), sujet à des crues, vient butter contre un ouvrage, tel qu'un pont $c\,d$ raccordé aux rives x et x' par des remblais $x\,c$ et $d\,x'$, on peut forcer les crues, dont le niveau atteint les courbes x et x', à passer en $c\,d$ par la méthode dite de Bell, utilisée dans l'Inde anglaise : on construit deux *digues longitudinales submersibles* $c\,f$ et $d\,g$, ménageant de chaque côté, vers h et i (digues d'arrière ou talus naturel du cours d'eau), des bassins d'eau tranquille e, e', protégeant le côté amont des remblais $x\,c$ et $d\,x'$.

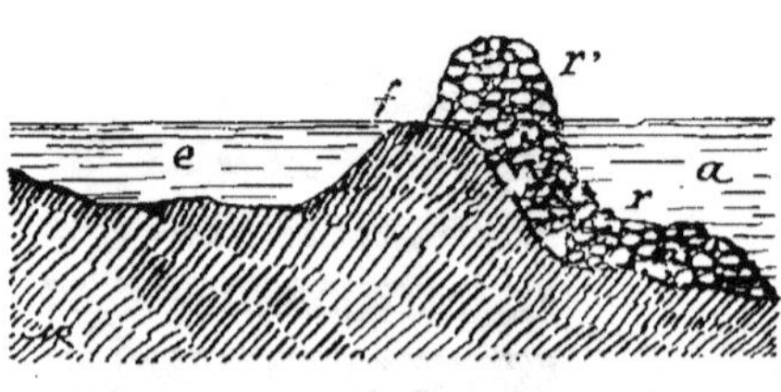

Fig. 478. — Coupe transversale
d'une digue Bell.

En coupe, suivant un plan n (fig. 477), une digue Bell serait représentée par la figure 478 : du côté du chenal a, la digue f est protégée par un enrochement r ayant souvent jusqu'à 15 et 20 mètres d'empattement ; le talus est garni, pendant la belle saison, d'enrochements de réserve r' destinés à retomber dans le lit a, en cas d'affouillements ; en e se trouve le bief latéral d'eau calme.

La longueur des digues $c\,f$, $d\,g$ (fig. 477) doit être au moins égale au *débouché* $c\,d$, c'est-à-dire à la largeur du chenal ; de forts enrochements, ou *musoirs*, sont disposés en tête, aux points f et g.

Installation des moteurs hydrauliques.

Les divers projets d'établissement des petits moteurs hydrauliques peuvent se ramener à un des deux cas suivants : utiliser la vitesse du courant de la rivière ou créer une chute (les *moteurs hydrauliques* seront examinés dans la partie du Cours relative aux *Machines*).

Dans le premier cas, il convient d'adopter une *roue pendante* (fig. 479) dont la partie travaillante est constituée par des palettes a reliées à l'axe horizontal o ; ces roues ont un mauvais *rendement mécanique*, mais, dans un grand nombre de circonstances, on a intérêt à employer les machines à

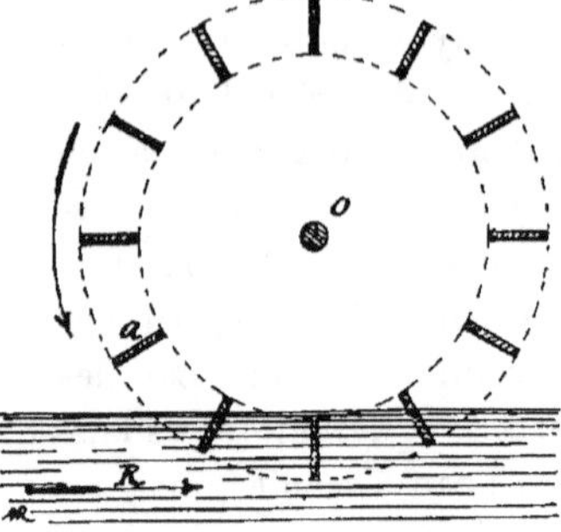

Fig. 479. — Principe d'une
roue pendante.

faible cœfficient d'utilisation lorsqu'elles sont simples et faciles à installer, de préférence aux appareils meilleurs revenant à un prix bien plus élevé ; enfin la question du rendement mécanique n'a aucune importance pratique quand le moteur permet d'obtenir plus d'énergie qu'on en doit utiliser.

La roue élévatoire la *Vivonnaise*, dont nous avons parlé aux machines destinées à *l'élévation des eaux* (fig. 396, page 259), est de ce système, avec des aubes *a* (fig. 479) en tôle ondulée et galvanisée.

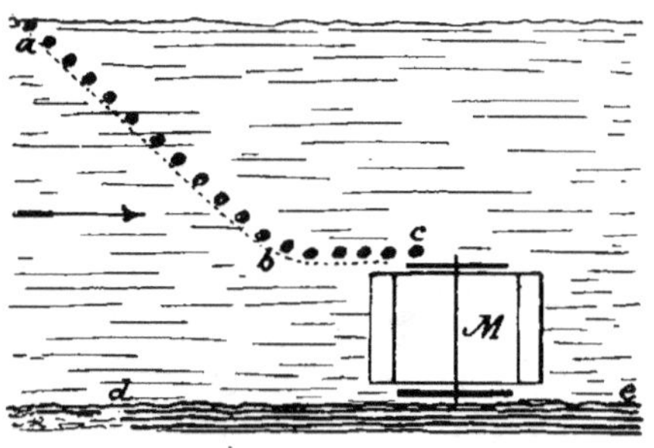

Fig. 480. — Plan de l'installation d'une roue pendante.

On peut augmenter la vitesse du courant à l'endroit de la roue *M* (fig. 480), en construisant un barrage non étanche *a b c* établi d'une façon très simple sur le principe des *barrages à aiguilles* (fig. 310, p. 197) ; il convient de consolider la berge *d e* qui risque d'être affouillée (fig. 467-468 et 469, p. 321-322).

Lorsque le niveau de la rivière *R* (fig. 481) est sujet à de grandes variations, il faut pouvoir modifier la position de l'axe du moteur, l'élever ou l'abaisser suivant les besoins, ce qui ne peut se faire facilement que pour les petites roues ; à cet effet, le coussinet *a* (fig. 481) de l'arbre du moteur est fixé à une traverse *b c* qu'on peut maintenir à chaque extrémité par des chevilles, à la hauteur voulue, entre deux montants parallèles *m* enfoncés dans le lit du cours d'eau, et consolidés par la traverse *t*, qu'on déplace suivant la position de *b c*.

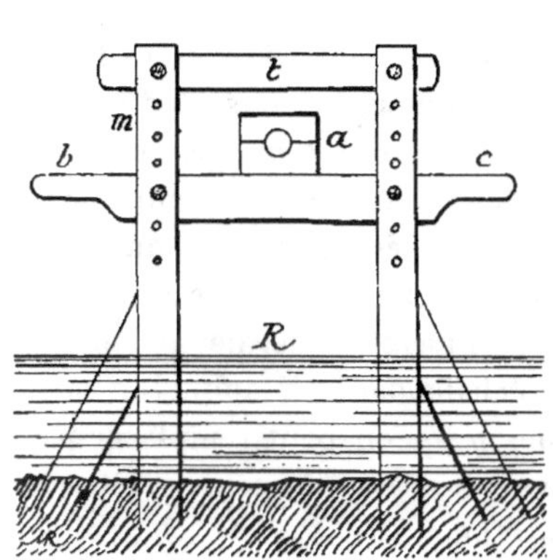

Fig. 481. — Support de coussinet d'une roue pendante.

Dans le but d'éviter la manœuvre du déplacement vertical de l'axe, Colladon avait proposé, vers 1865, une *roue flottante* qu'on peut constituer par un cylindre étanche A (fig. 482), en bois (tonneau) ou en tôle, garni sur sa circonférence de palettes a ; son axe b tourne à l'extrémité d'un bâti b c n n' pouvant

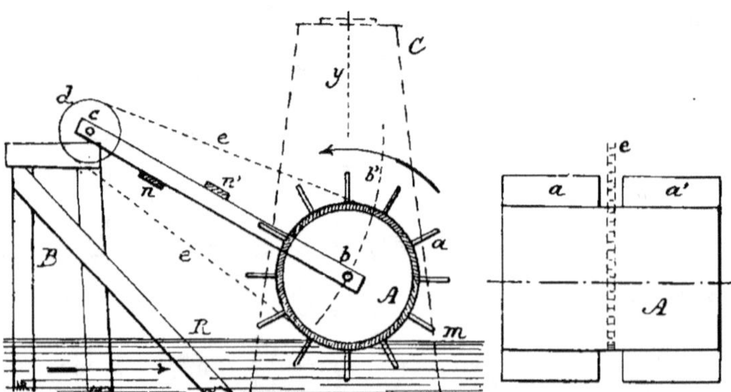

Fig. 482. — Principe d'une roue flottante (coupes en long et en travers).

osciller, dans le plan vertical, suivant b b' autour de l'axe de l'arbre c qui reste ainsi à une altitude constante par rapport à la rive.

Dans le modèle de Colladon, le mouvement était transmis à l'axe c (fig. 482) par des engrenages, mais nous croyons plus simple d'employer une roue d actionnée par une chaîne e qui passe sur la partie médiane du tambour A, entre les palettes a et a'. Enfin le système est maintenu par une estacade B fixée dans le lit du cours d'eau R ; l'axe du cylindre A reste à une hauteur constante au-dessus du niveau m de l'eau tout en se déplaçant avec ce dernier. Colladon avait complété l'installation par un échafaudage C, duquel on pouvait, à l'aide d'un treuil et de chaînes y (qu'on peut remplacer par une moufle ou un palan), soulever le bâti c b pour arrêter le moteur ou pour effectuer ses réparations.

Une disposition recommandable consiste à faire supporter la roue hydraulique par un ou deux bateaux amarrés à une certaine distance de la rive, suivant le principe que nous avons donné à la fig. 291 (page 181) relative aux embarcadères. Les principaux types d'installation sont réunis dans la fig. 483 : la roue R est supportée par un bateau B (cas d'une roue étroite) ; elle est placée entre deux bateaux

b et b' (cas d'une large roue R'); enfin deux roues pendantes R''
(étroites), sont disposées chacune à droite et à gauche du bateau B'.

De très beaux exemples de la disposition R' (fig. 483) se ren-

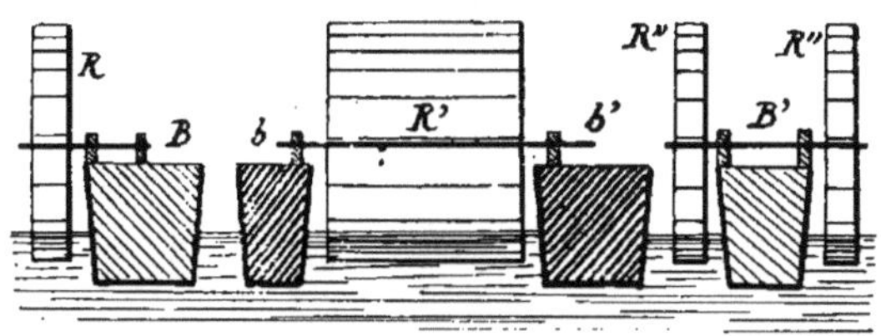

Fig. 483. — Coupes transversales de roues
pendantes montées sur bateaux.

contrent sur le Danube, surtout en aval de Vienne ; en voici le principe selon des modèles qui figuraient à l'Exposition universelle de

Fig. 484. — Vue de trois roues pendantes installées sur le Danube.

1900, et d'après des documents (fig. 484) qui nous ont été rapportés
par notre répétiteur M. G. Coupan.

En faisant une coupe perpendiculaire à l'axe du cours d'eau

(fig. 485) on voit : la roue R ayant l'axe x soutenu par un petit bateau a et par un autre A plus important, dont la construction renferme la transmission du mouvement (par engrenages) de l'axe x à la poulie b ; cette dernière communique la puissance à la poulie b', de l'usine M installée sur le rivage, par le *câble télé-dynamique* $c\ c'$; les bateaux a et A sont reliés entre eux par des

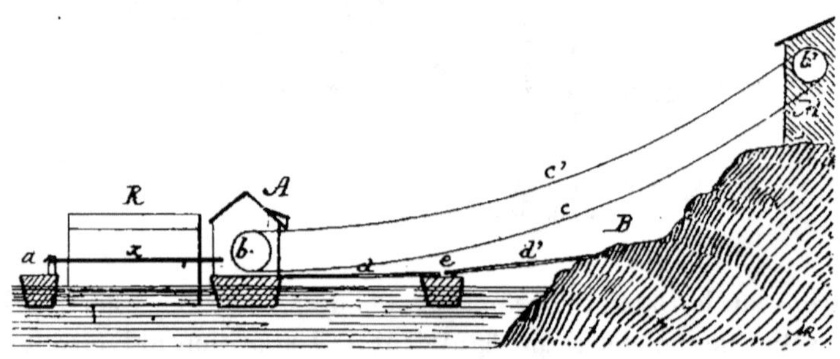

Fig. 485. — Principe de l'installation des roues du Danube.

charpentes et l'ensemble est maintenu à une distance constante de la berge B par des bois $d\ d'$, soutenus par d'autres bateaux e et consolidés par des chaînes (comme on le voit sur la fig. 484).

Certaines installations ont les dimensions approximatives suivantes :

Diamètre de la roue......................	4 à 4ᵐ50
Longueur des palettes......................	5ᵐ50 à 6
Nombre des palettes......................	20
Largeur des palettes......................	0ᵐ30
Nombre moyen de tours par minute.........	4
Puissance moyenne......................	12 à 15 chevaux-vapeur
Puissance maximum lors d'une crue.........	20 chevaux-vapeur
Distance de la roue à la berge.............	10 à 20 mètres
Distance de l'usine à la berge.............	15 à 20 mètres.

Le mécanisme, installé dans la construction en bois A (fig. 485), est représenté en principe par la fig. 486 : l'axe x de la roue R porte une *roue à alluchons* a, d'environ 4 mètres de diamètre, qui engrène avec le *pignon à lanterne* d, de 0ᵐ60 de diamètre, monté sur l'axe e, dont la roue f (2ᵐ50 de diamètre) engrène avec le pignon g (0ᵐ60 de diamètre) calé sur l'axe h qui porte la poulie b

à gorge (2 mètres de diamètre), sur laquelle passe le câble *c* ; on voit en *k* la passerelle permettant l'accès du bateau. Pour arrêter le moteur, on dispose d'un sabot de frein, mu par le volant à vis *j*, qui agit sur la jante de la poulie *i* de 1 ^{m}20 de diamètre. Pour 4 tours de la roue R, la poulie *b* fait 110 tours par minute, ce qui donne au câble *c* une vitesse linéaire d'environ 11 ^{m}50 par seconde.

Enfin, il y a les nombreux modèles de roues hydrauliques rustiques, si employés dans nos pays ; ces *roues à palettes*, à *augets*, etc., confectionnées sur place, utilisent ordinairement mal la puissance hydraulique au point de vue du rendement mécanique, mais fournissent l'énergie demandée d'une façon très économique ; il en est de

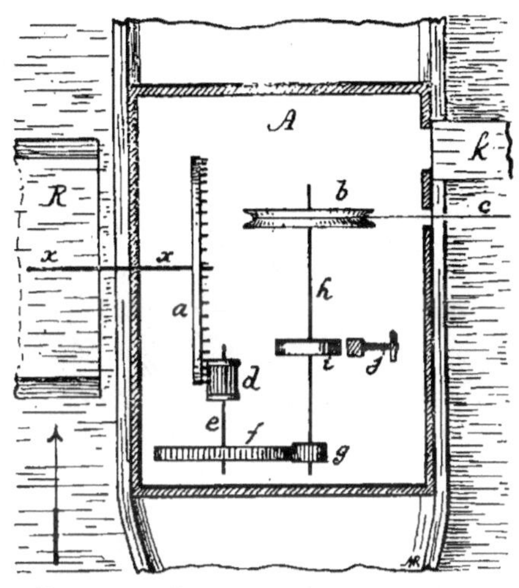

Fig. 486. — Plan du mécanisme de transmission des roues du Danube.

même pour les *rouets* ou *roues à cuillères* à axe vertical, contre lesquelles on dirige l'eau à l'aide d'un conduit, ou *buse*, en planches.

L'établissement d'une *chute* avec barrage, vannes. déversoir, et d'une roue avec *coursier* doit présenter évidemment beaucoup de difficultés pour les transports et pour le montage ; on ne pourra avoir recours à ces excellents modèles que dans des cas particuliers (quand il faut utiliser le mieux possible toute l'énergie d'un cours d'eau, et lorsqu'on dispose du personnel technique nécessaire).

L'installation des *turbines* nous semble bien plus facile que celle des roues ; on trouve aux États-Unis et au Canada de ces machines très rustiques, entièrement en fonte, démontables, dont on devrait encourager la construction en France à côté des modèles très soignés établis surtout en vue des installations industrielles; ces turbines, du genre *Hercule* ou *Géant*, se placent à la partie inférieure d'une chambre d'eau en bois. Voici (fig. 487, 488) les croquis d'une installation que nous avons relevée aux rapides de Whirlpool, en aval des célèbres chutes du Niagara. L'eau est dérivée dans le canal *a b c*, dont une des parois en planches est maintenue par un perré *d* en pierres sèches s'appuyant sur les rochers *r* ; en *a* se trouve une grille en bois ; le canal *a b c* a une longueur de 40 à 50 mètres, et présente en *c* une chute d'environ 2 mètres ; en *c* est la vanne qu'on manœuvre du haut de la falaise F en bois, de la turbine *t*, ou en *f* dans le canal de fuite. La vue en élévation est donnée dans la fig. 487 : l'ouverture de la vanne *v* s'effectue à l'aide du câble métallique *g* enroulé sur la poulie *h* (le poids de la vanne *v* tend à la faire descendre ; pour l'ouvrir il n'y a qu'à tirer sur le câble *g* ; quand la vanne *v* est levée, toute l'eau dérivée en *a b* s'écoule dans le canal de fuite *f* ; quand elle est fermée, l'eau passe à la turbine *t*) ; la turbine *t*, par engrenages d'angle, donne le mouvement à un axe horizontal sur lequel est calée la poulie à gorge *x* qui reçoit le câble télédynamique *n n'* dont un brin est guidé par la poulie folle *i* ; en

Fig. 487. — Élévation de l'installation d'une petite turbine sur la rivière Niagara.

pour admettre l'eau dans la bâche,

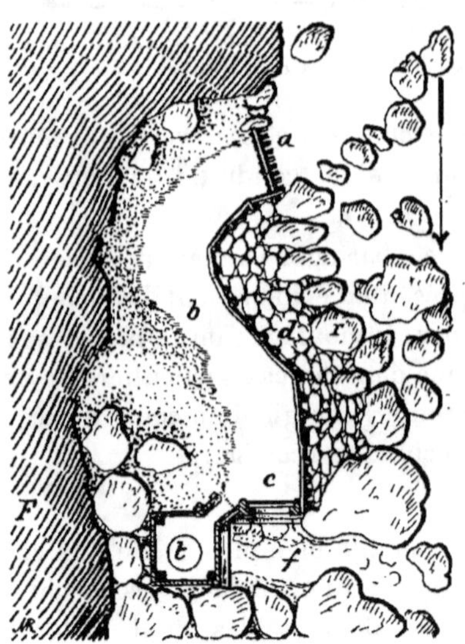

Fig. 488. — Plan de l'installation d'une petite turbine sur la rivière Niagara.

haut de la falaise les deux brins *n* et *n'* sont déviés, par deux poulies folles, pour devenir presque horizontaux avant de passer sur la poulie réceptrice.

Nous aurons l'occasion de parler plus loin (dans la partie du Cours réservée aux *Machines*) de l'installation hydraulique de Vomano, en Italie, qui pourra servir d'exemple dans quelques cas particuliers, lorsqu'il sera possible de créer une chute de grande hauteur.

Irrigations.

En comparant les procédés en usage dans les contrées septentrionales avec ceux suivis dans les régions méridionales, la première différence qui se manifeste est relative au volume d'eau utilisé : dans le Nord, où l'évaporation n'est pas exagérée, on emploie beaucoup d'eau à laquelle on demande surtout d'apporter des matières fertilisantes au sol (d'où le nom d'*irrigations fertilisantes*), alors que dans le Midi, où la température est élevée ainsi que l'évaporation, on ne donne que peu d'eau aux plantes, on humecte la terre pour ainsi dire (d'où le nom d'*irrigations arrosantes*). En définitive, si l'on procède avec largesse dans le Nord et avec parcimonie dans le Midi, ce n'est pas une question de plantes, de sol ou de climat qui domine : on tient toujours et partout à fournir le plus d'eau possible, et lorsqu'on en a beaucoup ou trop à sa disposition, on la gaspille, tandis que si le volume d'eau est limité, comme dans le Midi et dans les pays chauds, on cherche à alimenter avec le même débit le plus grand nombre possible de plantes en donnant à chacune d'elles la quantité strictement nécessaire.

Le vieux dicton méridional disant qu' « avec de l'eau et du soleil on fait pousser du blé sur une pierre » est très significatif dans son style lapidaire ; l'inverse est tout aussi exact : sans eau, aucune végétation n'est possible, et il est permis d'ajouter que, dans la plupart des colonies, l'eau vaut bien plus que la terre:

Influence de l'eau sur les cultures. — Examinons les documents que nous avons pu réunir relativement à l'influence des irrigations sur quelques cultures des pays chauds.

— En Égypte, selon Granger [1], les terres les plus avantagées, qui

1. Granger : *Voyage dans l'Empire Othoman, l'Égypte et la Perse*, 1807.

étaient couvertes d'eau pendant 40 jours, rendaient 10 pour 1, alors que celles qui n'étaient inondées que pendant 5 jours [1] donnaient rarement plus de 4 pour 1 ; ajoutons qu'une terre non arrosée en Égypte (où il ne pleut pas) ne produit aucune récolte.

— Nous trouvons dans un rapport de notre confrère, M. Georges Rolland [2], les renseignements suivants qui peuvent donner un aperçu sur les volumes d'eau nécessaires aux arrosages des palmiers-dattiers dans les oasis algériens ; les chiffres se rapportent surtout à l'Oued Rir', entre Biskra et Ouargla. Selon le commandant Rose, il convient, pour cette région du sud de l'Algérie, de diviser l'année en trois périodes d'environ 17 semaines chacune ; ce colon estime que les arrosages doivent varier comme l'indique le tableau ci-dessous :

	NOMBRE		VOLUME D'EAU
	de jours de la période.	d'arrosages (3 mètres cubes par palmier).	par palmier et par période (mètres cubes).
Période d'hiver (oct., nov., déc., janvier).	123	2	6
— de printemps (février, mars, avril, mai)	120	5	15
— d'été (juin, juillet, août, septembre)	122	17	51
Totaux		24	72

A raison de 144 arbres à l'hectare (espacés d'environ 8 mètres les uns des autres), le volume d'eau total annuel fourni est de 10.368 mètres cubes par hectare.

On évalue souvent en *débit continu* le volume d'eau nécessaire aux irrigations [3] ; de cette façon, durant la période estivale (juin à sep-

1. Voir notre *Essai sur l'Histoire du Génie Rural* ; *Les Temps anciens* : *l'Égypte*, chapitre III.

2. *Hydrologie du Sahara algérien.*

3. Nous ne sommes pas partisan de ce mode d'évaluation ne donnant que des chiffres bons pour les calculs d'avant-projets de canaux d'irrigation ; il ne dit rien au point de vue pratique, le débit de l'eau étant le plus généralement intermittent. Il est préférable d'estimer la quantité d'eau, nécessaire à un végétal, d'après l'épaisseur de la tranche d'eau à fournir en un certain nombre d'arrosages répartis, suivant les besoins de la végétation, dans un temps déterminé ; la plante nécessite de plus en plus d'eau (ou des arrosages plus rapprochés) à mesure qu'elle avance en âge, puis les arrosages cessent un peu avant la récolte ; enfin la température et l'état hygrométrique de l'air, ainsi que les vents, influent énormément sur les quantités d'eau à fournir aux parcelles irriguées.

tembre), qui est la plus importante à considérer, les 51 mètres cubes à fournir par arbre pendant les 122 jours représentent 418 litres par jour, ou 17 lit. 4 par heure, ou enfin près d'un tiers de litre (0 lit. 29) par minute et par palmier.

Dans les oasis de l'Oued Rir', M. Jus a constaté « que le palmier dont la moyenne d'irrigation était de 0 lit. 30 à 0 lit. 33 par minute était vigoureux et d'un rapport supérieur à celui dont la moyenne était au-dessous de ce chiffre (certains ne reçoivent que 0 lit. 10), et que le palmier dont la moyenne était de 0 lit. 40 à 0 lit. 50 était d'une vigueur exceptionnelle et d'un rapport supérieur de 20 %, comparé à celui dont la moyenne n'était que d'un tiers de litre par minute ».

M. Rolland admet qu'on peut planter 200 palmiers à l'hectare et qu'une moyenne d'irrigation d'un demi-litre d'eau par minute et par arbre est désirable, en été, surtout si l'on veut faire en même temps des cultures diverses entre les palmiers. — Dans ces conditions, et en plus de l'eau fournie aux palmiers, un hectare de céréales demande pendant l'hiver et le printemps 5 arrosages de 800 à 900 mètres cubes chacun (soit 4.000 à 4.500 mètres cubes), et un hectare cultivé en vergers ou en jardins exige pendant l'année 10 arrosages semblables (soit 8.000 à 9.000 mètres cubes d'eau).

En transformant les différents chiffres qui précèdent en épaisseur de lame d'eau à admettre sur le sol on a :

Palmiers-dattiers :

Période d'hiver............	$86^{mm}4$		
— de printemps......	216. 0		
— d'été.............	734. 4		
Couche annuelle totale.............	1.037^{mm}	en 24	arrosages
Céréales.......................................	400 à 450^{mm}	5	. —
Vergers et jardins........................	800 à 900^{mm}	10	—

— Selon des observations faites à Java (moyennes de 12 ans, 1885-1896), un hectare de rizière donna, dans diverses conditions d'irrigation, les récoltes suivantes :

Irrigations soignées.........................	2.566 kilogs de paddy
Irrigations marécageuses...................	2.374 — —
Non irrigué, ne recevant que les eaux des pluies...	1.652 — —

— Nous pouvons citer les documents ci-après relatifs à l'irrigation de la canne à sucre ; nous avons puisé ces chiffres dans un volumineux rapport de M. Léon Colson [1].

L'influence de la quantité d'eau fournie à la canne à sucre sur le rendement à l'hectare a été indiqué par la Station expérimentale de Hawaï, pour les campagnes 1897-98 et 1898-99 (sol d'origine volcanique, laves) :

Mètres cubes d'eau fournis par hectare	28.632^m	31.580^m
Kilogrammes de sucre produits par hectare	32.983^k	38.952^k
Litres d'eau par tonne de canne [2]	108.500^l	101.200^l
Litres d'eau par kilogramme de sucre	868^l	810^l

La quantité d'eau indiquée dans ce tableau comprend non seulement l'eau d'irrigation, mais aussi celle fournie par les pluies (hauteur moyenne de 700 à 800 millimètres par an).

La canne à sucre contenant en moyenne 70 % d'eau et 30 % de matière sèche (sucre, sels, matières organiques, ligneux), on voit que la plante doit avoir à sa disposition de 334 à 362 kilogrammes d'eau pour fabriquer 1 kilogramme de matière sèche.

Dans la culture courante, les rendements moyens en sucre emballé, par hectare non irrigué, varient de 6.000 à 9.810 kilogrammes selon les années (1895 à 1901), alors qu'ils s'élèvent, pour la même période, de 8.700 à 13.900 kilogrammes par hectare en cultures irriguées, soit dans le rapport de 1 à 1,45.

On compte, aux îles Hawaï, que l'irrigation nécessite de 25.000 à 50.000 mètres cubes d'eau par hectare, depuis la plantation jusqu'à la récolte (18 à 20 mois), répartis en arrosages répétés tous les 8 à 10 jours. La canne à sucre reçoit donc de 54 à 75 arrosages consommant chacun de 300 à 930 mètres cubes d'eau par hectare, suivant la saison, la nature du sol, l'exposition, etc. [3]. A l'île de la Réunion, on pense qu'il suffirait d'un arrosage tous les quinze jours, mais le volume total d'eau pourrait être porté de 50.000 à 150.000 mètres cubes par hectare.

---

1. Chambre d'Agriculture de l'île de la Réunion : *Culture et industrie de la canne à sucre aux îles Hawaï et à La Réunion*, Rapport de M. Léon Colson, ancien élève de l'École Polytechnique, président de la Chambre d'Agriculture, 1903.

2. Le rendement moyen des usines des îles Hawaï est de 125 kilogs de sucre par tonne de canne.

3. Il faut tenir compte, comme nous l'avons vu précédemment, de la perte de l'eau dans les canaux d'amenée (page 286) ; dans les sols légers, cette perte due aux infiltrations, combinée avec celle due à l'évaporation, atteint souvent 40 et 50 % de l'eau transportée.

Les boutures de canne à sucre sont plantées, à un mètre d'é-
cartement les unes des autres, sur des lignes espacées de 1 m 50 à
1 m 66 ; dans le sillon central de l'interligne on fait couler, au moment voulu, l'eau d'irrigation sur une longueur de 20 à 30 mètres
au plus : c'est une application
de la méthode d'*irrigation
à la raie*, dite encore par *infiltration*.

— En Tunisie, l'irrigation
augmente la récolte du tabac,
mais, par contre, en diminue
la qualité: les tabacs irrigués
brûlent mal et ne possèdent
pas la finesse et l'arôme des
tabacs venus en terres sèches, d'après le *Bulletin de
la Direction de l'Agriculture
de Tunisie* (1897): à Béja,
on aurait, à l'hectare: 800 kg

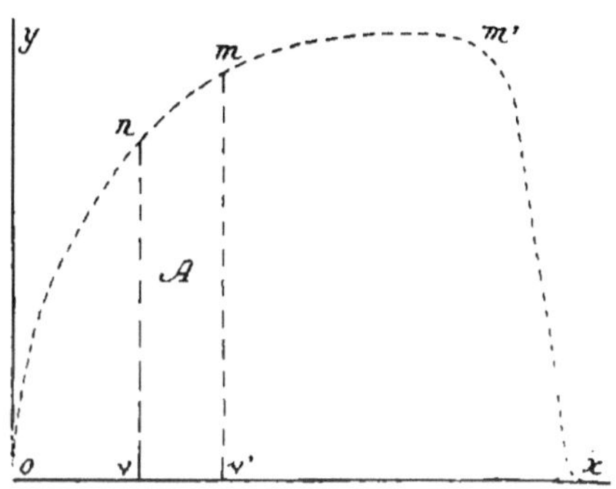

Fig. 489.— Représentation graphique du rendement des cultures suivant le volume d'eau
mis à la disposition des plantes.

en terres sèches et 1.600 kg. en terres irriguées ; — à Mraïssa, les
rendements seraient de 700 à 800 kg. en terres sèches et de 1.200
à 1.500 kg. en terres irriguées (on arrose 4 ou 5 fois en année
pluvieuse et 6 à 7 fois dans les années sèches).

— L'ensemble de ces documents (Égypte, Algérie, Havaï) nous
permet d'établir les progressions suivantes en chiffres relatifs :

Eau fournie aux plantes	Récolte obtenue
0	0
3	3.3
3.5	3.5
4	3.7
5	4.0
10	5.5

et de donner le graphique de la figure 489 ; c'est, à notre connais-
sance, la première fois qu'on traduit le résultat des irrigations par
une courbe montrant que dans les pays chauds, comme sous les climats tempérés, la récolte augmente, jusqu'à une certaine limite, avec
le volume d'eau mis à la disposition des plantes.

Si nous portons suivant les abscisses o*x* (fig. 489) les quantités
d'eau fournies et suivant les ordonnées o*y* les récoltes produites, on

obtient la courbe $o\,n\,m$ dont la branche $o\,n$ monte très rapidement : un peu d'eau produit un effet immédiat ; après un certain point n correspondant à un volume d'eau v l'augmentation de récolte devient plus faible, la branche $n\,m$ se rapprochant d'une parallèle à l'axe des x ; au delà d'un point m' la récolte doit diminuer vers x au moment

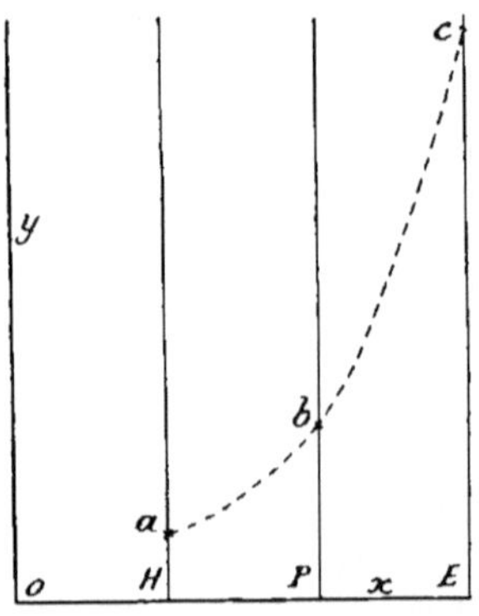

Fig. 490. — Représentation graphique de la consommation d'eau des cultures irriguées suivant les saisons.

où, par suite de l'excès d'eau, le terrain devient trop humide, marécageux ou aquatique ; la zone A, comprise entre les volumes v et v', correspond à la meilleure utilisation de l'eau et on arrive à la déterminer d'une façon empirique par des tâtonnements successifs ; en A se trouve la *zone avantageuse*, au delà, vers m', l'augmentation de récolte ne rembourse souvent pas le prix de l'eau.

La consommation d'eau, suivant les périodes de l'année, peut se représenter par la courbe $a\,b\,c$ (fig. 490) dont les coordonnées sont les volumes d'eau y et le temps x ; les points a, b et c correspondent à la fin des périodes : hiver (H, octobre, novembre, décembre et janvier) ; printemps (P, février, mars, avril, mai) ; été (E, juin, juillet, août, septembre) ; (voir plus haut les chiffres relatifs à l'arrosage des palmiers-dattiers de l'Algérie).

Volume d'eau nécessaire aux irrigations. — Tous ceux qui se sont occupés des irrigations déclarent qu'il est impossible de donner des chiffres précis relativement à la prévision du volume d'eau à employer sur une certaine surface dans des conditions déterminées de lieu, de sol et de culture ; en effet. les exemples cités montrent que les chiffres varient dans le rapport de 1 à 200 ! — Cela tient à ce que les constatations ont été effectuées d'une façon empirique, alors qu'il était indispensable de procéder à une étude scientifique de la question. — Sans vouloir détailler ici ces diverses notions, nous résumons un certain nombre de documents pouvant intéresser nos cultures coloniales.

— Les deux tableaux suivants sont relatifs aux volumes d'eau nécessaires aux irrigations des terres sèches du midi de la France et de l'est de l'Espagne :

Eau nécessaire pour l'irrigation des terres sèches du midi de la France :

Proportion de sable contenu dans le sol............	Prairies de Vaucluse.				Luzernières du midi (de Gasparin).			
	20 %	40 %	60 %	80 %	20 %	40 %	60 %	80 %
Nombre d'arrosages en six mois (d'avril à septembre)....	12	17	30	36	6	10	12	18
Intervalle entre deux arrosages (jours).	15	11	6	5	30	20	16	10
A raison de 1000 m. cubes d'eau par hectare et par arrosage, la hauteur d'eau à admettre pendant les 6 mois d'arrosage est (en millimètres).....	1200^{mm}	1700	3000	3600	600	1000	1200	1800

Eau employée en Espagne, sur le littoral de la Méditerranée :

Cultures.	Époque des arrosages.	Nombre d'arrosages.	hauteur d'eau employée, (en millimètres).	
			par arrosage	par an
Luzerne [1]	Toute l'année	31	160 ^{mm}	4960 ^{mm}
Orangers	Mai à Octobre	16	54	864
Maïs	Juin à Octobre	8	100	800
Haricots	Juin à Octobre	8	50	400
Carottes	Juin à Février	8	50	400
Chanvre	Avril à Juillet	4	100	400
Blé	Mars à Juin	3	100	300

— Selon Jaubert de Passa, à Valence (Espagne), un hectare de terre exige par arrosage une couche d'eau de 66 millimètres d'épaisseur et on compte de 5 à 6 arrosages dans une durée de six mois.

— A Biskra, on estime qu'un palmier doit recevoir au moins 9.000 litres d'eau par an, dont 1.000 litres par mois du 1er février à fin septembre, et 1.000 litres répartis dans les quatre mois d'octobre à fin janvier ; pendant cette dernière période, l'eau est utilisée par les cultures faites sur les terres labourées à l'ombre des palmiers.

---

1. A Saragosse, la luzerne de 0^{m}40 de hauteur, donne en première coupe 2.300 kg. de fourrage sec à l'hectare ; — dans toute l'année, et dans de bonnes conditions, elle donne de 15.000 à 16.000 kilog. de fourrage sec par hectare.

— Nous donnons, dans le tableau ci-dessous, les chiffres de Wohltmann indiquant les quantités d'eau, exprimées en millimètres de hauteur, nécessaires pour différentes cultures industrielles :

Cacaoyer	2.000^{mm}	par an.
Plantes à gutta-percha	1.800	—
Quinquina	1.700	—
Giroflier	1.400	—
Ananas	1.200	—
Elœis	1.200	—
Cocotier	1.200	—
Bananier	1.000	—
Vanillier	1.000	—
Indigotier	150^{mm}	par mois.
Maïs	100 à 150^{mm}	par mois.
Tabac	100^{mm}	par mois.
Manioc	100^{mm}	pendant les 2 ou 3 premiers mois.
Caféier (Libéria)	150^{mm}	pendant 9 à 10 mois.
Caféier (d'Arabie)	100^{mm}	pendant 9 à 10 mois.

— En Égypte, d'après Sir William Willcocks, pour le cotonnier et pour la canne à sucre, un arrosage tous les 20 jours donne de très beaux produits [1] ; il faut de 10 à 12 arrosages, répartis d'avril à septembre, à raison de 830 mètres cubes par hectare et par arrosage, soit une hauteur d'eau de 830 à 1.000 millimètres pour obtenir une récolte de coton [2] ou de canne à sucre. Le riz n'est souvent arrosé que tous les 4 à 8 jours, mais il supporte toute l'eau qu'on peut lui donner ; ce n'est qu'en cas de manque qu'on l'arrose d'une façon intermittente et, en moyenne, tous les 5 à 6 jours. Le maïs est arrosé tous les 10 à 12 jours. Les cultures dites d'*hiver*, appelées *chetoui*, qui occupent le sol d'octobre à mai (blé, orge, fèves) [3],

1. On arrose quelquefois les champs de cotonniers tous les 10 ou tous les 15 jours, mais le Service des Irrigations égyptiennes déclare que la plante est dans les meilleures conditions avec un arrosage tous les 21 jours : la plante commence à souffrir avec un arrosage tous les 30 jours : elle dépérit lorsqu'on porte ce chiffre à 40 jours et la végétation ne pouvant suivre son cours avec un arrosage tous les 50 jours, la plante meurt.

2. Selon M. Henri Lecomte : *Le coton en Égypte*, p. 64, il faudrait 6.000 mètres cubes d'eau par *feddan* (42 ares), soit une hauteur d'eau de 1.500 millimètres pour obtenir une récolte de coton.

3. Les cultures dites d'*été*, appelées *sefi*, comprennent : le coton, la canne à sucre, le maïs, le riz ; elles occupent le sol du printemps à l'automne. — Les cultures intercalaires de maïs et de sorgho ou dourah ont lieu de juillet à octobre, pendant la crue du Nil (cultures appelées *nabari* ou *nili*) ou avant la crue, de mai à août dans les bassins d'inondations (cultures appelées *qedi*).

reçoivent 2 ou 3 arrosages à partir du mois de février ; une récolte de trèfle demande 8 arrosages (un toutes les deux semaines).

— Dans les plaines de la Mésopotamie [1], l'eau d'irrigation, puisée avec des machines dans les canaux dérivés de l'Euphrate, est élevée en moyenne à $3^m,80$ de hauteur ; les cultures ne reçoivent, en général, que trois arrosages de 200 mètres cubes chacun par hectare pendant les quatre mois d'hiver, soit une épaisseur d'eau de 60 millimètres ; mais pendant les mois de novembre, décembre, janvier et février, les pluies donnent 179 millimètres ; mars et avril fournissent encore 79 millimètres de hauteur de pluie.

— Dans la Présidence de Madras, on estime qu'on doit maintenir sur une rizière, pendant 72 jours, une couche d'eau de 0^m13 d'épaisseur et qu'un hectare perd 130 mètres cubes d'eau en moyenne par jour ; une récolte de riz nécessite en pratique de 12.000 à 15.000 mètres cubes d'eau par hectare. — Nous trouvons les mêmes chiffres pour les rizières annamites, en calculant avec les données citées à la page 258, à propos des roues élévatoires de la province de Quang-ngai.

— Au sujet des conditions d'utilisation de l'eau et de l'influence des arrosages sur les diverses cultures coloniales, suivant les plantes, le sol, le climat, le débit, la composition et la température de l'eau, il y aurait lieu de procéder dans chacune de nos possessions à des recherches spéciales, en s'inspirant des anciens travaux de notre maître Hervé-Mangon (essais en Vaucluse et dans les Vosges, 1859-1863, qui ont servi de point de départ aux expériences des Stations d'irrigation si bien établies en Allemagne.

Projets d'irrigations. — Dans l'étude de tout projet d'irrigation, on peut distinguer les parties suivantes :

a. — Les moyens employés pour se procurer l'eau nécessaire.
b. — L'amenée des eaux depuis leur point d'obtention jusqu'au lieu d'utilisation.
c. — Les procédés d'utilisation (*irrigations proprement dites*).
d. — L'évacuation des *eaux usées* ou de *colature*.

Les travaux applicables aux parties *a*, *b* et *d* n'étant pas obligatoirement spéciaux aux irrigations, nous avons pu les examiner à part dans des chapitres précédents.

1. Voir notre *Essai sur l'Histoire du Génie Rural* ; la *Chaldée* et *l'Assyrie*, chapitre III, *Hydraulique agricole*, p. 381.

Ainsi, on peut se procurer l'eau nécessaire aux irrigations, comme à l'alimentation des hommes et des animaux, à l'aide d'une dérivation, d'un barrage, d'un captage de sources, de puits ordinaires ou artésiens (oasis de l'Algérie, Sud de la Californie), de machines élévatoires plus ou moins puissantes (Égypte, Mésopotamie), de réservoirs recueillant les eaux pluviales (comme dans la Présidence de Madras où l'on compte près de 60.000 de ces réservoirs). — L'amenée des eaux s'effectue rarement par des tuyaux ou conduites, mais le plus souvent par des canaux découverts. — L'évacuation des eaux de colature est assurée par des rigoles et des canaux établis sur le principe des travaux destinés à l'assainissement des terres ; cette évacuation, très importante à considérer dans les climats tempérés quand on a beaucoup d'eau à sa disposition, diminue d'intérêt et disparaît même lorsqu'on est obligé de mesurer l'eau aux plantes avec la plus grande parcimonie, toute l'eau fournie pénétrant assez rapidement dans le sol.

Dans ce qui précède, on peut considérer de grands travaux destinés à une vaste étendue ou des applications plus restreintes.

Les grands travaux, qui sont cités dans nos cours de Génie Rural, sont des plus intéressants pour nos colonies ; le Gouvernement anglais a très bien compris son rôle dans l'Inde ainsi qu'en Égypte, en organisant le *Service des Irrigations* comme les autres services publics. Il sera donc utile d'étudier les grands réseaux d'irrigations de France, de l'Égypte, de l'Inde, de l'Amérique, de l'Italie et du littoral méditerranéen de l'Espagne.

Pour nos colonies, il est probable que les canaux principaux seront exécutés directement par l'Administration, par suite avec lenteur à cause de l'insuffisance des crédits. Pour ne pas perdre de temps, nous croyons qu'il y aurait tout intérêt, dans des circonstances favorables, à engager des Sociétés sérieuses à entreprendre ces grands travaux d'amélioration foncière ; si ces Sociétés disposent du personnel technique et des capitaux nécessaires, si, surtout, elles ne sont pas entravées dans leur entreprise, elles pourront mettre très rapidement en valeur une grande étendue de territoire au profit de la colonie comme de la métropole ; c'est dans cet ordre d'idées que nous croyons intéressant de donner ici l'analyse d'une note de M. G. Dauphinot, publiée dans le *Bulletin économique de la Direction de l'Agriculture et du Commerce du Gouvernement général de l'Indo-Chine* (janvier 1904) et relative au Siam :

Le Gouvernement du roi de Siam s'est depuis longtemps déjà rendu compte que le meilleur moyen d'augmenter la richesse du pays était d'encourager les travaux d'irrigation destinés à livrer à la culture du riz des terrains jusque-là improductifs ; dans cette intention fut fondée, il y a une douzaine d'années, la *Siam Canal's, Land and Irrigation Company*, à laquelle fut accordée la concession de la vaste plaine du klong Ransit, située au nord-est de Bangkok. Cette compagnie, dont le capital est partie siamois, partie européen, a pour principal actionnaire et pour directeur un autrichien, M. Muller. La concession avait été accordée aux conditions ci-dessous :

1º La compagnie devait être siamoise, c'est-à-dire soumise à la juridiction siamoise ;

2º Les prix de vente des terrains irrigués seraient fixés par le Gouvernement.

Au début, les prix furent de 2 ticaux le *rai* (1.600 mètres carrés) pour tous les terrains irrigués, excepté pour ceux qui se trouveraient le long du grand canal et dont le prix était de quatre ticaux ; les terrains d'angle, c'est-à-dire limitant deux canaux, pouvaient être vendus un tiers en plus. Enfin, le Gouvernement se réservait quelques terrains destinés à des bâtiments administratifs. Plus tard, sur la demande de la compagnie et par suite de la baisse du tical (1 fr. 40), les prix furent portés à 5 et à 10 ticaux. Aujourd'hui, on ne peut acheter à moins de 20 ticaux le *rai*.

La plaine concédée, qui a une longueur de 64 kilomètres et une largeur moyenne de 30 kilomètres, était traversée en diagonale par le klong Ransit, canal peu profond qui reliait la rivière de Mahon au Ménam. Les travaux, dont les plans sont actuellement (janvier 1904) en très grande partie exécutés, consistaient à creuser ce canal, à en faire deux autres à peu près parallèles, l'un au nord, l'autre au sud, et à relier ces trois canaux par une vingtaine de petits canaux distants les uns des autres de deux kilomètres environ.

Au début, la compagnie employa la main-d'œuvre indigène et chinoise, mais elle y renonça bientôt et la plus grande partie des travaux ont été exécutés au moyen d'excavateurs mécaniques chauffés au pétrole.

Malgré les difficultés du début, les résultats ont toujours été fort beaux et *le prix de vente des terrains a été en moyenne au moins le double de ce qu'avait coûté leur mise en valeur.*

La plaine du klong Ransit, qui comprend 192.000 hectares et dont l'irrigation sera terminée dans deux ans, a déjà 150.000 hectares environ en culture. Plus de 30.000 habitants sont venus s'installer sur des terrains qui étaient entièrement déserts avant les travaux et, au mois de mars 1903, le roi de Siam a solennellement inauguré la ville de Tania-Buri, qui s'est élevée rapidement au milieu des nouvelles rizières. Nous ajouterons que la moitié au moins des travailleurs qui cultivent cette plaine sont des

Laotiens, qui descendent par villages entiers, amenés du nord du Siam par leurs chefs et ne séjournent au klong Ransit que pendant la période de culture et de récolte du riz, c'est-à-dire pendant six mois environ. A cette époque de l'année, la population de la plaine est de près de 65.000 habitants.

L'hectare produit 175 francs de riz et les 150.000 hectares cultivés aujourd'hui au klong Ransit donnent en moyenne un revenu brut de 26.250.000 francs, dont il faut déduire l'amortissement du prix d'achat des terrains, du matériel et les frais d'exploitation.

Ainsi, en douze ans, le Gouvernement siamois a, *sans aucune dépense*, augmenté, par suite des impôts agricoles et d'exportation, ses revenus dans de grandes proportions et a doté le pays d'un élément de richesse considérable.

Encouragée par ce premier succès, la *Siam Canal's, Land and Irrigation C°* avait demandé la concession de la plaine comprise de l'autre côté du Ménam, entre ce fleuve, le klong Bangkok-Mai, la rivière de Tachin et le klong Bang-kaming. Elle était sur le point de l'obtenir, quand le Gouvernement du roi, se ravisant, annonça tout récemment son intention d'entreprendre lui-même en régie l'irrigation de ce district et de s'en réserver ainsi tous les bénéfices.

Les projets du Ministre de l'Agriculture ne s'arrêtent d'ailleurs pas là. Il a fait engager l'an dernier, aux appointements de 30.000 francs par an, un spécialiste hollandais, M. Homan Van der Heyde, et l'a chargé d'élaborer un plan d'ensemble d'irrigation de tous les terrains du delta propres à la culture du riz. De plus, il a envoyé à Java une mission dont le but est d'y étudier les travaux similaires et d'y recruter plusieurs ingénieurs qui seront placés sous les ordres de leur compatriote et constitueront ainsi un véritable *Département de l'Irrigation*.

D'autre part, il est question de faire l'essai au klong Ransit de moulins à vent, en acier galvanisé, d'un diamètre de cinq mètres. Ces moulins seraient disposés de façon à transmettre leur force dont on pourrait se servir pour faire de l'irrigation pendant la saison sèche, et pour décortiquer et moudre, pendant la saison des pluies, le riz destiné à la consommation locale. Il est probable que dans les plaines irriguées, on pourrait, grâce à ces moulins, obtenir régulièrement deux récoltes de riz par an.

L'importance des parties d'un projet d'irrigation que nous avons désignées précédemment par les lettres *a*, *b* et *d* (prise et amenée des eaux ; évacuation des eaux de colature) est fonction de l'étendue arrosée ; il n'en est pas de même pour la partie *c* (irrigations proprement dites), parce qu'ici nous n'avons à considérer que les méthodes et les dispositifs à employer pour l'utilisation de l'eau sur un champ ou sur une parcelle, que ce champ soit isolé dans un domaine ou qu'il soit juxtaposé à un nombre quelconque d'autres soumis aux arrosages. Ce sont les *principes généraux* de ces diverses méthodes d'irrigation que nous allons examiner dans ce chapitre.

Procédés autres que les arrosages proprement dits. — Tous les procédés suivis pour fournir l'eau nécessaire aux plantes ne comportent pas obligatoirement l'emploi d'eau s'écoulant à l'air libre.

Lorsqu'à une profondeur déterminée se trouve une zone humide, il suffit de déblayer le sol sur une certaine épaisseur pour que les racines des plantes puissent atteindre facilement la partie supérieure de la nappe souterraine : d'autres fois, cette excavation est surtout pratiquée dans le but d'abriter les cultures : on trouve des exemples de ces méthodes dans beaucoup d'oasis d'Algérie.

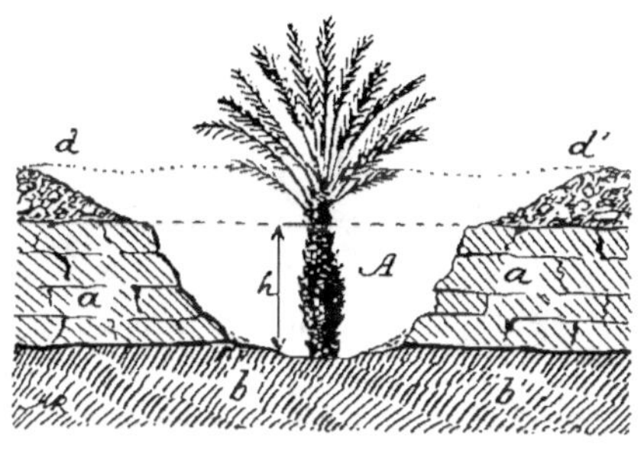

Fig. 491. — Trou de plantation d'un palmier oasis du Zab Dahraoui.

Aux oasis de Tolga et de Foughala, faisant partie du groupe du Zab Dahraoui, aux environs de Biskra, chaque palmier-dattier est planté au fond d'un trou tronc conique A (fig. 491) creusé d'une profondeur h, de $1^m 50$ à 2 mètres environ, dans le gypse infertile a surmontant la zone humide b : les déblais sont rejetés en d, d' autour de l'excavation.

Dans le Souf, à l'oasis d'El-Oued, les jardins sont creusés de plusieurs mètres dans le sable mouvant afin que leur fond soit rapproché de la couche aquifère, chaque excavation, qui renferme suivant son étendue de 7 à 50 palmiers-dattiers, a ses talus protégés des éboulements par de petits murs de soutènement ou, le plus souvent, par des clayonnages en tiges et en feuilles de palmiers. Comme le vent déplace continuellement le sable qui tombe dans les dépressions, les Sofas, sans se décourager, remontent chaque jour ce sable dans des couffins et le rejettent en dehors de leur jardin.

Pour de semblables conditions, il y a lieu de se reporter à un chapitre antérieur relatif à l'étude des méthodes simples employées avec succès dans la lutte contre les *ensablements* (page 317).

L'*encaissement* des jardins (ou même des arbres isolés comme dans la figure 491) a pour effet de rapprocher les plantes de la zone humide, mais, de plus, doit très probablement diminuer l'action desséchante des vents : un sol abrité perdant, par évaporation, moins d'eau qu'un sol découvert.

Comme autre exemple d'encaissement, nous citerons l'oasis d'El-

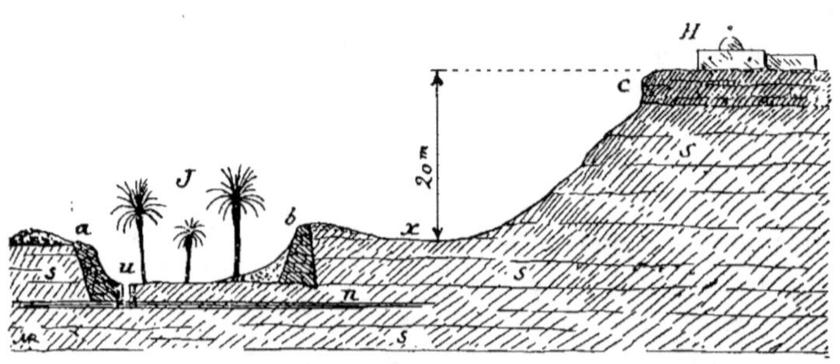

Fig. 492. — Coupe verticale d'un jardin encaissé (oasis d'El-Hadjira).

Hadjira (sur la route de Tougourt à Ouargla) qui est à 20 mètres au dessous du village H (fig. 492), bâti sur une corniche c de gypse reposant sur des sables quaternaires s (sables rouges avec concrétions de grains de quartz agglomérés par un ciment calcaire rougeâtre). Les petits jardins J, qui renferment ensemble 2.500 palmiers, sont enfouis les uns à côté des autres dans la plaine à des profondeurs variables, atteignant parfois 4 mètres. On parvient ainsi, dit M. Ville, Ingénieur en chef des Mines [1], en dénudant le terrain, à planter le palmier au-dessus d'une nappe d'infiltration n qui se trouve à $4^m 50$ sous le sol naturel x. Des murs de soutènement a et b maintiennent les parois de sables rouges qui encaissent les jardins J ; on voit que les habitants d'El-Hadjira ont créé leur oasis par un travail opiniâtre et bien capable d'effrayer sous la chaleur presque tropicale du Sahara. Lorsque les jardins J sont creusés de 4 mètres, les palmiers n'ont pas besoin d'être arrosés, la nappe d'eau étant facilement atteinte par les racines ; par contre on irrigue les autres cultures. Les puits u ne sont maçonnés que dans leur partie haute, pour maintenir les sables mouvants et les eaux sont élevées à l'aide de petites *guerbas* en cuir (fig. 363, p. 236) manœuvrées chacune par une personne (homme ou femme), système

1. M. Ville : *Voyage d'exploration dans les bassins du Hodna et du Sahara* ; Imprimerie impériale, 1868, p. 468-469.

très employé même pour les puits profonds du pays des Beni-M'zab.

— Enfin, sans amener de l'eau sur un sol frais, on peut en laisser à la disposition des plantes cultivées une plus grande quantité en diminuant les pertes par évaporation à la surface de la terre, soit par des *bina-ges*, soit en garnissant le sol de *paillis* confectionnés avec des débris de divers végétaux, soit même en le recouvrant de matériaux inertes (gravier, pierres cassées, mâchefer proposé pour nos vignobles); inutile d'insister sur ces divers procédés qui sont employés dans la culture courante, comme sur les terres qui contiennent une certaine quantité de chlorures (voir le *Dessalement des terres* que nous avons examiné page 312).

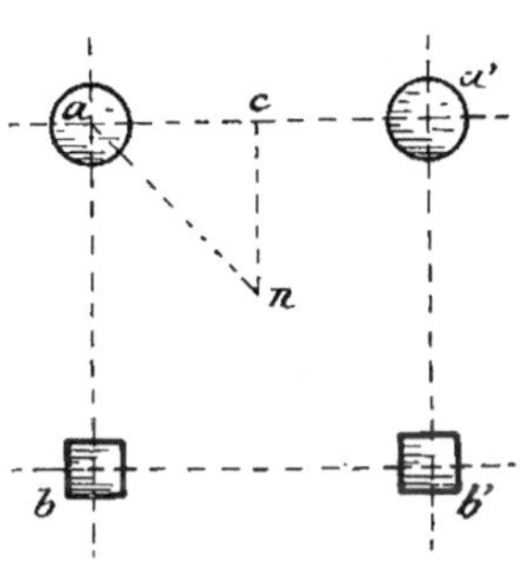

Fig. 493. — Disposition des réservoirs dans un jardin (plan).

Irrigations proprement dites. — Quand on a très peu d'eau à appliquer à des surfaces restreintes (jardins potagers) il faut avoir recours à l'**irrigation par aspersion**; généralement c'est à l'aide d'un arrosoir, ou de tout autre récipient, que l'eau est puisée, transportée et distribuée par une opération manuelle comme dans la plupart de nos jardins maraîchers de France.

Afin de diminuer les transports, il convient de répartir, dans le jardin, des réservoirs a, a', b, b' (fig. 493) espacés d'une trentaine de mètres au plus; les points n, les plus éloignés, nécessitent alors un transport de 30 mètres suivant les coordonnées rectangulaires $a c n$, ou de 21 mètres suivant la diagonale $a n$; nous ne croyons pas bon d'avoir, aux colonies, des relais de plus de 30 mètres et il nous semble qu'il conviendrait plutôt de les réduire à une vingtaine de mètres.

Les réservoirs sont en bois (tonneaux défoncés placés verticalement) ou simplement en terre (mi-partie déblai-remblai) (voir page 264).

Les réservoirs peuvent être reliés entre eux par de petites rigoles ménagées à la partie supérieure d'un talus (dont la coupe serait analogue à la figure 443, p. 301), ou par des goulottes en bois posées sur des chevalets (fig. 434, p. 289) afin qu'ils puissent se remplir successivement, le trop plein d'un réservoir s'écoulant dans le suivant ; on pourra quelquefois les réunir par des tuyaux en bois ou en bambous, légèrement enterrés ou même placés au niveau du sol,

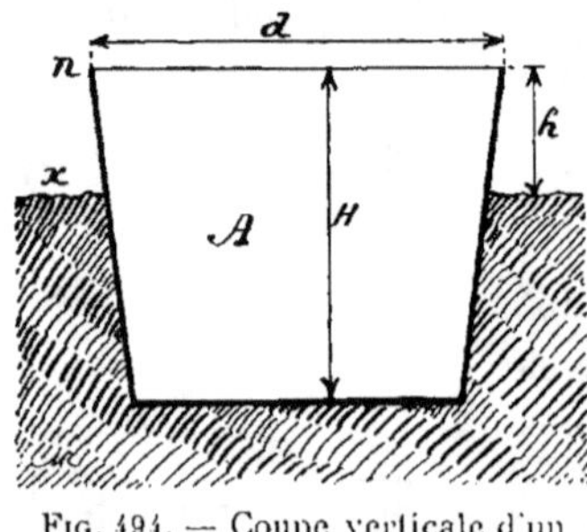

Fig. 494. — Coupe verticale d'un réservoir.

mais en ayant soin, dans les passages, de les protéger des chocs à l'aide de planches maintenues par des piquets ou avec une petite butte en terre. — L'eau peut être fournie au réservoir d'amont, ou de *tête*, par une dérivation ou par une machine élévatoire.

Pour détruire les larves de moustiques, qui peuvent se développer dans les réservoirs, les maraîchers des environs de Paris y entretiennent des poissons rouges ou des tanches ; on pourra essayer de procéder de même aux colonies avec des poissons insectivores appartenant à la faune de la localité.

Pour faciliter le puisage, il convient que le bord n (fig. 494) du réservoir A soit à une hauteur h de 0^m 30 à 0^m 40 au-dessus du sol x ; le diamètre d oscille de 0^m 80 à 1 mètre ; la profondeur H, qui ne doit pas être exagérée car elle serait inutile, peut être limitée à 0^m 80.

On peut utiliser une petite pompe à patin qu'on place dans le réservoir pour envoyer l'eau en pluie sur une certaine étendue. — Les *hortillonneurs* (maraîchers des environs d'Amiens) arrosent leurs plantes par aspersion en lançant l'eau à l'aide d'une écope à manche qu'ils manœuvrent avec une grande dextérité ; si l'on voulait appliquer cette méthode, il faudrait employer des réservoirs peu profonds mais de 1^m 20 à 1^m 50 de dimension d (fig. 494). (Nous avons déjà parlé de ces pompes (fig. 383) et de ces écopes (fig. 352, C) dans le chapitre relatif à l'*Élévation des eaux*).

Nous n'insisterons pas sur les *arrosoirs* ordinaires qui sont assez connus ; bien que nous croyons leur usage un peu limité dans les colonies, à cause de la difficulté des réparations, nous recommandons d'employer de préférence des arrosoirs dit *ovales* (plus maniables que les ronds ou les modèles cylindro-sphériques), en tôle galvanisée et avec lance à palette ou brise-jet (fig. 495) au lieu de pommes percées de trous ; les modèles employés couramment en France contiennent 10, 12 et 16 litres d'eau ; pour les colonies nous croyons qu'il suffirait de petits arrosoirs d'une capacité de 6 ou de 8 litres afin que les indigènes puissent les manier plus facilement.

En Chine, les maraîchers emploient souvent deux récipients A et B (fig. 496) pourvus chacun de trois tuyaux inclinés, en bambous, *a*, *b*, analogues aux becs de nos arrosoirs ; ces récipients, munis d'une poignée inférieure *n*, *n'*, sont suspendus par des cordes *c*, *c'* aux extrémités d'un bois ou joug *j* porté sur les épaules ; l'ouvrier maintient l'ensemble par les poignées *n* et *n'* pendant les diverses phases de l'opération : puisage, transport et distribution de l'eau à six lignes de plantes.

Fig. 495. — Arrosoir, du modèle dit *orale*, avec lance à palette.

A Sfax, nous avons vu des indigènes utiliser, comme seaux et comme arrosoirs, d'anciens bidons à pétrole *a* (fig. 497) dont ils avaient enlevé le fond supérieur et fait, au marteau, un bec *b* percé ou non de trous ; une traverse en bois *c*, clouée en bout et servant d'anse, complétait ce rustique appareil.

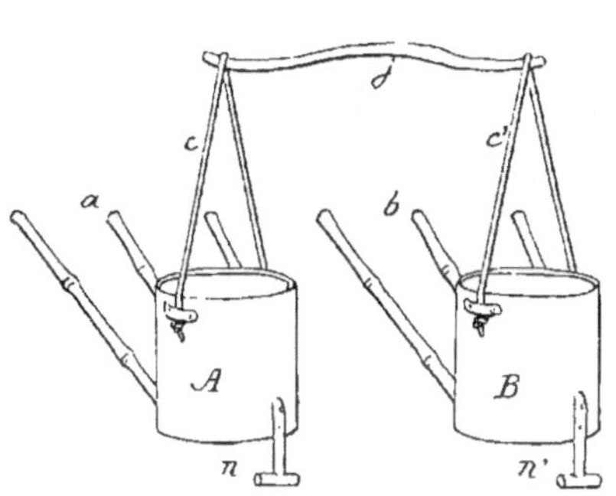

Fig. 496 — Arrosoir des maraîchers chinois.

L'irrigation par déversement ne s'appliquera qu'aux herbages sur des

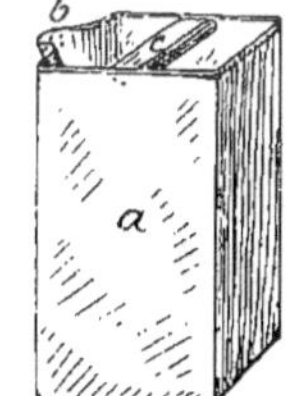

Fig. 497. — Arrosoir rustique

sols légèrement inclinés (de 0ᵐ 01 à 0ᵐ 10 par mètre) ; il ne faudra pas chercher à faire des *ados* à l'aide de terrassements coûteux, dont les dépenses ne seront pas remboursées par les récoltes.

Les rigoles a, b... (fig. 498), de 0^m15 à 0^m25 d'ouverture et de 0^m05 à 0^m10 de profondeur, tracées suivant des *courbes de niveau*, ou avec une très faible pente (0^m001 par mètre), sont espacées de 3 à 10 mètres, suivant la nature du sol et l'inclinaison du terrain. La longueur de chaque rigole a, b, peut osciller de 20 à 30 mètres ; des mottes de terre n, n', placées au moment voulu par l'*aiguadier*, joueront économiquement le rôle de vannes ; enfin il n'y aura pas lieu de tracer des *rigoles de colature*, l'écoulement par la rigole a, par exemple, étant arrêté dès que l'eau arrive en b, lorsque toute la zone m a été arrosée.

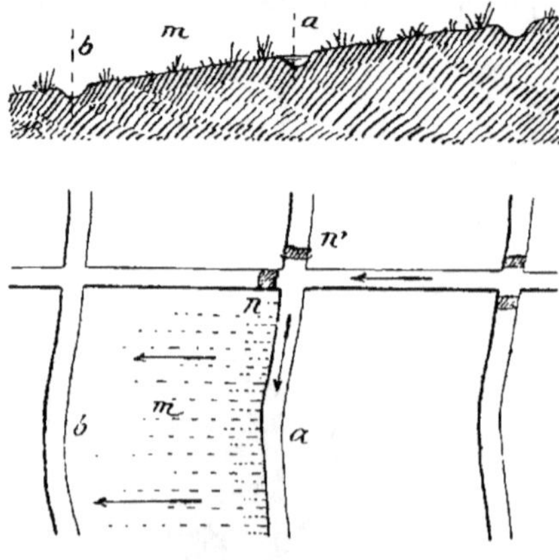

Fig. 498. — Terrain disposé pour l'irrigation par déversement (coupe verticale et plan).

L'irrigation par infiltration (appelée encore **irrigation à la raie**), sera la plus employée dans les colonies ; elle permet en effet d'économiser l'eau.

On pratique de petites rigoles parallèles a, b, c (fig. 499), séparant des zones occupées par une ou plusieurs lignes de plantes et, au moment voulu, on admet l'eau dans ces rigoles qu'il convient de faire gratter de temps à autre ; rappelons que l'eau n'a jamais besoin d'être en contact direct avec le collet

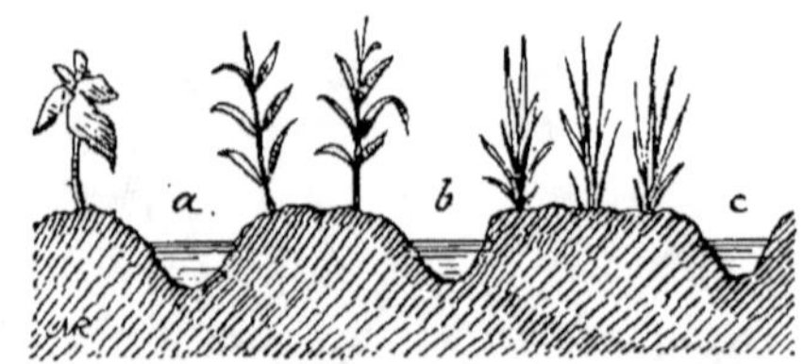

Fig. 499. — Terrain disposé pour l'irrigation par infiltration (coupe verticale..

d'un végétal dont les racines s'étendent à une certaine distance dans le sol.

La longueur des rigoles a, b, c (fig. 499) se détermine empiriquement ; elle varie, selon la nature du sol, d'une trentaine à une centaine de mètres.

On arrose par infiltration le maïs, le blé, le cotonnier, les fèves, la ramie, les tomates (en Californie), la canne à sucre, etc. — Dans l'Utah, les maïs sont semés sur des lignes espacées d'un mètre et, tous les deux rangs, se trouve une rigole d'arrosage par infiltration (fig. 500). — En Égypte, les champs de cotonniers sont des rectangles qui comprennent de huit à onze billons *a* (fig. 501)

Fig. 500. — Coupe transversale d'un champ de maïs disposé
pour l'irrigation par infiltration (Utah).

espacés d'axe en axe de $0^m 70$ à $0^m 90$; les graines sont semées sur la face sud de chaque billon et au tiers de sa hauteur à partir du sommet ; lors de l'irrigation, le plan d'eau x s'élève à peu près jusqu'à la moitié de la hauteur des billons *a* (après le démariage, les

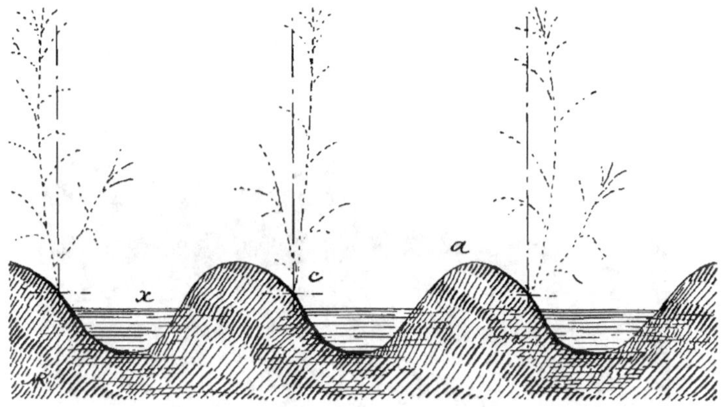

Fig. 501. — Coupe transversale d'un champ de cotonniers disposé
pour l'irrigation par infiltration (Égypte).

cotonniers c sont laissés par paires espacées de $0^m 35$ à $0^m 45$ sur la ligne dont la longueur est de 30 à 40 mètres).

Dans les sols peu fertiles des petits domaines de l'Utah on pratique ce qu'on appelle l'*irrigation au bâton* (ou à la *canne*) ; les plantes cultivées (haricots, maïs, etc.), *a, a*... (fig. 502) sont réunies en touffes ou poquets plus ou moins régulièrement répartis dans le champ A ; lors de l'arrosage, on fait arriver l'eau dans la rigole *b*, puis, avec un bâton, on creuse de petites saignées *c, c'*... amenant l'eau près du pied de chaque poquet *a* (fig. 503).

L'irrigation par infiltration est appliquée avec succès aux cultures arbustives. Comme les racines s'étendent toujours à une certaine distance du collet *a* (fig. 504) de l'arbre, il suffit de creuser une rigole circulaire *b b'*, raccordée par le caniveau *c* avec la rigole d'alimentation *r*, le caniveau *c* étant fermé par une motte de terre *t* qu'on enlève à la pelle lors de l'arrosage pour la remettre ensuite ; ce dispositif, présentant un plan d'eau annulaire d'une faible surface diminue beaucoup les

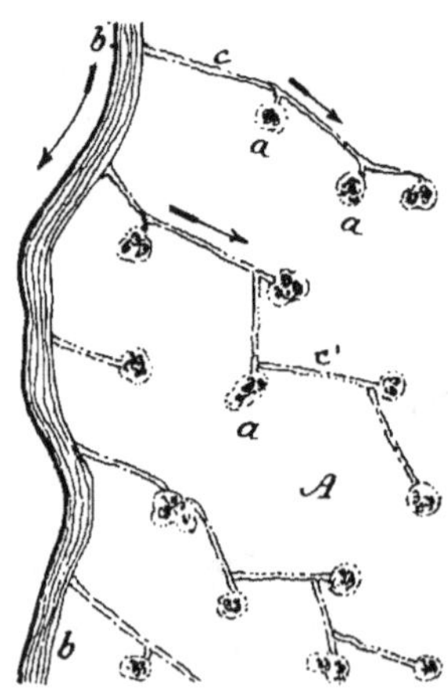

Fig. 502. — Plan d'un terrain disposé pour l'irrigation par infiltration avec rigoles irrégulières (Utah).

Fig. 503. — Irrigation à la *canne*, pratiquée dans l'Utah.

pertes par évaporation, qu'on peut encore restreindre en recouvrant le sol *d* d'un paillis.

Les arbres peuvent être plantés en carrés, ou mieux en quinconces : le canal principal A (fig. 505) débouche dans des rigoles *a* et *a'* d'où l'eau se rend dans les caniveaux circulaires *b*, qui entourent chaque arbre. Lorsque les rigoles *a'* sont simplement creusées dans le sol, on limite leur longueur à moins de 100 mètres dans les terrains filtrants et à 200 mètres au plus.

Dans certaines cultures d'orangers de Californie, l'irrigation a lieu par infiltration en envoyant l'eau, pendant un certain temps, dans des raies de charrue tracées de chaque côté de la ligne d'arbres, à un mètre environ des troncs.

Examinons ce qui est relatif à l'**irrigation par submersion**, cette dernière pouvant être intermittente ou continue. (Nous désignons sous le nom de *submersion* toute irrigation dans laquelle l'eau est introduite dans des cuvettes ou des compartiments

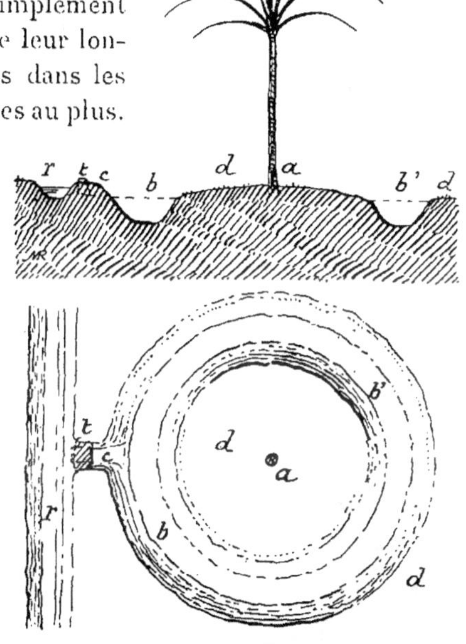

Fig. 504. — Disposition pour l'irrigation d'un arbre par infiltration (coupe verticale et plan).

plus ou moins étendus ; l'eau reste un certain temps en contact direct avec le collet des végétaux cultivés).

La *submersion intermittente* est appliquée aux arbres : les bananiers aux Canaries, les cédratiers et les orangers en Californie, en Espagne et à Jaffa, les palmiers-dattiers dans les oasis de l'Algérie, les pruniers

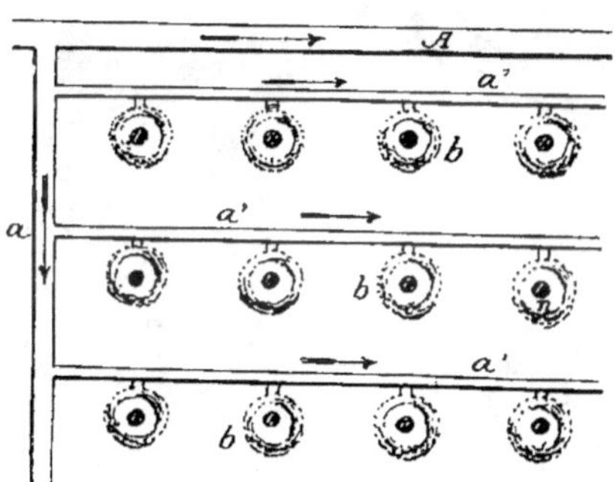

Fig. 505. — Plan d'un verger disposé pour l'irrigation par infiltration.

dans le comté de Yakima (état de Washington), etc. — Le sol est divisé en compartiments *a* (fig. 506) par des bourrelets *b* de terre, et l'eau est introduite par des rigoles dérivées du canal d'alimentation ou *seguia c* (oasis de l'Oued-Rir' fig. 507[1] : Ourir, Ayata, Sidi-Yaya ; dans la cuvette *a* on a cultivé aussi, pendant quelques années, certaines plantes, et en particulier des asperges) : on trouve des exemples de cette disposition au Jardin d'essais du Hamma près d'Alger. Les compartiments *a* peuvent avoir 10 mè

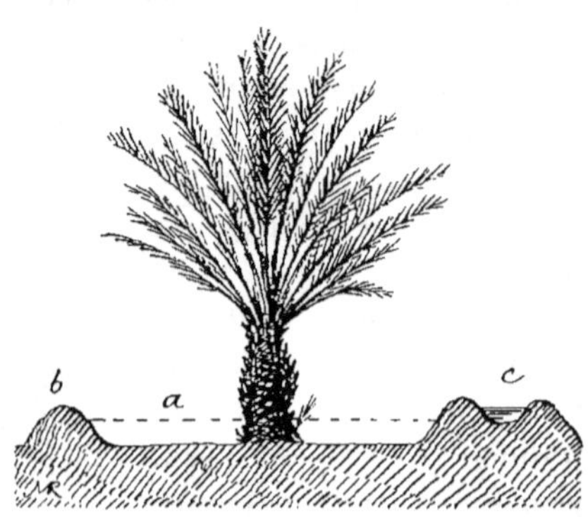

Fig. 506. — Coupe verticale d'un compartiment pour l'irrigation par submersion d'un palmier oasis de l'Oued Rir'.

Fig. 507. — Palmiers irrigués par submersion dans les oasis de l'Oued-Rir'.

tres et plus de côté, et lors de l'arrosage on y laisse couler l'eau un

1. Fig. tirée du *Traité pratique de cultures tropicales*, par J. Dybowski, tome I, p. 67.

certain temps, jusqu'à ce qu'il y ait une couche d'une épaisseur voulue après l'absorption de la zone superficielle du sol (à l'Oued-Rir', on estime à 3 mètres cubes par palmier le volume d'eau de submersion envoyé à chaque arrosage dans la cuvette *a*, fig. 506).

La figure 508 donne le plan partiel d'un terrain aménagé, comprenant les compartiments *a* alimentés par les seguias de distribution *c*, qui reçoivent les eaux d'une rigole *d* branchée sur le canal d'amenée A.

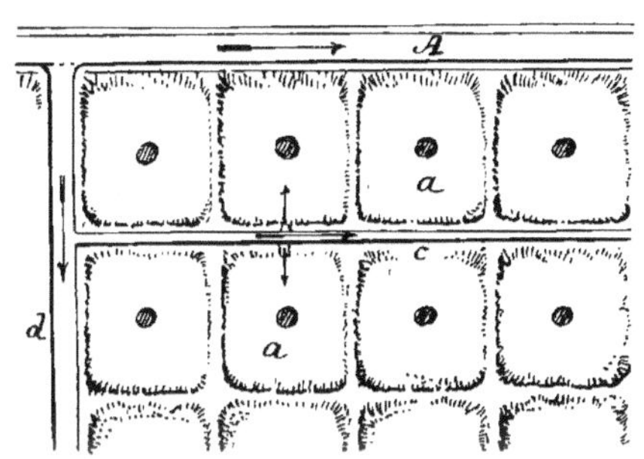

Fig. 508. — Plan des compartiments d'un verger disposé pour l'irrigation par submersion.

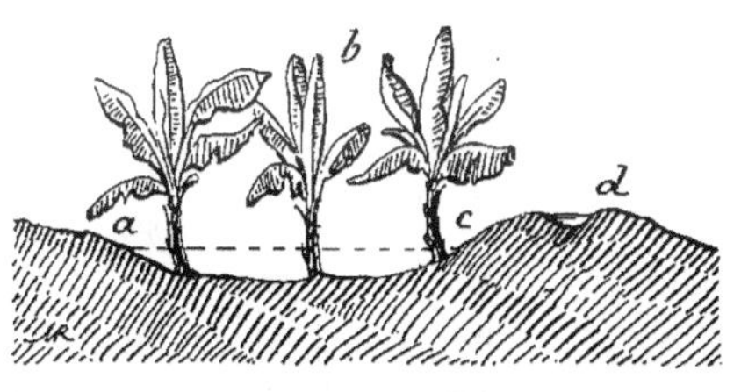

Fig. 509. — Coupe verticale d'une cuvette pour l'irrigation par submersion des bananiers (Canaries).

D'autres fois on pratique des cuvettes irrégulières *a c* (fig. 509). au fond desquelles on cultive une ou plusieurs plantes *b* (3 bananiers aux Canaries), et les dépressions sont alimentées, en temps voulu, par une coupure faite dans une paroi de la rigole *d*. — Aux Canaries. le bananier est arrosé tous les 15 à 25 jours à raison de 500 mètres cubes par arrosage et par hectare [1].

A Jaffa [2], les orangers *a* (fig. 510) sont plantés au milieu de cuvettes circulaires *b*, ayant de 0ᵐ90 à 1ᵐ20 de diamètre et 0ᵐ30 de profondeur, soit une capacité d'environ 300 décimètres cubes (il serait bon d'éviter, par une petite butte

Fig. 510. — Coupe verticale d'une cuvette pour l'irrigation par submersion d'un oranger (Jaffa).

1. Selon M. Cazard, vice-consul (*Bulletin du Jardin colonial*. n° 10, janvier-février 1903, p. 422).

2. Selon M. Apfelbaum. *Journal d'agriculture tropicale*, n° 23 du 31 mai 1903.

représentée dans notre dessin, que l'eau soit en contact direct avec le collet de l'arbre ; on se rapprocherait ainsi du principe donné à la figure 504). Les installations sont faites en sol siliceux ou silico-argileux ; l'eau, fournie par des puits ayant de 4 à 25 m. de profondeur, est élevée avec des norias mues par des mulets, des dromadaires ou des moteurs à pétrole ; suivant les domaines, le débit oscille de 8 à 30 mètres cubes à l'heure, et l'eau est distribuée

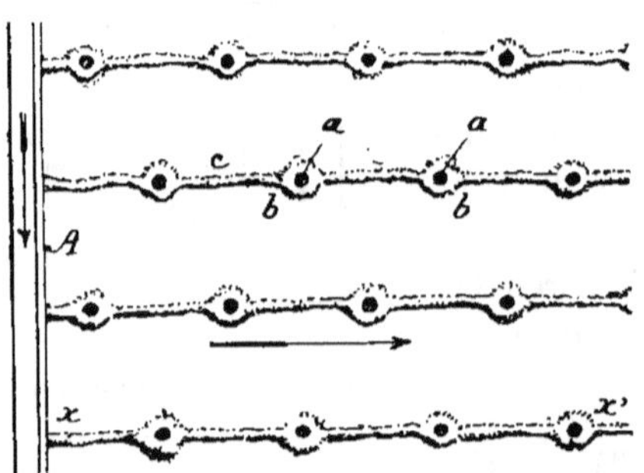

Fig. 511. — Plan d'un verger
disposé pour l'irrigation par submersion.

par des canaux maçonnés débouchant dans des rigoles en terre, d'où elle se rend dans les cuvettes aménagées au pied de chaque oranger. On arrose pendant les heures les plus fraîches de la journée ; les jeunes greffes sont irriguées trois ou quatre fois dans la saison sèche, les arbres reçoivent un arrosage plus ou moins copieux tous les cinq ou tous les dix jours, suivant la nature du sol, léger ou compact ; en août, les cuvettes sont binées (*garra*), et la première submersion n'a lieu que 15 jours après ; en hiver on donne un piochage (*tourieh*) aux cuvettes.

Une méthode analogue à celle qui vient d'être décrite est suivie à Paris pour l'arrosage des arbres de certaines voies publiques : une, deux ou trois fois dans le cours de l'été on creuse au pied de chaque arbre une cuvette circulaire d'environ 2 mètres de diamètre (comme celle indiquée en coupe verticale par la figure 510) et on la remplit d'eau à l'aide de tuyaux flexibles.

En Californie, les rigoles *c* (fig. 511), qui font communiquer les cuvettes successives *b* entre elles, sont situées sur les lignes *x x'* des plantations *a* et l'eau passe d'une cuvette à la suivante, de sorte que les premiers arbres de chaque ligne, rapprochés de la rigole d'alimentation A, sont bien plus arrosés que les derniers ; ainsi

Fig. 512. — Limoniers irrigués en Californie.

qu'on le voit, cette disposition ne vaut pas celle indiquée par la figure 505.

La figure 512 représente un verger de limoniers en Californie, et

la figure 513 donne la vue d'une plantation de pruniers de l'État du
Washington (comté de Yakima) disposés tous deux pour l'irrigation
suivant le plan indiqué par la figure 511 ; lors de l'arrosage, l'eau
déborde des petites cuvettes creusées au pied de chaque arbre et
s'étale sur une zone de 2 à 3 mètres de diamètre.

Fig. 513. — Pruniers irrigués dans le comté de Yakima.

Dans certaines régions du nord de la Tunisie on adopte, pour les
oliviers, le principe du tracé de la figure 511, mais la rigole A ne
reçoit de l'eau de ruissellement que pendant les pluies qui tombent
sur les terrains situés en amont, formant bassin de réception (c'est
une application du principe des *barradines*, étudiées pages 192 et
193, figure 303).

Par le procédé de submersion que nous venons d'examiner, après
l'arrosage de chaque arbre, toute la surface de la cuvette est fortement mouillée et doit perdre rapidement une certaine partie de l'eau
par l'évaporation du sol ; aussi, dans les cas où l'on ne dispose que

de très peu d'eau. nous croyons préférable de remplacer cette submersion intermittente par l'infiltration. selon le principe indiqué par les figures 504 et 505.

Les submersions intermittentes s'appliquent à toutes les plantes cultivées (céréales. légumineuses. etc. qu'on réunit dans des compartiments n'ayant souvent pas plus de 10 mètres de largeur et 30 mètres de longueur ; ces compartiments a a' (fig. 514) sont séparés les uns des autres par des bourrelets b de terre. et sont alimentés par la rigole c de distribution branchée sur le canal d'amenée A. — La figure 515 donne une coupe verticale d'un terrain incliné. aménagé en terrasses a. b. c... permettant les irrigations lorsqu'on dispose d'eau à l'amont a des pentes i à exploiter.

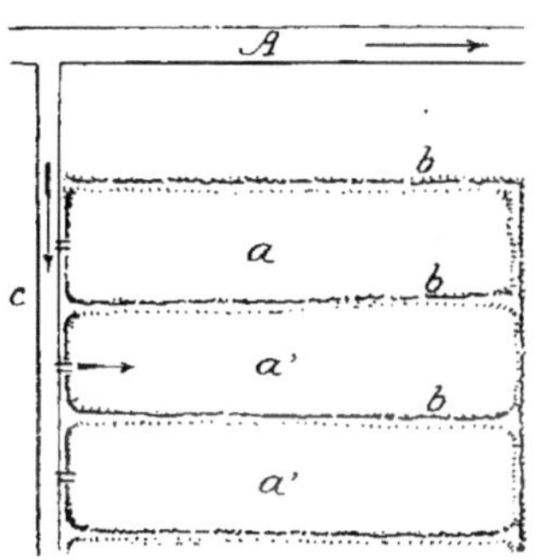

Fig. 514. — Plan de compartiments disposés pour les irrigations par submersions intermittentes.

En Tunisie. sur les domaines très plats. les champs a. b... k. l (fig. 516) sont carrés et ont souvent une surface d'un hectare à un

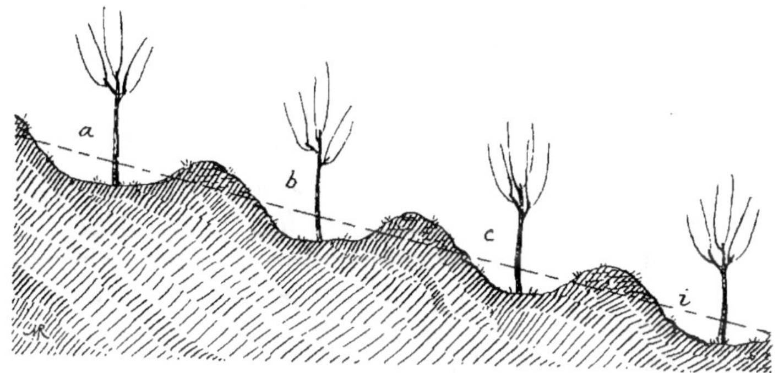

Fig. 515. — Coupe verticale d'un coteau aménagé en terrasses pour les irrigations.

hectare et demi; l'eau dérivée de la rigole A passe, au moment voulu, dans la rigole de distribution B B', et l'aiguadier la fait écouler d'abord dans le champ a: puis, quand ce dernier a reçu la couche d'eau nécessaire. dans le champ b et ainsi de suite jusqu'en l. pour revenir du côté opposé de *g* en *l* : de cette façon, l'aiguadier peut toujours se déplacer sur la fourrière sèche d'un champ non encore submergé.

Rappelons que la submersion intermittente est utilisée chez nous avec succès pour la destruction des insectes (phylloxera dans les vignes ; vers blancs dans les prairies).

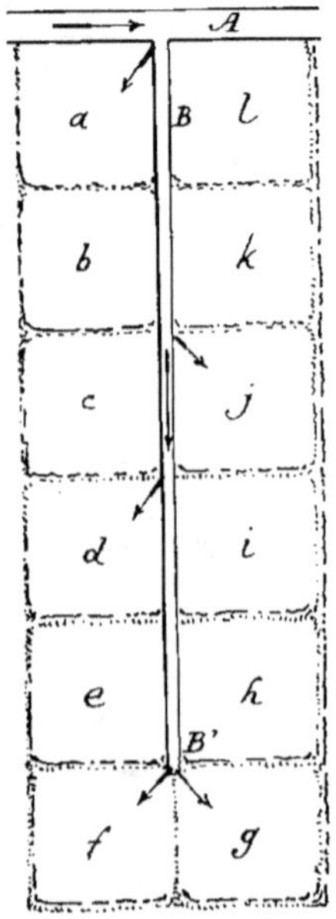

Fig. 516. — Plan de compartiments disposés pour les irrigations par submersions intermittentes.

Dans les pays chauds, la *submersion continue* est surtout appliquée aux rizières : une parcelle cultivée, entourée de bourrelets en terre, reçoit de l'eau qu'on maintient autant que possible sur une certaine épaisseur.

Lorsque l'eau est élevée mécaniquement, souvent à l'aide de machines mues par des hommes (fig. 367, p. 240), on cherche, par économie, à en fournir le moins possible, c'est-à-dire qu'on se contente de remplacer le volume perdu par infiltration et surtout par évaporation : c'est la *submersion à eau dormante*, appliquée généralement aux terrains élevés ; cette méthode a le grave défaut de constituer, pour ainsi dire, un *marais* artificiel. On connaît l'insalubrité proverbiale des rizières à eau dormante, et l'on sait aujourd'hui que les fièvres paludéennes, dont elles sont la cause, sont propagées par les moustiques (*Anopheles*), les larves de ces derniers trouvant, dans le sol marécageux, d'excellentes conditions d'habitation.

Lorsqu'on a assez d'eau à sa disposition, on la fait traverser le ou les compartiments soumis à la culture et l'on pratique la *submersion à eau courante*, infiniment moins insalubre que la précédente à la condition que l'eau se déplace partout sans rester stagnante dans aucune partie de chaque compartiment ; on peut même dire que, dans beaucoup de pays, si l'eau circule bien sur tous les points et si l'on multiplie les soins d'entretien, la submersion à eau courante n'est pas insalubre. Cette nécessité d'assurer un écoulement lent mais continu dans toute l'étendue de chaque compartiment, nous conduit à recommander de donner des dimensions restreintes à chacun de ces derniers, de un quart à un demi-hectare par exemple, conditions qui sont loin d'être réalisées dans la plupart des cas : les compartiments des rizières italiennes ont de 1 à 2 hectares de superficie ; ceux de la Caroline du Sud et de la Floride ont de 3 à 10 hectares, mais il faut dire que ces derniers reçoivent beaucoup d'eau, et sont aménagés de façon à être mis à sec plusieurs fois pendant le cours de la végétation, afin de faciliter les binages qui détruisent une certaine quantité d'insectes ; de même, les compartiments sont mis à sec une semaine avant les travaux de récolte effectués à l'aide de moissonneuses-lieuses.

Dans toutes nos colonies, d'une façon générale, la submersion pouvant être une cause d'insalubrité, il y aurait lieu, selon nous, de rechercher par des expériences comparatives s'il ne serait pas possible de substituer avantageusement à la submersion l'irrigation par infiltration, le riz étant *semé* sur des planches étroites séparées par des rigoles parcourues par de l'eau courante ; au besoin, on devrait chercher les variétés, à grand rendement, capables de vivre dans un sol très imbibé mais sans que leur collet soit directement en contact avec l'eau, ce dont nous ne voyons pas du tout la nécessité au point de vue de la physiologie végétale ; on donnerait tout de même satisfaction au dicton populaire qui déclare que « le riz doit avoir la tête au soleil et le pied dans l'eau ». — En résumé, nous croyons que si le riz *repiqué* et *submergé* peut, jusqu'à nouvel ordre, rester la culture des petits domaines des indigènes ou des concessions exploitées par métayage, il conviendrait, au contraire, dans les grandes exploitations, de *semer* le riz en lignes et de le soumettre à l'irrigation par infiltration ; on pourrait, de cette façon, utiliser avantageusement diverses machines tirées par les attelages, tant pour la préparation des terres, les ensemencements et les binages que pour les travaux de récolte [1]. Enfin, ajoutons à l'appui de ce qui précède, que M. Balansa [2] déclare n'avoir pas trouvé de différence botanique entre le *riz sec* et le *riz d'eau* du Tonkin.

---

1. D'ailleurs, nous trouvons dans le *Bulletin du Jardin Colonial* d'août 1906, page 121 Étude de M. Dumas, Agent principal de culture du Haut-Sénégal-Niger, sur le *Riz dans les vallées du Niger et du Haut Sénégal*) les lignes suivantes : « Nous avons vu un colon labourer ses rizières à la charrue, les semer au semoir mécanique, récolter à la faux, battre avec la batteuse. Le temps nous a manqué pour juger des avantages de ce matériel employé pour la première fois. Une seule donnée nous est acquise, c'est que le maniement de ce matériel s'est effectué, sous nos yeux, sans obstacle. »

2. Catalogue des graminées de l'Indo-Chine française. B. Balansa : *Journal de la Société botanique de Paris*. 1890.

En cherchant pourquoi, en Asie, le riz est repiqué puis submergé pendant toute sa période de végétation, nous sommes arrivés à croire que les premiers habitants des régions marécageuses avaient trouvé, d'une façon empirique, que le riz était la seule plante alimentaire capable de vivre dans les marais; puis ils perfectionnèrent la culture en repiquant le riz, semé en pépinières dans des terres relativement sèches, et en s'organisant de façon à pouvoir modifier le niveau du plan d'eau de la rizière suivant les besoins de la plante.

Fig. 517. — Repiquage du riz à Madagascar.

Cette méthode de culture, qui permettait à l'espèce humaine de vivre et de se multiplier dans ces régions autrefois inhabitables, s'est perpétuée, malgré la main-d'œuvre nécessaire, par suite, précisément, du grand développement des prolifiques populations de ces pays.

L'irrigation par submersion continue à eau courante, exige, en Europe méridionale, suivant la nature du sol, de une fois et demie à près de 4 fois le volume d'eau employé, sur une même surface, avec l'irrigation par déversement (laquelle, elle-même, demande plus d'eau que l'irrigation par infiltration) : ce ne sont pas tant les plantes qui nécessitent ce supplément, que la réparation de la perte

par évaporation à la surface du plan d'eau. Ainsi. en Italie, d'après
des chiffres relevés par Gustave Heuzé, un débit par seconde de 20
à 22 litres suffit pour arroser de 20 à 25 hectares de prairies, alors
qu'il ne peut irriguer que :

    6 hectares de rizières dans les sols très filtrants,
    9   —   —   dans le Vercellais,
    10   —   —   dans le Piémont,
    12 à 15 —   —   en Lombardie.

Fig. 518. — Rizières étagées de l'Imérina.

Lorsque la température est élevée et quand l'air est sec, la perte
d'eau journalière par évaporation à la surface des bassins de submersion peut atteindre jusqu'à 19 millimètres d'épaisseur (chiffre constaté dans une rizière du Portugal, selon les notes données par Hervé
Mangon dans son Cours à l'Institut National Agronomique) ; cette
perte énorme représente ainsi 190 mètres cubes d'eau par hectare et
par jour !

A certaines époques (après le repiquage du riz — fig. 517 [1]) le sol
doit être recouvert, dit-on, d'une couche d'eau de $0^m 05$ à $0^m 08$

1. Les figures 517 et 518 sont tirées de l'*Empire colonial de la France*: fascicule de
Madagascar. page 47. et page 89.

d'épaisseur ; cette indication nous montre que la différence de niveau
entre le point haut et le point bas d'un compartiment doit varier de
0ᵐ 03 à 0ᵐ 05 au plus ; c'est donc l'inclinaison du sol qui détermi-
nera la dimension d'un compartiment mesurée suivant la ligne de
plus grande pente (fig. 518) ; mais, dans le cas de sols à pente très
faible, d'autres considérations, dont nous parlerons tout à l'heure,

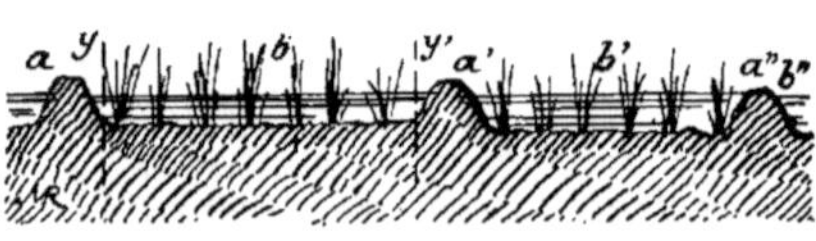

Fig. 519. — Coupe verticale d'une rizière.

pourront intervenir pour modifier, dans certaines directions, la largeur des compartiments.

A d'autres époques de la
végétation, la couche d'eau
ne doit pas, dit-on, dépasser,
dans les parties basses, 0ᵐ
20 à 0ᵐ 25 (souvent il y a plus de 0ᵐ 40) ; une épaisseur d'eau de
0ᵐ 10 à 0ᵐ 15 semble la plus favorable ; c'est ce qui détermine les
dimensions des bourrelets en terre, ou digues, limitant les compartiments ; ces bourrelets doivent avoir une *revanche* de 0ᵐ 15
au moins et une crête de 0ᵐ 25 à 0ᵐ 40 de largeur.

Le terrain est divisé en compartiments par les bourrelets *a*, *a'*, *a"*
(fig. 519) : l'eau passe d'un compartiment *b* dans celui d'aval *b'* et,
après un parcours, il est bon de lui ajouter une certaine quantité
d'eau vierge provenant directement d'un canal de dérivation. L'écartement *a a'*, qui peut être influencé par la pente naturelle du sol,
est tel qu'il ait toujours à l'amont *y*, comme à l'aval *y'*, l'épaisseur
d'eau voulue.

Les rizières du Japon, cultivées comme des jardins, sont surtout
établies sur le flanc des coteaux aménagés en terrasses de forme
irrégulière, n'ayant chacune pas plus d'une vingtaine d'ares de
superficie et il en existe beaucoup ayant à peine une centaine de
mètres carrés ; d'après Mᵐᵉ Bishop [1] l'eau est élevée au moyen d'une
écope suspendue (fig. 353, p. 227) ou d'une roue portative, légère,
en bambou, ayant jusqu'à 2ᵐ 50 de diamètre (voir la figure 395,
p. 238) ; un homme actionne et transporte aisément cette machine
élévatoire d'un point à un autre de ses rizières.

Lorsque le sol est plat, soit d'une façon naturelle, soit à la suite
de travaux coûteux de *nivellement* et de *régularisation*, les divers
compartiments de submersion sont carrés ou rectangulaires (cas des

____
1. *Unbeaten Traks in Japan* : Londres.

rizières du Fayoum, en Égypte, fig. 520) ; sinon, leur forme irrégulière est imposée par les *courbes de niveau* ; c'est le cas le plus général, surtout pour les rizières établies à flanc de coteau (fig. 518).

Pour atténuer l'intensité des vagues, qui dégradent les bourrelets, on diminue la dimension des compartiments de submersion
dans la direction des vents régnants de la localité, et l'on consolide
les talus des bourrelets par des clayonnages.

FIG. 520. — Rizières du Fayoum [1].

La figure 521 donne, à titre d'exemple, le plan partiel d'une
rizière dont les compartiments successifs sont en a, b, c... f, g ;
l'eau est amenée par le canal A B C ; une première prise d'eau n
alimente le bassin a qui se déverse, suivant les flèches, dans les
bassins inférieurs jusqu'en d ; il est bon de changer de place, de
temps à autre, les coupures x, x'... afin de modifier la direction
générale d'écoulement de l'eau dans chaque compartiment ; le bas-

1. Henri Lecomte : *Le Coton en Égypte*, p. 48.

sin *e*, tête d'une nouvelle série *f*, *g*... de compartiments, reçoit en partie l'eau *n'* de *d* et de l'eau *m* du canal A B ; souvent, quand on a assez d'eau à sa disposition, on dérive, du dernier compartiment *d* d'une série, les eaux usées dans un canal D. (Les recherches d'Hervé-Mangon ont montré que, pendant l'irrigation, les eaux deviennent un milieu réducteur : elles perdent leur oxygène dissous et s'enrichissent en acide carbonique). Après un parcours dans le canal D les eaux se sont améliorées par l'absorption d'une certaine quantité d'oxygène de l'air et on peut les reprendre pour la submersion de compartiments situés à un niveau plus bas.

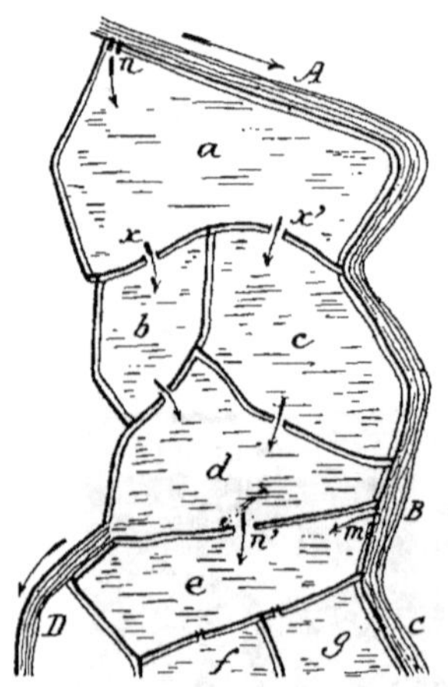

Fig. 521. — Plan d'une rizière.

Des rizières ont pu être créées à la suite de travaux effectués dans un but tout à fait différent : nous l'avons fait entrevoir, à propos des digues longitudinales insubmersibles, dans le chapitre consacré à l'étude des *Cours d'eau* (page 321) ; nous en trouvons l'exemple suivant dans les plaines du Niger et du Niandan [1] : afin d'assurer les communications en temps de crue, la route de Kouroussa à Kankan a été établie en remblai sur une longueur d'environ un kilomètre dans la plaine du Niandan ; la chaussée, élevée entre deux *emprunts* ou fossés qui ont fourni les terres nécessaires, est pourvue de ponceaux permettant l'écoulement des eaux jusqu'à la rivière voisine. La route a été construite par le gouvernement de la colonie, mais, en munissant de vannes les ponceaux précités, les indigènes ont tiré un excellent parti de l'ouvrage pour transformer en rizières les terrains voisins autrefois incultes et inondés à chaque crue ; les bons résultats obtenus les ont même fait délaisser en partie leurs anciennes cultures de riz de montagne. Selon M. Dumas, Agent principal de culture du Haut-Sénégal-Niger, l'exemple du Niandan pourrait être suivi et « il n'y aurait qu'à multiplier de pareils travaux peu coûteux sur mille autres points aussi favorables où les inondations seraient domestiquées par un jeu de vannes. »

1. *Bulletin du Jardin Colonial*, août 1906, p. 116.

Rappelons que la submersion continue est appliquée au *dessalement des terres* (page 312) ; elle est utilisée pour les *cressonnières*, dont les procédés culturaux ont été importés d'Erfurt aux environs de Paris par M. Cardon, à la suite des guerres du premier Empire (1811).

Enfin il nous faut dire un mot de ce que nous pouvons appeler les **irrigations souterraines** ; elles ont été proposées dans les pays tempérés, à de nombreuses reprises mais sans aucun succès, probablement parce qu'on tentait de les appliquer à des régions où l'on dispose généralement d'une quantité d'eau plus que suffisante pour les besoins de la végétation ; à cet ordre d'idées appartiennent les systèmes allemands de Petersen (1860), de Raumer, de Schacht, etc., qui combinaient le drainage des prairies avec leur arrosage. On fait une grande application, à Paris, des irrigations souterraines aux arbres de la voie publique : autour de chaque arbre on place, à 0^m50 environ de profondeur, suivant le périmètre d'un carré de 2^m50 de côté, des tuyaux en terre cuite ou en bois raccordés avec un tube vertical, fermé par un tampon en poterie que le cantonnier enlève pour introduire l'eau d'arrosage ; les tuyaux en terre cuite ont 0^m05 de diamètre intérieur et les joints sont recouverts par des manchons, de 0^m08 de diamètre intérieur, sur lesquels on dispose un lit de paille (on admet à Paris, à chaque arrosage, de 100 à 300 litres d'eau par arbre, suivant son âge et son genre). Enfin, nous pourrions citer l'emploi des tuyaux disposés selon le système proposé en 1856 par D. A. Rérolle, Professeur de Génie Rural à l'École d'Agriculture de la Saulsaie.

Nous avons vu qu'avec les cuvettes de submersion, comme celles indiquées dans les figures 506 à 511, il y a une certaine partie de l'eau d'arrosage enlevée par l'évaporation du sol et perdue pour la végétation ; il serait intéressant de fixer l'importance de cette perte par des essais comparatifs effectués dans diverses conditions de lieu et de sol ; il est très possible que cette perte oscille (suivant les calculs qu'on peut faire à ce sujet) du quart à plus de la moitié du volume d'eau fourni (c'est le motif qui nous a guidés pour recommander de remplacer la submersion intermittente par l'infiltration représentée par les figures 504 et 505).

On peut, certainement, diminuer l'évaporation du sol mouillé de la cuvette *a* (fig. 506) à l'aide de divers procédés : garniture de la terre avec un paillis (ou un succédané en branchages, brindilles, feuilles, herbes, etc.), des clayonnages, ou mieux un enrochement qui serait établi sur les principes indiqués aux figures 312 et 467, pages 198 et 321, c'est-à-dire que le fond de la cuvette serait garni d'une couche de sable, recouverte d'une épaisseur de gravier (ou d'éléments de moyennes dimensions) protégée à son tour par des grosses pierres : (dans ce genre, notre professeur Dubreuil nous proposait d'empierrer le sol, et même de le paver, autour des arbres des vergers établis en terrains secs.. — Enfin, on peut réduire la perte par évaporation en effectuant de fréquents binages : d'ailleurs, c'est dans le même but que les arabes de Tunisie labourent leurs olivettes, dont le sol reste meuble et improductif entre les arbres, afin de laisser le plus d'eau possible à la disposition des plantes ; — (l'écartement empirique adopté pour les oliviers des environs de Sfax doit être certainement fonction de l'eau contenue en moyenne dans le sol lors des besoins de la végétation).

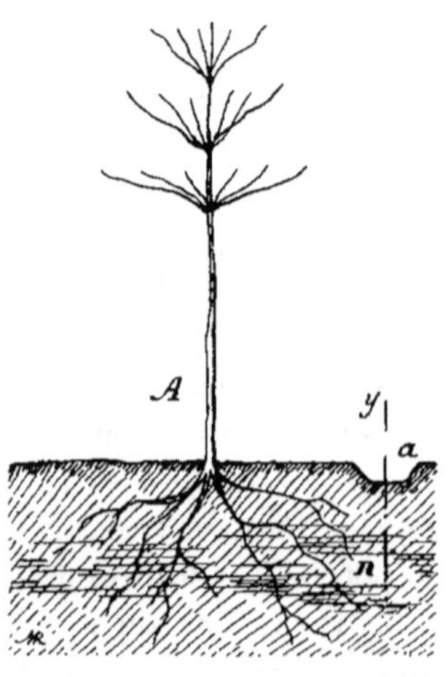

Fig. 522. — Principe de l'irrigation souterraine d'un arbre.

L'irrigation dite souterraine permettrait de réaliser une grande économie d'eau, mais en nécessitant soit plus de frais de main-d'œuvre, soit plus de dépenses d'installation ; elle ne peut donc être intéressante que pour les cultures arbustives et dans les cas où le faible volume d'eau dont on dispose oblige à le mesurer avec la plus grande parcimonie à chaque plante cultivée. — Pour comprendre le système, il suffit, dans la figure 522, de ne faire couler l'eau qu'au moment de l'arrosage dans une rigole a, à section réduite et à parois étanches (voir ces détails dans la partie du Cours relative aux *Canaux*, page 287 et suivantes), puis, au droit de chaque arbre A, de livrer, suivant la verticale y, passage à un certain volume d'eau venant s'accumuler dans la zone n où il est ainsi directement à la disposition des radicelles ; nous pensons que la zone n doit être plutôt superficielle que profonde ; la distance de y à A est à fixer d'après les arbres et le sol ; elle doit probablement varier de 2 à 3 mètres. — Le passage y peut s'obtenir avec un ou plusieurs trous faits, au moment de chaque arrosage, à l'aide d'une barre de fer.

Si l'on constatait un avantage aux irrigations souterraines, on pourrait avoir recours à une installation définitive établie sur le principe suivant : un conduit ou drain vertical *a* (fig. 523) est noyé dans une couche filtrante *b* ; lors de l'arrosage de chaque arbre on fait passer l'eau de la rigole *c* dans le drain *a* en ouvrant une petite saignée dans la berge de cette rigole établie suivant une parallèle à la ligne des arbres A. — Le drain *a* (fig. 523) peut être constitué par un conduit fait de quatre planches (fig. 85, p. 44), par des bambous, des gros bois, des fagots disposés verticalement ou encore avec un gabion (fig. 31, p. 28) ; la couche filtrante *b* serait constituée par du sable, du gravier ou des pierres. — On aurait même intérêt à ce que cette couche filtrante *b* (fig. 523) soit annulaire, c'est-à-dire qu'elle entoure l'arbre A suivant le tracé pointillé *b b'* ; enfin, elle n'a pas besoin d'être placée profondément et, pour l'établir à peu de frais, on pourrait se reporter à la figure 504, p. 353 : autour de l'arbre *a*, on creuse la rigole circulaire *b b'*, raccordée par le caniveau *c* avec la rigole *r* d'alimentation ; puis la rigole *b b'* est garnie de gravier et de grosses pierres qui sont ensuite recouvertes d'un paillis et d'une mince couche de terre ; nous croyons que la rigole *b b'* de la figure 504 n'a pas besoin d'avoir plus de 0ᵐ40 à 0ᵐ50 de profondeur (afin d'éviter la formation des *queues de renard*).

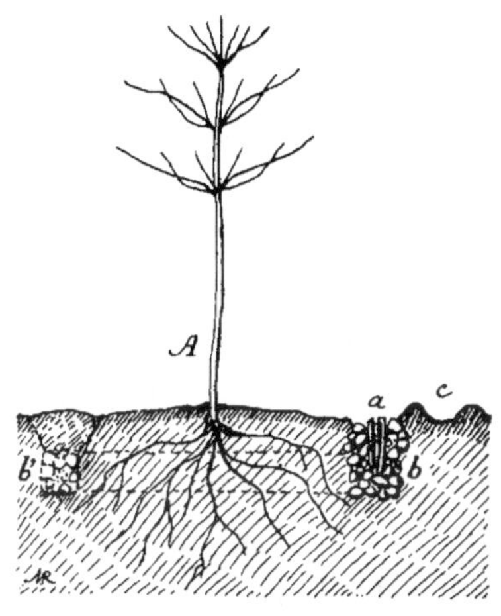

Fig. 523. — Disposition pour l'irrigation souterraine d'un arbre (coupe verticale).

Travaux divers.

Nous ne ferons que signaler ici quelques travaux dont nous croyons l'application peu fréquente aux colonies.

Le *colmatage* et le *limonage* ne peuvent s'effectuer que si l'on a à sa disposition de grandes quantités d'eau chargées de matières en suspension plus ou moins grosses (colmatage, comme dans la Crau, le Var, l'Isère, etc.) ou très ténues (limonage).

Rappelons que le limonage bien connu de la vallée du Nil [1] n'apporte au sol que peu d'éléments fertilisants : au moment de la forte montée de la crue du fleuve, il y a environ 1500 grammes de limon par mètre cube et, dans les conditions les plus avantageuses, la masse d'eau, pouvant avoir une épaisseur de 1^{m}50 (soit un volume de 15000 mètres cubes par hectare), est capable d'abandonner 1000 grammes de limon par mètre cube (500 grammes restant en suspension dans l'eau) ; cela représente une couche d'un

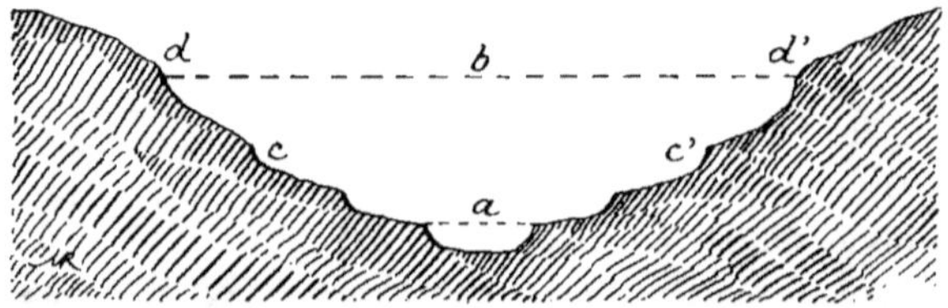

Fig. 524. — Coupe transversale de l'embouchure d'un cours d'eau dans une mer à marées.

millimètre d'épaisseur n'apportant au sol qu'une quinzaine de kilogrammes d'azote par hectare, c'est-à-dire bien peu de chose ; mais, après l'évacuation de l'eau, les microbes nitrificateurs doivent se trouver dans une excellente condition de travail, au moins pendant une partie de l'année.

Le colmatage et le limonage s'effectuent dans des bassins de submersion : on admet l'eau trouble sur une certaine épaisseur, on la laisse en repos, puis on l'évacue par la surface après décantation.

Les atterrissements marins, les *enclôtures*, endiguements, ou *polders*, ainsi que le colmatage (ou *warp*) par l'eau d'une mer à marées, intéressants en Europe (où cependant ils sont loin de constituer de brillantes affaires financières), ne sont pas à conseiller aux colonies d'une façon générale.

Lorsqu'une propriété sera bordée par un cours d'eau débouchant dans une mer à marées, il y aura quelquefois lieu de fixer ou de protéger les berges du lit majeur par des travaux analogues à ceux déjà cités (fig. 467 à 470), le cours d'eau pouvant être considéré comme sujet à des crues très régulières : le plan d'eau étant en *a* (fig. 524),

---

1. Voir notre *Essai sur l'Histoire du Génie Rural* : t. I, *l'Egypte*, chapitre III, *Hydraulique agricole*, p. 177.

dans le lit mineur, lors des basses mers, il s'élève au niveau b lors des *hautes mers de vives eaux* (marées équinoxiales). A la marée montante (*flux*) il y a souvent dégradation des berges c et c' qu'on peut alors protéger par des clayonnages ayant, en même temps, pour effet de rejeter le courant en a où il approfondit le chenal (c'est de cette façon qu'on a procédé dans l'estuaire de certains fleuves pour les besoins de la navigation). Souvent, ces travaux produisent des dépôts dans les zones $c\,d$, $c'\,d'$ (fig. 524) qu'il convient alors de surveiller afin qu'elles ne se transforment pas en marais insalubres. Ajoutons que si ces travaux de défense ne sont pratiqués que sur une seule rive, $c\,d$ par exemple, le courant chassé sur la rive opposée y produit des dégradations ou des affouillements.

En résumé, on voit que cette partie du Cours de Génie Rural consiste soit en *Constructions*, soit en *Machines* établies dans un but déterminé suivant des notions fixées par la Mécanique, la Météorologie, la Géologie, la Chimie et la Physiologie végétale. Il est donc logique de grouper toutes les applications de l'Art de l'Ingénieur à l'Agriculture dans un unique enseignement spécial, comprenant les *Constructions*, l'*Hydraulique* et les *Machines*, dont les différents chapitres, s'enchevêtrant les uns dans les autres, doivent être examinés en s'appuyant sur les mêmes principes.

TROISIÈME PARTIE

MACHINES

Notes préliminaires.

Un travail quelconque commence toujours par être une opération manuelle, l'homme n'utilisant que ses membres ; ensuite on facilite l'ouvrage en le rendant moins pénible par l'emploi d'outils appropriés ; plus tard, on remplace l'énergie relativement faible que peut fournir l'homme, esclave ou libre, par celle obtenue, avec beaucoup moins de peine, des animaux domestiques ; longtemps après, enfin, on substitue des moteurs inanimés aux bêtes de travail.

Toutes les étapes précédentes, dont les durées ont été variables dans le cours de l'Humanité, se sont succédé sous la loi d'une seule condition : le prix qu'on peut consacrer à un ouvrage pour que l'exécution de ce dernier laisse un profit. Le travail agricole le mieux fait (ou celui qui a chance de l'être) est toujours exécuté, par petites portions, avec les mains, lorsque l'intelligence de l'ouvrier dirige son énergie en la modifiant à chaque instant suivant les besoins ; dès qu'on doit augmenter le débit en remplaçant la main par une machine [1], l'ouvrage agricole est moins bien exécuté [2], et, examiné de près, il laisse à désirer dans une partie relativement importante ; mais l'on consent d'avance à une diminution de *qualité*

---

1. Dans notre pensée, le mot *machine* doit être pris ici dans le sens mécanique du terme, c'est-à-dire pour désigner toute pièce ou réunion de pièces, simples ou compliquées, employées pour transmettre la puissance dont on dispose à la résistance que l'on veut vaincre afin d'effectuer un ouvrage déterminé.

2. Il n'en est pas de même pour les travaux industriels qui doivent, sur la même matière, se répéter à plusieurs exemplaires identiques à eux-mêmes, pour les constructions mécaniques, etc., qui, au contraire, sont bien mieux exécutés à l'aide de la machine qu'à la main ; nous n'avons ici en vue que les opérations culturales, lesquelles se modifient incessamment, et il nous suffira de comparer la perfection du travail de l'Horticulteur à celui de l'Agriculteur proprement dit.

pourvu qu'elle soit compensée par une forte augmentation de *quantité*, ou, en définitive, par une baisse de prix de revient.

Nous avons montré depuis longtemps que l'emploi de la machine,
dans les travaux agricoles, n'est pas imposé par le désir de réaliser
une perfection plus grande de l'ouvrage, mais uniquement par une
question de dépense, lorsque le prix de la main-d'œuvre rurale
augmente par suite de sa raréfaction ou de ses exigences (cas de la
France). Dans nos colonies, la main-d'œuvre indigène est inhabile,
faible ou fait souvent défaut, et, si l'on importe la main-d'œuvre européenne, cette dernière ne pouvant vendre ses services qu'à un taux
très élevé, on se trouve dans l'impossibilité économique de l'utiliser sans aucun intermédiaire mécanique. Aux colonies, plus qu'en
France, il convient de chercher tous les procédés propres à augmenter la quantité d'ouvrage exécuté avec l'homme ou avec les animaux
en employant des machines appropriées, actuellement, à des conditions extrêmement difficiles en ce qui concerne l'entretien et les réparations. C'est un cercle vicieux : il nous faudrait des machines légères,
simples, dépensant le moins d'énergie possible, exécutant vite et
bien l'ouvrage voulu, sans nécessiter de réparations : ou encore il
faudrait combiner des machines dans lesquelles l'usure des différentes pièces se fasse avec proportionnalité, afin qu'on n'ait pas à
les réparer mais à les remplacer après leur emploi sur une certaine
quantité de matières ; il convient aussi de tenir compte des difficultés pour recevoir les pièces de rechange. Dans l'état actuel, bien
que le problème ainsi posé soit insoluble, nous devons le considérer comme un idéal vers lequel on doit tendre tout en sachant
d'avance qu'on ne pourra jamais l'atteindre.

Nous avons la conviction qu'il y a un avenir colossal pour les
machines aux colonies. Pendant quelque temps on pourra se contenter de procédés simples et de la main-d'œuvre indigène pour
l'exploitation des productions spontanées ; mais tôt ou tard il faudra
songer à l'emploi des machines nécessitées par une culture plus
intensive, lorsque le pays voudra enfin retirer de ses possessions le
bénéfice légitime de ses sacrifices en vies humaines, dont on ne peut
estimer la valeur, comme de ses dépenses en argent dont on n'ose
pas trop dresser l'état récapitulatif.

La troisième partie du Cours, au sujet de laquelle nous venons de donner quelques indications préliminaires, est très chargée : nous pouvons la diviser en trois grandes sections :

1° **Moteurs.**
2° **Travaux et machines agricoles.**
3° **Petit outillage.**

La deuxième section sera limitée aux travaux et machines applicables, d'une façon générale, à toutes nos colonies ; nous n'avons malheureusement pas le temps de nous occuper des machines spéciales propres aux traitements à faire subir sur place à certaines récoltes, et sur lesquelles nous avons pu procéder à de nombreuses expériences (plantes amylacées, oléagineuses, textiles, filamenteuses, laticifères, aromatiques, etc.), des outils et machines pour le travail des bois, des appareils de levage, de la réparation et de l'entretien du matériel, etc. ; toutes ces intéressantes questions pourront, d'ailleurs, faire ultérieurement l'objet de leçons et de publications complémentaires.

PREMIÈRE SECTION

MOTEURS

Notes préliminaires.

Les moteurs sont indispensables dans toutes les exploitations pour l'exécution des divers travaux ; cette question est surtout importante à envisager aux colonies, où l'Européen ne doit émigrer qu'à la condition d'opérer sur de grandes étendues, capables de lui rapporter un bénéfice bien plus élevé que celui auquel il serait en droit de prétendre dans son pays natal en y dépensant la même activité ; en un mot, il ne faut partir aux colonies qu'à la condition de pouvoir y gagner beaucoup d'argent en un laps de temps relativement court (15 à 20 ans). — On commet une faute en encourageant nos compatriotes à accepter de petites concessions [1] ; ils ont ainsi toutes les chances de perdre leur capital et leur temps, au détriment moral et matériel de la colonie aussi bien que de la métropole.

Les grands domaines coloniaux peuvent être exploités par métayage en les divisant par petites portions confiées chacune à des familles d'indigènes : les récoltes peuvent alors être réunies pour que leur traitement puisse s'effectuer par des machines à grand travail ; pour certaines cultures, il convient de faire l'exploitation directe.

Afin de donner une idée de l'importance des moteurs dans des domaines nous citerons les chiffres suivants ; les premiers nous ont été fournis par un de nos anciens élèves de Grignon, M. Jean Cérésole, ingénieur de la Hacienda Casa Grande, au Pérou. A Casa Grande, où on cultive plus de 5.000 hectares de cannes à sucre soumis aux irrigations, on emploie :

> 8 locomotives-treuils de 16 chevaux-vapeur,
> 3.000 ouvriers,
> 800 bœufs.

M. Ehermann a bien voulu nous communiquer ce qui suit sur la

---

1. Sauf certains cas particuliers, comme, par exemple, s'il s'agit d'entreprendre des cultures maraîchères dont les récoltes sont destinées au marché de la ville voisine : il y a aussi quelques plantes cultivées sur de petits domaines par les procédés de l'Horticulture et dont on exporte les produits (vanillier, etc) ; dans cette partie de notre Cours nous n'avons en vue que le matériel relatif à l'Agriculture proprement dite.

Cie de Marromeu, dont les plantations, à 110 kilomètres de l'embouchure du Zambèze (Afrique orientale portugaise), comprennent 1.200 hectares de cannes à sucre, sur lesquels 250 sont irrigables à l'aide de pompes installées sur les rives du fleuve ; il y a :

2 locomotives-treuils de 50 chevaux-vapeur,
750 à 1.100 indigènes dirigés par 6 à 8 chefs de culture européens,
100 bœufs, qui servent difficilement aux travaux de culture.

La sucrerie, qui travaille de 300 à 400 tonnes par 24 heures, occupe 200 noirs, compte : 3 locomotives, 110 vagons, 25 kilomètres de chemin de fer à voie étroite, un remorqueur à roue arrière et 5 chalands.

Le nombre total d'Européens employés aux plantations et à la sucrerie de Marromeu est de 28 à 30, y compris le médecin attaché à l'exploitation.

Les cultures arbustives peuvent s'effectuer avec moins d'animaux moteurs, mais exigent plus de main-d'œuvre que les autres.

MOTEURS ANIMÉS

Parmi les moteurs animés, qui se présentent les premiers de tous à la disposition de l'agriculteur, nous trouvons les *hommes*, puis les animaux domestiques : les *équidés*, les *bovidés* auxquels s'ajoutent, dans certaines colonies, les *camélidés* et les *éléphants*.

Hommes.

Nous avons de nombreuses données sur le travail des ouvriers européens (transports, labours, binages, moisson, battage, travail à la manivelle, etc.) : comment appliquer ces chiffres aux colonies ? Bien que les observations précises soient rares, nous pouvons tenter, pour certains travaux dont la *fatigue* est connue, d'établir un rapport entre l'*ouvrage* exécuté par l'Européen et celui effectué par un indigène ; nous pourrons, en attendant, admettre par approximation ce même rapport pour les autres travaux. Rappelons que tout moteur, animé ou inanimé, ne *crée* pas de l'*énergie*, mais ne fait que de la *transformer* ; la quantité de puissance qu'il procure est toujours une fraction de l'énergie que peut produire son alimentation (nourriture, eau, combustible, etc.) ; cela est dû aux transformations et aux pertes inhérentes à toute machine en fonctionnement. Dans les pays pauvres de l'Europe, comme dans les colonies, à une faible alimentation correspondent des moteurs faibles, surtout si l'on vient à faire entrer en ligne de compte la température élevée et l'état hygrométrique de l'air, conditions qui, occasionnant une gêne au point de vue physiologique, prédisposent bien plus à la paresse ou au repos qu'au mouvement et à l'activité.

Pour donner une idée de la *ration alimentaire* des ouvriers industriels, nous citerons les documents ci-dessous[1] relatifs au Transvaal et qui sont de nature à intéresser l'Indo-Chine. (On se rappelle que le règlement de l'introduction de la main-d'œuvre chinoise aux mines du Rand, après avoir soulevé de très vives discussions dans la Chambre des Communes de l'Angleterre, n'a été approuvé qu'à une faible majorité ; — ce règlement, qui pourrait servir de base pour certaines de nos colonies, admet le transport, un salaire de 31 fr. 25 par mois solaire, détermine les jours de repos, une durée maximum de travail de 10 heures, assure le logement, les soins médicaux et la nourriture). La ration quotidienne de l'engagé (qui doit faire une besogne plus pénible que dans les exploitations agricoles) a été fixée à :

1 kg. 135 de riz, farine ou autre céréale,
0 kg. 170 de viande ou de poisson, frais ou de conserve,
0 kg. 085 de légumes,
0 kg. 015 de thé,
du sel en quantité suffisante.

Il semble que la main-d'œuvre chinoise n'ait pas donné toute satisfaction dans le Sud africain[2]. — Cependant, le Chinois étant un bon travailleur rural, on se préoccuperait, au Cambodge, d'introduire des Chinois auxquels on procurerait une petite concession et une femme indigène, dans l'espoir que les métis (qui resteront dans le pays avec leur mère) deviendraient de bons métayers.

Aux environs de Koulikoro, dit M. Vuillet, directeur de la Station agronomique[3], « le colon trouvera facilement des ouvriers dans le pays même, en les payant 0 fr. 50 pendant la saison sèche et un franc pendant l'hivernage, ou en les engageant à l'année à raison de 0 fr. 70 par jour. Malheureusement, le rendement du travailleur

---

1. D'après le *Peking and Tientsin Times* (avril 1904).

2. Il y a eu le 15 novembre 1906 des discussions à la Chambre des Lords et à la Chambre des Communes au sujet de l'extension inquiétante du « vice jaune » au Transvaal.

3. VUILLET. *La région sud du Bélédougou : Bulletin du Jardin colonial*, n° 14, septembre-octobre 1903, p. 174.

noir est faible : il est à peu près égal au quart de celui de l'européen » ; ce rendement est surtout influencé par la maigre ration alimentaire de l'ouvrier, lequel, vivant de peu, se suffit avec un léger salaire.

La *durée journalière* du travail agricole aux colonies doit être plus courte que dans nos climats tempérés ; elle sera divisée en deux parties séparées par les heures les plus chaudes de la journée, pendant lesquelles la sieste est indispensable aux hommes comme aux animaux. Très probablement il faudra compter sur 6 à 7 heures au plus de travail par jour : 3 à 4 heures le matin de très bonne heure, et 3 heures le soir. — En Algérie, on s'était préoccupé d'effectuer la nuit certains travaux et en particulier la vendange (ici on cherchait surtout à abaisser la température des raisins à leur arrivée au chai), et on a utilisé, dans ce but, des appareils d'éclairage intensif : il n'y a pas lieu de généraliser cette méthode coûteuse dans nos exploitations coloniales, mais il sera peut-être avantageux de travailler à la fin de la nuit, par les temps de clair de lune.

Il ne faudra généralement pas compter sur six *jours de travail* par semaine, et, dans un rapport de M. Duquénois, relatif à Madagascar[1], nous trouvons sur cette question des données intéressantes que nous résumons ici :

« Les jours *fady* (de repos) pendant lesquels il est défendu de faire œuvre de ses mains, se suivent aussi désespérément pour le patron que joyeusement pour l'ouvrier. Le Malgache a trois dimanches par semaine : le mardi est consacré à Andriamanitra, le Bon Dieu de Madagascar ; le jeudi est jour de repos et enfin le dimanche est consacré au Bon Dieu des *Vazahas* (colons européens). Le Malgache, de quelque race qu'il soit, est inconstant, facile à distraire de son travail ; il abandonne sa tâche pour des raisons souvent futiles et n'a qu'une vague notion des obligations que lui créent un engagement régulier et qu'une idée plus vague encore du dommage qu'il peut causer en quittant subitement la propriété, les animaux et les récoltes qu'il est chargé de soigner. Il quitte son patron sans motif, parce que c'est sa fantaisie d'aller se promener, et si c'est le 29 que cette idée lui vient, il n'attendra pas la fin du mois ; il s'en ira tout de même en abandonnant son salaire à l'exploitant. — heureux quand il ne vend pas ce qui appartient à son patron pour acheter du *toaka* (rhum). — Le colon aura donc à compter avec les habitudes souvent enfantines des indigènes. Lorsqu'il aura réussi à recruter des travailleurs, il devra s'appliquer à les retenir le plus longtemps possible sur son exploitation

1. *Situation économique de Madagascar en 1901*, rapport de M. L. Duquénois (Chambre de commerce de Charleville et Chambre syndicale des industriels métallurgistes ardennais).

en les traitant avec bonté, en fermant même les yeux sur leurs fugues quand l'ouvrage ne pressera pas trop. Il n'obtiendra rien de bon, au contraire, s'il les traite durement et surtout s'il est injuste envers eux. — Il est également nécessaire de respecter leurs croyances, leurs tombeaux, leurs pierres et leurs animaux sacrés. Le colon devra s'attacher tout d'abord à connaître les coutumes du pays qu'il habitera, afin de les contrarier le moins possible et de vivre en bonne intelligence avec l'élément indigène. C'est une des principales conditions de sa prospérité et de sa sécurité. — Si ces habitudes étaient toujours pratiquées, nous sommes persuadé non seulement que la main-d'œuvre indigène deviendrait plus sédentaire, mais aussi que les Européens éprouveraient moins de mécomptes dans leurs entreprises. — On paie généralement l'ouvrier agricole à raison d'un franc par jour, riz compris. Dans les engagements à l'année ou à long terme, on donne au travailleur 0 fr. 50 par jour, quelquefois 0 fr. 60, plus la nourriture ».

Il est souvent indispensable *d'importer* d'une colonie voisine le noyau des travailleurs d'une exploitation agricole, en complétant les cadres par la main-d'œuvre indigène : à ce sujet nous pouvons citer les exemples suivants :

A Madagascar et à La Réunion on a essayé l'introduction des coolies chinois comme des ouvriers hindous : à ce propos M. Duquénois ajoute :

« L'Indien est de tous les Orientaux celui dont la vue nous est la plus sympathique ; il a des mœurs douces, il est très attaché à sa famille, sobre, intelligent, de caractère artistique et créateur. Paysan, il s'attache au sol et devient un laboureur endurant, travaillant la terre avec méthode. Ouvrier, il accomplit sa tâche sans défaillance et sans paresse. Commerçant, il est, en général, d'une grande probité en affaires. — « L'indien est un colon utile dont on ne saurait trop favoriser l'immigration ». déclare M. Moriceau, administrateur-maire de Majunga. — Dans les Indes anglaise et française la population autochtone est si dense que le paupérisme y est permanent. Les grandes famines récentes en sont une preuve douloureuse. Favoriser l'immigration de ces populations dans nos colonies, c'est donc faire à la fois acte d'humanité et de clairvoyance politique, soustraire des hommes à la faim et les attacher, par une condition sociale plus douce, à leur nouvelle patrie. — L'immigration a été entreprise en 1901, puis suspendue ».

Nous extrayons ce qui suit d'un rapport de Juin 1905, adressé par MM. Crépin et Hugot à la Chambre d'Agriculture de l'Ile de La Réunion :

« Déserte lors de sa découverte, l'Ile de La Réunion a été colonisée par des Français venus de la mère-patrie ; cette situation a toujours obligé la colonie d'avoir recours à un appoint de bras étrangers, sans lesquels il eût été impossible aux colons de mettre le pays en valeur. Les premiers travailleurs vinrent

de Madagascar et de la côte d'Afrique sous le régime de l'esclavage. Plus tard.
en 1848, lors de l'abolition de l'esclavage, l'exploitation et la mise en valeur
du pays seraient devenues très difficiles si le Gouvernement français ne s'était
entendu avec l'Angleterre pour être autorisé à recruter des travailleurs dans
l'immense réservoir d'hommes que constituent les Indes. Une Convention
intervint entre les deux pays le 1er juillet 1861 ; depuis cette époque tous les
travailleurs agricoles nécessaires à la Colonie furent recrutés dans l'Inde et
l'on put se procurer ainsi une main-d'œuvre docile, intelligente, se faisant très
vite aux travaux des champs et des usines ».

« A la fin de l'année 1862 le nombre des immigrants Africains, Indiens et de
nationalités diverses, présents dans la Colonie, s'élevait à 72,594 et l'industrie
sucrière, malgré les procédés d'extraction les plus primitifs, arrivait au chiffre
maximum de sa production en sucre, soit 60,000 tonnes. La Réunion traversa
à cette époque une ère de prospérité inouïe, qu'elle n'a pu retrouver depuis ».

« Dans les années suivantes, jusqu'en 1880, la Colonie maintint sa production à 40,000 tonnes environ, ayant toujours la faculté de recruter des bras
dans l'Inde. Au 31 décembre 1880, le nombre des immigrants était encore de
60,000. Mais, en 1884, à la suite de difficultés survenues entre les Gouvernements anglais et français, l'Angleterre suspendit les effets de la Convention
de 1861 et s'opposa désormais à tout recrutement de travailleurs dans ses possessions asiatiques jusqu'à nouvelle entente avec le Gouvernement français ».

« Aussi le nombre des immigrants diminua-t-il rapidement et le 31 décembre
1890 il était de 40.000, pour tomber à 23.000 en 1898 et à 15.000 au 31 décembre
1904 ».

« Devant cette situation nouvelle, les colons ne perdirent point courage et
les plus grands efforts furent faits pour parer à la crise que l'on subissait du
fait du manque de bras qui déjà se faisait vivement sentir. L'emploi des
engrais fut généralisé ainsi que celui des instruments agricoles, les usines se
centralisèrent dans une certaine mesure et d'importantes dépenses furent
faites pour en améliorer l'outillage et réduire le plus possible la dépense de
main-d'œuvre. Cet effort considérable entrainant de grosses dépenses trouva
sa récompense dans le maintien de la production de la colonie, malgré la
constante diminution du nombre des immigrants ».

« Lorsque le propriétaire est privé d'immigrants, il arrive alors que les travailleurs créoles (les créoles sont surtout des employés et des ouvriers for-
gerons, charrons, mécaniciens, charpentiers, maçons. etc...) qu'il peut se procurer autour de lui, ne sont pas en nombre suffisant pour assurer tous les services d'une vaste exploitation agricole : cultures diverses, charrois, soins
aux animaux. Ne pouvant plus faire face à tous ses besoins, il se voit dans
l'obligation de réduire ses frais d'exploitation pour ne pas se trouver en dessous de ses affaires ; peu à peu il diminue ses plantations, finit par laisser ses
champs en friche et par abandonner toute culture importante nécessitant une
forte main-d'œuvre ».

« On comprend facilement que toute la population locale s'en ressente
aussitôt et que, manquant de tout élément de travail, elle se trouve bientôt
dans la plus grande détresse. »

M. Dolabaratz disait aux Chambres de Commerce et d'Agriculture de La Réunion (séance du 18 juin 1903) :

« S'il n'est pas remédié au manque de main-d'œuvre, le résultat n'est pas douteux ; vous verrez succomber la plupart des usines. Alors il y aura surabondance de bras pour celles qui, placées dans les meilleures conditions, auraient pu traverser la crise. Vous verrez alors la main-d'œuvre créole (qui est à 1 fr. 25 par jour, comme celle des Indiens), tomber à 0 fr. 75 et le change monter à 30 % et peut-être davantage. Et ce n'est pas là une vaine hypothèse, c'est ce qui se passe actuellement à la Guadeloupe ».

Pour les motifs précédents, La Réunion a demandé à la Métropole de lui venir en aide par la remise en vigueur de la Convention avec l'Angleterre réglant l'immigration des travailleurs indiens, convention qui n'est que suspendue depuis 1884 et qu'on pourrait appliquer, de nouveau, après entente diplomatique [1].

Ajoutons enfin, qu'à la séance du 31 octobre 1906 de la Société Nationale d'Agriculture, notre confrère, le prince d'Arenberg, a appelé l'attention sur une question présentant un très grand intérêt pour la main-d'œuvre dans plusieurs de nos colonies. — Il s'agit de la *maladie du sommeil*, d'autant plus terrible que jusqu'à présent, on n'a trouvé non seulement aucun remède pour la guérir, mais aucun palliatif pour en atténuer les souffrances ; on croit que la race blanche serait à l'abri du mal. — En moins de deux années, plus de 80.000 indigènes ont succombé dans les deux colonies anglaises de l'Est Africain et de l'Uganda. — En naviguant sur le lac Victoria, le prince d'Arenberg a longé des îles couvertes d'une superbe végétation, où il y avait des traces de culture récente, mais ces îles étaient abandonnées, tous leurs habitants ayant été victimes du fléau ; — il a signalé l'organisation très complète du laboratoire d'Entebbé, capitale de l'Uganda, où des spécialistes étudient la maladie avec le plus grand soin ; on connaît le parasite, un protozoaire du genre trypanosome vivant dans le

---

1. La loi du 26 juin 1889, article 4, modifiant l'article 8 du Code civil, déclare Français tout individu né d'un étranger et domicilié en France à l'époque de sa majorité, sauf les exceptions prévues aux traités. — Le Gouvernement de l'Inde demande que, conformément à la Convention de 1861, les émigrés Indiens à la Réunion, comme dans nos autres colonies, restent sujets Indiens dépendant de l'Angleterre, et ne soient pas obligatoirement déclarés français, ce que, d'ailleurs, nos colons ne peuvent admettre. Il semble donc que l'entente entre les deux Gouvernements, actuellement en relations cordiales, soit facile au grand profit de chacun d'eux.

liquide sanguin, ainsi que le rôle d'une mouche dans la propagation de la maladie ; reste un remède à découvrir, sinon la main-d'œuvre sera supprimée dans certaines parties de l'Afrique. — Une importante mission française a été organisée par la Société de Géographie, et des laboratoires ont été créés pour étudier sur place la marche de la maladie et les moyens de la combattre.

Selon un certain nombre de documents, dans beaucoup de nos colonies, deux indigènes peuvent faire l'ouvrage d'un ouvrier européen ; mais, en tenant compte du peu de conscience relativement aux engagements pris pour l'exécution d'un travail, et surtout si la surveillance d'un chantier est difficile, il est prudent d'estimer qu'il faut trois ou quatre indigènes pour exécuter le travail d'un ouvrier de France. — En adoptant le rapport de un à deux, nous voyons que les pièces travaillantes des outils à bras destinés aux indigènes doivent avoir la moitié de surface utile d'action de nos outils de France (dimensions de la pièce déterminant la résistance occasionnée) ; cela explique pourquoi on ne peut pas utiliser nos pelles, nos bêches, nos brouettes, etc., de fabrication courante, trop lourdes ou trop volumineuses pour les indigènes.

A titre d'indication, rappelons les quelques chiffres généraux ci-dessous relatifs à différents travaux manuels exécutés par jour en France ; ils pourront servir de base dans nos exploitations coloniales en les divisant par 2, 3 ou 4 comme nous venons de l'expliquer

Labour de défrichement ou de défoncement......	0.2 à 0.5 ares.
Labour ordinaire à la bêche....................	0.9 à 2.0 —
Labour ordinaire à la houe....................	1.1 à 3.0 —
Semis à la volée { engrais chimiques............	250 à 350 —
Semis à la volée { graines....................	400 à 600 —
Plantation à la bêche (pommes de terre).........	9 à 10 —
Repiquage (betteraves, choux, colza ; un hectare reçoit de 20.000 à 200.000 plants)... {	2500 à 4000 plants 4 à 15 ares.
Plantation de boutures (1 homme et un aide)....	1500 à 2000 boutures.
Sarclage, binage { céréales....................	4 à 6 ares.
Sarclage, binage { racines, tubercules............	7 à 10 —
Binage des vignes............................	7 à 10 —
Buttage des vignes...........................	5 à 8 —
Taille des vignes............................	8 à 10 —
Mise en place des échalas.....................	10 à 15 —

Traitement des plantes (vignes, pommes de terre, betteraves)
- aux poudres anticryptogamiques — 70 à 100 ares.
- aux liquides anticryptogamiques ou insecticides — 100 à 150 —

Récolte des fourrages
- prairies naturelles — 30 à 40 —
- prairies artificielles — 50 à 60 —
- fanage — 30 à 40 —
- bottelage :
  - à un lien — 350 à 400 bottes (5 à 6 k.)
  - à trois liens — 250 à 300 —

Récolte des céréales
- à la faucille (blé) — 15 à 20 ares.
- à la sape (blé) — 30 à 40 —
- à la faux (blé) — 40 à 55
- — à la faux :
  - blé... 50 ares
  - avoine. 60 —
  - orge... 40 —
- liage des céréales :
  - blé.. 600 à 700 gerbes de 7 à 10 kg.
  - avoine 500 à 600 — —
  - orge.. 500 à 600 — -
- Chargement dans une voiture. 600 à 800 gerbes.
- Déchargement en grange — 400 à 500 —
- Mise des gerbes en meules — 500 à 600 —

Récolte du colza — 15 à 20 ares.

Récolte du lin — 3 à 5 —

Récolte du chanvre — 3 à 4 —

Arrachage des racines (betteraves, rutabagas, navets, carottes, chicorées, etc.) — 5 à 10 —

Arrachage des tubercules (pommes de terre, topinambours) — 3 à 5 —

Battage au fléau — 450 à 600 kil. de gerbes (contenant 25 à 33 % de grain).

Bottelage des pailles (liens préparés d'avance, un homme et un aide) — 600 à 700 bottes de 10 à 15 kilog.

Chargement dans une brouette — 20 à 25 mètres cubes de terre remuée, de racines ou de tubercules.

Chargement dans une voiture
- 8000 à 12000 kil. de fourrages, de pailles ou de fumier.
- 15 à 20 mètres cubes de terre remuée, de racines ou de tubercules.

Il est bien entendu que les chiffres ci-dessus ne sont donnés qu'à titre d'indication : ils sont influencés par la nature même de l'ouvrage, qui peut être plus ou moins bien soigné, par la résistance opposée aux divers outils, enfin par l'habileté professionnelle et la puissance de l'homme, cette dernière dépendant de sa taille et surtout de son régime alimentaire.

Les machines destinées à être actionnées par les hommes sont pourvues d'une *manivelle* : l'axe de cette dernière est à 0^m80 environ au-dessus du sol quand la machine nécessite toute l'énergie de l'ouvrier, c'est-à-dire 6 kilogrammètres par seconde lorsque le travail est payé à la journée, et 9 à 11 kilogrammètres s'il est payé à la tâche.

Pour des machines légères (tarares, trieurs) l'axe peut sans inconvénient se trouver à 1 mètre ou 1^m10 au-dessus du sol.

Le nombre de tours que l'ouvrier imprime à la manivelle par unité de temps (comme pour tous les mouvements qu'il effectue avec les outils : marteaux, bêches, houes, fléaux, pédales, etc.) est en rapport avec ses mouvements respiratoires qui sont en moyenne au nombre de 16 par minute ; la manivelle fait ainsi, par minute, 16 tours (cas des treuils des puits), 32, 40, 48, 56, 64 tours, suivant la résistance qu'oppose la machine. Quand on n'observe pas cette concordance physiologique, l'expérience montre que le moteur ne peut soutenir son travail, l'essoufflement survient et la fatigue se manifeste rapidement ; il en est de même pour les animaux moteurs. Enfin la durée du travail *utile* varie de 40 à 50 minutes par heure selon l'énergie demandée ; en moyenne on peut tabler sur le chiffre de 45 minutes par heure.

Quand la manivelle communique une grande vitesse de rotation à une pièce, comme dans les batteuses, les écrémeuses centrifuges, etc., il est bon de la monter avec un cliquet à ressort de telle sorte que si, à un moment, la pièce dépourvue de résistance joue le rôle de volant, elle n'entraîne pas la manivelle qui se débraye automatiquement.

On peut combiner la manivelle avec une pédale, comme le montre la figure 525 relative à une écrémeuse Alfa-Laval de 1907 : entre la poignée de la manivelle et l'axe du premier arbre, sur lequel elle est calée, est articulée une bielle verticale reliée au plateau-pédale supporté par deux tourillons horizontaux ; une douille filetée, qu'on voit au milieu de la bielle, permet de régler la longueur de cette

Fig. 525. — Écrémeuse centrifuge à manivelle et à pédale Alfa-Laval)

dernière. Le plateau-pédale, sur lequel l'homme monte tout en tournant la manivelle à raison de 48 tours par minute, oscille, et l'ouvrier, faisant reporter le poids de son corps alternativement sur une jambe puis sur l'autre, fournit ainsi une certaine quantité de travail mécanique diminuant d'autant celui à donner à la poignée de la manivelle.

Pour l'emploi de l'homme, comme d'ailleurs avec les animaux, la meilleure utilisation est réalisée quand le moteur travaille seul ; dès qu'on accouple deux ou plusieurs moteurs sur la même résistance, le travail utilisé de chacun d'eux diminue par suite du manque de simultanéité de leurs efforts ; voici à ce sujet un tableau résumant un grand nombre de constatations :

NOMBRE DE MOTEURS	TRAVAIL UTILISABLE PRATIQUEMENT chiffres relatifs	
	Fourni par moteur	Total
1	1.00	1.00
2	0.93	1.86
3	0.85	2.55
4	0.77	3.08
5	0.70	3.50
6	0.63	3.78
7	0.56	3.92
8	0.49	3.92

Lorsque plusieurs hommes sont employés à vaincre la même résistance, on assure la simultanéité de leurs efforts en les faisant chanter sur un rythme déterminé, plus ou moins lent suivant la nature du travail à effectuer, mais en observant toujours une concordance avec les mouvements respiratoires.

Pour faire actionner une machine *M* (fig. 526) par un grand nombre
d'hommes *h*, quand on en avait beaucoup à sa disposition (colonies

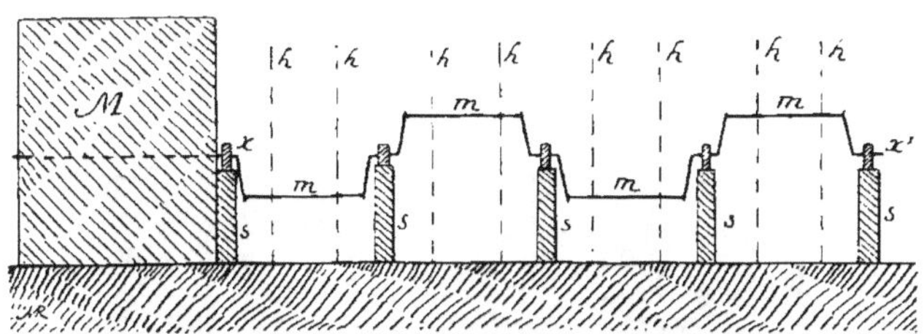

Fig. 526. — Machine actionnée par huit hommes aux manivelles.

pénitentiaires), on avait proposé de les placer deux par deux à des
manivelles *m* d'un arbre $x\,x'$ à vilebrequin soutenu d'une façon convenable par des
supports *s* : le ré-
sultat a été médio-
cre parce qu'au
bout de peu de
temps chaque hom-
me, se fiant sur son
voisin pour fournir
l'effort voulu, se
contentait de sui-
vre seulement le
mouvement de la
manivelle et quel-
quefois même il se
laissait entraîner
par elle.

Cependant les
machines à deux
manivelles peu-
vent être d'un em-

Fig. 527. — Hache-paille à deux manivelles .Pilter .

ploi fréquent, et, à ce sujet, il serait bon d'adopter le dispositif
appliqué à des hache-paille présentés par M. Pilter au Concours
général agricole de Paris en 1902 : une des manivelles (fig. 527)
est calée sur l'arbre du volant porte-couteaux, tandis que l'autre

(celle de gauche de la figure 527), en relation avec un axe perpendiculaire au précédent (suivant les machines, cela peut se faire sur le
même axe), n'est pas fixée d'une façon rigide, mais par l'intermédiaire d'un cliquet agissant sur une roue à dents clavetée sur
l'arbre et ne pouvant être entraînée que dans le mouvement en

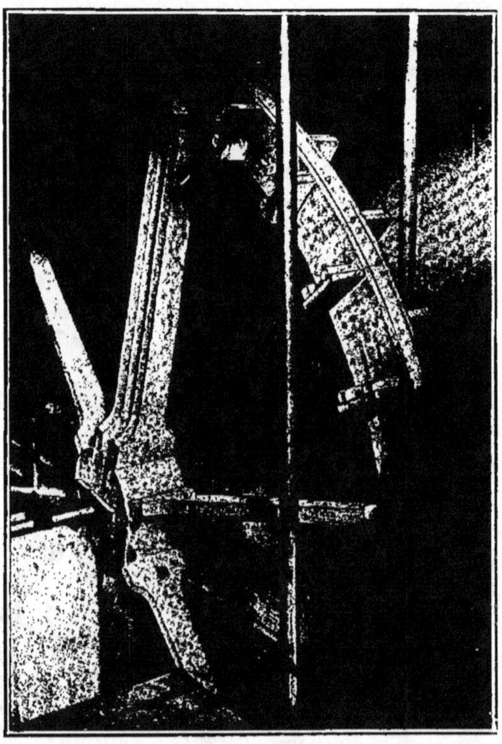

Fig. 528. — Roue à marcher (laboratoire de M. Chauveau).

avant. Cette excellente disposition, qui empêche que les efforts des
ouvriers se contrarient, a été adaptée au hache-paille pour éviter
les accidents, car souvent l'homme qui actionne la seconde manivelle l'abandonne un instant pour charger la trémie d'alimentation,
et risque d'être blessé en voulant reprendre la poignée de sa manivelle entraînée par l'autre ouvrier ; ici, quand l'homme abandonne
la poignée, la manivelle se débraye automatiquement et reste en
repos au bas de sa course.

Lorsqu'on veut utiliser plusieurs hommes pour actionner la même machine en obtenant automatiquement la simultanéité des efforts, il faut avoir recours à l'action de leur poids ; la vieille *roue des carrières* en est un exemple ; — la *roue hollandaise* (fig. 365) employée pour élever les eaux, comme le *chapelet incliné* (fig. 367 ; p. 238-239), sont également mis en mouvement par le poids des ouvriers ; — la *roue à marcher* de Hirn appartient à la même catégorie de

Fig. 529. — *Poulin* du Mont Saint-Michel.

machines, et les roues que M. A. Chauveau, Membre de l'Institut, a fait installer dans son laboratoire du Muséum d'Histoire Naturelle, pour ses remarquables expériences de physiologie animale, peuvent servir de modèle (fig. 528) ; l'homme, qui travaille sur cette roue comme s'il montait un escalier, se tient par les mains aux deux montants en bois qu'on voit sur la droite de la figure 528.

Dans les anciens ports militaires, où l'on utilisait les condamnés au bagne pour certains travaux, on actionnait des dragues à l'aide d'un tambour dans lequel on plaçait les hommes ; cette machine, qu'on appelait l'*écureuil* (ou la cage d'écureuil), rentre, comme les précédentes, dans le groupe des manèges à plan incliné ; nous donnons dans la figure 529 la vue d'un de ces tambours (appelés *poulins*), de 5 mètres de diamètre et de 1^{m}50 de largeur de jante, employés dès le XIIe siècle à l'abbaye du Mont Saint-Michel pour élever les provisions et les marchandises[1].

1. Voir dans le *Journal d'Agriculture pratique* de 1885, t. II, notre étude sur les *manèges à plan incliné*.

Citons également les *plateaux à marcher* établis sur le principe d'anciens manèges (fig. 530) ; le cheval peut être remplacé par un ou plusieurs hommes ; l'axe est incliné de 15 à 20° sur la verticale et certains modèles, établis tout en bois, avaient jusqu'à 6 et 8 mètres de diamètre.

Dans cet ordre d'idées, il serait donc possible d'utiliser des hommes dans un *manège à plan incliné*, que nous examinerons plus loin (p. 437) ; à notre demande, un de nos anciens élèves, M. Fernand Main, a pu ainsi faire travailler 4 hommes dans un de ces manèges de la maison Pilter (fig. 578) ; le tablier avait 0^m65 de large et 2^m10 de long ; les 4 hommes pesant ensemble 270 kilog., déplaçaient le tablier à la vitesse de 0^m70

Fig. 530. — Plateau à marcher.

par seconde et, d'après nos calculs, en tenant compte des résistances passives de la machine, on pouvait disposer pratiquement d'un travail mécanique utilisable de 40 kilogrammètres par seconde.

Animaux moteurs.

Actuellement nous n'avons qu'un petit nombre de documents relatifs au travail mécanique que les animaux domestiques peuvent fournir dans nos diverses colonies ; ce travail est d'ailleurs en relation avec le régime alimentaire et hygiénique des moteurs, et leurs dimensions, c'est-à-dire leur poids. (A propos des aliments, qui sont souvent rares pendant une partie de l'année, nous avons vivement appelé l'attention sur l'*ensilage*, dans la première partie du Cours, pages 121-122 et 123).

Nous possédons quelques données sur le poids moyen des animaux et sur leur travail comme porteurs (poids transporté et chemin parcouru). En moyenne générale, on peut admettre qu'un animal est soumis à la même *fatigue* quand il transporte à la même distance, dans la journée, soit un poids égal à 1 placé sur son dos, soit un poids total de 6 à 7 porté sur des roues. — Ainsi, un cheval transportant à dos 80 kg. à une distance de 40 kilomètres pourrait, sur la même étape, déplacer une voiture pesant en totalité 480 à 560 kg, tare et chargement.

Enfin, dans les pays chauds, il semble préférable de faire travailler les animaux la nuit, ou tout au moins en deux périodes séparées par les heures les plus chaudes de la journée.

Équidés. — Dans la plupart de nos colonies, les équidés sont d'un usage limité, par suite des maladies trypanosome, et servent surtout pour les transports à dos. On sait que les *chevaux*, qu'on réserve principalement au service de la selle, ne peuvent vivre dans certaines régions mouche tsé-tsé, et on a proposé d'utiliser des *zèbres*[1], des *douns*, des croisements divers : les *mulets* et les *bardots* sont très coûteux devant être importés d'autres pays : les *ânes*, au contraire, vivent et se multiplient dans beaucoup de nos possessions.

En Asie, le *cheval* mongol, de 1^{m}40 de taille, est surtout un animal de bât et a rendu des services à notre corps expéditionnaire de Chine 1900-1901 : des petits chevaux analogues sont employés par l'artillerie japonaise.

Dans le sud de l'Annam, les chevaux ont une taille moyenne de 1^{m}14 varie de 1 mètre à 1^{m}25, leur poids moyen est de 180 kg. (exceptionnellement 250 kg. et à l'âge de 4 ou 5 ans ils portent des charges de 40 à 50 kilog.

En Perse[2], les chevaux de la poste impériale *tchapari* font le service au galop et, avec des relais sur les quelques assez bonnes routes, en 24 heures on parcourt 180 kilomètres : en caravane, au pas, l'étape moyenne est de 24 kilomètres, et les muletiers *tcharvadars* font rarement des étapes de plus de 36 kilomètres : la charge des chevaux est de 80 kg., en deux ballots de 40 kg.

Les petits chevaux de race malgache 1^{m}30 de hauteur au garrot)

---

1. Au Congo belge, des tentatives d'utilisation des zèbres par le lieutenant Nys datent de 1904 : elles semblent devoir donner des résultats favorables. — Selon M. F.-C. Selous on employa pendant un certain temps des zèbres au Transvaal pour le service des diligences.

2. J. DE MORGAN. *Mission scientifique en Perse*, 1894, t. I, p. III, VI.

font couramment, à Madagascar, des étapes journalières de 40 kilomètres à l'allure de 8 kilom. à l'heure avec des charges de 80 kilog.

Au sujet du travail mécanique que peuvent fournir les chevaux, nous pouvons dresser sous forme de tableau [1] (page suivante) les résultats de nos constatations faites surtout dans la Loire-Inférieure, dans la Corrèze et en Seine-et-Oise ; ils ont été vérifiés lors de nos essais dans d'autres départements ; ces chiffres correspondent à 8 heures de travail dans les champs et à 45 minutes de travail par heure, le reste étant occupé par les repos, les tournées et les temps perdus sur les chemins ; il est très probable qu'il faut les affecter d'un coefficient de réduction (que nous ne connaissons pas encore) pour les appliquer aux chevaux qu'on pourrait utiliser dans quelques colonies.

Au Soudan, les *ânes* de petite taille (de $0^m 90$ à $1^m 05$) sont souvent chargées de 50 jusqu'à 100 kilog. ; en Tunisie, les ânes, qui pèsent de 90 à 130 kilog., reçoivent des charges de 80 à 120 kilog. — A Madagascar [2], les ânes (qui furent importés de France et d'Algérie) portent actuellement environ 60 kilog. et font des étapes journalières de 20 à 25 kilomètres, à l'allure moyenne de 5 kilomètres à l'heure ; un homme suffit pour conduire 5 animaux ; « ces expériences sont récentes, mais nous sommes convaincus, dit M. Ch. Roux. qu'elles donneront de bons résultats lorsque la question des bâts sera résolue et que les indigènes auront pris l'habitude de charger les animaux avec soin et de les conduire raisonnablement ».

Les ânes étaient employés dans l'Afrique du Nord et en Asie Mineure dès la haute antiquité et, selon les croyances, le peuple, les considérant comme l'incarnation du *mauvais* [3], les accablait de coups ; le même esprit se retrouve chez les populations musulmanes actuelles. En Tunisie, nous étions étonnés de voir, très fréquemment, une plaie sur une fesse de ces animaux : on nous a déclaré

---

1. Rappelons que nos chevaux de ferme peuvent prendre des vitesses v, v', v'' un peu différentes, mais en fournissant des efforts f, f', f'' en raison inverse, de telle sorte que leur puissance P reste sensiblement constante :
$$P = fv = f' v' = f'' v'' = \ldots$$
à la condition que v ne varie qu'entre les limites restreintes du travail au pas.

2. *L'élevage à Madagascar*, par le lieutenant Charles Roux, directeur de la ferme hippique de l'Iboaka : *Bulletin du Jardin colonial*, n° 20, 1904.

3. Voir notre *Essai sur l'Histoire du Génie Rural*, t. I, p. 92.

	CHEVAUX	
Poids des moteurs (en kg.)....	300 à 450	450 à 600
Vitesse (mètre par seconde)...	0,75 — 0,70	0,70 — 0,65
Effort utilisable en kilogrammes :		
Un animal....................	65 à 75	90 à 110
Deux animaux............	120 — 140	165 — 205
Trois animaux — attelés de file.	165 — 190	230 — 280
Trois animaux — attelés 2 de front et 1 en tête........	170 — 195	240 — 290
Quatre anim. — attelés de file.	200 — 230	275 — 335
Quatre anim. — attelés par paires.......	225 — 260	310 — 380
Puissance disponible en kilogrammètres par seconde:		
Un animal....................	48 à 52	63 à 71
Deux animaux.....	90 — 98	115 — 133
Trois animaux — attelés de file.	123 — 133	161 — 182
Trois animaux — attelés 2 de front et 1 en tête........	127 — 136	168 — 188
Quatre anim. — attelés de file.	150 — 161	192 — 217
Quatre anim. — attelés par paires.......	168 — 182	217 — 247
Travail mécanique journalier en kilogrammètres :		
Un animal	1.036.800 à 1.123.200	1.360.800 à 1.533.600
Deux animaux..............	1.944.000 — 2.116.800	2.484.000 — 2.872.600
Trois animaux — attelés de file.	2.656.800 — 2.872.800	3.477.600 — 3.931.200
Trois animaux — attelés 2 de front et 1 en tête........	2.743.200 — 2.937.600	3.628.800 — 4.060.800
Quatre anim. — attelés de file.	3.240.000 — 3.477.600	4.147.200 — 4.687.200
Quatre anim. — attelés par paires.......	3.628.800 — 3.931.200	4.687.200 — 5.335.200

que les conducteurs avaient soin d'entretenir cette plaie afin de
n'avoir, sans se fatiguer, qu'à la chatouiller avec une badine pour
forcer l'animal à avancer, c'est-à-dire à fuir son bourreau ! On nous

a assuré également qu'une tentative de Société protectrice des animaux en Tunisie n'a obtenu qu'un succès d'estime ; il serait bon que le peuple civilisateur prît enfin des mesures, énergiques au besoin, pour faire cesser ces barbaries inutiles et incompatibles avec une bonne exploitation zootechnique des moteurs ; comme excuse, si cela en est une, nous pouvons ajouter que la brutalité envers les animaux n'étant malheureusement pas chez nous un fait isolé, on fut conduit à édicter en 1850 la loi Grammont, et surtout à l'appliquer.

Bovidés. — Suivant les colonies, on peut utiliser des *zébus*, des *buffles* ou des *bœufs* à divers travaux : transport à dos ou traction effectuée sur une machine de culture, un véhicule ou sur un manège.

Dans le nord de la boucle du Niger, les *zébus* ont une hauteur d'environ 1^m50 à la bosse et reçoivent des charges de 50 à 120 kilog.

Pour ce qui concerne les zébus à Madagascar, M. Ch. Roux, précité, dit ce qui suit :

... « Les zébus se dressent facilement ; on les conduit à l'aide d'un anneau en fer passé dans les naseaux. Ils portent des charges de 60 à 80 kilog. »

« Faute de mieux, le bœuf porteur rend des services. Mais on ne peut lui demander que de très petites étapes, 20 kilomètres environ par jour et des allures lentes ; si on exige de lui un travail plus sévère, il dépérit rapidement et devient inutilisable. Partout où il y a des routes, il vaut mieux employer le bœuf à la traction. »

« Les transports par voitures à bœufs nous paraissent appelés à se développer dans l'île. Le dressage des animaux se fait avec la plus grande facilité, et, pour notre part, nous n'avons jamais eu besoin de recourir à l'anneau dans le nez, un simple licol nous ayant suffi pour conduire nos animaux. La bosse permet l'usage d'un joug spécial, commode, facile à faire et à ajuster. Soumis à un entraînement progressif, le zébu arrive à fournir de bonnes étapes sans que son état général paraisse en souffrir. Sur de petites distances, pour les travaux d'une exploitation agricole, pour le labour surtout, il rend les plus précieux services. Son emploi sur de grandes lignes d'étapes demande l'observation de deux conditions essentielles : 1° ne pas faire plus de 20 à 25 kilom. par jour, en conservant une allure lente : 2° une fois l'étape atteinte, laisser aux animaux tout le temps nécessaire pour paître à leur aise, car la nourriture ne leur est profitable qu'à la condition d'être prise lentement. Les mauvais résultats obtenus par certaines entreprises de transports par voitures à bœufs peuvent être imputés, semble-t-il, à l'effort trop considérable demandé à des animaux à peine entraînés. Employés sagement et pour transporter seulement des marchandises peu pressées, les bœufs peuvent rendre des services importants. »

Le zébu de Cochinchine, importé en Algérie [1], pèse 360 kil. et a une allure comprise entre celle du bœuf Guelma et celle du mulet : c'est un bon animal de travail. Selon M. P. Boulineau [2], le zébu craint la pluie et le marais ; le métis zébu remplace avantageusement le mulet pour les travaux de labour comme pour les transports sur route.

Les zébus sont très employés dans les cultures de la Nouvelle Guinée [3], où on les fait tirer seuls ou accouplés par deux à un joug de garrot (fig. 557, p. 418).

Les zébus porteurs du Soudan [4] ont les dimensions suivantes :

	VARIÉTÉS	
	SAHÉLIENNE	NIGÉRIENNE
Taille à la bosse	1ᵐ 42 à 1ᵐ 48	1ᵐ 44 à 1ᵐ 45
Taille à la croupe	1ᵐ 36 à 1ᵐ 44	1ᵐ 36 à 1ᵐ 39
Longueur du tronc (de la pointe de l'épaule à la pointe de la fesse)	1ᵐ 36 à 1ᵐ 44	1ᵐ 50 à 1ᵐ 52

Ces animaux peuvent transporter à dos des charges variant de 50 à 120 kilog. suivant les moteurs : ce sont les mâles seuls qu'on destine à ce service.

On emploie dans l'Inde de petits zébus trotteurs, qu'on attelle à de légères voitures à deux roues.

Le *buffle* est utilisable dans les régions chaudes et humides ;

1. D'après Roger Marès. *Journal d'Agriculture pratique*. 1902, t. II, p. 75.
2. *Le zébu en Algérie*, par M. P. Boulineau : *Première réunion internationale d'Agronomie coloniale*. Paris, juin 1905, page 315.
3. D'après W. Kolbe, *Der Tropenpflanzer*. avril 1904.
4. *Bulletin du Jardin colonial*, mai 1905.

son poids varie de 500 à 600 kilog. Des buffles employés en Algérie par M. Marès [1] ont donné d'excellents résultats comme animaux de travail : « dans les terres fortes qui avoisinent les dépressions marécageuses, dit-il, le labour est rendu difficile en hiver à cause de la faiblesse des bœufs du pays, auxquels seuls on peut demander de vivre dans ces régions où la malaria (bovine) interdit l'élevage et l'entretien des bêtes de France. — L'usage des buffles, qui n'ont pas besoin de bains pendant la saison des labours, y est tout indiqué. Chaque couple de ces robustes et pesants animaux peut remplacer deux couples de bœufs, permettant de réduire les attelages des charrues de 4 à 5 couples de bœufs à 2 ou 3 couples de buffles. — Les buffles sont têtus, surtout lorsqu'ils ont envie de se baigner, mais leur caractère est plus doux que celui des bœufs indigènes et ils sont en général fort dociles. »

Les buffles sont employés dans l'Asie et dans les possessions hollandaises où ils cultivent les rizières, travaillant en ayant l'eau jusqu'au ventre ; on les attelle seuls ou par paire. — A Java, selon M. Paul Serre, correspondant de la Société Nationale d'Agriculture, « le buffle est un animal précieux : il tire la charrue, pétrit l'argile dans les briqueteries, bat le riz en marchant dessus, fait tourner les moulins, traîne les voitures et, à la fin de ses jours, est débité à tant la livre dans les *kampongs* (villages indigènes des Indes néerlandaises) ».

Selon M. E. Douarche, vétérinaire-inspecteur des épizooties du Tonkin [2], les buffles du Tonkin pèsent en moyenne 500 kilog. : ils ne valent pas les bœufs annamites et sont surtout utilisés aux travaux de culture des rizières basses ; les animaux font deux attelées par jour et, dans ce temps, on estime qu'un buffle peut labourer 2000 mètres carrés de rizière ; quelques buffles exceptionnels arrivent à labourer 1 *mâu* dans leur journée, soit 3600 mètres carrés de rizière.

Les petits *bœufs* du littoral nord de l'Afrique pèsent de 300 à 350 kilog. au plus et 250 à 300 kilog. en moyenne ; en Algérie, c'est la variété Guelma qui semble la plus employée.

Les animaux du Fouta-Djalon sont analogues aux Guelma comme

1. *Journal d'Agriculture pratique*, 1902, t. II, p. 75.
2. *Bulletin économique de la Direction de l'Agriculture et du Commerce de l'Indo-Chine*, mars 1906, p. 261.

dimensions et probablement comme puissance ; — les bœufs dont la taille est d'environ 1 mètre pèsent de 200 à 250 kilog. ; ceux qui ont 1^{m}10 pèsent 300 kilog. environ.

Au Soudan [1], les bœufs du Fouta-Djalon ont une taille de 0^{m}99 à la croupe, et ceux de Bambara 1^{m}20.

Au Dahomey, la variété de l'Ouémé n'a que 0^{m}95 à 1^{m}05 de hauteur au garrot et ne peut être utilisée que pour la boucherie ; la variété Peuhl, de 1^{m}20 à 1^{m}35. propre au travail, est comparable à notre petite race bretonne.

Comme nous l'avons fait pour les chevaux (p. 393), nous donnons dans le tableau suivant le résumé de nos constatations sur le travail des bœufs [2], tout en répétant notre précédente observation : ces chiffres doivent être certainement affectés d'un coefficient de réduction (inconnu actuellement) pour s'appliquer aux bovins utilisés dans les colonies :

	BOEUFS		
Poids des moteurs (en kg.)...........	250 à 400	400 à 550	550 à 700
Vitesse (m. par seconde)	0.75 — 0,70	0.65 — 0.60	0.55 — 0.50
Effort utilisable en kilogrammes :			
Un animal..............	55 à 70	90 à 110	160 à 200
Deux animaux...........	100 — 130	165 — 200	295 — 370
Quatre animaux.........	170 — 215	273 — 335	490 — 610
Puissance disponible en kilogrammètres par seconde :			
Un animal..............	41 à 49	58 à 66	88 à 100
Deux animaux...........	75 — 91	107 — 120	162 — 185
Quatre animaux.........	127 — 150	178 — 201	269 — 305
Travail mécanique journalier en kilogrammètres :			
Un animal..............	885.600 à 1.058.400	1.252.800 à 1.425.600	1.900.800 à 2.160.000
Deux animaux...........	1.620.000 — 1.965.600	2.311.200 — 2.592.000	3.499.200 — 3.996.000
Quatre animaux.........	2.743.200 — 3.240.000	3.814.800 — 4.311.600	5.810.400 — 6.588.000

1. *Bulletin du Jardin colonial.* mai 1905.

2. Nous ferons ici la même observation que celle indiquée à la note 1, p. 392, relativement à la puissance :

$$P = f v = f' v' = f'' v'' = \ldots$$

qui reste sensiblement constante lorsque la vitesse des moteurs est maintenue dans les limites correspondant à l'allure du pas.

Dans ce tableau, les animaux font 8 heures de travail dans les champs et pendant 45 minutes par heure : le reste étant occupé par les repos, les tournées et les temps perdus sur les chemins.

De nos recherches sur vingt-neuf paires de bœufs de travail de race limousine (Concours de Limoges — Société d'Agriculture de la Haute-Vienne, 30 septembre 1905), nous tirons le résumé suivant :

BŒUFS LIMOUSINS

	de 2 à 4 ans	de 4 à 8 ans
Hauteur au garrot..............	1ᵐ 30 à 1ᵐ 40	1ᵐ 37 à 1ᵐ 54
Poids de la paire de bœufs avec le joug	1085 kg. — 1165 kg.	1130 kg. — 1720 kg.
Effort moyen développé (en kg.).	150 — 215	235 — 321
Vitesse moyenne (mètre par seconde	0ᵐ 36 — 0ᵐ 62	0ᵐ 35 — 0ᵐ 60

La plus forte paire de bœufs limousins (4 ans 1/2), pesant 1.380 kg., était capable de fournir, en travail normal, un effort moyen de 317 kilog. à une vitesse moyenne de 0ᵐ 60 par seconde, soit une puissance utilisable de plus de 190 kilogrammètres par seconde, ou un peu plus de 2 chevaux-vapeur et demi.

Nous résumons ci-dessous les résultats constatés dans nos essais sur vingt-six paires de bœufs de travail de race pure d'Aubrac (Concours de Rodez. — Société centrale d'Agriculture de l'Aveyron, 17 mai 1907) :

BŒUFS D'AUBRAC

	de 3 à 4 ans	de 5 à 8 ans
Hauteur au garrot	1ᵐ 32 à 1ᵐ 44	1ᵐ 42 à 1ᵐ 55
Poids de la paire de bœufs avec le joug	1120 kg. — 1265 kg.	1220 kg. — 1630 kg.
Effort moyen développé (en kg.).	154 — 227	162 — 266
Vitesse moyenne (mètre par seconde	0ᵐ 50 — 0ᵐ 74	0ᵐ 45 — 0ᵐ 64

Une jeune paire de bœufs d'Aubrac (3 ans et 3 ans et demi) pesant 1120 kilog., était capable de fournir, en travail normal, un effet moyen de 197 kilog. à une vitesse moyenne de 0ᵐ 65 par seconde, soit une puissance mécanique utilisable de 128 kilogrammètres par seconde, ou presqu'un et trois quarts de cheval-vapeur.

Il est bon d'ajouter que les bœufs du Concours de Rodez venaient de passer difficilement l'hiver par suite de la pénurie des fourrages et qu'ils étaient fatigués par les travaux de printemps.

Lors de nos essais de Maison-Carrée, en 1898, nous avons eu l'occasion de faire des observations sur le travail pratique exécuté par sept paires de tout petits bœufs des indigènes algériens (les animaux devaient peser de 250 à 300 kil.); nous résumons ci-dessous les moyennes constatées pour chaque attelage (fig. 549) travaillant dans une raie de 215 mètres de longueur qu'ils parcouraient en 4 ou 6 reprises successives séparées chacune par un léger repos :

Nº de l'attelage	TEMPS (minutes et secondes) pour faire la raie de 215 mètres et une tournée		RAPPORT du temps utile au temps total de travail	VITESSE (en mètre par seconde) comptée sur le temps utile	EFFORT MOYEN fourni en kilogrammes	TRAVAIL mécanique disponible en kilogrammètres (pendant le temps utile)
	Total	l'tile				
	minutes	minutes		mètres	kg.	kgm.
1	10.40	8.30	0.79	0.42	148	62.16
2	9.30	7.00	0.73	0.51	180	91.80
3	8.30	6.00	0.70	0.60	160	96.00
4	8.40	7.00	0.80	0.51	160	91.60
5	7.30	6.00	0.80	0.60	164	98.40
6	8.20	6.20	0.76	0.57	143	81.51
7	10.30	6.20	0.59	0.57	170	96.90

Si l'on fait les moyennes, en retirant du tableau précédent les chiffres extrêmes, on voit qu'on peut tabler sur les résultats suivants :

Vitesse moyenne par seconde pendant le travail.. $0^m 54$
Effort moyen utilisable...................... 160 kilog.
Travail mécanique utilisable par seconde......... 86 kilogrammètres.
Rapport du temps utile au temps total.......... 0,75, soit 45 minutes par heure

Une paire de semblables petits bœufs fournit ainsi 232200 kilogrammètres utilisables par heure de présence au travail; pour sept heures par jour, on disposerait ainsi de 1625400 kilogrammètres par paire de bœufs, parcourant un chemin utile d'un peu plus de 10 kilomètres (10200 mètres).

En comparant les chiffres précédents avec ceux du tableau de la page 397, on voit que les animaux de Maison-Carrée ont moins de vitesse mais donnent un effort moyen plus élevé que ceux de

France ; la puissance fournie est un peu plus grande (86 au lieu de 75 kilogrammètres par seconde) : bien que la durée journalière du travail soit plus faible, le travail mécanique donné par jour est semblable (1625400 au lieu de 1620000 kilogrammètres). — Si nous avions le droit de généraliser la comparaison, nous pourrions dire que, pour les bœufs des colonies du nord de l'Afrique, les efforts du tableau de la page 397 doivent être multipliés par 1,60, les vitesses par 0,72, la puissance fournie par 1,15, et la durée du travail journalier par 0,875.

Camélidés. — On juge la puissance du *dromadaire* (comme pour le *chameau*) par le volume de la bosse : quand elle diminue c'est un signe de faiblesse ; bien soigné, avec 30 à 40 kil. de fourrage grossier par jour, ou 3 à 4 heures de pâturage, le dromadaire peut porter des charges de 200 kilog. ; bien qu'en hiver il puisse rester sans boire durant dix jours, et en été pendant deux, il faut le laisser boire chaque fois que cela est possible : un homme suffit pour conduire quatre animaux de bât, à l'allure moyenne de 4 kilomètres par heure.

Dans le sud de l'Algérie, on estime qu'un dromadaire peut porter en moyenne une charge de 120 kilog. [1].

Au Sénégal [2], les meilleurs dromadaires seraient chargés de 300 à 500 kilog. pour parcourir, sans fatigue, des étapes journalières de 50 kilomètres.

En Algérie, en Tunisie, en Égypte, etc., le dromadaire actionne les machines élévatoires, tire la charrue et la houe destinées aux cultures des terres labourées et des olivettes. Aux travaux de construction du canal de Suez, le dromadaire fut utilisé comme animal de trait pour effectuer les transports difficiles du matériel dans les chantiers de l'isthme.

En Tunisie, M. Paul Bourde, ancien Directeur de l'Agriculture, qui préside la Société civile de Sidi-Mansour de Chrahil, a très bien réussi à faire tirer des véhicules par des dromadaires (p. 421).

On n'utilisait autrefois, dans la colonie allemande de l'Afrique sud-occidentale, que des bœufs et des mulets comme animaux de trait et bêtes de somme ; le gouvernement allemand, après des études, acheta, en 1906, sur la côte de la mer Rouge, près de deux mille droma-

---

1. Chiffre constaté aux travaux de sondages dans le Hodna et le Sahara de Constantine, selon M. Ville.

2. *Bulletin du Jardin colonial,* juillet-août 1904. p. 36.

daires destinés aux troupes de la garnison de la colonie où le cheval
ne peut résister aux piqûres de la mouche tsé[1] ; on ne prit que
10 pour 100 des animaux offerts par les Arabes, en choisissant les
dromadaires de peau bien basanée. Le transport s'effectua sur des
vapeurs affrétés à Hambourg et spécialement aménagés, avec nombreux ventilateurs ; chaque bateau reçut de 300 à 500 dromadaires
parqués sur le pont et dans l'entrepont ; le voyage se fit par l'Océan
Indien et le cap de Bonne Espérance ; après Port-Natal (Durban)
le convoi eut à subir une tempête ; au port de Swakopmund, les
animaux furent déchargés à la grue sur des radeaux spéciaux qui
les conduisirent presque à terre par groupes de 30 à 40 ; une semaine
après leur débarquement, ils étaient employés avec succès comme
bêtes de somme, et on estime qu'un dromadaire, bien soigné, a pu
remplacer trois bœufs ou trois mulets.

Si nous avons cité cet exemple, et si nous donnons plus loin
des détails au sujet des harnais des camélidés, c'est dans le but
d'appeler l'attention sur la possibilité d'importer, dans certaines
colonies, des dromadaires et des chameaux, lesquels, bien traités,
seraient capables d'y être utilisés comme moteurs.

Des dromadaires ont été importés au Transvaal en 1903-1904
par le *Department of Agriculture* pour être employés à la ferme
expérimentale de Potchefstroom.

Comme document sur le travail du dromadaire relativement à
celui des chevaux de l'Allemagne, nous citerons le passage suivant
extrait de la *Revue agronomique de Louvain*, juillet 1900, p. 316 :

« Un riche propriétaire foncier des environs de Posen, en Allemagne, M. le comte Skorzewski, a eu dernièrement l'idée de faire
labourer ses champs par des chameaux. C'est la première fois,
croyons-nous, que pareille tentative est faite en Europe ; aussi les
agronomes d'Outre-Rhin ont-ils suivi avec beaucoup d'intérêt l'expérience en question. — D'après les résultats déjà obtenus, on a pu
se rendre compte que le chameau, habitué aux privations et très
résistant à la fatigue, donnait une somme de travail environ *deux*
fois supérieure à celle procurée par le cheval : par rapport aux bœufs,
la différence est presque aussi sensible ; enfin il y a une légère économie de nourriture et d'entretien. Le propriétaire dont nous parlons vient de faire venir d'Algérie trois autres paires de chameaux

---

1. Le dromadaire serait réfractaire aux piqûres de cette mouche.

(il doit s'agir probablement de *dromadaires* et non de chameaux) qu'il compte utiliser de la même manière ; son exemple a d'ailleurs été suivi par quelques fermiers posnaniens, notamment à Gratz, et bientôt peut-être l'emploi du chameau au labourage se généralisera-t-il dans cette région Est de l'Allemagne, dont l'agriculture est à peu près la seule richesse ». — (Nous n'avons pas le détail du harnais employé).

Dans la Mongolie [1], les *chameaux* peuvent porter des charges de 200 à 250 kilog. sur des étapes de 40 kilomètres ; on a constaté qu'une caravane de 18 chameaux a parcouru 1.350 kilomètres en 30 jours (soit 45 kilomètres en moyenne par jour). — Les chameaux attelés à des voitures à deux roues (analogue aux *arabas* dont nous parlerons plus loin, aux *Appareils de Transports*) peuvent parcourir en moyenne des étapes de 60 kilomètres par jour. — Le travail s'effectue généralement, en Mongolie, de 8 heures à midi et de 5 heures à minuit, soit 11 heures par jour ; mais on a pu faire faire aux chameaux 10 et jusqu'à 14 heures sans repos, à raison de 4 à 5 kilomètres par heure, pendant 27 jours consécutifs.

Nous avons les renseignements suivants sur le travail du chameau dans l'Est de la Russie d'Europe, par une étude de M. J. Wilbouchevitch [2] : attelé à une voiture à deux roues (avec le harnais indiqué plus loin, fig. 564, p. 422), un chameau peut parcourir en 24 heures près de 90 kilomètres par étapes de 40 kilomètres et un chargement utile de 560 à 720 kilog. (rarement 800 kilog.); — dans l'arrondissement de Novo-Ouzensk, deux rouliers suffisent pour accompagner quatre chameaux attelés, alors qu'il faut un homme par deux ou par trois chevaux ; — une paire de chameaux laboure, à 0^m 30 de profondeur, avec une charrue à deux raies d'Eckert, travail qui, dans le pays, nécessiterait deux paires de bons chevaux ou deux à trois paires de bœufs; — le défrichement de la steppe se fait avec la charrue locale appelée *tsahann*, sorte de scarificateur, attelée de six paires de chameaux ; mais on préfère effectuer le défrichement avec les bœufs, un attelage comprenant de nombreux chameaux n'étant pas de conduite facile.

---

1. *Das Mongolische Kamel*, par Freiherrn v. Stauffenberg, dans *der Tropenpflanzer*, septembre 1902.
2. *Bulletin de la Société d'Acclimatation de France*, 20 octobre 1894.

Éléphants. — Les éléphants sont surtout utilisés comme porteurs, cependant l'armée anglaise de l'Inde posséderait des batteries d'artillerie tirées par des éléphants (deux éléphants, portant chacun leur cornac, sont attelés en file à un caisson et au canon) ; dans certaines régions de l'Inde les éléphants tirent les charrues.

Fig. 531. — Éléphant porteur (Cambodge).

Les éléphants employés par le gouvernement de l'Inde sont chargés de 500 à 600 kilog. sur un bât [1] (maximum observé, 1200 kg).

L'éléphant est employé au débardage des forêts de teck du Laos, de la Birmanie et du Siam [2], où un animal se vend de 4.000 à 5.000 francs et exécute le travail de huit mules.

La figure 531, extraite de l'*Empire colonial de la France* (fascicule de l'*Indo-Chine*, p. 64), représente un éléphant du Cambodge.

1. G. H. Evans, *Traité sur les Éléphants*, traduit de l'anglais par Jules Claine, consul de France en Birmanie.
2. *Bulletin économique de la Direction de l'Agriculture et du Commerce de l'Indo-Chine*, novembre 1900 ; Badetty, *Le Teck au Siam*.

L'éléphant vit à l'état sauvage dans les forêts de l'Afrique occidentale et pourrait certainement être utilisé au Congo, à la Côte d'Ivoire, au Dahomey, etc.; malheureusement, ces animaux sont menacés d'une disparition prochaine par suite de l'exploitation commerciale intensive de l'ivoire entreprise par différentes Sociétés, si l'Administration coloniale ne prend pas toutes les mesures propres à assurer la conservation de l'espèce.

A propos du jeune éléphant envoyé par le gouverneur du Congo français, M. Ormières, à l'exposition du Jardin Colonial (juin 1905), M. Paul Bourdarie [1] fait remarquer que l'éléphant d'Afrique est parfaitement et facilement domestiquable, qu'il y en a des exemples au Congo français, au Cameroun, au Congo belge, au Congo portugais et en Abyssinie.

Harnais de portage; Bâts. — Le *bât* ne doit jamais être en con-

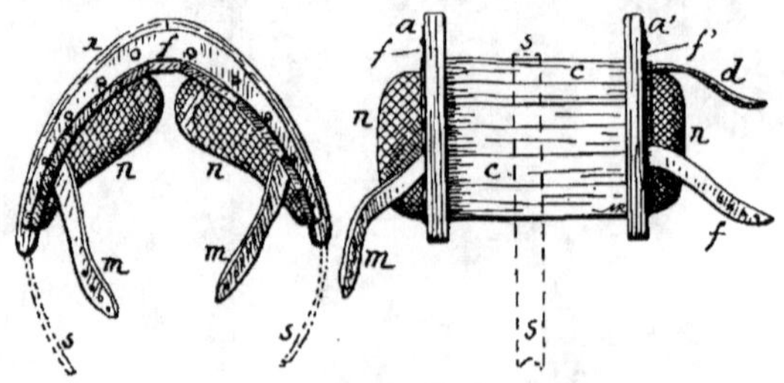

Fig. 532. — Bât (France).

tact avec la peau qui recouvre les apophyses épineuses des vertèbres ; les pressions doivent être reportées sur les apophyses articulaires latérales.

Le bât, employé en France, est formé de deux *arcades a a'* (fig. 532), consolidées par les fers *f, f'*, reliant l'*aube c*, qui est maintenue par le *surfaix s* ; des *coussins n* reposent sur le dos de l'animal sans comprimer les côtes, le garrot ni les rognons ; on intercale souvent une couverture, ou *panneau*, entre le bât et le dos de l'animal ; le bât est retenu à l'avant par un *montant de poitrail m*, à l'arrière par une *croupière d* et une *avaloire f*. — L'avant a se

---

1. *Première réunion internationale d'Agronomie coloniale,* Paris, juin 1905, pp. 317 et suiv.: *De l'utilisation des forces animales et en particulier de l'éléphant dans les colonies africaines. — Bulletin du Jardin colonial,* juin 1907, p. 462.

place à 0^m 06 en arrière des épaules afin de leur assurer les mouvements libres.

En Bosnie, les bâts sont des plus simples : les arcades sont formées chacune de deux bois *b b* (fig. 533), reliés par des ligatures *c*, et portant sur les traverses *t* posées sur les coussins *n*.

En Afrique, le bœuf et le zébu sont surtout employés comme porteurs : au Soudan, selon MM. C. Pierre et C. Monteil [1], le bât du zébu comme celui de l'âne est composé de deux énormes coussins en paille de maïs ou en tiges d'herbes sur lesquels reposent les cordes d'arrimage

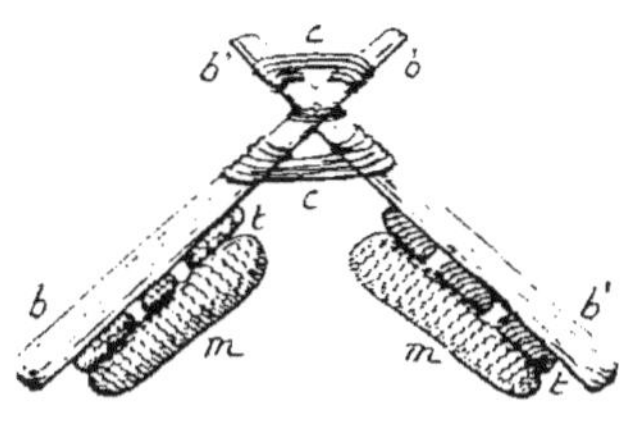

Fig. 533. — Bât Bosnie

(fig. 534) : il ne comporte ni poitrail, ni sangle, ni courroie d'avaloire. Avec le simple harnais indiqué par la figure 534, la charge ne

Fig. 534. — Bœuf porteur (Soudan).

peut être en équilibre qu'à la double condition d'être également ré-

1. *Le Bœuf au Soudan : Bulletin du Jardin colonial*, mai 1905, p. 376.

partie à droite et à gauche du moteur, en A et en B (fig. 535), et que les centres de gravité de ces charges (reliées par *a* et *b*) soient placés

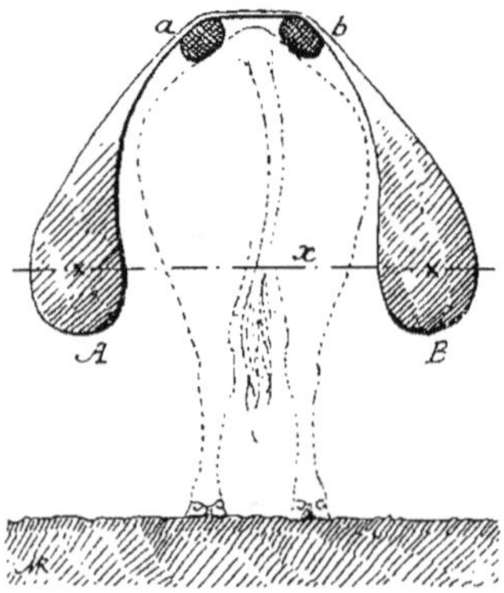

Fig. 535. — Condition d'équilibre de la charge d'un bœuf porteur.

sur un plan *x* aussi bas que possible : cela se voit nettement sur la photographie (fig. 536), tirée de l'*Empire colonial de la France* fascicule de *Madagascar*, p. 88).

Le même principe, selon M. Duchemin, est suivi par les indigènes des régions montagneuses du Tonkin et de l'Annam : les chevaux-porteurs ont un bât maintenu par un poitrail et une croupière, mais sans avaloire ni sangle ; les charges A et B (fig. 537 sont attachées à une sorte d'échelle double *a b c* posée simplement sur le bât afin de pouvoir se séparer facilement de l'animal lors d'une chute : comme dans la figure 535,

Fig. 536. — Bœuf porteur (Madagascar).

les centres de gravité des charges A et B sont placés sur un plan *x* aussi bas que possible.

On voit que les méthodes précédentes, ayant l'avantage de laisser la charge indépendante du bât, ont une condition d'équilibre différente des chargements à dos d'animaux tels qu'ils sont pratiqués chez nous et en Suisse : le centre de gravité de la charge étant au niveau du bât, ou au-dessus (cas d'un cavalier), il faut que le bât soit solidement maintenu en place sur le dos de l'animal par un

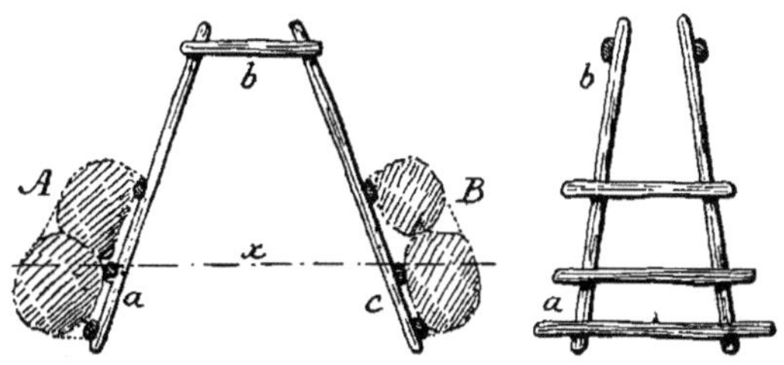

FIG. 537. — Support de charge (Indo-Chine).

surfaix, un montant de poitrail, une croupière et une avaloire (fig. 532).

La sellette des dromadaires, appelée *k'teb* en Tunisie, pesant 3 kilog., comprend deux parties a, a' (fig. 538) jouant le rôle d'arcades, reliées par les entretoises b, b' ; chaque arcade a et a' est for-mée de deux pièces de bois n et n' appliquées, à leur partie supérieure, à plat-joint et ser-rées par les chevilles rectan-gulaires c, c' maintenues en place par un petit goujon d en bois ; la figure 538 donne, à l'échelle, la coupe des assem-blages très ingénieux utilisés par les indigènes de la Tunisie, analogues à ceux en usage chez nous il y a plusieurs siècles, et qui sont tombés dans l'ou-bli à la suite de l'emploi des pièces en fer comme moyen

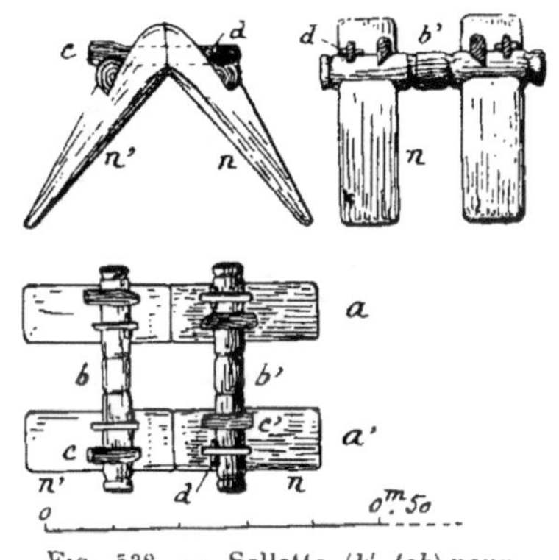

FIG. 538. — Sellette (*k' teb*) pour dromadaire (Tunisie).

d'assemblage des bois (clous, pointes, vis, tirefonds et boulons).

En Égypte, pour les transports importants de terres, à une dis-tance dépassant 100 mètres, on utilise le dromadaire muni d'un bât très simple (analogue à celui de la figure 538), auquel on accroche de chaque côté un récipient en tresses de palmier ; chaque récipient

A (fig. 539), tronc-conique, d'environ 0ᵐ 60 à 0ᵐ 70 de grand diamètre et 0ᵐ 80 à 0ᵐ 90 de hauteur, peut contenir 70 à 80 décimètres cubes de terre qu'on charge, l'animal étant accroupi, avec des couffins ordinaires ; le fond, ou clapet *a*, est mobile autour d'une sorte de charnière *o* (en corde de palmier) et est maintenu fermé par un bout de corde et un crochet en bois *b* ; pour la décharge l'animal restant debout, il suffit de laisser tomber le fond *a* en *a'* (on appelle cela le *système du chameau à clapet*) ; la charge totale du dromadaire doit être d'environ 200 kilog. Dans le même ordre d'idées, nous avons étudié le montage sui-

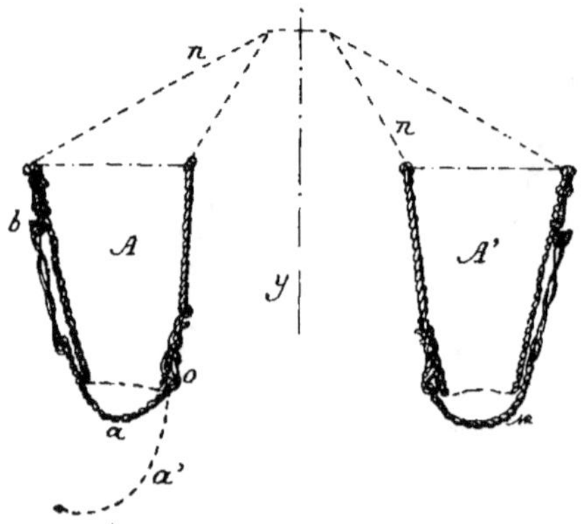

Fig. 539. — Coupe transversale de couffins à clapet pour le transport des terres (Egypte).

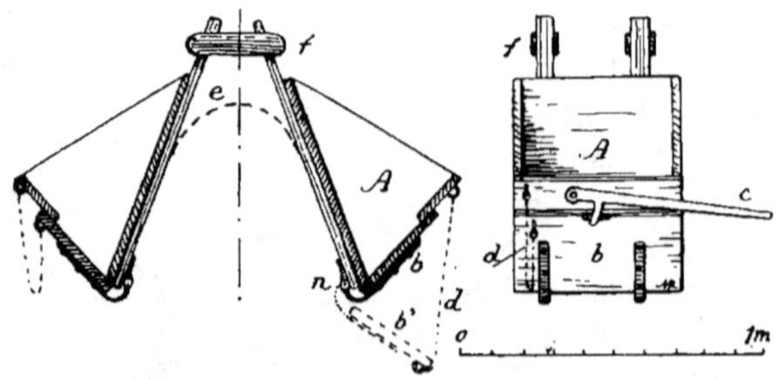

Fig. 540. — Caisses à portes proposées pour le transport des terres en Tunisie.

vant pour les ânes de Tunisie qui peuvent être chargés de 80 à 120 kilog. selon leur taille (ces ânes pèsent de 90 à 130 kilog. et, avec le *beurda*, sorte de bât économique bourré de paille, leur hauteur au garrot est de 0ᵐ 90 à 1ᵐ 20, leur largeur 0ᵐ 60 à 0ᵐ 80). Chaque caisse A (fig. 540), à section triangulaire, est pourvue de la porte *b* à charnières *n* qu'on ouvre en soulevant le levier *c* ; une chaîne *d* limite l'inclinaison *b'* de la porte pendant la vidange, afin d'éloigner les matériaux des pieds de l'animal ; la longueur du coffre A varie de 0ᵐ 45 à 0ᵐ 55, suivant la taille de la bête ; les deux leviers *c* étant à l'arrière on peut vider d'un seul coup les deux coffres afin de ne pas trop détruire l'équilibre de la charge ; les deux pièces sont reliées par des entretoises *f* et deux chaînes *e* reposant sur le beurda, qui a une dizaine de centimètres d'épaisseur.

Harnais de traction ; colliers, jougs, sangles et bricoles. — Nous ne dirons que peu de mots relativement aux harnais des chevaux (qui servent surtout de porteurs dans les pays chauds) ; si l'on devait atteler les chevaux et les mulets nous appellerons l'attention sur les *colliers métalliques* (fig. 541) qui présentent des avantages incontestables sur les colliers ordinaires ; ils sont très légers, faciles à nettoyer, ont une grande durée et ne peuvent servir de réceptacle aux microbes ; les surfaces de contact sont zinguées ; comme nous croyons ces colliers recommandables pour nos colonies, nous résumons, dans le tableau suivant, les dimensions des différents types de fabrication courante, ainsi que leur poids :

Fig. 541. — Collier métallique (A. Bajac).

Types	Animaux	DIMENSIONS EN MILLIMÈTRES		POIDS
		Hauteur intérieure	Plus grande largeur intérieure	kg.
—	—	—	—	—
1	Petits ponneys	395	185	3 »
2	Ponneys...............	425	195	4.25
3	Petits chevaux...........	470	205	5 »
4	Chevaux de fiacre........	525	210	7 »
5	Omnibus et camions	565	220	8.50
6	Gros tombereaux	605	240	9 »
7	Fardiers...............	630	260	9.50
8	Gros fardiers...........	675	275	11 »

A Paris, le prix de ces colliers oscille, suivant leur type, de 37 à
57 francs.

Pour les travaux légers, on pourra employer la *bricole de poitrail* sur laquelle nous croyons inutile d'insister (par suite de sa
position sur l'animal, la bricole ne lui permet pas de fournir un
effort aussi élevé qu'avec le collier ; l'armée emploie la bricole parce

Fig. 542. — Bœufs attelés au joug double (Australie).

que le même harnais peut s'adapter à tous les animaux sans nécessiter l'ajustage du collier, qui doit être spécial à chaque bête).

Pour protéger les animaux contre les mouches, on pourrait les
recouvrir d'une toile, ou mieux, comme dans la Charente-Inférieure,
d'un filet en ficelle, à grandes mailles, allant de la tête à la croupe, s'arrêtant au niveau des flancs d'où pendent de nombreux brins noués
à l'extrémité. Le léger déplacement du filet à chaque pas et le balancement des ficelles pendantes empêchent les mouches de se poser
sur l'animal ; ce principe, qui se retrouve dans les harnais des mules
d'Espagne, peut très bien s'appliquer aux bovidés.

Pour les bêtes bovines il convient, croyons-nous, d'abandonner
le *joug de tête*, simple ou double, car les animaux doivent avoir toujours la tête très libre afin de pouvoir se rafraîchir par des mouvements qui, en même temps, chassent les insectes ; il ne faudrait
pas conseiller des chapeaux de paille, comme on en coiffe les chevaux de Paris par les fortes cha-
leurs, croyant leur être utile,
alors qu'au contraire on concentre
ainsi la chaleur au cervelet ; il
suffirait d'un filet protégeant les
oreilles contre les mouches, ou
même d'une simple branche d'arbuste attachée à la tête et for-

Fig. 543. — Jouguet (A. Bajac).

mant éventail, en un mot tout dispositif assurant la ventilation
et non la concentration de la chaleur.

Disons cependant que le *joug double* de nuque est utilisé en
Australie (fig. 542)[1], à Cuba, au Mexique, etc. ; peut-être y est-il

Fig. 544. — Bœuf harnaché du jouguet et des traits.

imposé par l'indocilité des bœufs ? mais avec une bonne exploitation zootechnique des moteurs, en dressant les animaux dès leur
jeune âge, en les habituant à l'homme, il serait bien préférable
d'employer le *joug simple* (fig. 543) permettant au bovidé de donner
plus de travail utilisable sans fatigue supplémentaire. La figure 544

1. G. Lafforgue, *L'Élevage en Nouvelle-Calédonie*, p. 17.

montre un animal muni d'un joug simple, et M. Bajac a combiné des pièces accessoires, avaloire, dossière, etc., permettant d'atteler le bœuf comme un cheval à des véhicules à brancards.

Le *joug de garrot* est très employé par les indigènes d'un grand nombre de nos colonies et nous avons déjà eu l'occasion d'en faire une étude détaillée[1]. Le joug de garrot se place en avant des épaules, contre la première vertèbre dorsale du bovidé et il est souvent maintenu par un lien passant en dessous du cou; ce harnais, qu'on trouve figuré sur les sculptures assyriennes[2], est encore employé en Normandie et dans le Midi de la France, en Suisse, en Portugal, en Algérie, en Tunisie, en Égypte, au Caucase, dans l'Inde, l'Indo-Chine, au Mexique, en Californie, etc.

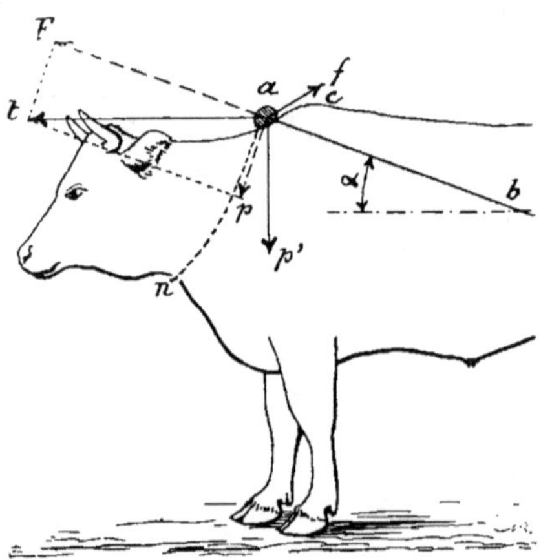

Fig. 545. — Équilibre du joug de garrot

Le joug de garrot est posé sur la bête en *a* (fig. 545) : l'effort F que l'animal doit communiquer à l'âge d'une charrue, à la flèche d'un véhicule ou à une chaîne de traction, est incliné suivant la ligne *a b*; le bœuf fournissant une traction *t*, parallèle à la surface du sol (et plus grande que F), cette traction se décompose en deux forces, l'une *a* F utilisée par la pièce *a b*, l'autre *a p* appuyant le joug *a* sur la base du cou de la bête, c'est-à-dire sur les dernières vertèbres cervicales[3]. — Pour que le joug ne remonte pas sur le plan incliné *a c* du garrot, il suffit que la pression *a p* ait une certaine valeur; cette dernière, lorsque α est très petit, peut être assurée en donnant une charge supplémentaire *a p'* à l'aide de poids quelconques, et nous en citerons plus loin un exemple. — Cepen-

---

1. *Du joug de garrot*; *Journal d'Agriculture pratique*, nᵒ 33 du 16 août 1906, p. 207.

2. Voir notre *Essai sur l'Histoire du Génie Rural*, t. II, fig. 293, p. 357.

3. Si α est l'angle d'inclinaison des traits *a b* avec le sol sur lequel se déplace l'animal, on a :

$$F = t \cos \alpha \qquad \text{et} \qquad p = t \sin \alpha$$

dant, si l'effort *t* augmente momentanément, ou si la manœuvre de
la charrue vient à diminuer l'angle *x*, ou, enfin, si la bête s'abaisse
sur son bipède antérieur, le joug *a* tend à remonter sur *a c*. On
limite la course arrière du joug au moyen d'un lien *a n* passé autour
de l'encolure, en avant du scapulum et de l'articulation de l'humé-
rus ; mais lorsque ce lien exerce son action, il serre sur le fanon et
fait corner l'animal qui, suffoqué, s'arrête malgré les coups dont le gratifie copieusement son conducteur.

D'après nos constata-
tions faites en Algérie,
l'angle α (fig. 545) est d'environ 20 degrés ; par ani-

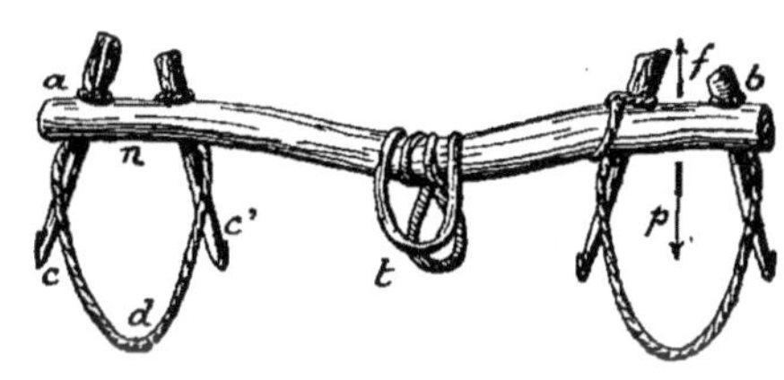

Fig. 546. — Joug double de garrot
(Algérie, Tunisie).

mal, la traction *t* étant de 100 kilog., F est de 94 kilog. et *p* de 34
kilog., auxquels il faut ajouter le poids *p'* du joug et de ses lanières
(environ 5 kilog. par bœuf) et une partie du poids de l'âge de la
charrue, de la flèche du véhicule ou de la chaîne de traction ; dans
ces conditions, la charge du joug *a* est suffisante ; mais avec un
mauvais harnais, et dans les à-coups, le lien *n* serre la gorge de
l'animal en exerçant un effort *f* pouvant atteindre jusqu'à 20 et 25
kilog. — Il est bon de ne pas dépasser un angle α de 20° ; d'ailleurs cet angle est souvent imposé par les machines auxquelles
sont attelés les animaux.

Les jougs de garrot sont doubles ou simples.

Le *joug double de garrot*, le plus rustique, consiste en une traverse *a b* (fig. 546) pourvue de chevilles *c*, *c'*, et d'une corde ou
d'une sangle *d* passant sous le cou de l'animal ; le bovidé exerce
la pression en *n*, au contact du garrot ; la traction s'effectue en *t*
par des lanières ou par une flèche. — Nous avons vu que le joug
doit toujours exercer une pression *p* de haut en bas sur les dernières
vertèbres cervicales, et ne doit jamais avoir de tendance à se soulever suivant *f*, sinon le lien *d* étrangle la bête. — Au Hamiz, nous
avons rencontré un indigène qui, ayant reconnu empiriquement
ce que nous venons de dire, avait empêché le soulèvement du joug
(suivant *f*, fig. 545) par un coussin garni de terre : il chargeait ainsi,
et à volonté, le cou de chaque bœuf, mais supprimait son étran-
glement.

Il est bon d'augmenter en *n* (fig. 546) la zone de contact du joug avec la peau de l'animal, afin de diminuer la pression par unité de surface, sinon il peut se produire des blessures inguérissables ayant pour effet de diminuer la pression ou l'effort qu'on peut demander à l'attelage ; on emploie un paillasson, une natte en sparterie ou mieux un coussin.

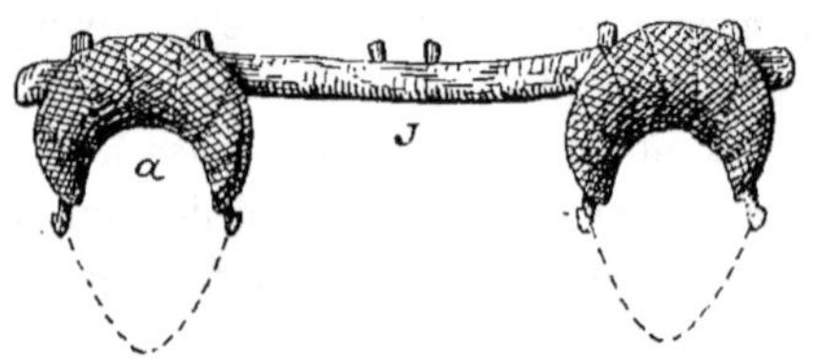

Fig. 547. — Joug double de garrot garni de coussins.

Les propriétaires soigneux de leurs animaux garnissent les chevilles du joug J (fig. 547) avec de gros coussins *a* en forte toile ou en cuir rembourrés de crin ou de paille.

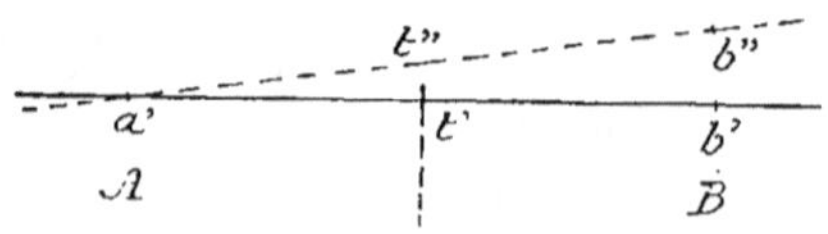

Fig. 548. — Oscillation d'un joug de garrot dans le plan horizontal.

Fig. 549. — Bœufs attelés au joug double de garrot (Algérie).

Le joug $a'b'$ (fig. 548) est souvent très long (environ 2 mètres),
afin de diminuer les oscillations de $t't''$ dues au grand déplacement

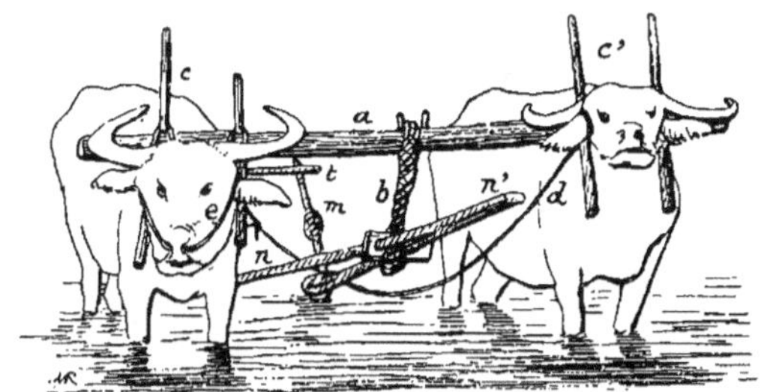

Fig. 550. — Buffles attelés au joug double de garrot (Birmanie).

$b'b''$ d'un animal B de l'attelage relativement à l'autre A. — Au
Pérou, le joug de garrot a souvent $3^m 50$ de longueur.

Fig. 551. — Attelage au joug double de garrot (Égypte).

La figure 549 donne la vue d'un de ces attelages algériens, et la
figure 550 un attelage de buffles labourant les rizières de Birmanie
(on voit en $c\,a\,c'$ le joug de garrot relié par b avec l'âge $n\,n'$ de

la machine de culture dont les mancherons, *m*, sont réunis par une traverse *t* ; un des buffles est conduit par une corde *d* attachée à

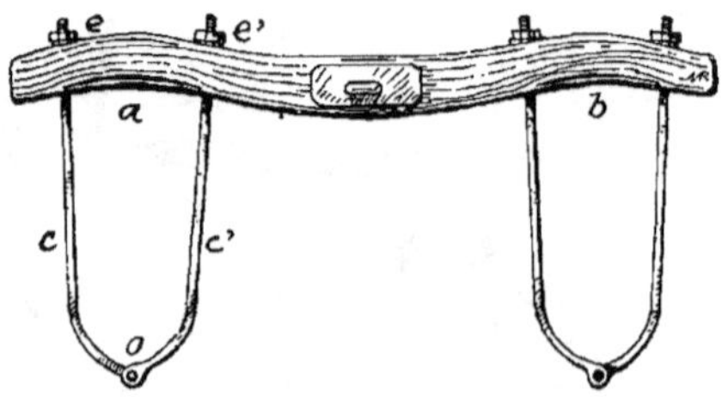

Fig. 552. — Joug double de garrot (Algérie).

l'oreille, l'autre par une corde *e* passée au ravers de la cloison nasale).

Le joug double de garrot est employé par les Égyptiens et, sou-

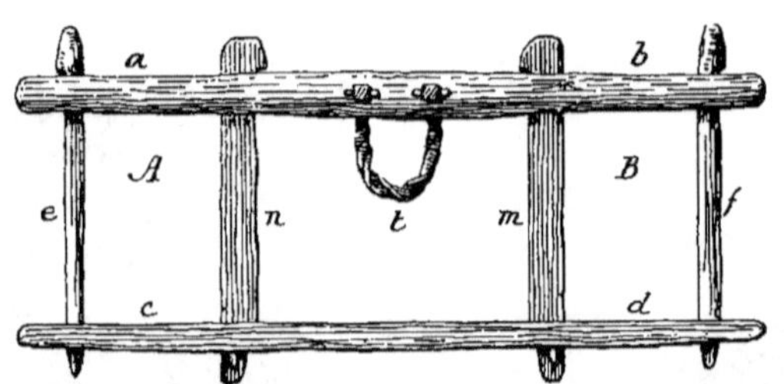

Fig. 553. — Joug double de garrot (Macédoine).

vent, on voit le même harnais accouplant un bœuf avec un dromadaire (fig. 551).

Nous donnons dans la figure 552 la vue d'un bon joug double de garrot employé par les colons algériens : le bois repose sur le cou par les portions *a* et *b* ; la pièce est maintenue en place par les attelles *c* et *c'*, en fer rond, articulées en *o*, et dont on règle la longueur par les écrous *e* et *e'*.

Souvent le joug de garrot est un cadre complet (fig. 553 : Macédoine ; Pologne ; traverse haute *a b*, traverse basse *c d*, montants chevillés *n m*, lanière de traction *t* ; une fois le joug posé sur les animaux A et B, on place les chevilles *e*, *f* ; Caucase ; République

Argentine; Madagascar (fig. 534, tirée de *l'Empire colonial de la France*, fascicule de *Madagascar*, p. 51).

Fig. 534. — Bœufs attelés au joug double de garrot (Madagascar).

Le *joug simple de garrot*, appelé souvent *sauterelle*, est très uti-

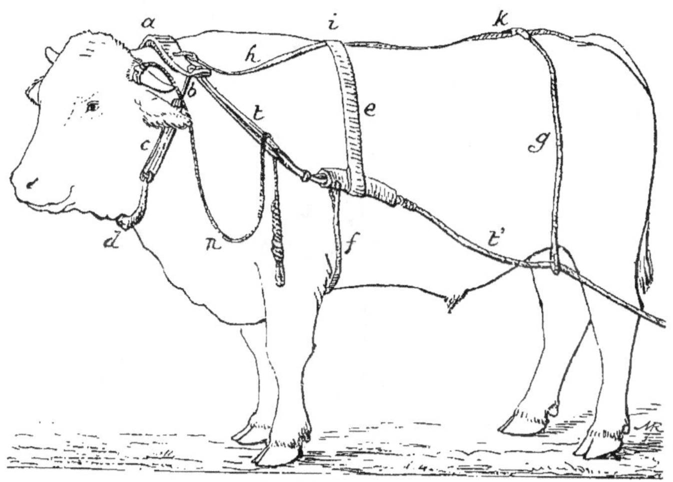

Fig. 535. — Bœuf harnaché au joug simple de garrot (Suisse).

lisé en Suisse et en Haute-Savoie ; en Suisse, la sauterelle, bien convenablement courbée, est en fer plat a (fig. 535) garni d'un rem-

Génie rural.

bourrage, maintenu par b, c et le croissant d en fer ; les traits t t' sont soutenus par la dossière e, la sous-ventrière f et le surdos g ;

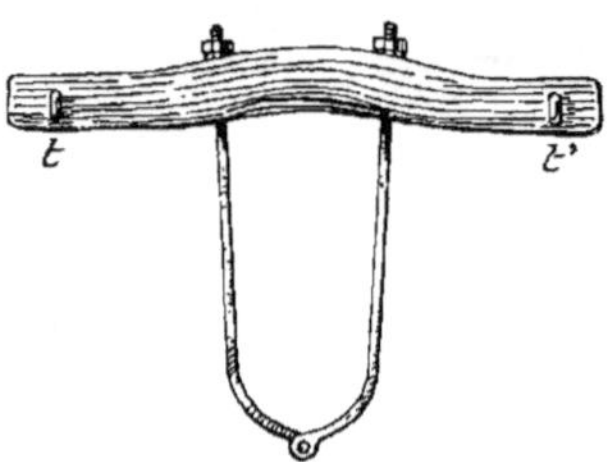

FIG. 556. — Joug simple de garrot (Algérie).

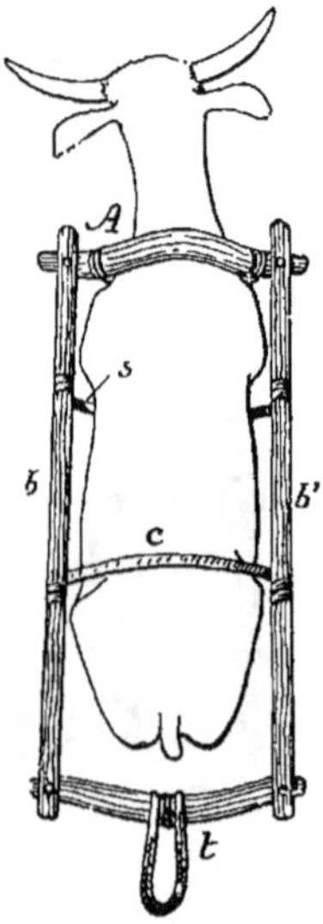

deux courroies h, une à chaque extrémité du joug, se réunissent en i, à la dossière, pour former la croupière k ; l'animal est conduit par des cordes n serrées à la base des cornes et reliées entre elles en arrière du chignon.

La sauterelle employée par les colons algériens pour le travail du bœuf dans les vignes, est indiquée par la fig. 556 ; ce harnais est établi sur le même principe que le joug double de garrot donné par la fig. 552 ; les traits sont fixés aux crochets t et t'.

Dans la Nouvelle-Guinée, on applique le joug de garrot à une seule bête ; dans ce cas (fig. 557), le joug A est relié aux brancards b, b' et à la traverse t ; en s est une sous-ventrière et en c une croupière.

FIG. 557. — Joug simple de garrot avec brancards (Nouvelle-Guinée).

A Java, en Chine, au Japon, les buffles sont attelés isolément avec

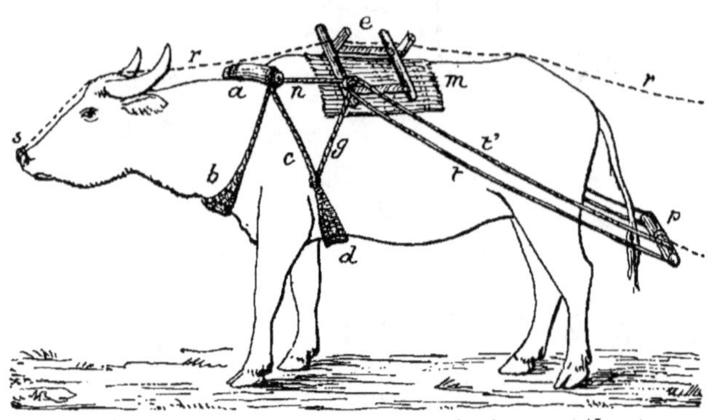

FIG. 558. — Buffle attelé au joug simple de garrot (Java).

le harnais représenté par la fig. 558 ; le joug de garrot a est retenu

sous le cou par une sangle *b*, en sparterie, et en arrière par une
corde *c* et une sangle sous-ventrière *d* ; la traction se reporte en *n*
à un chevalet en bois *e*, posé sur une natte *m* en jonc, et tenu en

FIG. 559. — Buffle attelé au joug simple de garrot (Tonkin).

place par les cordes *g* ; du chevalet *e* partent, de chaque côté, deux
cordes *t* et *t'* fixées au palonnier *p* ; la conduite de l'animal s'effectue par la corde *r* attachée à l'anneau nasal *s* ; ce dispositif a dû
être adopté pour placer les traits à une certaine hauteur, afin qu'ils
ne plongent pas dans l'eau des rizières qu'on laboure ; il a, de plus,
l'avantage de reporter la pression en arrière du scapulum, en une
zone de la colonne vertébrale mieux disposée pour recevoir une
charge que la région cervicale.

Au Tonkin, les buffles et les bœufs, attelés isolément, tirent par
un joug de garrot, retenu par une simple corde en fibres de bambou
passant sous l'encolure ; deux traits en lianes et un palonnier complètent le harnais (fig. 559, tirée de l'*Empire colonial de la France*,
fascicule de l'*Indo-Chine*, p. 149).

Les *sangles de garrot* sont utilisées par les indigènes de diverses
contrées pour les dromadaires et
pour les chameaux. En Algérie et
en Tunisie, la corde ou sangle *a*
(fig. 560), formant traits *t* et *t'*,
s'appuie sur le garrot par un cuir
ou une bande en sparterie ; un lien
n entoure le cou ; comme l'angle
z est très grand, on empêche la
sangle *a* de descendre en la retenant par une corde (indiquée par le
pointillé *b*) passant en arrière de
la bosse ; d'autres fois, à la place
de cette corde, la sangle *a* est attachée à un gros coussin annulaire
c posé autour de la bosse et maintenu par les cordes *d* et *e* (cette

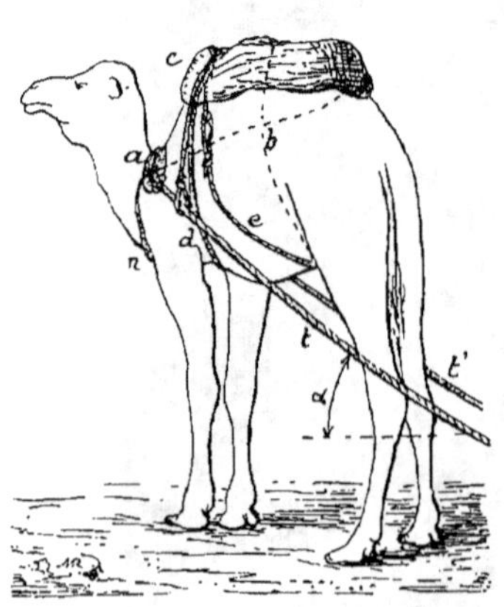

Fig. 560. — Dromadaire tirant par une
sangle de garrot (Algérie-Tunisie).

disposition supprime la pression sur la partie supérieure de la bosse
que le harnais ne doit jamais toucher). Les traits *t* et *t'* sont attachés à un palonnier en bois, de 0^m 75 à 0^m 85 de long, pourvu d'un
anneau central en fer qui le relie à la charrue ; ces palonniers, légèrement cintrés, pèsent de 1 kg. 80 à 2 kg. Contrairement aux habitudes des Arabes, il convient de donner au coussin d'appui de la
sangle *a* une grande largeur (0^m 10 à 0^m 15).

La fig. 561 représente des harnais pour dromadaires et pour
chameaux ; la traction s'effectue par la sangle de garrot, *a*, *a'*, retenue par les pièces *b*, *b'* (*poitrail* qui peut être garni de brins flottants
comme en *b'* pour éloigner les insectes), *d*, *d'* (dossière) et *s*, *s'* (sous-
ventrière) ; les traits *t*, *t'* s'attachent à la sangle du garrot et l'animal est guidé par des *cordeaux c*, *c'* attachés à une *garniture de tête*.

M. Paul Bourde a fait établir au prix de 30 francs, pour le domaine
de Sidi-Mansour (Tunisie), par un sellier de Paris, M. Ch. Voirin,
des harnais de garrot destinés aux dromadaires. Ainsi qu'on le voit

dans la fig. 562, la sangle de garrot *a*, de 1^{m}60 de long et de 0^{m}13 de large, est une forte sangle en chanvre, garnie en dedans d'un

FIG. 561. — Sangles de garrot pour dromadaire et pour chameau.

feutre très épais, et extérieurement d'un *blanchet* de 0^{m}042, en cuir chromé, relié à l'anneau *b* de 0^{m}09 de diamètre, garni de cuir ; deux *surdos c* et *d* embrassent la bosse ;
la sangle de sous-ventrière *s* est reliée par une *martingale m* à un *poitrail* en fourche *f*, *f'* rivé à la sangle *a* ; le pièces *c*, *d*, *s*, *m*, *f* et *f'* sont en sangles de 0^{m}07 de largeur. Essayé par l'agent général de la Société de Sidi-Mansour, M. Tourniéroux, un de nos anciens élèves, ce harnais donna rapidement de très bons résultats ; avec des traits en corde *t* (fig. 562), de 1^{m}75 de longueur, terminés par 5 mailles en fer, on attela deux chameaux de front à une charrue Oliver qui laboura 28 à 33 ares par jour, à la profondeur de 0^{m}15 à 0^{m}16. En septembre 1906,

FIG. 562. — Harnais pour dromadaire
(P. Bourde et Ch. Voirin).

M. Bourde fit appliquer, avec le plus grand succès, le harnais aux *arabas* ou voitures à deux roues du pays, pour lesquelles les indigènes n'utilisent que le mulet. « Le dromadaire de Tunisie, dit M. Bourde, semble un peu plus fort que le mulet ou le cheval, mais il est moins intelligent et demande plus de patience de la part du conducteur ; il se contente d'aliments grossiers, et on peut acheter deux chameaux au même prix qu'un mulet ; tous les chameaux nécessaires à l'exploitation de Sidi-Mansour vont être pourvus du nouveau harnais. »

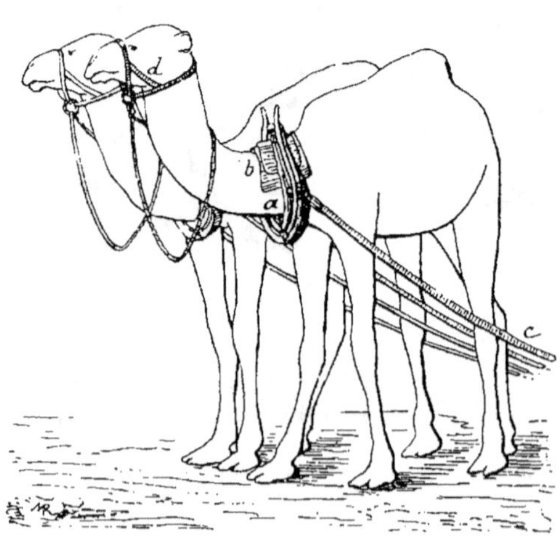

Fig. 563. — Attelage de dromadaires au collier (Transvaal).

Au Transvaal, à la ferme expérimentale de Potchefstroom, du *Department of Agriculture*, on emploie, pour tirer des charrettes ou des charrues, des dromadaires attelés par un collier léger identique à celui des chevaux (coussins en cuir rembourrés et attelles légères en fer) ; pour l'attelage à la charrette, l'animal porte une sellette recevant la dossière, la sous-ventrière et une avaloire ordinaire (la charrette peut recevoir une charge utile de 750 kilog.) ; à la charrue, l'animal ne porte que le collier *a* (fig. 563). posé sur un *tapis b*, et les traits *c*, plats, en cuir, qui se raccordent au palonnier ; on voit en *d* la garniture de tête ; la charrue peut être tirée par une ou deux bêtes attelées par paire

Fig. 564. — Harnais de chameau (Russie d'Europe).

comme des chevaux (fig. 563) ; — par suite de la largeur de son
plan d'appui, il nous semble que le dromadaire doit éprouver un peu
de difficulté pour marcher dans une étroite raie de charrue, comme
le font nos chevaux et nos bœufs ; si cela était exact, il nous faudrait, pour l'attelage aux camélidés, recommander surtout les charrues ouvrant une raie aussi large que possible.

Pour ce qui concerne le harnais du chameau dans l'est de la Russie
d'Europe, nous extrayons ce qui suit d'une communication faite en
1894 par M. J. Wilbouchevitch à la Société d'Acclimatation [1] : le
harnais, appelé *chorka*, se compose d'une sangle de garrot *a* (fig.
564), de 1^{m}55 de long et 0^{m}22 de large, d'une dossière *b* passant
entre les deux bosses, de 1^{m}02 de long et 0^{m}13 de large (les pièces
a et *b* sont faites en cuir non tanné doublé de plusieurs couches de
feutre) réunies à la sous-ventrière *c* ; en *d* est un anneau de 0^{m}08 de
diamètre qui sert à atteler les charrettes ou à recevoir des traits *t*.

Dans des photographies, que nous avons, représentant l'attelage
de deux chameaux de Russie à une moissonneuse-lieuse, la sangle
de garrot (*a*, fig. 564), qui semble avoir environ 0^{m}30 de largeur,
est raidie extérieurement par des bois disposés dans le sens ver
tical et reliés, en haut et en bas, par des cordes avec la sangle [2].

En Birmanie, le harnais des éléphants de trait chargés de débarder des troncs d'arbres, comprend une *bricole de poitrail*, *a* (fig. 565),
reliée aux traits *t* et *t'* en chaînes à grosses mailles ; la bricole et
les traits sont soutenus par une forte corde *b* qui passe sur le dos
de l'animal en s'appuyant sur un coussin annulaire *c* (analogue à
celui que nous avons vu appliqué au dromadaire de la fig. 560),
ayant pour but de reporter les pressions sur les apophyses latérales
des vertèbres, afin qu'il n'y ait jamais de charge sur la partie
supérieure du dos (comme nous l'avons expliqué à propos des bâts,
p. 404) ; le coussin *c* est maintenu par la sangle sous-ventrière *d*,
les cordes *h* et souvent par une croupière *e* ; le conducteur, ou *cornac*,
est assis, comme d'habitude, en *n*, sur le cou de l'éléphant.

Dans l'Inde anglaise, le harnais des éléphants attelés aux charrues est analogue au précédent (fig. 565), mais la longue chaîne de

1. *Bulletin de la Société d'Acclimatation de France*, 20 oct. 1894.
2. Cette disposition était employée par les Assyriens de l'antiquité pour les bricoles
de poitrail des chevaux ; voir notre *Essai sur l'Histoire du Génie Rural*, t. II, p. 367,
fig. 301.

traction *m* est attachée par deux cordes croisées *f*, reliées aux pièces *b* et *h*.

Tous les harnais dont nous venons de parler permettent d'atteler

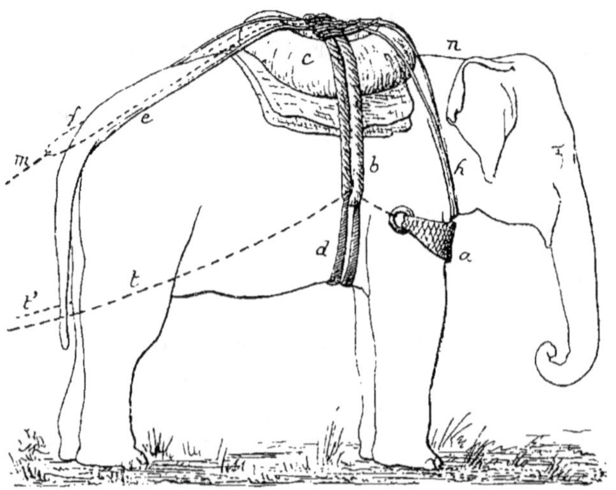

Fig. 565. — Harnais d'éléphant de trait (Birmanie. — Hindoustan).

directement les animaux de travail aux véhicules, aux machines de culture ou à des manéges.

Rappelons enfin nos recherches, publiées en 1893, sur les *amor-*

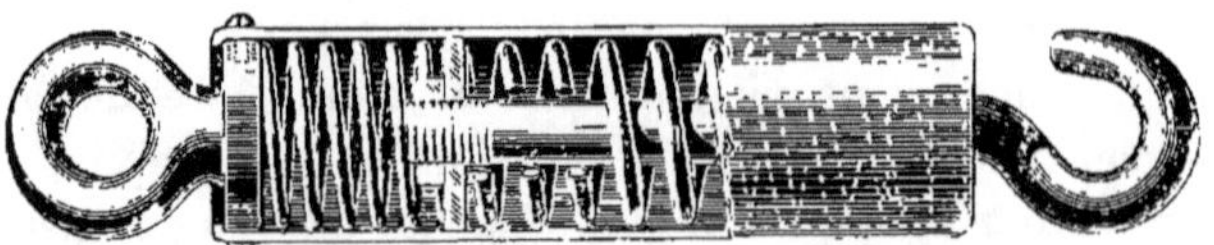

Fig. 566. — Amortisseur A. Bajac.

tisseurs (fig. 566 : ressorts de divers systèmes , lesquels, bien établis[1], permettent de réaliser, pour les moteurs, une économie de 33 à 54 pour 100 sur les efforts de démarrage, et de 10 à 30 pour 100 sur

1. Le ressort de l'amortisseur ne doit se bloquer que sous un effort double de la traction moyenne de la machine devant laquelle il est placé : ainsi, par exemple, pour une traction moyenne de 250 kilog., il convient d'employer un amortisseur dont le ressort se bloque sous une charge voisine de 500 kilog. — L'économie de traction est d'autant plus élevée que l'amortisseur est plus flexible, et, dans les meilleures conditions, le ressort peut avoir une course de 3 à 4 centimètres par 100 kilog. de traction.

les efforts moyens de traction. On voit que l'emploi de ces amortisseurs est tout indiqué dans nos exploitations coloniales où il y a grand intérêt, pour un travail déterminé, à réduire la fatigue des différents moteurs animés.

Manèges.

Manèges à piste circulaire. — Les *manèges* les plus employés sont du type dit à *piste circulaire* : l'animal parcourt une circonférence en entraînant une *flèche* tournant autour d'un axe vertical ; la flèche est solidaire d'une grande roue dentée transmettant le mouvement, à l'arbre du manège, par un pignon ou par une série d'engrenages intermédiaires destinés à augmenter la vitesse angulaire.

Dans les manèges dits à *terre* (fig. 567 à 570), les plus recommandables aux points de vue de la facilité du montage et de la stabilité, l'arbre est au niveau du sol ; en dehors de la piste, il est relié de diverses façons à un mécanisme, appelé *intermédiaire*, portant les poulies de commande.

Le bâti en fonte du manège est fixé sur une charpente horizontale, en bois ou en fers à double T, qu'on encastre dans le sol et qu'on maintient par des piquets ; il faut abandonner les modèles volumineux nécessitant plusieurs pierres de taille ou un socle en maçonnerie.

La piste que parcourt le moteur doit être la plus grande possible, afin de ne pas gêner la marche de l'animal, sans toutefois être exagérée, ce qui conduirait à augmenter le nombre des roues de multiplication de vitesse, et, par suite, le poids et les frais d'installation. Dans les anciens manèges qui actionnaient diverses usines (huileries, distilleries, minoteries, sucreries, etc.), la piste avait jusqu'à 7 mètres de rayon, mais la première roue dentée, placée au-dessus des animaux (qui étaient souvent au nombre de 10 à 12`, consistait en une grande couronne en bois ou en fer dans laquelle étaient implantées des chevilles ou des dents de bois (les engrenages de ces vieilles machines, dont il reste encore quelques rares exemplaires, étaient du type dit à *lanternes*); De Valcourt avait proposé d'employer une sorte de grande poulie horizontale en bois, à jante discontinue, dans laquelle passait un câble de transmission à une poulie de petit diamètre.

Le rayon de la piste du manège ne doit pas descendre au-dessous de 2ᵐ 30 ou 2ᵐ 50 ; on lui donne ordinairement de 3 à 4 mètres au plus (il faut au moins 4 mètres pour des bœufs attelés au joug double).

Les flèches sont en bois, en une ou en deux pièces ; dans le dernier cas elles sont écartées à leur encastrement et rapprochées au crochet d'attelage. L'extrémité libre de la flèche est à 0ᵐ 80 ou un

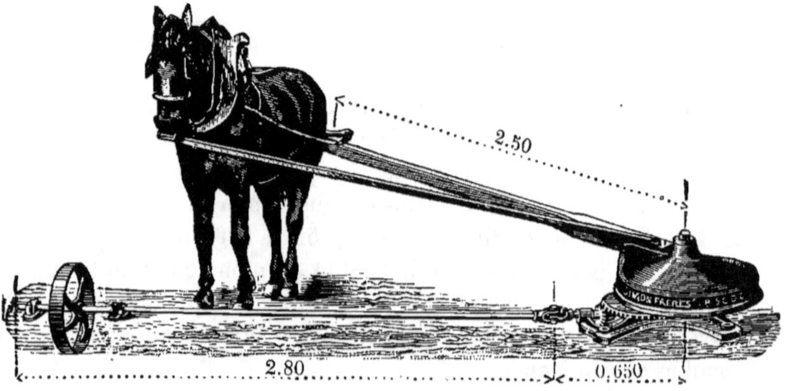

Fig. 567. — Attelage d'un cheval au manège.

mètre du sol ; on y attelle l'animal par un palonnier ou la paire de bœufs par la chaîne du joug double ; pour les petits manèges, la flèche se termine par une arcade verticale, ou *attelle*, dont chaque branche reçoit les traits de 0ᵐ 40 ou 0ᵐ 50 de longueur ; on utilise également une attelle horizontale à laquelle on fixe les traits (courts) du cheval qui semble ainsi pousser la flèche devant lui ; enfin, pour obliger les animaux à suivre le chemin circulaire, on emploie un *bois de bouche* (fig. 567) consistant en une gaule, de longueur voulue, attachée d'une part à la flèche et de l'autre au bridon ou au joug.

Pour éviter les bris résultant des à-coups du moteur il est bon de placer un *amortisseur* au palonnier et même à l'arbre de transmission (voir page 424).

Lorsqu'on arrête l'animal, quand le manège et la machine qu'il commande sont lancés, il faut éviter que la flèche soit entraînée et vienne frapper dans les jarrets en occasionnant une frayeur à la bête ; dans ce cas, cette dernière cherche à fuir et tire brusquement sur la flèche en risquant de briser des pièces. Il est donc indispensable d'intercaler sur la transmission un *encliquetage à rochets* permettant

la communication du
mouvement du manège
à la machine actionnée.
mais non de cette der-
nière au manège ; l'en-
cliquetage empêche aus-
si le mouvement arrière
que le recul accidentel
de l'animal pourrait oc-
casionner.

Certains manèges
sont très ramassés et
renfermés dans une boî-
te cylindrique (fig. 568.
mettant le mécanisme
à l'abri des poussières.
tout en évitant l'intro-
duction de corps étran-
gers (clefs, bois. etc.)
capables de produire
des ruptures de pièces
D'autres fois, la grande
roue porte un chapeau
ou *cloche* venue de
fonte (fig. 569).

Il est bon que l'ar-
bre à terre traverse la
piste dans une sorte de
petit chenal métallique
(fig. 568), ou simple-
ment formé de trois ou
quatre planches main-
tenues par des piquets.

Les bâtis des manè-
ges sont dits en *socle*
(fig. 570), en *archet* ou
à *platines*.

Un manège Garnier (fig. 570, à quatre flèches, de 3ᵐ 30 de rayon.
a été employé par M. Lejards-Maunoury à So'n-còt (Tonkin) pour

Fig. 568. — Manège à bâti cylindrique (Pilter).

actionner une batteuse à riz ; d'après les renseignements fournis par notre ancien élève, M. Bui-Quang-Chieu, sous-inspecteur de l'Agriculture du Tonkin, le manège était attelé de quatre buffles

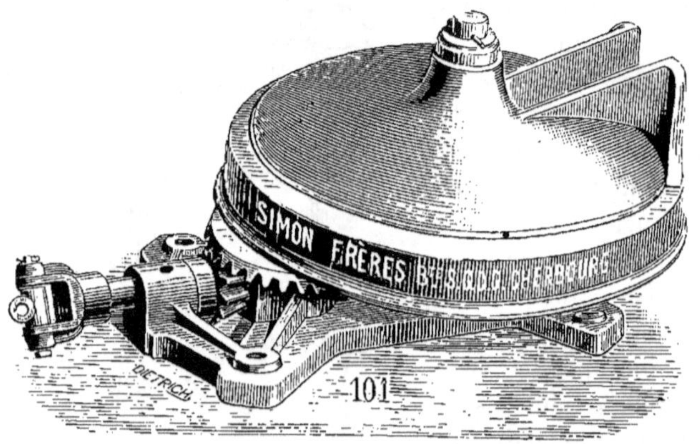

Fig. 569. — Manège à cloche (Simon frères).

conduits chacun par un gamin ; les animaux faisaient de 3 tours et demi à près de 4 tours de piste par minute, c'est-à-dire que la vitesse du crochet d'attelage variait de 1ᵐ 15 à 1ᵐ 30 par seconde ;

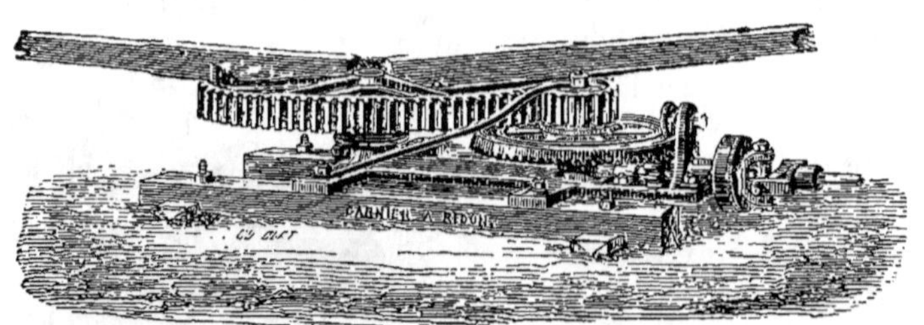

Fig. 570. — Manège à socle (Garnier).

l'arbre à terre du manège faisait 18 tours par tour des flèches, soit de 63 à 72 tours par minute. (Nous donnerons plus loin, lors de l'étude de l'*Égrenage des céréales*, les constatations faites sur la batteuse actionnée par ce manège.)

L'arbre à terre peut porter directement la poulie de commande (fig. 567) ; d'autres fois, il est articulé par des *joints à la cardan* (fig. 568) se raccordant, par une portion inclinée, soit directement à la machine à actionner (batteuse, broyeur, concasseur, pompe, etc.), soit au mécanisme *intermédiaire* dont l'arbre peut recevoir des poulies de différentes dimensions (diamètre et largeur du limbe).

Les engrenages des intermédiaires de MM. Simon frères sont complètement enfermés dans un carter en fonte formant réservoir d'huile (fig. 571); avec cette disposition on diminue les résistances passives du mécanisme tout en supprimant les accidents.

Fig. 571. — Intermédiaire de manège à terre (Simon frères).

Les manèges *en l'air*, surtout établis autrefois en locomobiles, sur deux ou sur quatre roues, ne présentent pas la même stabilité que les manèges à terre, sauf pour les types spécialement montés en machines fixes; la poulie de commande (tournant dans le plan horizontal ou dans le plan vertical) doit être placée assez haut afin

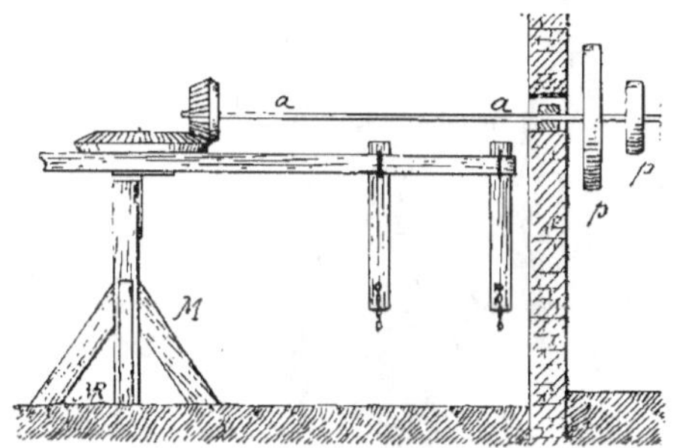

Fig. 572. — Manège en l'air.

que la courroie ne vienne pas gêner les animaux ou se prendre dans leurs harnais.

Dans les bons manèges en l'air, très employés en Bretagne, la transmission se fait par un arbre *a* (fig. 572), tournant à 2 mètres au-dessus du sol; le manège M est placé en dehors du bâtiment, et la grande roue cône, solidaire des flèches pourvues d'attelles, tourne dans le plan horizontal autour d'un pivot fixé à la partie supérieure d'un fort poteau, de 0 m 25 d'équarrissage, maintenu par quatre jambes de force; on voit en *p* les poulies de commande des diverses machines.

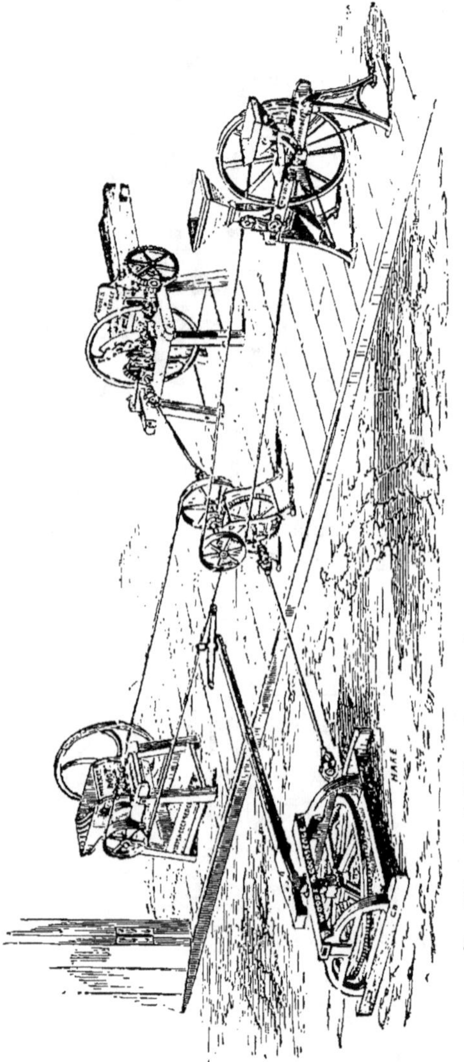

Fig. 573. — Installation d'un manège actionnant diverses machines par un intermédiaire.

La figure 573 donne la vue d'ensemble de l'installation d'un manège à terre dont l'intermédiaire peut actionner, par courroie, un coupe-racines et un aplatisseur-concasseur, et, par arbre à joints, un hache-paille disposé en arrière de l'intermédiaire.

Le montage indiqué par la figure 573 est recommandable lorsqu'il est possible de placer le manège en dehors du local abritant les machines, sans gêner la circulation aux alentours.

L'intermédiaire, qui est représenté sur la figure 573, comprend une roue et un pignon afin d'augmenter la vitesse angulaire de l'arbre à terre du manège: avec un seul animal moteur, les trois machines ne peuvent fonctionner que consécutivement et, suivant les besoins, on défait l'arbre à joints qui relie l'intermédiaire au hache-paille, ou on fait tomber les courroies.

On peut placer quelquefois le manège assez loin du bâtiment qui abrite les machines en utilisant une transmission par câble métallique : nous avons eu l'occasion de faire en 1885 une semblable installation d'un manège actionnant une scierie à pierres. Comme l'indique la figure 574, l'arbre à terre *a* du manège A transmet son mouvement à l'arbre *c* de l'intermédiaire par un arbre *b*, à joints, de 1^m70 de longueur, incliné à 45 degrés. L'axe *c* de l'intermédiaire est à 1^m20 au-dessus du plan de l'arbre *a* ; il porte un jeu de trois poulies à gorges B, en bois (dont nous indiquerons la construction dans un instant), la plus grande ayant 1^m65 de diamètre. Le bâti en bois de l'intermédiaire B est relié au patin du palier *n* de l'arbre *a* par une contre-fiche et le tout est encastré dans deux petites murettes en pierres sèches qui soutiennent le remblai de la

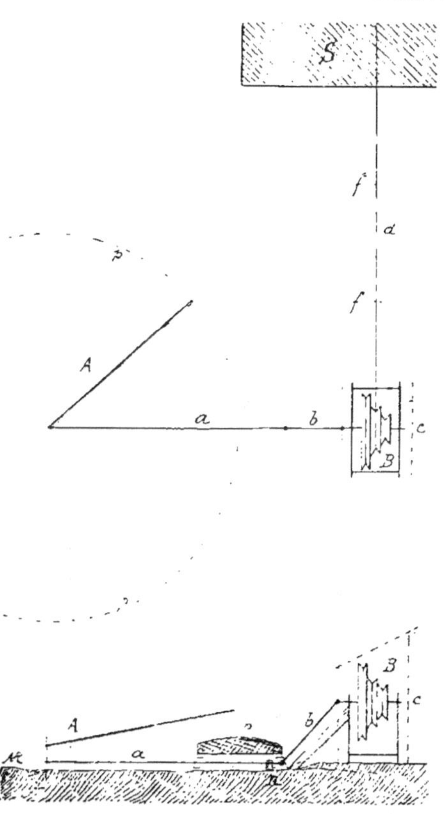

Fig. 574. — Plan et élévation d'un manège avec transmission par câble métallique.

piste *p*. — La transmission s'effectue par un câble *d* au bâtiment S contenant la scie circulaire, laquelle peut être remplacée par d'autres machines. — Pour éviter que le brin inférieur du câble traîne sur le sol, on dispose en *f* un ou deux rouleaux-supports d'après le diamètre de la poulie de B sur laquelle on fait passer le câble.

En 1884, nous avons installé, sous un hangar de 6^m65 de profondeur, un atelier de préparation mécanique des aliments, représenté par la figure 575. Le manège à terre A, dont la flèche a 2^m50 de longueur, actionne un intermédiaire B (une roue dentée et un

pignon), qui transmet, par un câble en acier C, le mouvement à la
poulie D clavetée sur un arbre E placé à 2ᵐ 33 de hauteur; cet arbre
est soutenu par trois poteaux *n* enfoncés dans le sol et assemblés
avec le tirant de la ferme; du côté du mur de fond, le tirant est

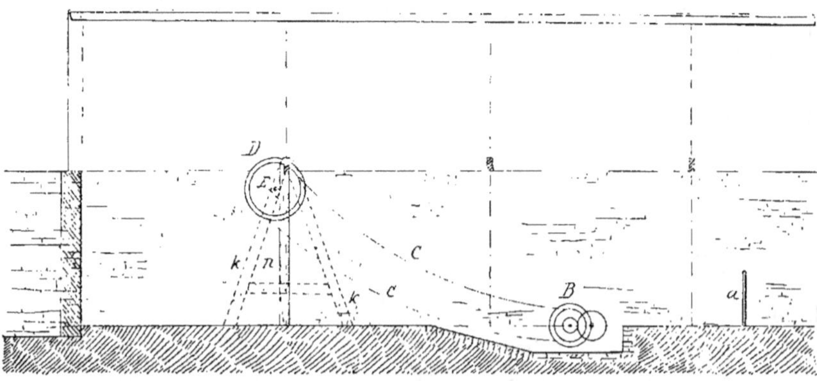

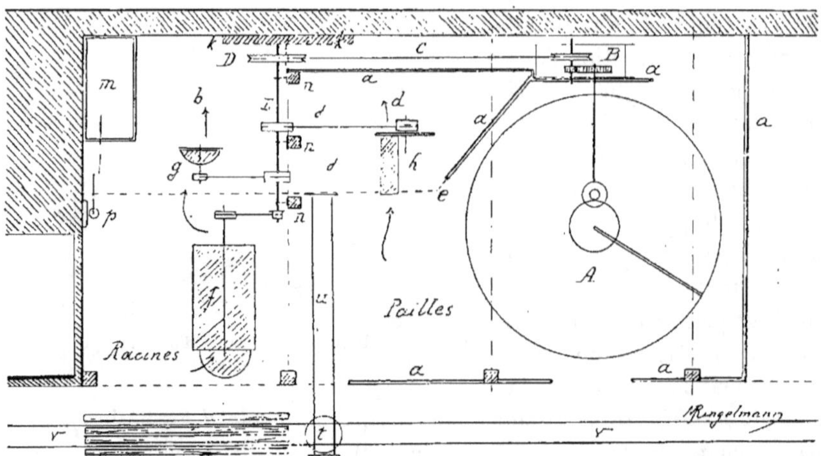

Fig. 575. — Élévation et plan d'un atelier mû par un manège à terre.

consolidé par un chevalet *k* en charpente, afin d'éviter que les trépi-
dations détériorent la maçonnerie peu solide.

Au moyen de poulies et de courroies, l'arbre E (fig. 575) transmet
le mouvement à un laveur de racines *f*, à un coupe-racines *g* et à
un hache-paille *h*. — Le coupe-racines débite en *b* et le hache-
paille en *d* sur un grand plancher limité par *m k n a a c p*; le mélange
des aliments s'effectue en *j*, en tête de la voie de départ *u* se rac-

cordant, par une plaque tournante t, avec la voie v desservant tous les bâtiments de la ferme et la plate-forme à fumier. — L'installation est complétée par une pompe d'applique p et une sorte de box m dans lequel on emmagasine le samedi les rations du lendemain. — Un cheval au manège préparait en deux heures les rations destinées à 43 bovins (35 vaches, taureaux et génisses, et 8 bœufs de travail).

Les dimensions principales de l'installation sont indiquées dans le tableau suivant :

Nombre de tours par minute de l'arbre à terre du manège....		40
Poulie à gorge de l'intermédiaire............	Diamètre à la gorge............	0ᵐ60
	Nombre de tours par minute	120
Câble en acier (0 fr. 50 le le mètre)..........	Diamètre......................	0ᵐ006
	Longueur	16 mètres.
	Nombre de fils................	36
	Charge de sécurité (à raison de 2 kg. par millimètre carré de section)	31
	Vitesse par seconde...........	3ᵐ768
	Puissance que peut transmettre le câble à la charge de sécurité (en kilogrammètres par seconde)..	116.8
Poulie à gorge de l'arbre de couche..........	Diamètre à la gorge...........	1 mètre.
	Nombre de tours par minute....	72
Diamètre des poulies de commande.........	du laveur de racines.........	0ᵐ15
	du coupe-racines..............	0ᵐ50
	du hache-paille	0ᵐ60
Nombre de tours à la minute.............	du laveur de racines	27
	du coupe-racines	140
	du hache-paille	160

Nous avons fait construire les poulies des installations précédentes (poulies B, fig. 574 ; poulies B et D de la fig. 575) de la façon suivante par le charron du pays : chacune d'elles est formée de deux plateaux A et B (fig. 576) en peuplier, de 0ᵐ030 d'épaisseur, assemblés à rainures et languettes ; les fibres du plateau A sont croisées avec celles du plateau B et les deux pièces sont réunies par des pointes et une rangée de vis à tête fraisée (une sur chaque face). Au centre se trouvent deux moyeux carrés, C et D, en châtaignier, de 0ᵐ05 d'épaisseur, encastrés de 0ᵐ01 dans chaque plateau. De chaque côté, une plaque de tôle t, de 0ᵐ003 d'épaisseur, destinée à permettre le clavetage de la poulie sur l'arbre, est maintenue par quatre boulons passants n qui assemblent toutes les pièces. — La gorge est garnie

d'une bande de cuir *m* très fortement serrée dans le fond et pointée
sur ses bords.

Nous avons pu nous assurer que, pour les installations de
manèges, les câbles en
acier, de 6 et de 8 mil-
limètres de diamètre,
peuvent s'enrouler sans
résistance exagérée sur
des poulies dont le dia-
mètre peut s'abaisser à
0ᵐ50 et 0ᵐ60 ; leur vi-
tesse peut être de 3 mè-
tres par seconde ; l'en-
tretien consiste à y pas-
ser, tous les quinze
jours ou tous les mois,
un chiffon gras (mélange
d'huile et de suif — ou
d'huile et de goudron).

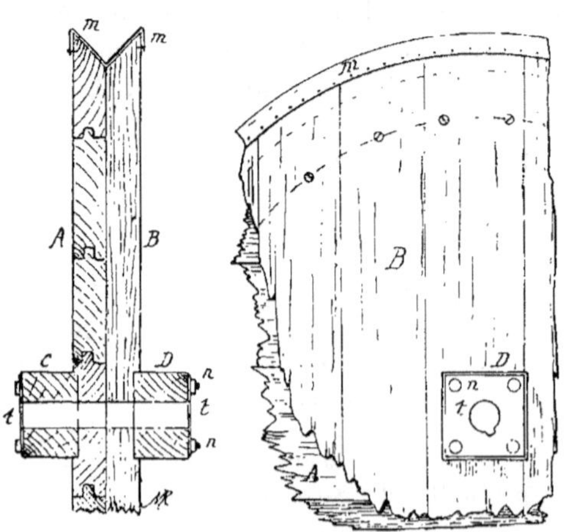

Fig. 576. — Détails de construction d'une
poulie en bois.

Lorsque le manège ne doit servir qu'à un seul genre de travail,
il est préférable d'adopter une *machine à manège direct*, dont le rendement mécanique est plus élevé que pour un ensemble comprenant
le manège, la transmission et la machine (on en a de nombreux
exemples dans les malaxeurs pour la préparation des terres à briques,
pour le mortier, les moulins à plâtre ; les broyeurs de tourteaux, les
concasseurs de maïs, les presses à fourrages, les pressoirs, les
broyeurs d'olives ; les norias (fig. 375 à 377 et 379, p. 245 à 248),
les pompes (fig. 371, p. 242 ; fig. 391, p. 255) ; les treuils pour l'arrachage des souches d'arbres et pour les défoncements, etc.

En France, les manèges s'établissent de puissances différentes :
depuis un âne, pour faire tourner une noria, une baratte ou un
petit hache-paille, jusqu'à quatre chevaux. Certains manèges américains, destinés aux entrepreneurs de battage, sont mis en mouvement par six et même par douze chevaux.

Les animaux attelés aux manèges produisent, avec la même fatigue,
bien moins de travail mécanique utilisable qu'en tirant suivant une
ligne droite, comme lorsqu'ils sont attelés à une charrue ou à une voi-

ture ; en comparant les deux modes d'action de mêmes moteurs, nous avons vu, dans des expériences faites seulement sur un petit nombre d'animaux (deux chevaux et quatre bœufs), et pour une même durée utile de travail de 45 minutes par heure, que si l'on désigne par :

F l'effort moyen en kilogrammes qu'un animal
  est capable de fournir en travail courant,   dans le cas d'une traction
V la vitesse moyenne en mètres par seconde   en ligne droite,
  qu'il est capable de prendre en développant
  l'effort ci-dessus.

l'effort f et la vitesse v qu'il peut prendre au manège ont pour valeur, en fonction de F et V :

$$f = 0,8\,F \quad \text{et} \quad v = 0,85\,V.$$

De sorte que nous pouvons appliquer aux manèges les chiffres que nous avons eu l'occasion de donner (pages 393 et 397)[1] et calculer le travail mécanique fourni en une seconde par différents moteurs, sachant qu'aux efforts les plus élevés correspondent les vitesses les plus faibles.

Enfin, le rendement mécanique des bons manèges de fabrication courante varie de 75 à 80 °/₀ : en adoptant le coefficient le plus élevé (0.80), nous avons pu faire figurer dans le tableau suivant la puissance disponible sur laquelle on peut compter avec un manège actionné par différents animaux :

POIDS des moteurs (en kilogrammes)	Effort moyen exercé en kg.	VITESSE par seconde du crochet d'attelage en mètres	TRAVAIL MÉCANIQUE en kilogrammètres par seconde	
			fourni par le moteur	disponible au manège et pratiquement utilisable
Cheval :				
300 à 450	52 à 60	0.60 à 0.65	33.8 à 36.0	27.0 à 28.8
450 — 600	72 — 88	0.55 — 0.60	43.2 — 48.4	34.5 — 38.7
Bœuf :				
250 — 400	44 — 56	0.60 — 0.65	28.6 — 33.6	22.8 — 26.8
400 — 550	72 — 88	0.50 — 0.55	39.6 — 44.0	31.6 — 35.2
550 — 700	128 — 160	0.40 — 0.45	57.6 — 64.0	46.0 — 51.2

1. Remarquons, qu'avec un rendement mécanique du manège de 0.80. on a les deux formules suivantes applicables au même moteur :
    Travail de traction en ligne droite = F. V,
    Travail au manège = 0.80 × 0,85 × 0.80 F. V = 0.544 F. V.
c'est-à-dire, qu'au manège, un même moteur donnera une puissance un peu supérieure à la moitié de celle qu'il est capable de fournir en tirant suivant une ligne droite.

Ces chiffres s'appliquent à des travaux courants, non exagérés, effectués par les animaux employés aux travaux ordinaires de culture ; ils correspondent à 45 minutes de travail utile par heure [1] et pour une durée moyenne de 8 heures de travail (360 à 400 minutes par jour).

Rappelons enfin que quand plusieurs animaux sont attelés au

FIG. 577. — Manége locomobile à plan incliné (Fortin).

manège, le travail mécanique total par animal diminue avec le nombre des moteurs, par suite du manque de simultanéité des efforts (page 386) ; ainsi, si l'on prend les chiffres de la dernière colonne du tableau précédent, représentant la puissance fournie par un seul animal attelé au manège, il faudra les multiplier par :

1,86 dans le cas d'un manège à 2 animaux
2,55   —   3   —
3,08   —   4   —

1. Il est bon de faire travailler l'animal par périodes de 10 à 20 minutes au plus (suivant l'énergie demandée), coupées par 5 minutes de repos.

pour obtenir le travail mécanique total disponible suivant le nombre des moteurs employés.

Nous n'avons pas de chiffres précis sur le travail que peuvent fournir les mulets, les mules et les ânes, souvent employés aux machines destinées à l'*Élévation des eaux* (voir p. 225 et suivantes);

FIG. 578. — Manège à plan incliné (Pilter).

un mulet donnerait de 25 à 30 kilogrammètres par seconde, et un âne de 10 à 12 kilogrammètres par seconde.

Manèges à plan incliné. — Les *manèges à plan incliné* (appelés aussi *trépigneuses, tripots* ou *tripoteuses*) sont très recommandables lorsqu'il s'agit d'utiliser des moteurs lourds et en particulier des bovins. Dans nos recherches, faites en 1885, 1886, 1891 et en 1892 sur ces manèges, nous avons constaté que la pente du tablier ne doit pas dépasser 0^{m}25 par mètre (angle de 14 degrés), sinon l'animal, bien que libre et sans charge, éprouve une trop grande gêne dans ses mouvements. Nous avons reconnu qu'il est indispensable d'avoir un *régulateur automatique* limitant la vitesse du tablier à 0^{m}80 par seconde, même si la résistance de la machine actionnée diminue, ou

si la courroie de transmission tombe ; un frein à main, à levier ou
à manivelle, doit permettre d'arrêter complètement la machine ;
enfin, l'animal ne doit pas être attaché dans le manège et il est bon
de le faire travailler par périodes de 10 minutes (pente de 0 ^{m} 25)
à 20 minutes (pente de 0 ^{m} 12), coupées par des périodes de repos
d'environ 5 minutes.

Les figures 577 et 578 donnent les vues de deux de ces machines
dont le rendement mécanique oscille vers 75 à 80 %.

Voici le résumé de nos nombreux essais (nous ne citons que les
expériences qui ont fourni des chiffres extrêmes) :

MANÈGE	MOTEUR	POIDS du moteur kg.	PENTE métrique du tablier (mètre)	VITESSE du moteur sur le tablier (mètre par seconde)	NOMBRE de tours de l'arbre de commande par minute	PUISSANCE disponible et utilisable (kilogrammètres par seconde)
A un cheval	Cheval..	540	0.169	0.818	199.6	53.89
	Cheval..	625	0.264	0.894	218.2	103.10
A deux chevaux	2 chevaux	1090	0.132	0.856	160.0	48.00
	2 chevaux	1175	0.243	0.852	207.9	149.69
	un bœuf (après 3·4 d'heure de dressage).	790	0.228	0.492	120.0	54.00

La puissance T utilisable, en kilogrammètres par seconde, se calcule par :

$$T = P \, sin \, \alpha . \, v \, K$$

dans laquelle :

P est le poids du ou des moteurs,
α — l'angle d'inclinaison du tablier sur l'horizontale,
v — la vitesse du moteur en mètre par seconde,
K — le rendement mécanique du manège.

Le rendement mécanique K peut atteindre 80 et 82 % dans les
bons manèges à un cheval, et 65 à 70 % dans les larges machines
dites à deux chevaux ; la puissance étant en fonction directe du poids
du moteur, on voit que les petits animaux donnent une quantité de

travail mécanique utilisable plus faible que celles constatées dans nos essais et consignées dans le tableau précédent. — Faisons observer que les machines à un cheval sont trop étroites pour un bœuf, non pas le tablier sur lequel se déplace le moteur, mais les mains-courantes qu'il est facile de mettre à un plus grand écartement. Les manèges à plan incliné conviennent très bien pour l'utilisation des bovins ; malheureusement leur prix d'achat est environ quatre fois plus élevé que celui d'un bon manège à piste à une flèche.

Nous n'insisterons pas sur la *roue à chien*, employée dans les Ardennes et les Flandres (machine ana-

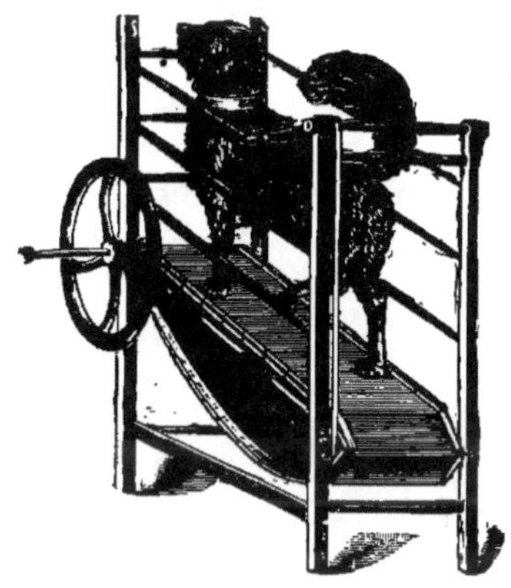

Fig. 579. — Petit manège américain à plan incliné.

logue à la fig. 529, p. 389) ; elle a l'inconvénient de forcer l'animal à se déplacer continuellement sur un plan concave, à moins de lui

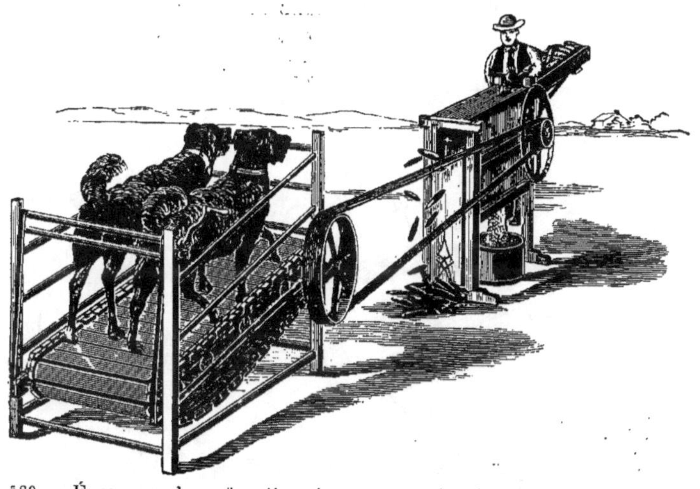

Fig. 580. — Égreneuse de maïs actionnée par un manège à plan incliné à deux chiens.

donner un diamètre de plus de 3 à 4 mètres ; il vaut mieux lui préférer le petit manège à plan incliné représenté par la figure 579, dont le tablier mobile constitue un chemin rectiligne ; nous avons eu l'occasion de visiter des fermes aux États-Unis où cette machine, actionnée par un mouton, faisait tourner une petite pompe, une baratte, une laveuse à linge, etc. ; on peut d'ailleurs remplacer le chien ou le mouton par une chèvre et même par un porc. La figure 580 montre une égreneuse de maïs mise en mouvement par un large manège recevant deux gros chiens ; ces machines à deux animaux sont aussi employées pour actionner des écrémeuses centrifuges, des scies, etc.

MOTEURS INANIMÉS

Autant nous avons cru devoir insister sur les moteurs animés, susceptibles de jouer un grand rôle dans nos exploitations coloniales, autant nous passerons rapidement en revue les moteurs inanimés, nous limitant à l'exposé des principes propres à guider dans le choix de ces moteurs.

Moteurs hydrauliques.

Leur installation a été examinée dans une autre partie du Cours (*Hydraulique*, p. 326) ; nous donnerons ici quelques indications relatives aux *roues pendantes* qui sont les plus simples à construire : les *bras* b (fig. 581) sont fixés, de part et d'autre, à *l'arbre* a et sont réunis par la *jante* j, supportant les *bracons* c recevant les *palettes* d dirigées suivant le rayon.

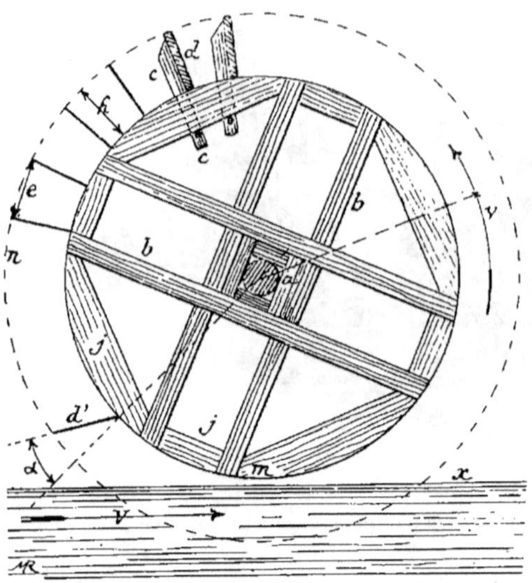

Fig. 581. — Principe d'une roue pendante.

Il est préférable d'incliner les palettes suivant le tracé d' (fig. 581), vers l'amont, sous un angle α de 15 à 30 degrés au maximum. Le diamètre de ces roues ne dépasse généralement pas 4 à 5 mètres et leur longueur 2 à 5 mètres. Les palettes ont une hauteur h variant du 1/5 au 1/4 du rayon de la roue et leur écartement e, mesuré sur la circonférence n, est sensiblement égal à la hauteur h.

A la partie inférieure de leur course, les palettes peuvent avoir leur bord intérieur m (fig. 581) enfoncé de 0ᵐ05 sous le niveau x du plan d'eau, mais la roue fonctionne encore *noyée* avec une déni-

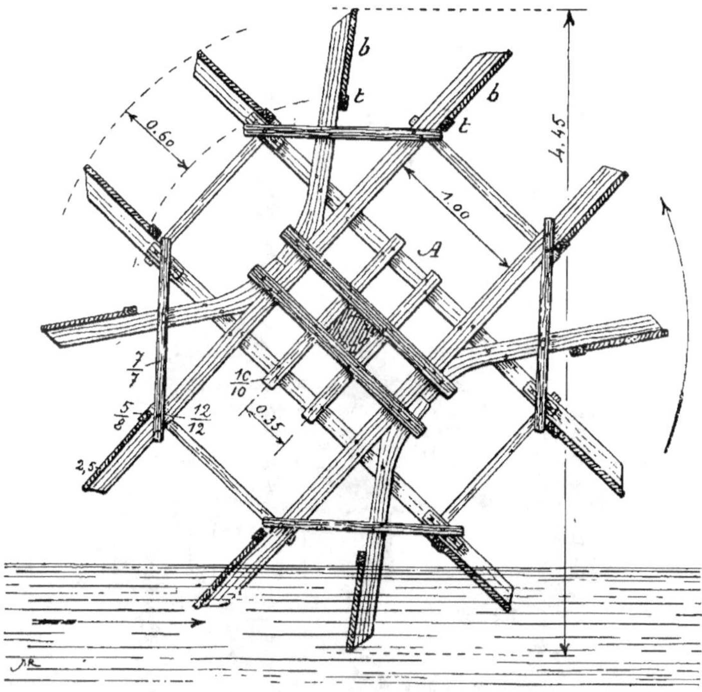

FIG. 582. — Construction d'une roue pendante (Égypte).

vellation de 0ᵐ20 entre les plans m et x; avec des palettes d' inclinées à 15° on peut admettre jusqu'à 0ᵐ50 de dénivellation.

Dans de bonnes conditions de travail, la résistance opposée à la roue (fig. 581) doit être telle que la vitesse v, à la circonférence décrite par le centre de gravité des palettes, soit réglée à 0,4 de la vitesse V du courant; dans ce cas, le travail utile T, en kilogrammètres par seconde, est, d'après V estimée en mètres par seconde :

$$T = 20 \, S V^3$$

S étant la surface d'une palette évaluée en mètres carrés, mesurée suivant un plan passant par le centre de la roue.

Nous donnons dans la figure 582 la vue d'une des nombreuses roues hydrauliques rudimentaires construites en Égypte ; la jante

Fig. 583. — Canal d'amenée et château d'eau de l'installation hydraulique du Vomano (Italie).

reçoit 24 vases en terre cuite, chacun d'une capacité de 7 décimètres cubes ; ils sont attachés sur un côté de la roue (comme dans la figure 394, p. 257), et élèvent l'eau dans une goulotte en bois dont le fond est à 2 ᵐ 50 au-dessus du plan d'eau. Les deux bâtis A (fig. 582), généralement écartés de 0 ᵐ 50, sont réunis par les traverses *t*, et les palettes *b* ont 0 ᵐ 90 à 1 mètre de largeur ;

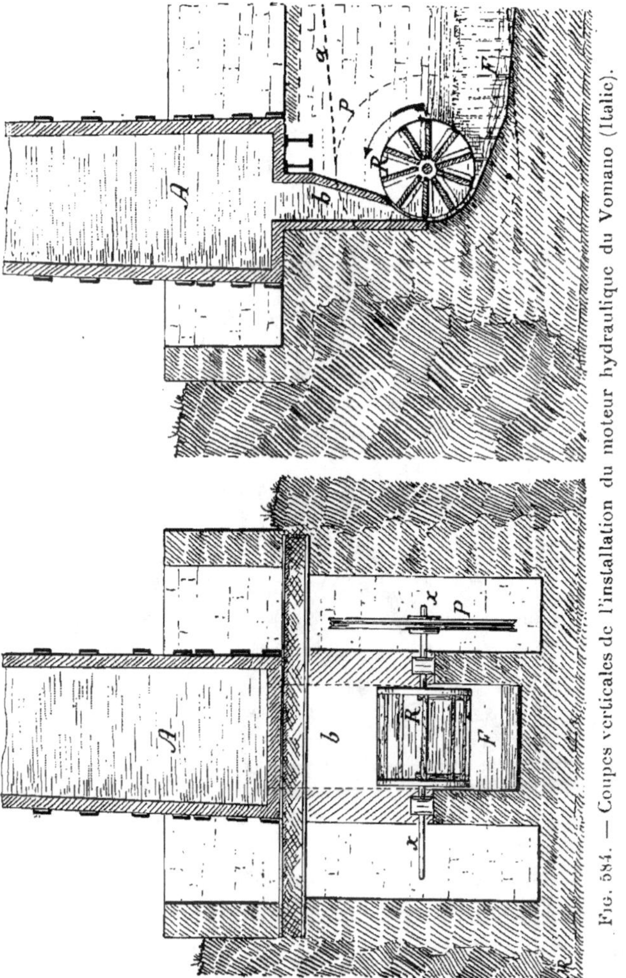

Fig. 584. — Coupes verticales de l'installation du moteur hydraulique du Vomano (Italie).

l'arbre, en bois, a 0 ᵐ 20 de diamètre et 1 ᵐ 70 de long ; les cotes des principales pièces sont indiquées sur la figure 582. — En Asie, les palettes des roues pendantes sont en sparterie (page 258).

Nous avons déjà parlé d'une roue pendante avec aubes en tôle ondulée et galvanisée (voir les machines destinées à l'*Élévation des eaux*, figure 396, p. 259. — Voir également les figures 482, 483, 484, 485 et 486, p. 328 à 330).

Citons, comme exemple d'installation rustique, le moteur hydrau-

Fig. 585. — Poulies-suppots d'un câble de transmission (Vomano, Italie).

lique qui est employé au domaine du Vomano, en Italie, et qui a été décrit par M. Ronna[1] : le canal d'amenée, d'une centaine de mètres de longueur, construit en bois, est posé sur des chevalets *h* (fig. 583). Le canal *c* débouche à la partie supérieure d'un *château d'eau* A, tronc-conique, de 13 mètres de hauteur, d'un mètre de diamètre au sommet et 1^m 40 à la base, entièrement construit en bois, à la façon d'un tonneau, et cerclé en fer (comme dans les fig. 422-423, p. 280 et

1. *Journal d'Agriculture pratique*, 1901, t. I, p. 21.

281). Le fond est pourvu d'une buse b (fig. 584) par laquelle
s'échappe la colonne d'eau dont la puissance calculée est de 70 chevaux environ.

Le moteur consiste en une roue R (fig. 584) d'un mètre de largeur et d'un mètre de diamètre, avec 10 palettes en bois réunies

Fig. 586. — Poulies motrices (Vomano, Italie).

par les disques extérieurs également en bois. L'axe x de la roue
porte la poulie P à gorge, de 2 mètres de diamètre, sur laquelle
passe le câble télédynamique a ; en F est le canal de fuite.

Dans cette installation, il y a en plein champ des poulies n, n'
(fig. 585), en bois, supportant le câble a, a', et montées sur une charpente $h\ h'$. — Les poulies motrices P, P' sont calées, comme l'indique la figure 586, sur un axe x porté par le chevalet B reposant
sur des socles en pierres s et consolidé par les jambes de force j, j' ;
en a, a' et en b, b' sont les câbles télédynamiques.

Parmi les roues rustiques, du type dit *en dessous*, à rapide mouvement de rotation, qu'on rencontre dans nos régions montagneuses (Cévennes, Pyrénées), mentionnons celle représentée par la figure

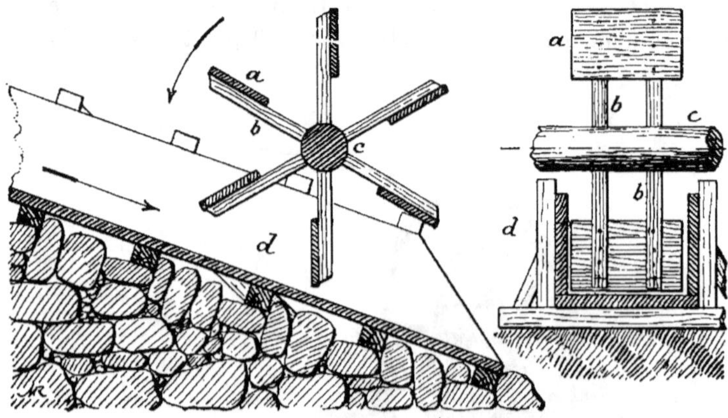

Fig. 587. — Roue en dessous (coupes en long et en travers).

587 : les palettes *a* sont reliées chacune par un ou deux bras *b* avec l'arbre *c*; l'ensemble tourne dans un chenal en bois, *d*, très incliné,

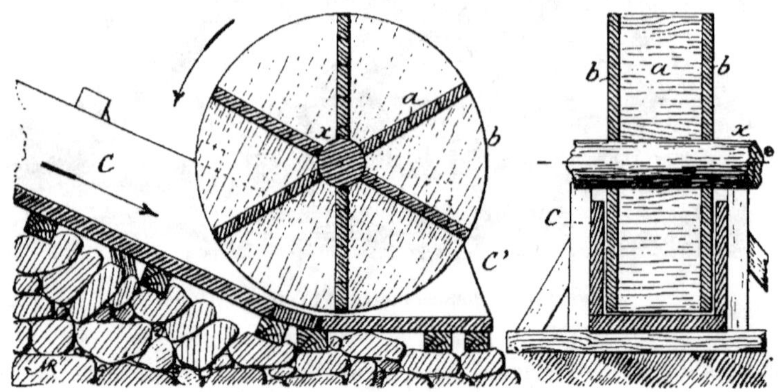

Fig. 588. — Roue en dessous (coupes en long et en travers).

maintenu par un perré, des étais, des pilots ou des chevalets analogues à ceux que nous avons étudiés à propos des *Ponts* (p. 169 et suivantes).

Le rendement mécanique de ces roues est très faible par suite des chocs et des pertes d'eau; tout en conservant la même simplicité de construction et d'installation, on peut améliorer ces moteurs en adoptant le principe de la figure 588 : la roue comprend des palettes *a* prises entre deux joues ou disques *b* montés sur un axe *x* ; la roue tourne, avec très peu de jeu, dans le chenal C C', en bois, dont le fond est redressé comme l'indique la coupe en long de la figure 588.

Souvent le chenal d'amenée des figures 587 et 588 est incliné à 45°.

Les anciennes *roues à cuillers*, utilisées dans les Cévennes depuis un temps immémorial, se rencontrent aussi dans le Tyrol, dans les Balkans, en Kabylie, etc. ; elles sont formées d'un axe vertical A (fig. 589), dont la partie inférieure est garnie d'un pivot en fer P tournant dans une crapaudine C constituée par une pierre très dure (granite) ; sur l'arbre A sont implantées 15 à 18 palettes ou cuillers B, droites ou courbes, présentant à leur extrémité une concavité D dirigée vers l'arrivée *a* de l'eau ; d'autres fois (Pyrénées) les cavités D sont tail-

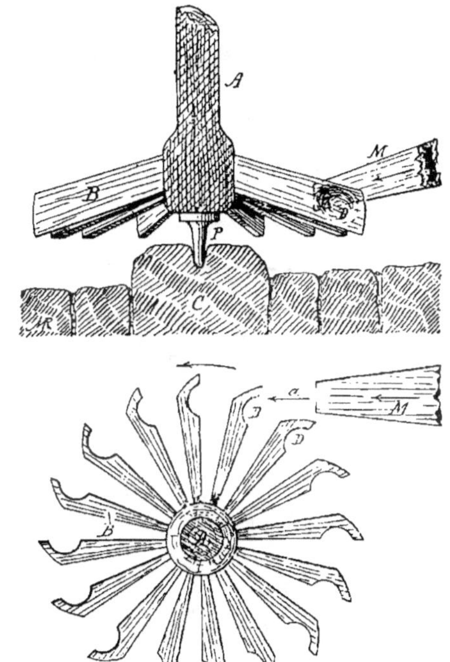

Fig. 589. — Élévation, coupe et plan d'une roue à cuillers.

lées à la périphérie d'un disque en bois de 1 mètre à 1ᵐ20 de diamètre et de 0ᵐ20 à 0ᵐ30 d'épaisseur. Le réservoir d'amont communique avec un tuyau en bois, ou *buse*, très incliné, M, par l'orifice duquel l'eau s'échappe en *a* avec une grande vitesse, en agissant par choc sur l'extrémité des palettes B (on retrouve ce principe dans les roues Pelton de construction perfectionnée). La hauteur de chute de ces moteurs (fig. 589) varie généralement de 3 à 6 mètres et l'axe A, faisant un ou deux tours par seconde, est relié directement avec la *meule courante* d'un moulin.

Afin de diminuer les pertes d'eau, on enferme le *rouet* dans un tambour cylindrique C (fig. 590), analogue à un tonneau ouvert à sa partie inférieure : l'eau, qui arrive par la buse B, suivant la flèche e, tangentiellement aux palettes de la roue A, s'échappe en dessous de la cuve dans le radier R. Le rendement mécanique de ces modèles rustiques varie de 0,16 à 0.20.

Nous n'insisterons pas sur les *turbines* à axe vertical ou à axe horizontal, ni sur la *roue Pelton* qui présenterait pour nous un grand intérêt à cause de sa simplicité si elle n'exigeait pas une conduite métallique d'alimentation (tuyaux en fonte ou en acier). — Nous avons déjà parlé de l'installation des turbines (fig. 487 et 488,

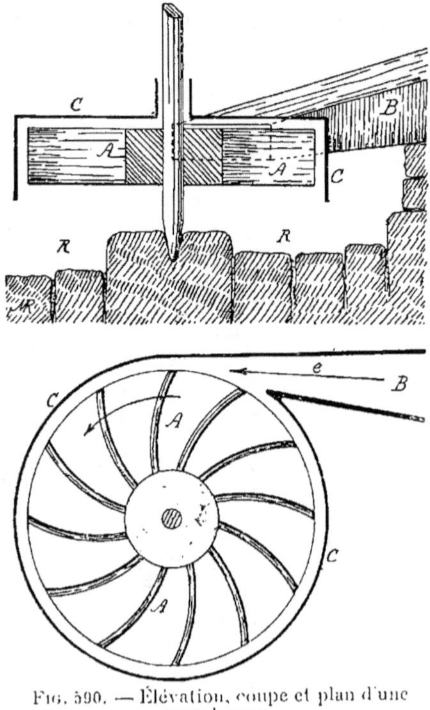

Fig. 590. — Élévation, coupe et plan d'une roue à cuve.

p. 332) qu'on peut placer dans une *chambre d'eau* construite en bois.

Moulins à vent.

Parmi les moteurs qu'on peut établir dans les colonies pour actionner diverses machines, surtout pour élever les eaux nécessaires aux usages domestiques d'une exploitation, et en vue de l'arrosage des cultures, il convient de citer les moulins à vent. Dans beaucoup de localités, le vent souffle d'une façon très régulière (vents alizés, moussons, etc.) ; dans d'autres, le vent est très intense dans la saison sèche, alors précisément que les besoins d'eau se font sentir. Par contre, les moulins à vent ne peuvent être utilisés dans les contrées fréquemment balayées par des typhons.

De très petites différences de pressions barométriques donnent à l'air des vitesses très élevées.

Pour indiquer la vitesse du vent on emploie de préférence, en Météorologie, la notation en mètres par seconde.

Quand on ne possède pas d'*anémomètre*, « on se borne à évaluer la force du vent à l'estime, dit notre collègue M. Angot[1], en la notant en chiffres suivant un certain nombre de degrés. A terre, on emploie généralement une échelle qui va de 0 (calme) à 6 (ouragan) ; sur mer où le vent est plus fort, plus régulier et d'une évaluation plus facile, on emploie d'ordinaire une échelle de 0 à 12 (échelle de Beaufort). Nous donnons, dans le tableau suivant, la concordance de ces deux échelles, la désignation de leurs degrés en langage ordinaire et en langage maritime, et enfin les vitesses en mètres par seconde qui leur correspondent » :

| Echelle | | Vitesse |
terrestre	marine (de Beaufort)	en mètres par seconde
0 Calme	0 Calme	0 à 1
1 Faible	1 Presque calme	1 à 2
	2 Légère brise	2 à 4
2 Modéré	3 Petite brise	4 à 6
	4 Jolie brise	6 à 8
3 Assez fort	5 Bonne brise	8 à 10
	6 Bon frais	10 à 12
4 Fort	7 Grand frais	12 à 14
	8 Petit coup de vent	14 à 16
5 Violent	9 Coup de vent	16 à 20
	10 Fort coup de vent	20 à 25
6 Ouragan	11 Tempête	25 à 30
	12 Ouragan	plus de 30

« La pression du vent, ajoute M. Alfred Angot, s'évalue en indiquant l'effort, en kilogrammes, que le vent exerce contre une surface plane d'un mètre carré, normale à sa direction. Il y a un rapport simple entre la vitesse du vent et la pression qu'il exerce ; cette pression est proportionnelle au carré de la vitesse. D'après les expériences qui paraissent les plus exactes, un vent dont la vitesse est d'un mètre par seconde exerce, sur une surface d'un mètre carré, une pression de 0 kil. 125 ; une vitesse de 2 mètres par seconde correspond donc à une pression quatre fois plus grande ou de 0 k. 5 ;

---

1. Alfred Angot : *Traité élémentaire de météorologie*, résumé du Cours professé à l'Institut National Agronomique, p. 122.

4 mètres par seconde correspondent à une pression de 2 kilog. par mètre carré ; enfin une vitesse de 40 mètres par seconde, que l'on observe parfois dans les grandes tempêtes, équivaut à une pression de 200 kilog. par mètre carré. »

En désignant par v la vitesse du vent estimée en mètres par seconde, la pression P, en kilogrammes par mètre carré de surface plane exposée perpendiculairement à la direction du vent, a donc pour expression :

$$P = 0,125\ v^2$$

Nous pouvons de cette façon calculer le tableau suivant :

| Vitesse du vent | | Pression correspondante en kilogrammes |
en mètres par seconde	en kilomètres par heure	par mètre carré
1	3.6	0.125
2	7.2	0.50
3	10.8	1.125
4	14.4	2.00
5	18.0	3.125
6	21.6	4.50
7	25.2	6.125
8	28.8	8.00
9	32.4	10.125
10	36.0	12.50
12	43.2	18.00
14	50.4	24.50
16	57.6	32.00
20	72.0	50.00
25	90.0	78.125
30	108.0	112.50
35	126.0	153.125
40	144.0	200.00
45	162.0	253.125

Des édifices ont été renversés par un vent d'une vitesse de 45 mètres par seconde.

Moulins à quatre ailes. — Les grands moulins à quatre ailes, si employés en Hollande, au Danemark, etc., et dont il existe encore des spécimens en France, seraient très recommandables comme machines motrices, si l'on pouvait disposer d'ouvriers exercés pour effectuer leur montage sur place (en supposant qu'on les ait fait faire, dans ce but, en Europe, avec pièces assemblées par boulons et en combinant leurs dimensions pour faciliter les transports). Nous croyons que la construction sur place sera très difficile, à moins de disposer du personnel nécessaire qui fait pour ainsi dire défaut dans nos colonies.

Beaucoup d'anciennes sucreries de canne de la Guadeloupe étaient, en 1834, actionnées par ces grands moulins à vent[1]; aussi, sans insister sur la construction proprement dite de ces machines nous donnerons quelques indications relatives à leur mode de montage.

Les ailes du moulin à vent, au nombre de 4, sont fixées à un arbre incliné de 10 à 15 degrés sur

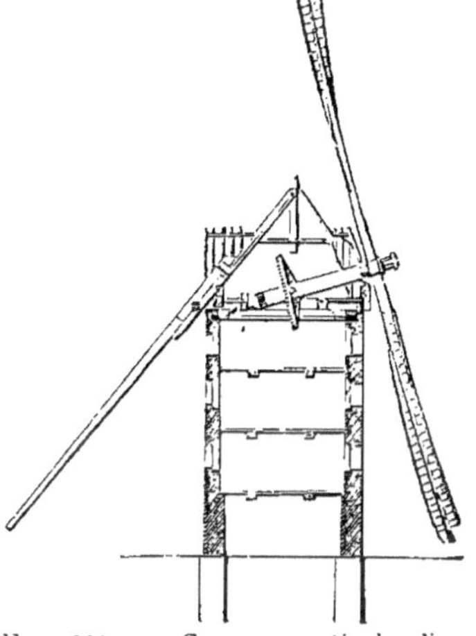

Fig. 591. — Coupe verticale d'un moulin à vent à toit tournant.

le plan horizontal. Afin d'orienter le moulin, suivant la direction du vent, l'arbre est souvent solidaire de la toiture et peut tourner à la partie supérieure de la tour qui est en maçonnerie (fig. 591) ou en bois ; une *queue* ou *gouvernail*, partant du toit, arrive jusqu'à 0^{m}50 environ du sol et reçoit une corde qu'on enroule sur un petit treuil, ou sur un cabestan, attaché d'autre part à des pieux enfoncés dans le sol, de distance en distance, suivant un cercle dont l'axe vertical du moulin occupe le centre. La fig. 591 donne la coupe d'une installation; dans le cas d'un de nos moulins à farine, le rez-de-chaussée constitue le magasin, le plancher du premier étage sup-

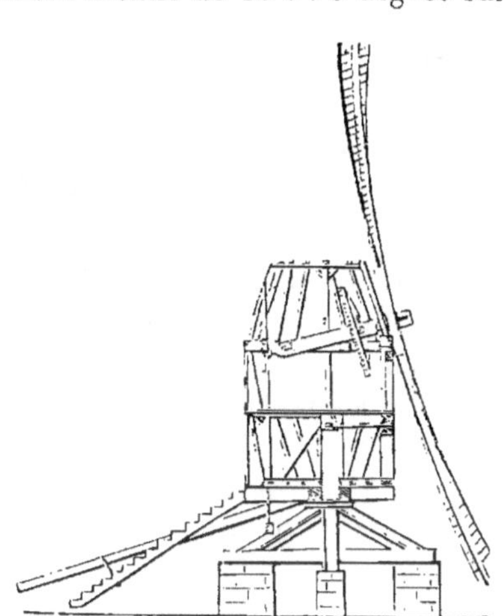

Fig. 592. — Coupe verticale d'un moulin à vent à cage tournante.

1. A. Hugo : *La France pittoresque*, t. III.

porte le blutoir, celui du second porte les meules qui sont alimentées par une trémie s'ouvrant au plancher du troisième étage ;
à l'aide d'un arbre vertical on peut actionner toute machine placée
au niveau du sol.

Dans certains cas, quand le matériel à mettre en mouvement

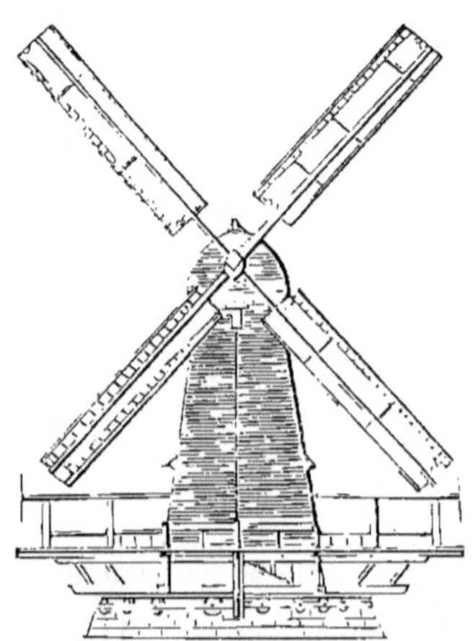

Fig. 593. — Vue de face d'un moulin
à vent (Hollande).

n'est pas très important, l'arbre
du moulin à vent tourne en
même temps que la construction légère, à section carrée,
autour d'un pivot vertical solidement maintenu par une
charpente et de la maçonnerie,
comme l'indique la figure 592 ;
souvent la construction fixe inférieure est fermée par une
toiture et des bardages pour
constituer un magasin ou une
écurie.

La figure 593 représente la
vue générale d'un moulin de la
Hollande, dont certains modèles
ont des ailes de 14 mètres de rayon.

Pour beaucoup d'installations, on pourra monter le moulin à
quatre ailes sur une simple charpente dont nous donnerons plus
loin le principe (fig. 597, p. 458).

Les ailes du moulin sont contournées suivant une hélice et, souvent, leur châssis peut recevoir une toile à voile qu'on développe
plus ou moins suivant l'intensité du vent et la puissance à utiliser.
Dans certaines régions, la toile à voile est remplacée par des lames
de sapin, de 0^{m}015 d'épaisseur et 0^{m}15 à 0^{m}22 de largeur ; ces lames
sont articulées et peuvent s'effacer les unes derrière les autres ou se
développer en gardant un recouvrement de 0^{m}04 à 0^{m}05 ; ce
système (de Berton) nécessite un mécanisme particulier pour régler
la surface de la voilure sans arrêter le moulin, tout en faisant la
manœuvre de l'intérieur même de la construction. L'arrêt du moulin s'obtient à l'aide d'un frein ; en temps de repos on réduit la
voilure et on désoriente le moulin en plaçant son axe perpendiculairement à la direction du vent. Enfin il existe de nombreux
mécanismes automatiques agissant, à la fois ou séparément, sur

l'orientation des ailes et sur la surface de la voilure ; mais ces systèmes sont surtout à leur place dans les moulins actionnant des pompes et devant travailler sans surveillance. Dans une grande installation, où il y a toujours un homme en permanence pour la

Fig. 594. — Moulin à vent installé à bord d'un navire.

conduite des machines, l'ouvrier peut se charger du réglage du moulin et des différentes manœuvres.

A bord des voiliers, on voit fréquemment de petits moulins à vent à quatre ailes garnies de toile (fig. 594), chargés d'actionner la pompe de cale.

On admet, avec ces moulins à quatre ailes, que le travail mécanique T obtenu, en kilogrammètres par seconde, a pour expression :

$$T = n\,S\,V^3$$

dans laquelle n est égal à 0,03 (chiffre de Coulomb, observé sur un grand moulin aux environs de Lille), S est la surface de la voilure en mètres carrés, et V la vitesse du vent en mètres par seconde.

Le coefficient n peut atteindre 0,05 et même 0,06 pour des modèles très bien étudiés.

A vide, la vitesse d'un point à la circonférence de l'aile est quatre fois la vitesse du vent ; en bon travail elle est de 2,5 à 2,7 fois la vitesse du vent.

Voici, pour fixer les idées, quelques dimensions de pièces d'un grand moulin de 10 mètres de rayon, construit en bois :

Hauteur du centre de rotation des ailes au-dessus du sol.		12 à 15 mètres.
Charpente octogonale soutenant le moulin, diamètre......	à la partie inférieure.........	7 à 8 —
	à la partie supérieure........	5 à 6 —
Diamètre de l'arbre incliné......................		0ᵐ 50 à 0ᵐ 60
Ailes..............	équarissage des ailes près de l'arbre....................	0ᵐ 30
	écartement des traverses supportant les voiles.........	0ᵐ 40
	longueur des voiles...........	8 mètres
	largeur des voiles...........	2ᵐ 50
	surface maximum d'une aile...	20 mèt. car.

En appliquant la formule précédente, pour un vent de 7 mètres par seconde, on voit qu'un semblable moulin peut fournir 823,2 kilogrammètres par seconde, soit près de 11 chevaux-vapeur.

Dans la plupart de nos applications, des moulins de 4 mètres de rayon suffiront ; dans ce cas, les voiles auront 3 mètres de longueur sur 1 mètre de largeur (on réduira en conséquence les dimensions indiquées ci-dessus). Suivant la perfection de la construction et du montage, on peut obtenir, avec un moulin ayant les dimensions précédentes, les puissances ci-dessous, en chevaux-vapeur, d'après la vitesse du vent en mètres par seconde :

Vitesse du vent.	Puissance en chevaux-vapeur.
4ᵐ par seconde........	0.3 à 0.4
6ᵐ —	0.9 à 1.4
8ᵐ —	2.2 à 3.4
10ᵐ —	4.3 à 6.8

Moulins à roue. — A côté de ces grands moulins à vent, dont l'emploi est malheureusement limité, il est tout indiqué de recommander les petits modèles à réglage automatique qui peuvent se ramener à deux types : dans le premier, datant de 1876 (introduit en France en 1878), l'axe de la roue, à ailes en bois, actionne directement, par manivelle et bielle, la tringle de la pompe ; dans le second (qui date de 1890-1893), la roue, à ailes métalliques généralement cintrées, commande par des engrenages réducteurs l'arbre du plateau-manivelle chargé d'actionner, par une bielle, la tringle de la pompe. Des deux modèles, il y a lieu de préférer celui à ailes métalliques rigides et à engrenages, qui permet d'avoir une roue de petit diamètre, pouvant démarrer par des vents plus faibles que ceux nécessités par le premier type, et qui fournit un plus grand nombre d'heures de travail par an[1].

Un moulin de 3ᵐ60 de diamètre, sans réduction de vitesse, ne démarre qu'avec un coup de vent ayant une vitesse de 5 à 6 mètres par seconde ; le maximum de travail correspond à un vent de 10 mètres par seconde ; au-delà de cette vitesse, la roue s'oblique pour fuir la tempête, et le moulin ne travaille plus.

Un moulin de même diamètre (3ᵐ60), qui est muni d'un mécanisme diminuant la vitesse (réduction de un à 3.3), démarre avec un coup de vent de 3 à 4 mètres par seconde ; mais le maximum est atteint lorsque la vitesse du vent s'élève à 7 mètres environ par seconde ; au delà, la vitesse de la roue devenant dangereuse, le moulin défile et ne fonctionne plus.

Dans ces machines automatiques, un gouvernail place l'axe de la roue dans la direction du vent ; un mécanisme, variable suivant les constructeurs, limite la vitesse du moulin. Quand le vent devient trop violent, la roue se dispose automatiquement (et s'enclanche) dans un plan parallèle au gouvernail ; on dit alors que l'ensemble *fuit la tempête* en présentant une très faible surface à l'action du vent.

Le vent ne souffle jamais uniformément, et les appareils de précision montrent qu'il y a de grandes variations de vitesses dans de très courts espaces de temps. Comme un moulin, arrêté lors d'une accalmie, demande, pour démarrer à nouveau, un coup de vent ayant une plus forte vitesse que la vitesse moyenne nécessaire à

---

1. Voir : *Journal d'Agriculture pratique*, 1898, t. I, p. 761 ; *Machines et ateliers pour la préparation des aliments du bétail* (chapitre IV, *Ateliers mus par un moulin à vent*, p. 104 et suivantes)

son fonctionnement, cela explique pourquoi il y a une disproportion apparente entre le diamètre de la roue du moulin et la pompe : il faut une roue de grande surface pour actionner une pompe dont le piston est de petit diamètre ; avec cette disproportion, pour une résistance déterminée par la charge de la pompe (effort à exercer sur la tige b de la figure 399, page 262), la roue est capable de démarrer avec une certaine vitesse de vent ; plus cette dernière peut être faible, plus on augmente le nombre de démarrages qui peuvent être effectués par heure, et, par suite, le temps utile de travail du moulin.

Enfin, dans les localités où le vent souffle généralement avec un régime irrégulier, on constate une autre disproportion obligatoire entre les dimensions de la pompe et celles du réservoir qu'elle alimente.

Fig. 595. — Moulin à vent (Stower-Pilter).

Le réservoir doit être volumineux pour emmagasiner l'eau fournie par l'installation pendant les périodes de bons vents ; au besoin on pourra adopter deux réservoirs étagés, celui du haut déversant son trop plein dans celui du bas dont l'eau sera destinée à certains usages ne réclamant pas une forte charge. On constitue ainsi, par les temps favorables, une réserve d'eau suffisante pour plusieurs jours, trois ou cinq suivant le régime des vents de la localité.

En résumé, afin d'augmenter le nombre d'heures de travail annuel, pour utiliser les vents faibles, on est conduit à adopter une grande roue commandant une petite pompe (les systèmes actuels, à engrenages, permettent de réduire le diamètre de la roue pour les mêmes conditions de travail) ; afin de parer aux périodes de calme, on estime que le réservoir doit avoir, au moins, une capacité trois fois plus grande que celle qui est nécessaire au service journalier.

Fig. 596. — Moulin à vent monté sur pylône en bois.

La roue du moulin peut se déplacer librement dans le plan horizontal à l'extrémité d'un pylône établi à poste fixe (fig. 595). Le centre de la roue doit être, autant que possible, de 4 à 5 mètres au-dessus du niveau des plus hauts obstacles situés dans un rayon de 150 mètres environ. (Le vent est d'autant plus fort et d'autant

plus régulier qu'on considère des points plus élevés au-dessus
du sol ; à Paris, au sommet de la tour Eiffel, la vitesse du vent
est de trois à quatre fois plus élevée qu'à 20 mètres au-dessus du
sol environnant.)

Lorsqu'on monte le moulin sur un pylône en bois, ce dernier doit
être confectionné avec des maté-
riaux qu'on trouve sur le domaine ;
la figure 596 en donne un exemple.

Dans la figure 597, la charpente
est formée de 4 montants a, a',
très peu inclinés, reliés entre eux
par des traverses b et b', cette
dernière jouant le rôle de solive
au plancher carré, c, d'au moins
1 ^{m} 50 de côté ; des écharpes d, d'
triangulent le système dont les diverses parties sont montées avec
assemblages ordinaires (tenons,
embrèvements, etc.), ou, ce qui
est plus simple, à l'aide de boulons
et de tirefonds. Pour accéder à la
plate-forme c, on dispose d'une
échelle e, dont un des montants
f est fixé à 0 ^{m} 50 environ d'un
poteau a jouant aussi le rôle de
montant. C'est sur les pièces i du
plancher c qu'on vient fixer le mé-

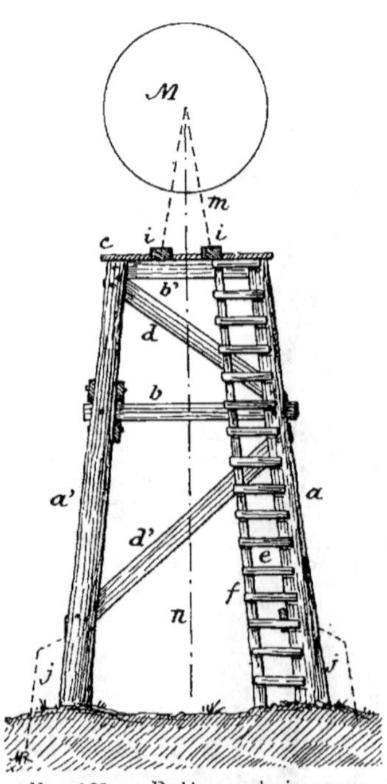

Fig. 597. — Pylône en bois pour
moulin à vent.

canisme M m du moulin, dont la tringle passe en n.

Il convient de se rappeler que, suivant leur nature, les bois se détériorent plus ou moins rapidement dans une zone située un peu en
dessous du niveau du sol (voir p. 38) ; il faudra donc, au bout d'un certain temps, vérifier la solidité du pylône et, au besoin, rapporter des
pièces j indiquées en pointillé sur la figure 597.

Pour beaucoup d'applications, il est préférable d'adopter un
pylône métallique (fig. 598) formé de trois ou quatre cornières
d'acier réunies de place en place par des traverses et consolidées par
des tirants obliques ; les petits pylônes s'assemblent à terre, horizontalement, et l'ensemble, y compris le moulin, est redressé verti-

calement à l'aide d'une chèvre et de cordages. La partie supérieure
du pylône reçoit une plate-
forme à laquelle on accède
par une échelle ordinaire ou
de *perroquet* (fig. 105, p. 53).

Dans la figure 595, on voit
la roue à ailes métalliques
cintrées, le moyeu de la roue
qui abrite les engrenages réducteurs de vitesse, la bielle
et la tringle qui est reliée à
la tige du piston de la pompe
(on peut souvent débrayer
cette dernière de la tringle
pour l'actionner directement
par un balancier); à l'aide
d'un levier, placé au bas du
pylône, et d'un petit câble
métallique on peut arrêter la
roue en la plaçant parallèlement au gouvernail ; cette
manœuvre doit se faire chaque fois avant de monter à la
plate-forme pour la visite du
mécanisme.

La tringle, en fer creux
ou en bois, qui actionne la
pompe, est guidée tous les
trois mètres environ par des
glissières, des galets ou des
leviers articulés de place en
place au pylône. — Souvent

Fig. 598. — Moulin à vent monté sur
pylône métallique.

l'axe de la tringle ne passe pas par l'axe du plateau-manivelle afin
d'obtenir une vitesse différente à la descente et à la montée du
piston. (Nous avons examiné aux pages 261 à 263 ce qui est
relatif au choix de la pompe). — Bien que les réservoirs dans lesquels on élève l'eau soient toujours munis d'un trop-plein, on a
proposé des systèmes qui arrêtent automatiquement le moulin

quand le réservoir est rempli, pour le remettre en marche dès que le niveau de l'eau s'abaisse.

Dans beaucoup de bons modèles, le plateau-manivelle porte 3 ou 4 trous tracés sur des cercles de différents rayons, afin de pouvoir modifier rapidement la course du piston suivant les conditions de l'installation, ou même suivant les saisons (la petite course étant employée pendant les périodes de vents faibles, ou quand la consommation d'eau est peu élevée).

Tous les huit jours on doit monter à la roue pour effectuer le graissage du mécanisme ; c'est l'occasion d'accidents, et, pour les éviter, on rencontre fréquemment aux États-Unis un dispositif, appliqué aux petits moulins, permettant de faire descendre la roue à terre ; la figure 599 donne le principe de ce système : le bâti de la roue motrice M est fixé à l'extrémité d'un mât a b armé par le poinçon c et le tirant d d' en fer rond. La tringle t du

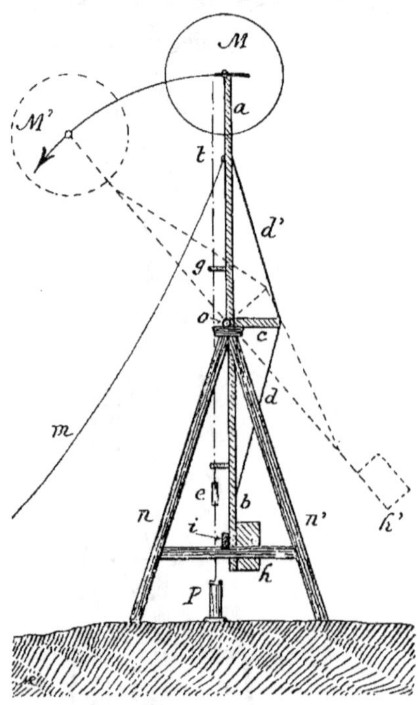

Fig. 599. — Moulin à vent monté à bascule.

piston, passant dans des glissières g, se meut parallèlement au mât a b ; cette tringle se raccorde à sa partie inférieure par un étrier e avec la tige du piston de la pompe P. En travail, le mât a b est vertical, soutenu par l'axe o à la partie supérieure d'un petit pylône fixe n n', le contre-poids h venant butter contre une traverse i à laquelle il est solidement relié. Lorsqu'il s'agit de visiter le mécanisme et de le graisser (il faut des graisseurs spéciaux à renversement), on défait l'étrier e, ainsi que l'attache de h à i et, à l'aide d'une chaîne m, on abaisse la roue M à terre en faisant tourner l'ensemble dans le plan vertical autour de l'axe o, comme l'indique le tracé en pointillé h' M' de la figure 599.

Aux États-Unis, comme dans l'Afrique du Sud (colonie du Cap et Transvaal), on rencontre souvent trois catégories de moulins : les uns, petits, de 1 m 80 à 3 mètres de diamètre au plus, installés au milieu des pâturages pour élever l'eau nécessaire aux abreuvoirs ; les autres (fig. 600), de 3 mètres à 4 m 20 de diamètre, installés dans les cours des fermes pour le service d'eau des bâtiments et la mise en marche de différentes machines. Enfin, dans certaines

Fig. 600. — Moulin à vent installé dans une ferme américaine.

régions des pays précédents, on emploie des moulins ayant plus de 4 mètres de diamètre qui envoient l'eau dans de grands réservoirs, entourés d'une digue en terre (v. p. 264), où elle s'accumule pour être employée à l'irrigation des cultures.

Nous avons vu que, pour la commande directe des pompes, des engrenages, dont le rapport est compris entre 1 à 2 et 1 à 3.3, donnent au plateau-manivelle une vitesse angulaire plus faible que celle de la roue du moulin ; au contraire, quand on doit transmettre à diverses machines le mouvement de rotation du moulin, on emploie des engrenages qui augmentent la vitesse angulaire de l'arbre de transmission, relativement à celle de la roue du moulin ; de cette façon, l'arbre vertical peut être de petit diamètre, et par suite de faible poids ; à son extrémité inférieure, cet arbre se raccorde, par engrenages d'angle, avec un arbre horizontal qui porte les poulies nécessaires ; il est bon d'intercaler un joint à friction, de telle sorte que, si une résistance additionnelle se manifeste, l'arbre de couche s'arrête seul tout en laissant tourner folle la roue du moulin.

Le nombre moyen de tours que fait la roue d'un moulin à vent est en relation avec la vitesse du vent et avec la charge que présente la pompe, jusqu'à un maximum qui ne dépasse pas 40 à 50 tours environ par minute pour les moulins dont l'axe actionne directement la pompe, et 80 à 100 tours au plus par minute pour les roues qui commandent la pompe par l'intermédiaire d'engrenages de réduction. Dès que la vitesse moyenne du vent s'élève au-dessus de 3 ^{m} 50 ou 4 mètres par seconde, le moulin commence à tourner assez régulièrement pour qu'on puisse chercher un rapport entre sa vitesse et celle du vent. Dans ces conditions, la vitesse v à la circonférence, mesurée à l'extrémité des ailes du moulin (en charge), en mètres par seconde, peut être estimée d'après la vitesse V du vent en mètres par seconde et un coefficient c :

$$v = c\,V$$

Au delà d'une certaine vitesse V, variant, suivant les systèmes, de 7 à 10 mètres par seconde, le coefficient c devient brusquement égal à zéro et le moulin ne fonctionne plus.

Pour les moulins à commande directe, comme celui que nous avons expérimenté et dont nous parlerons plus loin, c varie de 0.75 à 0.88.

Avec les moulins qui commandent la pompe par l'intermédiaire d'un pignon et d'une roue réduisant la vitesse, $c = 1.20$ en moyenne ; ce dernier chiffre se vérifie en cherchant les valeurs de c pour les différents modèles expérimentés par Edward Charles Murphy [1] ; c est indépendant du diamètre de la roue, comme l'indique le tableau suivant :

Diamètre de la roue.	c	
2 ^{m} 45	0.83 à	1.49
3 ^{m} 00	0.81	1.03
3 ^{m} 60	0.98	1.15
4 ^{m} 20	1.09	1.19
4 ^{m} 85	1.31	1.66

1. *Windmills for irrigations*, Washington, *Government printing Office*, 1897.

Étant donné que le nombre de tours par minute de la roue est limité à un certain chiffre, on a intérêt à augmenter la charge du moulin au fur et à mesure que la vitesse du vent augmente. Dans le système de notre regretté collègue Albert Hérisson [1], une vanne, qui s'oblique plus ou moins suivant la pression et par suite en raison de la vitesse du vent, modifie automatiquement la course de la pompe.

Dans presque toutes les installations courantes, la charge du moulin reste constante (diamètre du piston, course du piston et hauteur d'élévation de l'eau) ; c'est ce qui explique pourquoi le rendement mécanique d'un moulin diminue dès que la vitesse du vent dépasse une certaine limite, mais cela ne présente aucun inconvénient pratique, attendu qu'on ne paie pas de redevance pour l'énergie fournie par le vent.

A la Station d'Essais de Machines, nous avons eu l'occasion d'expérimenter un moulin pendant près de deux ans (1890 et 1891) (moulin Éclipse, de Beaume : roue de 3^{m}60 de diamètre, à 72 ailes en bois ayant chacune 1^{m}30 de longueur ; surface de la voilure 9.39 mètres carrés ; l'axe actionnait directement la tige de la pompe de 0^{m}12 de diamètre et de 0^{m}14 de course ; le volume calculé de la pompe était, par tour de roue, de 1 lit. 582, et le volume pratiquement élevé était de 1 lit. 547 ; le rendement volumétrique de la pompe était de 0.977). Les essais ont été effectués en abandonnant le moulin à lui-même par tous les temps ; le graissage avait lieu une fois par semaine ; des enregistreurs automatiques notaient à chaque instant la vitesse du vent et le nombre de tours du moulin.

D'après le relevé des diagrammes d'un très grand nombre d'observations, nous avons obtenu les résultats pratiques consignés dans le tableau suivant (à côté du nombre de tours, nous avons ajouté la valeur du coefficient c de la formule précédente donnant la vitesse moyenne à la circonférence, à l'extrémité des ailes, relativement à la vitesse du vent).

---

1. M. Ringelmann : *Le matériel agricole à l'Exposition universelle de 1900.*

*Moyennes d'après des observations horaires relevées
dans des périodes de travail uniforme.*

Vitesse du vent en		Nombre moyen de tours du moulin par heure	Coefficient c.	Volume d'eau pratiquement élevé par heure à 10 mètres de hauteur
Mètres par seconde	Kilomètres à l'heure			
1.11	4.0	32 *a*	»	48 litres
1.53	5.5	301	0.618	442 —
1.72	6.2	416	0.757	611 —
2.36	8.5	644	0.856	946 —
3.25	11.7	766	0.739	1179 —
4.08	14.7	1063	0.817	1563 —
4.64	16.7	1233	0.834	1813 —
5.25	18.9	1314	0.785	1931 —
6.64	23.8	1862	0.884	2736 —
7.50	27.0	2100	0.878	3086 —
8.89	32.0	2200	0.776	3233 —
10.00	36.0	2400	0.752	3527 —
plus de 10.00	36.0	0	0	0 *b*

Observations : a) Il est bon de faire remarquer que le moulin ne tourne que
par instants, puis s'arrête pour ne partir que par un coup de vent momentanément plus intense ; le nombre d'hectomètres (parcourus par le vent) est indiqué par l'enregistreur, mais quand il y a, par exemple, un déplacement de
l'air de 40 hectomètres dans une heure, l'enregistreur montre que les vitesses
élémentaires du vent ont varié de 0 à 60 et 80 hectomètres.

b) Lorsque la vitesse du vent dépasse 36 kilomètres à l'heure, le moulin fuit
automatiquement la tempête et s'arrête.

En calculant une moyenne générale des observations continuées
pendant longtemps, on obtient les chiffres suivants ; ces chiffres,
qui sont des *moyennes générales annuelles*, tenant compte des
périodes de calme comme des vents trop violents, ne peuvent pas
correspondre avec les résultats précédents des observations horaires :

Vitesse du vent (moyenne annuelle), à l'heure...   5ᵏ48
Nombre moyen de tours par heure...............   147
Volume d'eau élevé pratiquement, en moyenne,
   à 10 mètres de hauteur et par 24 heures........   5180 litres.

L'énergie pratiquement recueillie et utilisée par 24 heures, en
moyenne générale annuelle, est donc de 51800 kilogrammètres
correspondant à :

5180 litres d'eau élevés à 10 mètres de hauteur,
ou 10360   —   —   5   —   —
ou 51800   —   —   1   —   —

Le graissage du moulin a nécessité 210 grammes d'huile par semaine, soit 11 kilog. par an.

Le travail mécanique donné par tour de roue du moulin était de 43 kilogrammètres ; le travail utile compté en eau élevée était, par tour de roue du moulin, de 14,7 kilogrammètres ; le rendement mécanique du moulin, de la transmission et de la pompe était de 34,1 °/₀ (dans les installations courantes, ce rendement varie de 20 à 40 °/₀ au plus).

La puissance *maximum* T, en kilogrammètres par seconde, que peut fournir un vent animé d'une vitesse V, exprimée en mètres par seconde, agissant sur une surface normale A (projection des ailes) exprimée en mètres carrés, K étant un coefficient du moulin, est :

$$T = K A V^3$$

Cette formule montre que la puissance maximum d'un moulin peut être proportionnelle au cube de la vitesse du vent ; mais cela n'est possible que quand n augmente la charge (ou la résistance à vaincre) proportionnellement à V^3, sinon, comme dans presque toutes nos applications, le travail mécanique utilisable est simplement proportionnel à la vitesse du vent pour les motifs suivants :

Lorsque la charge du moulin reste constante, le coefficient K diminue à mesure que la vitesse du vent augmente ; en cherchant la valeur de K dans nos essais précités à partir de V = 4^m08 par seconde, la roue donnant toujours le même travail total de 43 kilogrammètres par tour, on a le tableau ci-dessous :

Vitesse du vent en mètres par seconde	K
4.08	0.0198
4.64	0.0156
5.25	0.0115
6.61	0.0081
7.50	0.0063
8.89	0.0039
10.00	0.0030

Pour obtenir le travail utile t, il faut multiplier le travail T par le rendement mécanique m du moulin, de la transmission et de la pompe :

$$t = m T$$

dans nos essais m était de 0.34 ; il varie, comme nous l'avons vu, de 0.20 à 0.40 suivant les installations.

Ainsi, lorsque le moulin est accouplé à une pompe dont la charge reste constante, la roue devant fournir le même nombre de kilo-grammètres par tour, quand la puissance du vent augmente, la vitesse de la roue s'accroît en diminuant l'action du vent sur les ailes ; un tracé géométrique (fig. 601) peut démontrer ainsi pourquoi, comme nous le disions plus haut, le rendement des moulins diminue à mesure que la vitesse du vent augmente[1], de sorte que le travail pratiquement utilisable reste simplement proportionnel à la vitesse du vent, et non au cube de cette vitesse.

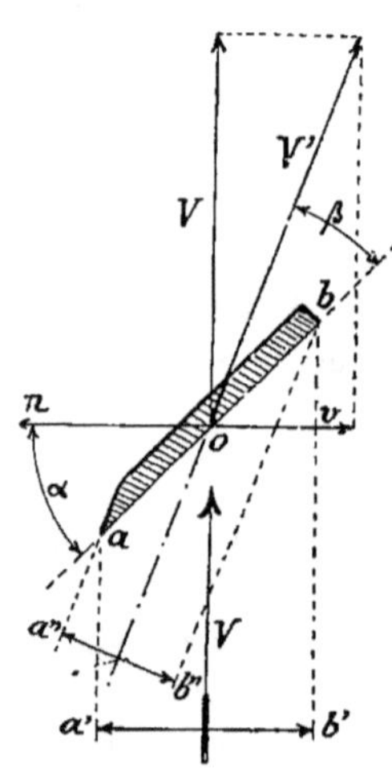

Fig. 601. — Action du vent sur l'aile d'un moulin.

Au contraire, si l'on cherche à mainte-nir constante la vitesse du moulin quelle que soit la vitesse du vent au-dessus d'une certaine limite (3 ou 4 mètres par seconde), on constate que le coefficient K reste sen-siblement constant et que la puissance du moulin augmente avec le cube de la vitesse du vent et par suite avec la charge, en atteignant un ma-ximum pour un vent qui correspond à la mise à l'arrêt du méca-nisme pour fuir la tempête.

Les formules employées aux États-Unis[2] pour le calcul approxi-matif de la puissance d'un moulin à vent ne tiennent pas compte de la charge de la roue ; dans les meilleures conditions on prend K' = 0.0795, alors que notre tableau précédent nous montre qu'avec

1. Dans la figure 601, l'aile $a\,b$, dont α est l'angle d'orientation, peut se déplacer suivant $o\,n$, perpendiculairement à la direction V du vent. Lorsque le moulin ne tourne pas, la surface utile exposée au vent est la projection $a'\,b'$ de $a\,b$; dès que le moulin tourne, la direction du vent apparent V' s'obtient en composant la vitesse V du vent réel avec la vitesse v de l'aile, prise en sens inverse du mouvement réel $o\,n$, de sorte que la surface utile de l'aile exposée au vent n'est plus que la projection $a''\,b'$ de l'aile $a\,b$ sur une normale à V' ; on voit que la surface utile de l'aile diminue à mesure que l'angle β diminue, c'est-à-dire que la vitesse v de la roue augmente relati-vement à la vitesse V du vent.

Cette même explication s'applique aux voiles des navires.

2. Formule Wolff ; voir aussi Griffith : Essais sur 4 moulins à vent américains (*Inst. of civil Engineers*. London, vol. CXIX, paper 2672) ; *Mécanique générale amé-ricaine*, par Gustave Richard, 1896 ; *Windmills for irrigations*, loc. cit., de Murphy, Washington, 1897.

une charge constante et des vitesses de vent comprises entre 4 et 10 mètres par seconde, K diminue rapidement et passe de 0.02 à 0.003; enfin il faut tenir compte que nos valeurs de K sont des *chiffres pratiques* tirés de moyennes horaires, et non de constatations faites pendant quelques minutes, lorsque le vent souffle sans aucun arrêt avec une vitesse admise comme constante; cette dernière considération explique la différence des coefficients K de nos essais avec les chiffres américains. Cependant, nous devons ajouter que les Américains multiplient leur coefficient K′ (0.0795) par un autre variant de 0.2 à 0.4 suivant les machines, ce qui donne 0.0159 à 0.0318, s'approchant de nos coefficients K indiqués pour des vitesses de vent de 4 mètres à 4^m 64 par seconde.

Le tableau suivant donne les dimensions (en mesures françaises) d'un moulin essayé en 1903 à Madras[1], par M. A. Chatterton :

Diamètre de la roue		4^m 87
Hauteur de l'axe au-dessus du sol		21^m 33
Nombre de tours de la roue du moulin pour un tour du plateau-manivelle		3^t 3
Pompe { diamètre		0^m 20
{ course		0^m 40
Hauteur totale d'élévation de l'eau		7^m 62

Le moulin était très bien exposé pour recevoir tous les vents qui soufflaient dans la région.

Par un vent de 16093 mètres à l'heure, le travail mécanique du moulin expérimenté, mesuré en eau élevée, était de 0.198 cheval-vapeur; cela correspond à 15.05 kilogrammètres par seconde en calculant avec le *Horse power* (ou cheval-vapeur anglais) valant 76.044 kilogrammètres par seconde. — D'après la hauteur d'élévation de l'eau (7^m 62), ces 15 kilogrammètres par seconde correspondent à un débit de 1968 centimètres cubes par seconde, ou de 7084.8 litres par heure.

Des expériences de Madras nous pouvons tirer la formule générale suivante, estimée en mesures françaises[2] :

$$T = 3761.6 \; V - 321042$$

---

1. D'après *Rural Engineering* de l'*Experiment Station Record*, numéro de janvier 1906, p. 507.

2. Selon Perry, 1 mètre carré de voilure d'un moulin peut produire, par un vent de 16 kilomètres à l'heure, un travail mécanique utilisable de 1.48 kilogrammètre par seconde; en calculant en eau élevée, les essais de Madras montrent qu'on n'obtient au plus, dans les mêmes conditions de vent, que 0.78 kilogrammètre par seconde et par mètre carré de voilure; soit seulement 53 °/₀ du chiffre de Perry.

dans laquelle :

T est le travail mécanique en kilogrammètres, en eau élevée, effectué pratiquement en vingt-quatre heures par le moulin, et obtenu en multipliant le volume d'eau Q, en litres, élevés par vingt-quatre heures à une hauteur H, mesurée en mètres $(T = QH)$.

V le nombre de kilomètres de vent qui passe dans les vingt-quatre heures au moulin.

D'après cette formule, le travail mécanique T devient nul pour $V = 85$ kilom. 3.

Nous résumons ci-dessous les autres constatations intéressantes relatives au moulin de Madras :

Il faut que le vent ait une vitesse d'au moins 12 kilomètres par heure pour que le moulin commence à tourner régulièrement ;

Quand la vitesse du vent tombe à une moyenne de 5 kilomètres à l'heure, le moulin fonctionne irrégulièrement et ne tourne que par des coups de vent ;

Le bon fonctionnement du moulin a lieu pour des vitesses de vent comprises entre 13 et 24 kilomètres à l'heure ;

Lorsque le chemin parcouru en vingt-quatre heures par le vent s'abaisse en dessous de 85 kilomètres (soit, en moyenne arithmétique, un peu plus de 3.5 kilomètres à l'heure), le travail effectué par le moulin est négligeable ;

En pratique, le travail fourni par un moulin n'est pas, comme on le croit, proportionnel au cube de la vitesse du vent, mais simplement proportionnel à cette vitesse, parce qu'au delà d'une certaine limite la pompe ne peut utiliser qu'une partie de la puissance du vent ;

Pour utiliser toute la puissance du vent, il faudrait que la charge du moulin augmente automatiquement avec le carré de la vitesse du vent ; mais les mécanismes proposés dans ce but (variation de la course du piston) sont trop compliqués et n'ont pas donné de bons résultats ;

Pour bien faire, il faudrait que, suivant la vitesse du vent, on puisse automatiquement actionner une, deux ou trois pompes. Le calcul montre que, pour l'année entière, le volume d'eau, élevé par le moulin de Madras, aurait augmenté de 52.4 % si, aux moments voulus, on avait fait mouvoir deux pompes ; l'augmentation aurait été de 76.7 % si on avait pu en commander trois, la dernière pompe donnant à elle seule 24.3 % d'eau en plus ;

En augmentant le diamètre de la pompe (de 0m 20 à 0m 25), au lieu de 12 kilomètres par heure, le moulin nécessite un vent d'une vitesse de 14.5 kilomètres à l'heure pour commencer à tourner régulièrement ; avec la grosse pompe on débite alors plus d'eau aux grands vents, mais le volume total d'eau fourni pendant toute l'année reste sensiblement le même qu'avec la pompe de 0m 20 de diamètre ;

Enfin, le moulin expérimenté a été reconnu capable d'élever, à une hauteur de 7m 62, l'eau en quantité très largement suffisante pour l'arrosage de 4 hectares occupés par n'importe quelle culture exigeante dans la région de Madras, où l'évaporation est des plus actives.

Au concours de 1903 de la Société Royale d'Agriculture d'Angleterre, à Park Royal [1], parmi les dix-neuf machines concurrentes (qui élevaient l'eau à 60 mètres de hauteur) dont le diamètre de la roue était compris entre 2^m 40 et 9 mètres, les six moulins qui ont donné les meilleurs résultats (dans les conditions imposées pour les essais) avaient tous des roues de 4^m 80 de diamètre et, par un vent dont la vitesse moyenne était de 4^m 47 par seconde (16 kilom. 09 à l'heure ; a varié de 6.64 à 32.18 kilomètres), ont fourni en eau élevée une puissance calculée comprise entre 0 chev. 19 et 0 chev. 24 [2] ; il semble résulter de ce concours que, pour une élévation d'eau à 60 mètres de hauteur, le diamètre de 4^m 80 serait celui qui donne les meilleurs rendements.

Pour le choix d'un moulin, il convient de se renseigner au préalable sur les vitesses moyennes horaires du vent de la localité à différentes époques, afin de déterminer le plus grand nombre d'heures pendant lesquelles le vent souffle avec une certaine intensité, et proportionner la charge du moulin à cette vitesse ; avec les modèles où il est possible de donner 3 ou 4 courses différentes au piston de la pompe, en déplaçant l'articulation de la bielle avec le plateau-manivelle, on peut faire ce réglage sur place, par tâtonnements.

Voici, à titre d'exemple, comment on peut procéder pour un avant-projet d'installation d'un moulin à vent chargé d'actionner une pompe. — Le modèle qu'on a en vue, avec sa pompe et la hauteur d'élévation de l'eau, donne pratiquement les débits suivants pour différentes vitesses moyennes du vent :

Vitesse du vent en mètres par seconde	Volume d'eau élevé pratiquement par heure en litres
4^m	300 litres
6^m	400 —
8^m	600 —
10^m	700 —

En se renseignant à l'observatoire le plus voisin, on peut avoir,

---

1. Voir le *Journal d'Agriculture pratique*, 1903, t. II, n° 49, du 3 décembre, p. 737.

2. Si les constatations ont été bien faites, un modèle aurait même donné près d'un demi cheval-vapeur.

pour chaque mois, le nombre moyen d'heures pendant lesquelles le vent souffle avec telle ou telle intensité ; on fait alors des calculs mois par mois, dans le genre du calcul suivant pour un mois déterminé :

Vitesse du vent (mètres par seconde)	Nombre d'heures par mois	Volume d'eau élevé pratiquement en litres
De 3 à 5.........	160	48000 litres
5 à 7.........	70	28000 —
7 à 9........	40	24000 —
9 à 11.........	10	7000 —
Totaux....	280	107000 litres

Sur les 720 heures du mois, le moulin considéré pourra donc fonctionner en moyenne pendant 280 heures, c'est-à-dire 4 jours sur 10 ; le volume total d'eau élevé pendant le mois serait de 107000 litres, soit, en moyenne arithmétique, 3566 litres par 24 heures.

Selon plusieurs constatations, il semble que le plus grand diamètre pratique à donner à la roue serait d'environ 5 mètres ; au delà de cette dimension, le moulin demandant un trop fort coup de vent pour démarrer après un arrêt, le nombre d'heures d'utilisation de la machine diminue. Le diamètre de la pompe ne semble pas devoir dépasser $0^m 20$.

Moteurs thermiques.

Le grand groupe des moteurs thermiques, qui est des plus intéressants pour nos colonies, est, par contre, le plus délicat à étudier, car des conditions générales s'opposeront, pendant longtemps encore, à l'emploi des excellents modèles de fabrication courante.

Moteurs à vapeur. — En outre des difficultés de débarquement et surtout de transports dans l'intérieur des terres, même en supposant un matériel démontable en portions d'un faible poids[1] et d'un petit volume, reste la question du combustible.

---

1. Voici le poids moyen de nos locomobiles :

6 chevaux-vapeur..................		5000 kg.
10 —		7300
15 —		10000
20 —		13400

La houille est à un prix inabordable dans presque toutes nos possessions ; il suffit de se renseigner à combien elle revient aux approvisionnements de la Marine pour être fixé sur l'impossibilité de son utilisation économique dans les exploitations. Le fret d'une tonne de houille s'élève de 70 à 110 fr. et souvent plus ; à ce chiffre il faut ajouter le prix d'achat de la marchandise (qu'on a intérêt à prendre de première qualité pour transporter le minimum de matières inertes), les frais d'embarquement et de débarquement, puis ceux du transport à l'intérieur des terres et, enfin, il faut tenir compte de l'inévitable déchet en cours de route et de manutentions.

On pourrait, dans certains cas, remplacer la houille par des lignites, de la tourbe ou des végétaux (bois, branchages ou tiges herbacées sèches) ; ces combustibles ayant des pouvoirs calorifiques différents, on conçoit que, pour maintenir une même puissance au générateur, il conviendra de faire modifier le foyer, ce dernier devant, dans l'unité de temps, brûler une quantité de combustible d'autant plus élevée que le pouvoir calorifique de ce combustible est plus faible. De plus, il faut permettre l'arrivée au foyer d'un volume suffisant d'air, c'est-à-dire d'oxygène, pour assurer la parfaite combustion. Sans insister sur ces questions, disons seulement que pour vaporiser 7 à 8 kilogrammes d'eau il faut, dans une de nos bonnes chaudières, consommer :

	1 kg d'excellente houille,
ou	2 k. à 2 k. 3 de tourbe,
	2 k. 3 à 2 k. 6 de bois de feu,
	3 k. à 4 k. de fagots et broussailles,
	4 k. à 5 k. de paille de blé ou d'orge,

et rappelons qu'un cheval-vapeur nécessite souvent, dans nos petites locomobiles, près de 15 à 20 kilog. de vapeur par heure.

En laissant de côté des cas exceptionnels, nous croyons que si l'on doit employer la machine à vapeur dans nos colonies, il faut abandonner les bonnes locomobiles utilisées chez nous et avoir des machines fixes ou mi-fixes pouvant se démonter en portions d'un débarquement et d'un transport faciles. Dans cet ordre d'idées, la chaudière, légère, peut être du type à petits éléments, l'eau circulant dans les tubes, le tout étant enfermé dans une grande chambre formant foyer, quitte à utiliser moins bien le combustible ; les tubes d'eau seront reliés à leur partie inférieure par un collecteur d'alimentation et à leur partie supérieure par un collecteur de vapeur, jouant le rôle de sécheur, ayant un volume suffisant pour constituer une réserve de vapeur afin de parer aux variations de production de l'appareil évaporatoire dues aux difficultés de la chauffe ou à l'inhabileté des chauffeurs. — Le moteur sera léger, c'est-à-dire petit et par suite à grande vitesse angulaire. Ces conditions sont précisément celles qui, en grande partie, s'imposent pour les automobiles à vapeur, lesquelles ont en plus à résoudre la question de condensation de la vapeur d'échappement. — Mais est-il prudent, de notre part, d'engager le lecteur dans cette voie tant que nous n'avons pas à justifier l'exactitude de notre idée par des expériences ? Aussi, nous contentons-nous, pour l'instant, d'exposer le résultat de nos réflexions en souhaitant que nos constructeurs fassent quelques tentatives dans cette voie en vue de leur vérification.

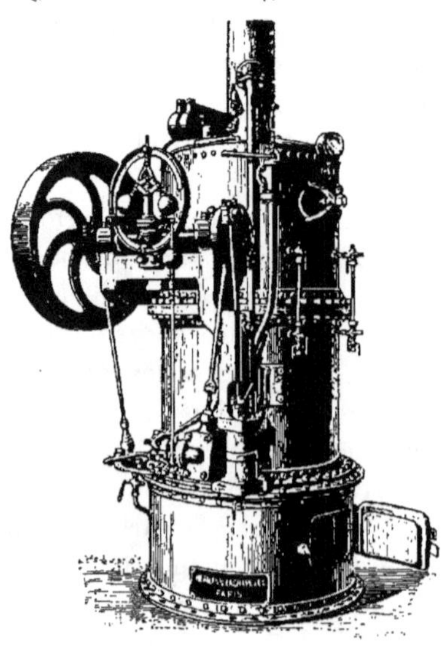

Fig. 602. — Machine à vapeur démontable (Société Hermann-Lachapelle).

Nous pouvons cependant citer comme exemples les chaudières Purrey, employées sur les automobiles dites de *poids lourds* et sur les tramways de Paris, et la chaudière à tubes d'eau, système Robert, essayée avec succès (1904) sur le réseau algérien de la Compagnie Paris-Lyon-Méditerranée (chaudière analogue à celles des torpilleurs : deux gros cylindres horizontaux, superposés, reliés par de nombreux tubes cintrés, en acier ; on ramone tous les jours les tubes avec un jet de vapeur ; pour une même puissance, le poids de la chaudière Robert est plus faible que celui d'une chaudière à tubes de fumée, dans le rapport d'environ 2,5 à 3,0, et, pour le même service, l'économie de charbon réalisée, due à un meilleur état des surfaces évaporatoires comme à une circulation plus active de l'eau, a été estimée d'environ 10 % avec la chaudière Robert dont l'entretien est insignifiant) ; il y aurait lieu d'essayer aussi le système Grille et Cie.

Il y a également la chaudière Field, si employée dans les pompes à incendie à vapeur. Nous savons qu'une chaudière Field, construite à Paris, en éléments démontables, a été transportée dans une exploitation de mines de cuivre de la région montagneuse de la Turquie d'Asie où elle a donné d'excellents résultats.

Les divers exemples précédents nous engagent à recommander, pour nos colonies, les chaudières à tubes d'eau de préférence aux chaudières ordinaires à tube de fumée.

Depuis 1906 la Société des anciens établissements Hermann-

Fig. 603. — Pièces de la machine à vapeur démontable
(Société Hermann-Lachapelle).

Lachapelle, à Paris, construit des machines à vapeur verticales démontables étudiées en vue des pays d'un accès difficile (en montagne ou aux colonies); nous donnons dans la figure 602 la vue d'ensemble et dans la figure 603 les diverses parties de la machine démontée. — Le corps de la chaudière timbrée à 7 kilog., du type à tubes Field, se décompose en six morceaux dont l'un forme foyer garni intérieurement de briques réfractaires ; les parties sont reliées entre elles par des cornières boulonnées avec joints en carton d'amiante. — Le moteur vertical, à bâti en fonte, est fixé sur le côté de la chaudière ; il est pourvu d'un régulateur et d'une pompe d'alimentation. — La plus lourde pièce pèse 170 kilog. ; nous croyons qu'il n'y aurait pas de difficulté pour le constructeur de faire le bâti en trois pièces, solidement assemblées, afin de faciliter le débarquement du matériel dans certains ports mal outillés (comme il y en a malheureusement beaucoup) et pour permettre les transports dans l'intérieur des terres.

Le tableau suivant donne des indications numériques sur ces machines :

Puissance du moteur, en chevaux-vapeur.	4	5
Piston { diamètre	0^m100	0^m115
Piston { course	0^m160	0^m160
Diamètre du volant	0^m900	0^m900
Nombre de tours par minute	225	225
Surface de chauffe de la chaudière	4^m33	5^m20
Poids total	1200^k	1300^k
Poids approximatif de l'emballage	400^k	450^k

Des chaudières démontables, sans moteur, s'établissent sur les types de 4, de 5 et de 7 chevaux :

Puissance de la chaudière, en chevaux-vapeur.	4	5	7
Surface de chauffe, en mètres carrés	4^m33	5^m20	6^m50
Poids total	1100^k	1270^k	1445^k
Poids approximatif de l'emballage	250^k	330^k	415^k

Ces chaudières séparées, pourvues d'un injecteur d'alimentation, peuvent être utiles pour certaines industries annexées aux exploitations ; elles doivent pouvoir vaporiser 15 à 20 kilogrammes d'eau par cheval-heure. Pour l'utilisation de certains combustibles spéciaux il y aurait lieu de faire modifier le foyer qui constitue la partie inférieure de la chaudière (fig. 602).

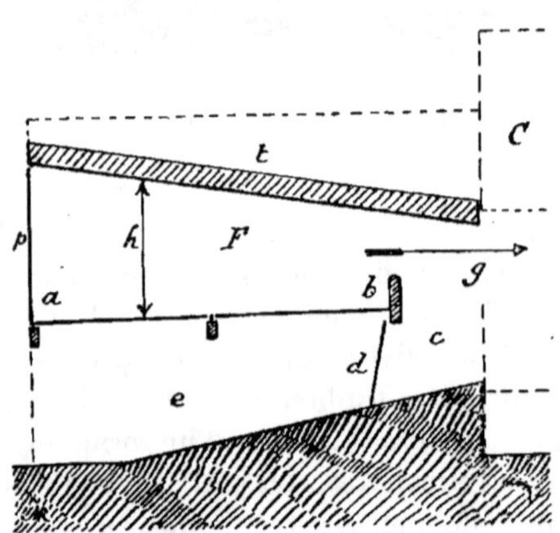

Fig. 604. — Principe d'un foyer disposé pour brûler du bois.

Laissant de côté l'appareil évaporatoire proprement dit, nous donnerons quelques indications sur les divers *foyers* recommandables selon la nature des combustibles à employer. Dans tous les dispositifs que nous allons citer, nous supposons qu'on fasse établir l'appareil de chauffe avec un châssis démontable en fer qu'on raccordera à la chaudière.

Pour les bois longs, fagots et broussailles, les tiges de canne à sucre (*bagasse*), les tiges sèches de maïs, de cotonnier, palétuviers, lentisques, jujubiers, etc., on peut disposer en avant de la chaudière C (fig. 604), un foyer F débouchant dans le gueulard g ; ce foyer, d'une hauteur h de 0^m50 à 0^m75 [1], n'a rien autre de particulier que sa grande longueur de grille $a\,b$ qui est de

Fig. 605. — Locomobile avec chaudière disposée pour utiliser du bois.

une fois 1/2 à deux fois la longueur des bois à utiliser [2] ; en b est un autel, en arrière duquel se trouve une chambre c fermée par la plaque d qui permet l'enlèvement, de temps à autre, des morceaux qui auraient pu passer par-dessus l'autel b ; en e est le cendrier, en p la porte de chargement et en t une couverture isolante en briques

1. Pour la houille, cette hauteur peut s'abaisser entre 0^m45 et 0^m60.
2. Nos bois, séchés à l'air, contiennent de 15 à 20 °/₀ d'eau et leur combustion peut se faire à raison de 160 à 180 kilog. par heure et par mètre carré de grille ; un kilog de ces bois peut dégager de 3000 à 3100 calories.

garnies de sable et de terre. (Voir la figure 158, p. 93.) — La figure 605 donne la vue générale d'une locomobile avec chaudière disposée pour utiliser les bois.

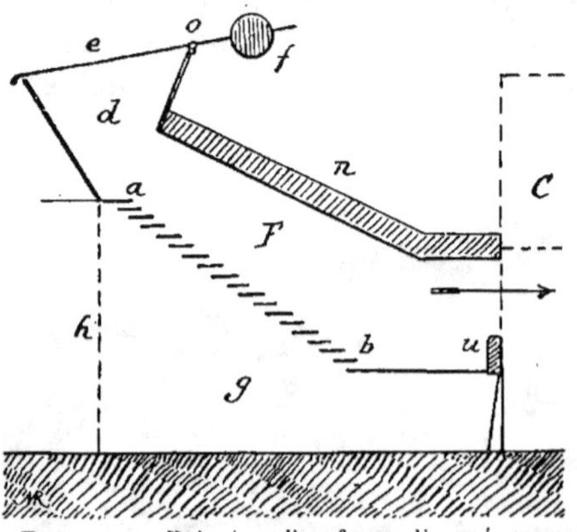

FIG. 606. — Principe d'un foyer disposé pour brûler de la sciure de bois.

Pour la combustion des lignites, de la tourbe et même de la sciure de bois, la grille *a b* (fig. 606) doit être inclinée, en escalier, formée de barreaux horizontaux et limitée par l'autel *u*; la partie *b u* est une grille horizontale à barreaux très rapprochés; en C est la chaudière, en *d* la trémie de chargement fermée par la trappe *e* mobile autour de l'axe *o* et équilibrée par le contrepoids *f*; en *g* se trouve le cendrier avec ses portes *h*, en *n* la couverture isolante. — On remarquera que le foyer F ressemble beaucoup à un *gazogène*.

Dans certains pays, on emploie couramment de nombreuses locomobiles pouvant se chauffer avec de la paille ou des matières végétales analogues. D'après des essais pratiques, on estime que le battage de 100 gerbes de blé nécessite, à la locomobile, la combustion d'une douzaine de bottes de paille.

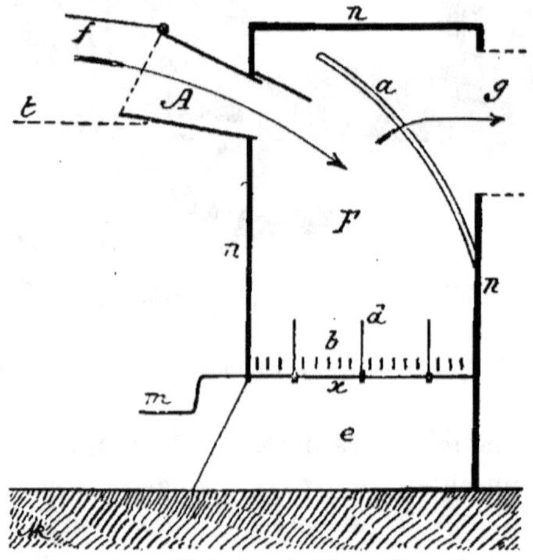

FIG. 607. — Principe du foyer Elworthy.

Nous décrirons les trois systèmes suivants que nous supposons (pour les applications aux colonies) indépendants de la chaudière et placés en avant de cette dernière.

Dans le foyer Elworthy, une buse en fonte A (fig. 607), inclinée ou horizontale, sert à l'introduction des tiges, qu'on effectue par poignées, dans le foyer F qui se raccorde en g avec la chaudière [1] et qui est protégé par une enveloppe n ; une plaque inclinée a, plane ou courbe, pleine ou formée de barreaux parallèles, brise la flamme,

Fig. 608. — Locomobile Robey pourvue du foyer Elworthy.

évite les coups de feu et l'entraînement des petites tiges ; en e est le cendrier qu'il est bon de garnir, si possible, d'une couche d'eau pour éteindre les flammèches et empêcher l'échauffement exagéré de la grille carrée b ; au travers des barreaux de cette dernière passent des broches d solidaires de l'arbre x à manivelle m qu'on manœuvre de temps à autre pour débarrasser la grille et assurer la rentrée de l'air. Un long couloir horizontal t, placé en avant de la buse A,

---

1. Dans les locomobiles actuelles, le foyer carré F (fig. 607), f (fig. 609) et F (fig. 610) est entouré d'eau et communique directement avec les tubes à fumée disposés horizontalement dans le corps de la chaudière.

reçoit le combustible et facilite la manœuvre ; en f est une plaque à charnières horizontales qui opercule la buse A (fig. 608).

Dans l'appareil de Ruston Proctor, les tiges, placées dans une goulotte inclinée t (fig. 609), sont poussées avec une fourche dans le large couloir A, obturé par une trappe a mobile autour de l'axe o et se fermant automatiquement par le contre-poids b ; les tiges sont ainsi introduites directement sur la grille inclinée $c\,d$, suivant la direction e, en dessous de la portion en combustion qui est soulevée et brassée

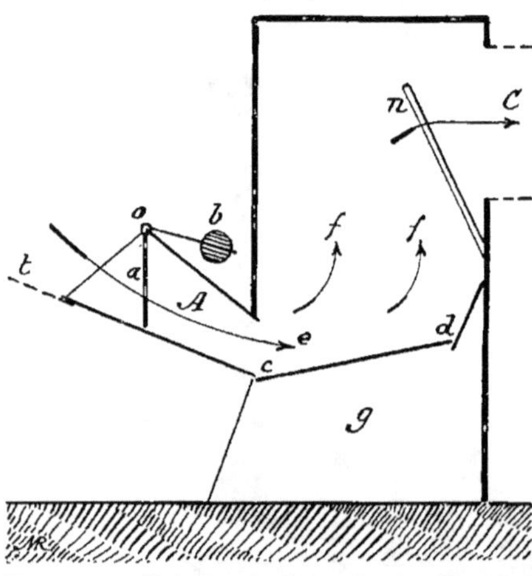

Fig. 609. — Principe du foyer Ruston Proctor.

suivant les flèches f ; on voit en g le cendrier, en n une plaque de protection (plane ou courbe) et en C le raccord au générateur.

L'appareil le plus employé par les constructeurs anglais est du système Head et Schemioth : le combustible est étalé par le chauffeur dans une trémie horizontale A (fig. 610), d'où il passe entre deux cylindres cannelés a et b formant l'appareil d'alimentation identique à ceux des hache-paille[1] ; ces cy-

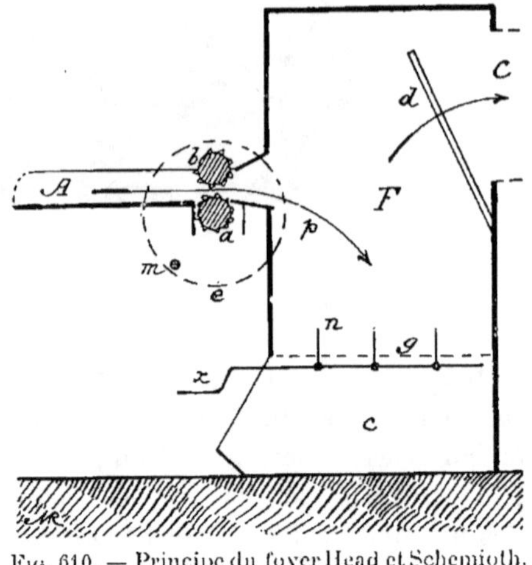

Fig. 610. — Principe du foyer Head et Schemioth.

1. Cet appareil peut être amélioré par l'adjonction, dans la trémie A, d'un entraîneur formé de deux courroies ou chaînes parallèles, sans fin, reliées de place en place par des liteaux en bois, comme on en trouve dans nos hache-maïs ; de même, le cylindre alimentaire supérieur b pourrait être mobile verticalement et rapproché du cylindre inférieur a par un levier à contre-poids.

lindres font pénétrer le combustible p, en nappe, à l'intérieur du
foyer F, pourvu de la grille g surmontant le cendrier c. Comme dans
le foyer Elworthy, un arbre à manivelle x est garni de broches n
passant entre les barreaux de la grille et, en haut du foyer, des plaques d protègent la chaudière C des coups de feu. Au commencement

Fig. 611. — Locomobile Marshall chauffée au pétrole.

du chauffage, le cylindre alimentaire inférieur a est mis en mouvement par un aide agissant sur une manivelle m ; ce cylindre entraîne par engrenages l'autre, b, qui est au-dessus. Après la mise en
route du moteur, l'appareil est actionné par une courroie passant
de l'arbre de la machine à la poulie e, calée sur l'axe du cylindre
a. Il serait bon d'avoir en e deux ou trois poulies de diamètres
différents afin de modifier, à volonté, la vitesse d'avancement du
combustible suivant la quantité de vapeur à produire dans l'unité
de temps.

Nous appellerons surtout l'attention sur le *charbon de bois* d'une
manutention très facile dans des foyers ordinaires, mais peut-être

un peu plus volumineux par suite de la légèreté du combustible. Le charbon de bois peut être obtenu très simplement sur place par la *carbonisation en meules* et on peut faire d'avance des réserves importantes ; de 100 kilog. de bois on retire, chez nous, au moins 17 à 18 kilog. de charbon de bois donnant 7000 calories par kilogramme (la houille fournit 7000 à 8000 calories par kilog) ; dans les colonies on pourra utiliser toutes sortes de bois et de branchages pour obtenir un charbon de bois facile à employer ; à la Station d'Essais de Machines nous avons fait de cette façon du combustible, médiocre il est vrai, mais très utilisable, avec des branches et branchettes provenant de la taille d'arbres et arbustes les plus divers : vernis, marronniers, cytises, lilas, troènes, groseilliers, peupliers, seringas, tamarins, etc. (Voir p. 94). Rappelons, qu'en France, le charbon de bois se conserve bien pendant 7 à 8 mois, au delà desquels il commence à se détériorer, surtout s'il n'est pas abrité des pluies.

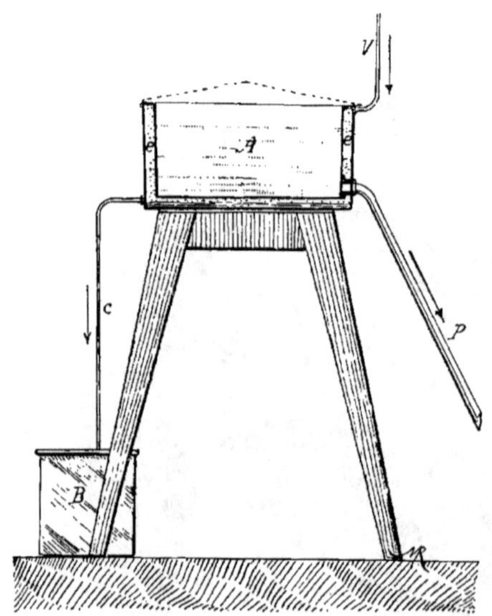

Fig. 612. — Réservoir-réchauffeur à pétrole.

L'emploi des *combustibles liquides* pour le chauffage des générateurs de vapeur présente, pour la plupart des colonies, les difficultés que nous examinerons dans le paragraphe suivant, relatif aux *moteurs à explosions*. Cependant on pourra, dans quelques cas, employer des locomobiles chauffés au *pétrole* ; la figure 611 donne la vue générale d'une machine Marshall construite pour le Sud de la Russie, l'Inde, l'île de Ceylan, Burmah et les autres régions de l'Est où le pétrole est vendu à bas prix relativement à la houille et au bois.

Le combustible est logé à une certaine hauteur dans un réservoir A (fig. 612) en tôle galvanisée, à double enveloppe afin de pouvoir être chauffé par la vapeur à une température variant suivant la nature du pétrole employé (15 à 50 degrés) ; la vapeur, venant de la chaudière, pénètre dans la double enveloppe *c* par le tuyau V et la condensation s'évacue, par le tuyau *c*, sur le sol ou dans un bac B ; le réservoir A est en communication avec le brûleur par le tuyau P.

Le brûleur est placé au bas de la boîte à feu, en dessous du gueulard et au milieu d'un grand orifice d'entrée d'air qui traverse la paroi avant. La boîte à feu est garnie de matériaux réfractaires, amovibles, afin de pouvoir transformer facilement le foyer et le disposer pour tout autre combustible (bois ou charbon). — Rappelons le principe du brûleur Burton qui peut don-

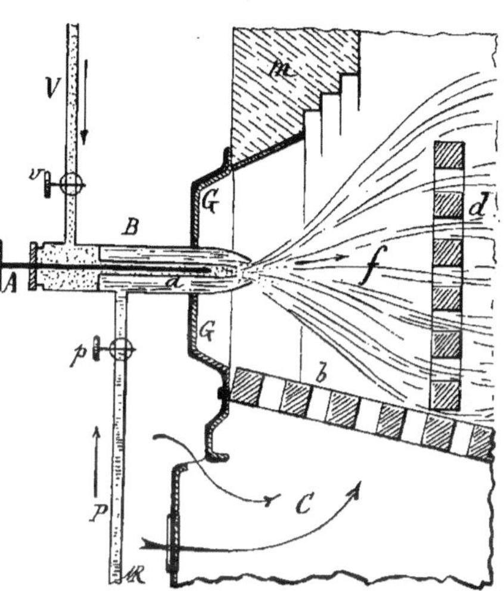

FIG. 613. — Principe du brûleur Burton.

ner une idée de ces appareils de chauffage[1] ; le brûleur B (fig. 613) traverse le gueulard G du foyer (on voit le cendrier en C et une partie de la chaudière en *m*) ; le pétrole arrive par le tuyau P, à robinet *p*, dans l'espace annulaire *a*, alors que de la vapeur venant de la chaudière (pour la mise en route, de l'air est envoyé par une pompe à main à la place de la vapeur) pénètre par le tuyau V, à robinet *v*, et le jet, réglé par l'aiguille à vis A, pulvérise le pétrole qui s'allume en *f* ; en *b* et en *d* sont des plaques réfractaires percées de trous ; l'air nécessaire à la combustion passe dans le cendrier C, par des orifices réglables à la volonté du chauffeur, et par les ouvertures de la plaque *b* ; l'autel *d* étale les flammes en éventail et évite les coups de feu, ou *coups de chalumeau* (la vapeur V chauffe en B, à 60°environ, le pétrole qui arrive en P à la température de 15°).

Voici le résumé des essais faits à Pantin, en 1896, sur un générateur à foyer amovible de la Société Weyher et Richemond : on

---

1. On trouvera des détails plus complets sur le chauffage au pétrole des générateurs de vapeur dans notre livre : *Les Moteurs thermiques et les Gaz d'éclairage applicables à l'Agriculture.*

Génie rural. 31

employa du pétrole *brut*, visqueux, de provenance américaine, ayant une densité de 0,900. — Le pétrole, réchauffé à 40 ou 50°, arrivait au brûleur sous une charge de 0 k. 300 par centimètre carré. — On a vaporisé 14 k. 20 d'eau par kilogramme de pétrole brut; la consommation horaire de la machine a été de 1 k. 785 de pétrole par cheval mesuré au frein.

Plus récemment, des chiffres comparatifs ont été donnés par M. L. Greaven, ancien directeur du Tehuantepec National Railroad de Mexico [1]; il s'agit du chauffage des locomotives avec du pétrole venant de Beaumont, au Texas; les dépenses de combustibles étaient de :

        2   pour le chauffage au pétrole,
        2.4   —   bois,
        3   —   charbon.

De plus, en faveur du pétrole, on constatait une plus grande facilité de conduite et de nettoyage.

Nous n'avons que peu de mots à ajouter à propos des *appareils indicateurs* et de *sûreté* de la chaudière, si ce n'est qu'il faut choisir les types donnant toutes garanties de fonctionnement (comme par exemple les vis à pointeau remplaçant certains robinets), surtout en ce qui concerne les soupapes de sûreté qui doivent permettre le dégagement rapide d'une grande quantité de vapeur ; nous croyons que les *soupapes à ressorts* de certaines machines anglaises et américaines, qu'il est impossible de surcharger au delà de la limite prévue le constructeur, sont préférables aux soupapes à levier et à poids.

Pour ce qui concerne les appareils d'alimentation, nous craignons un peu l'*injecteur* ordinaire dont l'amorçage exige un certain tour de main, ou alors il faut employer un des systèmes perfectionnés à un seul levier de manœuvre et mettre la bâche d'alimentation en charge sur l'injecteur, ce dernier n'ayant qu'à refouler l'eau dans la chaudière. La *pompe d'alimentation* mue par le moteur est recommandable et on peut adopter le dispositif des locomobiles anglaises : la pompe reste toujours amorcée, et, par la manœuvre d'une valve, renvoie l'eau à la bâche ou alimente la chaudière.

<hr>

1. *Bulletin de la Société d'Encouragement pour l'Industrie nationale*, novembre 1906, p. 1002.

Autant que possible, comme pour l'injecteur, il faut éviter de faire travailler la pompe en aspiration [1] et placer en charge la bâche d'alimentation ; l'eau refoulée dans la chaudière, entre la pompe et le clapet d'arrêt, sera économiquement chauffée par la vapeur d'échappement : dans certains cas, ce réchauffage pourra même être poussé à une température voisine de 100°, afin de favoriser, dans un récipient indépendant de la chaudière, le dépôt de la majeure partie des matières incrustantes (ce récipient sera pourvu d'un trou d'homme pour faciliter les nettoyages). — Une *bouteille d'alimentation* est encore une très simple disposition à recommander.

Il sera bon d'avoir une petite pompe à levier (dans le genre des *pompes d'épreuve*) capable d'alimenter la chaudière pendant l'arrêt du moteur (on trouve cette application à beaucoup de locomobiles d'Allemagne).

Le *moteur* proprement dit sera à grande vitesse angulaire ; les cylindres n'auront pas de chemise de vapeur, mais une simple garniture isolante enfermée dans une enveloppe en tôle ; bien que le cylindre doive être petit, ses bases seront assez grandes pour qu'on n'éprouve pas de difficultés au serrage des écrous, comme cela se rencontre dans une foule de modèles qui exigent un arsenal de clefs ou demandent des manœuvres impossibles. Au sujet de ces écrous, l'idéal serait que toute la machine n'ait que deux ou trois types de boulons, comme diamètre et pas, sans s'inquiéter de l'esthétique qui n'a pas raison d'être dans nos applications.

Les petits *volants* des machines à grande vitesse peuvent être à moyeu fendu serré par boulons sur l'arbre, la clavette étant posée à frottement doux et non à coups de marteau, que les ouvriers sont tentés de donner jusqu'à détérioration de la matière.

Les types *horizontal* et à *pilon* sont à adopter de préférence aux autres.

Les moteurs légers, à grande vitesse angulaire, seront rendus stables en les fixant sur un châssis en bois qu'on surchargera avec des matériaux divers, comme par exemple avec de la terre logée dans des caisses. On sait combien nos moteurs d'automobiles sont légers : les plus lourds ne pèsent pas 20 kilog. par cheval ; quand on veut les transformer en moteurs fixes en les boulonnant sur un petit

---

1. Dès que l'eau atteint une température de 40 à 45° la pompe ne fonctionne plus bien à l'aspiration.

massif, on constate qu'ils ne tiennent pas, car on oublie que, dans l'automobile, leur stabilité est assurée par le poids du châssis, c'est-à-dire de la voiture : il y a donc une proportion à observer non pas d'après le poids propre du moteur ou ses dimensions, mais entre sa puissance maximum et le poids total du bâti. — Nous croyons qu'un poids de 200 à 300 kilog. par cheval doit assurer la stabilité désirable.

Les pièces de fonte[1] risquent de se briser dans les transports, surtout quand elles sont plus ou moins contournées comme les bâtis ; il serait possible de les remplacer, en grande partie, par des pièces en fer[2] ou en tôle raidies par des cornières.

Inutile d'ajouter qu'il faut des mécanismes aussi simples que possible, utilisant au besoin moins bien la vapeur, mais ayant l'avantage d'être facilement accessibles pour le montage, le réglage et l'entretien. En particulier, il faut rejeter les *carters* faisant corps avec le bâti, qui ne permettent pas la manœuvre facile des boulons de la tête de bielle, et, s'il est bon de protéger les pièces en mouvement, cela peut s'obtenir avec une enveloppe extérieure en tôle, aisément amovible, bien que nous n'en soyons pas partisan pour les cas que nous avons en vue ; sa présence, en effet, est un prétexte pour ne jamais nettoyer la machine, qui s'use rapidement (la poussière jouant le rôle de l'émeri), ou pour ne pas régler, quand il convient, le serrage des pièces ; rappelons qu'on obtient facilement des ouvriers le nettoyage de toute pièce qui se voit en permanence et qui est accessible.

Reste enfin l'utilisation de la *chaleur solaire* qui a été tentée dans deux voies différentes : en ayant recours à un liquide dont le point d'ébullition est très bas, ou en chauffant un générateur contenant de l'eau.

L'ammoniac a son point de fusion à — 75° (d'après Faraday), et présente, selon Bunsen[3], les forces élastiques suivantes (que nous indi-

---

1. Il ne faut aucune pièce en aluminium. ce métal étant attaqué par le chlorure de sodium à la température ordinaire.

2. On construit d'ailleurs, en Angleterre. de gros moteurs fixes à pétrole lampant destinés aux colonies ; l'ensemble se démonte en pièces faciles à transporter et le bâti est formé de fers à double T reliés par des boulons.

3. *Poggend. Ann.*, t. XLVI, p. 95, d'après Ad. Würtz : *Dictionnaire de Chimie pure et appliquée.*

quons en kilog. par centimètre carré) pour diverses températures :

Température.	Pression.
— 33° 7	$1^k 03$
— 5°	4.13
0°	4.95
+ 5°	5.78
+ 10°	6.71
+ 15°	7.85
+ 20°	9.09
+ 32°	11.36

Le gaz ammoniac est soluble dans l'eau, de 21 grammes par kilog (densité du liquide 0,990) à 384 grammes (densité 0,870) ; il est plus soluble dans une solution d'azotate d'ammonium.

Il y a d'ailleurs d'autres corps que l'ammoniac qui entrent en

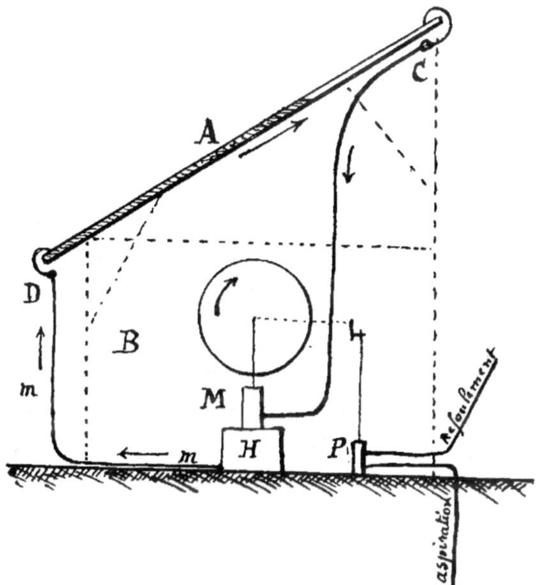

Fig. 614. — Principe du moteur à ammoniac (Ch. Tellier).

ébullition à une basse température, et si nous avons parlé de l'ammoniac c'est parce que nous avons pu voir fonctionner à l'Exposition universelle de Paris, en 1889, le moteur Ch. Tellier indiqué schématiquement par la figure 614 ; le générateur est constitué par des récipients rectangulaires A, en tôle, de grande surface mais d'une faible épaisseur, jouant en même temps le rôle de couverture d'un édifice B, exposé au midi. Les récipients, placés les uns à côté des autres, sont réunis entre eux, en haut et en bas, par deux collecteurs C et D, et sont remplis d'une dissolution concentrée de gaz ammoniac dans de l'eau. Une élévation de température, due à la chaleur solaire, provoque le dégagement d'une certaine quantité de gaz qui acquiert une tension relativement élevée et agit sur un moteur M possédant tous les organes d'une machine à vapeur (tiroir, cylindre, piston, etc.). — L'échappement passe dans un condenseur H formé d'un serpentin placé dans une bâche contenant une certaine quantité de solution froide en communication avec le générateur ; le gaz condensé est refoulé (dans le tuyau mD et au générateur A) par une pompe alimentaire formée par le prolongement de la tige du piston de la machine M, jouant le rôle de plongeur ; un flotteur maintient dans le générateur le liquide à un niveau constant. — A chaque coup de piston une certaine quantité de solution est restituée au générateur pour être vaporisée de nouveau et l'appareil s'alimente ainsi automatiquement. — Au moteur était accouplé une pompe P, aspirante et foulante, et il paraîtrait qu'au Trocadéro, avec un appareil ayant un générateur d'une surface de 20 mètres carrés, on élevait pendant l'été, et par heure, 3000 litres d'eau à 20 mètres de hauteur, ce qui représente un travail mécanique utile de près de 16,6 kilogrammètres par seconde.

Bien que nous ayons détaillé cette machine, qui a fonctionné à Paris, nous ne croyons pas que son utilisation soit fréquente, pas plus que les moteurs à vapeur de chloroforme ou autres, car les joints que comporte toute installation occasionnent des fuites inévitables, de telle sorte que la machine n'est jamais à cycle rigoureusement fermé et qu'il faut l'alimenter de temps à autre avec du liquide qui doit être bien coûteux aux colonies.

Dans un autre ordre d'idées on a cherché à chauffer directement un générateur par les rayons du soleil ; on se rappelle Archimède incendiant, avec ses *miroirs ardents*, la flotte romaine qui assiégeait Syracuse, et la vérification expérimentale faite par Buffon en 1714 au Muséum. — M. Mouchot, professer au Lycée de Tours, reprit l'idée et présenta à l'Exposition universelle de Paris, en 1878, un appareil installé sur le coteau du Trocadéro ; le système fut ensuite amélioré par Abel Pifre qui fit fonctionner à Paris, en 1880, une petite machine à vapeur accouplée par courroie à une pompe centrifuge. Dans cet appareil que nous avons pu examiner de près, avec Hervé-Mangon, étant à ce moment son élève à l'Institut National Agronomique, le réflecteur a a' (fig. 615) avait 3^m50 de diamètre et était formé de 3 troncs de cônes A, B et C, se raccordant suivant deux cercles parallèles b et c. Le réflecteur (en cuivre argenté) était monté sur un support S (qui recevait le petit moteur à vapeur) et on donnait à l'axe y, par une manivelle m, l'inclinaison voulue suivant celle des rayons du soleil, qui devraient coïncider avec y ; la chaudière D avait la forme d'un cylindre

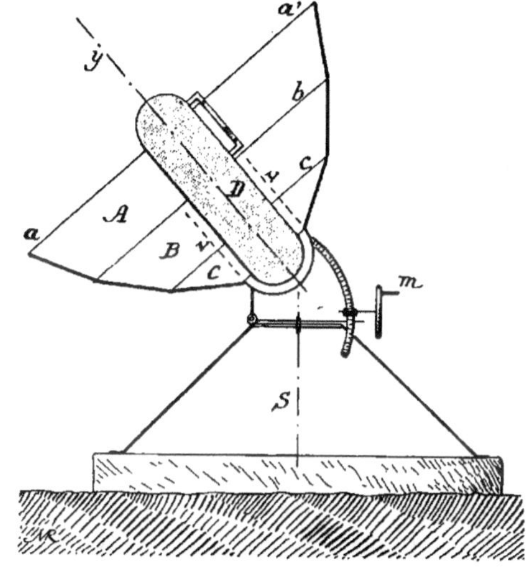

Fig. 615. — Principe de la chaudière Mouchot utilisant la chaleur solaire.

allongé, noirci extérieurement, placé dans l'axe y, et sa partie inférieure était entourée d'un écran en verre v laissant passer la chaleur lumineuse, envoyée par le réflecteur, mais retenant les ondes de chaleur obscure. On estimait qu'avec la machine ayant les dimensions précitées on pouvait obtenir une puissance d'environ un cheval-vapeur en Égypte, en Algérie, dans les Indes, au Sénégal, en Amérique centrale, etc.; un spécimen aurait été employé par la compagnie des eaux du Caire et il suffisait d'orienter toutes les demi-heures le système avec quelques tours de manivelle. On a échafaudé de nombreux projets sur la philosophie de l'utilisation gratuite du soleil, qui constitue un approvisionnement permanent d'énergie dans tous les pays chauds : le soleil faisant la cuisson des aliments, actionnant des pompes, des machines agricoles, effectuant la distillation, produisant de la glace, etc. Nous croyons que cela reste encore à l'état de projets lesquels, cependant, nous semblent bien plus réalisables que les machines à gaz ammoniac dont nous avons parlé précédemment.

Moteurs à air chaud. — Ces moteurs, convenables pour les petites puissances, et surtout pour actionner directement des pompes, sont très utilisés dans les exploitations agricoles de certaines régions des États-Unis; nous avons eu l'occasion de publier nos recherches à leur sujet[1]. La difficulté que nous prévoyons pour leur emploi aux colonies réside dans la nature du combustible que réclament les modèles de fabrication courante (coke, anthracite, houille maigre); il y aurait lieu d'étudier les conditions d'emploi du charbon de bois qu'on pourrait fabriquer en beaucoup d'endroits.

Pour un travail de quelques heures par jour on pourrait utiliser le bois, mais à la condition que les constructeurs consentent à étudier pour ce combustible un foyer convenable (forme et dimensions). (Voir fig. 158, p. 93; fig. 604, p. 474.)

Moteurs à explosions. — Les moteurs à explosions, à grande vitesse angulaire, à faible poids, comme ceux de nos automobiles, sont peu utilisables aux colonies, par suite des frais de transport du combustible (*essence*), et surtout à cause des pertes énormes dues à l'évaporation si facile de l'essence; il n'y aurait pas à craindre ce dernier inconvénient avec le *pétrole lourd* ou *pétrole lampant*, d'une densité d'environ 800. Nous n'insisterons pas ici sur ces machines[2]. Cependant, un moment nous avions pensé que l'*alcool* pouvait être employé dans presque toutes nos colonies, malgré certains détails défavorables mais perfectibles, telles que les difficultés de mise en route, l'oxydation des soupapes dues à la formation de l'acide acétique, etc., à la condition de fabriquer l'alcool sur place, car on avait annoncé des procédés industriels permettant la transformation économique de la cellulose en alcool; ces procédés ne sont malheureusement pas encore sortis du domaine du laboratoire, et, de plus, les fermentations ne marchent souvent pas très bien à la température des pays chauds; enfin, le transport d'un *carburant*, tel que le *benzol* par exemple, devient ruineux, les armateurs demandant, avec raison, des conditions spéciales d'emballage (petits colis de pont, bidons noyés dans du plâtre et enfermés dans des caisses, prime élevée d'assurance, etc.) et n'ayant

1. Max Ringelmann : *Moteurs thermiques et Gaz d'éclairage.*
2. Voir notre traité des *Moteurs thermiques et Gaz d'éclairage.*

jamais voulu nous fixer sur le minimum du fret; il en est de même pour la *naphtaline*, laquelle, pourtant, est une matière solide.

Si l'alcool ne peut être employé partout, il y a certaines exploitations où le prix de revient de ce combustible est si faible qu'on doit alors songer à l'utiliser dans les moteurs fixes ou locomobiles, comme pour les tracteurs et les automobiles (l'alcool provenant de la distillation des mélasses coûte, aux sucreries de la République Argentine et du Pérou, de 0 fr. 07 à 0 fr. 12 le litre à 90 ou 96 degrés centésimaux; il doit en être de même dans presque tous les pays où se cultive la canne à sucre).

Sans vouloir décrire les moteurs à alcool [1], qui sont identiques à ceux employant le pétrole ou l'essence minérale, nous donnerons les résultats principaux des concours de 1901 et de 1902, organisés par le Ministère de l'Agriculture, et dont nous fûmes chargés des expériences à la Station d'Essais de Machines; pour les motifs indiqués précédemment, nous laissons de côté ce qui est relatif à l'alcool carburé par addition de 50 pour cent de benzol [2], et nous ne citerons que ce qui concerne l'emploi de l'alcool dénaturé.

L'alcool dénaturé, dont la densité à 15 degrés est de 834, a la composition suivante, en poids :

Carbone....	43.72
Hydrogène....	11.42
Oxygène....	30.29
Eau....	14.08
TOTAL....	99.21

et, par kilogramme, sa puissance calorifique est de 5520 calories [3].

La mise en route des moteurs employant l'alcool dénaturé nécessite le chauffage préalable du carburateur; puis, en cours de travail, on maintient la température du carburateur par une dérivation de chaleur prise sur la conduite de décharge; on ne constate pas

---

1. Voir notre traité des *Moteurs thermiques et Gaz d'éclairage*; nous avons fait les premières recherches, en France, sur l'emploi de l'alcool dans les moteurs en 1897, et dans les lampes en 1898.

2. Avec les mêmes moteurs, les consommations, en poids, sont dans les rapports :

Alcool dénaturé pur................ 10
Alcool carburé à 50 % de benzol..... 7

Avec l'alcool carburé, la mise en route du moteur est aussi facile que pour l'essence minérale.

3. C'est-à-dire la moitié de la puissance calorifique obtenue par la combustion complète d'un kilogramme de pétrole ou d'essence minérale.

d'odeur désagréable à l'échappement, ni d'encrassement de soupapes avec des moteurs bien réglés ; ceux qui sont mal construits ou mal réglés, qui emploient de l'air trop ou pas assez carburé, ont des combustions imparfaites et certains moteurs décomposent l'alcool, par une élévation anormale de température ou de pression, en donnant naissance à différents produits (aldéhyde acétique, éthane, acide acétique, méthane et carbures homologues, naphtaline, rarement du formol) ; les échappements sont toujours plus ou moins acides (acide acétique) en attaquant les soupapes. L'acidité des gaz d'échappement indique qu'il est bon de graisser ou d'injecter un peu de pétrole lampant dans le cylindre et aux soupapes lors de l'arrêt du moteur, surtout quand cet arrêt doit être prolongé.

La consommation d'un moteur, tournant à vide, est influencée par sa construction, son ajustage, le mode d'allumage, de régulation et les pertes de chaleur. En charge, la consommation spécifique diminue avec la puissance du moteur ; voici d'ailleurs quelques chiffres relevés lors de nos essais de 1902 qui ont porté sur 42 machines présentées par 25 concurrents :

MOTEURS.	PUISSANCE MAXIMUM DU MOTEUR (EN CHEVAUX)	CONSOMMATION HORAIRE (EN GRAMMES D'ALCOOL DÉNATURÉ)		
		à vide	Totale en charge	par cheval
Moteurs fixes à marche lente, vitesse angulaire de 200 à 350 tours par minute.	1.83	609	1444	788
	5.15	402	2402	466
	8.35	921	4033	482
	12,18	1477	6352	522
	19.04	2424	7363	386
	34.46	3272	14406	419
Moteurs d'automobiles à marche rapide, pesant moins de 30 kg. par cheval ; vitesse angulaire de 900 à 1800 tours par minute.	6.14	1549	3398	554
	8.89	2926	4796	539
	12.36	2048	8343	675
	51.50	14226	33634	652
Locomobiles à marche lente, 250 à 300 tours par minute.	6.21	978	4502	724
	8.31	2517	4896	589
	11.37	2102	8925	783

Pour les locomobiles, dont le moteur entraîne généralement une pompe de circulation d'eau et un ventilateur, la consommation spécifique est plus élevée que pour les mêmes moteurs fixes chez lesquels le refroidissement du cylindre est assuré par un grand réservoir d'eau.

Pour les moteurs à alcool, la principale question réside dans le *carburateur* [1] dont le réglage est toujours délicat par suite des proportions exactes qu'on doit observer, suivant la température, entre le débit et la vitesse de l'air à carburer, relativement au débit et à la surface de contact du combustible avec cet air.

Dans les colonies, où l'acool est à bas prix, on donnera la préférence aux moteurs d'automobiles, à grande vitesse angulaire, et par suite à faible poids ; enfin, il faudra utiliser l'allumage par magnéto à la place des piles, accumulateurs et bobines donnant lieu à trop d'ennuis d'entretien et de rechargements.

L'emploi des pétroles ne pourra avoir lieu que quand leur consommation, pour différents usages domestiques et industriels, sera suffisante dans une colonie afin de justifier l'expédition par bateau complet, spécialement aménagé dans ce but, et quand il y aura à terre une installation préparée pour emmagasiner le combustible en toute sécurité. On voit que ces conditions ne sont pas à la veille de se réaliser dans toutes nos possessions [2] si l'Administration locale ne vient pas temporairement en aide à l'initiative privée.

Tout autre semblait la question des *moteurs à gaz pauvre* qui paraissaient réunir plus de chances de succès, mais au prix d'une complication de matériel.

Certains gazogènes, que nous avons étudié ailleurs [3], et surtout les types à cornues verticales en fonte, de $0^m 25$ de diamètre et à distillation renversée, permettent d'obtenir du gaz pauvre très utilisable dans les moteurs, en employant toutes sortes de déchets : bois, branchages, sciure de bois, tannée, etc.; il y en a déjà de très nombreuses applications en France ; en faisant le bilan de l'appareil, on constate qu'avec 0 k. 400 de houille brûlée au foyer du four à gaz,

---

1. Disons cependant qu'on étudie actuellement un dispositif permettant de supprimer le carburateur proprement dit en donnant la possibilité de faire fonctionner le même moteur, sans aucune modification, avec des combustibles différents : essence, pétrole lampant, alcool, huile de schiste ; les essais ne sont pas assez avancés pour que nous puissions parler plus longuement de ce système, qui serait susceptible de nombreuses applications en France comme aux colonies.

2. Depuis avril 1905 on nous assure qu'on trouve au Dahomey, à Kotonou et à Porto-Novo, dans les factoreries, du pétrole lampant au prix de 0 fr. 20 le litre par grande quantité et de 0 fr. 30 le litre au détail ; dans ces conditions, les moteurs à pétrole lampant sont économiquement utilisables.

3. *Moteurs thermiques et Gaz d'éclairage.*

on retire de 1 kilog. de bois, sciures ou déchets, de 700 à 800 litres de gaz ayant un pouvoir calorifique de 3000 à 3300 calories au mètre cube et 0 k. 200 de bon charbon de bois Il est possible, évidemment, de remplacer la houille du foyer par tout autre combustible, mais comme aucun appareil ne peut fabriquer des calories on voit que, pour beaucoup de nos applications n'employant le moteur qu'un petit nombre d'heures par jour et de jours par an, on a encore intérêt à brûler directement le bois ou les déchets dans un foyer approprié chauffant un générateur de vapeur. plutôt que d'avoir recours au gazogène accompagné du moteur à explosions.

Le moteur à gaz pauvre est surtout intéressant pour des puissances de 20 à 40 chevaux devant fournir un travail régulier chaque jour (cas de certaines usines annexées aux exploitations coloniales).

Courroies.

Citons les *courroies* dites *Titan*, en cuir chromé et armé de MM. Getting et Jonas, que nous avons eu l'occasion d'expérimenter, en 1902, à la Station d'Essais de Machines ; ces courroies sont formées de lanières en cuir de buffle posées de champ et reliées par des entretoises d'acier. Suivant la résistance demandée, la cour-

Fig. 616. — Courroie *Titan* à deux bandes (Getting et Jonas).

roie se compose de deux bandes (fig. 616) ou de quatre bandes (fig. 617) dont les entretoises sont disposées en quinconce. Les courroies Titan, très souples et très adhérentes, permettent d'établir les transmissions avec une faible tension. réduisant ainsi les pertes de travail dues au frottement des axes dans les coussinets : si l'on représente par 100 l'adhérence d'une courroie en coton à six plis, celle d'une courroie double en cuir jaune est de 112 et celle des courroies Titan de même largeur est égale à 142. (Nous nous sommes servi de ces courroies comme organes d'alimentation de feuilles d'agaves et de sansevières à des défibreuses ; pour les colonies humides, il est bon d'employer des entretoises en acier étamé).

Sachant, d'une part, que les courroies Titan sont insensibles aux variations de température, à l'eau, aux vapeurs, etc., et, d'autre part, que les termites dévorent les courroies ordinaires et celles en coton, nous avons pensé que le cuir chromé pourrait être utilisé dans nos colonies ; à cet effet, en 1906, nous avons prié notre savant confrère. M. Bouvier, de faire faire en Afrique des expériences par ses correspondants du Muséum ; à la séance du 26 juin 1907 de la Société Nationale d'Agriculture, M. Bouvier a cité « l'essai de M. Ernest Haug, à N'Kogo, dans l'Ogooué, qui exposa des échantillons remis par M. Ringelmann en un lieu où les termites exerçaient copieusement leurs ravages, et, tandis qu'en six mois tout fut rongé et pourri en ce lieu, les échantillons en cuir chromé restèrent indemnes » ; nous avons

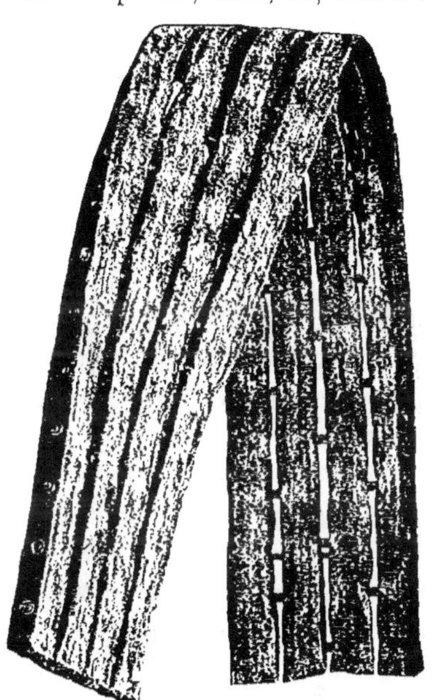

Fig. 617. — Courroie *Titan*, à quatre bandes (Getting et Jonas.

pu nous assurer que le cuir de ces échantillons, renvoyés par M. Haug, avait conservé sa souplesse primitive.

Rappelons qu'il est recommandable de donner ce qu'on appelle du *repos* aux courroies et de ne pas les laisser en place sur les poulies pendant les arrêts prolongés des machines.

DEUXIÈME SECTION

TRAVAUX ET MACHINES AGRICOLES

Notes préliminaires.

Nous pouvons comprendre cette partie du Cours[1] de deux façons différentes :

a) Examen des machines applicables aux grandes concessions pourvues de chefs techniques, de quelques bons ouvriers européens, de l'outillage nécessaire à l'entretien et aux réparations ;

b) Examen des machines applicables aux concessions divisées par portions exploitées chacune en métayage par les indigènes.

Nous insisterons plutôt sur le groupe *b* que sur le groupe *a*, au sujet duquel il nous faudrait alors reprendre, presque entièrement, nos leçons professées à l'Institut National Agronomique. On conçoit, en effet, que sur une concession organisée avec un ingénieur agronome, un chef mécanicien, deux ou trois ouvriers européens (mécanicien, charpentier et charron), un atelier pour les travaux d'entretien et de réparations, il soit possible d'utiliser économiquement la majeure partie du matériel agricole qu'on rencontre sur les grands domaines d'Europe et des États-Unis d'Amérique ; on en a une preuve dans les exploitations importantes qui cultivent la canne à sucre et dont les usines sont montées avec un matériel très perfectionné (voir p. 376) ; nous ne parlerons donc que de quelques machines particulières appartenant au groupe *a*.

Nous préférons insister, dans ce Cours spécial, sur le matériel que nous croyons pouvoir être employé dans les exploitations coloniales cultivées par une sorte de métayage, en étudiant les machines, de fabrication courante, qu'on pourrait confier aux indigènes pour être actionnées par leurs attelages ; rappelons qu'il ne faudra pas négliger le côté zootechnique de l'exploitation ; il conviendra de soigner l'hygiène et surtout l'alimentation des attelages, afin de leur

---

1. Nous avons expliqué, à la page 375, le motif qui limite notre programme de cette deuxième section, en écartant, temporairement tout au moins, les machines propres à certaines cultures spéciales.

demander de fournir le plus d'énergie possible [1]. Aussi, dès les débuts de toute organisation, il faudra s'assurer d'avoir et de pouvoir entretenir les *moteurs*, quels qu'ils soient, nécessaires pour l'exécution des divers ouvrages.

Mise en culture des terres.

Au sujet des travaux relatifs à la *mise en culture* d'une terre, nous renvoyons à notre ouvrage spécial [2] où nous avons détaillé : l'*enlèvement des souches*, les *débroussements*, les *dérochements*, l'emploi des *explosifs*, l'*écobuage*, les *défrichements*, *sous-solages* et *fouillages*, les différents *treuils* et l'organisation des *chantiers de défoncements*, enfin l'*épierrage*, le *nivellement des terres* et l'exécution des *fossés d'assainissement*.

On aura souvent intérêt à procéder petit à petit, en appliquant les méthodes dites de *culture extensive*, plutôt que d'enfouir brusquement un important capital dans la mise en valeur du domaine [3];

1. Nous avons déjà insisté sur cette question d'alimentation des animaux ; voir en particulier l'*ensilage*, p. 121, dans la partie du Cours consacrée aux *Constructions* ; p. 390 : *animaux moteurs* ; nous y reviendrons plus loin à propos de la *préparation des fourrages*.

2. *Travaux et machines pour la mise en culture des terres*.

3. Miss Martineau, dans son voyage aux États-Unis (un peu avant 1856), dit que le pionnier américain coupe et brûle les arbres, laisse les souches en place et se borne à gratter la terre autour de celles-ci (c'est la même pratique que suivent actuellement les indigènes de l'Algérie et de la Tunisie en contournant, avec leurs charrues primitives, les touffes de palmier nain ou de jujubiers dont l'arrachage leur paraît trop pénible), tandis que le fermier anglais qui vient s'établir aux États-Unis arrache les souches, défonce, épierre et enclôt son terrain : il sème dru et obtient de belles récoltes qui lui coûtent 5 ou 6 fois leur valeur ; la terre, qu'il a achetée 2 dollars l'acre, lui revient, après défrichement, à 50 dollars. Or au bout de 5 à 6 années les souches restées dans le champ de l'Américain se sont décomposées ; les deux terres se ressemblent donc à ce moment, seulement le pionnier américain, grâce à sa méthode expéditive et économique, a pu mettre en valeur une surface trois à quatre fois plus étendue que l'Anglais ; ses récoltes, bien que moins importantes, ont largement couvert tous les frais de cette simple culture et sa terre est exempte de la lourde charge des améliorations foncières qui pèsent sur celle de l'Anglais ; ce dernier, ajoute Miss Martineau, s'il est intelligent, ne tardant pas à s'apercevoir qu'il fait fausse route, adopte le système de l'Américain et, comme lui, fait fortune ! — Ce procédé n'est évidemment applicable qu'aux souches facilement décomposables et non aux essences qui donnent des rejets ou qui se décomposent très lentement ; il ne doit être suivi que lorsque la terre a peu de valeur primitive, comme dans beaucoup de nos colonies. — En 1893 nous avons vu, dans l'Ontario, de nombreux champs où l'on pouvait compter plus d'une centaine de souches à l'hectare et cela nous expliqua pourquoi les agriculteurs de ces régions utilisent les araires de préférence aux autres charrues, les faucheuses dans lesquelles la barre de coupe peut se relever très rapidement, etc., en un mot toutes les machines établies pour éviter facilement les obstacles.

on commencera les opérations sur les portions qui sont les plus faciles à travailler ; de même, quand il s'agira d'un défoncement en vue de plantations arbustives, on pourra le faire au début d'une façon partielle, c'est-à-dire sur les points destinés à être occupés par les végétaux, réservant pour plus tard l'amélioration des intervalles. (En Corse, le défrichement à bras d'un hectare nécessite environ 200 journées d'hommes ; — au sujet des travaux manuels, consulter le tableau donné pages 383-384.)

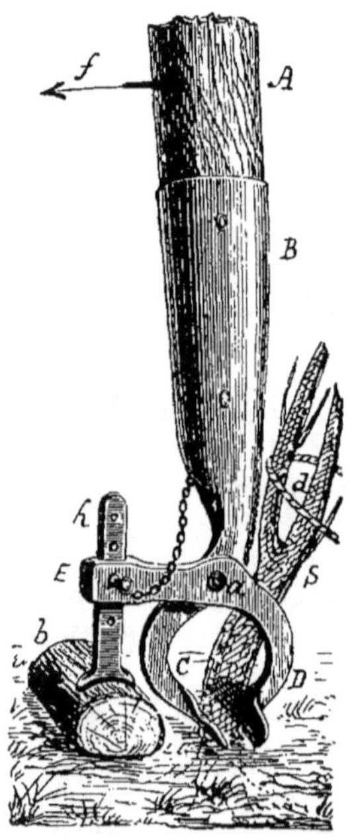

Fig. 618. — Levier à arracher les souches (A. Bajac).

L'arrachage des petites souches peut s'effectuer avec le levier Bajac (fig. 618) ; la perche A se termine par une pièce B C articulée en *a* avec la mâchoire fixe D, dont la monture E est maintenue à la hauteur voulue par le régulateur *h* fixé à un patin *b* ; la souche S, qu'un aide tient inclinée par une corde *d*, est prise entre les mâchoires qui la serrent énergiquement et l'extirpent du sol lorsqu'on fait abatage, suivant le sens *f*, sur le levier A ; ce dernier peut être très long et on peut tirer son extrémité par une corde sur laquelle agissent plusieurs hommes.

Pour l'arrachage des souches citons l'emploi des petits *cabestans*, appelés quelquefois *vindas*, qu'il est souvent possible de construire sur place. La pièce rotative *a* (fig. 619), qui a $0^m 65$ environ de long, $0^m 20$ et $0^m 25$ de diamètres, tourne dans un collier *i* et dans une crapaudine *i'* ; la tête *b*, garnie de frettes *c* ou de fil de fer serré, a $0^m 35$ de long et $0^m 25$ de diamètre ; elle est pourvue de 2 trous *d* et *d'* dans lesquels on enfile horizontalement les bois de manœuvre *m*, *m'* dont la longueur totale ne dépasse pas 5 mètres ; ces barres ont $0^m 09$ à $0^m 10$ de diamètre ou de côté à leur partie centrale qui correspond aux trous *d* et *d'* ; la charpente, très simple, indiquée sur la figure 619, est faite en bois et on la fixe par des câbles *s*, *s'*, passant sur les pièces *e*, *f* et *g*. Le câble de traction *n* fait 3 ou 4 tours sur le treuil *a* et son extrémité libre *n'* est tendue en *retraite* par un homme ; avec 4 hommes agissant aux barres on obtient sur le brin *n* un effort de traction d'environ 1000 à 1200 kilog ; avec 8 hommes cet effort atteint de 1800 à 2000 kilog.

Il est préférable d'enlever les souches lors de l'*abatage* ; on dégarnit le tour de la souche en coupant les grosses racines et, avec

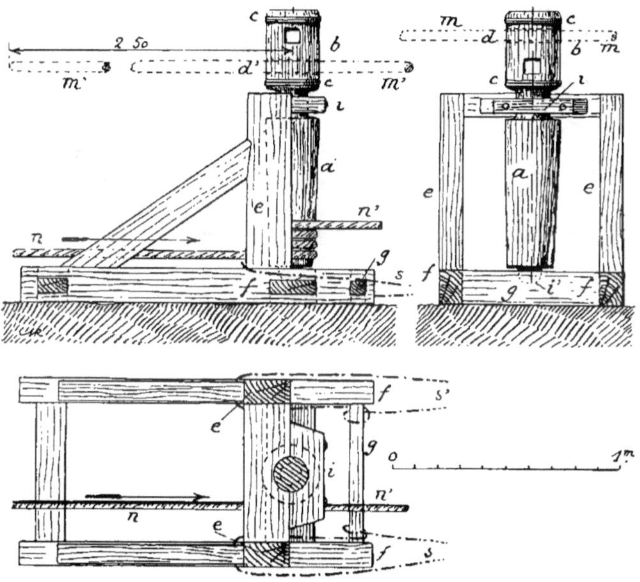

Fig. 619. — Cabestan (élévations et plan).

des cordages attachés à la cime, il est relativement facile de faire tomber l'arbre en extrayant la souche en même temps. Le travail présente plus de difficultés lorsqu'on a préalablement abattu l'arbre en coupant le tronc à peu de distance au-dessus du sol. — Après avoir dégarni la souche, on y enfonce des crampons qui retiennent une chaîne ou un cordage sur lequel on exerce un effort dans le plan horizontal à l'aide de moufles, d'un cabestan (fig. 619) ou d'un treuil à manège mû par un ou deux animaux.

La figure 620 représente un treuil très employé aux États-Unis : le tambour A est entraîné par la flèche F, formée d'un tronc d'arbre, à laquelle on attelle un cheval C ; la monture du treuil A est reliée à un point fixe *x* ; le câble *aa'*, dont une extrémité est attachée à

un autre point fixe, passe sur la poulie mobile b, et la chape de
cette dernière reçoit le câble d amarré à la souche S à extraire.

Fig. 620. — Treuil à manège (États-Unis).

Les *treuils de défoncements*, construits d'une façon courante en
France, conviennent très bien pour les travaux de dessouchement ; à
l'aide de poulies de renvoi, on peut travailler sur une surface d'une
dizaine d'hectares sans avoir besoin de déplacer le treuil[1].

Sans insister sur ces treuils, nous donnons, dans la figure 621, la vue de celui construit par M. A. Bajac : le solide bâti est porté par quatre

Fig. 621. — Treuil à manège (A. Bajac).

roues qu'on fait déplacer soit dans des fers à double T posés à
plat sur le sol, soit à même le sol. Le tambour, qui enroule
le câble, est pourvu d'un rochet de sûreté ; il est entraîné par
l'arbre vertical qui reçoit à sa partie supérieure, sur un plateau,

1. On trouvera dans la section relative à la *Culture mécanique* (p. 538) des
indications sur des *treuils* à moteurs (Küntz ; Castelin, qui peuvent être utilisés aux
dessouchements et aux défoncements.

le boîtard auquel on fixe deux flèches en bois. — Lors du travail, le tambour est rendu solidaire des flèches et du boîtard par deux clavettes à poignées ; on retire ces dernières lorsqu'on déroule le câble. Le treuil peut recevoir 200 à 250 mètres de câble en fil d'acier de 0^m 013 à 0^m 015 de diamètre ; avec ce treuil, actionné par deux forts bœufs attelés au joug simple (fig. 544), donnant au câble une vitesse de 0^m 05 par seconde, nous avons vu arracher, à côté des usines de Liancourt, des souches d'arbres (ayant 0^m 60 à 0^m 80 de diamètre au ras du sol) préalablement dégarnies par une tranchée circulaire de 0^m 60 à 0^m 70 de profondeur. — Le rendement mécanique de ces treuils est de 0.85

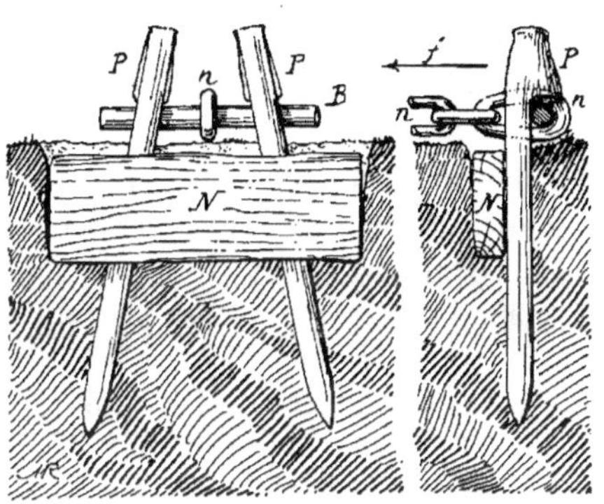

Fig. 622. — Piquets d'ancrage.

et, d'après les chiffres donnés précédemment (p. 397) pour le travail des bœufs, les dimensions du treuil (rayons de la flèche et d'enroulement du câble), il est facile de calculer l'effort qu'est capable de fournir le câble (varie de 1000 à 2500 kilog.).

Pour amarrer les cabestans ou les treuils, on peut les relier à un câble ou à une chaîne n (fig. 622) attachée à une broche B retenue par deux piquets P ; ces

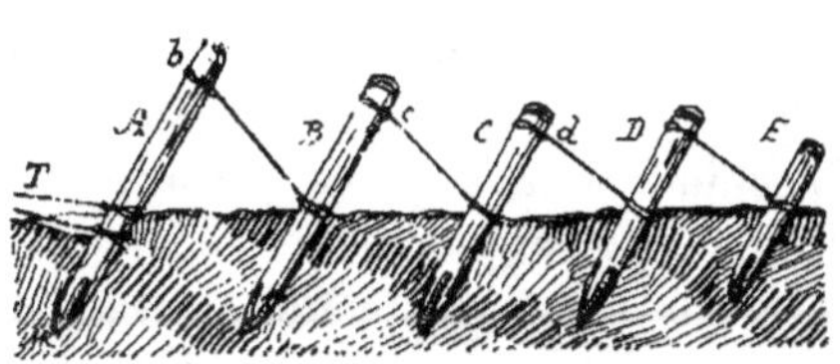

Fig. 623. — Amarrage de piquets.

derniers sont enfoncés obliquement en arrière d'un bois N logé dans une tranchée ou saignée de 0^m 30 environ de profondeur ; la traction f se reporte ainsi presque uniformément sur toute la section verticale de la pièce N. — On peut également utiliser le *piquetage* adopté par le Génie Militaire : le piquet A (fig. 623), de 0^m 09 à 0^m 12 de diamètre, est enfoncé obliquement de 0^m 40 à 0^m 50 ; il reçoit le câble de retenue T placé au ras du sol, ou même enterré ; il est amarré par sa tête b au pied du second piquet B éloigné d'environ 2 mètres ; et ainsi de suite pour les autres piquets *C*, *D*..... dont la longueur peut aller en diminuant. L'attache des câbles aux piquets se fait avec un *nœud de batelier* (fig. 72, p. 41) ou un *nœud de poupée* (fig. 73, p. 41); enfin le câble *T* de la figure 623 est relié au piquet *A* par un amarrage à *demi-clefs* (Voir la fig. 74, p. 41).

D'une façon générale l'emploi des *explosifs* n'est pas à conseiller. Dybowski, alors Directeur de l'Agriculture en Tunisie, avait fait procéder dans la plaine de Bordj-Touta à des essais de dessouchement de jujubiers à la dynamite ; M. Georges Coutagne, ingénieur des Poudres et Salpêtres, fut chargé des expériences[1] ; un coup de mine revenait à 0 fr. 40 et économisait au plus cinq heures de travail manuel. A Bordj-Touta, on utilisait la main-d'œuvre pénale payée 0 fr. 86 par jour; le défrichement des *enchirs* couverts de jujubiers coûtait, à la Direction de l'Agriculture, 140 francs par hectare (160 à 165 journées d'hommes) ; dans ces conditions, l'emploi de la dynamite n'est pas économique si l'on tient compte du prix qu'il aurait fallu payer, en travail courant, un chef d'atelier habitué à la manutention des explosifs, ainsi que du prix auquel ces derniers (dynamite, détonateur, cordeau Bickford) peuvent revenir à un particulier dans une colonie.

Les inégalités de la surface des champs disparaissent peu à peu par les opérations culturales ; cependant, après le défrichement d'une terre, on a souvent intérêt à *régulariser* rapidement sa superficie, en ayant recours à des machines tirées par des attelages ; on peut aussi employer ces machines aux terrassements effectués en vue de faciliter l'assèchement d'une certaine étendue; elles sont connues sous les noms de *galère*, de *ravale*, de *pelle à cheval* et de *journalière* (en Bretagne).

Les ravales doivent toujours fonctionner dans un sol meuble, ou ameubli par des façons préparatoires à la charrue ou mieux au scarificateur; on peut les considérer, en principe, comme constituées par une large pelle *a* (fig. 624) pourvue de mancherons *m* et tirée par un attelage.

Dans la première période du travail, A (fig. 624), l'ouvrier sou-

<hr>

1. *Bulletin de la Direction de l'Agriculture et du Commerce de la Régence de Tunis*, n° 4 du 15 juillet 1897. — *Travaux et machines pour la mise en culture des terres*, p. 19.

ève légèrement les mancherons m afin de faire mordre le tranchant de la pelle, qui pénètre dans le sol meuble s, à une profondeur ne dépassant pas 20 centimètres environ ; sous l'action de la traction, dirigée suivant t, la pelle se charge d'un certain volume v de terre.

Lorsque la charge v est effectuée (fig. 624), l'ouvrier appuie sur les mancherons, puis les abandonne dès que le tranchant a' est sorti de terre ; le point d'application de la traction t doit être placé

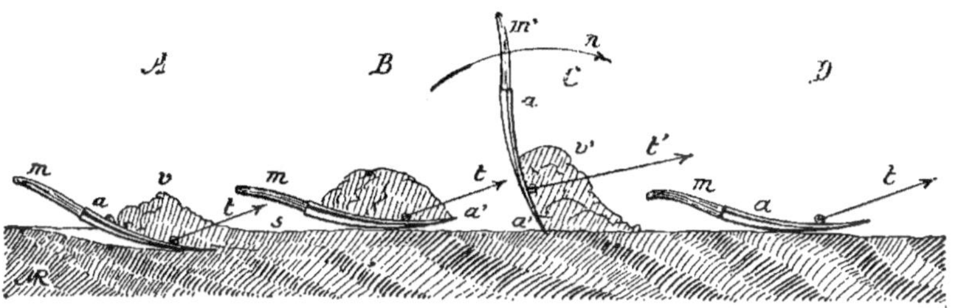

Fig. 624. — Principe du travail d'une ravale.

de telle façon que la pelle se tienne seule dans la position B, le tranchant a' se trouvant au moins à 10 ou 15 centimètres au-dessus du sol ; dans cette période de transport, la machine glisse sur des traîneaux ou barres fixés à sa paroi inférieure.

Arrivé au point de déchargement C (fig. 624), l'ouvrier soulève brusquement les mancherons m' afin que le tranchant a' de la pelle morde en terre ; sous l'influence de la traction t', la pelle tourne dans le plan vertical suivant la flèche n ; l'ouvrier abandonne les mancherons et le déchargement du volume v' de terre s'effectue d'un seul coup (certains systèmes permettent, dans cette période, de rendre les mancherons m indépendants de la pelle a).

Après le déchargement, on fait reculer l'attelage pour remettre la pelle dans sa position primitive D (dans quelques modèles, cette manœuvre est faite automatiquement par l'attelage qui, alors, n'a pas besoin de reculer), puis on revient à vide au point de chargement A.

L'avantage de la ravale est donc de se charger par le mouvement même de l'attelage et de transporter directement sa charge au point où doit s'effectuer le remblai ; mais la machine ne peut être utilement employée que pour les transports à petite distance.

La ravale la plus simple de construction est celle dans laquelle les mancherons sont solidaires de la pelle ; un plancher concave A (fig. 625), ayant environ 1^m60 de long sur 0^m90 de large, est formé de planches de 0^m025 d'épaisseur assemblées à rainures

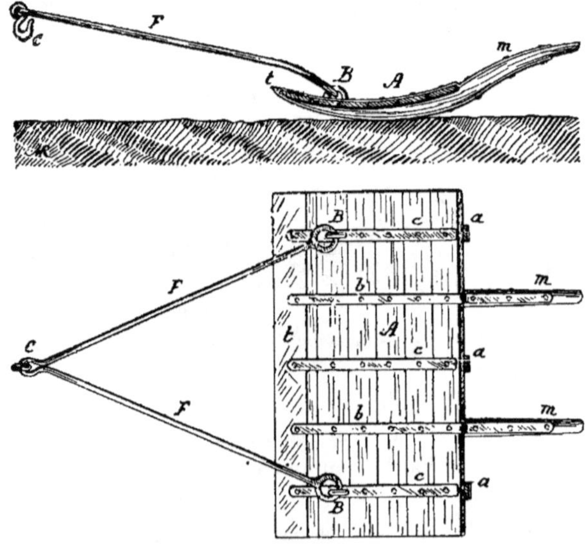

Fig. 625. — Ravale simple (élévation et plan).

et languettes ; ce plancher est fixé sur cinq traverses, dont trois, a, de $0^m06 \times 0^m08$ et dont deux, m, sont prolongées de 0^m60 en arrière pour constituer les mancherons écartés de 0^m60. Le bord antérieur est garni d'une forte bande de tôle t de 0^m14 à 0^m15 de largeur. La pelle est consolidée par des fers plats b de $0^m034 \times 0^m005$ et c de $0^m045 \times 0^m005$. Le dessous des traverses a et des mancherons m est garni de fers plats ; ceux des traverses a forment traîneaux et ont $0^m06 \times 0^m018$, alors que les fers des mancherons m n'ont que $0^m034 \times 0^m005$. — La pelle porte deux anneaux B auxquels sont articulés les fers F (de 0^m025 de diamètre) qui se relient au crochet d'attelage C ; les anneaux B sont à 0^m30 du bord antérieur et à 1^m50 du crochet C.

Aux États-Unis, les ravales sont très souvent constituées par une seule pièce en tôle d'acier, rivée aux angles postérieurs, comme le représente la figure 626 ; les mancherons *m* sont fixés dans des montures *n* solidaires de la pelle *a*, à laquelle est articulé le châssis

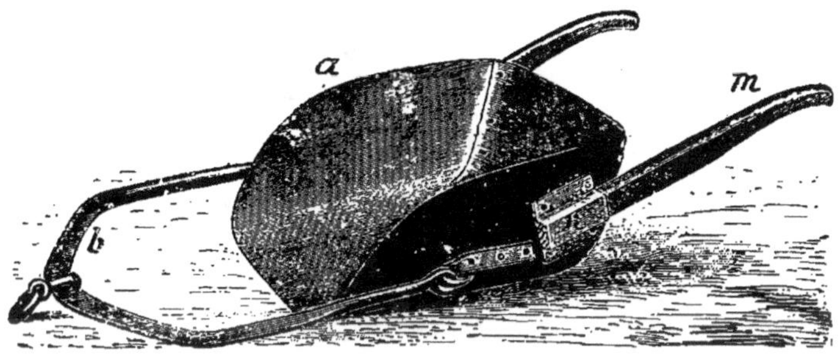

Fig. 626. — Ravale en tôle (États-Unis).

d'attelage *b* ; suivant leurs dimensions, ces pelles peuvent recevoir de 90 à 210 décimètres cubes de terre.

Les modèles simples, que nous venons d'examiner, ont leurs mancherons solidaires de la pelle proprement dite ; on a cherché, par divers dispositifs, à ce que l'ouvrier ne quitte pas les mancherons pendant la période de déchargement et à ce que la ravale reprenne automatiquement sa position de travail.

Le déclanchement automatique peut être obtenu en soulevant d'une quantité suffisante les

Fig. 627. — Ravale dite *Revolving* (Garnier).

mancherons de la ravale, comme dans la machine Garnier, représentée par la figure 627. Le fond de la pelle, de 0^m 85 à 1 mètre de largeur, est en acier, les côtés sont en châtaignier ; le bâti des mancherons porte deux verrous qui enclanchent la pelle et qui sont tirés par le châssis d'attelage lorsque ce dernier fait un certain angle avec les mancherons soulevés d'une quantité suffisante ; pendant le déchargement, grâce aux pointes dont elle est munie à sa partie supérieure, la pelle décrit un tour complet et s'enclanche de nouveau.

En terre très légère, une ravale de 0^m80 de largeur, tirée par un cheval, enlève une charge de 80 à 100 décimètres cubes de terre, et peut extraire un mètre cube en dix ou douze voyages.

Dans plusieurs exploitations de la Loire-Inférieure, nous avons relevé les chiffres moyens suivants : ravale (fig. 625), tirée par quatre bœufs nantais de petite taille, travaillant en terre piochée, non caillouteuse (argile à mica) :

> Entrure................ $0^m 25$
> Vitesse de l'attelage $0^m 55$ à $0^m 60$ par seconde
> Cube enlevé, 250 décim. cubes environ.

D'après nos essais, une ravale en bois (fig. 625) pouvant être chargée de 400 kilog. de terre (300 décimètres cubes), nécessite les tractions suivantes : 500 à 650 kilog. en période de chargement, 375 à 400 kilog. pendant le transport, 450 kilog. lors du déchargement et 75 à 100 kilog. pendant le retour à vide.

Les constatations faites en cours de travail pratique permettent de donner les chiffres suivants pour une ravale, conduite par deux hommes, attelée de quatre bœufs, chargeant et transportant environ 250 kilog. de terre, soit 1 mètre cube en quatre ou cinq voyages :

	Distance du transport	
	50 mètr.	100 mètr.
	secondes	secondes
Temps du chargement (10 à 15 secondes).............	15	15
Durée du transport de la pelle chargée ($0^m 80$ par seconde).	62 1/2	125
Temps du déchargement et arrêt; remise de la pelle en état, tournée de l'attelage............................	30	30
Retour à vide ($0^m 80$ par seconde)......................	62 1/2	125
Tournée, arrêt avant la reprise........................	30	30
Temps total { secondes................................	200	325
{ minutes	3 1/3	5 1/2
Nombre de voyages effectués en pratique par heure, y compris les arrêts ordinaires........................	14	9
Cube de terre chargé et transporté en pratique par heure (mètres cubes)...............................	3.1	2

Pour une distance de 200 mètres, le même chantier ne manipule plus qu'un mètre cube un tiers de terre par heure.

On voit que la ravale, en France, peut être très économique pour un *relais* ayant jusqu'à 50 mètres ; au delà de ce chiffre, les avantages de la ravale diminuent jusqu'à une centaine de mètres, distance à partir de laquelle il y a lieu d'employer des tombereaux.

Enfin, à titre d'exemple de mise en culture des terres, nous donnons les lignes suivantes[1] relatives aux domaines distribués il y a une cinquantaine d'années aux familles pauvres de l'Ile de Malte : sur ces terres, autrefois réputées impropres à la culture, le travail patient a tout fait et une population nouvelle a pu se développer là où il n'y avait guère que de la roche dure.

« Lorsque l'on veut former un champ, on se rend sur l'emplacement désigné, et on y trace l'étendue que l'on se propose de lui donner en longueur et largeur. Si l'on y trouve des plantes sauvages, elles sont en si petites quantités et de si peu de hauteur que, réduites en cendres, elles ne pourraient être d'aucun avantage pour le terrain ; en conséquence, on les coupe ou on les arrache. On recueille ensuite, avec beaucoup de soin, la terre végétale qui se trouve à la superficie et l'on met le rocher à nu. Ces opérations faites, on trace dans les deux dimensions du terrain, ou plutôt du rocher, longueur et largeur, des sillons qui donnent à l'aspect du champ futur l'apparence d'un échiquier dont les cases seraient en relief. Ces sillons ont de 0^m12 à 0^m16 de largeur et une profondeur égale à la hauteur du rocher que l'on veut extraire. Reste à dire par quels moyens, avec quels outils on les trace. »

« Le moyen est d'abord une constance à toute épreuve ; quant aux outils, ce sont de mauvaises pioches et des picoussins terminés en pointe d'un côté et tranchants de l'autre. Les sillons tracés, on fait à chacun des petits carrés, laissés en saillie, une ou deux ouvertures de 0^m03 de largeur et de 0^m10 à 0^m15 de profondeur ; on y introduit deux petites lames de fer rectangulaires, et, entre elles, un coin également de fer que l'on enfonce à coup de massue. Les Maltais détachent ainsi d'immenses blocs de rocher, qu'ils subdivisent ensuite par les mêmes procédés, et dont ils se servent, soit pour former le mur de circuit de leur nouveau terrain, soit pour les bâtisses qui leur sont nécessaires. »

« A mesure qu'ils rencontrent des interstices qui renferment toujours quelque peu de terre végétale, ils la recueillent soigneusement. Si la largeur de l'interstice ne leur permet pas d'introduire la pioche, ils ont la patience de l'élargir un peu avec le picoussin, jusqu'à ce qu'ils en aient retiré toute la terre qu'il renferme. Ils continuent ainsi les mêmes travaux

---

1. Communication du Consulat, *Feuille d'informations du Ministère de l'Agriculture*, 23 décembre 1905.

jusqu'à ce qu'ils aient réuni la quantité de terre végétale qui leur est nécessaire. Lorsqu'ils y sont parvenus, ils aplanissent la surface du terrain à exploiter en remplissant les interstices, les petites cavités, avec des pierres et des cailloux. Cela fait, ils réduisent une partie des débris du rocher en poussière et ils étendent sur le plan préparé un lit de terre végétale recueillie, puis un lit de poussière et débris, qu'ils recouvrent encore de terre, et ainsi de suite, jusqu'à la hauteur de 0^m 30 à 0^m 60, et plus s'il est possible. »

« Sur ce terrain ainsi préparé, ils jettent une immense quantité d'eau, de manière à en faire de la boue. Ils le laissent pendant un an exposé au soleil, à l'air et à la pluie, et au bout de ce temps ils y mettent de l'engrais, le labourent et l'ensemencent. »

Les 17.000 hectares cultivés à Malte et à Gozo occupent 14.000 personnes ; les deux tiers de la superficie agricole sont couverts de champs de blé et d'orge ; le reste est occupé par des jardins et des vergers (les abeilles donnent un miel renommé [1]) ; on produit du sulla, des oranges (surtout sanguines) et des mandarines, du cumin et de l'anis, du coton, des pommes de terre, des fèves pour les animaux ; des petits pois, des artichauts et des oignons qui sont exportés comme primeurs sur les marchés de Hambourg, de Trieste et de Londres.

Travaux et machines de culture.

Nous avons vu, à propos des hommes et des animaux, que ces moteurs sont ordinairement faibles aux colonies; si nous ajoutons qu'en général les terres, peu améliorées, sont résistantes et que le climat ne prédispose pas à l'activité, on a un ensemble de conditions montrant que les pièces travaillantes doivent être petites, comparativement à celles que nous employons en France, mais qu'il faudra les choisir soigneusement afin qu'elles effectuent l'ouvrage voulu avec une faible dépense d'énergie.

Labours à bras. — La résistance que présente une *bêche* A (fig. 628) dépend de la longueur *a b* du *tranchant* et de la surface totale *a b c* du *fer* ou *palette*. Remarquons que la longueur *l* du

---

1. Le miel de Malte, célèbre dans l'antiquité, aurait justifié le nom de *Melita* donné à l'île dans les temps anciens ; actuellement, le terroir qui produit un miel renommé s'appelle *Mellia*.

tranchant influence l'effort f de pénétration, obtenu chez nous en appuyant le pied sur le fer de la bêche et en agissant avec les mains sur le manche ; la première application de l'effort est pratiquée chez nous parce que le pied de nos ouvriers est protégé par la semelle en

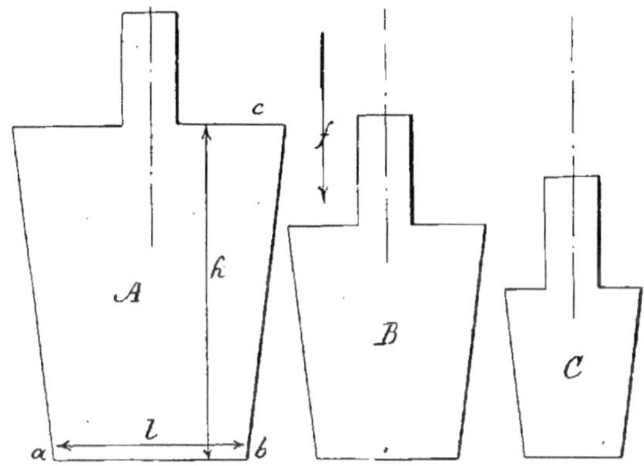

Fig. 628. — Palettes de bêches.

bois de leur sabot, tandis que l'indigène, avec ses pieds nus, ne pourra effectuer qu'un effort très faible et seulement à l'aide des mains sur le manche, condition qui conduit à réduire la longueur du tranchant ; dans cet ordre d'idées, il serait probablement possible de faire employer des sabots ou des sandales à semelle de bois par les ouvriers chargés des labours à la bêche. Enfin, étant donné que l'indigène n'agit sur la bêche qu'avec ses mains, il serait désirable de lui faire adopter des outils dont le manche court est terminé par une *poignée* (fig. 631) ou par une *béquille* a (fig. 629), légèrement cintrée afin d'être bien *en mains*, l'assemblage des métacarpes formant une sorte de voûte constituant la paume de la main.

Fig. 629. — Béquille.

Dans la figure 628, B représente une bêche dont la palette est la moitié de A ; C est une palette ayant le quart de A ; si l'on représente par 10 la longueur l du tranchant ou la hauteur h du fer d'une bêche française, le calcul montre que ces dimensions doivent être réduites à 7.07 pour que la pièce B soit la moitié de la pièce A, ou réduites à 5 pour un modèle C dont la palette doit être le quart de A.

Ainsi, pour une terre déterminée, avec laquelle on emploierait en France une bêche A (fig. 628), les rapports précédents donnent les dimensions relatives que le fer devrait avoir pour obtenir un type

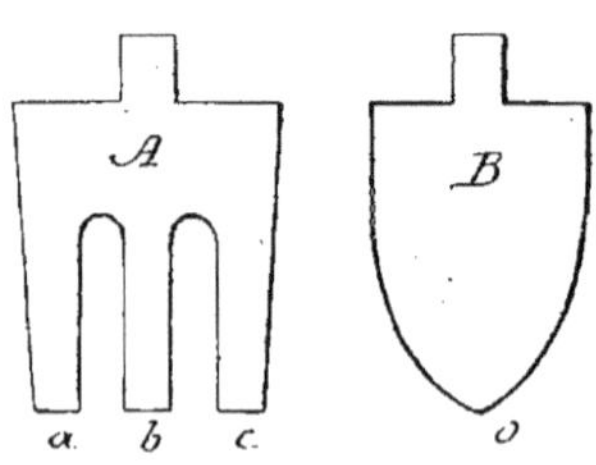

Fig. 630. — A, fourche à bêcher; — B, bêche en *feuille de laurier*.

B ou C à adopter suivant les ouvriers dont on dispose. — Nos bêches, dites de Paris, ont 0^m16, 0^m17 et 0^m18 de longueur de tranchant (et, respectivement, 0^m26, 0^m28 et 0^m30 de hauteur de fer). Comme application de ce qui précède, le modèle A, dit de 18 sur 30, servant de base, les types B (1/2) et C (1/4) devraient avoir :

	Longueur du tranchant.	Hauteur du fer.
A (type de Paris)...............	0^m18	0^m30
Type B (un demi de A).........	0. 13	0. 21
Type C (un quart de A)	0. 09	0. 15

Dans les sols garnis d'obstacles, et notamment de pierres, on diminue la résistance à la pénétration du fer en adoptant un tranchant discontinu, chaque élément ayant lui-même une longueur d'autant plus faible que le sol est plus résistant ; on arrive ainsi à ce qu'on appelle les *fourches à bêcher* (A, fig. 630-631) ; ajoutons qu'avec le même effort fourni par l'homme, et dans le même sol, la bêche à lame pleine s'enfonce de 0^m10, par exemple, tandis que la bêche à trois dents, *a*, *b* et *c* (fig. 630), de même poids et de même dimension *a c*, s'enfonce de 0^m12 à 0^m14 ; on voit de suite le grand avantage que présente l'emploi des fourches à bêcher.

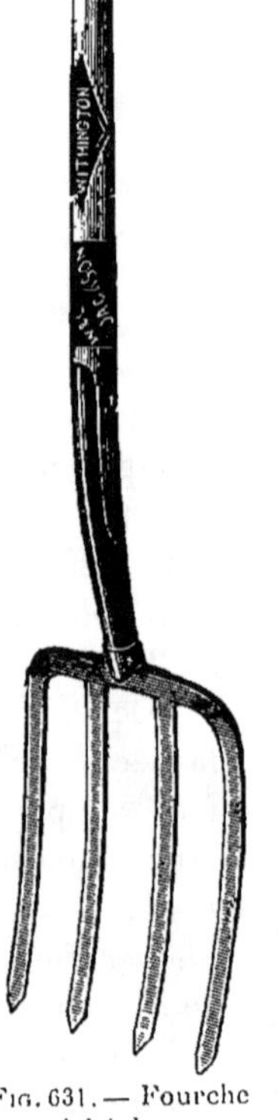

Fig. 631. — Fourche à bêcher.

Enfin, dans les sols très résistants, comme en certaines régions de la Corse et de la Sardaigne, on termine le fer B (fig. 630) par une pointe *o*, la pièce travaillante étant triangulaire ou en *feuille de laurier* (encore appelée *langue de carpe*).

La bêche des Malgaches, appelée *angady*, ressemble beaucoup à un de nos *louchets* étroits : le fer, de 0ᵐ 15 de tranchant et 0ᵐ 25 à 0ᵐ 30 de hauteur, est légèrement concave, les coins supérieurs découpés et enroulés en douille ; le manche est d'une longueur démesurée (1ᵐ 80 à 2 mètres) et l'outil, lancé sur le sol, agit par percussion à la façon d'une houe.

La bêche annamite (*câi-thuông*), sorte de louchet, a un fer de 0ᵐ 08 de tranchant, 0ᵐ 50 de hauteur, et un manche de 1ᵐ 20 de longueur ; pour les travaux dans les terrains humides, les Annamites se servent d'une bêche en bois (*câi-mai*) de 0ᵐ 40 de hauteur et 1ᵐ 40 de manche, simplement garnie d'une plaque de tôle de 0ᵐ 20 de tranchant et de 0ᵐ 12 à 0ᵐ 25 de hauteur appliquée contre la palette en bois.

Le labourage à bras des rizières du Japon se pratique avec une bêche en bois dont le tranchant seul est formé d'une bande de fer ; la partie inférieure du manche est munie, en arrière, d'un prolongement terminé par un talon que l'ouvrier fait appuyer sur le sol pour pouvoir arracher et soulever la motte de terre que découpe la palette.

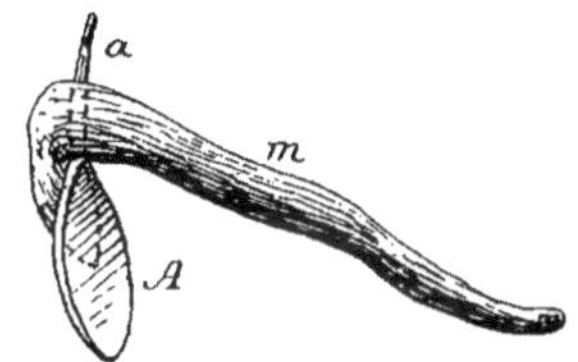

Fɪɢ. 632. — *Daba* (Sénégal).

Les observations précédentes faites à propos des dimensions de la pièce travaillante des bêches s'appliquent aux *houes*, dont l'emploi nous semble plus généralisable aux colonies que les bêches : d'ailleurs, on peut dire que partout la houe remplace la bêche chaque fois que l'ouvrier marche pieds nus.

Dans un grand nombre de régions, les indigènes se servent déjà de houes : au Sénégal[1], au Dahomey, le fer A (fig. 632) se termine par une queue *a* qui passe dans un œil du manche *m* (ces houes sont appelées *hilaires*, *dabas*, etc.). De son voyage, Dybowski a rapporté, en 1892, des houes employées par les femmes N' Gapous pour la culture du sorgho et du maïs ; ces outils (fig. 633), très

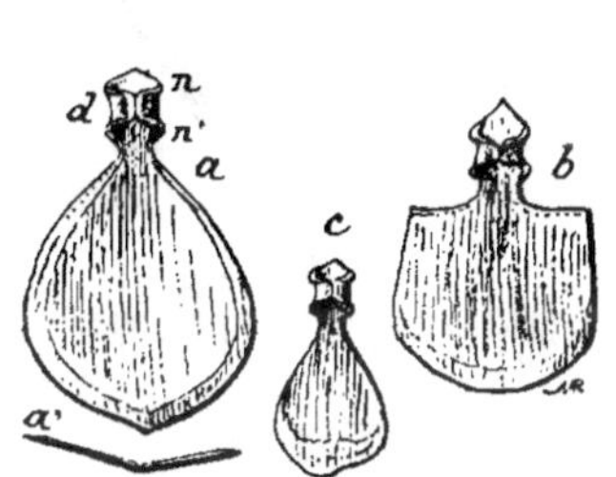

Fɪɢ. 633. — Fers de houes (Afrique centrale).

—

1. Selon M. Dumas (*Bulletin du Jardin colonial*, mai 1906), il faut 25 journées d'hommes pour préparer un hectare avec la *daba* en vue de la culture des arachides.

bien confectionnés comme pièces de taillanderie, présentent une grande analogie avec ceux utilisés par certaines peuplades de l'Amérique centrale : *a* houe des Ouaddas, *a'* coupe transversale (0ᵐ 24 de long, 0ᵐ 18 de large et 0ᵐ 015 de flèche) ; *b* houe de la Kémo (0ᵐ 22 de long et 0ᵐ 145 de large) ; *c*, binette ou piochon du Dar Rouna et de la Kémo (0ᵐ 15 de long et 0ᵐ 09 de large) ; tous ces fers *a* forment un angle très petit avec le manche *m* (fig. 634) que les femmes manœuvrent avec une ou avec les deux mains, suivant la résistance du sol, et en travaillant recourbées, la tête très rapprochée de la terre : le manche *m* (fig. 634) a 0ᵐ 65 de longueur environ. Les douilles *d* des houes (fig. 633), ornementées de dessins en creux, sont formées (comme dans l'angady des Malgaches) par une patte recourbée faisant corps avec la palette, et, comme les deux lèvres ne sont pas soudées, l'artisan a eu soin de leur donner du raide en rabattant au marteau deux collets *n* et *n'* qui jouent le rôle de nervures.

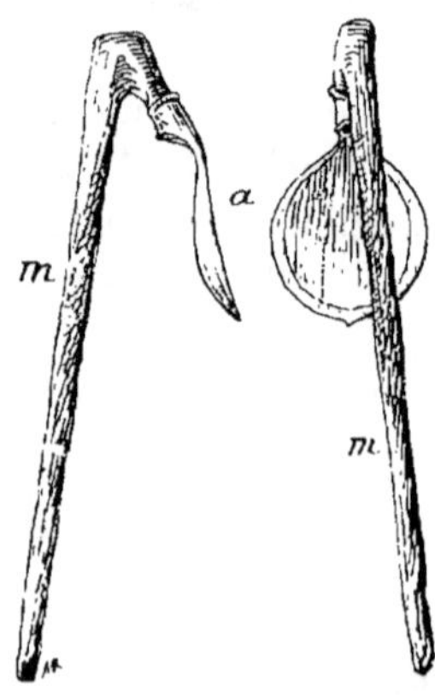

Fig. 634. — Houe (Ouadda).

La houe annamite (*cäi-cuôc-bân*) a un manche de 1ᵐ 20 de longueur raccordé, à 45 degrés environ, à une palette en bois, de 0ᵐ 35 de long, garnie d'une plaque de tôle ayant 0ᵐ 12 à 0ᵐ 15 de tranchant et 0ᵐ 07 à 0ᵐ 15 de hauteur.

Fig. 635. — *T'koura* (Tunisie).

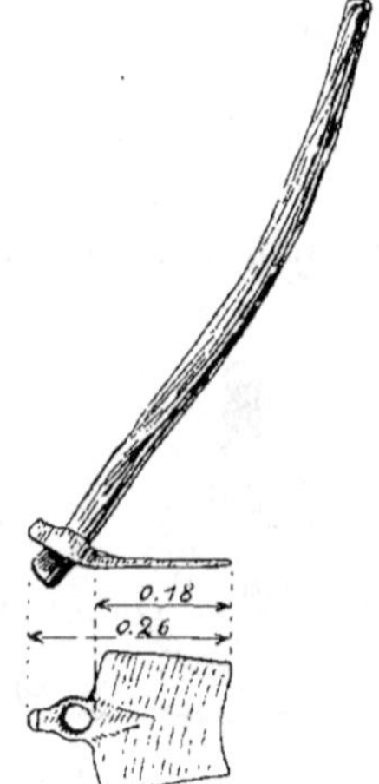

Fig. 636. — *Messah* (Tunisie).

En Tunisie, la culture à bras des jardins et des oliviers est faite par les indigènes, aux environs de Sfax, à l'aide d'un pic (appelé *t'koura*) que représente le croquis coté de la figure 635, et avec une houe (appelée *messah*) indiquée par la fig. 636 ; ces outils, fabriqués par les indigènes à l'aide de procédés très rudimentaires et très simples, sont assez lourds, comme l'indiquent les chiffres suivants relevés sur les modèles que nous avons rapportés pour notre collection d'étude de l'Institut National Agronomique : t'koura, 2 kilog. ; messah, 2 kilog. 5.

Sans modifier leurs dimensions et leur forme, auxquelles les indigènes sont habitués, et qui sont en relation étroite avec l'énergie des moteurs et la résistance du sol, on pourrait certainement faire construire ces outils à meilleur marché avec nos métaux d'excellente qualité.

Enfin, pour la manutention des fumiers qu'on incorpore au sol lors des labours, citons les *fourches* à trois dents (fig. 637) et les *crocs* (fig.

Fig. 638. — Croc à fumier.

638) ; construits en acier, ces instruments très solides sont d'un faible poids, ce qui réduit au minimum la fatigue occasionnée par leur manœuvre et permet à l'ouvrier d'effectuer par jour une plus grande quantité d'ouvrage.

Dans cette section des labours à bras nous rangeons les machines Pilter-Planet si utilisées aux États-Unis ; elles commencent à se répandre chez nous dans les champs d'expériences, les jardins et même les petites exploitations. La figure 639 donne la vue de la *charrue à bras* ; la profondeur du labour se règle très facilement en déplaçant l'étançon sur le bâti et, dans les sols légers, on

Fig. 637. — Fourche à fumier.

peut atteindre 0ᵐ08 à 0ᵐ10 de profondeur pour une largeur de 0ᵐ15, l'ouvrier pouvant faire 2 à 3 kilomètres de raies par heure, pour labourer, rayonner, chausser ou déchausser des plantes semées en lignes.

Les *houes à bras* Pilter-Planet, dont nous parlerons plus loin, peuvent recevoir des lames appropriées à divers travaux pour

Fig. 639. — Charrue à bras (Pilter-Planet).

lesquels nous employons des scarificateurs, des cultivateurs ou des extirpateurs. Au besoin, on peut faire manœuvrer ces machines par deux ou trois hommes, un ou deux placés en avant et tirant avec une *bricole*, l'autre guidant la machine à l'aide des poignées ou des mancherons ; inutile de dire qu'on peut remplacer les deux hommes de l'avant par un âne ou tout autre animal moteur.

Charrues. — Pour ce chapitre on peut considérer deux cas : dans une colonie, les indigènes emploient déjà une charrue primitive qu'il est possible d'améliorer par l'application de certains principes ; en second lieu, la culture attelée n'est pas encore pratiquée par les naturels ; ces derniers n'ont alors à ce sujet aucune idée préconçue ou habitude locale [1]. Relativement au premier cas, nous croyons

1. Selon le professeur O. Warburg, en substituant la charrue au travail manuel effectué avec la houe, on pourrait faire produire à l'Afrique tropicale allemande des récoltes de coton 25 fois plus importantes que celles d'aujourd'hui (*Tropenflanzer*, 11 novembre 1905, Congrès colonial allemand de Berlin, 4-7 octobre 1905).

utile de donner ici le résumé de notre rapport officiel du concours de Maison-Carrée, en 1898, compété par d'autres notes.

On compte qu'il y a en Algérie 2.400.000 hectares de céréales emblavés par les indigènes qui cultivent à l'aide de 250.000 charrues primitives, soit, en moyenne, une charrue pour près de 10 hectares. Les Algériens, d'après la statistique, disposeraient de :

174.000 chevaux,
116.000 mulets,
275.000 ânes,
985.000 bêtes bovines.

Dans les bonnes années, lorsque la répartition des pluies a été favorable, quand les labours (si toutefois on peut donner ce nom aux grattages superficiels que peuvent faire les indigènes avec leurs charrues primitives et leurs faibles attelages) ont pu s'effectuer dans les meilleures conditions, le rendement peut atteindre de 6 à 7 hectolitres à l'hectare, alors qu'il est le double au moins avec les mêmes semences confiées aux mêmes terres, mais soumises à une culture un peu plus profonde. Si l'année est défavorable, l'arabe récolte à peine 3 hectolitres à l'hectare et se trouve réduit à la misère (voir page 184).

Nous ne considérons en ce moment que l'Algérie, bien que ce que nous disons ici peut s'appliquer à la Tunisie, à beaucoup de nos colonies, à la Corse et même à certaines régions du Midi et du Centre de la France.

Le cultivateur arabe ne sera probablement pas plus réfractaire que nos populations rurales aux améliorations, dont il retirera profit, lorsqu'on lui en aura démontré l'opportunité, et, surtout, lorsqu'on aura procédé avec le temps ; nous verrons plus loin la méthode que le Jury du concours de Maison-Carrée a cru devoir proposer au Gouvernement général, pour ce qui concerne les charrues.

Aucune croyance religieuse ne s'oppose au perfectionnement de la charrue indigène ; au contraire, les mahométans de l'Algérie, appartenant au rite *maléki*, considèrent l'agriculture comme le premier des arts que les hommes doivent sans cesse développer. A l'heure actuelle, la charrue primitive, désignée sous le nom général de *mermed* (bien que ce mot semble s'appliquer plus spécialement au corps de la charrue), est celle que nous trouvons encore employée dans toute l'étendue de l'ancien empire romain ; c'est

Génie rural.   33

l'*aratrum*, devenu, suivant les contrées, l'*arau*, l'*arer*, l'*arado*, etc.,
qu'on rencontre dans tous les pays qui bordent la mer Méditerranée.

La fig. 640, qui représente un arau du Languedoc, indique le
principe de ces charrues. L'age long B T, souvent en deux parties
assemblées à crans et à brides, est supporté à l'avant par le joug
de l'attelage et son extrémité postérieure constitue le talon ; le soc R,

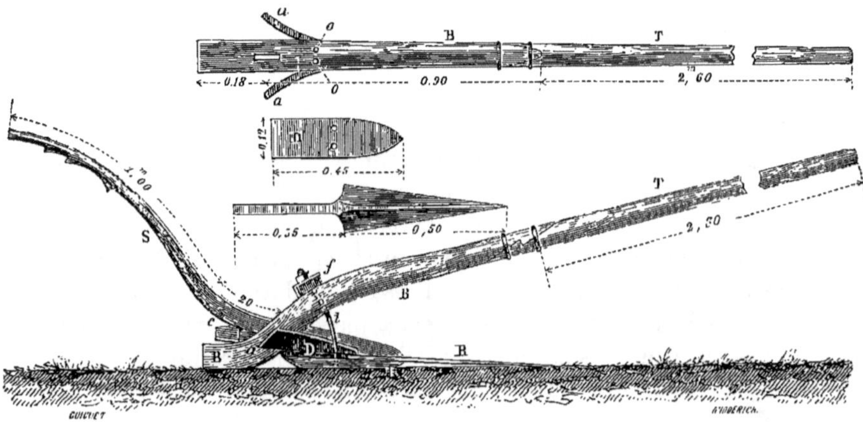

Fig. 640. — Arau du Languedoc.

en fer de lance, solidaire d'une barre à section rectangulaire, traverse l'age par une mortaise dans laquelle passe en même temps le
mancheron S, et les deux pièces sont serrées par un coin c. L'*entrure*
du soc R est réglée par un patin D relié à l'age par une ou deux
tiges filetées t, serrées par des écrous f : à cet effet, l'age est percé
de deux trous o. Afin d'augmenter la largeur cultivée, deux plaques
ou oreilles a sont fixées entre le soc et le pied du mancheron.

Inutile d'ajouter que très souvent la construction de la charrue est
beaucoup plus rustique que celle indiquée dans la figure 640, sans
cependant modifier sensiblement les principes d'assemblage et de
réglage des pièces. — Ainsi, pour en donner une idée, la figure 641
représente une charrue qui prit part aux essais de Maison-Carrée : le
soc S est en feuille de laurier, fixé par une bride b à l'extrémité antérieure du sep A qui fait corps avec le mancheron M ; le sep est
assemblé avec l'age F par des coins C et D, et porte de chaque côté
un appendice a jouant le rôle d'oreilles ; la pièce C constitue l'étançon

d'avant, et est maintenue par une cheville *n* ; les oreilles *a*, qu'on trouve dans toutes les charrues dites *mahonnaises*, sont remplacées, dans les charrues dites *arabes*, par une simple cheville horizontale et transversale au sep A.

La charrue indigène est souvent fabriquée, pour ainsi dire gratuitement, par des artisans qui vont de village en village (on désigne ces artisans sous le nom de *mâalem, sounâa, meharetia*). Le joug de garrot, qui vaut de 1 fr. à 1 fr. 50, se relie à la flèche ou age

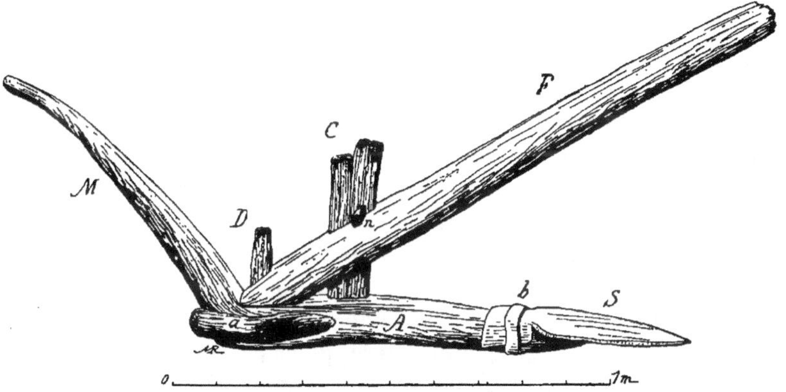

FIG. 641. — Charrue mahonnaise.

de la charrue par une courroie en cuir vert, appelé *medjehed*, arrêtée par une cheville ; le réglage de la profondeur s'effectue en modifiant la position de la cheville ou la longueur de la courroie. Le corps de la charrue arabe coûte de 6 à 7 fr. et le soc forgé (*el seca*) de 4 à 5 fr. ; en laissant de côté le joug, on voit que la charrue revient à 10 ou 12 fr. [1]. La plus grande difficulté qu'on rencontrera dans l'amélioration de la charrue algérienne réside dans le prix d'achat, ce dernier pouvant osciller de 20 à 30 fr. ; aussi, faudra-t-il démontrer à l'indigène qu'il a intérêt à dépenser un peu plus d'argent pour l'acquisition d'une charrue meilleure, et il le comprendra bien si on peut lui faire constater qu'avec le même attelage, un labour mieux exécuté est capable de lui donner une augmentation de récolte, surtout dans les mauvaises années.

---

1. Souvent l'arabe paie jusqu'à 18 francs les ferrures d'une mauvaise charrue ; selon MM. Lecq et Rivière, le problème consisterait donc à lui fournir pour 18 francs les ferrures d'une bonne charrue.

C'est dans cet ordre d'idées générales que se sont effectués les travaux du concours algérien, institué par l'arrêté du 18 mai 1898, complété par le règlement du 28 octobre 1898 ; les essais commencèrent le 24 novembre 1898 à Maison-Carrée, près d'Alger [1].

Étant donné que le concours était relatif aux charrues destinées aux arabes, le Jury, sur notre proposition, convint de ne considérer que les machines à support, à age long et admit les points suivants :

a) — la charrue qu'on pourra recommander aux indigènes doit être à la fois aussi simple et aussi solide que possible, car il faut tenir compte de l'éloignement des agglomérations importantes où l'on peut faire effectuer les réparations ;

b) — il faut qu'avec le même attelage et le même harnais, la charrue proposée puisse fournir un labour plus énergique que celui de la machine primitive ;

c) — il faut surtout que l'aspect général de la machine recommandée se rapproche le plus possible de la charrue indigène avec laquelle le *khammès*, ou garçon de ferme, est familiarisé depuis si longtemps ; en d'autres termes, le début des perfectionnements ne doit porter que sur des modifications dans la forme des principales pièces travaillantes, et ce n'est que plus tard qu'on pourra songer à aborder peu à peu des modifications dans la construction générale de la charrue arabe ;

d) — enfin, en tenant compte de la nature du labour à effectuer, il y avait lieu de distinguer :

les charrues à versoir unique et fixe, versant toujours la terre du même côté ;

les charrues versant à volonté la terre d'un côté ou de l'autre ;

les charrues à deux versoirs fixes, versant en même temps la terre des deux côtés (buttoirs ou rayonneurs).

Sur 46 concurrents inscrits, 23 se présentèrent aux essais de Maison-Carrée ; à la suite d'une série d'épreuves éliminatoires,

1. Le Jury était composé de :
MM. H. Lecq, inspecteur de l'agriculture, président ;
G. Rif, agriculteur à Sétif (Constantine) ;
Pourcher, propriétaire à Orléansville (Alger), résident à Kouba, près Alger ;
Godard, directeur du domaine de l'Habra-Perrégaux (Oran) ;
Mohamed Sebaoui, conseiller général à Médéa (Alger) ;
Si Zim ben Si Moula, caïd du douar Iraten, à Fort-National (Alger) ;
Benchira Abdelkader, caïd du douar-commune Aubelil, commune mixte d'Aïn Témouchent (Alger) ;
Max Ringelmann, rapporteur.

neuf charrues seulement furent soumises aux essais dynamométriques ; nous ne parlerons ici que de cinq des machines primées

Fig. 642. — Charrue l'*Harrach* (Amiot et Bariat).

susceptibles de trouver d'utiles applications dans un grand nombre
de nos colonies.

Charrues à versoir unique et fixe, versant la terre du même côté. — Dans la charrue Amiot et Bariat, de Bresles (Oise) (fig. 642),
l'extrémité postérieure de l'age reçoit par deux boulons l'étançon
qui supporte le corps de charrue ;
le réglage de l'embêchage se fait
par un coin intercalé entre l'embase
de l'étançon et la face inférieure de
l'age. En arrière, le mancheron est
pourvu d'une poignée inférieure destinée à soulever la charrue à l'extrémité du champ. Le versoir de

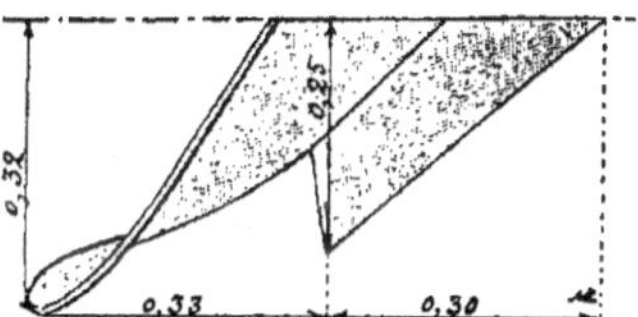

Fig. 643. — Plan du versoir de la
charrue l'*Harrach*.

cette machine, représenté en plan par la fig. 643, est du type
qu'on rencontre dans les bonnes charrues de ces constructeurs ;
mais ces derniers ont reconnu, à la suite des essais, qu'il était préférable de doubler l'étançon en raccordant celui d'arrière avec le
talon du sep (la fig. 642 représente ce nouveau modèle). — La
charrue sans coutre a été annoncée au prix de 22 fr. et la partie
métallique seule 20 fr. (c'est-à-dire sans l'age ni le mancheron).

La figure 644 représente la charrue Giroud, François, d'Aïn-Bessem (Alger) ; l'extrémité postérieure de l'age A (en hêtre) vient s'articuler en *a* avec l'étançon d'arrière qui se termine par la douille D du mancheron M ; cet étançon est fixé à la partie postérieure du sep S (en ormeau). Le sep reçoit en avant le soc C assemblé avec une forte bride *b* (comme dans les charrues des indigènes),

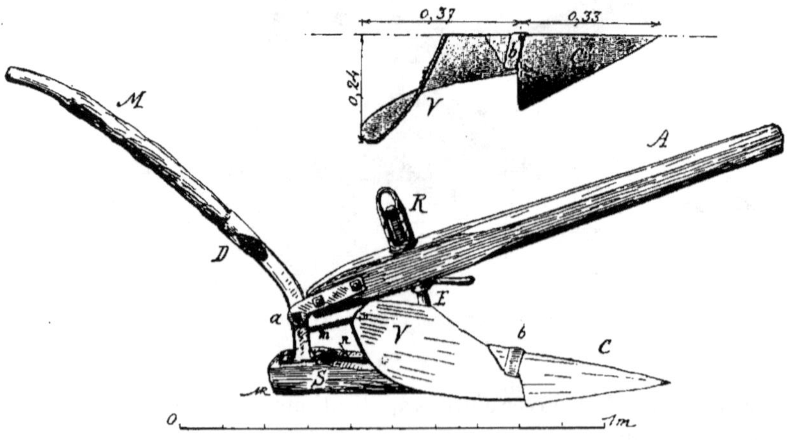

Fig. 644. — Charrue Giroud.

puis le versoir V maintenu par les entretoises *n* et *m*. — L'angle d'action du soc, c'est-à-dire l'embêchage, se règle par l'étançon d'avant E constitué par une tige filetée, cintrée suivant un arc de cercle dont le centre est en *a* ; l'age se règle à la hauteur voulue et est maintenu en place par les écrous E et R d'une construction très robuste. (Dans la figure 644, on voit le plan des pièces travaillantes, soc et versoir.)

La charrue Giroud pèse 24 kilogr. (l'age figure dans ce poids pour 11 kil. 4) ; la machine est livrée au prix de 23 fr. 50, mais le concurrent a déclaré au Jury qu'en prenant une charrue indigène il suffirait d'une dépense de 7 fr. 50 pour y adapter le soc et le versoir, en conservant l'étançon ordinaire en bois maintenu par une cheville ou par un coin.

Charrues versant à volonté la terre d'un côté ou de l'autre. — La charrue Margot (de Sétif, Constantine) est presque entièrement construite en acier ; le soc S (fig. 645) et l'avant-corps A se règlent, par rapport à l'age F, avec l'étançon antérieur E garni de crans ; on le maintient dans la position voulue par le coin *c* qu'on force, en arrière de la pièce E, dans la mortaise qui traverse l'age F. Les deux versoirs V (un de chaque côté) sont articulés avec l'avant-

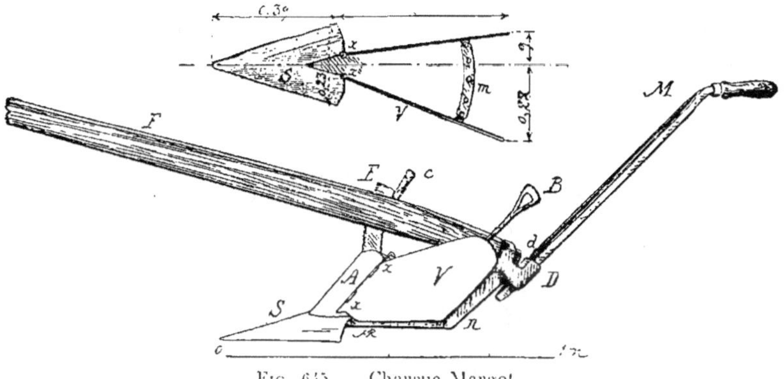

Fig. 645. — Charrue Margot.

corps A par des charnières *x x* ; ils sont reliés par un secteur *m* percé de trous, qu'on arrête par la broche B, qui sert en même temps, à l'extrémité de la raie, à nettoyer le versoir. — Le manche-

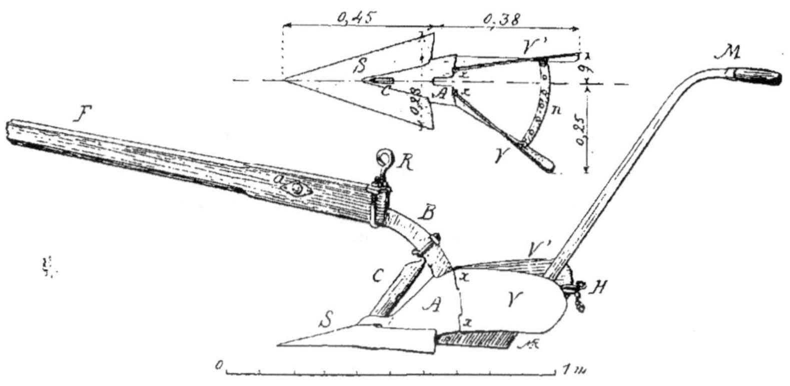

Fig. 646. — Charrue Dausson.

ron M, formé de deux fers parallèles, est maintenu par un coin *d* dans une douille D (fixée à la partie postérieure de l'age) constituée par le prolongement du sep *n* et faisant étançon d'arrière. — Cette charrue, à laquelle l'inventeur travaille depuis 1891, pèse 26 kilogr. et vaut 45 fr. : elle ne comporte aucun boulon et les assemblages des différentes pièces se font à l'aide de coins, de chevilles ou de tringles.

Dans la charrue Dausson (de Souk-Ahras, Constantine), le soc en fer de lance S (fig. 646) est relié avec le coutre C et la partie antérieure A d'un buttoir ; l'ensemble, solidaire du mancheron M, est fixé par un age court B avec la flèche F et peut tourner autour du

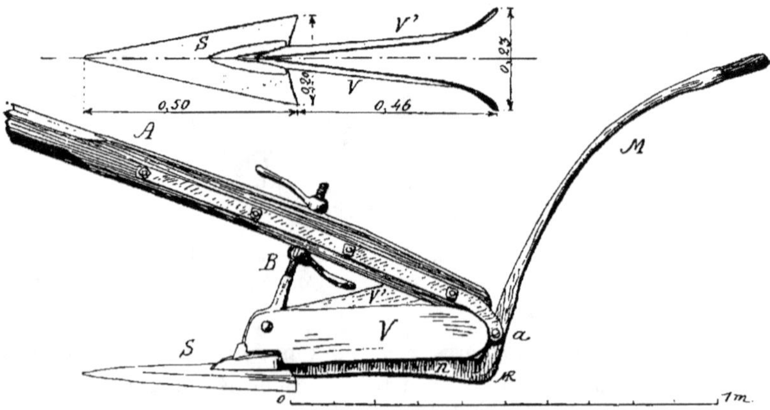

Fig. 647. — Charrue Garbe.

boulon horizontal a ; une vis de réglage R, maintenue dans un étrier à la partie postérieure de l'age, règle, dans le plan vertical, la position de ce dernier par rapport au plan du soc. Les versoirs V et V′ sont articulés avec l'avant-corps A par des charnières x, x ; en arrière, ces versoirs sont réunis par un secteur n qui passe dans la mortaise d'une piece solidaire du pied du mancheron M ; une cheville H maintient en place ce secteur et par suite les versoirs. — Le soc S se monte à douille à l'extrémité du sep. — Le prix de la charrue Dausson est de 37 fr. 50.

Charrue à deux versoirs fixes, versant en même temps la terre des deux côtés (buttoirs ou rayonneurs). — Dans cette section nous ne citerons que la charrue Garbe (d'Aïn Régada, Constantine), du poids de 30 kilogr. et du prix de 27 fr. 50 (fig. 647). L'age A (en bois d'eucalyptus) est articulé en a avec le mancheron en fer M qui se prolonge par le sep n ; en avant, une tige filetée B, avec écrous à poignée, règle la position de l'age. Le soc S est en fer de lance ; en V et en V′ sont les versoirs (la figure 549, p. 414, représente la charrue Garbe en fonctionnement).

Essais dynamométriques. — Les résultats généraux des essais dynamométriques des cinq charrues précédentes sont donnés dans le tableau ci-dessous :

CHARRUE	LABOUR			TRACTION EN KILOG.	
	Profondeur en centimètres.	Largeur en centimètres.	Section en décim. carrés.	totale.	par décimètre carré.
1. Amiot et Bariat.	12.0	21.9	2.62	95^{k}2	36^{k}3
2. Giroud.........	12.4	28.7	3.55	158.1	44.5
3. Margot	11.9	24.4	2.90	183.8	63.3
4. Dausson	10.8	20.1	2.17	158.7	73.1
5. Garbe..........	11.3	23.3	2.63	165.8	63.0

Conformément à nos essais antérieurs, on constate, pour les mêmes conditions de fonctionnement, que les charrues à versoirs fixes (Amiot et Bariat ; Giroud) nécessitent moins de traction que les machines dont les versoirs articulés sont établis pour travailler indistinctement la terre à droite ou à gauche, parce que, dans ces dernières, le soc et le versoir ne peuvent pas être bien tracés pour éviter le bourrage [1].

Cette question de l'économie de traction, qu'on peut juger par l'examen de la dernière colonne du tableau précédent, est surtout à considérer pour ces machines qui doivent être actionnées par le faible attelage dont disposent les indigènes : avec la même fatigue des moteurs, on peut faire avec la charrue n° 1 un travail deux fois plus énergique qu'en employant la charrue n° 4.

Le Jury a émis le vœu que le Gouvernement général de l'Algérie fasse l'acquisition d'un certain nombre de charrues primées pour les répartir dans les différentes régions de la colonie ; ces charrues seraient données gratuitement à des cultivateurs indigènes signalés à l'Administration ; les possesseurs de ces machines les expérimenteraient comparativement avec leurs charrues ordinaires, et, à la fin de chaque campagne, il serait procédé à une enquête sur les résultats obtenus. — Pour le choix des modèles, le Jury a proposé que la distribution soit faite suivant une proportion qu'il a fixée [2]. Il y a

---

1. A moins d'avoir recours à des charrues dites *brabants-doubles* ou *balances*, qui n'ont pu trouver place dans le concours de Maison-Carrée, d'après les conditions du programme.

2. Le Gouvernement de l'Algérie a accepté ces propositions et a fait l'acquisition de 104 charrues qui furent réparties en 1898-1899 entre les 3 provinces de l'Algérie.

là un exemple qui pourrait être suivi par beaucoup de nos Comices et Syndicats agricoles.

Dans la région de Sétif, grâce aux efforts et à l'exemple d'un agriculteur distingué, feu M. G. Ryf, les indigènes ont remplacé la *jachère nue* par la *jachère cultivée*, et même labourent avec des *brabants-doubles* attelés de deux à quatre paires de bœufs ; ils donnent deux façons : l'une au printemps, l'autre à l'automne au moment des semailles, et les céréales, supportant mieux la sécheresse, fournissent une récolte plus régulière et plus abondante ; dans ses rapports annuels d'expériences, M. Ryf insistait beaucoup sur ces labours de printemps et en démontrait l'utilité. En dehors du petit centre d'action de M. Ryf, les indigènes ne pratiquent qu'un seul grattage du sol.

Nous avons vu que la charrue indigène vaut à peine 10 à 12 fr. ; une charrue améliorée coûtera toujours deux à trois fois plus, de sorte que les Arabes ont souvent besoin d'être aidés pour en faire l'acquisition ; les Sociétés indigènes de prévoyance peuvent faire les avances nécessaires. Ces Sociétés, créées par la loi du 14 août 1893, ont pour but de venir en aide aux indigènes, ouvriers agricoles et cultivateurs, dans les cas de maladie ou d'accidents ; elles peuvent, par des prêts annuels, en nature ou en argent, maintenir et développer leurs troupeaux et leurs cultures, améliorer leur outillage, etc. Jusqu'à présent, l'objectif de l'Administration a été surtout de créer un fonds de secours en vue des années de famine. Si, en principe, l'adhésion des indigènes est libre, en pratique ils sont, d'après ce que nous a dit M. Rivière, correspondant de la Société Nationale d'Agriculture, inscrits d'office comme membres des Sociétés de prévoyance, et leur cotisation est perçue comme impôt. Actuellement, les Sociétés de prévoyance disposeraient d'une somme de plus de 10 millions de francs sur lesquels il serait possible de prélever ce qui est nécessaire pour améliorer l'outillage des indigènes : ce serait le moyen le plus efficace de conjurer la famine, et, tout en améliorant la condition des arabes, servir les intérêts de notre industrie et de notre commerce métropolitains, en assurant des débouchés chez nos populations musulmanes.

Une belle démonstration a d'ailleurs été faite à ce sujet par la Société indigène de prévoyance de la commune mixte de Mascara. En 1900 elle avança 43.000 fr. à 359 sociétaires, soit environ 120 fr.

par individu, pour l'achat d'une charrue nouvelle (45 fr.) et d'un bœuf supplémentaire (75 fr.) ; en outre, chaque sociétaire reçut 3 quintaux d'orge pour les semailles. « Les 359 charrues françaises, dit le rapport, ont augmenté de plus de 5.000 hectares la superficie cultivée par les indigènes (un peu moins de 14 hectares par charrue, en moyenne)... Le succès de cette campagne fit qu'en 1901 le Conseil d'administration reçut 875 demandes d'emprunt, dont 337 destinées à l'achat d'une charrue nouvelle et 538 à l'amélioration des attelages : la Société mit 52.092 fr. à la disposition de ces 875 membres... Les rendements ont été sur les terres labourées à la charrue améliorée, 7 quintaux de blé et 11 quintaux d'orge, tandis qu'ils étaient sur les terres labourées avec la charrue arabe, 5 quintaux 50 de blé et 8 quintaux d'orge. »

Les résultats obtenus sont donc encourageants[1], mais c'est avec beaucoup de prudence qu'il faudrait chercher une plus grande augmentation de récolte, car l'indigène risquerait d'appauvrir rapidement sa terre et il conviendrait, auparavant, de lui faire comprendre l'utilité de la *restitution* au sol des matières enlevées par les plantes : de petits *champs de démonstration*, judicieusement établis, le mettraient rapidement au courant.

Un autre concours eut lieu le 21 décembre 1903 à la Bouzaréa, près d'Alger, dans un terrain accidenté composé d'argile mêlée de gravier ; le sol enherbé et très détrempé par les pluies rendait le travail difficile.

A ce concours, le jury s'est borné à l'examen des charrues et à les faire travailler, sans procéder à des essais dynamométriques.

La Société coopérative agricole et viticole d'Algérie a remporté les deux premiers prix dans les deux premières catégories, avec des machines à age long établies sur les plans de M. Lecq, Inspecteur de l'Agriculture de l'Algérie. Ces charrues à support ont le même aspect général que celles des indigènes ; les modes d'attelage, l'age, les mancherons et les coins de fixation du corps de charrue sur l'age sont identiques (fig. 648, 649 et 650).

Le corps de charrue (soc et versoir analogues à ceux de nos

---

1. Avec sa charrue primitive, l'arabe contournait les jujubiers, palmiers nains, lentisques. etc., tandis que pour employer la charrue française il a été obligé de détruire ces massifs à la pioche, en augmentant ainsi la surface utilisable de son champ.

bons modèles) est fixé sur un sep et un étançon d'avant qui se termine par un collier carré dans lequel passe l'age arrêté par une cheville horizontale ; on maintient l'age dans la position voulue par

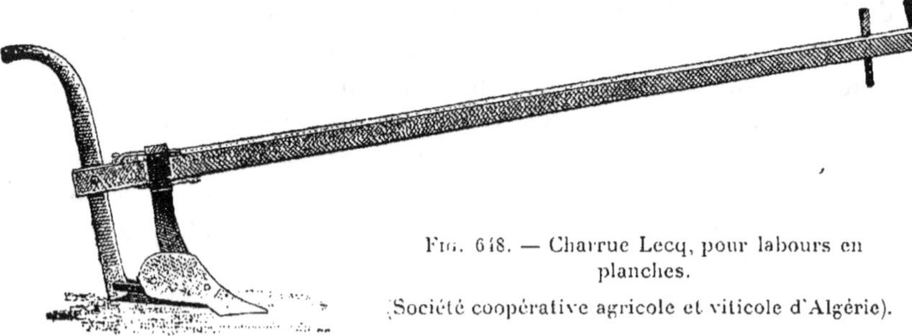

Fig. 648. — Charrue Lecq, pour labours en
planches.

(Société coopérative agricole et viticole d'Algérie).

deux coins en bois, l'un placé en dessus, l'autre en dessous. En
arrière, formant étançon, se trouve le mancheron articulé (par

Fig. 649. — La charrue Lecq en Algérie.

boulons) avec la partie postérieure du sep et avec l'extrémité de
l'age. — La profondeur du labour se règle par l'inclinaison de l'age,
relativement au plan du sep. — Le corps de charrue, métallique,
effectue un excellent labour à 10 ou 12 centimètres de profondeur.
— (Les indigènes, comme dans l'antiquité, répandent d'abord la
semence à la volée et labourent ensuite ; aussi, pour la bonne ger-
mination, la profondeur de 10 centimètres ne doit jamais être

dépassée, tandis qu'on peut l'augmenter utilement pour les façons culturales données au printemps sur les terres en jachère).

Dans certaines conditions (sols inclinés), on emploie la charrue pouvant verser indistinctement la terre à droite ou à gauche (fig 650), établie sur le même principe que la charrue dite à versoir fixe ne versant la terre que sur la droite du laboureur ; cette charrue *tourne-sous-sep* est vendue environ 25 francs, non compris les pièces en bois que l'indigène ajuste lui-même.

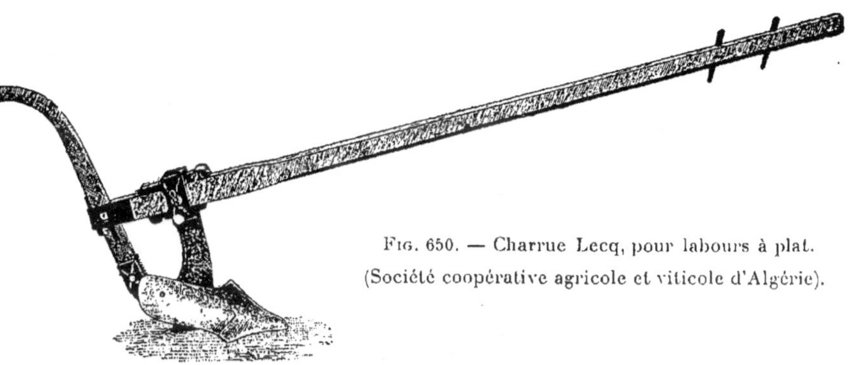

Fig. 650. — Charrue Lecq, pour labours à plat.
(Société coopérative agricole et viticole d'Algérie).

Enfin les machines Lecq, très solides et très rustiques, sont simples, maniables, et permettent au laboureur de contourner facilement les divers obstacles (jujubiers, palmiers nains) dont ses champs sont malheureusement encore trop garnis ; inutile d'ajouter que ces charrues peuvent s'appliquer utilement à certaines régions du Midi et du Centre de la France, à la Corse, à la Tunisie, et à beaucoup de nos colonies.

A la suite de notre communication à la Société Nationale d'Agriculture sur le concours de Maison-Carrée, M. Gennadius, Directeur de l'Agriculture de l'île de Chypre, envoya une note (séance du 26 avril 1899) qui confirmait nos principes au sujet de l'amélioration de la charrue des indigènes : « J'ai fait venir, dit-il, plusieurs types de charrues perfectionnées, mais après plusieurs essais et beaucoup d'efforts pour persuader les indigènes à adopter une de ces charrues perfectionnées, je me suis convaincu que les conditions de l'agriculture et du cultivateur de l'île étant tout à fait spéciales et assez arriérées, il devenait indispensable de marcher vers les perfections

à pas plus ou moins lents, par degrés et non par des sauts. — Ceci
étant posé, j'ai pensé que pour atteindre mon but il fallait présenter au laboureur du pays une charrue construite plus ou moins sur
le même modèle que la charrue indigène, et par conséquent pouvant être attelée et conduite comme celle-ci. mais qui ait les principaux avantages d'une charrue moderne. — Après plusieurs modifications faites sur la charrue *Hindostan*, de MM. Ransomes, Sims
et Jefferies, je suis parvenu à monter un instrument qui remplit

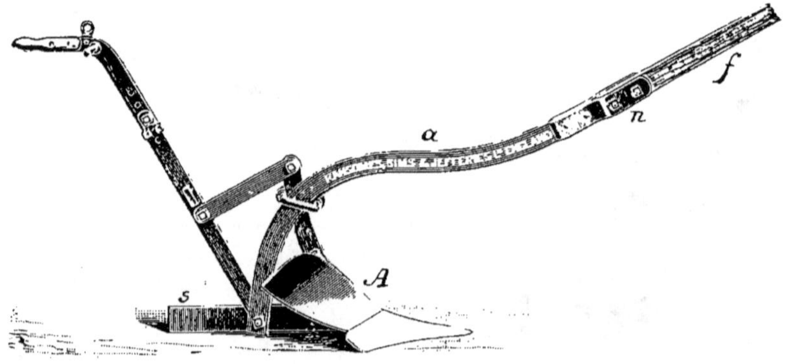

Fig. 651. — Charrue Gennadius, pour l'île de Chypre (Ransomes et Jefferies).

presque toutes les conditions voulues pour le laboureur cypriote.
— Comme on le voit dans la figure 651, la charrue A a le corps tout
en fer et pareil à celui de nos charrues modernes, avec la seule différence que le sep *s*, à l'instar de la charrue indigène, se prolonge en
arrière de beaucoup pour donner prise au pied du laboureur, dans
le cas où celui-ci voudrait, en mettant le poids de son corps sur la
charrue, arrêter l'attelage ou ralentir sa marche précipitée. — Et
ce cas se présente souvent dans nos contrées pendant l'été, surtout pendant le mois de juin, quand les bœufs, piqués par des
myriades de mouches qui les suivent, s'impatientent et emportent
charrue et laboureur. — L'age en fer *a* se fixe par deux boulons *n* avec
la flèche en bois *f*, droite, qui porte à son extrémité antérieure des
crocs en bois dur par lesquels la charrue s'attache au joug pour
être tirée par l'attelage. — Quoiqu'un peu plus lourde que la charrue indigène (elle pèse 36 à 37 kg.), elle est tirée par un attelage
de bœufs avec la même facilité. — Son fonctionnement à tous les

points de vue est incomparablement supérieur à celui de la charrue indigène et je ne fais que répéter les attestations de ces laboureurs indigènes qui, au commencement, se sont montrés les plus hostiles à mes efforts pour l'amélioration de leur charrue. — La charrue perfectionnée ne peut cependant pas remplacer la charrue indigène dans les terrains trop humides ou détrempés par les pluies. Je crois que cela tient à la forme du versoir, qui est parfait pour les labours secs ou demi-secs, avantage très important pour nos contrées ». Cette charrue-support, à age long, revenait à 25 francs, soit un peu plus du double de la charrue indigène, « mais, ajoutait M. Gennadius, en considérant sa supériorité quant au travail, sa solidité et la matière on la trouvera beaucoup meilleur marché ».

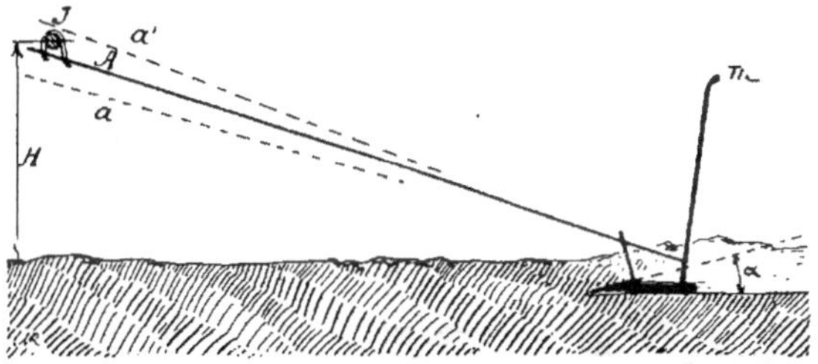

FIG. 652. — Principe d'une charrue égyptienne.

Dans notre *Essai sur l'Histoire du Génie Rural*[1] nous avons pu reconstituer la charrue des Égyptiens de l'antiquité, dont le principe est indiqué par la figure 652. L'emploi de l'age long A, soutenu à l'avant par le joug J des moteurs, rendait la conduite de la charrue relativement aisée, même avec un attelage indocile, surtout si le joug avait lui-même une certaine longueur ; en effet, une assez grande variation $a\ a'$ dans la hauteur H (distance du joug au sol) modifie très peu l'angle α d'action du soc et nécessite de la part du laboureur un effort sur les mancherons m, d'autant plus faible que l'age A est plus long. Ajoutons que beaucoup de charrues actuelles, en particulier celles des arabes, sont établies sur ce principe et que leur manœuvre est assez facile pour ne nécessiter qu'un seul mancheron. Selon la classification de notre enseignement, la figure 652 ne s'applique pas à un *araire*, comme on serait tenté de le croire,

---

1. Tome I, fig. 95, p. 105 ; — voir aussi le tome II, p. 342, la figure 278 relative à la charrue assyrienne.

mais bien à une *charrue à support* et participe des avantages de ces machines.

La figure 653 représente une charrue égyptienne actuelle : le soc S, en fer de lance, dont on voit une coupe transversale en S′, est fixé au sep P, en bois, presque demi-cylindrique (P′), recevant l'age long A supporté par le joug de l'attelage, le mancheron M *m* et un étançon E servant de régulateur ; la position de l'age est déterminée par la cheville *c* qu'on arrête dans un des trous *e* de l'étançon E passant dans une mortaise de l'age A. La machine ne fait que gratter et soulever la terre, laquelle est un peu refoulée à droite et à gauche du sep P sur la semence jetée à la volée (voir la fig. 551, p. 415). Pour les autres cultures, le fellah fait trois ou quatre labours croisés (ou grat-

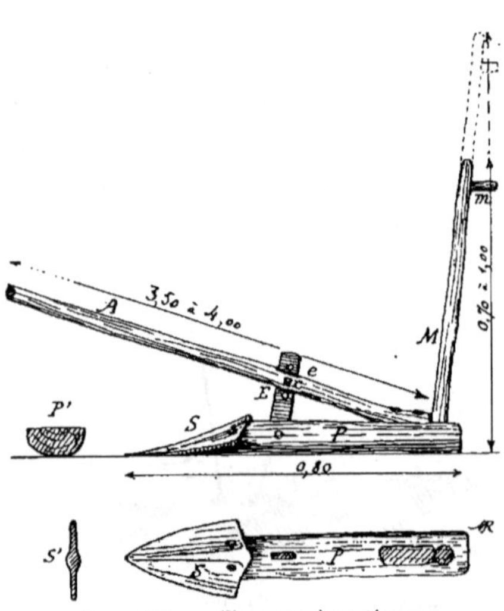

Fig. 653. — Charrue égyptienne.

tages) ; ensuite il herse, émotte avec une bille de bois sur laquelle il monte et qu'il fait traîner par une paire de bœufs. La terre, après ces travaux[1], est suffisamment meuble pour qu'on puisse facilement la disposer en billons (fig. 501, p. 351) pour la culture du coton. — Dans les grandes propriétés, le bétail, qui est une charge onéreuse, est remplacé par des machines : soit deux locomotives-treuils actionnant des *cultivateurs* (on n'emploie pas les charrues proprement dites qui retournent la bande de terre), soit la *laboureuse* Boghos Pacha Nubar, que nous examinerons plus loin.

Les figures 654 et 655 sont relatives aux *araires* employés à Sfax pour la culture des olivettes ; ces machines, appelées *marath*, sont toujours tirées par un seul dromadaire à l'aide d'un palonnier et exigent une grande habileté de la part du laboureur indigène qui n'effectue, en définitive, qu'un travail de scarificateur ou de culti-

---

1. Les frais de ces travaux sont évalués de 12 à 15 francs par hectare.

vateur. — Les spécimens que nous avons pèsent 5 kilog. (pour la charrue figure 654) et 4 kilog. (pour le modèle de la figure 655).

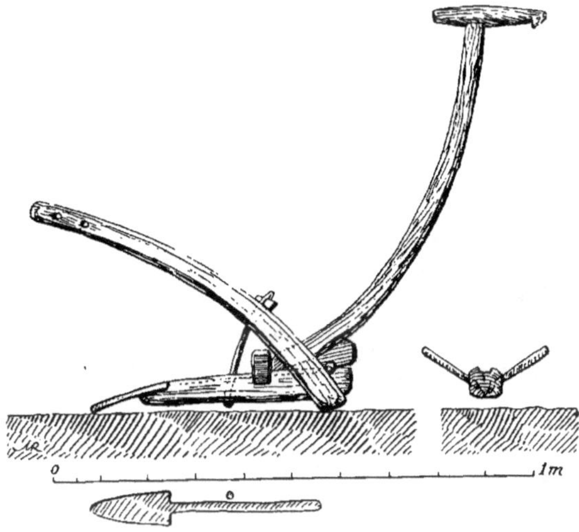

FIG. 654. — Araire tunisien à age en bois.

Nous avons parlé à la page 421 (fig. 562) du harnais que M. Paul

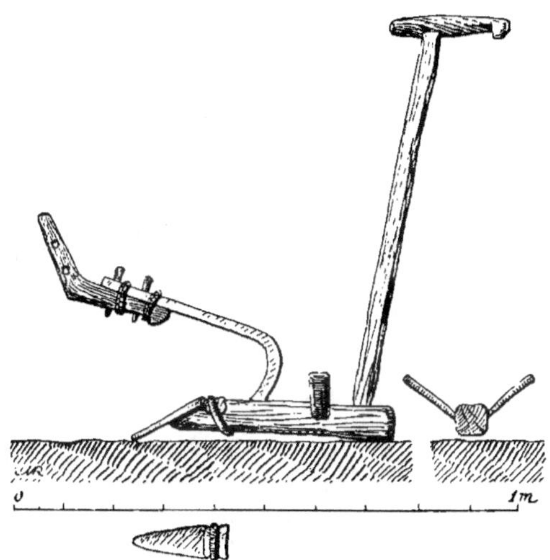

FIG. 655. — Araire tunisien, à age en fer.

Bourde a fait établir pour les attelages de dromadaires du domaine de

Sidi-Mansour ; grâce à eux on a pu effectuer en 1907 de forts labours avec un araire attelé de quatre dromadaires, ainsi que le représente

Fig. 656. — Le labourage à Sidi-Mansour (Tunisie).

la figure 656 dont nous devons la photographie à notre ancien élève M. Bœuf, professeur à l'École Coloniale d'Agriculture de Tunis.

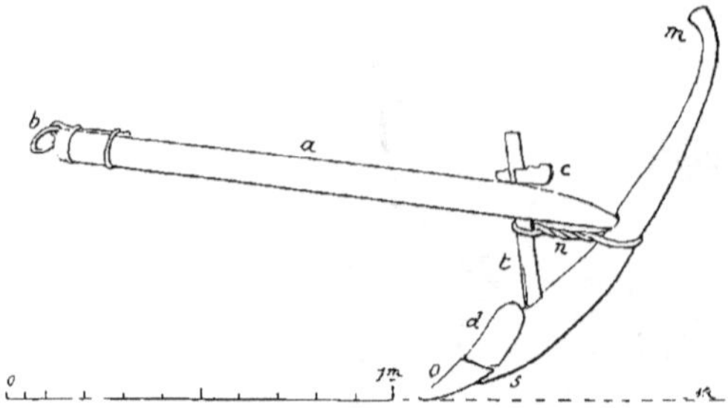

L'araire annamite (*cai-cày-gang*) destiné au travail des terres sèches se compose d'un age *a* (fig. 657), souvent en bambou, de 1ᵐ40 à 1ᵐ50 de longueur, de 0ᵐ10 à 0ᵐ12 de diamètre, portant

Fig. 657. — Araire annamite (*cai-cày-gang*).

l'anneau *b* d'attache du palonnier et assemblé avec le sep-mancheron *s m* en bois dur ; une tringle *t* et un coin *c* à encoches servent de régulateur ; un lien *n* retient l'assemblage ; la pièce travaillante est constituée par un soc *o* en fer ou en fonte, monté à douille à l'extrémité du sep ; au-dessus se trouve une plaque de fer *d* clouée sur le sep qui est quelquefois consolidé par des frettes. — L'araire est tiré par un bovidé dont le harnais est un joug de garrot relié à un palonnier par deux traits en cordes de fibres de bambou. Selon M. P. Pouchat, directeur de l'École professionnelle de Hanoï [1], une semblable machine coûterait 6 fr. 75 à 7 francs

Fig. 658. — Le labourage au Tonkin.

(2 piastres 70 au cours de 2 fr. 50) ; il faut en moyenne cinq araires pour labourer en une journée un hectare de terre, et deux animaux par machine (le bœuf ou le buffle qui a travaillé le matin est mis au repos dans l'après-midi et remplacé par un autre) ; la profondeur de la culture varie de 0^m06 à 0^m08, dans les sols compacts et secs, à 0^m12 dans les terres légères et meubles.

Un autre araire annamite (*cai-cây-sât* ou *cai-cây-ngôi*), destiné aux labours des terres inondées, ne diffère du précédent que par le soc (une seule pièce constitue les parties *o* et *d* de la figure 657, mais la zone *d* est très redressée en formant un angle d'environ 140 degrés avec la portion *o*).

Les figures 559 (p. 419) et 658 représentent des araires tonkinois

1. *Le matériel de ferme au Tonkin* : *Bulletin économique de la Direction de l'Agriculture et du Commerce de l'Indo-Chine*, novembre 1906, p. 1059.

(*Empire colonial de la France*, fascicule de l'*Indo-Chine*, p. 149).

Dans beaucoup d'araires cambodgiens, le versoir, très bien tracé, est taillé dans un bloc de bois formant à la fois le mancheron, l'étançon et le sep ; le soc métallique est monté à douille.

La charrue Oliver-Pilter, si employée chez nous, et surtout dans

FIG. 659. — Charrue à age long (Pilter).

le Midi de la France, peut être montée à age long(fig. 659), afin de se rapprocher, comme aspect général, des charrues analogues des indigènes ; on peut ainsi, avec les mêmes attelages, soit effectuer

FIG. 660. — Charrue Oliver à pointe mobile (Pilter).

des travaux plus énergiques, soit labourer une plus grande étendue par jour. La figure 660 représente un autre modèle que le colon peut facilement relier avec un age en bois qu'il se procure sur place. On voit, dans la figure 660, les pièces séparées de la charrue montée avec une *pointe mobile* dont l'emploi est recommandable dans les sols résistants et pierreux.

La figure 661, prise en Tunisie, montre un pauvre fellah conduisant sa charrue Oliver tirée par un âne; comme le moteur n'était pas assez puissant, l'indigène n'a pas hésité à lui adjoindre sa femme.

C'est à la suite de tâtonnements successifs que les constructeurs anglais ont établi des types de charrues pour chacune de leurs

Fig. 661. — Un labourage à la charrue Oliver (Tunisie).

colonies (v. p. 525); ils se rapprochent tous des modèles précédemment décrits; étant limité nous ne pouvons les détailler ici (types *Hindostan*, *Sinhalese*, *Indian Ryots*, etc.), pas plus que les intéressants modèles actuels de l'Espagne, du Portugal, de la Perse, du Mexique, etc.

Il nous faut surtout insister sur l'utilité des labours profonds ; nous pouvons citer à ce sujet des résultats constatés, en 1899-1900, au domaine du comte San Bernardo, en Andalousie, où le climat est très chaud et sec ; les parcelles consacrées aux expériences avaient reçu les mêmes semences et les mêmes engrais ; les récoltes obtenues, rapportées à l'hectare, sont indiquées par le tableau suivant :

Profondeur du labour	Grain (blé)	Paille
	Hectol.	Quintaux métriques
0^{m}12	17.78	37.78
0 20	18.63	39.17
0 30	20.45	41.24
0 40	21.96	43.24

Nous pouvons traduire ce tableau par le graphique de la
figure 662, dans lequel les profondeurs du labour sont portées en
ordonnées $o\,y$ et les récoltes suivant les abscisses $o\,x$, pour le
grain $g\,g'$, comme pour la paille $p\,p'$.

Selon M. Dumas [1], on aurait, dans le Haut Sénégal, les rendements suivants en gousses d'arachides par hectare suivant le mode
de préparation du sol :

Sol à peine nettoyé......................	1000 kilog.
Sol préparé à la *daba* (fig. 632, p. 509)...	1500 à 2000 kilog.
Sol préparé à la charrue.................	3000 kilog.

En résumé, l'augmentation de la profondeur de la culture et
l'ameublissement du sol se
traduisent par une augmentation de récolte ; mais il y
a lieu de se demander si la
charrue proprement dite,
dont le versoir retourne la
bande de terre, est indispensable, ou si l'on ne
pourrait pas avantageuse-
ment remplacer le labour
par le travail du scarificateur ou du cultivateur ; cela
n'est pas douteux pour les
cultures arbustives, pour la

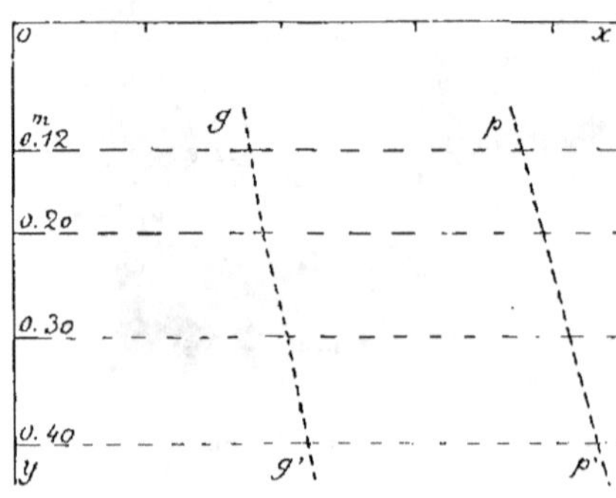

Fig. 662. — Représentation graphique de
l'influence de la profondeur du labour sur
la récolte.

canne à sucre (comme nous le verrons page 554 à propos de la
suppression du labourage), en un mot pour les végétaux qui
occupent le sol plusieurs années de suite ; pour les autres
plantes, on ne pourra être fixé que par des expériences comparatives dont l'exécution ne présente d'ailleurs aucune difficulté.

Rappelons qu'avec le *versoir hélicoïdal*, considéré autrefois par
les Écoles comme le seul rationnel, on cherche à déformer aussi
peu que possible la bande de terre, afin d'obtenir ce qu'on appelait
le labour idéal ; tandis que le versoir du type dit *cylindrique*, si
employé en Allemagne, en Autriche et aux États-Unis, émiette la

---

1. *Bulletin du Jardin colonial*, mai 1906.

bande de terre tout en la retournant. Voyons ce qu'il peut y avoir d'exact dans chacun de ces deux modes de travail.

Nos essais, dans des sols de natures très différentes, ont montré [1] que le versoir du type héliçoïdal nécessite, toutes choses égales d'ailleurs (nature du sol, dimensions du labour, poids de la charrue), environ 20 à 22 % d'énergie de plus que le versoir du type cylindrique. — Dans nos essais de Bourges (1897) la charrue Oliver, du type cylindrique, avait une traction spécifique de 42 k. 4 par décimètre carré (comme à Maison-Carrée en 1898), alors que quatre charrues à versoir du type héliçoïdal ont exigé de 51 k. 8 à 73 k. 7 par décimètre carré.

Nous croyons que c'est seulement dans les sols très compacts et sous des climats très humides qu'il peut y avoir intérêt à déformer le moins possible la bande de terre et même à la comprimer légèrement lors des premiers labours ; ce procédé, employé dans les régions septentrionales de l'Europe, contribue à l'asséchement rapide du sol en ce sens qu'il favorise l'évaporation de l'eau surabondante contenue dans la couche arable, alors que les charrues employées depuis l'antiquité dans les pays méridionaux, on pourrait dire dans les pays chauds, font plutôt un travail de *cultivateur* qu'un labour à proprement parler : elles pulvérisent le sol, lequel, généralement sec ou asséché rapidement par suite des conditions météorologiques, n'a pas besoin de perdre par évaporation le peu d'eau qu'il renferme.

Les dimensions des pièces travaillantes doivent être en relation étroite avec les dimensions de l'ouvrage à effectuer ; tout au plus peut-on admettre des variations de 2 ou 3 centimètres dans la profondeur et la largeur du labour ; au delà, l'ouvrage est mal exécuté tout en nécessitant trop d'énergie.

La forme des pièces travaillantes joue un rôle considérable sur la traction que la machine demande à l'attelage. En comparant, dans les mêmes terrains, des vieilles charrues en usage à la fin du xviiie siècle avec des machines de fabrication soignée, en acier, de 1901, nous avons pu montrer qu'il y a plus d'un siècle on demandait aux attelages près de trois fois et demie l'énergie nécessaire actuellement pour obtenir le même ouvrage ; si l'on songe que les animaux d'alors (comme ceux de nos colons actuels) étaient moins bien nourris et

---

1. Rapport sur les essais du Plessis : Société d'Agriculture de l'Indre, 1901.

plus chétifs que ceux d'aujourd'hui, on comprend que les landes s'étendissent autrefois sur de vastes étendues du territoire. La charrue des indigènes de l'Algérie nous demandait, à Maison-Carrée, quatre fois plus d'énergie qu'une charrue à versoir convenablement tracé, effectuant un bien meilleur ouvrage.

Dans le cas d'une colonie où les indigènes ne pratiquent pas de culture attelée, il n'y a plus à tenir compte des habitudes locales et l'on peut employer quelques-uns de nos modèles courants pourvus de versoirs du type cylindrique, après s'être assuré d'avoir les attelages et de pouvoir les nourrir sur le domaine ; on pourra abandonner les charrues à age long, étudiées précédemment, et les araires proprement dits, pour n'employer que les *charrues à roues* ; avec ces dernières, la traction s'effectuant par une chaîne d'attelage plus ou moins longue, la machine devient indépendante de l'espèce des moteurs animés et de leur harnachement[1].

Fig. 663. — Charrue l'*Éthiopienne* (A. Bajac).

Pour les travaux légers on utilisera le support à une roue (fig. 663) ou à deux roues.

Dans les conditions précédentes, nous croyons qu'il y a tout intérêt d'adopter des charrues ayant une très grande stabilité et se tenant seules dans la raie, comme nos *brabants-simples* (fig. 664) pour les *labours en planches*, et nos *brabants-doubles*[2] (fig. 665) lorsqu'on aura intérêt à effectuer les *labours à plat* : avec ces machines l'homme n'intervient qu'aux changements de raies et n'est plus à proprement parler qu'un conducteur d'attelage.

Il serait même possible, dans beaucoup de circonstances, d'adopter

1. Ce qui n'est pas le cas pour les charrues à age long exigeant un joug double, de tête ou de garrot, surtout appliqué aux bovins.

2. Nous avons vu à la page 522 que des indigènes de la région de Sétif labourent avec des brabants-doubles.

des modèles légers de *charrues à siège* portées sur trois roues (fig.

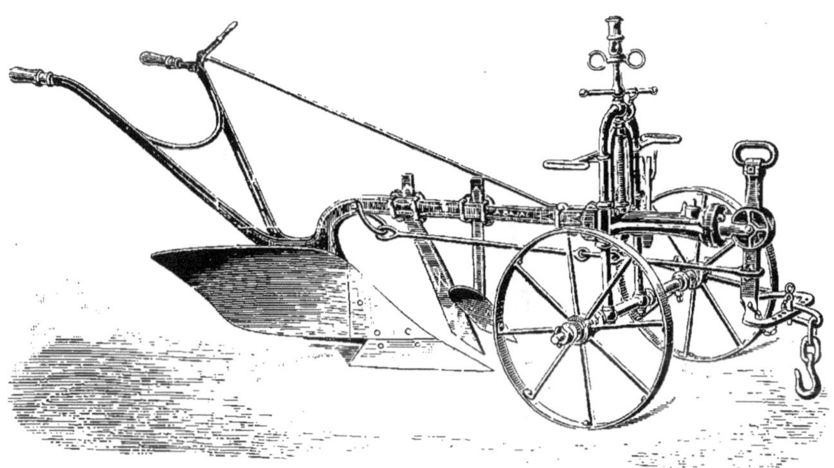

FIG. 664. — Charrue brabant-simple (A. Bajac).

666), qui présentent en travail une très grande stabilité sans néces-

FIG. 665. — Charrue brabant-double (A. Bajac).

A, vis de terrage ; — B, encliquetage ; — C, largeur du labour ; — D, régulateur ; —
E, poignée de décliquetage ; — F, poignée de renversement.

siter une traction élevée. Nos essais de Coupvray, en 1898[1], ont montré que ces machines américaines, construites pour être manœu-

1. *Société Nationale d'Agriculture*, Bulletin 1899, p. 26.

vrées par le premier ouvrier venu, présentaient, grâce à leur versoir cylindrique et à leur coutre circulaire, une économie de traction de 22 à 25 %, sur le brabant-double. A la suite de ces essais dynamométriques les charrues sont restées en service courant dans l'exploitation de M. Jules Bénard qui a confirmé les chiffres précédents, en constatant que « les mêmes chevaux ne paraissaient pas éprouver de fatigue tout en produisant un travail supérieur : tandis que les charrues

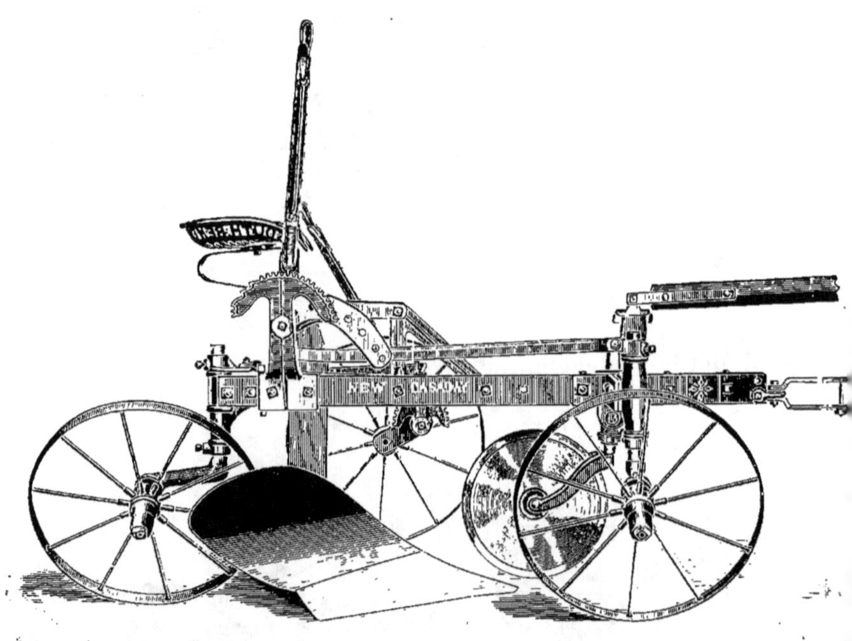

FIG. 666. — Charrue tricycle, à siège (South Bend, États-Unis).

brabants-doubles travaillant dans la même pièce de terre, labouraient 40 à 42 ares, les charrues à siège labouraient 50 à 52 ares ». Cela vérifie nos essais dynamométriques et explique l'extension actuelle de ces charrues en Amérique. Ajoutons qu'à Grignon nous avons fait fonctionner, sans aucune difficulté, une de ces charrues avec un attelage de deux bœufs accouplés au joug double tirant directement sur l'extrémité de la flèche qui fut renforcée par une bande de fer.

Culture mécanique. — Enfin, dans des cas spéciaux, tels que les grands domaines où l'on peut se procurer facilement de la force motrice (moteur hydraulique, machine thermique), où l'on a réuni un personnel européen suffisant, il sera possible de songer à l'emploi des systèmes de *culture mécanique du sol*. — Aux Barbades (Antilles), on a constaté en 1906 l'influence du labourage à vapeur sur la récolte : les terres qui ne donnaient ordinairement que 57 tonnes de canne à sucre par hectare, produisirent 85 tonnes à la

FIG. 667. — Treuil à pétrole (Kuntz), disposé pour le transport.

suite des labours profonds qu'il fut facile d'obtenir avec la charrue à vapeur. — On pourrait citer d'ailleurs de nombreux exemples analogues constatés dans différentes cultures des régions tempérées.

Nous ne décrirons pas les systèmes de *labourage à vapeur*, avec locomobile fixe ou à l'aide de deux locomotives routières munies de treuils [1] ; la question de combustible nous semble en limiter l'emploi ; par contre, nous appellerons l'attention sur les systèmes qui utilisent les combustibles liquides.

Le *treuil*, présenté par M. E. Kuntz au Concours général agricole

1. Au sujet de ces treuils, voir notre livre : *Travaux et machines pour la mise en culture des terres.*

de Paris de 1907, se compose, comme le montre la fig. 667, d'un moteur à pétrole, vertical, fixé à l'extrémité d'un fort bâti en fonte porté par un train de quatre roues ; à l'opposé du moteur sont placés les organes de transmission qui reçoivent le mouvement par une courroie et le communiquent par engrenages et vis sans fin à un treuil horizontal monté sur un axe perpendiculaire à l'essieu

Fig. 668. — Treuil Kuntz en travail.

d'arrière ; le moteur, à marche lente (500 à 800 tours par minute), peut fonctionner à l'alcool, à l'essence ou au pétrole lampant et peut être utilisé pour actionner diverses machines de l'exploitation (batteuse, concasseur, broyeur, hache-paille, etc.). Le treuil, pourvu d'un frein à ruban, peut tourner dans les deux sens et peut être débrayé sans qu'il y ait besoin d'arrêter le moteur ; il permet d'enrouler de 250 à 400 mètres de câble en acier de 16 à 20 millimètres de diamètre avec une vitesse d'avancement variant de 6 à 15 mètres par minute. — La machine est portée sur quatre roues pour le transport sur route (fig. 667), effectué à l'aide d'un attelage ; arrivé

au champ, on remplace, par deux galets en fonte de 0 ^{m} 20 de diamètre, les roues d'avant lesquelles, à leur tour, prennent la place
des roues d'arrière (fig. 668), manœuvre qui se fait rapidement à
l'aide d'un cric ; les roues du treuil, ainsi abaissé, sont placées dans
des fers à double T qu'on dispose sur la fourrière du champ à
cultiver, comme cela se pratique avec les treuils ordinaires des
chantiers de défoncement. — Le treuil peut tirer la charrue (ou
toute autre machine) dans un seul sens, le retour à vide s'effectuant
avec un animal chargé de dérouler le câble du tambour qu'on retient
un peu à l'aide du frein ; on peut aussi faire le retour par un câble de
rappel passant sur une poulie-ancre, ou travailler avec deux treuils
qui tirent alternativement la machine de culture, ainsi que cela se
pratique avec les systèmes à vapeur employés en Angleterre. —
Les modèles fabriqués sont au nombre de trois : l'un, avec un moteur
monocylindrique de 7 à 8 chevaux (fig. 667-668), pèse 2400 kilog. ;
le second, pourvu d'un moteur de 16 chevaux, à deux cylindres,
pèse 3000 kilog. et est muni de deux tambours verticaux, dont
l'un est débrayé pendant que l'autre travaille en donnant au câble
une vitesse de 8 à 12 mètres par minute. Le troisième modèle pèse
4000 kilog. ; il porte un moteur à 2 cylindres, de 24 chevaux, et
deux treuils verticaux pouvant recevoir quatre vitesses. — Nous
n'avons pas encore de résultats d'essais officiels de ces diverses
machines, dont le constructeur pourrait certainement étudier un
montage particulier en vue des applications aux colonies, avec pièces
ne dépassant pas un certain poids.

La figure 669 donne la vue générale du *treuil automobile* de
M. A. Castelin ; en avant du véhicule sont les roues motrices, d'un
mètre de diamètre, qu'on garnit d'une large jante en tôle (0 ^{m} 20)
lorsqu'on travaille dans les champs ; en arrière sont les roues
directrices. Sous le capot se trouve un moteur de Dion de 10,
15 ou de 20 chevaux, pouvant fonctionner au pétrole lampant par
l'adjonction d'un carburateur spécial ; le moteur comporte une
pompe à circulation d'eau et un refroidisseur. Sous le siège sont
disposés deux treuils, dont un pour le câble de retour qui passe sur
une poulie ancrée à l'extrémité du champ.

Lorsque l'automobile est mise en position, au bout de la raie, une
béquille, non représentée dans la figure 669, terminée par une bêche
en acier de 1 mètre à 1 ^{m} 20 de longueur, tombe à terre et, sous

l'effort de traction, peut s'enfoncer dans le sol jusqu'à 0 m 30 de profondeur, en constituant ainsi un très solide ancrage automatique, permettant d'effectuer de grands efforts sur le câble, malgré le faible poids de l'automobile. Lorsqu'il faut se mettre en position pour un rayage suivant, on fait avancer un peu le véhicule, on soulève la

Fig. 669. — Treuil automobile (André Castelin).

bêche avec une chaîne s'enroulant sur un petit treuil à levier, puis on recule en obliquant convenablement la direction.

La machine Castelin peut servir comme véhicule ; elle transporte une charge de 1000 kilog. placée dans le coffre arrière et, sur les routes, se déplace aux vitesses de 5 ou de 15 kilomètres à l'heure. Comme tracteur, la machine est capable de tirer, sur une route horizontale, une voiture pesant, avec sa charge, 1500 à 2000 kilog., et si l'on rencontre une forte côte, l'automobile va seule en avant, s'arrête, s'ancre et tire la voiture avec le câble d'un de ses treuils [1].

Dans les essais faits en France le treuil actionnait des charrues ordinaires travaillant dans les deux sens ; le câble de retour passant

1. On peut aussi se servir de ce treuil pour le débardage des forêts ; nous en parlerons plus loin à propos des *Appareils de transports* (*traîneaux*).

sur une poulie en fonte ancrée dans le sol sur la fourrière opposée à celle où se trouve la machine ; dans beaucoup de circonstances nous pensons, comme dans les travaux de défoncement, qu'on aurait intérêt à n'avoir qu'un seul treuil et un seul câble ne travaillant que dans un seul sens, le retour à vide de la charrue étant effectué par un animal.

Les chiffres suivants ont été constatés en 1905 par notre ancien stagiaire, M. H. Pillaud, ingénieur agronome, dans ses essais de défrichement d'une vieille prairie en terre forte :

Longueur de la raie	95 mètres.
Largeur de la raie	$0^m 35$.
Profondeur de la raie	$0^m 35$
Charrue	brabant-double.
Temps pour faire une raie	3 minutes.
Vitesse de la charrue par seconde	$0^m 527$
Temps nécessaire pour déplacer le treuil automobile et le remettre en nouvelle position	50 secondes.
Effort de traction sur le câble	1000 à 1050 kilog.
Puissance du moteur	10,8 chevaux
Rendement mécanique	68.24 %.

Le modèle de 18 chevaux pourrait fournir sur le câble une traction de 1989 kilog. à la vitesse de $0^m 50$ par seconde, et 3315 kilog. à la vitesse de $0^m 30$ par seconde.

Dans leurs essais de Briare (comice agricole de Gien présidé par notre confrère M. A. Loreau, 15 août 1905), MM. Vuaillet, chef de travaux, et G. Coupan, répétiteur à l'Institut National Agronomique, ont fait les constatations suivantes [1] sur le treuil Castelin :

Charrue	brabant-double.
Longueur de la raie	$98^m 50$
Largeur de la raie	$0^m 367$
Profondeur de la raie	$0^m 19$
Traction moyenne observée	425 kilog.
Personnel	1 mécanicien. 1 laboureur. 1 aide à la poulie de renvoi.
Durée de l'expérience	30 minutes.
Durée du labour	21 minutes 10 secondes.
Vitesse de la charrue, par seconde	$0^m 776$
Superficie totale labourée (mètres carrés)	361.50

---

1. *Bulletin de la Société des Agriculteurs de France*, 1er janvier 1906, p. 30.

Consommation d'essence (litres)............. 1ˡ 700
Travail utile par seconde (kilogrammètres) ... 329.8
Puissance utile, en chevaux (à la charrue ..... 4 c. 4
Consommation horaire par cheval utile (litres). 1ˡ 005
Volume de terre ameublie par litre d'essence
 consommé (mètres cubes)............... 40ᵐ 402

Le *tracteur* de Dan Albone, connu sous le nom de tracteur *Ivel*, a été introduit en France par la maison Pilter. Comme on le voit dans la figure 670, la machine est montée sur trois roues, celle d'avant, directrice, ayant la jante garnie d'un boudin en caoutchouc ; l'essieu

Fig. 670. — Tracteur *Ivel* (Pilter).

moteur d'arrière est pourvu de roues à larges jantes garnies de saillies obliques, pouvant, dans les terrains humides et glissants, recevoir des griffes ; pour les transports sur routes, la jante des roues motrices peut être garnie de segments en caoutchouc ou en toute autre matière capable d'amortir les chocs et les vibrations. — Le moteur horizontal, à essence, à deux cylindres opposés, est d'une puissance de 14 chevaux ; il actionne les roues motrices par engrenages et chaîne ; des freins nécessaires, un siège, des appareils de conduite et de direction, un capot en tôle, des réservoirs pour le combustible et pour l'eau de refroidissement du moteur complètent la machine dont le poids total est de 1400 kilog.

Le tracteur Ivel peut être employé pour tirer des chariots, comme une locomotive routière, pour débarder les récoltes des champs ; ses vitesses sont d'environ 4 et 6 kilomètres à l'heure ; il comporte une marche arrière et une béquille empêchant le recul lors d'un arrêt sur une côte ; enfin le moteur, pourvu d'une poulie, peut actionner par courroie diverses machines.

En Angleterre, le tracteur Ivel attelé à une charrue à siège à trois raies aurait labouré 4 hectares et demi en 17 heures et demi avec une consommation de 115 litres d'essence de pétrole ; par hectare on aurait donc employé 3 heures 53 minutes et 25 litres et demi de combustible. —Attelé à une moissonneuse-lieuse ordinaire, on aurait coupé 7 hectares 70 en 10 heures avec une dépense de 83 litres d'essence ; par hectare on aurait donc employé 1 heure 18 minutes et 10 lit. 800 d'essence. — Le moteur, pourvu d'une poulie et fonctionnant en machine motrice fixe, actionnant un hache-paille, aurait coupé à 9 millimètres de longueur 1000 kilog. de paille en 47 minutes avec une consommation de 3 litres et demi d'essence.

Dans un essai rapporté par notre collègue M. V. Thallmayer [1], professeur de Génie Rural à l'Académie Royale de Magyar-Ovàr (Hongrie), on aurait mis en comparaison un attelage de 4 chevaux qui tirait une charrue labourant, à 0^m16 de profondeur, une surface de 40 ares en 4 heures, avec le tracteur Ivel attelé à une charrue à trois raies, qui a labouré dans le même temps (4 heures) une surface de 120 ares en consommant 31 litres et demi d'essence minérale ; ces chiffres représentent, par hectare, un temps de 3 heures 20 minutes et une dépense de 26 litres et un quart de combustible.

Dans leurs essais de Briare (14 et 15 août 1905) dont nous avons parlé plus haut [2], MM. Vuaillet et Coupan ont obtenu les résultats résumés dans le tableau suivant :

Charrue employée	Forte charrue Oliver à deux roues, à une raie	Charrue à siège Cockshutt, à trois raies
Largeur du labour	0^m35	0^m75
Profondeur du labour	0^m25	0^m13
Traction moyenne observée	420 kilog.	400 kilog.
Personnel	1 mécanicien. 1 laboureur.	1 mécanicien. 1 laboureur.
Durée de l'expérience	30 minutes.	28 minutes.
Durée du labour	21 minutes.	24 minutes.
Vitesse de la charrue, par seconde	0^m925	0^m975
Superficie totale labourée (mètres carrés	407^m40	1053^m
Consommation d'essence (litres)	3^l150	3^l945
Travail utile par seconde (kilogrammètres)	388 kgm.	390 kgm.
Puissance utile, en chevaux (à la charrue)	5.18	5.2
Consommation horaire par cheval utile (litres)	1^l737	1^l897
Volume de terre ameublie par litre d'essence consommé (mètres cubes)	32^m333	34^m700

1. *Wiener Landwirtschaftliche Zeitung*, 19 février 1901, p. 102.
2. *Bulletin de la Société des Agriculteurs de France*, 1er janvier 1906. p. 30.

Génie rural

Nous avons tenu à signaler les machines précédentes qui pourraient peut-être trouver des applications dans quelques colonies, à la condition que les constructeurs disposent le moteur pour fonctionner au pétrole lampant et non à l'essence minérale, qu'il ait un allumage par magnéto et non par accumulateurs, et enfin que le matériel soit démontable en pièces faciles à débarquer, le montage pouvant se faire au port et la machine gagnant par ses propres moyens l'exploitation où elle doit être utilisée.

Nous avons reçu, en septembre 1902, une demande de renseignements de la part du Dr Emmanuel Guimaraes d'Azevedo, de l'Estaçao de Santa Rita, concernant la culture mécanique des caféiers au Brésil ; nous en extrayons les passages suivants :

« Mes caféiers sont plantés à un écartement de 4^{m}23 (555 plants par hectare) ; les deux tiers de mes 1200 hectares ne peuvent pas être cultivés par les attelages et les machines, soit par suite de la pente du sol, soit à cause de la grande taille des arbres ou de la présence des souches de l'ancienne forêt qui n'ont pas encore eu le temps de se décomposer. »

« Actuellement j'emploie 27 houes Planet : chaque houe est attelée d'un bœuf (race bâtarde, sans cornes) ; quelques-unes sont tirées par des mulets. Le travail se fait à la tâche : l'attelage et la houe Planet sont mis à la disposition du travailleur, qui est payé tant par mille plants qu'il est obligé de maintenir propres de septembre à mai (époque de la récolte), mais l'entretien des animaux et des machines est à ma charge. On peut estimer que chaque ouvrier travaille en moyenne de 800 à 1000 plants par journée (soit 1 hect. 44 à 1 hect. 80). »

« En plus de la culture des caféiers, j'ai encore 200 hectares occupés par la canne à sucre ; ce sont des terres très grasses sur lesquelles j'emploie les extirpateurs Bajac. »

« Il nous faudrait avoir deux ou trois machines assez puissantes, pouvant chacune tirer soit une charrue à deux raies, soit deux houes Planet, soit enfin un rouleau Croskill. Il serait à désirer qu'on pût employer un système analogue au tracteur automobile, afin de n'avoir pas besoin d'animaux. »

« Nous ne pouvons pas songer à utiliser des machines à vapeur, car il y aurait trop de difficultés pour aller chercher continuellement l'eau très loin : puis la houille nous revient ici de 90 à 110 francs la tonne, alors que le bois ne coûte que la peine de le ramasser, mais les transports en sont difficiles. L'alcool que nous avons provient de la distillation des mélasses de la sucrerie (l'indication vague du prix donné met le litre d'alcool à 90°

centésimaux soit à 0 fr. 40, soit à 0 fr. 17). Enfin le pétrole rendu à l'exploitation coûte 0 fr. 60 le litre. »

Selon notre avis, il y avait lieu de choisir entre deux solutions principales à étudier en détail sur place :

a) — *Installation électrique* d'une station centrale, à la sucrerie par exemple, ou dans tout autre endroit convenable au point de vue de l'alimentation en eau et en combustible ; à cette station, un moteur (soit une machine à vapeur chauffée au bois, soit un moteur à gaz pauvre avec gazogène Riché utilisant le bois) actionnerait une dynamo envoyant l'énergie dans les diverses parties du domaine ; les champs seraient cultivés avec des treuils électriques, que nous avons étudiés ailleurs [1], ne tirant les machines que dans un seul sens. le retour à vide, avec déroulement du câble dans la ligne suivante, étant fait par un attelage suivant le procédé employé dans les chantiers de défoncement par treuil simple. Il est à remarquer qu'avec un de ces treuils et un attelage pour le retour à vide on pourra peut-être cultiver 3 à 4 hectares par jour, soit 1600 à 2200 caféiers.

b) — Emploi de *tracteurs automobiles* circulant entre les lignes et tirant directement les machines de culture ; ces tracteurs seraient actionnés par des accumulateurs qu'on rechargerait en certains points du domaine où seraient établies, à poste fixe, des sous-stations reliées à l'usine centrale ; cette solution est moins économique que la précédente. — Les tracteurs automobiles seront d'un fonctionnement trop coûteux avec le pétrole à 0 fr. 60 le litre, ou avec l'alcool à 0 fr. 40 le litre, mais leur emploi pourrait être avantageux avec l'alcool à 0 fr. 17 le litre, prix qui se rapproche de celui que nous avons indiqué à la page 489 pour la République Argentine et pour le Pérou.

Nous avons tenu à donner l'exemple précédent pour montrer les difficultés que soulèvent les problèmes posés par les grandes exploitations coloniales ; il est prudent de bien étudier les projets avant d'engager des capitaux, se rappelant que ces derniers doivent rapporter beaucoup plus aux colonies que dans la métropole, car. autrement, il n'y aurait qu'un simple intérêt sportif à quitter son pays natal.

En vue des façons culturales de la canne à sucre à Tucuman (Répu-

1. *Travaux et machines pour la mise en culture des terres.*

blique Argentine), nous faisons étudier en ce moment, par notre ancien élève M. Georges Ville, un tracteur devant répondre à diverses condi-

Fig. 671. — Laboureuse automobile à vapeur de Boghos Pacha Nubar.

tions, dont une des principales est de fonctionner à l'alcool produit sur le domaine au prix de revient de 0 fr. 07 le litre; nous n'insisterons pas plus sur cette machine, actuellement en construction, parce que, l'appareil n'ayant pas encore fonctionné, nous ne pouvons tirer de conclusion sur sa valeur pratique, dans laquelle cependant nous avons confiance.

Pour terminer ce qui est relatif à la culture mécanique, voici quelques indications sur la *laboureuse automobile* de M. Boghos Pacha Nubar, combinée en vue des cultures de l'Égypte : nous avons fait les premières expériences à la Station d'Essais de Machines sur

Fig. 672. — Vue arrière de la laboureuse (Boghos Pacha Nubar).

cet intéressant matériel, dont nous avons suivi pas à pas les améliorations successives [1]. Nous donnons dans les figures 671 et 672 différentes vues de cette machine : un tracteur à vapeur, portant, à l'arrière, la laboureuse proprement dite, fixée à l'essieu au moyen de tirants (quatre intérieurs et quatre extérieurs aux roues motrices). — Le bâti des pièces travaillantes peut être déplacé dans le plan vertical par deux fortes vis que le moteur fait tourner pour modifier la profondeur de la culture ou relever complètement les pièces travaillantes hors du sol quand la machine se déplace

1. On trouvera toutes les études dans le *Journal d'Agriculture pratique* : n° 42 du 20 octobre 1898, p. 558 ; 1900, t. II, p. 300 ; n° 17 du 20 novembre 1902, p. 675 ; n° 35 du 31 août 1905, p. 275. — *Le Matériel agricole à l'Exposition de 1900*, p. 42.

d'un champ à un autre. — La figure 671 donne la vue longitudinale de la machine en travail et la figure 672 la vue en arrière.

Les pièces travaillantes sont constituées par des bras radiaux $a\,b$

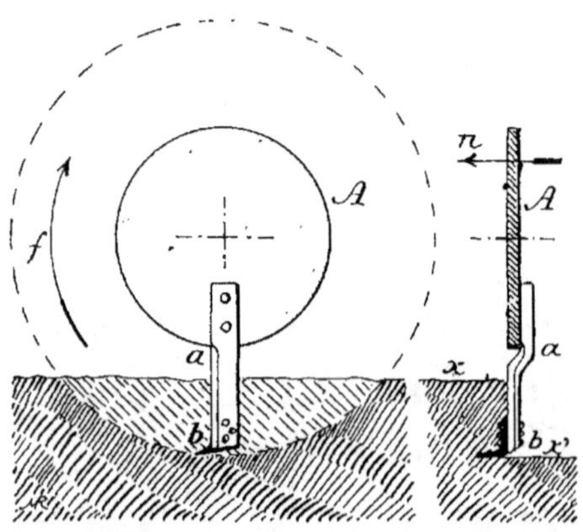

(fig. 673), en fer plat, fixés sur les disques rotatifs A tournant suivant la flèche f : l'extrémité est munie d'une lame b pliée d'équerre, en acier, dont le rôle est de miner en b la terre et de couper toutes les racines ; la muraille, sur la hauteur $x\,x'$, est attaquée et brisée par le bras suivant pendant que l'ensemble se déplace suivant la flèche n ; de cette façon, la petite

Fig. 673. — Pièce travaillante de la laboureuse Boghos Pacha Nubar.

lame b est la pièce qui s'use le plus ; son prix est insignifiant et on peut la remplacer facilement en plein champ, car elle n'est fixée aux bras $a\,b$ que par trois petits rivets.

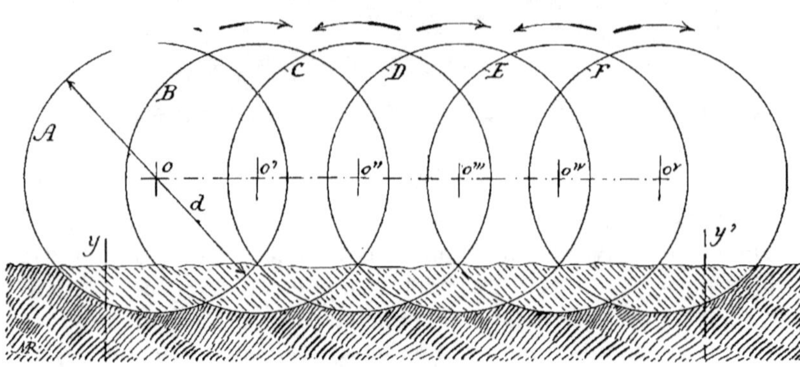

Fig. 674. — Projection des pièces travaillantes de la laboureuse Boghos Pacha Nubar.

La laboureuse comprend six disques A, B, C, D, E et F (fig. 674), portant chacun six bras, dont le diamètre d, à l'extrémité, est de 1ᵐ 40. Les disques sont placés sur trois plans et entrecroisés de telle sorte que les petits triangles non labourés sont tout à fait négligeables en pratique. Les disques avant A et F et les disques intermédiaires B et D font 36 tours par minute ; les deux d'arrière C et E, qui tournent dans un sol déjà cultivé en grande partie, ne font que 27 tours pour éviter, autant que possible, les projections de terre ; le sens de rotation de ces différents disques est indiqué par les flèches sur la figure 674 ; les axes o, o', o''... sont écartés de 0^{m}558 ; la largeur effective (comprise entre les projections y et y', du travail fait en un seul passage, est de 3^{m}30.

Pour niveler le terrain cultivé, la laboureuse traîne derrière elle une sorte de *rabot de raie*, en forme de V, dont la pointe est dirigée vers l'avant (voir la figure 672).

Voici quelques indications de construction :

Roues motrices.....................	1^{m}80 de diamètre ; 0^{m}85 de jante.
Roues directrices....................	1^{m}00 de diamètre ; 0^{m}40 de jante.
Écartement des essieux...............	3^{m}30
Poids de la machine..................	{ 12 tonnes (vide). 14 tonnes (en ordre de marche).
Chaudière type locomotive...........	24 m. carrés de surface de chauffe.
Moteur à vapeur 2 cylindres compound..	{ 0^{m}180 et 0^{m}280 de diamètres et 0^{m}300 de course.

Dans la propriété de Choubrah, près du Caire, les essais (de 1904) ont été effectués dans un champ de 10 hectares 62, en sol très argileux et compact : un seul labour à 0^{m}22 de profondeur suffit pour préparer le sol avant de billonner pour y semer le coton [1], alors qu'avec les charrues à bœufs du pays on doit faire au moins trois labours [2], et qu'il faut deux labours avec les cultivateurs à vapeur du type anglais.

On a employé 3680 kilog. de briquettes de qualité très ordinaire, tant pour les mises en pression que pour le travail de labour, soit une moyenne de 347 kilog. par hectare. — Le travail a été fait en 35 heures, y compris les arrêts, soit une moyenne de 3034 mètres carrés par heure.

Les frais

---

1. Voir la figure 501, p. 351.
2. Voir la figure 653, p. 528.

Les frais du travail s'établissent de la façon suivante :

	Par journée de 10 heures effectives.	Par hectare.
Charbon (1050 kilog. par jour à 40 fr.)	42ᶠ 00	13ᶠ 88
Huile, graisse, etc.	1.50	0.45
Personnel { 1 mécanicien 3ᶠ 00 ; 1 chauffeur 1.50 ; 1 manœuvre 0.75 ; 2 hommes et un mulet pour le tonneau d'alimentation d'eau 2.75 } = 8.00		2.65
Totaux	51ᶠ 50	16ᶠ 98

Le prix de la machine, rendue en Égypte, s'est élevé à 40.000 fr. En comptant 20 %, d'amortissement et d'entretien, le service de la machine revient à 8.000 francs par an.

La préparation d'un hectare de terre pour la culture du coton, avec les attelages, nécessite en Égypte de 16 à 17 journées d'hommes et 32 à 34 journées de bœufs. — On obtient, avec la laboureuse, le même résultat en un tiers de journée de travail.

Nous donnons ci-après un extrait du rapport d'une commission [1] de la Société khédiviale d'Agriculture :

« Le 14 mars 1906 cette Commission a essayé la laboureuse de S. E. Boghos Pacha Nubar, à Choubrah, où elle était en fonctionnement (machine de 14 chevaux ; 3ᵐ 30) de largeur de travail). La laboureuse fait en une fois un travail d'ameublissement équivalant à deux labours au moins des charrues à vapeur ordinaires à traction par câbles, et à trois labours par bestiaux. »

« Le terrain sur lequel la laboureuse a travaillé était un champ précédemment cultivé en bersim (trèfle), qui n'avait pas été arrosé depuis plusieurs mois et qui était par suite tout à fait sec et presque aussi dur que les terrains Charakis [2]. — La longueur du champ était de 300 mètres ; après une heure de travail, la charrue avait labouré 6739 mètres carrés (soit 1,60 feddan). »

« La profondeur du labour était de 20 à 22 centimètres. La consommation de charbon en briquettes a été de 250 kilog. par hectare labouré. La

1. La Commission était composée de : LL. EE. Mahmoud pacha Abou Hussein ; Ibrahim pacha Mourad ; Mahmoud bey Rassem ; M. Souter, ingénieur en chef des Domaines de l'État ; M. Agathon bey, ingénieur agronome ; M. Nourisson bey, ingénieur agronome ; M. Foaden, secrétaire général de la Société khédiviale d'Agriculture.

2. Terrain qui n'a pas été arrosé depuis trois mois au moins.

laboureuse automobile rotative de S. E. Boghos Pacha Nubar, vu le travail effectué, présente un grand avantage pour l'agriculture égyptienne en général et pour la culture du coton en particulier, car elle permet de labourer sur un terrain sec. — Avec la laboureuse, le cultivateur est libre désormais de labourer sa terre à point ; en une seule fois, avec un seul labour, la terre est ameublie, on n'a qu'à passer le rouleau et billonner pour le coton. »

« Pour voir si la dite charrue permettait le mélange des engrais chimiques tels que le superphosphate, du fumier et de l'engrais vert à enfouir dans le sol, on a jeté de la chaux et, sur un autre point, du bersim (trèfle) dans une partie non labourée ; après le passage de la charrue, nous avons constaté que la chaux était bien incorporée au sol dans toute la profondeur du labour et le bersim bien mélangé avec la terre. »

« Un grand progrès a été réalisé sur ce modèle de laboureuse ; le virage aux extrémités des champs qui exigeait, dans les modèles précédents, jusqu'à quatre minutes et plus, et qui, par suite, occasionnait une perte de temps qui atteignait 25 %, s'effectue, dans la laboureuse que nous avons essayée, en trente secondes environ, et cela sans qu'elle cesse de labourer, de sorte qu'on ne perd plus de temps aux virages. »

« Dans le même ordre d'idées, l'alimentation d'eau de la machine se fait sans avoir besoin d'arrêter le travail ; un tonneau attelé à un mulet marche parallèlement à la laboureuse, et l'eau est pompée par la machine en quelques secondes par un tuyau flexible en caoutchouc (et un éjecteur). »

« Nous avons dit que cette laboureuse faisait par heure de travail 6739 mètres carrés, soit en chiffres ronds, 1 1/2 feddan ou 6300 mètres carrés ; pour 10 heures de travail effectif, elle laboure et prépare 15 feddans prêts à être billonnés (soit 6 hectares 1/3 environ). »

« Comme personnel, il y a sur la laboureuse, 1 mécanicien et 1 chauffeur ; il faut en outre 2 hommes pour la conduite du tonneau pour l'eau d'alimentation et pour le charbon ».

« Comme on le sait, les charrues à vapeur ordinaires laissent la terre en grosses mottes après le premier labour, et un labour supplémentaire est nécessaire pour réduire la terre à une condition convenable pour les semailles. La laboureuse a un grand avantage, surtout en Égypte : c'est l'énorme économie de temps qui résulte de ce fait que l'on peut préparer les terres pour les semailles par un seul labour. Au cas où on voudrait effectuer un second labour, on a remarqué le jour de l'essai que cette machine passe sur la terre déjà travaillée avec grande facilité. »

« La Commission désire exprimer à S. E. Boghos Pacha Nubar ses félicitations pour l'invention d'une machine qui peut être considérée comme très utile pour l'industrie agricole de l'Égypte. »

Dans l'été 1906, la machine Boghos Pacha Nubar fut essayée avec succès complet à l'Exposition de Milan, sur un sol nu, sur une prairie récemment fauchée, et enfin sur un champ couvert de mauvaises herbes très drues et très hautes. Tous les organes de transmission aux disques (de la machine de 1906) sont enveloppés par un carter non étanche, dans lequel un ventilateur envoie de l'air sous une très faible pression ; l'air, en s'échappant par les joints, empêche l'introduction des poussières tout en refroidissant les axes et les coussinets.

A la suite de l'exposition agricole du Caire, de nouveaux essais eurent lieu à Choubrah le 2 mars 1907, dans une terre très forte et très dure ; voici les résultats constatés par notre ancien stagiaire, M. Georges Carle, ingénieur agronome :

	Grand modèle	Petit modèle
Surface de chauffe de la chaudière (mètres carrés)	24	16
Puissance du moteur (chevaux-vapeur)	14	11
Largeur de la bande de terre travaillée (mètres)	3ᵐ30	2ᵐ20
Profondeur moyenne du labour (mètre)	0ᵐ25	0ᵐ25
Vitesse d'avancement par seconde (mètre)	0ᵐ53	0ᵐ53
Surface travaillée par heure (mètres carrés)	6300	4200
Surface travaillée dans une journée de 10 heures, en tenant compte des virages et des diverses manœuvres (hectares, ares)	5ʰ67	3ʰ78
Consommation de charbon par hectare (kilog.)	250	320

Enfin les laboureuses Boghos Pacha Nubar tournaient facilement dans un cercle de 5 à 6 mètres de diamètre, en un temps d'environ 40 secondes.

Suppression du labourage. — Ce chapitre ne peut s'appliquer qu'aux cultures arbustives et non à celles des plantes annuelles ou bisannuelles ; nous sommes amenés à en dire quelques mots par suite des expériences faites en Alsace, près de Colmar, par M. Oberlin, d'où il résulte que la suppression du labourage est favorable à la production des vignes [1] ; M. Oberlin recouvre le sol d'une couche de 0ᵐ10 à 0ᵐ15 d'épaisseur de matériaux inertes (mâchefer, pierres cassées), diminuant les pertes du sol par évaporation et empêchant la végétation des mauvaises herbes.

---

1. *Journal d'Agriculture pratique*, 5 décembre 1901 ; 10 et 31 décembre 1903 ; 1ᵉʳ décembre et 29 décembre 1904, etc.

Les essais institués par M. Ravaz, à l'École Nationale d'Agriculture de Montpellier, ont confirmé les résultats constatés par M. Oberlin. A Montpellier, le sol reçoit simplement un raclage très superficiel d'un demi-centimètre de profondeur), destiné à détruire la végétation parasite ; ce procédé, destiné également à diminuer l'évaporation du sol et à laisser une plus grande quantité d'eau à la disposition des plantes cultivées, est désigné sous le nom d'*inculture* : le sol est simplement nettoyé à la surface sans subir aucun travail profond. A Montpellier, malgré la chaleur et la sécheresse de 1904, les dosages de l'humidité du sol à diverses profondeurs, effectués en août, ont donné exactement les mêmes chiffres dans la parcelle labourée à la charrue, comme on le fait habituellement, et dans celle qui a été simplement raclée ; par hectare, on a obtenu les récoltes suivantes :

Parcelle	POIDS	
	des raisins.	des sarments.
Raclée......................	16095 k.	1782 k.
Labourée	13640	1628
Différence.............	2455	154

Des résultats favorables au remplacement du labourage des vignes par de simples grattages superficiels du sol ont été constatés en Algérie par M. A.-J. van Vollenhoven, à Bouïra (climat sec, terre argilo-siliceuse, 200 pieds de vignes labourés à 0^m 10-0^m 15 ont donné 403 kilog. de raisin, alors que, dans le même champ, 200 pieds qui ont reçu un simple grattage à 0^m 04 de profondeur ont fourni 455 kilog.) et par M. Feyeux, gérant de la ferme Nacef Khodja, à Baba-Hassen (climat humide, 5 grattages à la houe ont remplacé 3 piochages)[1]. — Les mêmes constatations ont été faites en 1906 par MM. Ravaz, Couderc, Verneuil, P. Gervais, Ritcher, etc.[2].

Comme le labour ne peut que détruire les racines superficielles des plantes, il est probable qu'on a le droit d'appliquer à la canne à sucre et aux cultures arbustives, autres que la vigne, le procédé

[1]. *Journal d'Agriculture pratique.* 1904, t. II, p. 829.
[2]. *Société des Agriculteurs de France.* session générale de 1907, p. 403-406. — M. Couderc croit, qu'à côté de la culture superficielle, il y a lieu de réserver une culture exceptionnelle qui ne devra être pratiquée qu'à de longs intervalles ; on rajeunirait le vignoble tous les douze ou quinze ans en défonçant le sol entre les ceps ; les racines seraient alors coupées, mais on appliquerait une fumure à dose massive, capable de donner aux vignes un regain de jeunesse.

dit de l'inculture qui a donné de bons résultats sous des climats différents : Alsace, Montpellier, Charentes et Algérie. (Il y a d'ailleurs analogie avec la méthode de culture des olivettes pratiquée par les arabes aux environs de Sfax.)

Cultivateurs, scarificateurs. — Ces machines peuvent remplacer utilement la charrue dans un grand nombre de travaux ; d'ailleurs beaucoup de charrues exotiques, étudiées précédemment, n'exécutent

Fig. 675. — Cultivateur à dents flexibles (États-Unis).

en définitive que le travail d'une forte dent de cultivateur. — On emploiera de préférence les machines pourvues de dents flexibles montées sur des châssis articulés dans le plan vertical (fig. 675): la courbure des lames porte-dents leur permet de se redresser sous un grand effort de l'attelage lorsqu'il se présente un obstacle : la dent a alors une tendance à sortir de terre pour reprendre, après l'obstacle, sa position primitive. — La flexibilité des dents dans le plan vertical leur permet de suivre les inégalités du sol, et leurs vibrations continuelles empêchent la machine de bourrer. — Dans les mêmes conditions (terre et profondeur de la culture), les machines à dents flexibles exigent moins de traction que celles à dents rigides.

Selon nos expériences [1], la traction par décimètre carré de section du travail oscille de 14 kilog. (sur terre labourée) à 49 kilog. (sur sol très enherbé). — Nos essais ont montré que les dents flexibles doivent être fixées par groupes de 3 à 5 sur des châssis indépendants les uns des autres et non sur un seul châssis rigide ; les rapports des tractions des deux genres de machines sont souvent comme 100 est à 150. (Le principe des pièces flexibles a été appliqué aux herses et aux houes).

Il y aura souvent lieu de choisir des modèles d'une faible largeur de train, comme ceux qui sont établis chez nous pour le travail des vignes (fig. 676).

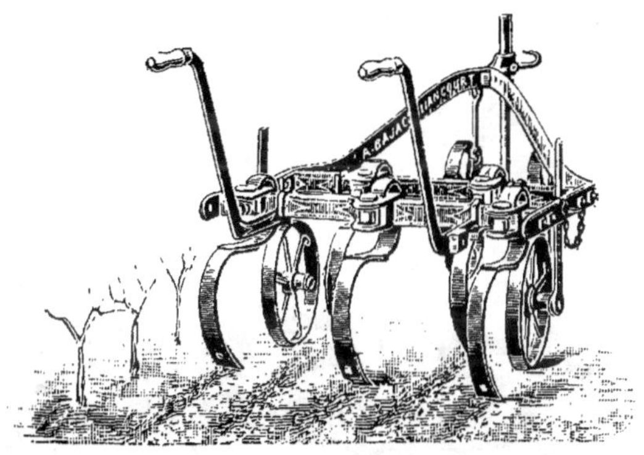

FIG. 676. — Cultivateur à dents flexibles (A. Bajac).

On a reconnu bon, en Algérie, de donner un coup de cultivateur avant le passage de la charrue ; cela est dû, très probablement, à ce qu'on atténue de cette façon la perte d'eau du sol par évaporation.

Pourvus d'un semoir à la volée, monté sur le châssis en avant des dents, les cultivateurs conviennent très bien pour effectuer les semis de printemps; ils rendent. de cette façon, d'excellents services en Algérie et en Égypte.

Herses. — Nous n'insisterons pas sur les *râteaux* à main (ceux employés en Tunisie, à dents en bois, sont analogues à ceux des Annamites, appelés *câi-cào* : 0^m 20 à 0^m 45 de largeur ; larges dents de 0^m 10 à 0^m 15 de long ; manche de 1^m 20 à 1^m 40 de long), ni sur les râteaux en fer, sortes de crocs (appelés *câi-bûa-cào* par les Annamites).

---

1. Station d'Essais de Machines, 1894 ; concours de Moulins, 1896 ; essais du Plessis, 1901.

Quelques machines étudiées plus loin, à propos des *binages* et des *sarclages* (fig. 694), servent de herses dans certaines régions.

Nous recommandons d'avoir, dans nos exploitations de France. 3 *herses* différentes destinées à effectuer les divers travaux plus ou moins énergiques ; les poids par dent sont 2 à 3 kil. 75, 1 kil. 25 à 1 kil. 75 et 0 kil. 60 à 1 kilog. Pour nos colonies, on peut avantageusement remplacer ces trois machines par une herse à dents inclinables à volonté (fig. 677), permettant de modifier l'énergie du travail, depuis le hersage *en décrochant* (les dents étant inclinées la

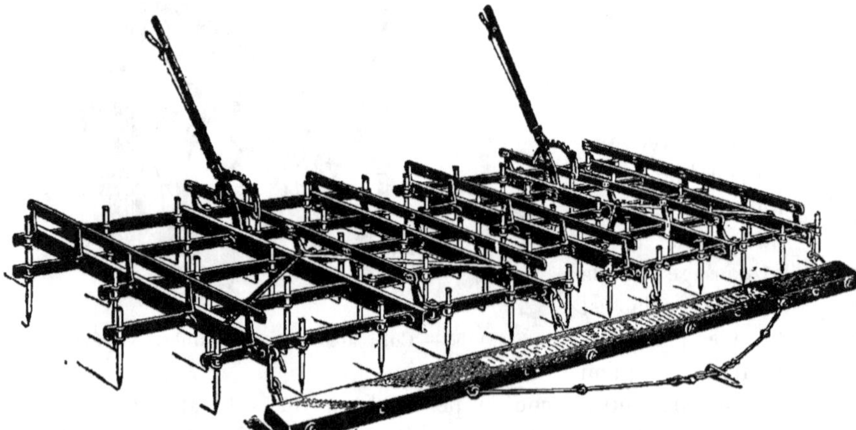

Fig. 677. — Herse à dents inclinables (Osborne).

pointe en arrière), au fort hersage *en accrochant* (la pointe des dents inclinée vers l'avant) ; les dents peuvent ainsi, dans la même terre, pénétrer de 1 à 6 ou 7 centimètres.

Dans nos essais du Plessis (Société d'Agriculture de l'Indre, 1901) une herse Osborne à dents inclinables (fig. 677), pesant 122 kilog., ayant 2 m 55 de largeur et 60 dents, a donné les résultats suivants sur un sol scarifié :

Profondeur d'action des dents (en centimètres)...	4.5	6.0
Traction totale (en kilog.)......................	133	213

On peut d'ailleurs faire travailler séparément chacun des deux compartiments de la machine (fig. 677).

Les herses à dents flexibles (fig. 678) ont les mêmes avantages que les cultivateurs analogues, dont nous avons parlé précédemment ;

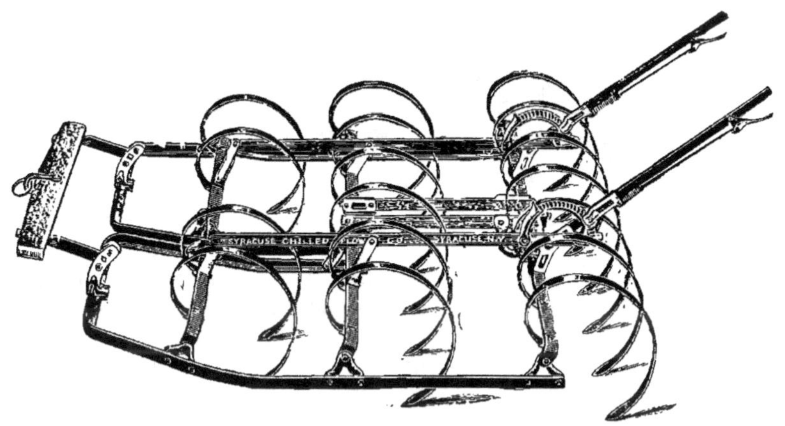

Fig. 678. — Herse à dents flexibles (Cⁱᵉ Syracuse).

comme pour ces dernières machines, il faudra souvent prendre les herses étroites proposées chez nous pour la culture des vignes (fig. 679), étant donné que les attelages aux colonies sont plus faibles que ceux de France et que la terre est en moins bon état de culture.

Aux essais du Plessis, une herse à larges dents flexibles, pesant 127 kilog., ayant 1ᵐ 67 de largeur et 17 dents, a nécessité une traction de 340 kilog. pour une profondeur d'action de dents de 9 centimètres.

Pour certains travaux énergiques on emploiera les *herses norvégiennes* (fig. 680) travaillant sur une largeur de 2 mètres ; enfin, pour les dernières façons, ou pour recouvrir les semences, on pourra utiliser des machines analogues dont

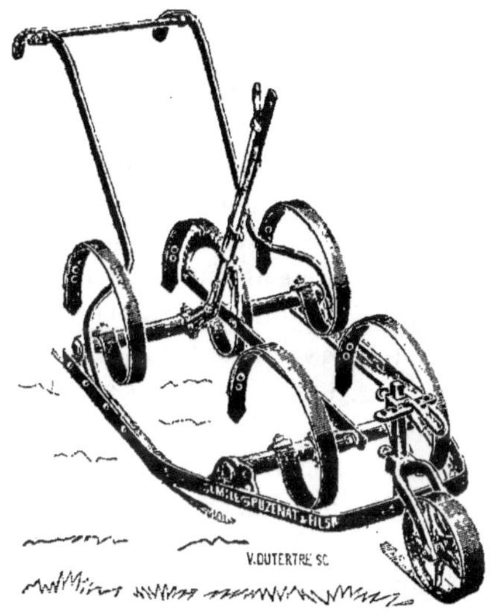

Fig. 679. — Herse à dents flexibles
(E. Puzenat et fils).

les dents sont moins longues, et qui sont connues sous le nom
d'*écrouleuses* (fig. 681) ; le plus petit modèle a une largeur de

Fig. 680. — Herse norvégienne, disposée pour le travail (A. Bajac).

1^{m}70 et pèse 195 kilog. ; le modèle moyen, représenté par la figure
681, a 2 mètres de largeur et pèse 300 kilog. ; ajoutons qu'on peut

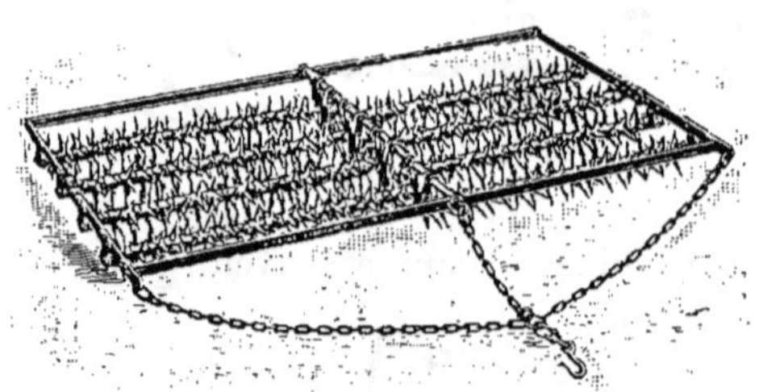

ne travailler qu'avec
un seul des deux com-
partiments de l'écrou-
teuse dont il est pos-
sible d'augmenter le
poids en plaçant, au-
dessus du bâti, un coffre
rempli de terre.

Fig. 681. — Herse écrouteuse (A. Bajac).

Rouleaux. — Nous
ne savons s'il y a lieu d'utiliser les *rouleaux* dans des pays où le
sol est soumis à une évaporation active ; si, dans certains cas spé-

ciaux, le roulage des terres était
reconnu comme une utile façon
culturale, on pourrait employer
de préférence des rouleaux ondulés (fig. 682), ou des brise-
mottes, et, dans certains cas,
des petits modèles comme ceux
construits dans le Midi de la
France.

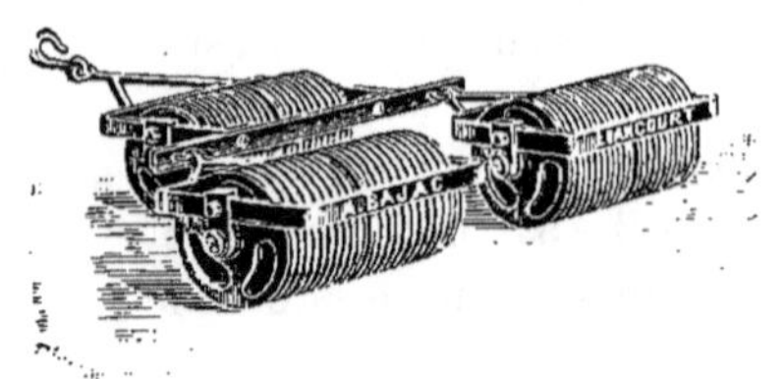

Fig. 682. — Rouleaux ondulés (A. Bajac).

D'après nos essais de Grignon, les coefficients de roulement sont
de 0,15 pour les rouleaux *plombeurs* et de 0,12 pour les rouleaux
brise-mottes ; d'après nos expériences de la Station d'Essais de
Machines, sur les rouleaux *ondulés*, les coefficients de roulement sont
de 0,25 à 0,29 sur une terre fraîchement labourée, 0,13 à 0,14 sur
une prairie naturelle et 0,04 à 0,06 sur une route de macadam.

En Cochinchine, les indigènes font usage de rouleaux plombeurs et de rouleaux garnis d'aspérités jouant le rôle de brise-mottes ; on pourrait, très probablement, utiliser les machines désignées chez nous sous les noms de *herses norvégiennes* et d'*écroûteuses*, dont nous avons donné des vues dans les figures 680 et 681.

Les Annamites brisent les mottes de terre avec un maillet (*câi-vô-dâp-dât*) formé d'un manche en bambou, de 1^m 40 à 1^m 50 de long, fixé au milieu d'un cylindre en bois dur de 0^m 30 de long et de 0^m 08 à 0^m 10 de diamètre. — Au Tonkin, on emploie assez rarement un rouleau (appelé *quâ-lán* ; provinces de Ninh-binh et de Thanh-hoa), dont le cylindre en pierre (0^m25 de diamètre, 0^m65 de long ; poids approximatif 120 kilog.) est pourvu de tourillons en bois et d'un bâti en bambou auquel sont fixés les traits d'un animal (bœuf ou buffle).

Ensemencements et travaux d'entretien.

Semis. — Nous n'insisterons pas sur le semis à la main, sinon pour attirer l'attention sur le *semoir* dit à *bretelles* (fig. 683), en tôle galvanisée, pesant à peine 3 kilog. et remplaçant les paniers en sparterie ou les tabliers en toile. — Le récipient A A′ (fig. 683), d'une contenance de 20 à 25 décimètres cubes, placé en avant du plastron B, est suspendu par les courroies C, C′.

Le *semoir à archet*, dont nous rappelons la vue par la fig. 684, nous semble susceptible de nombreuses applications, étant donné que nous avons constaté qu'un ouvrier quelconque, avec cette machine, distribue les graines d'une façon très uniforme sur une largeur de 2^m 50 (graines fines, colza)

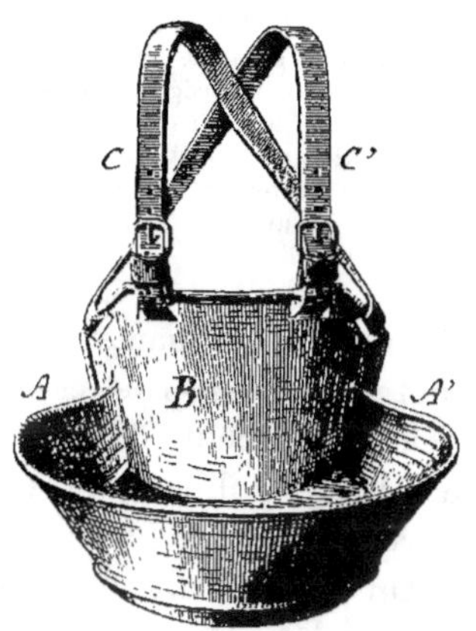

Fig. 683. — Semoir à bretelles.

à 5^m 50 (blé). (En Amérique, de semblables systèmes sont montés à l'arrière d'un véhicule.)

Sans décrire ici les *semoirs à la volée* tirés par des attelages, disons qu'aux États-Unis les graines, semées à la volée, sont

recouvertes par le *pulvériseur*. — Une de ces machines (fig. 685),
qui prit part à nos essais du Plessis, comprenant 12 disques de
0 ᵐ 40 de diamètre et une dent centrale, travaillait sur une largeur
de 1 ᵐ 60 ; le poids total était de 425 kilog. (machine 260 kilog..

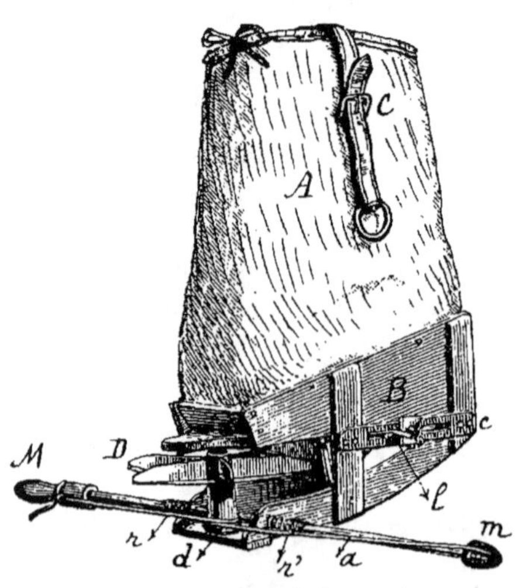

Fig. 684. — Semoir à archet.

A, trémie en toile avec fond B en bois : C bre-
telle ; *l* vanne de réglage de débit qui se déplace
dans la coulisse graduée *c*; D. épandeur centrifuge, solidaire du cylindre *d* sur lequel s'enroule la
lanière *a* de l'archet M *m*; *r.r'* ressorts de compression atténuant les chocs aux changements de direction de l'archet.

conducteur 85 kilog., sur-
charge dans les coffres
placés au-dessus des dis-
ques 80 kilog.) ; les tractions ont été de 348 kilog.
en terre légère et 573 kilog. en terre forte, pour
une profondeur de culture
de 0 ᵐ 07. — Ces machi-
nes peuvent recevoir un
semoir à la volée distri-
buant les graines en avant
des disques.

Le semoir à la volée, à
brouette, employé en Allemagne pour répandre
les engrais de chaque côté
de deux rangs de bette-
raves, pourrait servir pour
les graines ; le modèle
représenté par la figure
686 est porté sur une roue
d'un mètre de diamètre, dont l'axe commande les agitateurs et les
distributeurs à palettes logés dans deux trémies dont l'écartement
peut varier de 0 ᵐ 38 à 0 ᵐ 63 ; la machine, très facile à manœuvrer,
est bien équilibrée, presque tout son poids (50 kilog.) étant reporté sur la roue ; au besoin, elle pourrait être tirée par un homme.

On construisait autrefois, en Angleterre, des semoirs à brouette,
à la volée, travaillant sur une largeur d'environ 2 mètres ; il y
aurait peut-être lieu de reprendre ces modèles, en les améliorant,
pour les adapter aux besoins de nos colonies.

Les *charrues-semoirs* pourront probablement trouver des applications pour certaines cultures ; nous nous contenterons de donner
la figure 687 relative à une de ces machines, à deux raies.
pourvue d'un semoir à maïs dont le distributeur prend le mou-

vement sur la roue d'avant qui roule dans la raie, et la figure 688

Fig. 685. — Pulvériseur (Osborne).

d'une charrue déchaumeuse à cinq raies, dont le bâti supporte un semoir ayant son distributeur actionné par la roue de gauche ; le

Fig. 686. — Semoir à brouette (Cie Titania).

levier d'enterrage commande en même temps l'embrayage du distributeur ; la largeur de travail de cette machine est d'un mètre.

Parmi les *semoirs en lignes* nous devons insister sur les modèles à bras de Pilter-Planet, qu'on peut au besoin faire tirer par un ou deux hommes : le semoir à *barillet* (fig. 689), qui nous a donné d'excellents résultats avec les arachides, fèves, coton, etc., sans

Fig. 687. — Charrue à deux raies pourvue d'un semoir (R. Sack).

casser aucune de ces grosses graines, et le modèle à *distribution forcée* (fig. 690) pouvant semer en lignes continues ou en poquets à divers écartements (fig. 691).

Avec ces semoirs à brouettes un ouvrier peut faire de 20 à 30

Fig. 688. — Déchaumeuse munie d'un semoir (A. Bajac).

kilomètres de lignes par jour (la surface ensemencée dépend de l'écartement des lignes ; dans l'Indo-Chine, M. J. Sautton, chargé de la Station expérimentale de Phu-Thy, a semé, en avril 1905, du jute à un écartement de 0^{m}18 avec le semoir Pilter-Planet ; il a constaté qu'avec cette machine, un ouvrier, en 10 heures, pouvait ensemencer au maximum une surface de 60 ares, soit 33 kilomètres de lignes).

Les semis en lignes facilitent beaucoup les travaux de sarclage et de binage ; nous ne ferons que rappeler les grands modèles de

Fig 689. — Semoir à barillet (Pilter-Planet).

semoirs en lignes si utilisés en Europe, car nous croyons leur emploi très limité dans nos colonies.

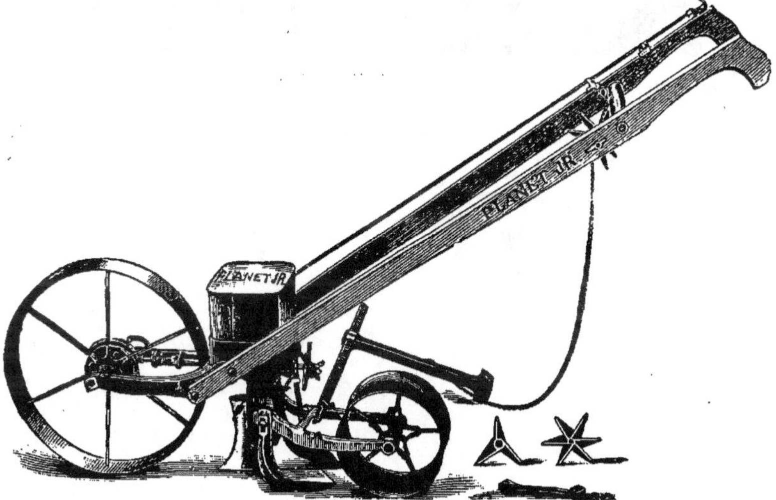

Fig. 690. — Semoir à distribution forcée (Pilter-Planet).

Dans les climats chauds et secs, c'est le semis à la volée qui donne les rendements les plus élevés en grain et en paille [1] ; cela peut s'expliquer de la façon suivante : les plantes semées à la volée forment rapidement une couverture plus complète au sol, en dimi-

Fig. 691. — Semoir Pilter-Planet en travai .

nuant l'échauffement et l'évaporation de la terre ; après le semis à la volée c'est celui en lignes très rapprochées qui donne les plus grands rendements en grain, comme cela a été constaté, en 1899-1900, par M. de San Bernardo en Andalousie ; voici, d'ailleurs, les résultats de ses expériences :

Semailles		RÉCOLTE A L'HECTARE	
		grain (blé) hectolitres	paille quintaux métriques.
A la volée..............		21.39	45.90
En lignes à l'écartement de.	0 m 18	20.05	42.25
	0 m 20	17.96	35.13
	0 m 30	19.15	38.47
	0 m 40	19.71	46.91

1. En Algérie, M. Ryf a constaté qu'il était préférable d'enterrer les blés de 2 à 3 centimètres sans jamais dépasser 5 centimètres (*Bulletin du Comice agricole de Sétif*, février 1906).

Si la récolte en grain a diminué avec l'écartement des lignes, par contre, il semble, d'après le tableau précédent, que le rendement en paille augmente un peu avec l'écartement des lignes, ce qui est probablement dû à une question d'éclairement.

On a tenté, en Italie, d'employer des semoirs en lignes pour le riz à semer dans la vase. — La machine Orlandini (fig. 692) est

Fig. 692. — Semoir à riz (Orlandini).

portée par un rouleau *a* en tôle galvanisée qui actionne l'arbre des distributeurs logés dans la trémie *b* ; six tubes *c*, en tôle, conduisent la semence aux coutres rayonneurs. — La machine *Vittoria*, de Bale et Edwards, repose sur deux patins et le mouvement est donné au distributeur par une grande roue dont la jante est garnie de palettes. — Ces semoirs sont tirés par 4 ou par 6 hommes, rarement par un cheval ; un ouvrier surveille à l'arrière et un enfant suit en enfonçant, dans la boue, des petits jalons marquant le chemin pour le train suivant. (Afin d'empêcher le riz de flotter lors du semis, on le met en sacs qu'on immerge pendant 24 heures dans l'eau, puis qu'on laisse égoutter à l'ombre.) A la volée [1], les

1. Carle et Cabane. *Les semoirs à riz : Journal d'Agriculture pratique*, 1906, t. II, p. 107.

frais sont évalués, en Italie, à 3 francs par hectare, tandis qu'ils reviennent à 8 ou 10 francs avec la machine ; à la volée, on répand de 140 à 170 kilog. de graines à l'hectare, alors qu'il suffit de 120 à 140 kilog. avec le semoir en lignes qui peut travailler de 2 à 3 hectares par jour [1].

Nous ne croyons pas qu'il soit indispensable de semer le riz dans la vase et nous avons exposé nos idées sur cette question dans une autre partie du Cours (*Hydraulique*, chapitre des *Irrigations*, p. 361).

Nous n'insisterons pas sur les *machines à repiquer*, proposées aux États-Unis, et dont on a tenté l'application à la culture du tabac et à celle du riz ; le fonctionnement de ces machines laisse toujours à désirer. Pour le riz, il vaut mieux assécher le sol, semer en lignes continues, puis arroser légèrement ; comme pour nos betteraves, on peut opérer ensuite un éclaircissement avant de commencer les submersions proprement dites.

Les *plantations* s'effectuent à la main, dans une raie de charrue, ou en ouvrant des trous à l'aide de houes. — En Tunisie, les raquettes de cactus inerme, cultivé comme fourrage, se plantent à un mètre les unes des autres dans des lignes ameublies à la charrue, espacées de 2^m50 à 3 mètres ; les ouvriers font un trou qu'ils garnissent de fumier au-dessus duquel ils placent la raquette ; la plantation d'un hectare nécessite 10 journées d'homme et 5000 kilog. de fumier ; les lignes sont buttées la 1re et la 2e année. (La récolte annuelle serait de 25 à 30000 kilog. par hectare dès la 5e année ; il est préférable de la pratiquer tous les deux ans.) — Dans le Haut-Sénégal [2], les arachides se plantent à la daba (fig. 632. p. 509). tous les 0^m60, sur des lignes écartées de 0^m60 : l'ouvrier creuse un trou de 0^m02 à 0^m03 de profondeur et y laisse tomber deux amandes qu'il recouvre avec la terre conservée sur le fer de la houe ; un hectare demande 25 kilog. d'amandes et 3 journées d'ouvrier (on peut employer un petit semoir en lignes, fig. 689).

---

1. Un concours spécial de semoirs à riz a été organisé en 1905 par la Société d'agriculture de la Lombardie ; aucune machine présentée n'a paru remplir les conditions voulues, et le Jury, en réservant les récompenses, a décidé d'organiser plus tard un nouveau concours.

2. Selon M. Dumas (*Bulletin du Jardin colonial*, mai 1906 .

Dans certains cas on pourra utiliser la tarière dont nous avons déjà parlé (fig. 208. p. 127).

Binages et sarclages. — Ces opérations sont indispensables pour détruire les végétaux parasites et diminuer les pertes d'eau du sol. En Tunisie, selon Dybowski[1] (1897-1898), on aurait, en moyenne, pendant cinq mois d'été (mai à septembre), les quantités d'eau suivantes contenues dans le sol à diverses profondeurs :

Profondeur	Teneur en eau (pour 100) dans une terre	
	non binée	binée
à la surface	4.8	6.6
à 0m50	8.2	12.2

Souvent on charge les animaux des travaux de binage et de sarclage : aux Antilles et à la Dominique les vergers de citronniers

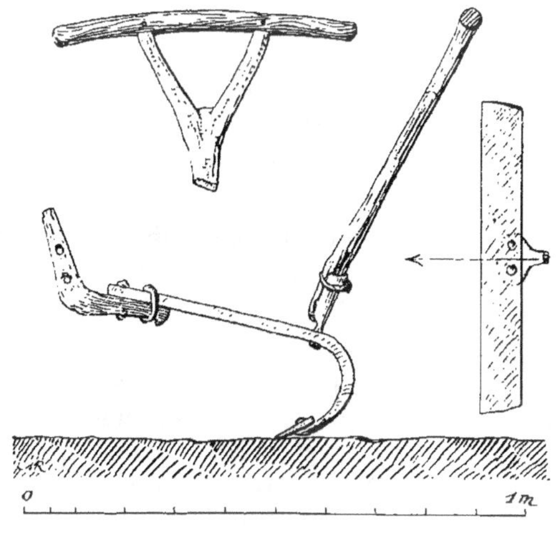

Fig. 693. — *Máacha* (Tunisie).

sont sarclés, d'abord par les bœufs et les vaches qui arrachent les herbes ; puis on y envoie les porcs auxquels on confie le soin du binage[2].

1. Académie des Sciences. 9 janvier 1899.
2. En Angleterre, dès le xviie siècle, les porcs étaient employés au binage des vergers (A. Truelle, *Utilité des porcs dans les vergers : Journal d'Agriculture pratique*, 1905, t. II. p. 685).

Nous avons vu, p. 554, à propos de la suppression du labou-

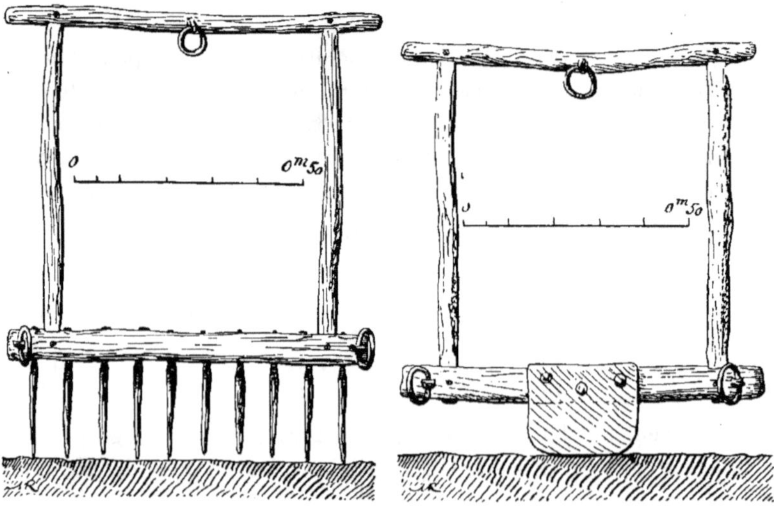

Fig. 694. — *M'sebah* (Tunisie).　　　　　　Fig. 695. — *Sebaïa* (Tunisie).

rage, le rôle que jouent les binages et les sarclages dans la méthode désignée sous le nom d'*inculture*.

Fig. 696. — *Fas* (Tunisie).

Les travaux manuels de *sarclage* (enlèvement des mauvaises herbes), de *binage* (ameublissement du sol) et de *buttage* s'effectuent à l'aide de houes étudiées à la page 509. — Selon M. Dumas [1], le sarclage des arachides du Haut-Sénégal nécessite 13 à 14 journées d'ouvrier par hectare, et le binage, qui se fait plus tard, demande 10 journées. — Au Tonkin (province de Lang-Son), d'après M. J. Lan, sous-inspecteur d'Agriculture [2], le buttage, le sarclage et le binage du maïs nécessitent 36 journées de femme par hectare.

Les olivettes de la région de Sfax sont nettoyées à l'aide de trois machines indigènes tirées chacune par un dromadaire : la *miacha* (fig. 693), qui

1. *Bulletin du Jardin colonial*, mai 1906.
2. *Bulletin de la Direction de l'Agriculture et du Commerce de l'Indo-Chine*, mars 1907, p. 227.

pèse 7 kilog., arrache les herbes ; la *m'schah* (fig. 694) (poids 6 kilog.)

Fig. 697. — Le nivellement d'une rizière en Annam.

Fig. 698. — Houe à bras, avec ses diverses pièces travaillantes (Pilter-Planet).

fait un léger travail de scarifiage ; enfin le sol ameubli est nivelé à l'aide de la *sebaïa* (fig. 695). La taille des oliviers se pratique avec une sorte de hachette, du poids de 2 kg. 5, appelée *fas* (fig. 696).

Fig. 699. — Exemples de différents montages de pièces travaillantes sur la houe à bras Pilter-Planet.

Une machine identique à la m'sebah tunisienne (fig. 694) est employée au Mexique ; au Tonkin elle porte le nom de *câi-bû'a* et.

Fig. 700. — Houes à bras Pilter-Planet en travail.

tirée par un buffle, elle travaille une dizaine d'ares par demi-journée. — Les Annamites transforment la machine de la figure 694 en *nive-*

leuse par une garniture de clayonnage passée dans les dents (fig. 697, extraite de l'*Empire colonial de la France*, fascicule de l'*Indo-Chine*, p. 147).

Pour les cultures en lignes, les *houes à bras* de Pilter-Planet (fig. 698-700) nous semblent très utilisables. — Citons aussi une petite houe à bras employée en Autriche, formée d'une lame *a* (fig. 701), fixée à deux manches *m*, portée par une roue *b* ; la longueur de la lame *a* varie de 0^m15 à 0^m40. — Nous n'avons pas à insister sur les autres modèles à un rang, tirés par les attelages, qui sont d'un emploi courant en France (fig. 702-705). (Voir, p. 546, ce qui est relatif à l'emploi de la houe Planet dans la culture des caféiers au Brésil.)

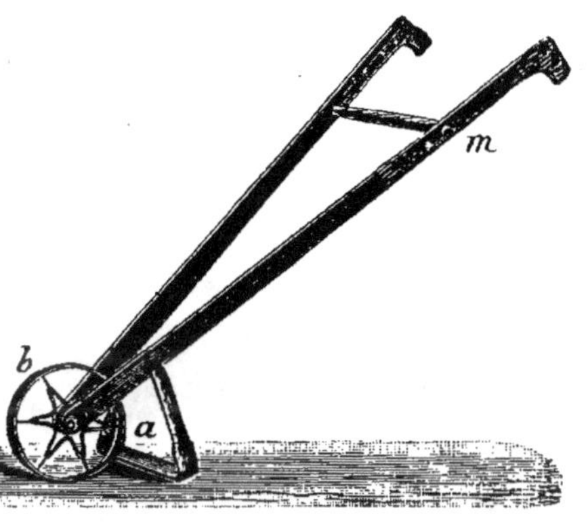

Fig. 701. — Houe à bras (Josef Hirsh).

Les Américains utilisent beaucoup, depuis plusieurs années, une *sarcleuse* simple, formée de deux bois *a* et *b* (fig. 706), garnis de longues dents *d* flexibles, en acier, qui grattent énergiquement le sol ; des mancherons *m* complètent la machine très légère.

Fig. 702. — Houe à un rang (A. Bajac).

Pour certaines cultures, nos *houes multiples*, à trois rangs, pourront être utilisées ; dans ces machines (fig. 707), les pièces travaillantes sont fixées, à l'écartement voulu, sur un bâti articulé à l'essieu et muni de deux mancherons ; enfin, on pourra quelquefois employer les *houes à siège*, comme cela se pratique dans beaucoup de cultures américaines de maïs et de coton.

Nous étudions en ce moment, avec notre ancien élève M. Georges Ville, pour la culture des cannes à sucre dans l'Amérique du Sud.

Fig. 703. — Houe à un rang (Pilter-Planet).

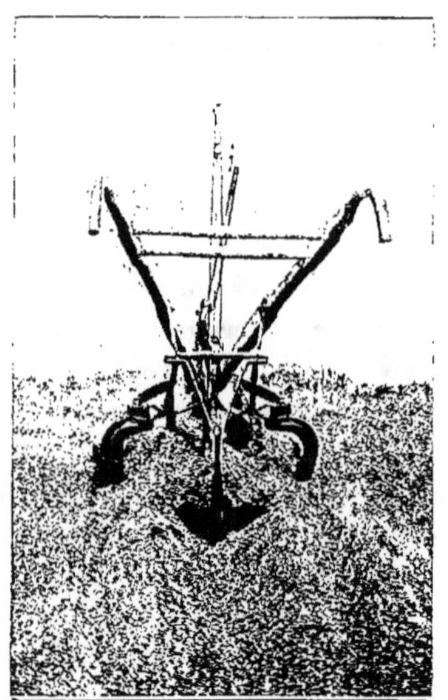

Fig. 704. — Montages de diverses pièces travaillantes sur la houe à un rang Pilter-Planet.

l'emploi d'un tracteur A (fig. 708) tirant, suivant f, par des chaînes a et b, deux houes Pilter-Planet h et h', déjà employées sur le domaine ;

les chaînes *a* et *b* ont des longueurs différentes, afin que les houes
ne soient pas sur la même transversale ; une des houes *h'* travail-
lera surtout la rive gauche de la ligne *y'* des plantations, l'autre la

Fig. 705. — Houe à un rang Pilter-Planet en travail.

rive droite *y* des lignes ; chaque ouvrier, en *h* et en *h'*, pourra
ainsi facilement effectuer son travail en ameublissant une portion
de l'interligne.

Pour le binage de trois interlignes de cannes à sucre, M. Castelin a fait le projet d'un appareil
tiré alternativement par deux de
ses treuils automobiles (dont nous
avons déjà parlé à la page 541),
chacun placé sur une des four-
rières du champ. Pendant qu'un
des treuils déplace l'appareil dans
un sens, un bœuf marche parallèlement, dans un rayage voisin, en déroulant le câble de
l'autre treuil qui servira pour le
retour des houes.

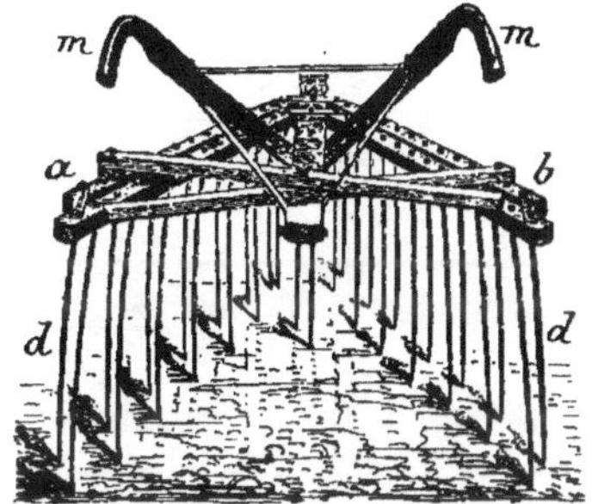

Fig. 706. — Sarcleuse américaine.

Rappelons qu'on ne doit pas nettoyer les plantations arbustives
en enlevant les feuilles, brindilles, etc., qui restituent au terrain
une partie des éléments prélevés par les végétaux, à moins d'avoir
recours aux engrais chimiques maintenant ou accroissant la fertilité
du sol. — Dans les grands parcs, balayés avec soin, l'appauvrisse-

ment du sol fait dépérir les arbres (tel est le cas de Central Park de
New-York, de la promenade de Haarlemmer-Hout de Haarlem).
Des expériences faites à Saint-Clair (Trinidad) sur le recouvrement

Fig. 707. — Houe à trois rangs (A. Bajac).

du sol, dans les cacaoyères, par les débris végétaux, ont été très favorables [1] : « Dans une plantation expérimentale de diverses variétés de cacaoyers, on amena sur le sol une couche de feuilles, d'herbes, etc. Un petit espace fut réservé autour des troncs d'arbres et soigneusement sarclé. Dans la saison humide, pendant laquelle la présence d'une trop grande quantité de débris végétaux aurait pu avoir une influence néfaste sur la végétation en empêchant l'évaporation de l'eau en excès, la totalité des débris végétaux était mise en tas, et dans la période sèche la couverture du sol était de nouveau

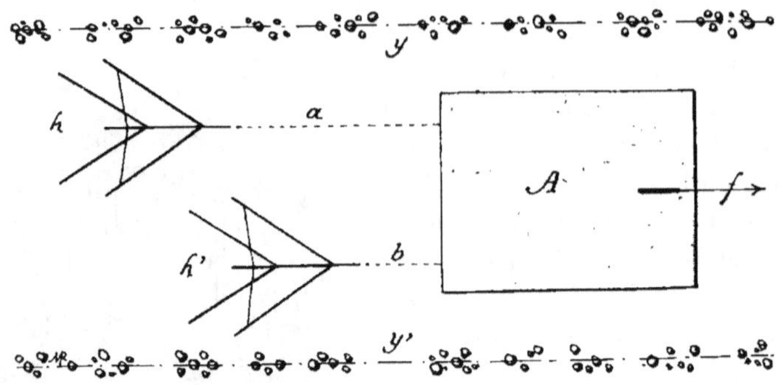

Fig. 708. — Houes tirées par un tracteur, pour la culture des cannes à sucre (plan).

étalée. — L'utilité du recouvrement du sol par des débris végétaux peut être résumée dans ces quatres axiomes : 1° le recouvrement du sol empêche la croissance des mauvaises herbes ; — 2° le sol reste

1. *Revue des Cultures coloniales*, 20 février 1903, d'après le *Teysmannia*, XIII,
p. 8-9.

humide et poreux ; — 3° la décomposition lente des débris végétaux
donne un amendement des plus favorables ; — 4° les vers de terre
sont appelés à la surface par cette couverture ; ils forment dans le
sol une masse de petits canaux, ils retournent véritablement le sol
tout en répartissant l'en-
grais » (conformément
aux expériences de Dar-
win).

La couverture du sol a
plus d'importance dans
les régions tropicales que
chez nous, où pourtant
l'Horticulture emploie
très souvent le procédé :
ce n'est que dans le cas
d'invasions de maladies
cryptogamiques ou d'in-
sectes qu'on doit brûler
les feuilles tombées, bien
qu'il soit peut-être pos-
sible de remplacer l'incinération par des arrosa-
ges avec des liquides an-
ticryptogamiques ou in-
secticides.

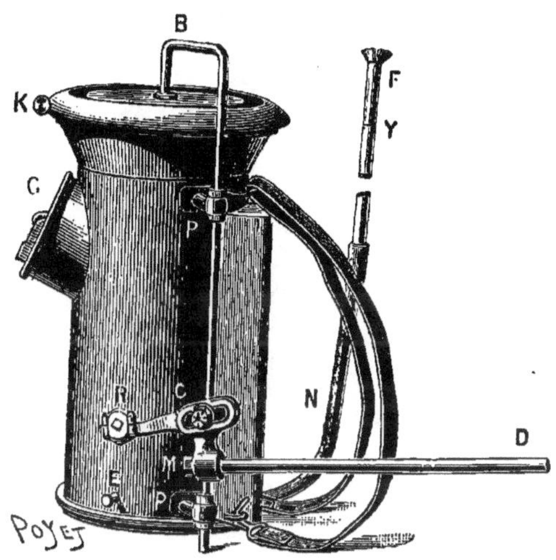

Fig. 709. — Soufreuse à hotte (Vermorel).

MD, levier de manœuvre actionnant la manivelle
RC et la tige PB qui commande le soufflet K ;
l'axe R actionne la brosse ; G, orifice d'introduction de la poudre ; E, bouton de réglage du débit ;
NYF, tuyau et lance d'épandage.

Lutte contre les cryptogames et les insectes. — Rappelons les
machines destinées à répandre les poudres (*poudreuses* ou *soufreuses*
(fig. 709) ou à répandre les liquides (*pulvérisateurs* divers, à pompe
à air ou mieux à pompe à liquide ; pulvérisateurs à pression préalable ; appareils à bât et à traction) dont on trouvera en France de
nombreux modèles d'excellente construction (fig. 710). — Nous
avons déjà fait entrevoir l'emploi des pulvérisateurs à divers usages :
pulvérisation de l'eau pour rafraîchir un local (p. 76), désinfection
des logements d'animaux (p. 108) ou lavage insecticide des animaux
eux-mêmes (p. 305).

Pour le traitement des arbres [1], le pulvérisateur est monté sur

---

1. Les *bouillies anticryptogamiques* (appelées encore *bouillies fongicides*) sont à
base de sulfate de cuivre ; pour enlever l'acidité et la solubilité on ajoute, à froid, à

une civière ou une brouette ; la pompe est mue par un ouvrier, tandis
qu'un autre tient la perche qui porte le jet de pulvérisation (fig. 711) ;

Fig. 710. — Pulvérisateur à hotte Besnard, Maris et Antoine.

aux États-Unis le pulvérisateur est fixé sur un véhicule ordinaire
déplacé dans le verger par un attelage (nous laissons de côté les

la solution de sulfate de cuivre une solution alcaline, telle que :

    Lait de chaux *bouillie bordelaise*.
    Carbonate de soude *bouillie bourguignonne*.
    Carbonate de potasse.
    Savon noir et matière grasse.
    Savon résineux à base de soude et colophane.
    Sucre, mélasse *bouillie Michel Perret*,
    Huile de lin, etc.

La bouillie bordelaise peut se conserver plusieurs jours, tandis que la bouillie bour-
guignonne doit être employée dans les 10 heures ; elle *tourne* au bout d'une douzaine
d'heures.

La bouillie bordelaise doit être *neutre* et, théoriquement, 224 grammes de chaux
pure et anhydre suffisent pour 1 kilog. de sulfate de cuivre cristallisé.

Pour préparer 1 hectolitre de bouillie bordelaise on fait dissoudre 2 kilog. de sulfate de cuivre dans 50 litres d'eau ; on ajoute un lait de chaux clair jusqu'à neutra-
lisation (il faut environ 1 kilog. de chaux vive) puis on complète par de l'eau pour faire
100 litres (il se forme de l'oxyde de cuivre hydraté et du sulfate de chaux).

On a proposé aussi : du *verdet* (acétate neutre de cuivre à 1 p. 100) ; des solutions
ammoniacales (*eau céleste*) formées de 1 kilog. de sulfate de cuivre, 1 litre et demi
d'ammoniaque à 22 degrés, pour 100 litres d'eau, etc.

Comme *insecticide* citons l'émulsion Hubbard-Riley :

    Savon..................... 0 kg. 500
    Eau bouillante. .... 5 litres
    Pétrole..................... 10 litres.

Avant de l'appliquer on étend l'émulsion de 4 à 20 fois son volume d'eau.

Pour la destruction des plantes nuisibles (sanves, ravenelles), on emploie 3 kilog. de
sulfate de cuivre pour 100 litres d'eau.

modèles américains mûs par un moteur thermique : ils sont employés par les entrepreneurs qui exécutent le travail à forfait[1].

Pour certaines régions, qui sont fréquemment dévastées par les sauterelles criquets , il y aura lieu d'étudier les procédés employés

Fig. 711. — Pulvérisateur monté sur brouette.

en Algérie, en particulier ce qu'on appelle l'appareil *cypriote* et la *melhafa*[1]. — En Indo-Chine[2], les sauterelles pondent dans les rizières asséchées : en observant les lieux de ponte et en les submer-

1. Lors de la lutte contre les sauterelles qui envahirent, en juin-juillet 1901, plusieurs départements de l'Ouest et surtout la Charente, on employa avec succès la *melhafa*, qui consiste en une toile de 10 mètres de long sur 3 mètres de large, que trois personnes dressent verticalement sur la moitié de sa largeur, le reste traînant sur le sol. Sept ou huit autres personnes, munies de branches d'arbres, battent le terrain une vingtaine de mètres en avant de la toile, chassant les criquets jusque sur la melhafa. On rapproche alors les bords de la toile en renfermant les criquets qu'on étourdit par des secousses ; on détruit ensuite les insectes de diverses façons : on les met en sac, on les enterre dans le sol ou dans le fumier, on les donne aux volailles, etc.

2. *Bulletin de la Chambre d'Agriculture de Cochinchine*, mai 1906.

geant pendant quelques jours, puis en les labourant pour ramener les œufs à la surface, ceux-ci sont complètement détruits ; ce procédé a été employé avec succès dans la province de Gocong.

Dans la partie du Cours relative aux *Constructions* (p. 12 et 84) nous avons parlé des *lampes-pièges*, du rôle des oiseaux insectivores et surtout de celui des insectes entomophages introduits, avec profit, dans certaines cultures des États-Unis et de l'Australie. — Les lampes-pièges détruisent des quantités considérables d'insectes adultes, surtout lorsque la lumière, qui n'a pas besoin d'être intense [1], est placée à un mètre environ de hauteur au milieu d'un bassin circulaire de 0^m40 à 0^m50 de diamètre, profond de 0^m02 à 0^m03, rempli d'eau et d'une très petite quantité de pétrole lampant ou d'huile de schiste (100 à 150 centimètres cubes), qu'on pourrait remplacer probablement par une huile végétale [2]. — D'après MM. G. Gastine et V. Vermorel [3], de semblables lampes-pièges (à acétylène), observées du 13 au 31 juillet 1901 dans une vigne du Beaujolais, ont détruit certaines nuits jusqu'à 5000 pyrales et en moyenne 940 papillons par nuit et par lampe ; il faut n'allumer que par les temps favorables (calme ; clair de lune) : la flamme n'a pas besoin d'avoir plus de 0^m04 à 0^m05 de hauteur et l'écartement des lumières doit osciller de 30 à 50 mètres, c'est-à-dire qu'il serait bon d'avoir de 4 lampes par hectare de vignes à 9 lampes pour les jardins. — L'analyse précédente indique qu'il serait désirable qu'on fît de semblables observations dans nos colonies, à différentes époques de l'année, en comptant le nombre des victimes et en déterminant leur espèce et leur sexe.

Nous donnerons le principe des appareils employés en Amérique (côte du Pacifique) pour la fumigation des arbres. Sur un véhicule A (fig. 712) est fixé un mât *a*, maintenu par des haubans *h*, pourvu d'une vergue *b* à l'extrémité de laquelle s'attache une cloche *c c'*, en toile, maintenue par des cercles, et comparable à une grande crinoline capable de se déployer afin d'enfermer un arbre B ; des cordes *1*, *2*, *3*, s'enroulant sur des treuils *t*, *t'*, *t''*, permettent les manœuvres ; quand l'arbre est recouvert de sa cloche, un four-

---

1. Il est possible de constituer la lampe avec un petit godet en terre cuite, ou une pierre creusée ; dans la cavité on place une mèche en coton et on y coule du suif fondu (comme pour les verres qui servent aux illuminations des fêtes publiques).

2. Cette huile est destinée à obstruer les stigmates des insectes qui tombent dans le bassin, et à les asphyxier.

3. *Comptes rendus de l'Académie des Sciences.* 1901.

neau F à fumigation, monté sur un autre chariot D, envoie, par le tuyau *f*, les vapeurs ou la fumée sous la cloche *c c'* qu'on laisse en place pendant le temps nécessaire.

La destruction de l'*aonidia aurantii*, qui ravage les orangers de la province d'Alicante (Espagne), est assurée par des fumigations d'acide cyanhydrique produit par la réaction de l'eau acidulée d'acide

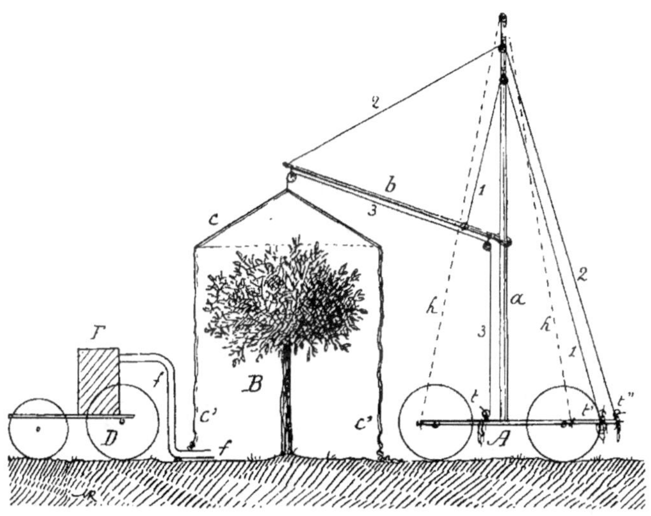

Fig. 712. — Principe d'un appareil pour la fumigation des arbres (États-Unis).

sulfurique sur le cyanure de potassium[1]. Les arbres sont recouverts d'une tente légère en toile imperméable, comme celle de la figure 712, placée à l'aide d'échelles et serrée contre le tronc ; on suspend à une des branches centrales un pot en terre cuite contenant 100 grammes d'eau, 70 grammes d'acide sulfurique du commerce et 50 grammes de cyanure de potassium. Chaque fumigation dure une heure environ ; la tente doit être en toile de couleur noire pour éviter la décomposition par la lumière de l'acide cyanhydrique gazeux, sinon il faut procéder à l'opération après le coucher du soleil.

1. Communication du 1er décembre 1904 du consul de France à Alicante.

Travaux et machines de récolte.

Un grand nombre de récoltes sont effectuées aux colonies par des opérations manuelles (tantôt avec les mains seules, tantôt à l'aide d'outils rudimentaires comme des gaules), d'autres fois avec des instruments à poignées, pourvus d'une lame de forme variable plus ou moins tranchante dans certaines zones; l'arrachage des récoltes souterraines (arachides, tubercules, rhizomes, etc.) est facilité par des houes.

La *cueillette* et le *gaulage* sont assez fréquents (récolte des baies de caféier, des olives, etc.).

Selon M. A. Fauchère[1], à la Jamaïque, un cueilleur récolte 128 litres de baies de caféier par jour (il faut 97 lit. 5 de baies pour

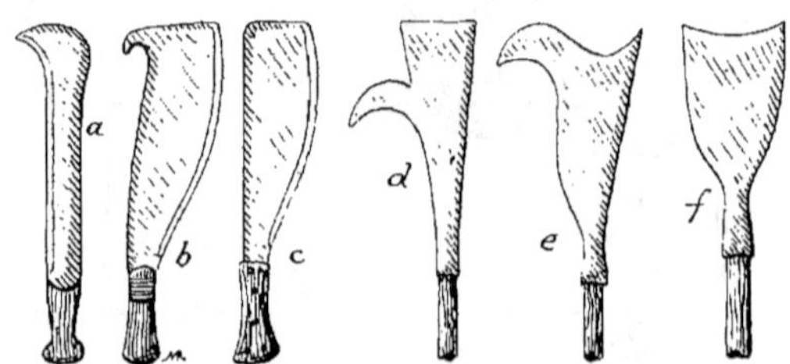

Fig. 713. — Serpes diverses.

obtenir 15 kilog. de café marchand); à la fazenda Dumont (Brésil), une famille, composée du père, de la mère et de deux enfants, peut récolter au moment de la pleine maturité environ 600 litres de baies par jour (soit 12 *alqueires*; 90 litres de cerises donnent 15 kilog. de café marchand); ces 600 litres pour 4 personnes donnent une moyenne arithmétique de 150 litres par jour et par individu[2].

La récolte manuelle est rendue difficile et lente par les dimensions des arbres (orangers, cacaoyers, oliviers, bananiers, dattiers, etc.) qui obligent l'ouvrier soit à monter sur l'arbre, soit à se

1. *Bulletin du Jardin colonial*, décembre 1906 : *Culture pratique du caféier*, p. 508.

2. Au Brésil il y a en moyenne 805 caféiers à l'hectare et on récolte 1200 kilog. de café marchand, soit 1 kil. 500 par arbuste ; ce chiffre varie de 0 kil. 800 à 3 kil. 600.— A la Guadeloupe, les 2500 arbustes à l'hectare donnent 600 kilog., soit 0 kil. 250 par caféier. — A la Jamaïque on a une moyenne de 315 kilog. par hectare.

servir d'échelles assez légères pour être portatives ; nous avons déjà donné quelques indications au sujet de celles-ci (fig. 105, p. 53).

Beaucoup de récoltes s'effectuent dans nos colonies à l'aide d'outils rappelant nos *serpes d'élagage*, désignés quelquefois sous les noms de *machettes, coupe-coupe, couteaux* ou *sabres d'abatis* : c'est ainsi qu'on procède pour le sorgho, le maïs, la canne à sucre, le cacao, etc. (fig. 713 : *a*, sabre d'abatis du Dahomey ; *b*, couteau de la Louisiane pour canne à sucre ; *c*, couteau de Cuba pour canne à sucre ; serpes à long manche pour émonder le cacao : *d*, de Surinam et de la Trinidad ; *e*, du Cameroun ; *f*, de l'Équateur). Nous nous contentons de donner quelques spécimens de serpes dans la figure précédente, en rappelant qu'il conviendra d'être très prudent sur toute tentative destinée à modifier la forme admise depuis longtemps par les indigènes et pour certains motifs qu'il y aura lieu de rechercher, alors

Fig. 714. — Appareil Parker.

que la première amélioration doit surtout porter sur le métal employé en adoptant des aciers de bonne qualité, afin de diminuer les affûtages et surtout le poids des outils, c'est-à-dire la fatigue des ouvriers.

Aux États-Unis, le maïs se récolte souvent avec l'appareil Parker (fig. 714) composé d'une lame trapéziforme *a*, horizontale, portant une sorte de boucle *b*, dans laquelle l'ouvrier passe le pied droit, et reliée par des montants *c* à une pièce concave *d* appliquée le long de la jambe en dessous du genou, où elle est maintenue par une courroie *f*. — Le fonctionnement est indiqué par la figure 714 ; en pratique, avec ce *badger*, un ouvrier peut couper par jour près d'un hectare et demi, tandis qu'avec la serpe il ne récolte que 40 à 50 ares de maïs dont les touffes sont à un mètre de distance sur des lignes écartées d'un mètre.

Il est plus que probable qu'on pourra utiliser nos *faucilles*[1] (récolte du riz en Indo-Chine[2] et au Japon ; des céréales en Algérie et en Tunisie (fig.715), etc.), et nos *volants*, mais nous croyons que la *faux* demanderait un apprentissage trop long pour l'indigène qui est généralement peu persévérant.

A propos de ces outils tranchants rappelons qu'on les fait, suivant les pays, soit en acier mou, malléable à froid, dit acier de *Styrie*, soit en acier dur, dit *Anglais* (le commerce conserve encore ces dénominations, bien qu'aujourd'hui ces métaux se fabriquent en France) ; le premier s'affile au marteau par le *battage*, qui demande un tour de main de la part de l'ouvrier ; de nombreuses tentatives ont été faites en vue de répandre les petites *machines à battre les faux* (qui sont surtout employées en Suisse où il existe un grand nombre de modèles). Les aciers anglais s'*affûtent* sur une meule ordinaire et le travail est analogue au repassage des couteaux ; il y aura donc lieu d'adopter des aciers de cette dernière qualité pour les outils.

Fig. 715. — Crochet-faucille.

Le *liage* de quelques récoltes se fait déjà chez nous avec des liens en fibres diverses : halfa, rotin, coco, ramie, etc., qu'on pourra utiliser aux colonies ; il serait peut-être possible d'employer des liens en cordes ou en ficelles après les avoir trempés dans certaines solutions ayant pour but de les protéger des rongeurs et des termites ; dans cette dernière supposition, nous croyons bon de recommander l'*aiguille lieuse* qu'indique suffisamment la figure 716 : les liens, préparés d'avance à la longueur voulue, ont une boucle à une extrémité, et à l'autre un ou deux nœuds qu'on prend dans le *chas* de l'aiguille ; on passe cette dernière sous la botte, puis dans la boucle du lien qu'on serre en appuyant avec le pied ; chez nous, un ouvrier, avec cet instrument, fait le travail de 2 à 3 lieurs ordinaires.

---

1. En Susiane, en Algérie, etc., les agriculteurs se servent de leur crochet-faucilles pour couper les récoltes comme pour tondre les moutons et les chèvres.

2. En Indo-Chine, un ouvrier, avec la faucille, coupe par jour la récolte de 3 à 5 ares.

La manutention de certaines récoltes s'effectue à l'aide de *râteaux* à manche et de *fourches* en bois ou en métal : parmi ces dernières il nous suffit de mentionner les types légers, désignés dans le commerce sous le nom général de *fourches américaines*, et dont il existe de nombreux modèles (fig. 717).

Pour les foins et pour le glanage des céréales, le *râteau à bras* indiqué par la figure 718 pourrait être utilisé ; cette machine, de 1ᵐ35 de largeur, comprend 24 dents écartées l'une de l'autre de 0ᵐ05, pouvant se relever par la manœuvre d'un petit levier ; l'ensemble, très léger (25 kilog.), est porté par deux roues de 0ᵐ55 de diamètre : avec ce râteau à roues un enfant exécute autant d'ouvrage qu'un homme au râteau ordinaire.

Fig. 716. — Ouvrier manœuvrant l'aiguille lieuse (Vermorel).

On a fait diverses tentatives en vue d'établir des machines spéciales pour certaines plantes, mais, comme il s'agit toujours de projets, nous n'insisterons pas sur les outils ou sur les machines proposées pour la canne à sucre [1], pour la récolte du coton, pour l'arrachage des arachides et celui des tiges de cotonnier, pour broyer ou hacher dans le champ les feuilles et débris de canne à sucre afin de permettre les façons culturales et l'enfouissage de ces détritus, etc.

On a même intérêt à faire faire l'opération à la main lorsque la récolte doit s'effectuer en plusieurs fois, suivant l'état de maturité, et surtout lorsqu'il s'agit de respecter la plante.

Fig. 717. — Fourche américaine.

---

1. *Journal d'agriculture tropicale*, n° 16, octobre 1902, p. 294.

Nous ne détaillerons pas les *faucheuses*, les *faneuses*, les *râteaux à cheval*, les *moissonneuses* ni les *lieuses*[1], dont l'emploi, dans certains cas, ne peut être indiqué que si l'on dispose non seulement des attelages, mais aussi d'un stock de pièces de rechange. Il faut se

Fig. 718. — Râteau à bras E. Puzenat et fils,.

rappeler que le nombre de jours pendant lesquels on peut effectuer une récolte quelconque est assez limité, et qu'on ne peut économiquement employer une machine que lorsqu'on est certain de pouvoir recevoir, dans un délai d'un ou deux jours, la pièce de rechange destinée à remplacer celle détériorée en cours de travail ; déjà chez nous, dans certaines régions, on éprouve des retards et des pertes

1. La récolte des céréales en Algérie est généralement effectuée par des journaliers kabyles à l'aide de petites faucilles (fig. 715) ; l'emploi récent des moissonneuses-lieuses a permis d'effectuer rapidement le travail tout en coupant plus près du sol ; on a ainsi augmenté la quantité de paille récoltée par hectare ; dans la province de Constantine cette paille est vendue aux Anglais qui la compriment à la presse avant d'en charger des navires.

à ce sujet, bien que nous ayons un beau réseau de voies de communications (télégraphe, téléphone, chemins de fer, routes), et surtout des agents locaux disposant quelquefois de stocks importants de pièces de rechange ; cependant, combien de nos agriculteurs ont perdu la plus grande partie de leur récolte en achetant une machine sans se préoccuper si le vendeur avait un magasin bien approvisionné !

Il y a là un cercle vicieux qui fait obstacle à l'emploi de beaucoup de machines dans nos possessions ; malgré les nombreux conseils que nous avons donnés à ce sujet, nous doutons que nos constructeurs fassent les premiers pas d'une façon effective, c'est-à-dire autrement qu'en paroles ; nous croyons que c'est au commerçant à s'occuper de la chose, malgré les campagnes qu'on a eu tort de faire dans ces derniers temps en vue de la suppression des intermédiaires, comme si chacun pouvait être en même temps producteur et vendeur détaillant de ses produits ! Quand on étudie les conditions du Travail aux Etats-Unis, on constate que la grande supériorité de l'industrie américaine n'a été possible que grâce à son organisation commerciale.

Après une étude approfondie des besoins d'une colonie, il conviendrait d'engager un de ses commerçants sérieux à faire venir en dépôt le matériel susceptible d'être employé avantageusement dans la région, et de constituer un stock de pièces de rechange ; nous irons même plus loin dans cet ordre d'idées et nous considérerons comme bonne politique coloniale tout effort administratif destiné à encourager officiellement les débuts d'un commerçant dans cette voie ; sinon nous n'arriverons jamais à mettre en valeur nos colonies, lesquelles, depuis longtemps, devraient avoir un important commerce d'échange avec la métropole ; en procédant ainsi on développera les cultures, on augmentera le nombre des exploitations en assurant, par suite, un débouché aux produits de notre industrie nationale.

Nous dirons quelques mots au sujet de la récolte du riz, en citant les lignes suivantes de notre rapport de mission aux Etats-Unis (1893) : « Dans beaucoup de petites rizières, le riz est récolté à la main avec une sorte de sape (*craddle*) ; presque toutes les rizières importantes sont en Louisiane, petit État qui fut colonisé par des Français..... La récolte, qui se faisait autrefois à bras, s'effectue aujourd'hui (1893) à l'aide de machines dont plusieurs spécimens figuraient à l'exposition de Chicago ; ce sont des moissonneuses-lieuses à élévateur (comme les machines pour le blé) ; la seule différence réside dans la roue motrice qui est plus large et dont la jante est garnie de pièces formant saillie de 0 ^{m} 08 à 0 ^{m} 10 environ, afin de faciliter l'adhérence de la roue avec le sol encore mou à l'époque de la récolte[1] ; la grande largeur donnée à la roue motrice et à celle du tablier a pour but de diminuer l'enfoncement de la machine. Ces moissonneuses-lieuses sont tirées par des bœufs ou des mules ; souvent il y a un attelage de 4 bœufs à la flèche et de 2 mules en avant. (Le battage de la récolte s'effectue à la vapeur dans des batteuses à pointes analogues à celles en usage pour le blé.) La première moissonneuse-lieuse fut employée en Southern Louisiana en 1884 ; en 1885 on comptait déjà 5 machines, et leur nombre a été en augmentant : il y avait 50 moissonneuses-lieuses à riz en usage en 1886 ; 200 en 1887 ; 400 en 1888 ; 1000 en 1890 ; 2000 en 1891 ; 3000 en 1892..... La compagnie du chemin de fer Southern Pacific, qui transporta en 1886 un million de kilog. de riz, vit son trafic s'accroître régulièrement et passer à 150 millions de kilog. de riz en 1892. »

Le climat ne semble pas favorable aux grandes cultures de blé et d'orge dans beaucoup de nos possessions (sauf l'Algérie et la Tunisie) et même, pour l'instant, il n'y aurait pas un débouché avantageux pour ces céréales que d'autres régions produisent plus économiquement ; aussi n'y a-t-il pas lieu d'insister beaucoup sur les grands *headers* ou *espigadoras*, de construction américaine, employés dans l'Amérique du Sud, en Algérie et en Tunisie ; nous donnerons cependant quelques renseignements sur une petite *moissonneuse à élévateur* et sur une *moissonneuse-batteuse*.

Dans le *Bulletin du Comice et Syndicat agricoles de la région de Sétif* (février 1906), feu M. G. Ryf citait la machine suivante dans ses notes sur la campagne 1904-1905 :

La société coopérative de Mustapha a introduit cette année une nouvelle *moissonneuse à élévateur* qui a fait ses preuves ; elle aura un grand avenir dans notre région où il y a beaucoup de récoltes courtes et

---

1. On assèche cependant la rizière quelques jours avant d'y faire entrer la machine ; cette pratique, qu'on retrouve en Birmanie pour l'opération manuelle, donne un produit plus beau que le riz récolté dans l'eau, comme en Indo-Chine.

claires qui se moissonnent très mal avec les lieuses. Cette nouveauté
consiste en une moissonneuse-lieuse dont le lieur a été remplacé par un
élévateur, comme aux *espigadoras*. Cet élévateur projette la récolte
coupée, soit dans une voiture accompagnant la machine, soit dans un
grand sac, suspendu à l'élévateur. Ce sac est vidé de distance en distance,
par le conducteur, au moyen d'une manœuvre très simple.

Nous avons fait moissonner 80 hectares de blé par une de ces moissonneuses transformée en espigadora et en avons été très satisfaits. La
conduite est très facile. Son rendement est sensiblement supérieur à
celui d'une lieuse, car il n'y a presque pas d'arrêts, surtout si on se sert
de sacs. Dans les petites et moyennes exploitations, cette machine peut
très bien remplacer la grande espigadora qui est toujours la moissonneuse par excellence des grandes exploitations en terrain peu accidenté.

Fig. 719. — Moissonneuse avec élévateur et sache-poche (Société coopérative
agricole et viticole d'Algérie).

Nous donnons dans la figure 719 la vue de la machine précédente
dont parlait M. Ryf : c'est une moissonneuse Deering à élévateur,
déjà employée en Russie, mais à laquelle, en 1905, la société coopérative agricole et viticole d'Algérie a eu l'ingénieuse idée d'ajouter
une *sache-poche* avec ferrures spéciales : la sache se remplit de la
récolte fournie continuellement par l'élévateur, puis, quand elle est
pleine, le conducteur agit sur un déclanchement qui l'ouvre à sa partie inférieure, de sorte que la céréale est déposée en meulons (fig. 720) ;
on charge ensuite les meulons à la fourche dans des véhicules, et

on glane le champ au râteau à cheval. — Nous croyons cette machine très recommandable dans les régions où les blés, orges, etc.. ayant la paille très courte, sont difficiles à lier, comme dans celles où la paille, n'ayant pas de valeur, on coupe très haut pour incinérer ensuite les chaumes sur place (cette opération, détruisant des insectes et des champignons, assure en même temps le nettoiement du champ ; il faut procéder avec précaution à l'incinération et sur-

Fig. 720. — Vue arrière de la machine figure 719, la sache-poche venant de déposer sa charge.

veiller les progrès de l'incendie qui doit rester dans les limites voulues. Beaucoup de nos possessions ont de judicieux règlements relatifs aux *feux de brousse*).

Le rapport précité de M. G. Ryf contenait les indications ci-dessous au sujet d'une *moisonneuse-batteuse* :

Une nouvelle machine, qui moissonne et bat en même temps, a été introduite dans notre contrée par la maison Massey-Harris. Cette machine très ingénieuse, construite solidement, avec soin, est beaucoup plus simple qu'on ne pourrait le croire. Contrairement à nos craintes, cette machine faisait d'assez bon travail et ne se dérangeait pas souvent. Nous n'osons encore nous prononcer sur l'avenir de cette nouvelle machine en Algérie. Le grand reproche que nous lui faisons est de laisser toute la paille sur pied, car elle ne ramasse, au moyen d'un grand peigne très bien étudié, que les épis. Il faut donc faucher et ramasser la paille après coup. Dans certains pays où la paille n'a pas de valeur, cet inconvénient est peu grave, mais dans notre région, avec nos longs hivers, la paille a une assez grande valeur.

Cette moissonneuse-batteuse travaille sur 1^m50 de largeur, comme nos petites lieuses. Elle pourra faire 3 à 4 hectares par jour, rarement plus. C'est suffisant pour une petite exploitation, mais ne suffit pas pour une plus grande. Cette machine coûte 300.0 fr. En somme, ce n'est pas cher si on considère qu'elle est moissonneuse et batteuse à la fois. Nous savons qu'en Tunisie on emploie un certain nombre de semblables machines. Nous serons donc fixés d'ici à quelques années sur la valeur pratique de cette machine très séduisante. On nous assure qu'elle se répand très rapidement en Australie et dans la République Argentine.

Fig. 721. — Moissonneuse-batteuse Massey-Harris.

Rappelons que le premier modèle anglais de ces machines, à destination de l'Australie, figurait à l'Exposition universelle de Paris en 1878, et nous eûmes l'occasion de l'essayer en 1881 à la ferme d'application de l'Institut National Agronomique. — La fig. 721 représente la machine, dite *canadienne*, de Massey-Harris dont parlait M. Ryf.

Un de nos anciens élèves, M. René Gagey, professeur à l'École Coloniale d'Agriculture de Tunis, a essayé le 26 mai 1905 la machine Massey-Harris dans un champ d'orge [1] et voici les principaux résultats qu'il a bien voulu nous communiquer :

Poids de la machine...................................... 1200 kg.

Traction.
- Roulement de la machine sur le chaume.... 200 kg.
- Marche à vide du mécanisme.............. 350 kg.
- En travail normal (sur $1^m 50$ de largeur)... 400 kg.

M. Gagey ajoute que les principaux avantages de la machine sont les suivants :

— Suppression d'un matériel de battage, coûteux d'achat et de conduite à cause du nombreux personnel qui doit le servir;

— Battage assez doux qui diminue la casse et la fêlure des grains de blé dur, ce qui a son importance pour les blés de semence;

— Suppression du liage (dépense de ficelle), de la mise en moyettes, des transports et de la mise en meules, de l'assurance de ces meules;

— Battage rapide des récoltes qui permet de lancer sur le marché du grain de très bonne heure afin de profiter de la hausse;

— Suppression des risques d'incendie, de gardiennage des gerbiers.

Quant aux inconvénients, on peut les résumer ainsi :

— La paille restée sur le champ est piétinée, écrasée;

— Il faut n'opérer que sur une récolte mûre, non mouillée, c'est-à-dire ne présentant pas trace de rosée, sinon le battage s'opère mal;

— La récolte doit être aussi régulière que possible, sinon des épis restent sur pied;

— Il ne faut pas que les mauvaises herbes soient trop abondantes (chardons, carottes sauvages, etc.), car elles se prennent dans le peigne et le font bourrer.

Une « Massey-Harris » a fonctionné au domaine de Badrouna, chez M. Gounot, à Souk-el-Khemis; ce dernier a fait les remarques suivantes :

« J'ai constaté qu'avec une machine de $1^m 50$ de peigne on doit récolter plus de deux hectares par jour. Pratiquement, toutes les fois que les céréales se présentent bien, on atteint environ trois hectares, ce qui permet de tabler sur une moyenne minimum de deux hectares et demi. — Si l'on compte la journée de français à 5 francs, celle d'arabe à 1 fr. 50 et d'un mulet à 3 francs, soit en tout 32 francs, le travail revient par hectare à 13 francs environ. Il y aurait lieu d'ajouter une charrette pour rentrer le grain et surtout l'amortissement de la machine. Si elle est vendue 2800 francs, on pourrait l'évaluer à 14 ou 15 francs par jour, soit 5 à 6 francs par hectare. J'estime qu'au

---

1. La récolte moyenne de la ferme, en orge, est de 17 quintaux de grain et 30 à 35 quintaux de paille à l'hectare.

total, moisson, battage et rentrée du grain reviennent à 20 francs l'hectare. Cette machine réalise donc une très grosse économie sur les procédés de récolte habituels, car dans un champ donnant 12 quintaux de blé ou 16 d'avoine, la moisson, le transport et le battage ne peuvent être évalués à moins de 40 francs par hectare, soit le double. »

Pour le maïs-fourrage, la ramie, le sorgho, etc., nous croyons qu'on peut utiliser une *moissonneuse-javeleuse* de fabrication courante ; à la suite de recherches faites en 1885, 1886 et 1899, nous avons fait faire en 1903, à propos du maïs à grains, des expériences qui ont parfaitement réussi dans le Midi de la France, chez MM. Lartigue frères, propriétaires du domaine de Poustagnacq, par Saint-Paul-lès-Dax (Landes) ; voici les résultats constatés sur une vingtaine d'hectares :

Avec des ouvriers munis de serpes, il fallait de 13 à 15 journées d'homme (de 10 heures chacune) pour abattre un hectare de maïs, soit de 130 à 150 heures d'ouvrier [1].

Avec la moissonneuse-javeleuse on coupait 2 rangs en même temps (écartement des lignes 0 m 30); le chantier, comprenant une paire de bœufs (changée chaque quart de journée), le bouvier et le conducteur assis sur le siège, coupait

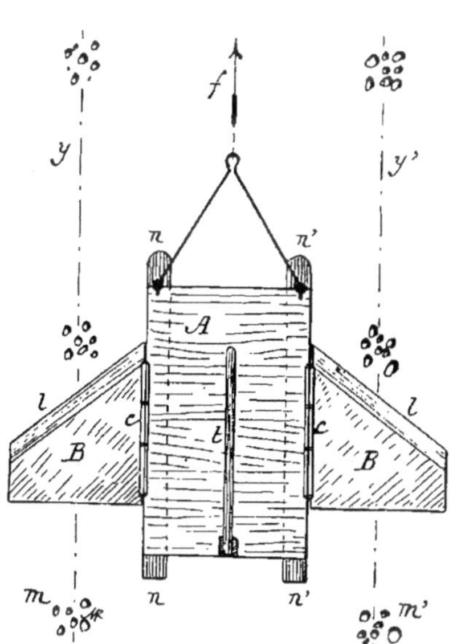

Fig. 722. — Principe d'une machine à récolter le maïs.

1 hectare en 4 heures. La récolte d'un hectare nécessitait ainsi 8 heures d'ouvrier et 4 heures d'une paire de bœufs.

Nous ne parlerons pas des *moissonneuses-lieuses* à maïs dont l'emploi semble se restreindre aux États-Unis, leur pays d'origine,

---

1. La récolte manuelle du maïs dans la province de Lang-Son nécessite environ 12 journées par hectare *Bulletin de la Direction de l'Agriculture et du Commerce de l'Indo-Chine*, mars 1907, p. 227).

alors qu'on y revient aux modèles de 1893, à un ou à deux rangs,
dont le principe est donné par la figure 722. Un bâti A, assez étroit
pour passer dans l'interligne y, y', porte de chaque côté une feuille
B, en tôle d'acier, montée à charnières c ; chaque feuille est garnie
en avant d'une lame l bien affûtée : la direction du tranchant de
la lame est inclinée sur la traction, généralement d'avant en arrière

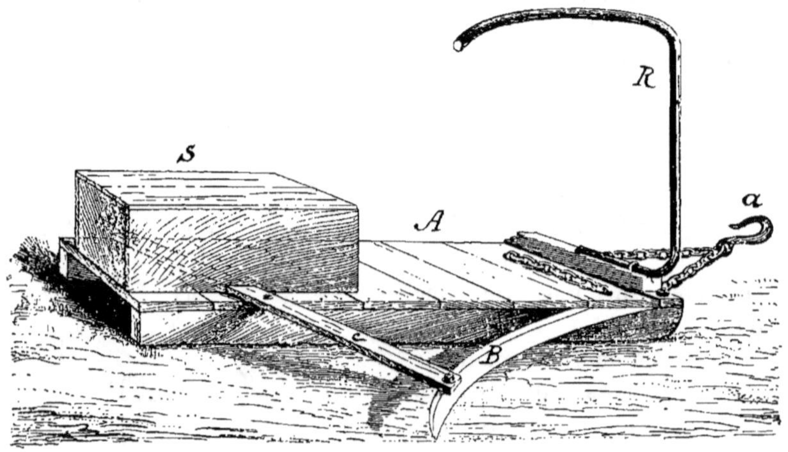

Fig. 723. — Machine à récolter le maïs.

et de dedans en dehors, sauf dans quelques modèles ; le bâti A est
porté sur deux longrines de traîneau n, n', et est tiré par l'attelage
suivant f. Sur le bâti se trouve quelquefois, à 0 m 80 de hauteur, une
lisse t retenant les hommes chargés de recevoir les tiges coupées :
de temps à autre on arrête l'animal et les tiges sont déposées sur le
sol en grosses javelles. Les plaques B se relèvent pour le transport.
Le montage sur traîneau donne de la stabilité en empêchant la
machine de déraper lorsque la lame rencontre de grosses touffes
m, m' de maïs. — Avec un cheval et trois personnes on coupe de
2,5 à 3 hectares de maïs par jour. — On peut remplacer le cheval
par un bovin. — Ces machines simples, dont nous venons d'indiquer
le principe, pouvant être utilisées pour récolter le sorgho, la ramie,
etc., nous en donnerons quelques spécimens.

La machine la plus rustique, ne coupant qu'un seul rang, se
compose d'un traîneau A (fig. 723), tiré en a, portant une lame de
faux B maintenue oblique par une pièce de bois c ; on voit en S le

siège du conducteur et en R une tige de fer destinée à incliner les
plantes pour les disposer en andain sur la droite du conducteur.

Les machines à deux rangs sont dérivées du type Peterson monté
sur traîneau : on voit dans la figure 724 les lames *l* fixées aux

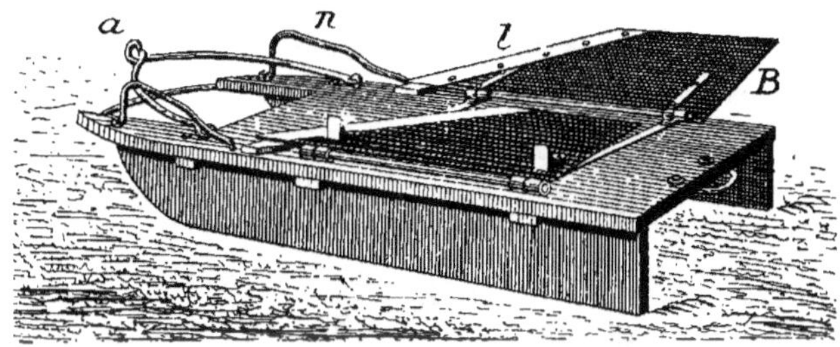

Fig. 724. — Machine à récolter le maïs (Peterson).

plaques B, montées à charnières afin de pouvoir se replier complètement pour le transport (comme l'est la lame de gauche), ou lorsqu'on ne veut couper qu'un seul rang ; en *a* est l'anneau d'attelage
du véhicule dont l'avant est garni de fers de protection *n*.

Les machines genre Whitely (fig. 725) ont une roue d'avant R à

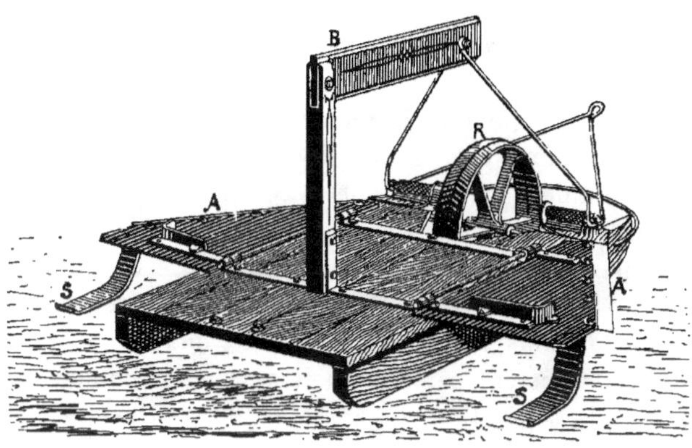

Fig. 725. — Machine à récolter le maïs (Whitely).

profil convexe pour éviter le dérapage ; sous les plaques A, munies
de lames tranchantes, sont fixés des sabots S glissant sur le sol en
dehors du rang des plantes ; une barre d'appui B soutient les
ouvriers.

La figure 726 représente une machine à roues (type *scientific* de

Foos) ; en arrière sont les lames A dont le tranchant est incliné de dehors en dedans : sur le bâti se trouve un banc B pour les ouvriers : la hauteur de coupe se règle par l'essieu coudé d'arrière et en déplaçant la douille *a* sur la tige verticale *b* de l'avant-train.

Au Sénégal[1], l'arrachage manuel des arachides et la mise en meulons des parties aériennes, qui servent de fourrage, demandent environ 15 journées d'ouvrier par hectare[2].

Les récoltes enterrées (racines, tubercules, rhizomes, etc.) pourront souvent s'effectuer avec des *arracheurs* analogues à ceux employés

Fig. 726. — Machine à récolter le maïs (Foos).

chez nous pour les pommes de terre[3], ou avec une charrue dépourvue de versoir, comme cela se pratique en Virginie et en Caroline pour les arachides : chaque ligne nécessite deux raies de charrue. une de chaque côté du rang (une dent d'extirpateur remplacerait probablement la charrue précitée dépourvue de versoir) ; puis, avec des fourches, des ouvriers soulèvent, secouent et réunissent les plantes en andains ; ceux-ci sont ensuite mis en meulons sur des piquets où ils restent pendant trois ou quatre semaines, jusqu'au moment de la séparation des gousses d'avec les tiges et feuilles qui constituent un excellent fourrage.

1. *Bulletin du Jardin colonial*, mai 1906 : Dumas : *Arachide*.

2. La récolte est en moyenne de 1500 à 2000 kilog. de gousses à l'hectare : 1 hectolitre de gousses pèse 85 kilog. ; les graines représentent 60 % du poids total des gousses; le rendement en fourrage est d'environ 1000 kilog. par hectare.

3. Voir notre étude sur les *arracheurs de pommes de terre* dans le *Journal d'Agriculture pratique* de 1898, t. II. p. 499, 601, 631 et 670 : sur les *arracheurs de betteraves*, 1895, t. II. p. 512, 624, 666 et 911.

Préparation des récoltes.

Nous n'examinerons dans ce chapitre que la préparation des grains et des fourrages, laissant pour plus tard l'étude des manutentions à faire subir, sur le domaine, à différents produits, tels que le café, le thé, le cacao, les bananes, le manioc, les fibres diverses, les latex, gommes et résines, les noix de palme, etc., manutentions variant avec chaque colonie et qui, d'ailleurs, appartiennent plutôt au Cours de *Technologie* qu'à celui de *Génie Rural* (voir page 375) ; il en sera de même pour les machines diverses destinées à fabriquer la glace, à extraire les huiles, à évaporer les liquides, les appareils à distiller, etc.

Égrenage des céréales et du maïs. — La séparation du grain de la paille des céréales s'effectue :

A bras à l'aide de *gaules* et de *fléaux*, et prend le nom de *battage* ;

Par le *peignage* ;

Par le piétinement des animaux (*dépiquage*) :

Par l'action d'un *traîneau* ou d'un *rouleau* déplacé par des animaux (*égrenage*) ;

A l'aide de *machines à battre* ou *batteuses*, et dans ce cas l'opération prend le nom de *battage à la machine*, par opposition au battage au fléau.

L'égrenage manuel de l'arachide se fait en cueillant les gousses une à une et, dans le Haut-Sénégal [1], M. Dumas estime qu'il faut consacrer 80 journées d'ouvrier pour traiter de cette façon la récolte d'un hectare.

Dans les petites exploitations, le maïs est aussi égrené par une opération manuelle.

Nous croyons inutile de nous arrêter sur le battage à la *gaule* ou au *fléau* qu'on peut recommander chaque fois qu'il s'agit de préparer des graines de semence ; les gaules doivent être cintrées, comme les manches de divers instruments (faux, etc.) ; à cette occasion, disons comment on obtient ces bois courbés : soit, par exemple, à

---

1. *Bulletin du Jardin colonial*, mai 1906.

cintrer une perche rectiligne suivant le pointillé *a b c* (fig. 727)
qu'on trace sur le sol ; on y pose la perche *a′ b c′* à laquelle on a

Fig. 727. — Cintrage d'une gaule.

soin de faire prendre des courbes d'un rayon plus petit que celui qu'on désire avoir et on la maintient à l'aide de piquets à crosse *n* solidement enfoncés en terre ; en opérant ainsi sur des perches fraîchement coupées, qu'on peut d'ailleurs arroser plusieurs fois pendant deux ou trois semaines, le bois se sèche en place et, au bout de quelque temps, on obtient la pièce voulue.

Souvent la récolte, par petites poignées, est passée au travers des

Fig. 728. — Égrenage au peigne.

dents verticales implantées dans un banc (fig. 728, ou formant un *peigne* en bois fixé à 1 mètre environ au-dessus du sol (égrenage du paddy au Japon ; du sorgho en Égypte, etc.).

Le *dépiquage*, très employé depuis l'antiquité dans le bassin de la Méditerranée, doit non seulement mettre les grains en liberté, mais encore triturer la paille destinée à l'alimentation des animaux ; on utilise surtout des bœufs [1] ; en Cochinchine, le riz est foulé par

1. Le dépiquage du riz à pieds d'hommes, employé au Tonkin, fournirait environ 30 à 40 kilog. de paddy par heure et par homme (d'après M. Bui-Quang-Chieu).

des buffles : au Tonkin, un chantier comprenant un conducteur et trois buffles peut donner de 45 à 70 kilog. de paddy par heure ; en Algérie et en Tunisie ce sont les bœufs, les ânes, les mulets et les chevaux qui font ce travail. Dans le Languedoc et la Provence, jusqu'en 1840, les *haras de Camargue* étaient seuls chargés de l'égrenage des céréales. — En Algérie, selon M. G. Ryf, « on fait généralement des *tournants* de 3 ou 4 animaux, plus rarement de 5 ou 6. Le diamètre de l'aire de dépiquage ne dépasse pas 6 à 8 mètres. Avec 4 mulets et 2 hommes, on fait, en général, 15 à 20 hectolitres de blé par jour [1]. 30 à 40 °/₀ en plus pour l'orge... Les animaux se fatiguent énormément à ce travail qui se fait dans la saison la plus

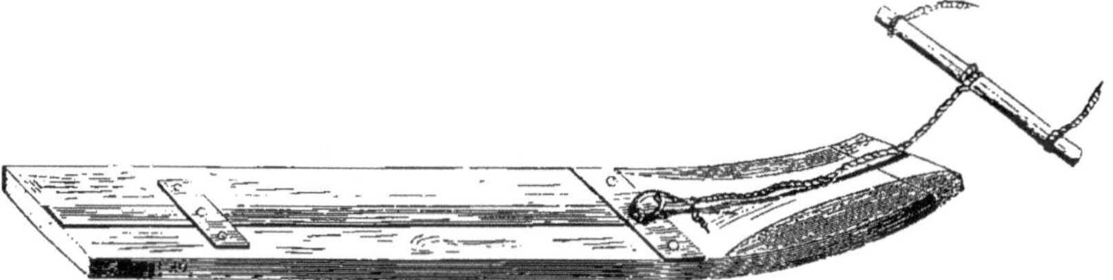

Fig. 729. — Traîneau pour l'égrenage des céréales Asie Mineure'.

chaude de l'année et pendant les heures les plus chaudes de la journée ; après un mois de dépiquage, il faut les laisser se reposer pendant 1 à 2 mois. Très souvent, l'action des barbes des épis, les bouts de paille, entament les pieds des animaux ce qui amène des blessures et des ulcères très longs à guérir ».

Avec les haras de Camargue les chevaux étaient répartis par *rodets*, composés chacun de six couples d'animaux, qui ne dépiquaient en moyenne, par journée, que 50 hectolitres de grain.

Le *traîneau*, formé d'un panneau en bois (fig. 729) dont la face inférieure est garnie de silex, est encore employé en Grèce, en Turquie, en Asie Mineure, en Tunisie, etc. ; dans les modèles perfectionnés, à la place des silex, il y a des clous en acier à tête de diamant ou des lames.

L'emploi du *rouleau* à égrener les céréales remonte à 1838 ou 1839

---

1. Dans les belles cultures de blé du Nord de la France, 100 kilog. de gerbes donnent 30 à 33 kilog. de grain : selon notre ancien élève M. François Simonard, aux environs de Médéah (Alger), 100 kilog. de gerbes donnent 40 kilog. de grain. — Dans les pays où la paille est très courte on retire parfois plus de 60 kilog. de grain par 100 kilog. de gerbes.

dans les Pyrénées-Orientales et l'Hérault ; en 1841, dans le Lot-et-Garonne, on déclarait qu'avec un rouleau cannelé en bois dur (fig. 730

Fig. 730. — Rouleau à égrener les céréales (Lot-et-Garonne).

tiré par un cheval, le chantier, comprenant le conducteur, un ouvrier et 4 femmes, égrenait 20 hectolitres de blé par jour.

En Égypte, une récolte de blé donne de 19 à 25 hectolitres de grain à l'hectare et 1700 kilog. de paille ; l'égrenage et le hachage de la paille s'effectuent sur une aire circulaire

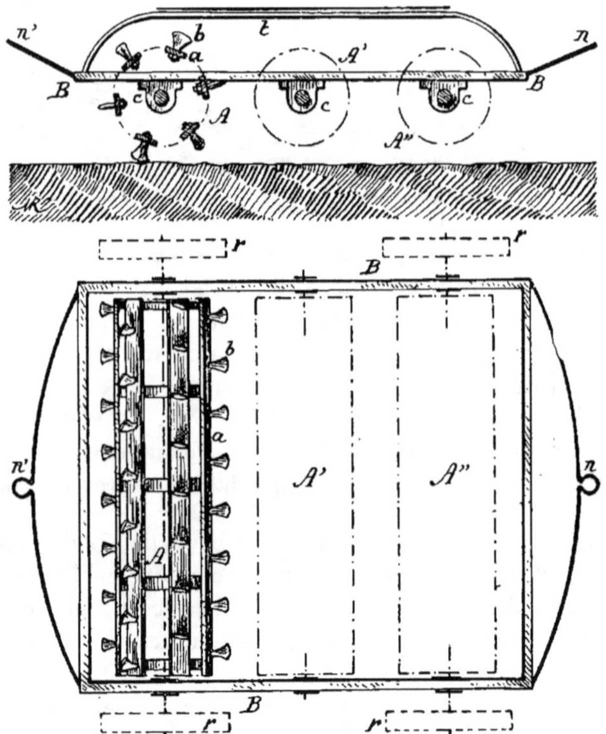

Fig. 731. — Élévation et plan d'un *trilho* métallique (Portugal).

en terre battue ; une paire de bœufs ou de buffles est attelée à la *noreg*, sorte de siège en bois porté sur un châssis reposant sur deux rouleaux en bois, garnis de distance en distance de disques en tôle jouant le rôle de coutres circulaires.

Le *trilho* portugais, de construction métallique, qui figurait à l'Exposition de 1900, se compose de 3 cylindres A, A', A'' (fig. 731) à claire-voie; chaque cylindre, de 0^m20 de diamètre et de 0^m80 de long, est pourvu de 6 battes en fer plat *a*, garnies de palettes *b* inclinées dans différentes directions, afin de bien briser la paille. Chaque cylindre est monté sur un axe dont les extrémités tournent dans des boîtes *c* fixées en dessous du bâti B, recouvert d'une garde de tôle *t* ou d'un plancher en bois sur lequel s'assied le conducteur;

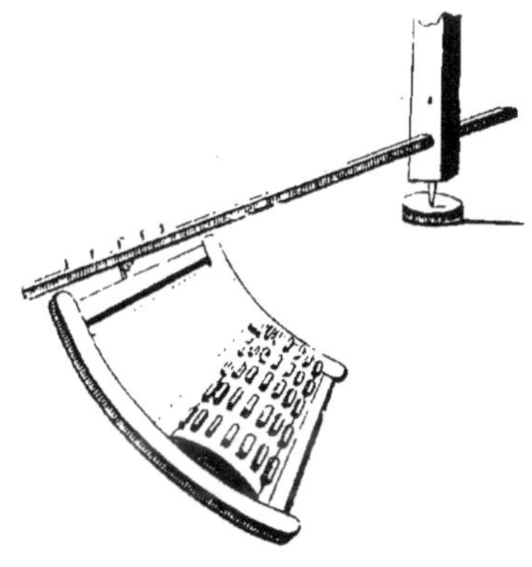

Fig. 732. — Rouleaux à manège pour l'égrenage des céréales (Suède).

l'attelage s'effectue en *n* ou en *n'* et le bâti B est pourvu de 4 roues-support *r*, fixées sur les axes des cylindres extrêmes A et A''.

Fig. 733. — Rouleaux à manège pour l'égrenage des céréales (S. Villalongue).

Pour faciliter le travail, on a monté le rouleau à la façon d'un

manège; la fig. 732 indique la disposition employée en Suède au
début du xɪxᵉ siècle : le châssis des rouleaux est relié à une flèche
qui tourne autour d'un pivot vertical. — En 1859, M. Villalongue,

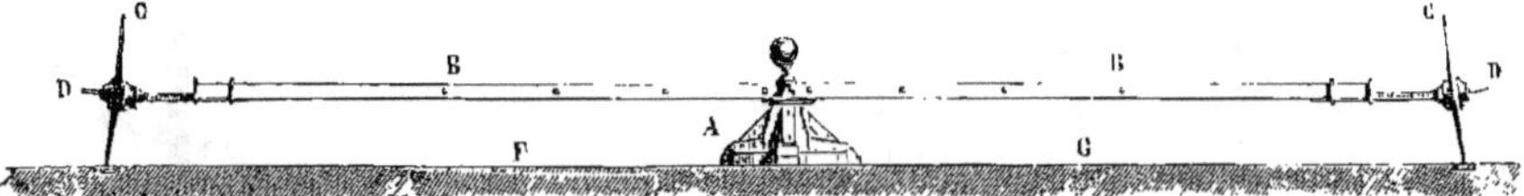

Fig. 734. — Coupe verticale du manège Villalongue pour l'égrenage des céréales.

La flèche B tourne autour du pivot A et est soutenue à ses extrémités par es
roues C montées sur des fusées D. Les gerbes sont placées sur l'aire F G garnie sur
sa circonférence d'un chemin de roulement en planches, affleurant le sol.

de Perpignan, adoptait un manège représenté par les fig. 733
à 735. L'aire à battre a 12 mètres de diamètre; la flèche, de

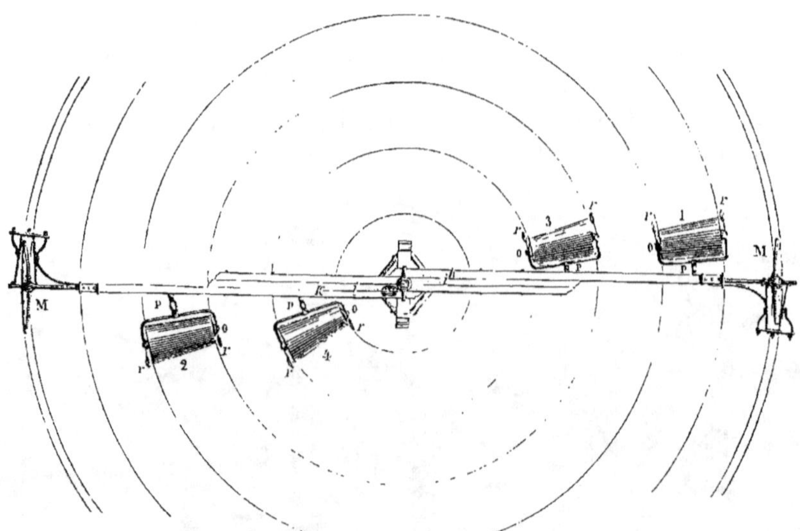

Fig. 735. — Plan du manège Villalongue pour l'égrenage des céréales.

La flèche, formée de plusieurs pièces de bois K i h. est portée par les roues M en
avant desquelles un cadre en fer reçoit les crochets d'attelage. Les rouleaux 1, 2, 3 et
4 parcourent des circonférences concentriques. Chaque axe o des rouleaux est monté
dans un cadre r, relié en P avec la flèche.

17 mètres de longueur, est portée par 2 roues de 1ᵐ80 de diamètre
qui roulent sur une voie en planches de 0ᵐ20 de largeur. La flèche
entraîne 4 rouleaux tronc-coniques en bois dur et à chaque tour
toute la surface de l'aire reçoit l'action uniforme des rouleaux de

0^m80 et 0^m90 de diamètres et 1^m10 de long. — Dans une expérience, l'aire reçut 260 gerbes de blé (probablement de 7 kilog. 5); la machine, tirée par 2 paires de bœufs, faisait un tour par minute et on l'arrêtait toutes les 8 à 10 minutes; puis, pendant 5 minutes environ, 6 hommes retournaient la paille à l'aide de fourches; « après une heure de travail, le blé est battu et égrené aussi complètement qu'avec un rouleau de pierre pendant un travail de huit heures ». — M. Villalongue est arrivé à battre 2000 gerbes par jour en moyenne. Avec cette machine, les animaux, marchant sur une piste solide, ont moins de fatigue et ne risquent pas de souiller de leurs déjections le grain ou la paille; les repos multipliés, rendus obligatoires pour le retournement des gerbes, sont utiles aux animaux lors des chaleurs excessives qui règnent à l'époque de l'égrenage des céréales.

On pourrait améliorer la machine précédente : remplacer les rouleaux tronc-coniques par des rouleaux cylindriques (plus faciles à construire) qui produiraient continuellement un froissement favorable à l'égrenage de la récolte, ou, au besoin, par des rouleaux cannelés (un rouleau plein, formé de plusieurs pièces de bois dur réunies par des boulons ou des chevilles, de 0^m80 de diamètre et 1^m10 de long peut peser environ 400 kilog.). — Au lieu d'une seule flèche diamétrale, qui risque de subir des flexions dans le cas d'un tirage inégal des deux attelages, il vaudrait mieux adopter deux flèches indépendantes articulées l'une au-dessus de l'autre sur le pivot central, chaque flèche étant tirée par son attelage.

Nous laissons de côté le matériel connu des *batteuses en travers* [1]; ces machines à grand travail sont utilisées dans les colonies anglaises, mais comme elles respectent la paille on leur ajoute un *broyeur de pailles* à la sortie des secoueurs; il vaut mieux avoir recours aux *batteurs en bout*, lesquels, pour effectuer la même quantité de travail pratique, n'exigent qu'un peu plus de la moitié de l'énergie nécessitée par les batteurs en travers.

Il y a donc lieu d'appeler l'attention de nos colons sur les batteuses en bout et en particulier sur celles qui sont pourvues du *batteur à pointes*; on en construit de nombreux modèles dans l'Ouest de la

---

1. Les batteuses à grand travail rendent aujourd'hui énormément de services en Algérie; la rapidité d'exécution de l'ouvrage permet de mettre plus facilement la récolte à l'abri des maraudeurs.

France, en Suisse et en Allemagne ; aux États-Unis ce sont de fortes machines mues par une locomobile, de 10 à 14 chevaux, chauffée avec de la paille. Comme nous le verrons dans un instant, ces batteuses à pointes peuvent servir pour le riz[1] ; nous en avons fait employer pour égrener des porte-graines de toutes sortes de plantes potagères ou d'ornement. Sans insister sur les grands modèles

Fig. 736. — Batteuse à pointes Garnier.

américains, qui ne peuvent être employés que dans les domaines importants ayant une organisation et un personnel en harmonie avec le matériel, nous parlerons des machines simples, à petit travail, pouvant être mues à bras ou mieux à l'aide d'un manège ; il serait à souhaiter qu'on en fît à manège direct (nos batteuses à manège direct, employées dans l'Ouest, sont montées avec ce que nous appelons le *batteur écossais* et non avec le batteur à pointes).

La figure 736 représente une *batteuse à pointes* de M. Garnier ; les paliers, à coussinets articulés, sont pourvus de graisseurs à graisse consistante ; l'arbre inférieur est muni d'un joint qui s'articule avec l'arbre à terre d'un manège (fig. 570, p 428) ; cet

1. Voir la note 1 de la page 361 relative à l'emploi des batteuses à riz dans les vallées du Niger et du Haut Sénégal.

arbre inférieur porte, du côté du joint, une grande roue dentée qui commande le batteur par un engrenage intermédiaire, et, de l'autre côté, une poulie permettant d'actionner par courroie un secoueur de pailles. La vue d'ensemble de la batteuse accouplée au secoueur de pailles est donnée par la figure 737.

Les petites batteuses à manège conviennent pour l'égrenage

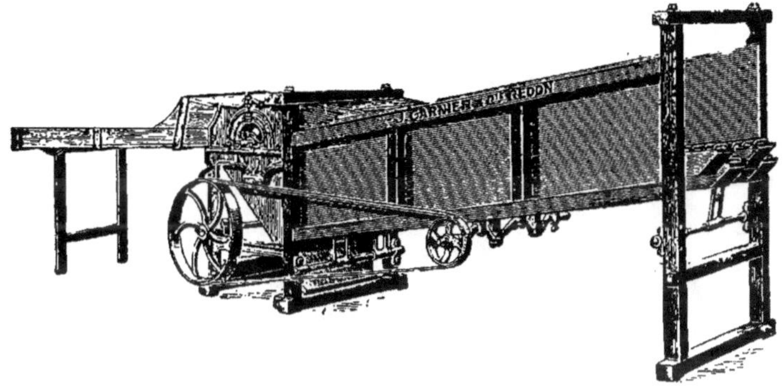

Fig. 737. — Batteuse avec secoueur de pailles Garnier.

d'autres récoltes que les céréales. M. Lejards-Maunoury a fait usage, au Tonkin, pour le travail du riz, d'une batteuse à manège Garnier ; voici les dimensions de cette machine[1] :

Roues de commande du batteur (nombre de dents).... $\frac{158}{29} \times \frac{104}{22} =$ 28.28

Nombre de tours de l'arbre à terre du manège par tour de piste... 18

Nombre de tours du batteur { par tour de piste..... $28.28 \times 18 =$ 509 ; par minute pour { 3,5 tours de piste 1781 ; 4 tours de piste... 2036

Batteur { diamètre à la base des pointes ou dents............... $0^m 360$; longueur.. $0^m 550$; nombre de battes................................ 8 ; nombre de dents par batte........................ 5

Vitesse à la circonférence du { pour 3,5 tours de piste par minute $33^m 55$
batteur (en mètres par seconde) { pour 4 tours de piste par minute. $38^m 34$

Il nous semble que la vitesse du batteur, à la circonférence, est un peu forte, risquant de briser les grains trop secs (cela explique pourquoi, dans certains cas, les brisures dépassaient 4% du poids

1. En décembre 1906, M. Garnier nous écrivait de Redon (Ille-et-Vilaine), qu'il venait d'expédier à Yokohama un semblable matériel et deux broyeurs d'ajonc, où ils serviront très probablement de modèles aux constructeurs japonais.

total du grain battu); nous croyons qu'on peut la réduire à moins d'une trentaine de mètres par seconde.

Avec les indications précédentes (et celles données à la page 428, sur le manège attelé de 4 buffles), on a effectué les travaux suivants à So'n-cỏt, chez M. Lejards, selon les notes qui nous ont été transmises en janvier 1907 par M. Bui-Quang-Chieu, ingénieur agronome, sous-inspecteur de l'Agriculture au Tonkin :

Le nombre d'ouvriers était de 10 à 12, ainsi répartis :

4   enfants pour conduire les buffles.
2   hommes pour apporter les gerbes à la table d'alimentation de la batteuse.
3   hommes pour engrener les gerbes à la machine.
1   homme pour retirer, au râteau, le paddy et la menue paille tombés sous les secoueurs.
2   hommes ou femmes, pour retirer la paille fournie par les secoueurs.
———
12   personnes.

« Ce personnel, écrit M. Bui-Quang-Chieu, se trouvait parfois réduit à 10 et la machine allait tout de même. — Ce personnel était improvisé, chaque métayer indigène et ses gens étant chargés de s'occuper du battage de leur lot de paddy. — La machine, qui a été très bien utilisée malgré l'ignorance des ouvriers, grâce à sa solidité et à sa simplicité, est susceptible de rendre d'importants services au Tonkin où la main-d'œuvre est relativement rare, surtout pendant la moisson. »

Des constatations faites sur différents lots de paddy (battage et rebattage réunis), nous tirons les chiffres suivants calculés par minute de travail effectif :

	Grain battu par minute. kilog.
Premier lot	9ᵏ 55
Deuxième lot (après un nouveau réglage	12.97
Troisième lot	13.97
Riz Nếp-ránh	15.60
Riz Lúa-tàm	16.11
Riz Nếp-ránh	14.11
Riz Nếp-vành	13.63

Sur 100 (en poids de la récolte passée à la machine, on a retiré en moyenne :

63.75   de grain,
35.05   de paille,
1.20   de déchets, poussières, etc.

Sur un temps total utile employé au travail et égal à 100, on a dépensé :

62   pour le battage proprement dit.
38   pour le rebattage (repassage de la paille battue à la machine).

D'après les chiffres précédents, on voit qu'on peut tabler sur un rendement minimum (y compris le temps employé au rebattage de la récolte) de 14 kilog. de grain battu par minute, soit près de 22 kilog. de gerbes ; en comptant sur une durée de travail utile de 45 minutes par heure, on obtenait donc, pratiquement, par heure de travail, avec 4 buffles et 10 à 12 personnes, au moins 630 kilog. de paddy provenant du battage de 990 kilog. de gerbes.

Fig. 738. — Ébarbeur d'orge Pilter.

Les graines barbues, telles que l'orge, peuvent être repassées à un *batteur écossais* tournant devant un contre-batteur plein ; avec une petite batteuse mue par un manège à deux bœufs, on peut ainsi repasser de 14 à 16 hectolitres d'orge par heure sans casser les grains.

En Angleterre on utilise surtout *l'ébarbeur* représenté par la figure 738 ; la machine consiste en un axe horizontal muni de petites palettes obliques tournant dans une enveloppe cylindrique, en fonte, cannelée intérieurement. Les grains, placés dans la trémie, traversent l'enveloppe, sont frottés les uns contre les autres et contre les cannelures de l'enveloppe ; ils sortent à l'extrémité par un orifice dont on peut modifier la section d'écoulement [1] ; mue à bras par un homme, cette machine peut ébarber jusqu'à 15 hectolitres d'orge à l'heure.

L'égreneuse de sorgho, de E. Kühne, qui figurait dans la sec-

1. La machine pourrait servir pour décortiquer ou dépulper certains fruits.

tion hongroise de l'Exposition de 1900, est du système américain
(fig. 739) : deux cylindres en bois A et B, de 0^{m}30 environ de
diamètre, sont placés l'un au-dessus de l'autre et tournent en
sens inverse, comme l'indiquent les flèches ; chaque tambour, de
0^{m}80 environ de long, est garni de tiges a en fer rond, aplaties à
leur extrémité, comme le montrent les coupes x et x' ; ces tiges,
de 0^{m}10 environ de longueur, sont implantées sur les cylindres
suivant des hélices à pas allongé. Deux ouvriers présentent les

Fig. 739. — Égreneuse de sorgho E. Kühne.

poignées de sorgho à l'action des pointes, comme on le fait en
Algérie pour *défibrer* les feuilles de palmier nain et préparer le
produit désigné sous le nom de *crin végétal*. La machine, mue par
une courroie C, nécessiterait environ 150 kilogrammètres par seconde ;
les batteurs font de 700 à 800 tours par minute, et deux hommes
peuvent battre par jour la récolte de 5 à 6 hectares.

L'égrenage du *maïs* peut se faire à la main [1] ou à l'aide d'un moteur
animé ; parmi les nombreux modèles proposés nous ne citerons

1. L'égrenage manuel des épis de maïs récoltés sur un hectare, dans la province de
Lang-Son, demanderait environ 45 journées ; le travail s'effectue avec un bâton ou
au pilon (*Bulletin de la Direction de l'Agriculture et du Commerce de l'Indo-Chine*,
mars 1907, p. 225).

que les deux suivants : la fig. 740 représente un petit égrenoir dont nous avons rapporté le modèle d'Amérique en 1893 et qui, aujourd'hui, s'est beaucoup répandu dans le Midi de la France, en Algérie et en Tunisie. L'appareil se fixe par des vis contre la planche d'une caisse ; on tourne la manivelle d'une main pendant qu'on alimente

Fig. 740. — Égrenoir de maïs (Pilter).

avec l'autre ; les grains tombent directement dans la caisse et les râfles sont automatiquement rejetées en dehors par suite de la disposition spéciale de la trémie. Par heure de travail un seul ouvrier produit un peu plus d'un hectolitre de maïs égrené (123 litres). Dans les grandes fermes, on dispose une batterie de 6 à 8 de ces petits égrenoirs de maïs autour d'un grand coffre.

La fig. 741 est relative à un des *concasseurs* de maïs à manège direct, si employés aux États-Unis, et que nous avons pu utiliser comme égrenoir en modifiant le réglage. Le coffre A, formant bâti, supporte la noix conique fixe, à cannelures externes, autour de laquelle tourne, dans le plan horizontal, l'enveloppe B C, solidaire de la flèche D, pourvue elle-même de l'anneau d'attelage a ; la portion C (en tôle) joue le rôle de trémie ; la partie B porte des cannelures intérieures ; le réglage de l'écartement est obtenu par le volant V ; le coffre A se fixe au sol à l'aide de piquets.

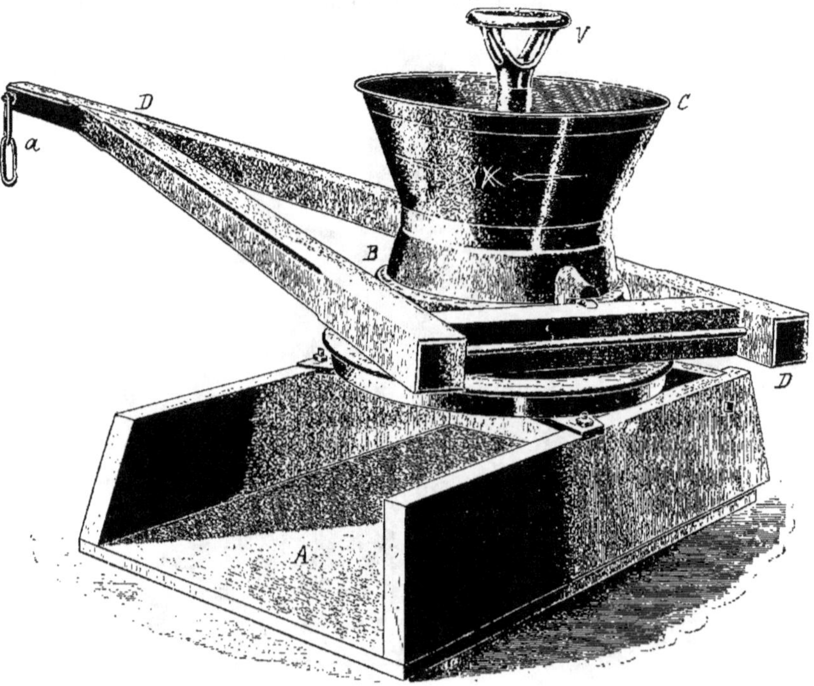

Fig. 741. — Concasseur à manège direct États-Unis.

Nos essais (1902) ont porté sur une machine Stover-Pilter ayant une noix fixe de $0^m 56$ de diamètre et une flèche de $3^m 08$ de rayon ; voici les résultats relatifs à l'égrenage du maïs provenant des environs de Bazas, et pesant 44 kilog. l'hectolitre :

Poids placé dans la trémie	30 kilog.
Nombre de tours du manège	14
Temps employé	5' 8"
Vitesse moyenne du cheval par seconde	$1^m 26$
Temps utile pour égrener 100 kg. de maïs	17' 6"
Effort moyen, à vide	1 k 40
— en travail	43 k 40
Travail mécanique pour 100 kg. de maïs en épis	51729 kilogrammètres.

On voit que l'effort est faible et qu'au besoin il pourrait être fourni par des hommes poussant sur la flèche (l'effort maximum a été de 57 kilog.) ; la proportion de graines brisées n'a pas dépassé 8 %. — Nous reprendrons cette machine plus loin à propos des *concasseurs*.

Nettoyage et triage des grains. — Les machines connues et employées dans nos exploitations s'appliqueront sans difficultés

Fig. 742. — Tarare en fer (Garnier).

aux colonies : tarares, cribleurs, trieurs à alvéoles, ébarbeurs d'orge [1] ; il n'y a donc pas lieu de les décrire dans ces notes.

Le nettoyage des grains se pratique souvent en jetant ces derniers en l'air lorsque souffle un vent ayant une vitesse d'environ 5 à 6 mètres par seconde ; les grains, les balles et les poussières, ne décrivant pas les mêmes trajectoires dans l'espace, tombent sur des zones différentes de l'aire ; quand il n'y a pas de vent, on pro-

---

1. Pour la sélection des grains de semence, pour ne choisir que les plus denses et surtout pour éliminer ceux attaqués par les insectes, on peut jeter les graines dans un récipient contenant de l'eau pure ou salée et détruire celles qui restent à la surface du liquide ; — d'après M. J. Lau, sous-inspecteur de l'Agriculture au Tonkin, les Annamites procèdent ainsi pour le maïs, tout en ne choisissant que les meilleurs grains situés au milieu des épis ; — rappelons aussi qu'on aura peut-être à appliquer, dans certains cas, le *sulfatage* des grains de semences afin de détruire les champignons.

duit un courant d'air soit à l'aide d'un grand éventail de 0 ^{m} 80 de
long et 0 ^{m} 75 de large (appelé *quat-thoc* par les Annamites, et formé
de papier collé sur une carcasse en bambou) manœuvré par deux
hommes, soit à l'aide d'un tarare.

Des *tarares* en bois, identiques aux nôtres comme principe, sont
construits et employés par les indigènes de la Cochinchine, des
Indes Néerlandaises, etc. Comme les tarares sont des machines
légères mais volumineuses, nous recommandons les modèles démontables (fig. 742) [1] dont les panneaux en tôle se fixent au châssis
en fer (facilités de trans-
ports, durée du maté-
riel).

Fig. 743. — Grille fixe.

Le *triage* des grains
peut se faire au *tamis*
ou *sas*, posé sur un bois
ou suspendu par des
cordes et secoué par un
homme ; on peut aussi
employer des *grilles
fixes*, inclinées, A (fig.
743), sur lesquelles on
jette les grains à la pelle ; les produits qui passent au travers de la
grille se réunissent en *f*
et les plus gros coulent
et se rassemblent en *g* ; la grille est soutenue par les pieds *s*
et les planches *p*.

Rappelons que les *trieurs à alvéoles* peuvent être étudiés pour le
triage de toutes sortes de graines, telles que les fèves, le café, le
cacao, le poivre, etc. Une de ces machines, que nous avions recom-

1. Ces tarares, suivant leurs dimensions, pèsent de 100 à 130 kilog. et peuvent
vanner de 6 à 30 hectolitres de grain à l'heure. — Bien que les tarares en fer, démontables, coûtent de 2,6 à 2,3 fois plus que les tarares en bois de mêmes dimensions,
ils reviennent, aux colonies, à meilleur marché que ces derniers par suite de la grande
économie réalisée dans le fret, le tarare en bois voyageant comme marchandise
encombrante et fragile, tandis que le tarare en fer, démonté, est taxé au poids
comme marchandise pesant plus de 300 kilog. au mètre cube. — Ajoutons que les
tarares en fer résistent aux causes de destruction (intempéries, termites), mais, pour
le travail, il faut tirefonner les quatre pieds en fer sur un panneau en bois consolidé
par des traverses, afin de ne pas fatiguer les boulons d'assemblages.

mandée pour le Brésil, a été rapidement remboursée par la plus-value qu'elle donnait aux produits, le commerce payant plus cher des lots de composition uniforme.

Les *cribleurs* (fig. 744), bien plus simples et moins coûteux que les trieurs à alvéoles, sont utiles pour préparer le grain destiné à être concassé ou moulu, nos essais ayant montré que, pour un même poids de graines (en particulier du paddy, du maïs, du blé et de l'orge) et pour un même ouvrage à faire (décortication, concassage, mouture), on dépensait d'autant moins d'énergie qu'on opérait sur des graines de mêmes dimensions pour lesquelles on pouvait bien régler la machine ; sinon on était conduit à faire l'opération en plusieurs passes successives, en modifiant le réglage à chacune d'elles, les petits grains n'étant souvent attaqués qu'au dernier passage.

Au sujet de ces cribleurs, mentionnons nos récentes expériences (Station d'Essais de Machines, 1906) de triage de 13 variétés de paddy provenant de Madagascar ; les grains subirent au préalable deux passages au tarare, puis on les envoya au cribleur rotatif

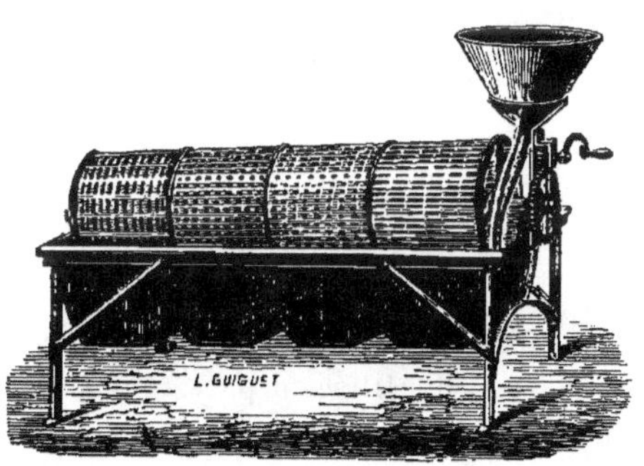

Fig. 744. — Cribleur Pernollet.

divisé en 4 compartiments : le compartiment n° 1 avait des trous rectangulaires de 0^m023 sur 0^m002 (le long côté du rectangle étant parallèle à l'axe du cylindre) ; le compartiment n° 2 avait des trous circulaires de 0^m004 de diamètre ; le compartiment n° 3 avait des trous circulaires de 0^m0045 de diamètre et le compartiment n° 4 avait des trous rectangulaires de 0^m025 de long (parallèle à l'axe) et 0^m004 de large ; les grains très gros, qui s'échappaient du 4e compartiment, constituaient le lot n° 5.

Voici, à titre d'exemple, les résultats du triage de la variété connue sous le nom de Vary Mahia [1] :

---

1. Cette variété est à grains longs et étroits ; les 25 kilog. de paddy ont donné, après 2 passages au tarare, un lot très homogène contenant de nombreux grains pourvus de barbes longues et résistantes (analogues à celles de l'orge).

LOTS	POIDS relatifs.	POIDS du litre en grammes.	POIDS des 100 grains grammes.	Long. moyenne des grains m m.	Diamètre moyen des grains m m.
paddy à trier.	100.00	610	2.59	9.30	2.65
1	24.85	604	2.48	8.85	2.60
2	7.79	609	2.50	8.90	2.70
3	10.58	611	2.52	9.05	2.85
4	49.57	612	2.65	9.40	2.70
5	7.21	613	2.69	9.50	2.90

Dans notre pensée, les essais précédents faisaient partie du programme suivant, destiné à améliorer la production et le commerce du paddy dans un certain nombre de nos colonies, en évitant que les indigènes jettent sur le marché une trop grande quantité de grains, non triés, contenant beaucoup d'impuretés et ayant par suite une faible valeur marchande : l'Administration pourrait mettre (gratuitement ou moyennant une très faible redevance) un tarare et un cribleur à la disposition des indigènes de chaque gros village ; le petit grain obtenu serait donné aux volailles ; le moyen serait employé par l'indigène pour sa consommation personnelle ; le gros paddy serait utilisé en partie pour la semence on obtiendrait ainsi automatiquement une amélioration de la culture) et le reste serait livré au commerce, lequel, se rendant compte du choix des grains et de l'économie des frais de transports qu'il peut réaliser (par suite de l'absence d'impuretés, de grains légers ou petits) payerait la marchandise à un prix couvrant plus que largement les frais du travail. En tous cas il y aurait un essai à tenter dans cette voie, en commençant par deux ou trois centres bien choisis dans une colonie.

Le criblage de certaines graines est impossible si l'on ne procède pas à une opération préalable : cas des graines de carottes qu'il faut d'abord épiler en les frottant dans un récipient ou dans un sac avec de la terre sèche, puis qu'on passe au tarare ; il en est de même pour les graines recouvertes d'un duvet (coton). Aux États-Unis, pour faciliter le criblage des graines de coton, on les enrobe avec de la terre fine, des cendres, des phosphates, de la farine, etc. ; le *pralinage* s'effectue en agitant les graines et les matières (avec un peu d'eau) dans des machines analogues à nos barattes-tonneau ; on laisse ensuite sécher les graines à l'air. — Pour enlever la membrane mince, ou *aile*, des graines de pin. M. F. Main, après divers essais, en 1902 [1], a utilisé une baratte horizontale dont il faisait tourner le batteur en sens inverse de celui qui correspond au barattage.

Travail des grains. — Ces travaux sont très variés, depuis la simple *décortication* (riz, sulla), le *concassage* plus ou moins grossier, jusqu'au *broyage* fin destiné à donner de la farine panifiable.

Les indigènes de Java se servent de *pilons* à riz agissant verti-

Fig. 745. — Femmes pilant le riz (Madagascar).

calement dans des mortiers ; la figure 745 (extraite de l'*Empire colonial de la France*, fascicule de *Madagascar*, p. 195) représente les longs pilons (de 2 mètres à 2^{m}20) et les mortiers en bois employés par les indigènes de Madagascar pour piler le riz. Nous donnons les dessins suivants relevés sur les pièces rapportées en 1892 par Dybowski : les N'Gapous pilent le maïs dans un mortier en bois dur (analogue au palissandre) représenté en coupe verticale par la figure 746 ; la cavité conique A, de 0^{m}35 de profondeur, se termine par une portion cylindrique *a* dans laquelle s'accumule la farine qu'on retire à la main de temps à autre ; les pilons B, en bois dur, ont 0^{m}80 de hauteur et portent à leur partie supérieure un

1. F. Main : *Désailage mécanique des graines de conifères, Journal d'Agriculture pratique*, 1902, t. II, p. 436.

billot *b* destiné à former masse, de 0 ^m 12 à 0 ^m 15 de diamètre et de
0 ^m 20 à 0 ^m 25 de longueur. — Les peuplades du coude de l'Oubangui (Bouzérous, près Bangui) se servent de pilons en ivoire dont la
figure 747 représente trois spécimens : *a* et *b* servent à concasser le
grain en faisant office de marteaux et la partie active est formée par
un plan sensiblement circulaire de 0 ^m 07 à 0 ^m 08 de diamètre ; le

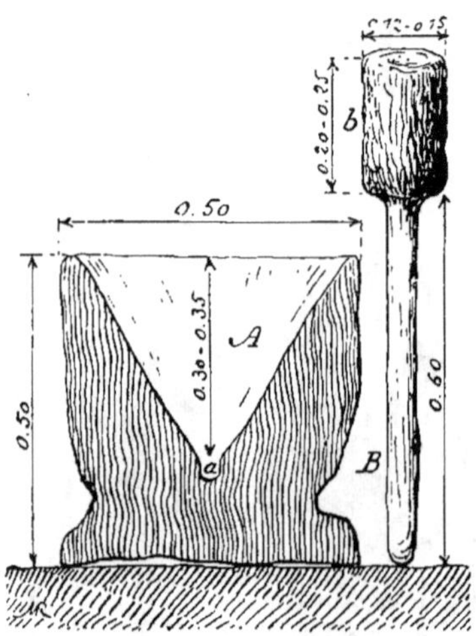

Fig. 746. — Coupe verticale du mortier
et du pilon des N' Gapous.

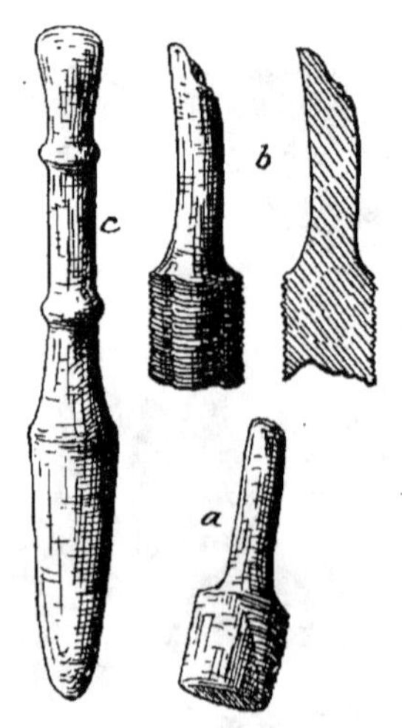

Fig. 747. — Pilons en ivoire
des peuplades de l'Oubangui.

modèle *b* a environ 0 ^m 29 de longueur totale, la masse a 0 ^m 09 de hauteur et 0 ^m 075 de diamètre ; le modèle *a* a 0 ^m 20 environ de long ; ces
deux pièces ont leurs masses garnies d'ornements constitués par des
stries ou cannelures parallèles. Après le concassage, les coques ou
couches corticales du grain sont enlevées à la main et le travail est
achevé dans un mortier en bois (fig. 746) à l'aide d'un pilon *c* (fig. 747)
en ivoire, de 0 ^m 48 environ de long et 0 ^m 043 de diamètre à la poignée. Ces peuplades (du Cassaï ou Kassaï) connaissent donc et
appliquent le principe de la mouture haute ou graduelle.

D'après une étude de M. Bui-Quang-Chieu, sous-inspecteur de
l'Agriculture au Tonkin [1], un homme, au moulin *côi-say-lua* [2] de

---

1. *Notice provisoire sur la riziculture au Tonkin : Bulletin de la Direction de
l'Agriculture et du Commerce de l'Indo-Chine*, août 1906, p. 780.
2. Le moulin des Annamites (*côi-say-lua*) a pour pièce travaillante une meule formée
de lamelles de bambou enfoncées dans de la terre glaise tassée dans un panier ; la

0 ^m 40 de diamètre et 0 ^m 40 de hauteur, décortique 36 kilog. de
paddy à l'heure, en laissant de 3 à 3,5 °/₀ de grains non décortiqués
ou brisés. Le riz est blanchi au pilon à pédale (*côi-dap*), (fig. 748),
manœuvré dans un mortier dont les plus grands ont 0 ^m 45 de
diamètre et 0 ^m 44 de creux [1] ; deux hommes travaillent ainsi par

Fig. 748. — Pilon à pédale de l'Indo-Chine (d'après une photographie prise par
M. Gagey au Jardin colonial).

heure 13 kilog. de riz cargo, donnant 11 kilog. de riz blanc [2] ; —
on active l'opération en mélangeant des feuilles rugueuses (canne à
sucre, plantes diverses) aux graines contenues dans le mortier.

Dans la Caroline et en Italie, les pilons à décortiquer et à blan-
chir le riz sont mis en mouvement par un moteur hydraulique; la

meule est animée d'un mouvement de rotation communiqué par une grande bielle en
bois.

1. Pour décortiquer le riz et le café, pour concasser le maïs, il y a de ces pilons
qui marchent automatiquement par de l'eau tombant dans une auge (*Culture pratique du caféier : Bulletin du Jardin colonial*, mars 1907, p. 231-232).

2. On compte, en Indo-Chine, que 100 kilog. de paddy donnent en moyenne
75 kilog. de riz cargo et 25 kilog. de balles ; — les 75 kilog. de riz cargo fournissent
63 à 64 kilog. de riz blanc et 11 à 12 kilog. de son.

figure 749) donne l'élévation d'une *pilerie* de huit pilons soulevés chacun deux fois par tour de l'arbre horizontal (18 à 20 tours par

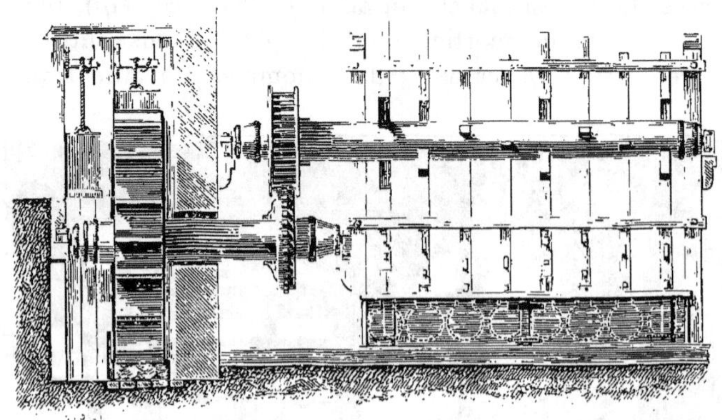

Fig. 749. — Élévation d'une pilerie mue par une roue hydraulique (Italie).

minute) qui porte des pièces radiales, formant cames ; ces dernières soulèvent de 0 ^{m} 40 environ la pièce B (fig. 750) : la poignée A per-

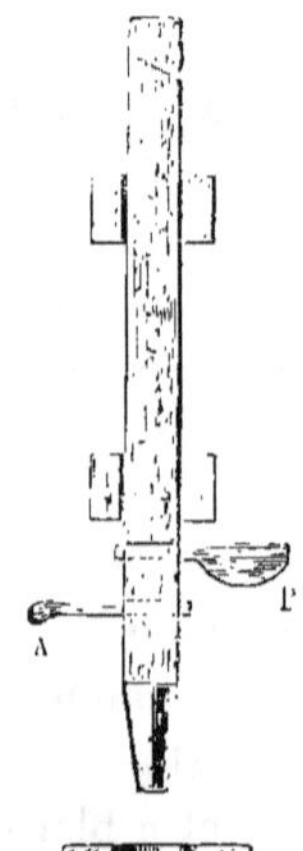

met d'arrêter le pilon quand cela est nécessaire ; les tiges, en bois dur, ont 2 ^{m} 30 à 2 ^{m} 50 de hauteur, 0 ^{m} 15 d'équarrissage et se terminent à la partie infé-rieure par un *museau* tronc-conique, en fonte, de 45 à 50 kilog., ayant 0 ^{m} 07 à 0 ^{m} 08 de petit diamètre. Les mortiers, souvent en bois dur, permettent de travailler 15 kilog. de riz à chaque opération qui dure de 15 à 20 minutes : on fait deux ou trois pilonnages séparés chacun par un passage au tarare et au cri-bleur ; une semblable installation de huit pilons est desservie par quatre ouvriers. — On utilise le même montage au Brésil pour décortiquer le café [1].

Au sujet des machines à *décortiquer le paddy*, on trouvera les résultats de nos essais sur des riz de diverses provenances, ainsi que sur du sulla, dans la collection du *Bulletin du Jardin colonial* [2].

Fig. 750. — Mor-tier et pilon.

Pour la décortication (riz, sulla) nous avons pu employer avec succès un concasseur à bras

1. *Culture pratique du caféier : Bulletin du Jardin colonial*, mars 1907, p. 233.
2. Essais de décortication des riz de la *Guinée française*, novemb-décemb. 1901, p. 286 ; — riz de *Madagascar*, mai-juin 1903, p. 697 ; — riz de l'*Indo-Chine*, juillet-août 1903, p. 67 ; — *sulla d'Égypte et de Tunisie*, mars-avril 1904, p. 537.

(fig. 751); sans fatigue, un enfant pouvait décortiquer 27 à 30 kilog.

Fig. 751. — Moulin-concasseur à bras (Pilter).

de certains riz à l'heure ; voici le résumé de nos constatations faites sur cette machine :

	RIZ				Sulla de Tunisie
	d'Italie.	de l'Afrique centrale.	de Madagascar.	de l'Indo-Chine.	
Nombre de tours par minute.........	45	45	38	38.5	38.5
Temps pour décortiquer 100 kg. de paddy (ou de sulla) (heure, min.)..	3 h. 49'	3 h. 34' à 3 h. 58'	3 h. 25' à 5 h. 10'	3 h. 13' à 4 h. 07'	17 h. 0
Kilogrammètres nécessaires par seconde................................	2.3	2.1 à 2.9	6.16 à 7.40	6.44 à 8.63	11.3
Kilogrammètres dépensés par kilog. de paddy à décortiquer..........	316	295 à 389	848 à 1376	954 à 993	—
Cent kilog. de paddy passés à la machine, ont donné :					
Riz décortiqué.....................	57.8	29.1 à 36.5	24.2 à 47.2	14 à 21	—
Paddy à repasser..................	18.8	56.5 à 47.5	63.0 à 42.2	65 à 42	—

Les *concasseurs* et les *broyeurs* ou *moulins* exigent une énorme quantité de travail mécanique ; nos expériences de la Station

d'Essais de Machines, et du concours spécial d'Arras, montrent
que pour obtenir un concassage du type suivant :

	Maïs.	Orge.
Refus du tamis n° 10 (1)	14.8	12.0
— — n° 25	56.8	60.0
— — n° 50	20.8	22.0
Passe au tamis n° 50 (par différence)	7.6	6.0
	100.0	100.0

il faut, pour concasser un kilog., dépenser de 1120 à 4940 kilogrammètres pour le maïs et de 1030 à 3640 kilogrammètres pour
l'orge ; les grains travaillés étant les mêmes, les grandes différences dans le travail absorbé (de 1 à 4.5 pour le maïs, et de 1 à 3.6
pour l'orge) s'expliquent par la forme des meules, les dimensions de
leurs cannelures et les vitesses à la périphérie des pièces travaillantes. Nos essais indiquent qu'il faut éviter l'engorgement des
pièces (meules ou plateaux) en adoptant des profils tronc-coniques
ou ondulés qui favorisent plus le dégagement du concassage ou de
la *boulange* que les pièces planes (l'engorgement des plateaux a
pour effet de constituer une sorte de frein absorbant inutilement
une grande quantité de travail mécanique, en élevant la température de la boulange).

La machine à manège direct de la figure 741 est recommandable
pour les colonies ; dans nos essais de concassage du maïs entier
(grains et râfles) nous avons obtenu les résultats suivants avec un
serrage progressif :

Poids de maïs placé dans la trémie (kilog.)	30	30	30	30	30
Nombre de tours du manège	18	17	18	17	18
Temps employé	6'	6'55"	7'22"	7'4"	7'48"
Vitesse moyenne du cheval en mètres par seconde	1.28	1.05	1.04	1.02	0.98
Temps utile pour passer 100 kil. de maïs en épis.	19'36"	23'3"	24'33"	23'33"	26

Résultats du tamisage (tamis de la série française) :

Refus du tamis n° 10	91	86	79	75	73
— — n° 25	6	8	13	17	18
— — n° 50	2	4	6	6	8
Passe au tamis n° 50 (par différence)	1	2	2	2	1

1. De la série française.

Au point de vue dynamométrique, les constatations faites sont
résumées dans le tableau ci-dessous :

	SERRAGE		
	minimum.	moyen.	maximum.
Effort maximum en travail (kilog.).............	153.2	169.8	196.5
— minimum —	116.5	133.2	159.8
— moyen —	133.2	155.2	190.4
Travail mécanique nécessaire par 100 kilog. de maïs en épis (kilogrammètres)................	204595.2	238387.2	324949.6

Résultats du tamisage :

		minimum	moyen	maximum
Refus du tamis n° 10......................		78	71	48
— — n° 25		14	18	31
— — n° 50		6	7	16
Passe au tamis n° 50 (par différence)..........		2	4	5

Il convient de ne pas dépasser le serrage qualifié de maximum
dans nos essais, sinon les cannelures des noix frottant l'une sur

Fig. 752. — Moulin à bras (Algérie).

l'autre s'usent rapidement. — Au serrage moyen, l'effort peut être
fourni par une paire de petits bœufs (voir nos chiffres donnés
à ce sujet, page 399) se déplaçant avec une vitesse plus faible
diminuant proportionnellement le débit de la machine.

La figure 752, extraite du *livre du Fellah* (p. 255), représente le

moulin à bras employé en Afrique et en Asie Mineure ; la meule
supérieure est mise en mouvement à l'aide d'une cheville de bois
et la farine tombe sur une peau de mouton sur laquelle est placé
le moulin.

Nous ne pouvons examiner les nombreux modèles de concasseurs et de petits moulins qu'on trouvera chez nos constructeurs [1] ;
nous dirons seulement qu'en dehors des peti-
tes machines, dont le débit est très faible, il ne faut employer les
autres que lorsqu'on dis-pose d'un moteur inani-mé, d'une puissance
d'au moins 2 à 3 che-vaux-vapeur, ce qui suppose une organisation complète. Rappe-lons que pour réduire 1 kilogramme de blé en
farine panifiable, il faut dépenser de 9000 à 13500 kilogrammètres !
indépendamment du travail absorbé par les

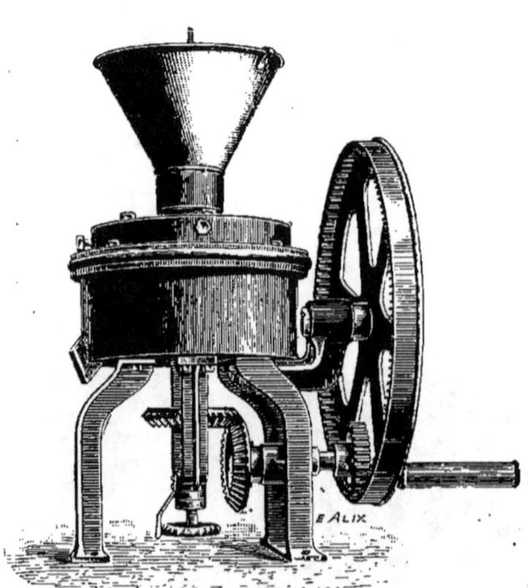

Fig. 753. — Petit moulin à farine (Société
Générale Meulière).

appareils de nettoyage du grain ; — c'est surtout pour le concassage et le broyage qu'il y a lieu de n'opérer que sur des grains
ayant les mêmes dimensions, c'est-à-dire passés au cribleur (voir
p. 613).

Pour préparer de petites quantités de farine destinée aux usages
culinaires, la Société Générale Meulière a étudié un modèle de *moulin colonial* à meule inférieure rotative (fig. 753) ; à bras, avec
30 tours par minute à la manivelle, la meule fait 153 tours et peut
moudre de 2 à 3 k. 5 de blé à l'heure. Les meules, en silex, de
0 m 25 de diamètre, sont *rhabillées* de temps à autre. — Lorsqu'il est

1. En Algérie, on rencontre dans beaucoup de villages de ces moulins à meules
métalliques, mus par un manège ou un moteur à vapeur et produisant plus et de
meilleure farine panifiable que les moulins primitifs actionnés par le rouet hydraulique des Arabes.

possible d'utiliser un moteur inanimé, on retire la manivelle, et la roue, commandée alors par une courroie, doit faire de 50 à 60 tours par minute, la meule de 250 à 300 tours ; dans ces conditions, la machine débite par heure de 20 à 25 kilog. de blé nettoyé donnant 64 à 65 °/₀ de farine panifiable, soit de 13 à 16 kilog. de farine. — Avec un moteur inanimé de 3 à 4 chevaux, deux de ces moulins et

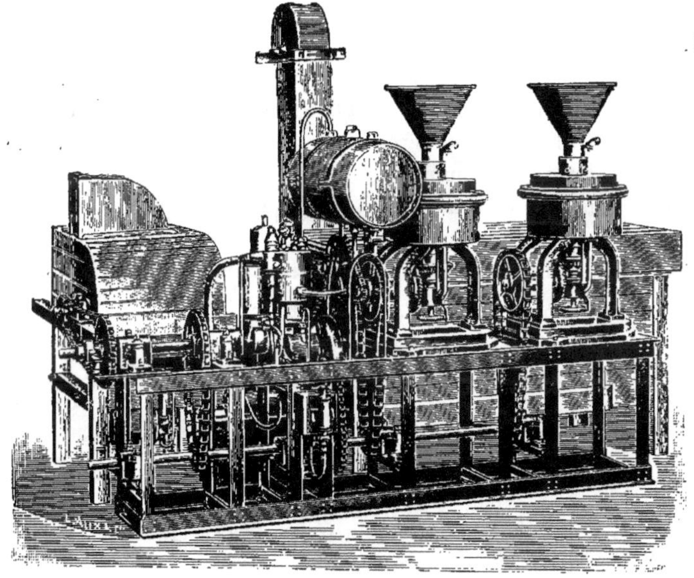

Fig. 754. — Groupe moteur, nettoyeur de grains, moulins et blutoir
(Société Générale Meulière).

un blutoir peuvent traiter par heure de 60 à 70 kilog. de blé nettoyé. — La figure 754 représente une installation comprenant un moteur à pétrole, un nettoyeur de grains, deux moulins, un blutoir et un élévateur de farine, le tout monté sur un bâti en fer.

Il serait désirable que nos constructeurs entreprissent l'étude de broyeurs, et même de moulins, permettant d'obtenir des produits fins, établis sur le principe des concasseurs à manège direct dont nous avons déjà parlé (fig. 741 et page 620).

Travail des fourrages. — Nous avons insisté, à diverses reprises, sur les soins à apporter à l'alimentation des animaux moteurs afin d'assurer leur bonne exploitation (p. 121 ; p. 390 et 494) ; dans les cultures de canne à sucre on pourra préparer des mélanges divers à base de mélasse ; ces produits (grains concassés, pailles, balles, coques, tourbe, etc.) donnent en Europe d'excellents résultats dans l'alimentation des animaux de travail.

Les *botteleuses*, les *presses à fourrages*, les *hache-fourrages* divers (paille, foin, maïs, sorgho, ajonc, sarments, brindilles, etc.) sont des machines étudiées dans nos Cours ; il nous suffira donc de rappeler seulement quelques principes au sujet de leurs applications possibles à nos exploitations coloniales.

Les *presses à fourrages* peuvent être employées pour faciliter les expéditions de diverses fibres (crin végétal, halfa, coton, etc. ; le kapok est très difficile à empaqueter) ; nous croyons qu'on se limitera à une pression modérée dans les exploitations, à l'aide de presses à bras ou à manège direct, réservant les fortes presses à moteur pour les installations à établir dans les ports d'embarquement où l'on dispose du personnel nécessaire au travail et surtout à l'entretien du matériel ; on trouvera une étude détaillée de ces presses dans le rapport de nos essais spéciaux de Lizy-sur-Ourcq, en 1899 [1].

La machine à bras présentée par la maison Pilter (fig. 755), qui prit part aux essais précités, a donné lieu aux constatations suivantes :

Dimensions de la balle	$1^m00 \times 0.70 \times 0.85$
Poids moyen	58.5 à 70 kilog.
Poids au mètre cube { foin (luzerne)	118 à 122 kil. 2
{ paille	99 k.
Temps total employé par le chantier de 3 hommes pour confectionner une balle de foin	12'
de paille	19'30"
Travail mécanique utile nécessaire pour { 100 kilog. de fourrage	2929 kilogrammètres (foin)
	3574 — (paille)

Les ligatures des balles se font avec du fil de fer recuit n° 12 ou n° 14 de la jauge de Paris ($1^{mm}8$ ou $2^{mm}2$ de diamètre ; voir p. 131) ; la nature de ces liens limite ainsi l'emploi des presses et nous pouvons recommander de comprimer moins énergiquement les matières (à moins de 100 kilog. par mètre cube) afin d'utiliser des liens en fibres végétales, et faire des balles de 25 à 30 kilog. au plus (en faire 2 par exemple en même temps dans la presse de la fig. 755, en séparant le chargement par un diaphragme en bois), pour

<hr>

1. *Bulletin de la Société d'agriculture de Meaux*, 15 octobre 1899.

faciliter les manutentions et les transports de l'exploitation au centre voisin (chemin de fer ou port), où le commerce peut les

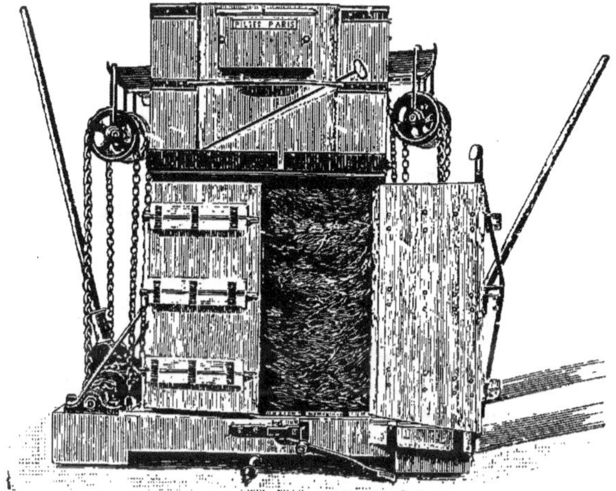

Fig. 755. — Presse à fourrages, à bras Pilter.

reprendre avec de fortes machines mues par un moteur et installées à poste fixe.

Les presses à fourrages américaines, à *manège direct*, pourraient être fréquemment utilisées ; elles rendent des services dans les

Fig. 756. — Presse à fourrages à manège direct Pilter.

exploitations du Transvaal. — La figure 756 représente une de ces machines dont nous avons fait l'essai ; le piston est articulé à une bielle en bois horizontale dont la partie antérieure, taillée en biseau et à redan, est garnie de pièces de fonte et d'acier sur lesquelles agissent successivement les deux galets solidaires de la flèche. — Deux fois par tour de flèche les galets déplacent le piston qu'ils

Génie rural. 40

abandonnent ensuite en un certain point de sa course : puis le piston et la bielle reviennent à leur position de départ par la réaction du foin pressé, et l'ouvrier occupé à l'alimentation a tout le temps nécessaire pour introduire dans la caisse une nouvelle charge de fourrage. — La piste du manège est circulaire et il est bon de disposer au-dessus de la bielle un petit pont en bois ; la machine est montée en locomobile sur quatre roues et on enlève celles d'avant pendant le travail. — Les dimensions de la presse expérimentée, et les principaux résultats constatés, sont les suivants :

Rayon de la flèche				3^m30
Course du piston				0^m90
Conduit d'écoulement	longueur			1^m67
	section	à l'entrée		$0^m470 \times 0^m377$
		à la sortie		$0^m463 \times 0^m373$
par balle de 50 kilog.	Nombre de coups de piston			26 à 39
	Temps employé			5 à 9 min.
	Liens			3 en fil n° 12
	Poids au mètre cube			185 à 249 kilog.

Il est recommandable de faire actionner ces machines par deux animaux.

Il résulte de nos essais que le travail mécanique moyen dépensé par les presses à manège direct, rapporté à 100 kilog. de fourrage comprimé à différentes intensités, varie ainsi que l'indique le tableau ci-dessous :

Poids des balles au mètre cube	Travail mécanique moyen, en kilogrammètres, nécessaire pour comprimer 100 kilog. de	
	Foin luzerne	Paille (blé)
100 kilog.	22000 kgm.	24000 kgm.
150 »	29000 »	32000 »
200 »	38000 »	43000 »
250 »	48000 »	56000 »
300 »	60000 »	—

Les grandes *presses à moteur* nécessitent environ de 2 à 2,3 fois plus de travail mécanique que les presses à manège direct, pour effectuer le même ouvrage (compression de 100 kilog. de fourrage aux mêmes poids que ci-dessus, par mètre cube).

Nous ne voyons rien de particulier à signaler au sujet des *hache-*

paille et des *hache-maïs* qui sont des machines suffisamment connues ; nos petits modèles courants à 1 ou à 2 manivelles (fig. 527, p. 387) rendront de nombreux services en permettant des mélanges de fourrages hachés et, surtout, en facilitant l'ensilage sur lequel nous comptons pour pouvoir entretenir des animaux moteurs sur l'exploitation.

Voici les résultats de nos expériences de la Station d'Essais de Machines (1891) :

Travail mécanique (en kilogrammètres) pour couper 1 kilog. de fourrages :

Fourrage	Longueur de coupe en millimètres				
	4.75	7	9.5	14	19
Belle paille.............	1000 à 1300	875	543	476	—
id. (avec couteaux émoussés).	1600	—	—	—	—
Grosse paille	1100 à 1340	930	510 à 693	468	460
Foin................	678	663	390	408	—

Mentionnons le *couteau à foin*, appelé *Hay-Knife* (fig. 757), permettant de couper les meules de foin et de paille, l'ensilage, les brindilles, et pouvant servir également à couper la brousse, la tourbe, à faire des rigoles dans les savanes et les marais, etc.

La fig. 758 représente un *hache-litière* très employé en Allemagne et en Suisse : les matières à couper sont disposées sur la table horizontale et sont tenues en place à l'aide d'un fer cintré sur lequel l'ouvrier pose le]pied pendant la manœuvre du couteau mobile dans le plan vertical.

En Algérie et en Tunisie on donne aux vaches, aux moutons et aux chèvres des raquettes de figuier de Barbarie hachées à la main après l'enlèvement des piquants ; ce procédé ne peut être appliqué qu'aux petites exploitations. — L'analyse montre que les raquettes constituent un médiocre aliment, qui est cependant utilisé au Texas et au Mexique dans les années de sécheresse ; selon M. F. Main, une machine assez employée dans des grandes fermes au Texas aurait des couteaux de 0^{m}70 de longueur, et exigerait une puissance de deux chevaux-vapeur pour produire 18 à 20 tonnes par jour ; mais ces hache-raquettes (présentant beaucoup d'analogie avec nos *coupe-*

racines), dont la vente était limitée, ne sont plus construits depuis plusieurs années. — Au lieu de chercher à enlever les épines il serait préférable, en vue de l'alimentation du bétail, de multiplier les variétés *inermes* qu'on pourrait cultiver en arrière des rangs épineux servant de ligne de clôture défensive (voir p. 124 et suiv.).

Voici, en résumé, les divers procédés employés ou proposés pour la préparation des raquettes

Fig. 757. — Couteau à foin.

Fig. 758. — Hache-litière Faul et fils.

du figuier de Barbarie destinées aux troupeaux des grandes exploitations : destruction des épines par le feu (*flambage*) ; avec la lampe à souder qu'emploient les plombiers la destruction des piquants est rapide et complète, mais bien coûteuse ; si cette méthode devait être employée, on pourrait peut-être utiliser les anciens appareils proposés en France (sous le nom de *flambeurs*, pour la destruction des œufs d'hiver du phylloxera sur les ceps de vigne, ou ceux étudiés en ce moment (mais qui ne sont pas encore entrés dans la pratique courante) pour les traitements contre la cochylis ; — destruction des épines par l'eau bouillante ou par un jet de vapeur (procédé coûteux ; d'ailleurs nous avons pu constater que les épines mises dans l'eau froide se ramollissent au bout de cinq ou six heures environ) ; — broyage à la main (comme pour l'ajonc que nous examinerons dans un instant) ; en réalité on ne broie pas les épines, et pour les rendre pratiquement inoffensives, le produit traité à la main, ou au coupe-racines, peut être mis à macérer pendant un jour environ ; — en employant un coupe-racines ordinaire, à disque plan vertical, auquel on ne laisse que deux ou trois lames et en faisant tourner rapidement la machine (250 à 300 tours par minute) à l'aide d'un animal attelé au manège ; il se produit un grossier classement des matières coupées : la plus grande partie des épines tombe à proximité de l'axe de rotation, tandis que les lanières de raquettes, plus lourdes, sont projetées à une assez grande distance du disque. — Enfin on pourrait essayer, croyonsnous, une brosse rotative analogue à celles employées pour le pansage des chevaux, en la confectionnant au besoin en fils d'acier.

En attendant le perfectionnement des cultures fourragères dans une exploitation coloniale, il conviendra de se rappeler que les Romains employaient, chez eux comme dans leurs colonies africaines, des rameaux d'arbres et d'arbrisseaux pour l'alimentation de leur bétail ; bien plus récemment (1890), le docteur Ramann, professeur à l'École forestière d'Eberswalde, procéda à des recherches dont les résultats furent appliqués en France lors de la sécheresse de 1893 : les brindilles, ayant jusqu'à 1 et 2 centimètres de diamètre, sont coupées ou déchiquetées par fragments de 0^m03 à 0^m04 de longueur, additionnées de 1 % de malt de brasserie (ou d'orge germée), et mélangées à la pelle ; le tas, arrosé d'eau chaude, fermente pendant 1 à 4 jours, les fibres ligneuses se ramollissent et on obtient un aliment accepté et utilisé par les ruminants : 100 kilog. de branchages de chêne auraient la même valeur que 35 kilog. de foin. — En Italie [1] on utiliserait ainsi les branchages de l'alaterne, du câprier, des genêts, etc., dont on trouverait probablement des succédanés dans la flore de beaucoup de nos possessions ; nous ne pouvons qu'en donner l'indication avec l'espoir que des recherches spéciales soient entreprises dans ce sens.

Dans un grand nombre de pays, et certaines années, on prépare les tiges de divers végétaux pour l'alimentation du bétail (ajonc en Angleterre, en Bretagne et en Normandie ; brindilles et branchettes

---

1. *Il Collivatore*, 30 octobre 1904.

d'arbres ; sarments de vigne [1] dans le Centre et le Midi, etc.) : les procédés et les machines employées étant susceptibles de fréquentes applications aux colonies nous croyons utile de donner le résumé ci-après.

Les petites exploitations de Bretagne appliquent la méthode sui-

Fig. 759. — Ouvrier pilant l'ajonc.

vante : les jeunes pousses d'ajonc sont mises dans une auge en bois (fig. 759) dont le fond a 0^{m}15 d'épaisseur : l'auge a environ 2 mètres de long, 0^{m}50 de large et 0^{m}30 de profondeur. Les ajoncs sont d'abord coupés par bouts de 0^{m}03 à 0^{m}05 de longueur avec un maillet A (fig. 760) dont la masse, de 0^{m}35 à 0^{m}40 de longueur, est munie d'une lame de hache a (dans beaucoup de fermes ce premier travail est fait avec un fort hache-paille), puis on mouille légèrement (4 à 5 litres d'eau par 100 kilog. de pousses) et on broie la masse avec un maillet B (fig. 760) de mêmes dimensions que le précédent, mais qui est garni de clous b à forte tête. Après

---

1. Un cep de vigne ordinaire peut fournir 0 k. 500 de sarments : un pied de vigne américaine, cultivé pour le bois, donne de 2 et jusqu'à 5 kilog. de sarments : soit par hectare, dans le premier cas, 2000 kilog. et dans le second 8000 à 20000 kilog. de sarments utilisables pour l'alimentation du bétail dans les années de mauvaise récolte de fourrages.

l'opération, avant d'enlever le produit, on évacue le liquide par un trou pratiqué dans le fond de l'auge.

D'après M. de Lorgeril, 36 kilog. d'ajonc, convenablement préparé par ce travail manuel, exigent 1084 coups de hache et 600 coups de maillet ; dans des circonstances favorables, un ouvrier ne peut pas broyer plus de 250 kilog. d'ajonc par jour. — Autrefois, à Grand-Jouan, un ouvrier seul récoltait, hachait et broyait 100 kilog. d'ajonc en une journée.

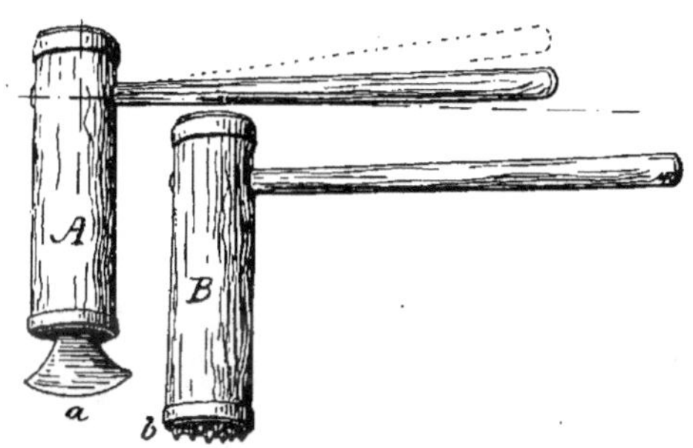

Fig. 760. — Maillet-hache A et maillet-pilon B pour le travail de l'ajonc (Bretagne).

Dans beaucoup de régions de l'Angleterre, les grandes exploitations emploient le broyeur représenté en coupe par la figure 761 : l'ajonc, disposé dans la trémie horizontale, est pris par deux

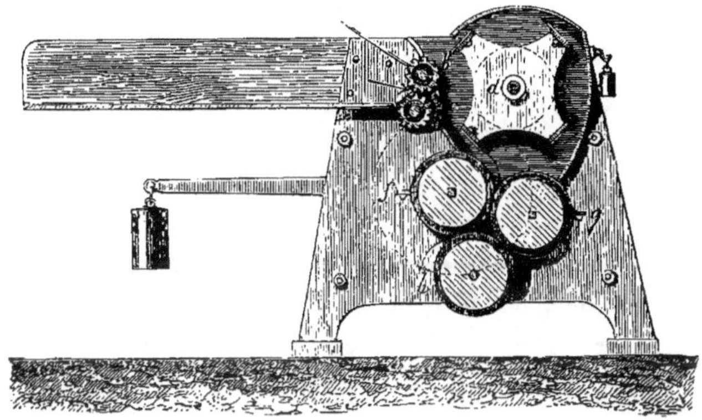

Fig. 761. — Coupe verticale d'un broyeur d'ajonc à grand travail (Angleterre).

cylindres alimentaires cannelés qui lui font subir un premier broyage ; les tiges sont coupées en petits fragments par les quatre lames hélicoïdales b fixées au tambour d ; les fragments passent ensuite entre les trois cylindres f, g, h, d'abord entre f et g, puis entre f et h qui les écrasent de nouveau ; les cylindres compresseurs sont constamment nettoyés par des peignes fixes.

La figure 762 donne la coupe en long du broyeur d'ajonc, de brindilles et de sarments de MM. Garnier et Cie ; on y voit la trémie d'alimentation A, les cylindres alimentaires B, B' commençant la compression, le tambour porte-lames E garni de six couteaux ; les tiges coupées par fragments de 0^m00247 de longueur passent, par

Fig. 762. — Coupe verticale d'un broyeur d'ajonc et de sarments Garnier.

le conduit F, entre les deux cylindres broyeurs G, G', en acier, dont l'aire latérale est garnie de petites pyramides ; enfin le produit broyé tombe dans le coffre H (fig. 763).

D'après nos essais (fin 1906), le broyeur Garnier nécessite pour préparer un kilog. de produit :

Travail mécanique, en kilogram-mètres, dépensé pour :	Ajoncs	Sarments
La coupe...............	1035	1094
Le broyage.............	1681	1938
Le mécanisme	630	386
Travail total.............	3346	3418

Pour cent tours du tambour porte-lames E (fig. 762), le débit de

la machine, par décimètre de longueur des cylindres alimentaires B,
B', est de :

0 kil. 424 d'ajonc.
0 kil. 613 de sarments.

La vitesse du tambour dépend du moteur qui actionne la machine ;

Fig. 763. — Broyeur d'ajonc et de sarments (Garnier).

la longueur des cylindres alimentaires est, suivant les modèles, de
$0^m 20$, $0^m 30$ ou $0^m 40$.

Le broyage des sarments au manège coûte, dans le Midi de la
France, de 3 à 5 francs les 100 kilog.

D'après notre ancien élève, M. L. Brugière, un broyeur Garnier
ayant des cylindres alimentaires de $0^m 40$ de longueur, en travail
courant dans une exploitation des environs de Bordeaux (1907),
a donné les résultats suivants : le broyeur, mû par une machine à
vapeur chauffée au bois (on devait employer un cheval et demi),

desservi par le chauffeur et un gamin, tournant à raison de 100 à 110 tours par minute, travaille en une heure trois quarts : 100 kilog. d'ajonc, 100 kilog. de sarments et 75 litres de marc de vendange ensilé à sec ; le produit est mélangé et additionné d'un peu d'eau salée (500 grammes de sel par 100 kilog. de matière). Le même broyeur servait aussi à hacher de la paille, à broyer du maïs et des tourteaux.

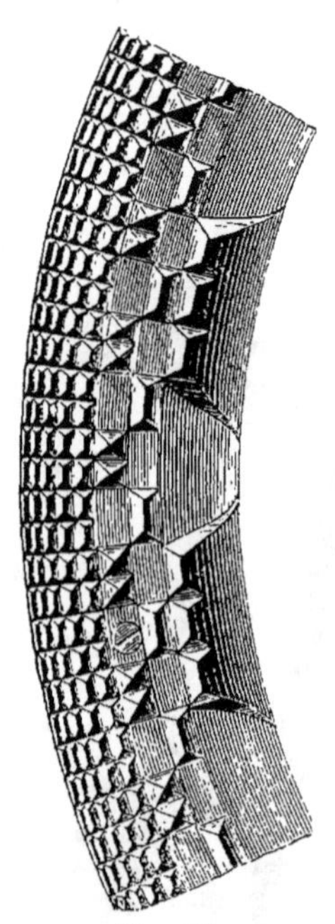

Fig. 761.
Portion de couronne d'un concasseur.

Certains modèles de broyeurs d'ajonc de Garnier sont pourvus, au-dessus du tambour E (fig. 762), d'une trémie avec distributeur envoyant des grains au concasseur GG'.

On peut également faire le travail en deux fois : les sarments ou les brindilles sont coupés en bouts de 0^m010 à 0^m015 de longueur avec un fort *hache-paille* ; puis les fragments sont passés à un *concasseur* ou à un *moulin* à plateaux verticaux en acier ; les deux plateaux (l'un fixe et l'autre mobile) sont garnis de dents quadrangulaires (fig. 764) ; on règle la finesse du défibrage par la vitesse de rotation et l'écartement des pièces travaillantes.

Nous croyons qu'un *concasseur* à manège direct, comme celui dont nous avons parlé (fig. 741, p. 610), mais avec des cannelures appropriées, conviendrait très bien au travail du défibrage des bouts de branches fournis par un hache-paille ; en tous cas il faut éviter de trop broyer ou de réduire la marchandise en poussière que les animaux ne veulent pas consommer et qui risque de s'introduire dans leurs voies respiratoires ; il suffit de déchiqueter, ou mieux de défibrer les fragments de sarments ou de brindilles qu'il s'agit de transformer en matières alimentaires. Dans les Charentes, on ensile les sarments broyés en ayant soin d'arroser chaque couche avec de l'eau salée (1 kilog. de sel par 100 kilog. de sarments).

Travail des racines, des tubercules et des tourteaux. — Chez nous on emploie des *laveurs de racines*, des *coupe-racines* et *dépulpeurs*, des *râpes*, des *appareils à cuire les aliments*, des *broyeurs de tubercules cuits* et des *brise-tourteaux* que nous avons étudiés ailleurs[1].

Au sujet des appareils à cuire (à la vapeur et à la pression atmosphérique), rappelons qu'ils permettent d'utiliser certains produits, tels les marrons d'Inde[2], qui ne peuvent être rendus inoffensifs et alimentaires qu'après une coction ayant pour double but de leur enlever les principes nocifs et de les rendre assimilables ; peut-être, dans cet ordre d'idées, serait-il possible, aux colonies, d'utiliser d'une façon analogue les portions de certaines plantes en vue de l'alimentation du bétail ; ici encore nous ne pouvons qu'indiquer un programme général dont la solution est du ressort de la Chimie et de la Zootechnie.

Appareils de transports.

Nous abordons une question des plus intéressantes pour les exploitations, car chaque jour on est obligé de transporter un certain poids de matières. Dans la ferme même on effectue continuellement des *transports à petite distance* ; de la ferme aux champs et réciproquement, ce sont des *transports à moyenne distance*; enfin, les *transports à grande distance* se font entre la ferme et le centre voisin ; en France, ces transports figurent pour 10 à 20 % dans les frais de production.

Fig. 765. — Porteur (Indo-Chine).

Transports à dos d'hommes et à dos d'animaux. — Beaucoup de transports sont effectués par des hommes ou des femmes, et souvent sans outillage spécial, l'indigène portant le fardeau soit devant lui,

1. *Machines et ateliers pour la préparation des aliments du bétail.*
2. Paul Gay : *Recherches expérimentales sur la valeur nutritive du marron d'Inde* (*Æsculus hippocastanum*). *Annales agronomiques*, t. XXII, p. 401, 1896.

soit sur le dos ou sur l'épaule (fig. 765) (voir la partie relative
aux *terrassements*, p. 10, et la fig. 536, p. 406).

Les procédés employés sont très difficiles à modifier, mais nous
croyons qu'on pourra tenter quelque amélioration dans l'ordre
d'idées suivant : en plus de la fatigue nécessaire à l'ouvrage, la
gêne, et on pourrait même dire la douleur, que doit subir un individu qui supporte une charge, sont surtout dues à la pression par
unité de surface du contact de cette charge avec son corps ; cette
surface étant minimum quand il n'y a rien d'interposé entre la
charge et le corps de l'individu, la pression par centimètre carré
est augmentée et amène souvent une modification anatomique des
tissus (écorchures, durillons, etc.) ; il convient donc d'augmenter
la surface de contact par une matière élastique capable d'épouser

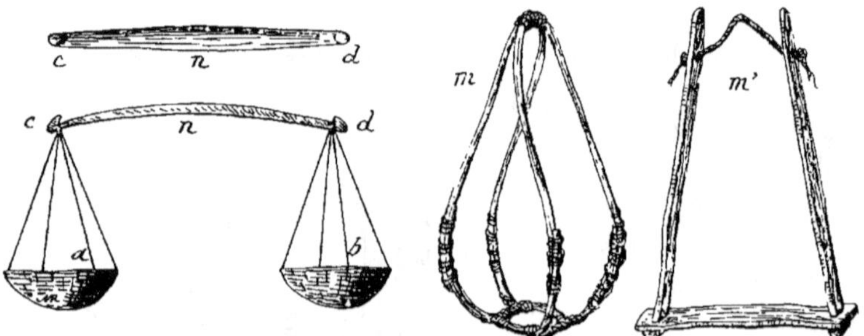

Fig. 766. — Fléau des porteurs asiatiques.   Fig. 767. — Porte-charges.

la forme de la portion du corps qui supporte la charge. Des coussins,
en étoffe ou en cuir, rembourrés de fibres animales ou végétales,
se prêtent aisément à l'exécution de ce programme, mais ils sont
bons dans nos climats tempérés ; dans les pays chauds, ils occa-
sionneraient très probablement une gêne en élevant la température
de la région sur laquelle on les appliquerait ; aussi conviendrait-il
d'étudier l'emploi de matériaux légers, d'une aération facile ; peut-
être pourrait-on utiliser des pièces en sparterie, garnies d'écorces
ou mieux de liège [1] ? Encore une fois, nous ne pouvons qu'exposer
ici le résultat de nos réflexions sans lui conférer l'autorité d'une
expérience prolongée.

Quand la charge peut se diviser, les Asiatiques la portent dans
des récipients *a*, *b* (fig. 766) suspendus à un *fléau c d*, qu'il est bon

1. Les sacs d'alpinistes sont écartés du dos par une *raquette* en osier, laissant un
vide de 0ᵐ 03 à 0ᵐ 04.

d'élargir dans sa zone centrale *n*, laquelle repose sur une seule épaule ; pour les pailles et le fourrage, les *porte-charges* sont des montures *m* en rotin (fig. 767), ou *m'* en bois. En Suisse, le fléau est remplacé par un *joug AB* (fig. 768) dont la partie centrale, large, creusée, s'appuie sur les deux épaules *a*, *b*, et emboîte très bien le cou

qui passe par une échancrure *c* ; les hommes et les femmes portent ainsi sans fatigue des charges de 30 à 40 kilog., souvent à de grandes distances et

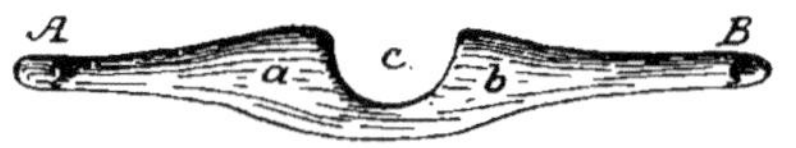

Fig. 768. — Plan d'un joug de porteur (Suisse).

par de très mauvais chemins en pente (c'est l'inclinaison de la voie qui oblige à porter les fardeaux sur un plan transversal, et non, comme dans les figures 765-766, l'un devant, l'autre derrière le porteur, l'un des deux fardeaux risquant d'être butté contre le sol).

Dans nos pays les maçons se servent, pour porter le mortier, de l'outil appelé *oiseau* (A fig. 769) qui repose sur les deux épaules à la façon du joug de la Suisse ; on pourrait utiliser cet appareil dans beaucoup de transports effectués sur les épaules ; aux Etats-Unis et au Canada l'oiseau est remplacé par

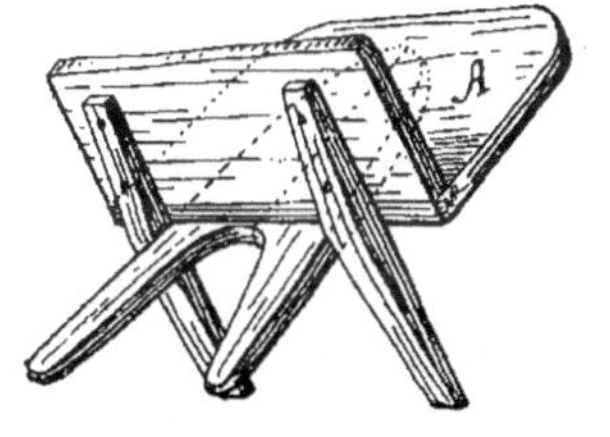

Fig. 769. — *Oiseau* pour porter le mortier.

une sorte de grande écope en bois pourvue d'un long manche ; elle sert à porter le mortier, les briques, etc.

Au sujet du transport de l'eau, nous avons déjà parlé des *arrosoirs* à propos des *irrigations par aspersion* (fig. 495, 496 et 497, p. 349).

Bien que l'homme ne soit pas constitué pour porter un fardeau en arrière des omoplates ou devant le sternum, il y avait autrefois, à Paris, de nombreux commissionnaires qui portaient les fardeaux A (fig. 770) à l'aide d'un crochet *a b*, suspendu aux épaules par des

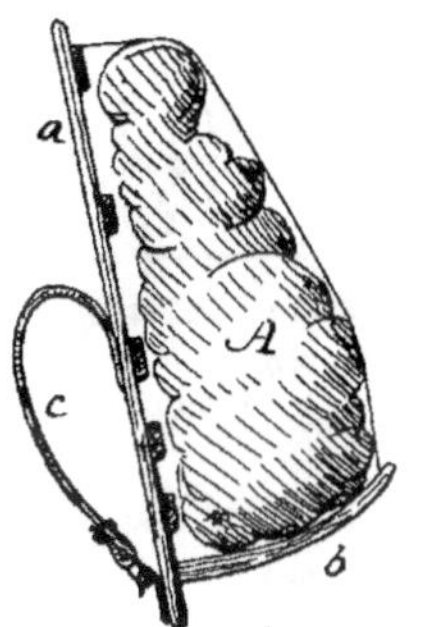

Fig. 770. — *Crochet* de colporteur.

courroies *c* ; il ne reste plus que de rares représentants de cette corporation à Paris, mais le crochet de colporteur se rencontre encore dans quelques campagnes ; il est très utilisé par les cultiva-

teurs des régions montagneuses de l'Europe centrale (Suisse, Tyrol,
Alpes bavaroises et autrichiennes, etc.) qui transportent ainsi les
fourrages ; dans ce cas, la pièce *a* se recourbe en avant pour passer
au-dessus de la tête de l'homme. — Les Indiens des Andes de la
Colombie (*cargueros*) soulagent le crochet par une courroie passant
sur leur tête ; ils portent ainsi des charges de 70 kilog. Dans certains alpages de la Suisse, les transports du fromage se font avec
un crochet, appelé *Kopfräf*, dont le panneau supérieur, horizontal,
repose par un coussin sur la tête de l'homme ; la charge pratique
ne dépasse pas 50 kilog., bien que certains individus aient pu porter
ainsi 200 kilog. dans des concours.

La *hotte* rentre dans la même catégorie que le crochet de colporteur. — Nous avons beaucoup d'appareils qui appartiennent à ce
type : nous citerons le sac des soldats, les pulvérisateurs et les soufreuses à dos d'homme (fig. 709 et 710, p. 577-578), etc.

La grande fatigue du soldat et des hommes qui portent le pulvérisateur n'est pas due surtout au poids de la charge [1], mais à sa position qui
oblige l'homme à pencher le corps en avant afin que le centre de gravité de l'ensemble tombe en dedans de sa base de sustentation ; aussi faut-il conseiller des
charges plates, et, pour les pulvérisateurs, des récipients qui, en plan horizontal, ont
une section rappelant celle d'un haricot. — Pour l'armée, on a proposé [2] de donner au
sac A (fig. 771) un profil *a b c*, long de 0 m 30 à 0 m 33, épousant la courbe de la
colonne vertébrale, et venant reposer sur une cartouchière B s'appuyant sur la
région lombaire ; en *d* sont les courroies

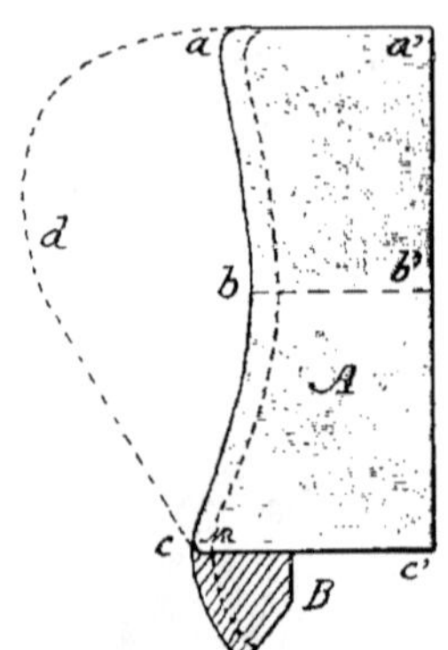

Fig. 771. — Profil d'un
sac lombaire (Barthélemy et
Eychêne).

habituelles ; les largeurs favorables seraient : *aa'* 0 m 13, *bb'* 0 m 11, et
cc' 0 m 15.

Quand le fardeau est trop lourd pour un individu on le suspend
à un bois horizontal porté à chaque extrémité par un homme.

1. Selon les troupes, le sac pèse 12 à 15 kilog. environ ; avec la tente-abri et la couverture de campement, le poids atteint 15 à 18 kilog.; le chargement complet du
chasseur alpin serait de 32 kilog.
2. *Le sac lombaire et allégé*, par le médecin major Barthélemy et le capitaine
Eychêne, 1904.

A Madagascar, le transport des personnes se fait avec la *filanzane* (fig. 772, *Empire colonial de la France*, fascicule de *Madagascar*, p. 62), qui consiste en deux brancards de 2 mètres à 2^{m}50 de

Fig. 772. — *Filanzane* (Madagascar).

longueur, écartés de 0^{m}40 ; au milieu se trouve un siège en toile et on appuie les pieds sur une planchette suspendue par des cordes ou des courroies ; il paraît que les sybarites y ajoutent des appuie-bras et même une légère capote comme celle des cabriolets. Il faut quatre hommes par filanzane, et pour les longues routes on prend huit ou douze porteurs qui se relayent très adroite-ment pendant la marche. — La *chaise à porteur* est très employée en Chine, surtout dans les régions accidentées.

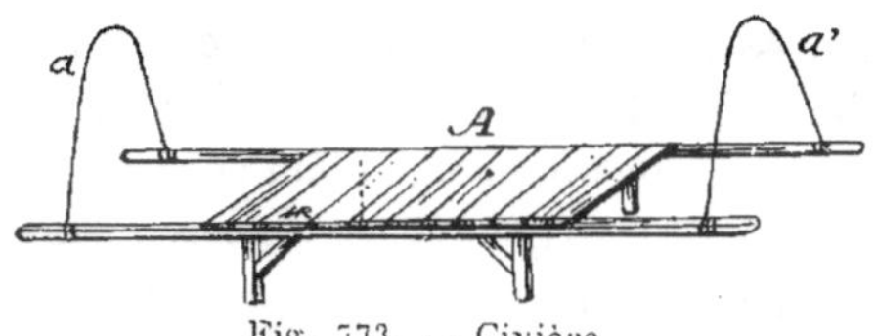

Fig. 773. — Civière.

Les civières A (fig. 773) soutenues à l'épaule par des courroies *a* et *a'*, ou par des sangles plates, pourraient être utilisées dans de nombreuses circonstances en garnissant le panneau A d'un coffre, de ranchers ou de ridelles (voir la fig. 24, p. 24).

Nous ne reviendrons pas sur les transports à dos d'animaux, que nous avons examinés au chapitre relatif à ces moteurs (p. 404). — Comme détail curieux de transport à dos d'animaux, citons le renseignement suivant que nous devons à M. Duchemin : dans l'Inde, les populations musulmanes de la montagne descendent vers le sud, chaque année, avec des centaines de mille moutons pour se rendre à la station d'Allabahad (sur la ligne de Bombay à Calcutta) où se trouvent d'importants peignages anglais et des manufactures de tapis ; arrivés à destination, on procède à la tonte des moutons, lesquels remontent ensuite à la montagne en transportant chacun une charge de sel contenue dans un petit bât.

Traîneaux. — Les traîneaux peuvent convenir pour les transports à petite distance ; c'est ainsi qu'on charrie les litières des étables au tas de fumier ; les *ravales* ou *pelles à cheval*[1], qui servent aux travaux de terrassements et de nivellement des champs, se déplacent à la façon des traîneaux.

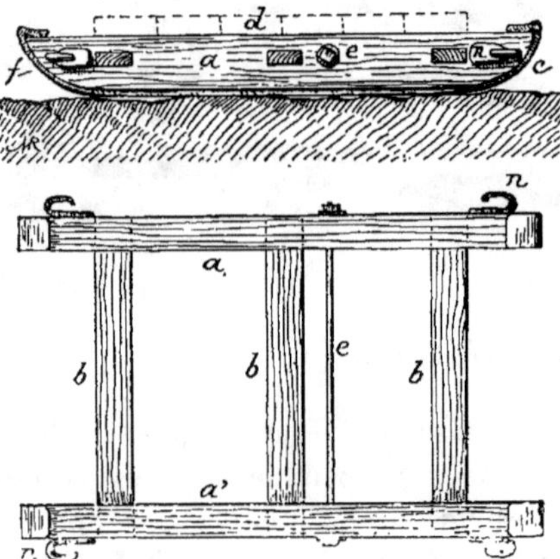

Fig. 774. — Traîneau (élévation et plan).

Suivant la nature du sol et l'état d'humidité de la surface, un poids de 100 kilog. (véhicule et charge utile) nécessite une traction de 30 à 70 kilog. (sur une prairie naturelle, 65 kilog. ; sur une route macadamisée, 57 kilog.), alors que les véhicules montés sur roues nécessitent, par 100 kilog. de poids total, un effort de traction de 20 à 25 kilog. dans la terre fraîchement labourée et hersée, et 2 à 5 kilog. sur un macadam ou sur une piste en terre battue (nous donnerons, à la page 647, un aperçu de ces coefficients). Cependant, malgré leur traction élevée, les traîneaux sont susceptibles d'un certain nombre d'applications (voir fig. 554, p. 417, et p. 656).

Le traîneau (fig. 774) est constitué en principe par deux *longrines* de bois a, a', parallèles, maintenues à écartement par des traverses b ou *épars* ; on peut consolider le châssis par de longs bou-

1. Voir page 500.

lons *e* ; es longrines se relèvent plus ou moins à l'avant, ou sont taillées en arc de cercle *c* à leurs extrémités. Souvent le bois frotte à même sur la voie (*schlittes* pour le débardage des bois de feu dans les Vosges ; traîneaux pour les foins dans les Hautes-Alpes et en Suisse) ; il vaut mieux doubler les longrines avec une semelle en fer *f*. Lorsque la voie sur laquelle doit se déplacer le traîneau est dure, on peut diminuer la surface des semelles ; au contraire, il faut augmenter cette dernière si le sol est meuble ou humide, afin de réduire la pression par unité de surface et par suite l'enfonce-

Fig. 775. — Moteur à pétrole monté sur un traîneau (Cie internationale des machines agricoles).

ment de la charge. Les longrines sont munies, près de chaque extrémité, de crochets de tirage *n* ; de cette façon, le traîneau peut être déplacé indistinctement dans un sens ou dans l'autre.

Les longrines assemblées avec les traverses constituent un châssis, ou cadre, supportant un plancher rectangulaire *d* qui reçoit la charge maintenue par un coffre, des ranchers, des ridelles, etc. Pour l'enlèvement des betteraves dans les années très pluvieuses, lorsque les voitures ne peuvent entrer dans les champs fortement détrempés, on utilise des caisses à claire-voie d'une contenance d'environ 1 mètre cube ; la caisse est montée à bascule et les deux

Génie rural. 41

côtés sont à charnières, afin de pouvoir déverser la charge à droite ou à gauche.

En Indo-Chine, le riz égrené dans les champs est transporté à la ferme dans d'énormes corbeilles tronc-coniques, de 2^m 50 de grand diamètre et 1^m 50 de hauteur, fixées sur des traîneaux (un de ces *cantho* se trouve au Jardin colonial de Nogent; exposition de 1907).

Aux Etats-Unis on monte souvent sur des traineaux des moteurs à pétrole (fig. 775) avec leurs réservoirs de combustible et d'eau ; on a ainsi la possibilité de déplacer facilement la machine tout en assurant à l'ensemble une grande stabilité pendant le travail.

Nous avons vu, à la page 594, l'application des traîneaux aux machines à récolter le maïs, le sorgho, etc.

Le débardage des arbres abattus peut se faire à l'aide de petits traîneaux analogues à ceux servant au transport de nos charrues ; on emploie un ou deux de ces traîneaux par tronc d'arbre et, dans les forêts américaines, on les tire sur des schlittes à l'aide d'un câble enroulé sur un treuil à vapeur.

— La machine de Castelin, dont nous avons parlé à la page 542, pourrait convenir pour un semblable travail.

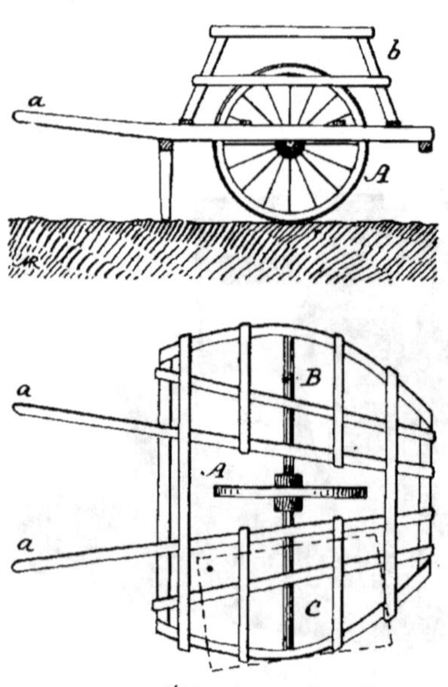

Fig. 776. — Élévation et plan d'une brouette de Shanghaï.

Brouettes et camions. — Pourrons-nous faire employer les brouettes et les petits camions par les indigènes ? (voir p. 9 et 10). Souvent la nature de la voie s'y opposera, mais aussi on rencontrera une résistance de la part des individus si la brouette est trop lourde. Les Asiatiques emploient des brouettes à une seule roue A (fig. 776 ; Shanghaï), comme les nôtres, mais la charge est placée. en B et C, à droite et à gauche de cette roue protégée par un cadre *b* ; la position du chargement est bonne relativement à l'organe de roulement et diminue l'effort de l'homme sur les poignées *a* des manches, mais l'équilibre est très difficile à assurer, surtout quand le véhicule est inégalement chargé. — Dans la brouette chi-

Fig. 777. — Brouette annamite *cái-xe-lon*.

noise (fig. 776) la roue est à rais et de plus grand diamètre que celle de la brouette annamite (*cái-xe-lon*) formée d'un disque plein (fig. 777.)

Si l'on peut employer des brouettes, nous conseillons des machines dans le genre des nôtres, la charge P (fig. 778) étant placée entre la roue R et la poignée *m* des mancherons ; la roue R devra avoir au moins 0^m50 de diamètre, être faite de préférence en fer,

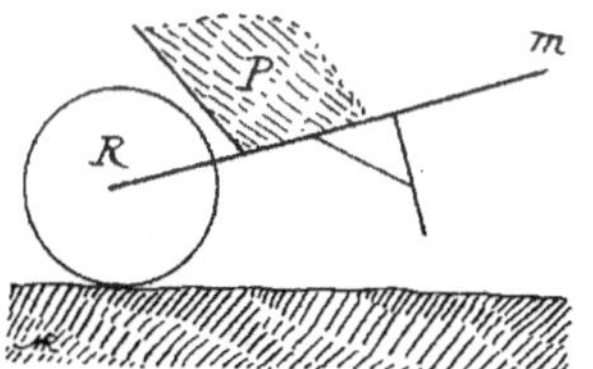

Fig. 778. — Brouette.

afin d'éviter les *châtrages* souvent impossibles à exécuter. La

roue pourrait être constituée par un disque en tôle ondulée, garni
de sa bande de roulement : on pourrait aussi utiliser un modèle
léger, élastique, dans le genre de celui présenté par M. Defontaine au
concours général agricole de Paris, en 1892 (fig. 779), mais en lui

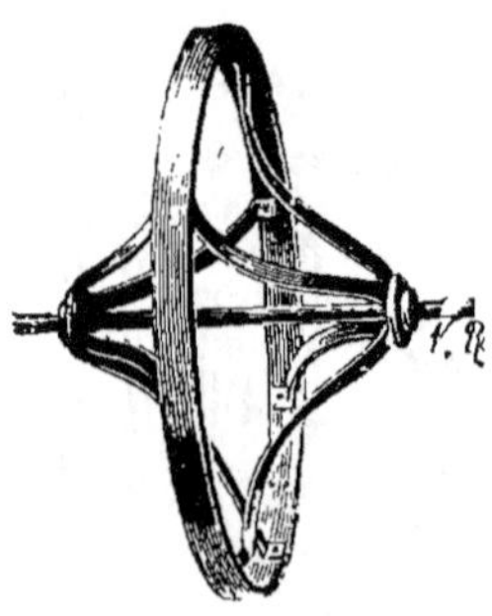

Fig. 779. — Roue de
brouette (Defontaine).

donnant le diamètre adopté par les indigènes (ce diamètre étant fonction de la nature des voies, de la charge transportée et
de la construction du châssis). — Le bâti
de la brouette serait en bois, fabriqué sur
place, et affecterait les formes nécessaires,
variant avec les objets à transporter. Il convient surtout que la capacité (ou le poids de
la charge) soit la moitié de celle de nos modèles courants : nos brouettes pouvant contenir 40 décimètres cubes, il suffira par
exemple de donner 20 à 25 décimètres cubes
aux brouettes destinées aux indigènes ; en un mot, sur un de nos
châssis (moins lourd) on placera le coffre d'une brouette d'enfant.

M. Victor Chama-
rande, administrateur
des Colonies, a ima-
giné un *haquet mono-
cycle*, très léger, en
tubes d'acier, ayant
de 0^m 60 à 1 mètre de
largeur, destiné à être
manœuvré par quatre
hommes qui se re-
layent 2 par 2 ; un
premier modèle fut

Fig. 780. — Brouette à fourrages (A. Bajac).

essayé au Jardin colonial en octobre 1907, et des modifications
doivent être apportées à ce véhicule établi d'après un programme
intéressant.

Mentionnons les *brouettes à fourrages*, à léger bâti de fer monté
sur deux roues (fig. 780), employées dans nos fermes pour déplacer
une trentaine de bottes de foin ou de paille.

Pour transporter l'eau potable, nous croyons que les brouettes à
lait (fig. 781), de fabrication courante, seraient utilement employées ;
le bidon, qui a une contenance de 36, de 54 ou de 90 litres, repose

par des coussinets de caoutchouc sur le bâti très léger du chariot.

Dans nos chantiers de terrassements on emploi le *camion*, petit véhicule à deux roues dont le coffre peut recevoir environ 200 décimètres cubes de terre ; deux hommes tirent le camion par une

Fig. 781. — Brouette pour transporter des liquides (Pilter).

traverse fixée à l'extrémité d'une flèche ; dans une année très pluvieuse, on a utilisé le camion pour le débardage des betteraves dans une grande exploitation des environs de Paris. Deux hommes peuvent faire parcourir au camion 30000 mètres par jour, dont 15000 avec le véhicule chargé et 15000 pour les retours à vide ; le camion à deux hommes est utilisé pour les transports de terre à une distance ne dépassant pas 150 mètres sur une voie horizontale ; dès qu'il y a une pente, le relai tombe à 80 ou à 100 mètres. — L'extrémité de la flèche, qui est légèrement recourbée, est garnie d'une bande de fer formant patin lorsque la flèche traîne à terre, dans le cas où le camion est tiré par un animal à l'aide de chaînes ou de cordes.

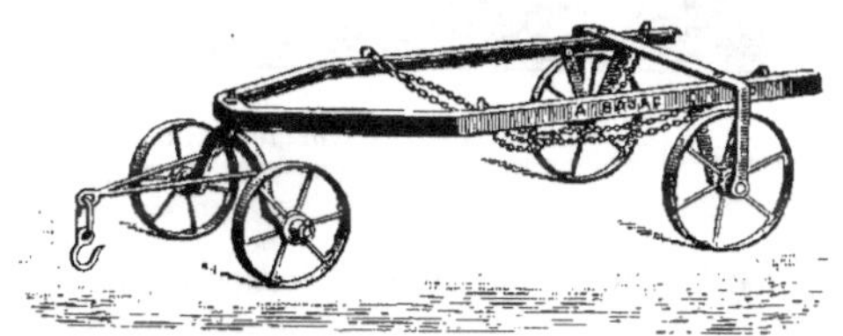

Fig. 782. — Petit chariot (A. Bajac).

Enfin signalons l'emploi qu'on pourrait faire des petits chariots (désignés sous le nom impropre de *traîneaux*) qui servent dans nos exploitations pour transporter, de la ferme aux champs, les charrues et les herses (fig. 782) ; avec un plancher plein, ou à claire-voie, ils peuvent recevoir des sacs, des fourrages, etc. ; on peut également y fixer un coffre pour le transport des matières pulvérulentes.

Indiquons, pour mémoire, les petites charrettes tirées par un, deux ou trois chiens, si employées dans le Nord de la France, en Belgique et en Hollande ; aux Açores, des béliers seraient chargés du même travail.

Fig. 783. — Chariot militaire du Turkestan russe.
Cliché pris avec le Vérascope Richard.

Voitures. — Lorsqu'il sera possible d'avoir des animaux de trait on utilisera les véhicules à deux roues, ou *charrettes*, plus rarement ceux à quatre roues (*chariots*) (fig. 783) ; cependant il faut remarquer qu'aux États-Unis, où les chemins sont très mauvais et n'existent pour ainsi dire qu'à l'état de nom (ils sont simplement tracés sur le sol et garnis, suivant la saison, d'une épaisse couche de poussière ou de boue), on n'utilise que des chariots d'une très grande légèreté ; d'ailleurs on peut observer que c'est dans les pays à mauvaises routes que l'on comprend l'intérêt économique présenté par des véhicules légers et bien construits, car, sur une voie déterminée, un animal ne peut tirer qu'une certaine charge P comprenant à la fois la charge utile c et le poids mort p du véhicule ($P = c + p$) : on doit donc chercher à diminuer le plus possible le poids mort p du véhicule afin d'augmenter le coefficient d'utilisation K de l'appareil de transport ($K = \frac{c}{c+p}$) : ce coefficient K est de 0,50 à 0,55 pour les lourdes charrettes françaises [1], alors que pour les véhicules agricoles anglais, moins légers que ceux des États-Unis, il est de 0,70 pour les charrettes, 0,65 pour les tombereaux et 0,70 à 0,73 pour les chariots ; les chiffres oscillent de 0,64 à près de 0,80 pour les chariots employés dans les exploitations rurales des États-Unis.

Le diamètre des roues doit être d'autant plus grand que la voie est plus inégale ou plus meuble : ainsi les camions, si employés à Paris, montés sur quatre roues de petit diamètre facilitant le chargement sur la plate-forme située à une faible hauteur au-dessus du sol, ne peuvent convenir qu'aux rues bien pavées ; pour ce motif, le camion à quatre roues ne peut se répandre dans les campagnes où il est remplacé par les chariots et les charrettes.

La traction que doit fournir l'attelage dépend du poids total du véhicule et de la nature de la voie. Pour des véhicules ordinaires, dont les roues ont plus de 1 m 20 de diamètre, on trouvera dans le tableau suivant les divers coefficients de roulement qui résultent de nos essais dynamométriques :

1 — Terrain marécageux	0,250	à 0,400
2 — Nouveau labour	0,200	— 0,250
3 — Vieux labour tassé	0,117	— 0,180
4 — Sol sableux très meuble	0,110	— 0,150
5 — Prairie naturelle fraîchement fauchée	0,096	— 0,113
6 — Chaume d'avoine	0,088	— 0,090
7 — Vieille luzerne	0,050	— 0,066
8 — Empierrement suivant son état	0,020	— 0,044
9 — Pavé	0,009	— 0,024

(Le n° 4 serait très analogue aux mauvaises pistes sableuses du Sénégal.)

Pour les transports à moyenne distance (des champs à la ferme), la pratique indique très rapidement la charge à mettre sur les véhicules de l'exploitation, selon leur poids, les pentes, l'état des chemins,

---

1. Le coefficient K a varié de 0.38 à 0.51 pour les automobiles dites de *poids lourds*, qui ont pris part en novembre-décembre 1906 au concours de Paris-Marseille et retour.

et les moteurs employés ; empiriquement, on voit qu'il faut augmenter ou diminuer les charges provenant de certains champs relativement à d'autres.

Pour les transports à grande distance (de la ferme au centre voisin) il faut faire entrer en ligne de compte le *profil en long* de la voie (voir p. 154) : ce sont les côtes qui règlent seules le poids total du véhicule, afin de ne pas imposer à l'attelage un effort qu'il ne pourrait fournir sans se ruiner.

Si l'on désigne par :

P le poids total d'un véhicule,
k le coefficient de roulement, indiqué par le tableau précédent,
i la pente par mètre de la voie,
T la traction nécessitée par le véhicule,

on peut poser la formule simplifiée[1] suivante qui donne un résultat très approximatif :

$$T = kP + Pi$$

dans laquelle i peut être égal à zéro, lorsque la route est horizontale ; la traction est alors donnée par $T = k\,P$.

Appliquons ce qui précède à un véhicule roulant sur un sol sableux (n° 4 du tableau précédent) dont le coefficient de roulement est de 0,15, et considérons un attelage de petits bœufs (p. 399) donnant un effort moyen de 160 kilog. à une vitesse moyenne de 0^m54 par seconde ; nous pouvons chercher les valeurs de P de la formule précédente. — Avec un effort de 160 kilog., l'attelage peut tirer sur la route horizontale une voiture dont le poids total (tare et chargement) serait de 1066 kilog. — Avec le même effort, le poids total du véhicule à déplacer sur une rampe de 0^m05 par mètre n'est que de 800 kilog. (la différence, 266 kil., ne peut porter que sur la charge utile, le poids du véhicule vide étant constant). — On voit de suite l'importance que présente le profil en long de la voie, dont les fréquentes et, surtout, les longues rampes règlent les chargements ; on conçoit que, dans les pays mouvementés, les frais de transports d'un

---

1. Voir notre *Traité de Mécanique expérimentale*, p. 198 et 200. La formule exacte est donnée par :

$$T = k\,P\,cos\ \alpha + P\,sin\ \alpha,$$

dans laquelle α est l'angle d'inclinaison de la voie ; pour une pente de 5 centimètres par mètre, l'angle α est d'environ 2° 50', et les valeurs de $cos\ \alpha$ et de $sin\ \alpha$ sont respectivement 0,999 et 0,049, l'une très voisine de l'unité, l'autre approchée de $tg\ \alpha$, c'est-à-dire de la pente i par mètre.

même poids de marchandise soient deux et trois fois plus élevés que dans les pays de plaines ; aussi, lorsque la route est accidentée, doit-on chercher à n'exporter de la ferme que des produits ayant une valeur relativement grande sous un faible poids.

A propos de ces transports sur les terrains en rampe, citons le procédé employé en Suisse par M. Jacob Bachmann, propriétaire-

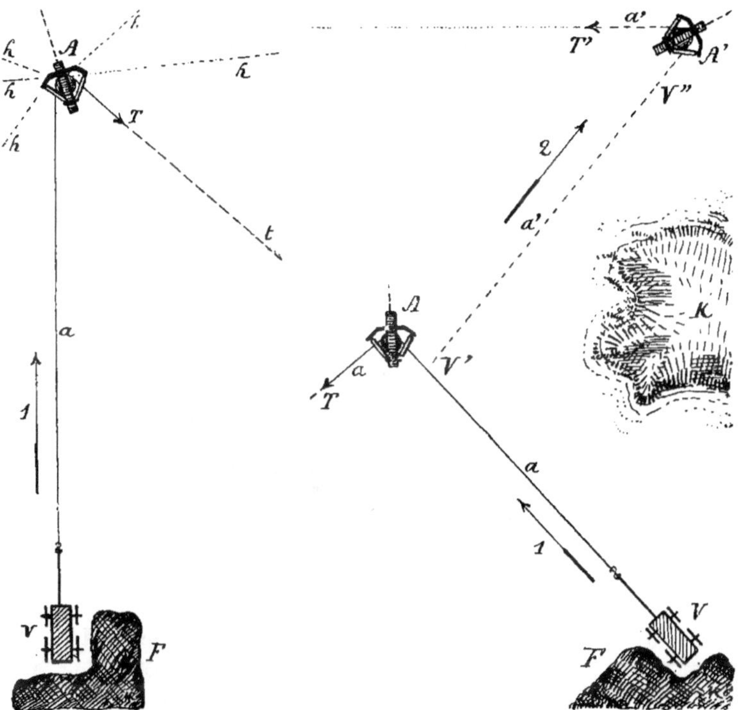

Fig. 784. — Installation d'une poulie pour effectuer les transports sur les rampes.

Fig. 785. — Installation de deux poulies pour effectuer les transports sur les rampes.

agriculteur à Wiliberg (Aargau). — Pour élever le véhicule V (fig. 784), chargé en F, on le tire, suivant la flèche *1*, par un câble *a* passant sur une poulie fixe A et attaché à l'attelage T ; la traction T peut être exercée dans une direction quelconque *h*, mais il est préférable de choisir une ligne T*t* telle que l'attelage travaille en descendant. — Lorsque le trajet du véhicule V (fig. 785) du point F à V$''$ ne peut s'effectuer en ligne droite, à cause d'un obstacle K (ravin, arbre, etc.), on fait l'opération en deux fois : par le dispositif A, le véhicule V atteint un point intermédiaire V', pour être remonté ensuite par A' jusqu'en V''; on voit en *1* et en *2* les déplacements successifs du chariot tiré par les câbles *a* et *a'* auxquels sont

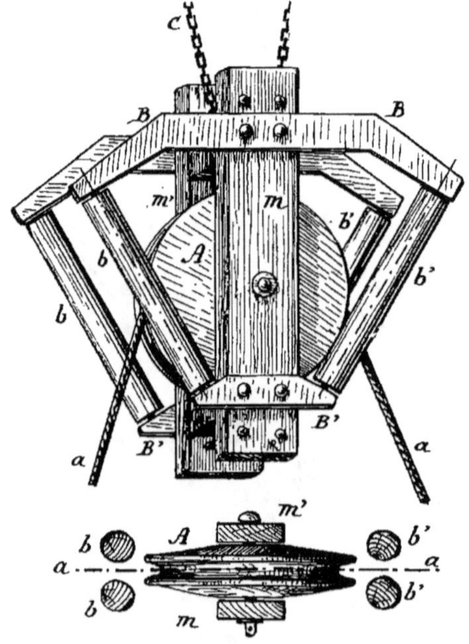

Fig. 786. — Poulie Bachmann (élévation et coupe).

fixés les attelages T et T', ce dernier parcourant le chemin T' t. — L'appareil consiste en une poulie à gorge A (fig. 786), en bois, de 0^m 35 à 0^m 40 de diamètre, tournant entre les montants *m* et *m'* consolidés par des entretoises ; quatre rouleaux inclinés, *b*, *b'*, sont maintenus par des ferrures B et B'. L'ensemble est fixé à un arbre par une chaîne C, à 1^m 20 ou 1^m 30 du sol, en protégeant le tronc par de la paille ou des vieux sacs (on peut également employer les *piquets d'amarrage* étudiés à la page 499). — Dans ce dispositif, qui permet le transport des récoltes, des engrais, etc., on peut remplacer l'attelage par un des treuils déjà examinés (p. 539 et suivantes).

Dans beaucoup de localités les indigènes fabriquent des roues en bois dépourvues de cercle en fer : tantôt les roues sont pleines

(fig. 787), très lourdes (fig. 788[1] ; 789, A), d'autres fois elles son
agrêles, comme au Japon, en Mandchourie (fig. 789, B), en Chine (le
roues ont généralement 18 rais), dans l'Indo-Chine (fig. 791), en
Tunisie, etc. Les traverses ou les rayons qui relient la jante au moyeu
sont diversement disposés ; il y a là des motifs qu'il faut chercher :
nature du bois, outils de travail, etc. Quand l'essieu x (fig. 790) est

Fig. 787. — Charrette (Cochinchine).

très faible, on le supporte en 4 points et on donne aux roues R de
longs moyeux m placés entre les longerons a, qui supportent la
charge A, et deux pièces b reliées avec le châssis a par deux traverses, l'une en avant, l'autre à l'arrière des roues (fig. 791 et 792).

Lorsqu'il s'agira d'importer des roues dans une colonie, il faudra
commencer par des pièces de même diamètre que celles en usage
par les indigènes, ces derniers ayant trouvé, empiriquement, ce
diamètre, influencé par le bâti de la voiture, la puissance de
l'attelage, la nature de la voie, etc. ; plus tard, après études, on
pourra utiliser d'autres modèles. — Il est recommandable d'employer
des roues de grand diamètre (1m30 à 1m70), en fer, analogues à celles
de nos machines agricoles : roues légères de râteau à cheval ou roues

1. La figure 788 donne la vue d'un char brésilien attelé de six bœufs, d'après une
photographie prise à la fazenda du baron Geraldo de Rezende ; on remarquera le
grand diamètre des roues de ce véhicule, à cause probablement de l'état des chemins
qui ne sont pas en harmonie avec l'installation de cette exploitation qu'on cite comme
remarquable (Fauchère : *Culture pratique du caféier, Bulletin du Jardin colonial,*
juin 1907, p. 508).

plus fortes. En 1883, alors que nous étions répétiteur à l'École Nationale d'Agriculture de Grand-Jouan, nous avons fait monter

Fig. 788. — Charrette (Brésil).

un cabriolet sur 2 roues légères de faneuse et l'ensemble a fait un très bon service, mais un peu bruyant.

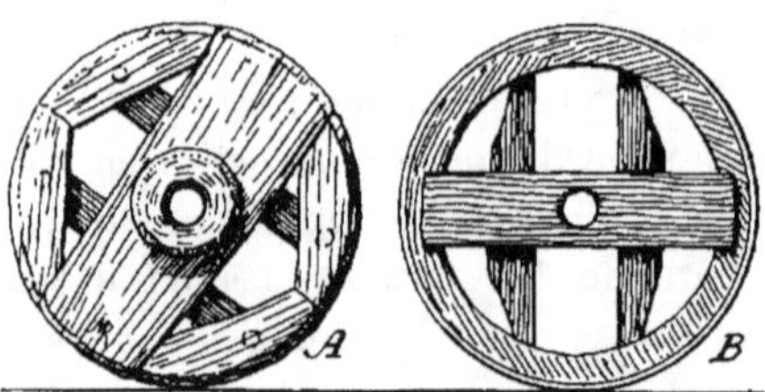

Fig. 789. — Roues (A, Mexique; B, Mandchourie).

Pour la lubrification des fusées on emploie la *graisse à voitures*, obtenue en mélangeant, à chaud, 12 à 15 kilog. de suif, 10 à 12 kilog. d'huile et 2 à 3 kilog. de carbonate de potasse.

En Tunisie, les indigènes emploient l'*araba* (fig. 793) que le lieutenant d'artillerie Maréchal [1] a tenté de modifier « de manière à lui conserver ses précieuses qualités, qui, il faut le dire bien haut, ont fait l'ad-

1. *Bulletin de la Direction de l'Agriculture et du Commerce de la Régence de Tunis*, juillet 1903. — Le lieutenant Maréchal a déplacé l'essieu afin d'augmenter la charge sur le dos de l'animal, ce qui ne constitue pas une heureuse modification.

miration des armées alliées qui coopéraient en Chine (1900) avec les troupes françaises ».

L'essieu *a* (fig. 794) de l'araba ordinaire supporte deux brancards B B', reliés par les traverses *c* et consolidés par une croix *x* ; les

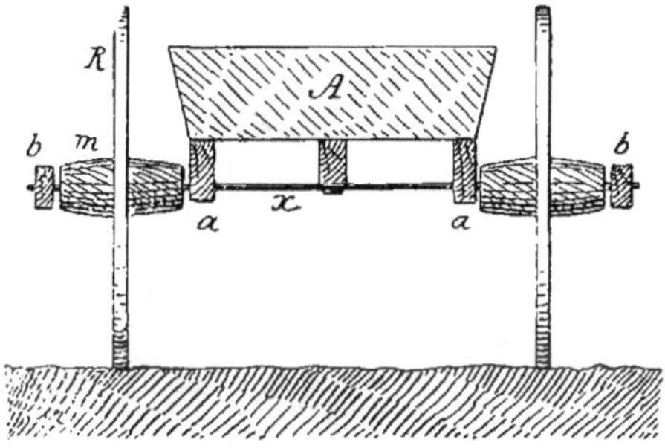

Fig. 790. — Coupe transversale d'une charrette de l'Indo-Chine.

roues R ont 1 ^{m} 70 de diamètre et 0 ^{m} 06 de jante (beaucoup d'arabas n'ont que 0 ^{m} 045 de largeur de jante et détériorent les routes) : la plate-forme A est trapéziforme, de 2 ^{m} 10 de long sur 1 mètre et 1 ^{m} 20

Fig. 791. — Charrette de l'Indo-Chine (Jardin colonial .

de large ; le plancher peut recevoir des ranchers, des panneaux, des cornes ou échelles pour retenir la charge. L'essieu est ainsi placé un peu en arrière du centre de gravité du véhicule dont une petite partie de la charge repose sur le dos de l'animal par l'intermédiaire d'une dossière attachée en *b* ; le mulet tire par une bricole de poitrail et des traits en corde fixés en *d*. Une araba est ordinairement chargée de 500 à 600 kilog.

Nous avons déjà parlé, à plusieurs reprises, des nouveaux harnais

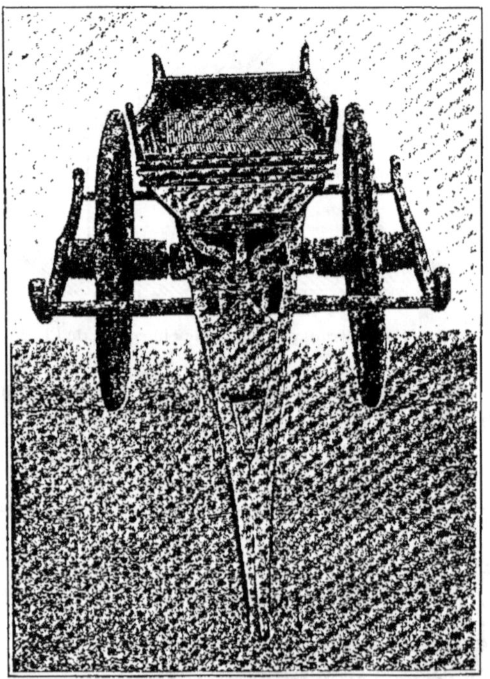

Fig. 792. — Vue de face d'une charrette de l'Indo-Chine (Jardin colonial).

fabriqués pour les dromadaires du domaine de Sidi-Mansour (fig. 562, p. 421 ; fig. 656, p. 530) ; nous donnons la photographie d'un des animaux de cette exploitation attelé à une araba (fig. 795). — Enfin, la fig. 796, tirée de l'*Empire colonial de la France* (*Madagascar*, etc., p. 211), représente un dromadaire tirant le tonneau du service de la voirie de Djibouti.

Les voitures agricoles de la Mongolie, attelées à des chameaux, et les charrettes du Nord de la Chine, tirées par des mulets, sont très analogues aux arabas de Tunisie.

La largeur à donner aux jantes des roues ne devrait dépendre que de la nature de la voie plus ou moins résistante sur laquelle le véhicule doit se déplacer ; si certains indigènes (peuples indo-chinois, tunisiens) donnent à leurs roues des jantes étroites (0^{m}04 à 0^{m}05), cela tient à leurs procédés pour débiter le bois, ou, lorsqu'ils emploient des cercles en fer, c'est parce qu'ils cherchent à économiser le métal et que, d'un autre côté, leur faible outillage ne leur permet pas de travailler aisément des pièces plus grosses.

Fig. 793. — *Araba* Tunisie.

Sur un sol dur et propre, les jantes étroites présentent moins de résistance au roulement que les jantes larges, lesquelles ont des chances de rencontrer de plus nombreux obstacles par mètre d'avancement.

Sur les sols meubles (secs ou humides), tels que la terre labourée, les pistes en sable, les routes à fond solide recouvertes d'une épaisse couche de poussière ou de boue, comme dans les terrains mouillés et marécageux, la résistance au roulement augmente avec l'enfoncement de la roue qui creuse un *frayis*, ou une ornière, d'autant plus profond que la pression par unité de surface de contact de la jante avec le sol est plus grande ; or, on agrandit cette surface à la fois par l'augmentation de la largeur de la jante et par celle du diamètre de la roue, laquelle porte alors sur un arc d'une plus grande longueur. Dans nos essais comparatifs, pour des roues de même diamètre, on constate un rapport entre la traction nécessaire, l'en-

foncement de la roue et la pression par centimètre de largeur de
jante. Enfin, au delà d'une certaine limite d'enfoncement, il devient
impossible de faire rouler la roue par suite du frottement de ses
faces latérales ; dans une année très humide (1881 ou 1882), à

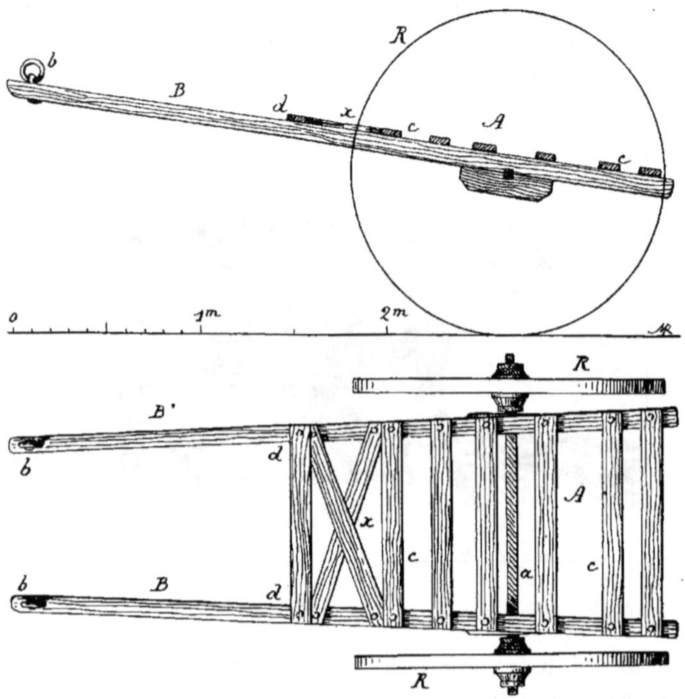

Fig. 794. — Élévation et plan d'une *araba* (Tunisie).

Grand-Jouan, on ne pouvait débarder un champ de choux, le chariot presque vide s'enfonçant, pour ainsi dire, jusqu'à l'essieu, mais
on réussit en employant un traîneau sur lequel on installa des fourragères ; le même procédé fut appliqué plus tard à des champs de
betteraves dans des fermes du Nord de la France (voir p. 641). —
De ce qui précède, il faut retenir qu'il est préférable, dans les terres
humides et marécageuses, de remplacer la voiture par le traîneau
qui, exerçant une plus faible pression par unité de surface de contact, pénètre moins profondément dans le sol que les jantes étroites
des roues.

Dans certaines de nos prairies très humides on emploie, pour
le transport des composts, un coffre de tombereau monté sur un

rouleau plombeur ou posé sur un bâti à flèche supporté par deux

Fig. 795. — Dromadaire attelé à une *araba*, au domaine de Sidi-Mansour Tunisie,
d'après une photographie de M. Bœuf.

grands rouleaux en tôle d'acier. — Nous avons proposé d'avoir recours
au même dispositif pour les véhicules destinés à se déplacer sur

Fig. 796. — Dromadaire attelé à un tonneau (Djibouti).

les pistes sableuses du Sénégal, et une machine fut construite par

M. Pilter avec les dimensions suivantes : chaque roue A fig. 797 et
798 est formée de deux roues légères de râteau à cheval reliées par

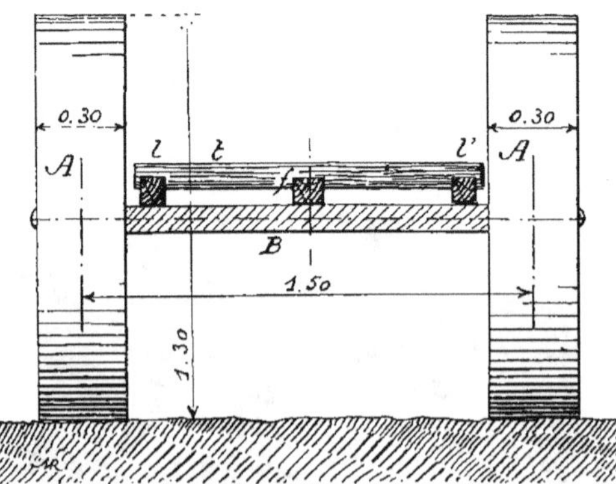

Fig. 797. — Coupe transversale d'une charrette construite pour le Sénégal Pilter.

une jante en tôle d'acier de 0 ^{m} 30 de largeur ; afin d'éviter l'introduction des poussières dans les fusées. une des roues est calée

Fig. 798. — Charrette construite pour le Sénégal (Pilter .

sur l'essieu qui tourne dans une boîte en fonte B formant bâti.

l'autre roue étant folle sur l'essieu : le léger bâti est fixé au chariot constitué par une flèche centrale *f*, reliée par des traverses *t* aux longerons *l* et *l'* : l'écartement d'axe en axe des deux roues est de 1 m 50, afin de pouvoir passer sur les pistes de l'Afrique centrale auxquelles la machine était destinée : ce premier modèle, qui pesait vide 440 kilog. (il était possible de diminuer ce poids), nous a donné les résultats d'essais ci-dessous :

Charrette	vide	chargée de	
		200 k.	400 k.
Poids total du véhicule (tare et chargement)	440 k.	640 k.	810 k.
		Traction de la charrette (en kil.).	
Sol sableux très meuble	30,4	45,5	66,7
Enfoncement des roues en millimètres	23,3	34,2	39,9
Prairie naturelle	9,3	14,3	25,2
Route en empierrement	9,6	10,0	16,5

On voit ainsi qu'une paire de petits bœufs algériens peut tirer une charge utile de 400 kilog. sur une voie sableuse très meuble, en plan horizontal : la limite du chargement sera imposée par les plus fortes rampes du parcours (voir p. 648).

Dans nos essais, les coefficients de roulement [1] ont été :

Poids total du véhicule	440 k.	640 k.	810 k.
Sol sableux très meuble	0,069	0,071	0,079
Prairie	0,021	0,022	0,030
Empierrement	0,021	0,016	0,0185

Nous n'insisterons pas sur les diverses formes à donner au coffre des véhicules suivant la nature des charges à déplacer (*panneaux, ranchers, fourragères, claies, etc.*); de même, nous ne ferons que citer les *fardiers* spécialement destinés au transport des arbres abattus.

Pour ce qui concerne les personnes, il y aura lieu d'examiner les voitures très légères employées par les fermiers américains (voitures à deux roues, genre *sulky* : voitures à quatre roues, genre *buggy*) ; on peut très bien atteler un bœuf à ces voitures, d'après l'expérience qui fut faite à Grand-Jouan par Gustave Heuzé (le bœuf parthenais, attelé au collier à une voiture ordinaire à quatre roues, se déplaçait au trot : en un jour, Heuzé fit le voyage de Nozay

---

1. Coefficients plus faibles que ceux donnés à la page 647 par suite de la grande largeur des jantes.

à Nantes (40 kilomètres) par une chaleur accablante, en ne donnant qu'un repos à l'animal au milieu du parcours).

Les voitures américaines dont nous venons de parler circulent avec la plus grande facilité dans les champs, comme nous avons pu le constater, et fatiguent bien moins l'attelage que nos lourdes carrosseries françaises ; nous avons engagé plusieurs de nos constructeurs à entreprendre la fabrication de ces véhicules destinés à

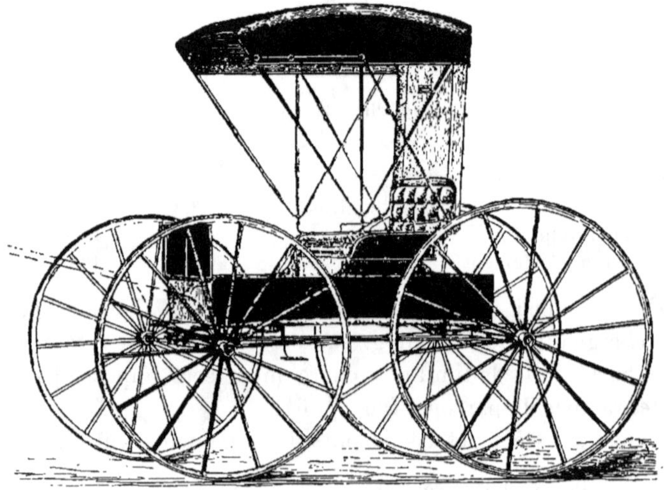

Fig. 799. — *Buggy* (États-Unis).

nos exploitations agricoles ; mais n'ayant pu réussir dans cette voie, nous sommes conduits à recommander de faire venir d'Amérique ces voitures, lesquelles, démontées, occupent un très petit volume.

Le buggy des fermiers américains est porté sur quatre roues non carrossées (fig. 799), de 1^{m}10 de diamètre à l'avant et 1^{m}20 à l'arrière ; pour un seul siège, le coffre rectangulaire, dit à *piano*, a environ 1^{m}40 de long, 0^{m}63 de large et 0^{m}20 de profondeur ; pour les grands modèles à deux sièges, le coffre a 2^{m}10 de long, 0^{m}95 de large et 0^{m}20 de profondeur ; les poids des voitures sont de 220 kilog. à 280 kilog.

Bicyclettes. — Comme appareil de locomotion individuelle, citons la bicyclette qui peut rendre les plus grands services ; M. L. Duquénois, dans le rapport sur son voyage à Madagascar [1],

1. Rapport à la chambre de commerce de Charleville et à la chambre syndicale des industriels métallurgistes ardennais, 1902.

dit : « Profitant des routes nouvellement établies, j'ai voyagé surtout à bicyclette, puisque sur mon itinéraire de 1000 kilomètres, j'en ai couvert près de 700 par ce moyen de locomotion. »

Il y aurait lieu de prendre les machines proposées chez nous pour le tourisme en pays accidenté, c'est-à-dire à faible développement [1], au besoin à changement de vitesse, à roue libre et par suite à frein. Les récents concours sérieusement organisés par le Touring Club de France peuvent donner d'utiles indications à ce sujet ; dans le dernier (Grenoble-Chambéry, 13-14 août 1905) les machines primées avaient des bandages de 0 ^{m} 045 ; la hauteur totale des côtes, équi-

Fig. 800. — *Levocyclette* (Terrot).

valente au travail sur mauvaise piste (4050 mètres), a été franchie, en moyenne, par des coureurs de profession, à raison de 580 mètres d'ascension verticale à l'heure.

Les bicyclettes Terrot sont établies sur plusieurs modèles ; le type dit *levocyclette* permet de donner dix développements différents compris entre 2 ^{m} 40 et 7 ^{m} 40, obtenus sans avoir besoin de quitter les poignées du guidon ; dans cette machine (fig. 800), les pédales *a*, animées d'un mouvement circulaire alternatif, sont reliées par des bielles *b* à deux leviers *c* oscillant autour de l'axe du pédalier ; ces leviers portent un curseur à chacun desquels est fixée une chaîne

---

1. Avec un développement de 2 ^{m} 80 on peut monter les routes ayant des côtes de 12 à 15 °/₀ à raison de 10 kilomètres à l'heure.

d passant sur un pignon spécial *e*, à roue libre, placé sur le moyeu de la roue arrière *f* ; le changement de vitesse s'effectue par le déplacement du point d'attache *d* solidaire d'une petite chaîne sans fin logée dans l'intérieur de chaque levier *c*.

La rétro-directe *Hirondelle* (fig. 801), à une seule chaîne, sans

Fig. 801. — Bicyclette rétro-directe l'*Hirondelle* (Manufacture française d'armes et de cycles de Saint-Étienne).

engrenage ni embrayage, possède deux vitesses : la grande en pédalage direct, la faible en rétro-pédalage : les développements varient suivant les modèles :

6 ^{m} 60 en pédalage direct et 3 ^{m} 80 en rétro — pour les pays peu accidentés,

5 ^{m} 80   —   3 ^{m} 30   — type généralement employé en France,

5 ^{m} 00   —   2 ^{m} 80   — type spécialement établi pour les pays montagneux.

C'est, croyons-nous, le dernier modèle qu'il conviendrait d'adopter pour rouler sans fatigue sur les mauvaises pistes de nos colonies.

Les *tri-porteurs*, dont il existe de très bons modèles en France, développant de 2 ^{m} 50 à 4 mètres, permettent de transporter des charges utiles de 50 à 100 kilog. à l'allure de 12 à 15 kilomètres à l'heure ; n'étant recommandables que sur de bonnes routes, les tri-porteurs seront d'un emploi plus restreint aux colonies.

Si, pour les machines précédentes, on peut dire que la question est résolue en ce qui concerne les mécanismes, elle ne l'est pas pour les pneumatiques qu'il y a intérêt à supprimer pour employer un bandage en cuir, avec une suspension élastique des moyeux et de la selle ; bien qu'il ne s'agisse ici que d'un projet de notre part, nous pensons que la généralisation de l'emploi des bicyclettes et des triporteurs aux colonies est liée à sa réalisation.

Automobiles. — Enfin, dans l'avenir, il faudra se préoccuper des *automobiles*, à la condition de s'assurer du combustible et de combiner un mécanisme simple, sans bandage pneumatique ni plein en caoutchouc, sans différentiel, etc. ; nous avons actuellement à l'étude un semblable programme, mais les essais ne sont pas assez avancés pour pouvoir en parler utilement.

Petits chemins de fer. — La difficulté d'enlever les récoltes dans les terres molles, souvent détrempées par les pluies (en particulier pour les betteraves), a conduit à l'emploi de petits *chemins de fer portatifs*, à voie étroite, dans bon nombre de nos exploitations. On peut considérer le chemin de fer comme ne servant qu'à amener la

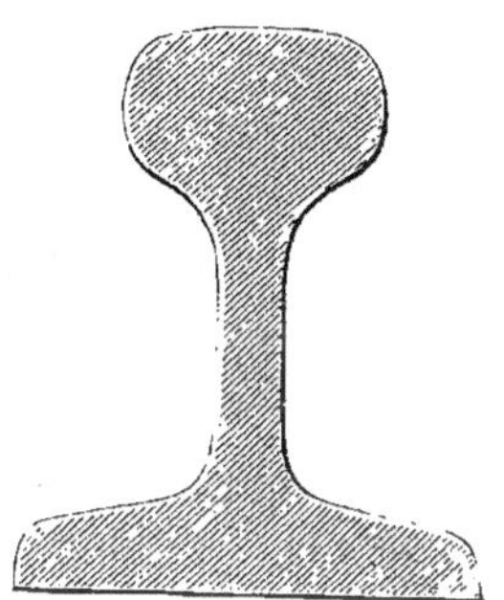

Fig. 802. — Coupe transversale d'un rail à patin.

Fig. 803. — Éclisses d'assemblage d'une voie étroite.

récolte au bord d'un chemin, où elle est reprise par les véhicules ordinaires lesquels, roulant sur une voie solide, peuvent transporter de lourdes charges. — Nous croyons que, de cette même façon, ces petits chemins de fer (fig. 802 à 806) peuvent être utilisés dans beaucoup d'exploitations coloniales pour enlever diverses récoltes (canne à sucre, feuilles de plantes textiles, etc.). — Pour réduire le fret on peut se faire expédier les rails non montés, percés

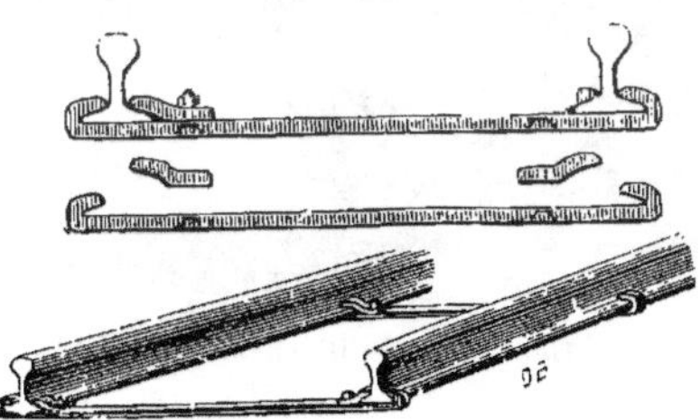

Fig. 804. — Voie démontable (Boé-Paupier).

d'avance ainsi que les traverses, le rivetage des pièces étant
effectué sur place ; dans cet ordre d'idées, les *voies démontables*

Fig. 805. — Vagons pour chemin de fer à voie étroite (Decauville).

sont à recommander ; les traverses du type Paupier (fig. 804)
portent à chaque extrémité une pliure recevant le patin du rail et,

Fig. 806. — Vagon pour le transport de tiges et de feuilles (Boé-Paupier).

à l'intérieur de la voie, l'autre côté du patin est maintenu par un
talon qu'un boulon serre sur la traverse.

Le coefficient de roulement sur les chemins de fer à voie étroite est d'environ 0,006 à 0,007 ; dans les cas les plus défavorables (voie inégale, rails garnis de terre, vagons en mauvais état, non graissés), nous avons constaté un coefficient de roulement voisin de 0.012.

Dan s les champs, et à plat, un cheval ou un bœuf de nos exploi-

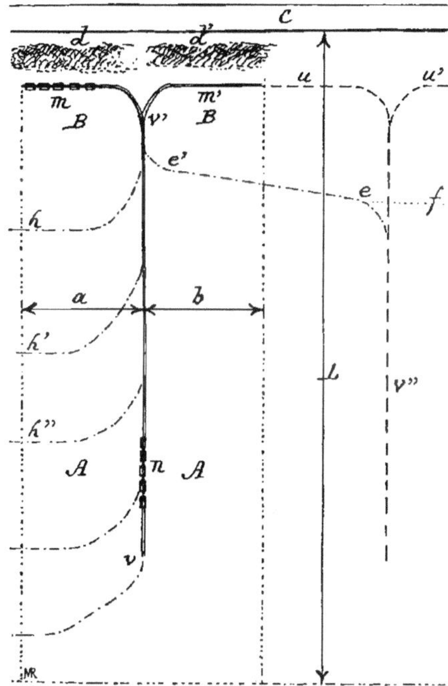

Fig. 807. — Plan d'installations de chantiers de débardage des récoltes.

tations ne tire pas plus de 500 à 600 kilog. de charge utile placée dans une voiture, tandis qu'avec le petit chemin de fer il peut tirer pratiquement des charges utiles de 2000 à 2500 kilog.

Voici quelques indications relatives à l'emploi du matériel Decauville nécessaire au débardage des grands champs de betteraves des environs de Paris : les racines sont jetées dans des civières pleines ou à claire-voie [1], portées à bras sur des zones a, b (fig. 807), larges de 15 mètres à droite et 15 mètres à gauche d'une

---

1. Les civières à claire-voie pèsent vides 18 kilog. et peuvent contenir jusqu'à 120 et 170 décimètres cubes de betteraves.

ligne v v', jusqu'aux vagonnets n roulant sur une voie de 0^m40 d'écartement, dont chaque rail pèse 4 kil. 500 le mètre[1]. Pendant qu'un train m est en déchargement, en d, le long du chemin C, les hommes qui travaillent en n remplissent les civières, et l'animal (marchant sur le côté de la voie, et tirant par une chaîne longue de 4 à 5 mètres) ramène à vide l'autre train de m' en n ; les hommes du chantier A retirent alors les civières vides des vagons, et les remplacent par des civières pleines ; le train n, chargé rapidement, est ensuite conduit en m' pour être déchargé en d', puis l'attelage prend le train vide m pour le mener en n, et ainsi de suite. En v' se trouve une aiguille que le conducteur manœuvre d'un coup de pied à chaque voyage.

Un matériel complet présente les poids suivants :

Voie :

400 mètres de voie (100 bouts de voie de 4 mètres)...	4200 k.
2 bouts de voie de 2^m50...................	55
2 — de 1^m25..................	28
6 bouts de voie courbe de 2^m50 de rayon..........	165
4 — — de 1^m25 —	55
1 croisement de voie.....................	70
1 aiguille mobile	4

Matériel roulant :

30 vagons porteurs à 2 essieux...................	1800
45 civières à claire-voie....................	855
1 chaîne de traction de 4^m50.................	7

Accessoires :

1 pince à poser la voie...................	10
1 bidon à huile	2
Huile de graissage.....................	10
Matériel de réparation.....................	35
Pièces de rechange	110
Total.................	7406 k.

l'ensemble ne valant pas plus de 3800 fr.

Bien entendu, la longueur de la voie peut être réduite ou augmentée selon la dimension L des champs (fig. 807) ; il en est de même pour ce qui concerne le nombre de vagons et de civières ; il faut

---

1. On recommande aujourd'hui, pour les grandes exploitations, la voie de 0^m50 recevant des vagons à bascule cubant de 300 à 650 décimètres cubes, qui n'ont pas, dans beaucoup de circonstances, les avantages des petits porteurs de 0^m40, à civière, très applicables dans un grand nombre de cas.

en tous cas trois civières pour deux vagons (d'après l'organisation du chantier que nous venons d'indiquer, il y a toujours une civière par vagon en m ou en m' à la décharge, et deux civières par vagon en n au point de chargement).

Le matériel, très léger, se déplace rapidement et facilement en déportant la voie de chargement de 30 en 30 mètres (de $v\,v'$ en v'', fig. 807), et les garages $m\,m'$ sont reportés en u,u', ce qui permet de chercher les récoltes à des distances L de 385 à près de 400 mètres à droite et autant à gauche d'un chemin d'exploitation C.

Quand les champs n'ont pas plus d'une centaine de mètres de profondeur L (fig. 807), on laisse en place le garage $m\,v'\,m'$ et on le raccorde avec la voie v'', de chargement, par un embranchement $e\,e'$, qu'on prolonge en f au fur et à mesure du déplacement de la voie v''; la longueur de ce raccordement peut être de 200 mètres à droite ou 200 mètres à gauche de l'axe vv'.

Enfin, toujours en conservant en place le garage $m\,v'\,m'$ (fig. 807), on peut le raccorder avec la voie h de chargement parallèle au chemin C et, au fur et à mesure de l'avancement du travail, la voie h est déportée de 30 mètres en h', puis autant en h'' et ainsi de suite, aussi bien à droite qu'à gauche de l'axe vv' du garage.

Nous trouvons dans nos notes relevées à la ferme de Petit-Bourg, en 1879, que les chantiers composés de deux hommes au chargement A (fig. 807), deux hommes au déchargement B, un gamin et un cheval débardaient 120 ares par jour, et le poids manutentionné variait de 40000 à 45000 kilog. par hectare. Les quatre hommes étaient payés à forfait à raison de 25 fr. l'hectare; le gamin 2 fr. et le cheval 6 fr. par jour, soit par hectare :

Ramassage, chargement, déchargement et mise en tas.....	25 »
Transport :	
Gamin...	1 66
Cheval...	5 »
	31 66

soit environ 0 fr. 80 par 1000 kilog., plus les frais d'amortissement, d'intérêt et d'entretien du matériel.

A la même époque, dans un champ voisin, le travail effectué par les procédés ordinaires, à raison d'un hectare par jour, été fait par :

4 hommes (à forfait)...	25 »
1 bouvier...	3 50
2 tombereaux ; 6 bœufs à 3 fr...	18 »
	46 50

il y avait en plus 1 bouvier, 4 bœufs et un tombereau sur le chemin du champ à la ferme.

A Petit-Bourg on appliquait le même procédé au transport du fumier dans les champs, où il était mis en tas très régulièrement espacés.

Si nous avons insisté sur ces chantiers de débardage, c'est que nous avons entendu beaucoup de personnes parler de leurs projets d'installer, dans leurs exploitations coloniales, un petit chemin de fer fixe reliant les champs à la ferme; bien entendu, elles ont reculé devant la dépense lorsqu'elles avaient serré de plus près la question en s'inquiétant du devis estimatif et ont abandonné l'idée, parce qu'elles n'étaient pas au courant du mode opératoire que nous venons de rappeler. Cependant il y a, notamment dans les Indes

Fig. 808. — Voie monorail.

néerlandaises, au Zambèze, dans l'Amérique du Sud, etc., de grands domaines où la canne à sucre est transportée par des petits chemins de fer fixes dont certains trains sont même tirés par des locomotives ; dans ces domaines, les récoltes sont amenées à la voie ferrée par des véhicules tirés dans les champs par des attelages et les transbordements sont effectués par une nombreuse main-d'œuvre ; en vue de réduire celle-ci dans les exploitations de l'Amérique du Sud, M. Georges Ville a étudié une *grue automobile* qui prend d'un seul coup la charge d'environ 1000 kilog. de cannes à sucre contenue dans une voiture, l'élève, la déplace horizontalement pour la déposer dans les vagons du chemin de fer (le chargement dans le champ ayant été effectué sur des cordages préalablement disposés sur la voiture); la machine comprend un groupe électrogène, avec moteur à alcool, équilibrant la volée de la grue; à côté du volant de direction, le mécanicien dispose des commutateurs commandant les réceptrices du palan électrique, du mouvement de rotation de la volée et du déplacement de la grue automobile.

Nous ne décrirons pas le matériel des chemins de fer à voie

étroite, ainsi que celui du monorail (fig. 808 et 809), dont le prix est moins élevé, mais qui ne peut permettre la formation de trains, chaque vagon (fig. 809) devant être soutenu et poussé par un moteur (homme ou animal).

Fig. 809. — Vagon pour monorail.

Transports par eau. — Dans certaines conditions spéciales on pourra effectuer les transports par eau [1], au moyen de barques ou de bateaux en bois à fond plat, comme ceux que nous avons décrits dans une autre partie de ce Cours (fig. 285, p. 179). Pour les chalands destinés à faire un service continu il est bon de fixer, sur les *membrures* a a' de la figure 284 (p. 178), un *vaigrage* formé de planches obliques remplaçant les tringles b, afin de trianguler le système relativement au *bordé* constitué par les planches c perpendiculaires aux *courbes*. — Pour les explorations, nous indiquerons les canots pliants du système Doyen-Monjardet qui sont très pratiques : leur charpente est formée d'X articulés, en bois, soutenant un plancher ; une toile imperméable forme le bordage.

Des chalands en tôle d'acier, fabriqués en éléments démontables, pourront être utilisés, mais il faudra éviter l'emploi de l'aluminium dans la construction des embarcations, parce que ce métal se détériore en présence de traces de chlorure de sodium que contiennent presque toutes les eaux.

Dans les grandes installations, on pourra quelquefois utiliser des

1. Voir, p. 377, le gros matériel de la compagnie de Marromeu, sur le Zambèze.

bateaux à moteur mécanique (à vapeur, car il est généralement possible de se procurer du bois de feu dans les pays traversés par des cours d'eau); dans ces conditions, nous croyons que la roue arrière sera le propulseur à employer de préférence à l'hélice difficile à surveiller, à entretenir, pouvant s'embarrasser d'herbes. etc.. bien que pour les cours d'eau ayant peu de fond on place l'hélice dans une sorte de chambre (bateaux des rivières russes ; bateau le *Fram* sur la Loire, etc. . A titre de document, nous donnons la figure 810. qui représente un bateau anglais. construit à Lytham, pour naviguer

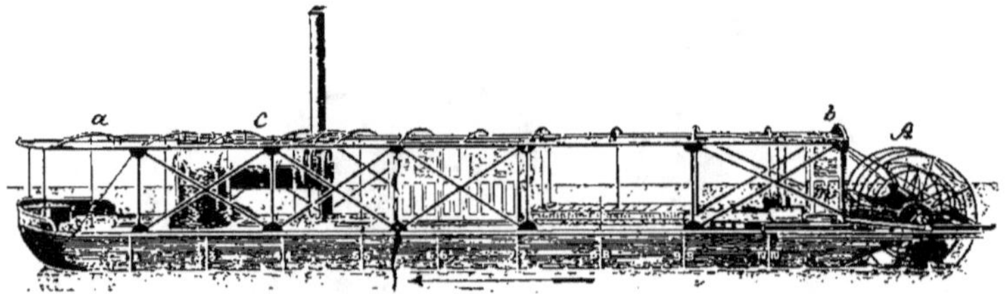

Fig. 810. — Bateau à roue arrière.

sur le Congo ; il est établi en dix compartiments étanches ; la roue arrière A est mue directement par la machine *m* recevant la vapeur de la chaudière C dont le foyer ne nous semble pas disposé pour brûler les combustibles du pays. Le bateau, qui, en service, est recouvert d'une toile tendue sur les fermes *a b*, a 21 mètres de long, 4^{m}80 de large, un tirant d'eau de 0^{m}28 à vide et de 0^{m}34 avec une charge de 7 tonnes.—Il y avait à Madagascar (en 1901), appartenant à une Compagnie de transports, deux semblables remorqueurs de 100 chevaux, calant 0^{m}70 en charge, et deux remorqueurs également à une seule roue arrière de 50 chevaux, calant 0^{m}45 en charge.

TROISIÈME SECTION

PETIT OUTILLAGE

Notes préliminaires.

Enfin, nous terminons notre Cours en donnant une liste pouvant servir de base pour l'acquisition du petit outillage qu'on doit avoir dans toute exploitation.

Nous avions commencé l'établissement de cette liste dès 1888 ou 1889; elle nous avait été réclamée, à diverses reprises, par des amis et des anciens élèves qui partaient pour différentes colonies; en échange nous leur demandions de nous spécifier à leur retour, après deux ou trois ans, ce qui leur avait été indiqué en trop et dont ils ne s'étaient pas servi, et ce qui leur avait fait défaut : quelques personnes seulement ayant tenu leurs engagements, cela nous permit de modifier successivement les premières listes pour arriver à celle donnée ici, en faisant observer qu'elle n'a pas la prétention d'être limitative; au contraire, nous devons la considérer comme provisoire tant que nous n'aurons pas réuni un plus grand nombre de documents de la part de ceux qui peuvent être à même de l'utiliser.

Nous pouvons faire remarquer que cette liste est également applicable à nos exploitations de France, sauf qu'on peut diminuer le nombre des pièces de beaucoup d'articles qu'il est facile de se procurer, en temps utile, chez les quincailliers du voisinage ; si, dans certains cas, nous avons indiqué plusieurs exemplaires, c'est que nous n'avons supposé aucun ravitaillement dans les débuts; or, ce sont précisément dans les débuts de toute organisation qu'on use et qu'on brise le plus d'outils, dont les fragments, grâce au petit matériel de forge qui est prévu, peuvent être utilisés de diverses façons.

Nous avons désigné les différents outils par leur terme de métier et nous avons indiqué les dimensions qu'il nous paraît convenable d'adopter d'après les besoins que nous avons en vue.

Pour les pointes, les vis, les boulons. etc., nous avons cité, mais à titre de simple renseignement, les dimensions qu'il nous semble préférable d'utiliser et avec lesquelles nous avons pu d'ailleurs faire exécuter a plupart des travaux qu'on peut rencontrer d'une façon courante ; le nombre de ces articles ne peut être spécifié, car il est déterminé par l'importance que l'on compte donner à ses ouvrages ; il en est de même pour les goupilles, les clous à crochet, les pitons, les fers, etc., que chacun pourra se fixer après quelques instants de réflexion et en observant ce qu'il peut en rentrer dans un travail analogue à celui qu'on a l'intention de faire.

Ne pas oublier de bien entretenir tout le matériel en bon état et de le préserver de l'humidité.

La principale recommandation, sur laquelle nous insistons beaucoup, est de choisir son outillage chez nos meilleurs fabricants de France, en demandant toujours des objets de *première qualité* ; l'argent consacré à l'achat d'un très bon matériel est un capital bien placé, et il faut se rappeler qu'un outil ordinaire ou médiocre est mis hors de service après avoir effectué bien peu d'ouvrage, lequel revient alors à un prix très élevé.

Outils d'usage général.

4 mètres en bois, à 10 branches.
4   —   —   5   —
2   — en cuivre, à 10   —
1 règle en acier divisée d'un côté ; 0^{m}50 de long, 0^{m}03 de large, 0^{m}0012 d'épaisseur.

Fig. 811. — 1 calibre à coulisse, de 0^{m}25 de long.

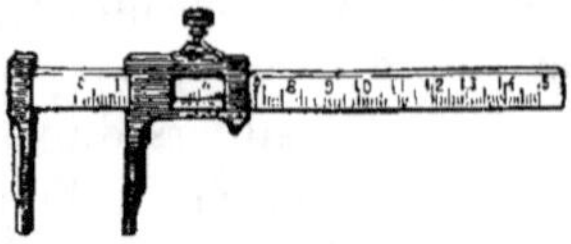

1 décamètre (avec fils de cuivre dans la chaîne du ruban).
1 règle plate, en bois, de 1 mètre.
1   —   —   2   —
1 ligne, ou cordeau à tracer.

Fig. 812. — 1 équerre en fer, à chapeau, de 0^{m}25 de grande branche.

Fig. 813. — 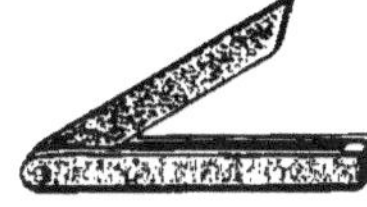 1 fausse équerre, en acier fondu, de 0^{m}25 de branche.

Fig. 814. —  2 compas droits, en fer, à tige ronde (de 0^{m}16 et de 0^{m}25 de branches).

12 douzaines de crayons.

Fig. 815. —  1 fil à plomb, en cuivre, conique, avec gaîne cylindrique vissée, de 0^{m}04 de diamètre.

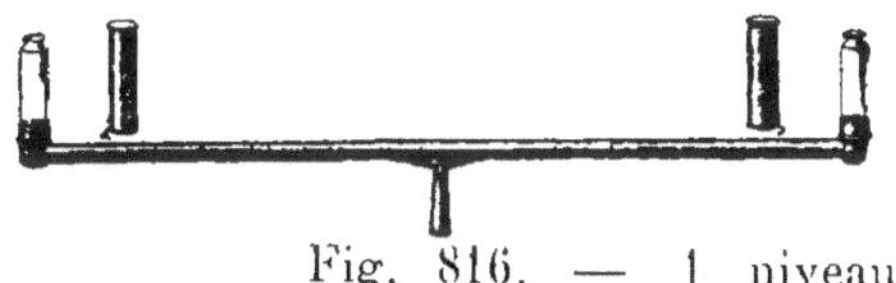

Fig. 816. — 1 niveau d'eau, en fer blanc, se démontant en 3 parties : coudes en cuivre; le tout rangé dans une boîte ; — 6 fioles de rechange (les fioles sont lutées avec du mastic de fontainier indiqué à la page 283.

Fig. 817. — 1 pied à 3 branches, en chêne, pour niveau d'eau et pour équerre d'arpenteur (fig. 821).

Fig. 818. — 1 mire à voyant, dite canne ; ce modèle de mire est monté sur une tige ronde en fer, en deux parties se vissant l'une à l'extrémité de l'autre : portée de 2 mètres.

Fig. 819. —  1 niveau triangulaire, en charme, de 0^{m}60, avec coins en cuivre.

Fig. 820. —  1 niveau à bulle d'air, de 0^{m}25 de long, avec son étui en tôle.

Fig. 821. — 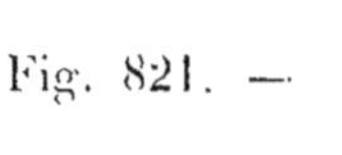 1 équerre d'arpenteur, de 0^m085 de haut.

Fig. 822. — 1 crochet de chargeur, à 2 pointes, de 0^m22 de long.

Fig. 824. — 1 ciseau pied-de-biche, à déballer.

Fig. 825. — 1 pince en fer, à talon, de 1 mètre à 1^m30 de long.

Fig. 823. — 1 arrache-clous, modèle dit américain.

Fig. 826. — 1 hachette américaine, à marteau, de 0^k900.

Fig. 827. — 1 hache à 2 biseaux, de 1^k500.

Fig. 828. — 1 hache à refendre, modèle du Génie.

Fig. 829. —

1 marteau de menuisier,
de 0^m022 de hauteur de
tête, manche en frêne.
2 marteaux de mécanicien
de 0^m035 de hauteur de
tête, manche en cor-
nouiller.

Fig. 830. —

1 tas à main, de 0^m055 de table.

Fig. 831. —

1 étau en fer, d'établi, à
agrafe, avec tas ; mâchoires, ou mors, de 0^m08 de
longueur.

6 ciseaux à froid

Fig. 832. ···

4 burins.

Fig. 833. —

2 bédanes.

Ensemble 12 piè-
ces en acier fon-
du, assorties, de
0^m010 à 0^m030
de taillant, de
0^m20 à 0^m28 de
long.

Fig. 834. —

3 chasse-pointes (de 0^m002,
0^m003 et 0^m005 de diamètre .

Fig. 835. —

3 emporte-pièce, ronds (de 0^m005,
0^m010 et 0^m015 de diamètre).

Fig. 836. —

8 vrilles torses, en acier (deux de
chaque pour 0^m0025, 0^m005, 0^m006
et 0^m008 de diamètre).

Fig. 837. —

6 équarrissoirs (deux
de chaque, pour
0^m005, 0^m006 et
0^m008 de diamètre).

Fig. 838. —

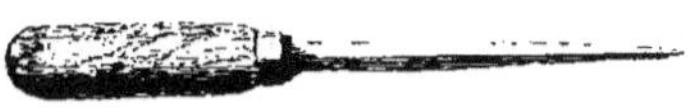

2 pointes carrées, de
0^m14 et 0^m18 de
long.

Fig. 839. — 1 vilebrequin très fort, avec ses accessoires (figures 840 à 845).

Fig. 840. — 12 mèches anglaises à 3 pointes, de 0^{m}008 à 0^{m}030 de diamètre.

Fig. 841. — 6 mèches à cuillère, diam. 0^{m}006 à 0^{m}020.

Fig. 842. — 12 mèches façon Suisse, diam. 0^{m}003 à 0^{m}016.

Fig. 843. — 6 mèches torses (ou à hélice), 0^{m}006 à 0^{m}015 de diamètre.

Fig. 844. — 2 fraises à la Romaine, 0^{m}014 et 0^{m}022 de diamètre.

Fig. 845. — 1 tournevis pour vilebrequin.

Fig. 846. — 2 tournevis, petits ; longueur de la lame 0^{m}11.
2 tournevis, moyens ; longueur de la lame 0^{m}16.
2 tournevis, grands ; longueur de la lame 0^{m}25.

Fig. 847. — 1 clef à écrous, à doubles mâchoires, de 0^{m}015 d'ouverture.
1 — — 0^{m}030 —
1 — — 0^{m}040 —

Fig. 848. — 2 pinces plates, de 0^{m}14 et 0^{m}20 de long.

Fig. 849. —
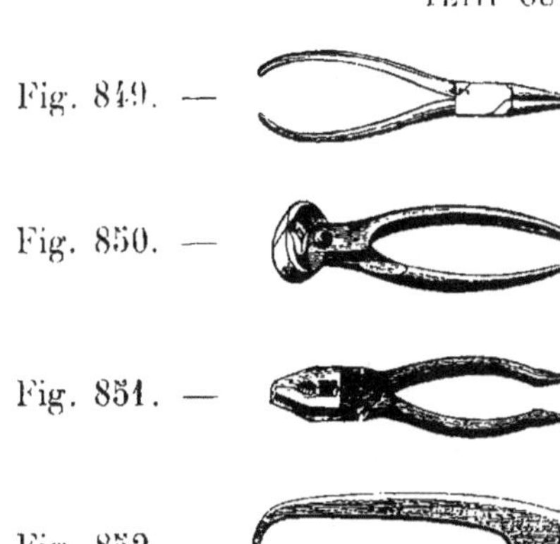
2 pinces rondes, de 0^m14 et 0^m20 de long.

Fig. 850. —
2 pinces coupantes, de 0^m14 et 0^m20 de long.

Fig. 851. —
1 pince dite universelle, de 0^m20 de long.

Fig. 852. — 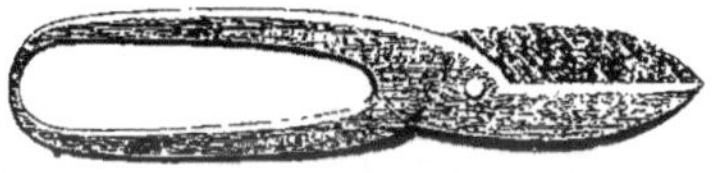
1 cisaille à main, de tôlier, de 0^m25 de long.

Fig. 853. — 
1 tenaille de 0^m16 de long.

1 tricoise de 0^m33 de long.

(Les outils de 0^m14 à 0^m31 de long sont généralement désignés sous le nom de tenailles, celui de tricoises est réservé à des outils plus forts, de 0^m33 à 0^m36 de long.)

Fig. 854. —

1 gratte-navire, à douille, à lame triangulaire de 0^m11.

1 diamant à couper le verre, avec grugeoir dans le manche (les roulettes en acier sont mises très rapidement hors de service).

Fig. 855. —

1 couteau à mastiquer, de 0^m06 de large (le couteau à démastiquer peut être remplacé par un ciseau à froid).

Fig. 856. —

1 meule à aiguiser, en grès, de 0^m45 de diamètre, à manivelle (la pédale ne peut être employée qu'avec les lourdes meules, ou celles munies d'un volant).

(La pierre à morfiler se trouve avec l'outillage spécial pour le travail du bois, fig. 904, p. 684).

Fig. 857. —

Outillage spécial pour les terrassements et les maçonneries.

Fig. 858. — 1 masse carrée de $0^m10 \times 0^m05$ à 0^m06.

Fig. 859. — 10 coins en acier, de 0^m03 à 0^m05 de biseau et de 0^m10 à 0^m25 de haut.

Fig. 860. — 1 marteau à pointe.

Fig. 861. — 1 marteau à piquer, panne en long et panne en travers : 0^m03 de hauteur de tête.

Fig. 862 — 1 barre à mine, de 5 kilog.

Fig. 863. — 2 pics à tête, de 3 kilog.

Fig. 864. — 2 pioches, modèle de l'Artillerie, de 2^k500.

Fig. 865. — 1 pioche de gravatier, de 2^k500.

Fig. 866. — 1 décintroir, de 2 kilog. (le décintroir peut remplacer la pioche piémontaise pour les petits travaux et le piochon pour l'enlèvement des racines).

6 manches en frêne, de 0^m90 de long.

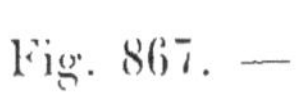
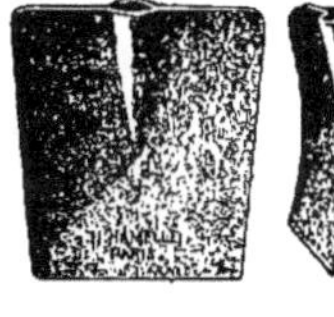

Fig. 867. —   4 pelles carrées, dites de Saint-Étienne, à bride ; 0^m21 de large et 0^m25 de haut.

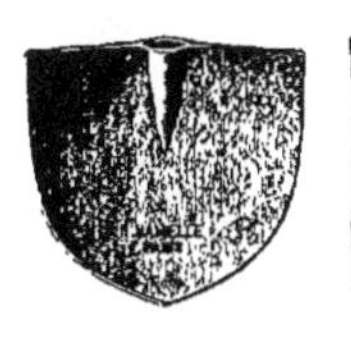

Fig. 868. —   2 pelles rondes, dites de fortification, à bride ; 0^m29 de large et 0^m27 de haut.

6 manches de pelles, en frêne, de 1 m. de long.

Tous les outils indiqués par les fig. 863 à 868 sont les plus petits échantillons de fabrication courante ; ils sont utilisables par l'Européen, et, dans beaucoup de cas, ils seront trop lourds ou trop volumineux pour les indigènes (voir page 507).

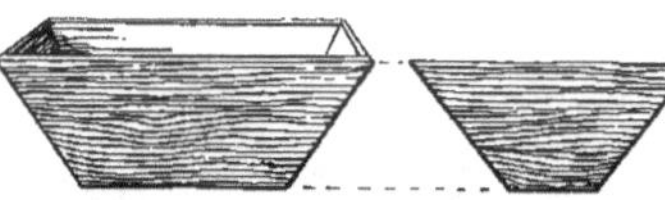

Fig. 869. —   1 auge en bois, de 0^m60 × 0^m40 (à assembler sur place).

1 truelle en cuivre, carrée, de 0^m16 de long.

Fig. 870. —   2 truelles en acier (une carrée et une ronde) de 0^m14 et 0^m20 de long.

Outillage spécial pour le travail du bois.

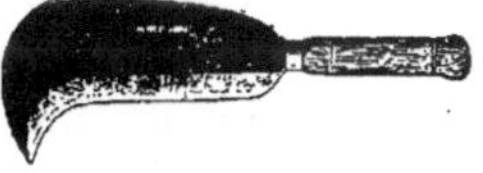

Fig. 871. —   4 serpes de 0^m18 à 0^m26 de long.

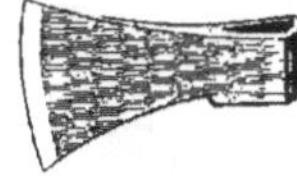

Fig. 872. —   2 cognées de charpentier, de 0^m20 et 0^m24 de long, avec manches.

Fig. 873. —   1 essette à la Turque, de 0^m07 de taillant, avec manche.

Fig. 874. —  2 herminettes, de 0ᵐ08 et 0ᵐ10 de taillant, avec manches.

Fig. 875. — 1 bisaiguë (ou besaiguë), de 1ᵐ à 1ᵐ20 de long, de 0ᵐ045 de planche et à bédane.

Fig. 876. —  1 rainette de charpentier.

Fig. 877. —  1 chevalet en hêtre, avec boulons (à assembler sur place).

Fig. 878. — 1 établi ; table de 1ᵐ65 de long, 0ᵐ45 de large, 0ᵐ80 de haut, avec un pied de chat et une presse dont la vis est en fer. (Il est recommandable d'assembler l'établi sur place : on pourra aussi fixer la table sur deux troncs d'arbres.)

Fig. 879. — 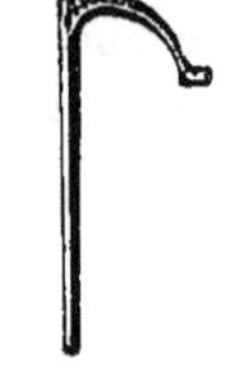 1 valet d'établi ; fer de 0ᵐ50 de long et 0ᵐ027 de diamètre.

Fig. 880. —  1 maillet (on pourra en confectionner d'autres sur place).

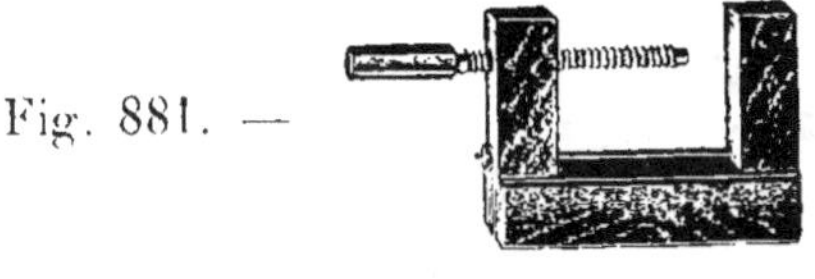

Fig. 881. — 2 presses, en charme, avec boulon d'écartement, de 0 ^{m} 30 de serrage.

Fig. 882. — 2 serre-joints renforcés, à crémaillère, en fer, de 1 ^{m} 25 de long.

Fig. 883. — 2 Passe-partout à douilles, à lame ventrée de 1 ^{m} 30 et 1 ^{m} 50 de long, 0 ^{m} 10 et 0 ^{m} 12 de large au milieu.

Fig. 884. — 1 scie articulée pour abattre les arbres (modèle de l'Infanterie).

Fig. 885. — 1 égohine large (lame de 0 ^{m} 50 de long et 0 ^{m} 15 de largeur au talon).

Fig. 886. — 1 égohine demi-large (lame de 0 ^{m} 40 de long et 0 ^{m} 10 de largeur au talon).

Fig. 887. — 1 scie à guichet (lame de 0 ^{m} 35 de long et 0 ^{m} 025 de largeur au talon).

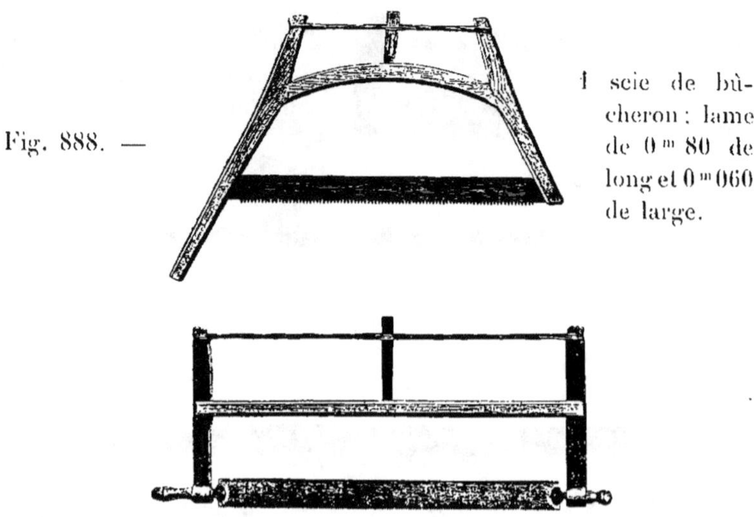

Fig. 888. — 1 scie de bû-
cheron : lame
de 0^m 80 de
long et 0^m 060
de large.

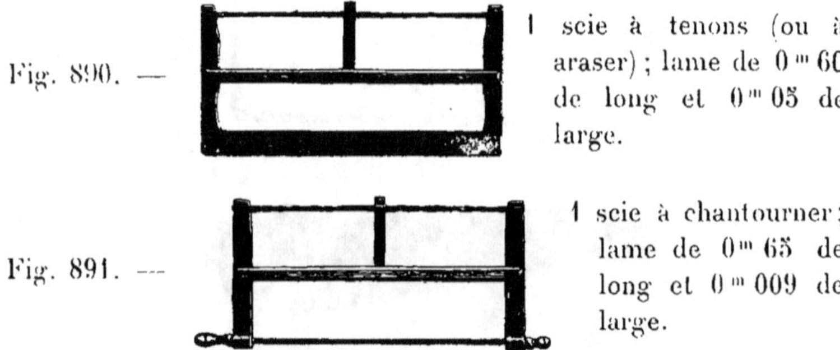

Fig. 889. — 1 scie de charpentier ; lame de 1^m 30 de long et
0^m 10 de large.

1 scie à refendre (ou scie allemande) : lame de 0^m 80 de long et
0^m 065 de large.

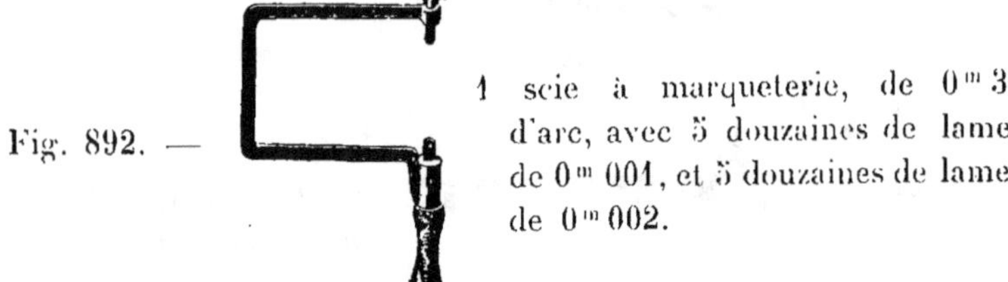

Fig. 890. — 1 scie à tenons (ou à
araser) ; lame de 0^m 60
de long et 0^m 05 de
large.

Fig. 891. — 1 scie à chantourner ;
lame de 0^m 65 de
long et 0^m 009 de
large.

Toutes les scies, indiquées par les figures 888 à 891, ont leur monture en cormier et sont accompagnées de 3 lames de rechange.

Fig. 892. — 1 scie à marqueterie, de 0^m 30
d'arc, avec 5 douzaines de lames
de 0^m 001, et 5 douzaines de lames
de 0^m 002.

Fig. 893. — 1 tourne-à-gauche à 7 en-coches.

24 limes tiers-points (ou trois-quarts), demi-douces, pour affûter. de 0 m 14 à 0 m 20 de long (voir fig. 940, p. 688).

Fig. 894. —  2 manches de tarière, en frêne. de 0 m 40 et 0 m 50 de long.

Fig. 895. — 12 mèches de tarière. torses, assorties (de 0 m 012 — 0 m 025 et 0 m 036 de diamètre).

12 mèches de ta-rière, à cuillère. assorties (de 0 m 012 — 0 m 025 et 0 m 036 de diamètre).

Fig. 896. —

Les vrilles (fig. 836) et le vilebrequin (fig. 839 à 845) se trouvent avec les *outils d'usage général* (p. 675 et 676).

Toutes les montures des fig. 898 à 902 sont en cormier et ont 3 fers de rechange. Les fers sont en acier fondu ; ceux des figures 898 à 900 sont à

Fig. 897. —

contre-fer et à longue vis (fig. 897).

Fig. 898. — 1 riflard avec fer de 0 m 040 de biseau (le biseau du fer du riflard est plus mordant. plus incliné que celui de la varlope et son taillant est courbe, alors que celui de la varlope est droit ; le riflard sert à dégrossir les pièces).

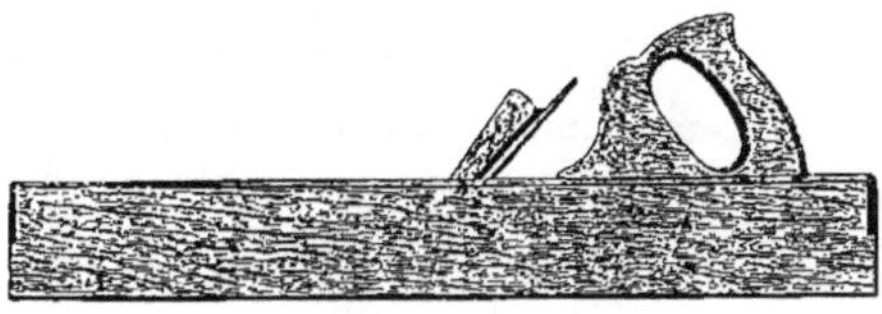

Fig. 899. — 1 varlope avec fer de 0 m 050 de biseau.

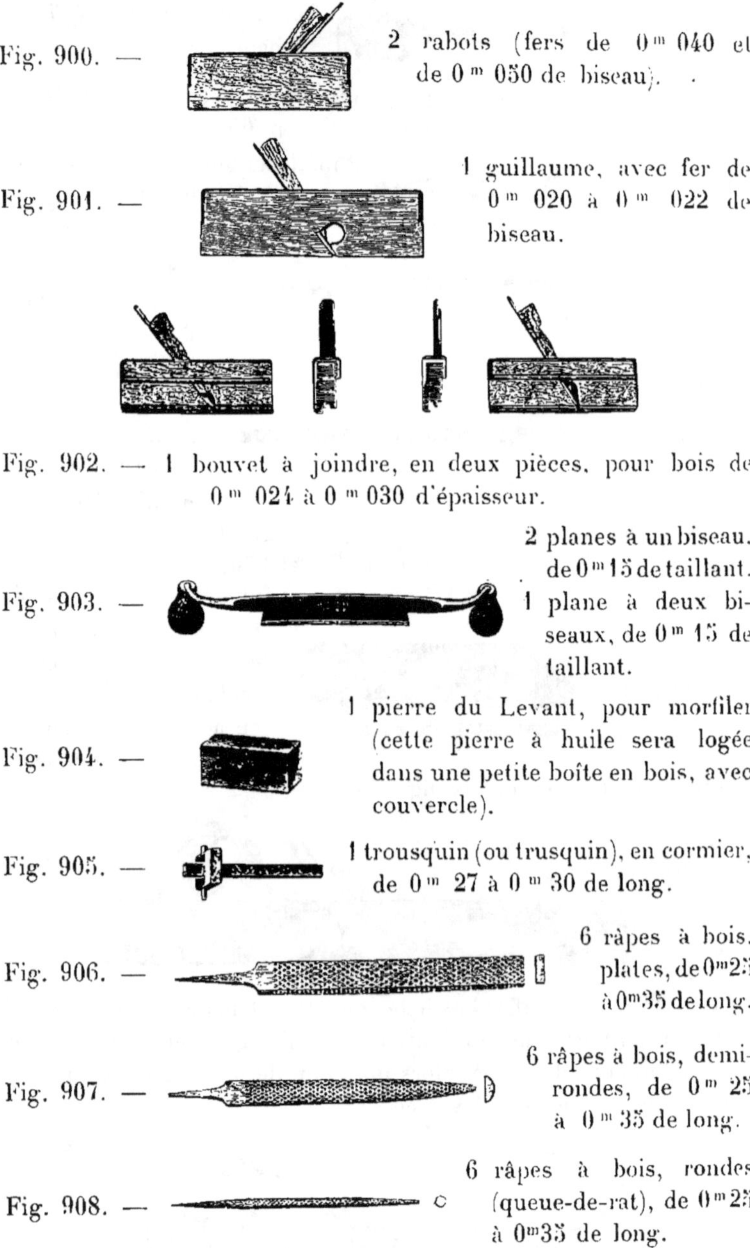

Fig. 900. —   2 rabots (fers de 0^m 040 et de 0^m 050 de biseau).   .

Fig. 901. —   1 guillaume, avec fer de 0^m 020 à 0^m 022 de biseau.

Fig. 902. —   1 bouvet à joindre, en deux pièces, pour bois de 0^m 024 à 0^m 030 d'épaisseur.

Fig. 903. —   2 planes à un biseau, de 0^m 15 de taillant. 1 plane à deux biseaux, de 0^m 15 de taillant.

Fig. 904. —   1 pierre du Levant, pour morfiler (cette pierre à huile sera logée dans une petite boîte en bois, avec couvercle).

Fig. 905. —   1 trousquin (ou trusquin), en cormier, de 0^m 27 à 0^m 30 de long.

Fig. 906. —   6 râpes à bois, plates, de 0^m25 à 0^m35 de long.

Fig. 907. —   6 râpes à bois, demi-rondes, de 0^m 25 à 0^m 35 de long.

Fig. 908. —   6 râpes à bois, rondes (queue-de-rat), de 0^m25 à 0^m35 de long.

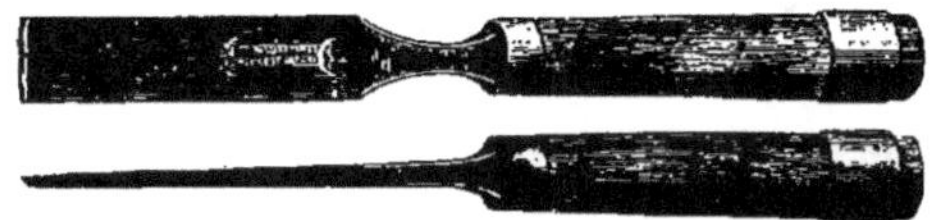

Fig. 909. — 10 ciseaux à bois, assortis (avec 3 manches à deux viroles), de 0 ^m 008 à 0 ^m 035 de biseau.

Fig. 910. — 6 bédanes assortis, de 0 ^m 005 à 0 ^m 020 de biseau.

Fig. 911. — 6 gouges renforcées, assorties, de 0 ^m 008 à 0 ^m 020 de diamètre.

Fig. 912. — 24 manches assortis, avec viroles, pour tournevis, râpes, limes, ciseaux, bédanes, gouges, etc.

Fig. 913. — 6 clameaux à une face, de 0 ^m 10 à 0 ^m 20 de long.

Fig. 914. — 12 clameaux à deux faces, de 0 ^m 10 à 0 ^m 20 de long.

Le clameau est un fer dont les extrémités, terminées en pointes, sont recourbées en crochets ; les pointes sont situées dans le même plan (clameaux dits à une face, fig. 913) ou dans deux plans perpendiculaires (clameaux à deux faces, fig. 914). — Les clameaux servent à maintenir juxtaposées deux pièces de bois qui ne sont pas chevillées, tirefonnées ou boulonnées ; quand les pièces sont placées dans le même sens, on emploie les clameaux à une face ; ceux à deux faces servent à relier des pièces superposées qui se croisent. — On se sert souvent des clameaux pour la construction des ponts et dans le cours du montage des charpentes ; il est bon de ne considérer les clameaux que comme pièces d'assemblages provisoires.

200 feuilles (de 0 ^m 24 × 0 ^m 39) de papier de verre, de différents numéros.

Outillage spécial pour le travail du fer.

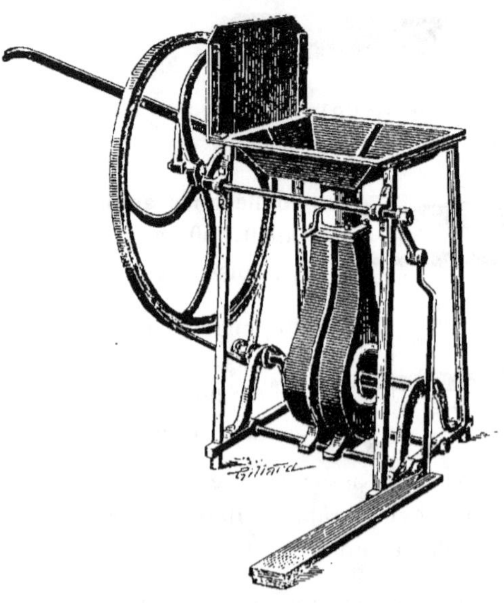

Fig. 915. — 1 forge Montarlot, à ventilateur rotatif (les soufflets en toile ou en cuir sont détériorés par les termites), à bâti en fer, avec branloire (la pédale n'est pas à conseiller ; courroie en cuir chromé (voir page 492).
Hauteur du bâti: 0 ᵐ 75.
Dimensions de la cuvette, ou foyer: 0 ᵐ 45 × 0 ᵐ 51.
Poids approximatif : 70 kil.
Cette forge peut chauffer, pour la soudure, un fer d'une section transversale de 7 centimètres carrés.

Il est bon d'entourer la cuvette avec des plaques de tôle sur trois de ses côtés, afin de former tablette ayant 0 ᵐ 70 × 0 ᵐ 70 environ pour supporter les divers accessoires.

(Une forge dont la cuvette a 0 ᵐ 76 × 0 ᵐ 55 permet de chauffer, pour la soudure, un fer d'une section transversale de 15 centimètres carrés).

Fig. 916. — 1 palette de forge.

Fig. 917. — 1 ratissette.

Fig. 918. — 1 tisonnier.

Fig. 919. — 1 porte-mouillette.

Fig. 920. — 1 tenaille d'équerre.

Fig. 921. — 1 tenaille plate.

Fig. 922. — 1 tenaille ronde.

Les outils indiqués par les figures 916 à 922 ont de 0 ᵐ 60 à 0 ᵐ 70 de longueur.

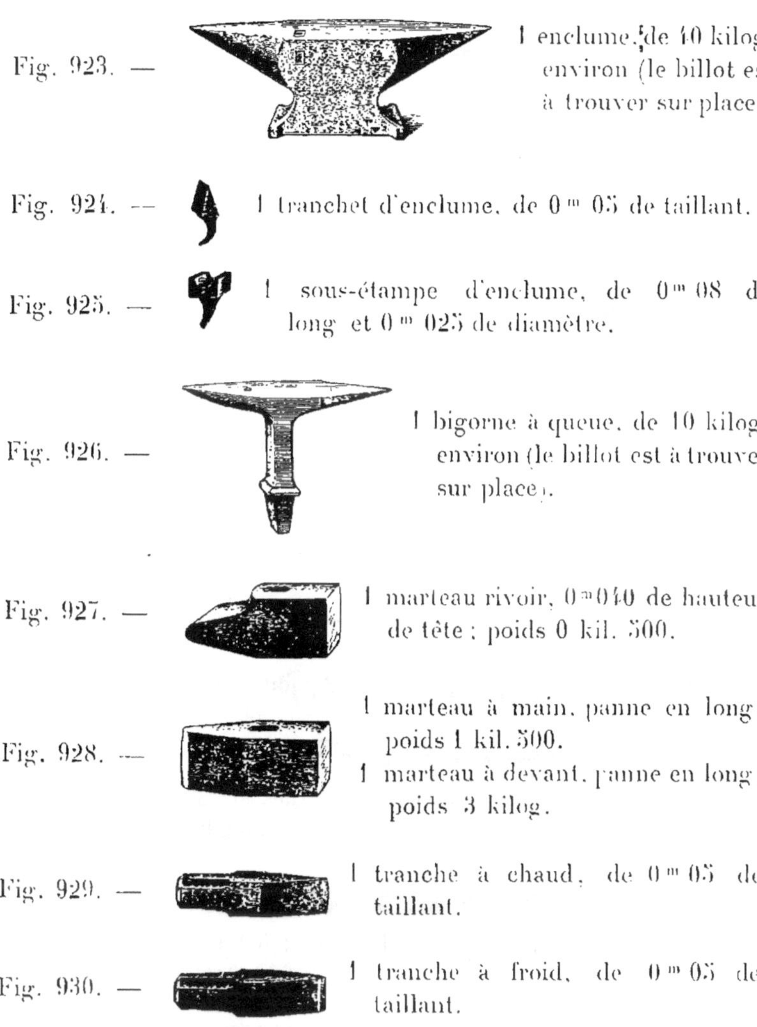

Fig. 923. — 1 enclume de 10 kilog. environ (le billot est à trouver sur place .

Fig. 924. — 1 tranchet d'enclume. de 0 ^m 05 de taillant.

Fig. 925. — 1 sous-étampe d'enclume, de 0 ^m 08 de long et 0 ^m 025 de diamètre.

Fig. 926. — 1 bigorne à queue. de 10 kilog. environ (le billot est à trouver sur place).

Fig. 927. — 1 marteau rivoir, 0 ^m 040 de hauteur de tête : poids 0 kil. 500.

Fig. 928. — 1 marteau à main. panne en long : poids 1 kil. 500.
1 marteau à devant. panne en long : poids 3 kilog.

Fig. 929. — 1 tranche à chaud. de 0 ^m 05 de taillant.

Fig. 930. — 1 tranche à froid. de 0 ^m 05 de taillant.

Fig. 931. — 1 cisaille d'établi. de 0 ^m 40 de long et de 0 ^m 09 de tranchant.

Fig. 932. — 1 chasse-carrée ; table de 0 ^m 040 à 0 ^m 045 de côté.

Fig. 933. — 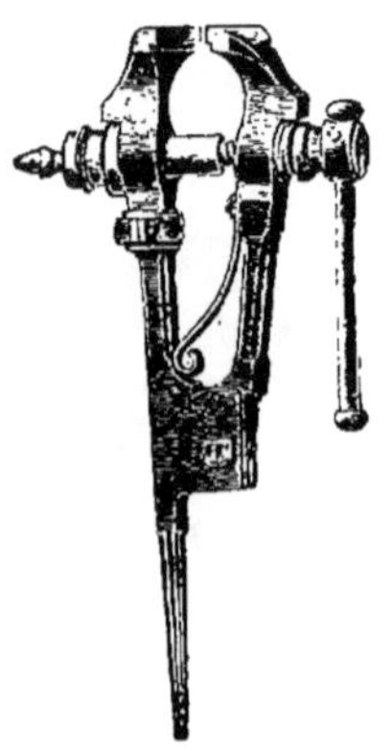 1 poinçon dégorgeoir, rond, de 0 m 010 de diamètre, à œil.

10 manches, de 1 mètre de long, en cornouiller pour les outils indiqués aux figures 927 à 930, 932 et 933.

Fig. 934. — 1 étau en fer, à pied ; longueur des mâchoires, ou mors, 0 m 12, poids 30 kilog. (un étau de 0 m 15 de mâchoires pèse 45 kilog. environ). — Le pied de l'étau doit reposer sur une forte semelle en bois dur. (Par une bride en fer et des tirefonds on fixera l'étau contre un établi ou un tronc d'arbre enfoncé en terre ; dans ce dernier cas, sur le tronc d'arbre scié carrément, on clouera un panneau formant tablette, comme dans la fig. 942).

Fig. 935. —  1 pointe à tracer ; 0 m 20 à 0 m 25 de long.

Fig. 936. —  2 pointeaux de 0 m 15 de long.

Fig. 937. — 12 limes demi-rondes, bâtardes ; 0 m 30 à 0 m 35 de long.
2 limes demi-rondes, demi-douces ; 0 m 30 à 0 m 35 de long.

Fig. 938. — 12 limes plates, bâtardes ; 0 m 30 à 0 m 35 de long.
2 limes plates, demi-douces ; 0 m 30 à 0 m 35 de long.

Fig. 939. — 2 limes carrées, bâtardes ; 0 m 25 de long.

Fig. 940. — 24 limes tiers-points (ou trois-quarts), demi-douces, de 0 m 14 à 0 m 20 de long.

Fig. 941. — 6 limes rondes, bâtardes, de 0 ^{m} 20 à 0 ^{m} 35 de long. Manches (voir fig. 912, p. 685).

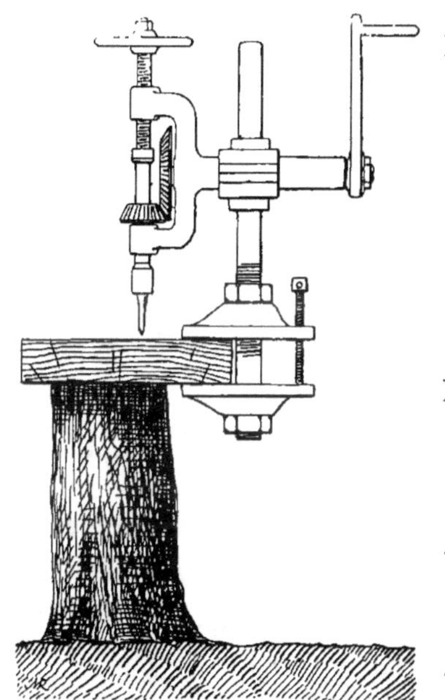

Fig. 942. — 1 machine à percer (forerie), à colonne de 0 ^{m} 035 de diamètre, à mâchoires se fixant à un établi, pouvant percer un trou de 0 ^{m} 025 de diamètre.

Fig. 943. — 12 forets (ou mèches) assortis, de 0 ^{m} 005 à 0 ^{m} 025 de diamètre, et 2 fraises à la Romaine (voir fig. 844, p. 676).

100 feuilles de toile émeri (de 0 ^{m} 25 × 0 ^{m} 25), de différents numéros.

1 kilog. d'émeri en grains.

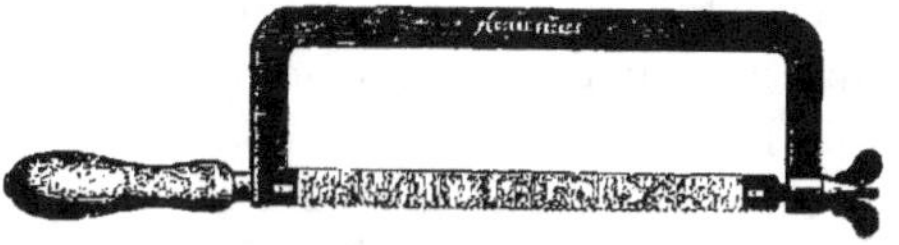

Fig. 944. — 1 scie à métaux, de 0 ^{m} 25 de long, avec 1 douzaine de lames.

3 kilog. de brasure et 12 kilog. de borax.

Nota. — Nous ne croyons pas bien utilisable aux colonies le matériel pour la soudure à l'étain (fers à souder (en cuivre rouge), soudure en baguettes, acide chlorhydrique (esprit de sel), chlorhydrate d'ammoniac (sel ammoniac), zinc, pinceau et récipient en plomb pour l'esprit de sel), à cause de l'acide chlorhydrique difficile à transporter et à conserver, bien qu'on puisse, dans quelques cas, remplacer l'esprit de sel par du suif, de la bougie ou de la résine ; l'emploi des éolipyles, ou lampes à souder, qui nécessitent de l'alcool ou de l'essence minérale, présentera aussi des difficultés.

Cordages et appareils de levage.

	Poids approximatif du mètre (grammes)
Des pelotes de ficelle ordinaire.	
100 mètres de ficelle cordée.	
200 mètres de ficelle câblée.	
10 bretelles de tirage, de 1 m 75 de long, 0 m 006 de diamètre..........................	30 gr.
100 mètres de ligne de halage, de 0 m 009 de diamètre	66 —
20 demi-longes, de 2 m 50 de long, 0 m 010 de diamètre	83 —
20 longes, de 5 m de long, 0 m 012 de diamètre....	110 —
10 traits de manœuvre, de 3 m 20 de long, 0 m 016 de diamètre............................	205 —
6 cordages, de 16 mètres de long, 0 m 018 à 0 m 020 de diamètre............................	260 à 320 —

Fig. 945. —

Chaînes, qualité marine marchande :

2 de 1 mètre de long, diamètre du fer   0 m 016 / Ces chaînes seront munies à chaque

2 de 2 mètres de long, diamètre du fer   0 m 010 \ extrémité de crochets forgés.

Diamètre du fer, en millimètres.........	16	— 10
Charge de sécurité, en kilog., à raison de 5 kilog. par millim. carré (soit le cinquième de la charge de rupture)........	2000 kg.	— 780 kg.
Poids approximatif du mètre de chaîne, en kilog...............................	5 kg. 75	— 2 kg. 25

Fig. 946. —

2 poulies de puits, avec chape et crochet en fer forgé :

Diamètre.....	0 m 20	— 0 m 30
Largeur de la gorge........	0 m 042	— 0 m 065
Effort que peut supporter la poulie, en kg.	4000 k.	— 8000 k.

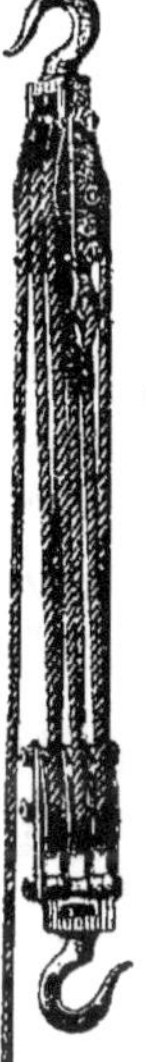

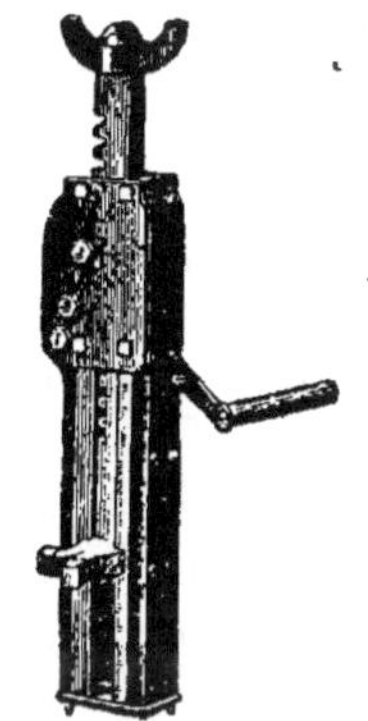

Fig. 947. — 1 moufle, modèle lyonnais, à 3 poulies de 0ᵐ10 de diamètre, force 2500 kilog.. avec 30 mètres de corde de 0ᵐ023 de diamètre pesant environ 0 kilog. 425 le mètre courant.

Fig. 948. — 1 cric métallique, à crémaillère, à double engrenage, hauteur 0ᵐ70, force 4000 kilog. (Les crics entièrement métalliques sont à conseiller de préférence à ceux dont le corps est en bois).

Les poulies, le moufle et le cric peuvent servir à l'arrachage des souches (voir *Mise en culture des terres*, page 495 et suivantes).

Fournitures diverses.

Fig. 949. — Pointes en acier, à tête plate, par paquets de 5 kilog. (la longueur des pointes est toujours mesurée tête comprise).

Diamètre		Longueur	Nombre
en millim.	n° de la jauge de Paris (voir page 131)	totale en millim.	approximatif de pointes contenues dans 1 kilog.
—	—	—	—
1.8	12	27	1750
2.0	13	35	1375
3.0	17	60	345
3.0	17	80	222
4.4	20	120	68
6.4	24	165	25

Pitons ; clous à crochet, à pointe ou à vis.

Fig. 950. — Vis à bois, à tête ronde. ⎫

Fig. 951. — Vis à bois, à tête plate. ⎬ par paquets d'une grosse.

(La longueur des vis est toujours mesurée tête comprise.)

*

Longueur des vis en millim.	Diamètre en millim.	Poids approximatif de 100 vis grammes
—	—	—
20	4	200
35	6	625
50	6	800
80	7	2000

Nota. — Pour les mêmes dimensions, le poids des vis à tête plate est sensiblement le même que celui des vis à tête ronde.

(Les vis à tête ronde sont d'un emploi plus fréquent que celles à tête plate.)

Fig. 952. — Tirefonds (ou vis à bois à tête carrée), par paquets de 25 pièces.

(La longueur des tirefonds est toujours mesurée tête comprise.)

Longueur des tirefonds en millim.	Diamètre en millim.	Poids approximatif des 100 tirefonds (kilog.)
—	—	—
50	11	4^k 0
100	12	10. 0
150	12	12. 0
200	13	27. 5

Fig. 953. — Boulons, par paquets de 25 pièces, tête carrée ou à six pans (dans ce dernier cas, le boulon est dit mécanique).

(Les longueurs a (fig. 953) des boulons sont toujours prises sous la tête.)

Longueur a en millim.	Diamètre en millim.	Poids approximatif des 100 boulons en kilog.
—	—	—
60	6	2^k 1
100	10	9. 0
160	14	32. 0
200	14	40. 0

Rondelles en tôle, assorties aux tirefonds et aux boulons.

Fig. 954. — Rivets en fer au bois, à tête bombée, par paquets de 5 kilog.

(Les rivets se mesurent tête non comprise.)
Diamètres de la tige : 2, 3 et 5 millimètres.

Fig. 955. —  Goupilles en fer doux, à œillet, par paquets de 100 pièces.

Diamètre en millim................................	4	8	8	10
Longueur totale, en millim..............	30	60	80	100

Fil de fer recuit et fil de fer galvanisé, par bottes de 5 kilog. :

Diamètre en millimètres....................	1	1.8	3.4
Nombre approximatif de mètres dans une botte de 5 kilog........................	810	250	70

Fer plat, rond et carré, en barres.

Le matériel devra être rangé dans des casiers, d'environ 0 m 20 à 0 m 25 de largeur, qu'on pourra confectionner avec des caisses d'expédition. — Éviter de larges et trop grands casiers dans lesquels les objets se mélangent.

TABLE DES MATIÈRES

DEUXIÈME PARTIE

HYDRAULIQUE

TROISIÈME PARTIE

MACHINES

PREMIÈRE SECTION

Moteurs.

MACON, PROTAT FRÈRES, IMPRIMEURS.

MAISON FONDÉE EN 1735

VILMORIN-ANDRIEUX & Cie

4, Quai de la Mégisserie, PARIS

La Maison VILMORIN-ANDRIEUX ET Cie, toujours soucieuse d'être utile à son importante clientèle, a cru devoir s'occuper d'une façon toute particulière de l'importation et de la vulgarisation des graines et plantes précieuses des pays chauds.

Ses relations commerciales avec toutes les parties du globe la placent certainement au premier rang des maisons recommandables pour résoudre cette importante question.

Du reste ses efforts ont été couronnés de succès puisqu'elle obtenu 7 *Grands Prix à l'Exposition Universelle de 1900*, dont u spécialement accordé pour son Exposition Coloniale. En outre, l Jury de la dernière Exposition qui a eu lieu en 1905, au Jardin colonial de Nogent-sur-Marne, a confirmé les décisions du Jury d l'Exposition universelle en lui attribuant *le Premier Grand Prix d'Honneur*.

Enfin, suivant une longue tradition, la Maison se fait un devoir de répondre de la façon la plu désintéressée à toutes les demandes qui lui sont adressées.

Graines et jeunes plants disponibles au fur et à mesure de la récolte :

Plantes textiles. — Agave Sisalana du Yucatan (vrai), Cotons sélectionnés, Jute, Fourcroy gigantea, etc.

Plantes économiques. — Cacaoyer (variétés de choix), Caféiers (espèces diverses), Coca Kola, Tabacs divers, Thé d'Annam et d'Assam, etc.

Plantes à caoutchouc. — Castilloa elastica, Euphorbia Intisy, Ficus divers, Hevea brasiliensis, Landolphia (diverses sortes), Manihot Glaziovii, Marsdenia verrucosa, Willughbeia edulis, etc.

Plantes à épices. — Cannelier de Ceylan, Gingembre des Antilles, Giroflier, Muscadier, Poivrier, Vanilles du Mexique et de Bourbon (boutures), etc., etc.

Graines de plantes médicinales, à gomme, à huile, à essence, à tanin, etc., etc.

Emballage spécial. — Nous croyons devoir appeler l'attention de notre clientèle d'outre-me sur l'avantage qu'ils trouveront à employer nos caisses vitrées (caisse Ward) pour l'expédition de jeunes plants ou des graines en stratification.

GRAINES AGRICOLES ET INDUSTRIELLES

Graines d'Arbres et d'Arbustes pour pays tempérés et tropicaux.
Assortiments de Graines potagères, Fleurs, etc., appropriés aux différents climats.

CATALOGUE SPÉCIAL POUR LES COLONIES FRANCO SUR DEMANDE
CORRESPONDANCE EN TOUTES LANGUES. — LA MAISON N'A PAS DE SUCCURSALE NI DE DÉPOT

MACON, PROTAT FRÈRES, IMPRIMEURS